全国工程管理
专业学位研究生教育
核心课程规划教材

定量分析模型与方法

卢向南　唐任仲　黄红选　车阿大　胡祥培　主编

清華大學出版社
北　京

内 容 简 介

本书系统地介绍了工程管理问题中的定量分析模型和方法，涵盖以下内容：统计分析，包括数据及数据分析（分布分析、参数估计、假设检验、回归分析、方差分析等）；预测分析，包括定性预测方法、平稳时间序列预测模型、线性趋势预测模型、季节性预测模型、具有趋势和季节成分的时间序列模型等；大数据分析，包括大数据基本概念、大数据基本决策思想、大数据基本分析方法等；线性规划，包括线性规划建模、线性规划应用及软件介绍、对偶及灵敏度分析等；线性规划的拓展，包括运输问题、最短路模型、网络优化、线性目标规划等；整数线性规划与非线性规划，包括整数规划的建模及计算机求解、指派问题、非线性规划模型与计算机求解等；决策分析，包括不确定型决策、风险决策、决策树、效用决策等；综合评价，包括专家打分法、层次分析法、模糊综合评价法等。

本书可作为工程管理硕士研究生以及其他专业学位硕士研究生的教材或参考书。

图书在版编目（CIP）数据

定量分析：模型与方法/卢向南等主编. —北京：清华大学出版社，2023. 3
全国工程管理专业学位研究生教育核心课程规划教材
ISBN 978-7-302-62513-1

Ⅰ. ①定…　Ⅱ. ①卢…　Ⅲ. ①定量分析－研究生－教材　Ⅳ. ①O655

中国国家版本馆 CIP 数据核字（2023）第 021754 号

责任编辑：冯　昕　赵从棉
封面设计：傅瑞学
责任校对：欧　洋
责任印制：宋　林

出版发行：清华大学出版社
网　　址：http://www.tup.com.cn，http://www.wqbook.com
地　　址：北京清华大学学研大厦 A 座　　邮　　编：100084
社 总 机：010-83470000　　邮　　购：010-62786544
投稿与读者服务：010-62776969，c-service@tup.tsinghua.edu.cn
质量反馈：010-62772015，zhiliang@tup.tsinghua.edu.cn
印 装 者：三河市天利华印刷装订有限公司
经　　销：全国新华书店
开　　本：185mm×260mm　　印　张：24.75　　字　　数：601 千字
版　　次：2023 年 5 月第 1 版　　印　　次：2023 年 5 月第1 次印刷
定　　价：75.00 元

产品编号：088572-01

全国工程管理专业学位研究生教育核心课程规划教材
编委会

丛书序

FOREWORD

工程管理硕士(Master of Engineering Management,MEM)是经中国工程院多次建议,经严密论证,于2010年批准新设立的专业学位类别。MEM培养重大工程建设项目实施中的管理者,重要复杂新产品、设备、装备在开发、制造、生产、运维过程中的管理者,技术创新与改造、企业转型转轨以及与国际接轨中的管理者,以及产业、工程和科技的重要布局与发展战略的研究与管理者等工程管理人才。2011年3月18日,国务院学位委员会、教育部、人力资源和社会保障部在京联合召开了全国工程管理等29个专业学位研究生教育指导委员会成立会议。

2018年,按照国务院学位委员会办公室统一部署,全国工程管理专业学位研究生教育指导委员会(以下简称工程管理教指委)确定了《工程管理导论》《工程经济学》《系统工程》《定量分析:模型与方法》《质量与可靠性管理》《工程信息管理》6门MEM核心课,研究起草了核心课程大纲,并由国务院学位办统一发布。

2019年4月,工程管理教指委正式启动6门核心课程的教材编写工作,组建了核心课程系列教材编写委员会,由时任(第二届)副主任委员叶金福教授担任编委会主任,时任秘书长郑力教授担任副主任,十多位第二届工程管理教指委委员主动担任教材主编、副主编工作,并牵头组建了各门课程的编写小组。核心教材的出版工作得到了清华大学出版社和重庆大学出版社的大力支持。

根据工程管理教指委和教材编委会的统一规划设计,核心教材的编写充分考虑MEM培养要求,体现专业学位教育特点,根据发布的核心课程大纲选择知识点内容,精心设计编写方式,采用问题导向的思路,以工程管理实际问题引出各章节的知识点内容,并在各章节后提供了思考题目。

2020年新冠疫情期间,工程管理教指委克服困难,利用线下和线上工作方式,对教材草稿进行了初审、复审等工作,邀请全国多位工程管理重点培养院校有丰富教学经验的专家就教材知识框架、知识点和写作质量等内容给出详细意见和建议,秘书处逐一反馈至教材主编。教材编写小组在主编组织下开展了认真细致的修改工作。

在工程管理教指委和教材编委会统一指导下,经过众多专家们创造性的辛苦劳动,这套系列教材才得以出版。这套教材不仅适用于MEM人才培养,也适用于从事工程管理实际工作的广大专业人员深入学习工程管理核心知识。下一步,工程管理教指委(目前为第三届)将围绕本系列教材,开展6门对应核心课程的师资培训和交流工作,征集相应的精品配套资料(PPT、教学视频、延伸学习材料、精品案例等),全面提高课程质量,服务我国MEM高质量人才培养的教育目标。

因作者水平所限，时间仓促，加之工程管理发展迅速，故教材中不妥之处在所难免，欢迎广大读者批评指正，以便再版时修改、完善。

郑　力

2023 年 4 月于清华大学

前言

PREFACE

工程管理硕士(master of engineering management,MEM)是为了适应我国现代工程事业发展对工程管理人才的迫切需求,完善工程管理人才培养体系,创新工程管理人才培养模式,提高我国工程管理的人才质量而设置的,培养掌握坚实、系统的工程管理理论,以及相关工程领域的基础理论和专门知识,有较强的计划、组织、协调和决策能力,能够独自胜任工程管理工作的高层次、应用型工程管理专门人才。

《定量分析:模型与方法》是 MEM 的核心课程教材。本书旨在介绍如何运用定量分析方法解决工程中的管理问题,即如何把工程管理中的问题抽象成数学模型,如何应用数学方法实现对工程管理中的问题进行定量分析决策。通过本书的学习,读者能够了解解决管理问题的基本的定量分析方法,掌握定量分析的基本原理与方法工具,根据实际问题建立定量分析模型,运用相应的软件求解模型,运用模型的结果进行问题的分析,并给出解决实际问题的方案。

本书系统地介绍了工程管理问题中的定量分析模型和方法,包括统计分析、预测分析、最优化模型、决策分析与综合评价等内容。本书的特色是,突出介绍了如何运用各种定量分析模型与方法解决工程管理中的实际问题,即如何针对实际问题建立数学模型,如何用软件求解模型,以及如何将这些模型运用在工程管理问题中的实际场景中。本书的编写紧扣管理实际问题,各章以案例为导入,针对案例问题给出定量分析模型,借助于软件介绍模型求解方法,最后,通过章后案例对相关的模型方法进行提炼和概括。

全书共分 10 章。编写分工为:第 1 章、第 2 章由陈茇熙、唐任仲编写;第 3 章由李永刚、胡祥培编写;第 4 章、第 10 章由唐任仲、陈茇熙编写;第 5 章、第 6 章由黄红选编写;第 7 章、第 8 章由车阿大编写;第 9 章由卢向南编写。全书由卢向南统稿。

由于编者水平有限,书中难免存在疏漏或错误之处,恳请广大读者批评指正。

编　者

2022 年 10 月

CONTENTS

第1章

数　据

【教学内容、重点与难点】

教学内容：工程管理数据的定义与特点，观察数据与实验数据的获取方法，数据整理与可视化展示方法。

教学重点：工程管理数据的定义与特点，观察数据的问卷调查法获取，数据分组与图表化展示。

教学难点：工程管理数据、工程数据及管理数据之间的关系。

数据是智能制造的核心

智能制造是一种将新一代信息技术与先进制造技术结合，实现对产品全生命周期的实时管理和优化的新型制造系统，是制造企业实现转型升级的主要途径。

通过智能制造，采用产品全生命周期的实时管理、先进的传感技术和远程监控技术，可以缩短产品从研发到上市的时间，缩短从订单到交付的时间，减少生产中断时间，从而缩短产品的研制周期。通过智能制造，采用数字化、互联和虚拟工艺规划，可以实现大批量定制生产，提高生产的灵活性。通过智能制造，可以促进企业从“以产品为中心”向“以集成服务为中心”转变，帮助企业利用服务在产品全生命周期中创造新价值。

某特种钢铁企业实施矿渣粉磨系统智能制造项目，通过优化决策和动态执行达到提高生产效率、减少设备故障停机、满足环保要求的目标。优化决策的指令来自于对生产系统的海量信息的挖掘、分析和推理预测，需要大量的数据支持，那么，如何获取数据，如何展示数据整理和分析的结果，将是该项目面临的基础性问题。本章将重点介绍数据获取的主要方法、数据整理和可视化展示的主要工具，以便初步解答上述问题。

1.1 数据的基本概念

1.1.1 数据的定义

数据是用于描述客观事物的、可识别的符号。不仅有数值型数据，还有非数值型数据，如等级数据、属性数据等。数据的表现形式除了数字之外，还可以是文字、符号、图像、音频、视频等。例如，“0、1、2、…”“合格、不合格”“生产计划、物料清单”等都是数据。

数据本身并不能完全表达出其所代表的内容，例如，170 是一个数据，它可以是某个专业的学生人数，可以是某个人的身高，也可以是某个人的体重，因此，对数据的理解必须与数据的语义结合起来。

1.1.2 工程管理数据

工程是改造世界的实践活动，是一种有组织、有计划、有目的的人工活动，通过科学和数学的某种应用，向社会提供有价值的产品或服务。

工程管理指通过决策、计划、组织、指挥、协调和控制以实现工程预期目标的过程。在这些过程中产生的、需要用到的数据就是工程管理数据。

工程数据是涉及工程本身的数据，例如，大楼的高度、产品的功能、产品的性能，等等。管理数据是涉及管理过程的数据，例如，营运数据、市场营销数据，等等。工程管理数据是一种管理数据，是对工程活动进行管理所产生的和/或使用到的数据，例如，产品的质量、材料库存、材料利用率、生产计划，等等。

工程管理的对象是动态变化的，在工程全生命周期的各阶段，其任务和目标不尽相同，因此，工程管理数据是多方面、多维度的，会受工程发展方向、时空变化以及工程参与人员等因素影响而产生变化，具有复杂性、多样性、关联性、动态性、可度量性等特点。

1.2 数据获取

1.2.1 观察数据及其获取方法

观察数据是指在获得数据的过程中，不对被分析对象数据产生的条件施加任何控制所得到的数据。可以通过统计报表、普查、重点调查、典型调查、抽样调查、访谈、专家调查、问卷调查、基于传感技术的数据采集等方法获取观察数据。

1. 总体、个体和样本

被研究对象的全体称为“总体”，例如，一条生产线上生产出来的零件可以构成一个总体。从总体中抽取出来用于调查研究的那部分对象所构成的集合称为“样本”，例如，从一条生产线上生产出来的零件中抽取的若干个零件可以构成样本。组成总体的每一个研究对象称为“个体”，例如，一条生产线上生产出来的零件中的任意一个零件就是一个个体。

2. 抽样调查

抽样调查是从调查研究对象的总体中抽选一部分对象进行调查，并根据调查结果对调查研究对象的总体作出估计和推断的一种调查方法。在抽样调查中，样本数的确定是一个关键问题。当对总体中的所有个体进行调查时，即为普查。

抽样调查的目的是获取反映总体情况的信息，因此，抽样调查虽然是一种非全面调查，但也能起到类似全面调查的作用。抽样调查包含两层含义：一是抽样，从总体中抽取部分个体；二是调查，考查那些反映在个体上的所要研究的特征的数据。根据样本抽选方法的不同，抽样可分为概率抽样和非概率抽样。

概率抽样是以概率论和数理统计原理为依据，按照随机原则从总体中抽选样本。非概率抽样是按照非概率的原则，或者依据对个体和总体特征的判断，从总体中抽选样本。习惯上将概率抽样称为抽样调查，其特点是总体中所有个体被抽中的概率相同。常用的概率抽样方法有简单随机抽样、系统抽样、分层抽样、整群抽样等。

在从总体中抽选了研究所需的样本后，需要调查研究对象的特征，从样本中的每个个体上获得所需要的数据。常用的调查方法有访谈法和观察法。

抽样调查具有适应面广、准确性高、经济性好、时效性强等优点。

(1) 抽样调查可以根据调查目的设定调查项目和指标，适用于各个领域的调查。

(2) 抽样调查是用样本数据去推算总体，虽然会存在推算误差，但是可以应用概率论和数理统计原理计算和控制这种误差，从而保证调查的精度。

(3) 抽样调查抽选的样本是总体中的一小部分，调查的工作量小，调查效率高，调查费用低。

(4) 由于抽样调查工作量小，因此可以快速、及时地获得数据，从而保证了调查的时效性。

3. 问卷调查

问卷调查是指通过制定与研究目标有关的问卷，根据被调查者据此进行的回答收集资料的方法，它是人们在调查研究活动中用来收集资料的一种常用工具，其主要优点在于标准化和成本低。

问卷调查法通过设计、发放和回收调查问卷来获取调查数据，问卷设计的质量对问卷调查数据的获取以及问卷调查数据的质量有直接的影响。因此，进行调查问卷设计时既要安排合适的问卷内容，又要设计恰当的问卷格式。

调查问卷的设计一般分为以下几个步骤：

(1) 充分了解调查的目的，将需要调查的内容具体化和条理化，确定问卷设计所需的信息。

(2) 明确调查所要了解的内容和所要搜集的数据，确定需要通过问卷调查来获取的数据。

(3) 确定问卷中具体包括的问题和询问的内容。

(4) 确定问答题的结构，采用封闭式问题还是开放式问题。

(5) 确定问答题的措辞，要求问题措辞准确清楚，封闭式问题的答案要穷尽、互斥。

(6) 合理安排问题的顺序，通常将简单的、容易回答的问题以及被调查者感兴趣的问题放在前面，复杂的、较难的问题以及开放式的问题放在后面，并且按照问题的逻辑顺序来排列问题。

(7) 确定格式和排版，问卷上除了需要调查的问答题，还应该包括卷头语、卷尾语、问卷答题说明、调查对象的背景信息等。

(8) 问卷设计完成之后，需要选择少部分调查对象进行模拟调查试验，根据试验结果进行修正和定稿。

下面是某汽车企业为了获取用户对电动汽车关切的相关信息而设计的一份调查问卷。

×××汽车企业对用户关切的电动汽车信息的调查表

尊敬的客户：非常感谢您参与本次调查，此次调查是为了了解用户对电动汽车关切的相关信息，以便对今后电动汽车的研发、生产、销售提供参考和指导。感谢您的支持！

1. 您的年龄属于以下哪个年龄段？
   ○A. 28周岁以下　○B. 28周岁(含)～35周岁以下
   ○C. 35周岁(含)～45周岁以下　○D. 45周岁及以上
2. 您的学历是？
   ○A. 大专以下　○B. 大专
   ○C. 本科　○D. 研究生及以上
3. 您的工作所属行业？
   ○A. 公务员　○B. 互联网企业职员
   ○C. 私营企业主　○D. 其他
4. 您身边的同事或者亲朋好友是否购买过电动汽车？
   ○A. 有　○B. 没有
   ○C. 好像有　○D. 不太清楚
5. 您本人是否在未来有意愿购买电动汽车？
   ○A. 未来1年内有购买意愿
   ○B. 未来2～3年内有购买意愿
   ○C. 未来3年后可能会考虑购买
   ○D. 暂时没有购买电动汽车的想法和计划
6. 您最关注电动汽车的哪些指标？
   ○A. 性价比　○B. 续航里程
   ○C. 技术先进性　○D. 美观性
7. 您觉得电动汽车代替燃油汽车，是否是一个不可逆转的趋势？
   ○A. 是　○B. 不是　○C. 不一定
8. 您觉得您会优先选择以下哪类企业生产的电动汽车？
   ○A. 传统国内车企　○B. 传统合资车企或者纯外资车企
   ○C. 互联网车企
9. 您觉得什么原因可能会让您下定决心去买一辆电动汽车？
   ○A. 限牌/限行　○B. 环保
   ○C. 驾驶体验　○D. 其他
10. 您会优先考虑购买电动汽车还是租赁电动汽车？
   ○A. 购买　○B. 租赁
   ○C. 两者都可以接受　○D. 其他

1.2.2 实验数据及其获取方法

实验数据是指在实验中通过控制实验对象而获得的变量数据，是在实验中控制一个或多个变量，在有控制的条件下得到的观测结果。

实验设计通过对数据产生条件的恰当限定、对数据产生过程的合理设计而获得数据。

用实验设计方法来获得数据的主要优点如下：

(1) 可以获得在真实情况下用调查法无法获得的某些数据；

(2) 可以在一定程度上直接观察到某些因素之间的相关关系；

(3) 可以获得在抽样调查、问卷调查中难于获得诚实回答的数据。

在实际生产活动中，实验结果往往受到多方面因素的影响，因此需要考察各因素对实验结果的影响情况。在多因素、多水平实验中，如果对每个因素的每个水平的所有组合都进行实验，则实验的次数就会很多。

例如，对一个 3 因素 7 水平的研究对象进行实验研究，如果 3 个因素 7 个水平都互相组合进行全面实验，就要做 $7^3=343$ 次实验；如果因素数量增加到 6 个，那么对 6 因素 7 水平进行全面实验要做 $7^6=117\,649$ 次实验，这显然是不经济的。

如果能够在不影响实验效果的前提下，尽可能地减少实验次数，将极大地减轻实验工作强度，降低实验成本，正交试验设计是解决这个问题的一种有效方法。

正交试验设计是一种利用正交表，挑选试验条件，确定试验计划，在较少的试验次数下，找出最优或较优组合的实验设计方法，是研究与处理多因素多水平试验的一种科学方法。

正交表是进行正交试验设计的主要工具，是一整套规则的设计表格，用正交表来安排试验时，各因素的各种水平的搭配是均衡的，可以实现以最少的试验次数达到与大量全面试验等效的结果。

一般的正交表记为 $L_n(m^k)$，L 为正交表的代号；n 为表的行数，也就是要安排的试验数；k 为表的列数，表示因素的个数；m 为各因素的水平数。

常见的正交表如下：

2 水平的有 $L_4(2^3)$，$L_8(2^7)$，$L_{12}(2^{11})$，$L_{16}(2^{15})$等；

3 水平的有 $L_9(3^4)$，$L_{27}(3^{13})$等；

4 水平的有 $L_{15}(4^5)$ 等；

5 水平的有 $L_{25}(5^6)$ 等。

例如，某混凝土预制构件厂为提高预制构件的质量，需要通过实验确定最好的生产工艺。经初步分析，影响预制构件质量的主要因素为养护温度、水灰比和含砂率，每个因素都考虑有两个水平，如表 1-1 所示。如果每个因素的每个水平都互相组合进行全面实验，必须做实验 $2^3=8$ 次，如果采用正交试验设计方法，使用 $L_4(2^3)$正交表来设计实验方案，则只需要从 2^3 次中选出 4 次实验。以 C20 预制构件选取立方体试块为例，每次实验进行 100 个混凝土立方体试块配置，统计合格品的产出数量，实验方案和实验结果如表 1-2 所示。

表 1-1 预制构件质量的主要影响因素与水平

水平	因素		
	养护温度 T/℃	水灰比 W	含砂率 S
1	18	0.54	0.48
2	20	0.60	0.33

表 1-2 预制构件质量正交试验设计

编　　号	因　　素			
	养护温度 T/℃	水灰比 W	含砂率 S	合格数量
1	1	1	1	35
2	1	2	2	90
3	2	1	2	88
4	2	2	1	75

表 1-2 中记录的实验参数、实验参数设置以及实验的结果即为实验数据，都是实验中直接可以获得的数据。

1.3 数据整理

数据整理是对抽样、调查、观察、实验等研究活动中所搜集到的原始数据进行审核、分组、汇总等加工处理，使之条理化、系统化，以符合统计分析的需要，同时用图表形式将数据展示出来的工作过程。数据整理的目的是简化数据并使之更容易理解和分析。

工程管理数据既有数值型数据，又有等级数据、属性数据等非数值型数据。非数值型数据在进行数据整理之前需进行量化处理，转化为数值型数据。对等级数据和属性数据，一般可采用李克特量表(Likert scale)来量化。

数据整理一般包括两个方面：一是对数据的处理，主要是考虑如何进行统计分组；二是确定反映数据基本特征的相关指标。

频数和频率是描述样本数据基本特征的主要指标。频数表示的是数据值在样本数据中的出现次数。某个数据值的频数与样本数据总数的比值称为该数据值在样本数据中出现的频率。

整理后的数据可以利用 SPSS 等常用统计分析软件中的图形工具或 Excel 中提供的图表工具进行可视化展示。

1.3.1 数据分组及其方法

数据分组是根据统计研究的需要，按照预先设定的标准将原始数据划分成不同的组别，分组后的数据称为分组数据。数据分组的主要目的是统计原始数据在各组中出现的频数，编制频数分布表，观察数据的分布特征。

数值型数据依据数值的不同进行数据分组，非数值型数据依据数据属性的不同进行分组。

数据分组需要遵循穷尽性原则和互斥性原则。穷尽性原则要求调查的每个样本都能无一例外地划归到某一组中，不会产生“遗漏”现象。互斥性原则要求分组后各个组的范围应该互不相容、互为排斥，即每个样本在特定的分组标志下只能归属某一组，而不能同时或可能同时归属到几个组。

数据分组有单变量值分组和组距分组两种方法。

1. 单变量值分组

把一个变量值作为一个组的分组方法称为单变量值分组,对于离散变量,且变量值较少的情况,通常采用单变量值分组。

例 1-1 某企业生产线改造工程中,为了设计合适的生产节拍,需要对各工序进行作业测定,对其中某道工序进行作业测定时测得的 50 次重复作业的作业时间如表 1-3 所示。采用单变量值分组法对数据进行分组并计算各组中数据出现的频数,结果如表 1-4 所示。

表 1-3 某工序 50 次重复作业的作业时间 单位:s

108	110	112	137	122	131	118	134	114	123
125	123	127	120	122	118	119	127	124	125
109	112	135	121	129	116	118	123	128	138
122	131	119	124	106	133	134	113	115	117
126	127	121	119	130	122	123	117	128	123

表 1-4 某工序 50 次重复作业的作业时间单变量值分组结果

作业时间/s	频数/次	作业时间/s	频数/次	作业时间/s	频数/次
106	1	118	3	128	2
108	1	119	3	129	1
109	1	120	1	130	1
110	1	121	2	131	2
112	2	122	4	133	1
113	1	123	5	134	2
114	1	124	2	135	1
115	1	125	2	137	1
116	1	126	1	138	1
117	2	127	3		

2. 组距分组

将全部变量值依次划分为若干区间,并将每一个区间作为一个组的分组方法称为组距分组。对于连续变量或变量值较多的情况,通常采用组距分组。组距分组可采用等距分组,也可采用不等距分组。

组距分组具体的步骤如下:

(1) 确定组数。组数一般与数据本身的特点及数据的多少有关,组数的确定以能够反映数据的分布特征和规律为原则。在实际分组时,可以根据 H. A. Sturges 提出的经验公式确定组数 K:

$$K = 1 + \frac{\lg n}{\lg 2} \tag{1-1}$$

式中,n 为数据个数。

(2) 确定各组的组距。可以根据全部数据的最大值、最小值以及划分的组数来确定组距,组距=(最大值-最小值)÷组数。

(3) 根据分组编制频数分布表。

在组距分组中,一个组的最小值称为下限;一个组的最大值称为上限;上限与下限之差称为组距；下限与上限之间的中点值称为组中值；上限和下限都齐全的组称为闭口组；上限或下限有一个没有的组称为开口组。

组限的确定有一个基本原则，即按这样的组限分组后，标志值在各组的变动能反映事物的质的变化。

连续变量分组时，由于相邻两组的上限和下限常是同一数值，每组的界限会重叠，为避免计算各组次数时出现混乱，组限表示的一般原则是“上组限不在内，或下组限不在内”。

离散变量分组时，由于相邻的上限和下限通常是以两个确定的不同整数值来表示，因此相邻两组的上下限可以不重合。

例 1-2 对表 1-3 记录的某工序 50 次重复作业的作业时间数据进行组距分组。

分别按上下组限重叠、上下组限间断和使用开口组进行等距分组，分组结果如表 1-5、表 1-6 和表 1-7 所示。

表 1-5 某工序 50 次重复作业的作业时间按上下组限重叠的等距分组结果

按作业时间分组/s	频数/次	频率/%
105～110	3	6
110～115	5	10
115～120	10	20
120～125	14	28
125～130	9	18
130～135	6	12
135～140	3	6
合计	50	100

表 1-6 某工序 50 次重复作业的作业时间按上下组限间断的等距分组结果

按作业时间分组/s	频数/次	频率/%
105～109	3	6
110～114	5	10
115～119	10	20
120～124	14	28
125～129	9	18
130～134	6	12
135～139	3	6
合计	50	100

表 1-7 某工序 50 次重复作业的作业时间使用开口组的等距分组结果

按作业时间分组/s	频数/次	频率/%
110 以下	3	6
110～114	5	10
115～119	10	20
120～124	14	28
125～129	9	18
130～134	6	12

续表

按作业时间分组/s	频数/次	频率/%
135 以上	3	6
合计	50	100

等距分组与不等距分组在反映频数分布上存在差异：等距分组各组频数的分布不受组距大小的影响，不等距分组各组频数的分布受组距大小的影响；等距分组的各组绝对频数反映了频数分布的特征和规律，不等距分组各组绝对频数的多少不能反映频数分布的实际状况，需要用频数密度来反映频数分布的实际状况。

3. 累计频数分布

在频数分布的基础上将各组频数逐一累计，称为频数分布累计，累计得到的频数称为累计频数。频数分布累计分为向上累计和向下累计两种方式。向上累计是从变量值最低组开始向变量值高的组累计，表明小于该组上限的频数（频率）一共有多少；向下累计是从变量值最高组开始向变量值低的组累计，表明大于该组下限的频数（频率）一共有多少。同一数值的向上累计和向下累计次数之和等于总体总次数。以变量值为横坐标、累计频数和频率为纵坐标，可以画出累计频数分布图。

例 1-3　对表 1-3 记录的某工序 50 次重复作业的作业时间数据进行组距分组并计算累计频数分布。

按上下组限重叠对表 1-3 记录的某工序 50 次重复作业的作业时间数据进行等距分组，分组数据的累计频数分布如表 1-8 所示，对应的累计频数分布图如图 1-1 所示。

表 1-8　某工序 50 次重复作业的作业时间的等距分组累计频数分布

按作业时间分组/s	频数/次	频率/%	向上累计频率/%	向下累计频率/%
105～110	3	6	6	100
110～115	5	10	16	94
115～120	10	20	36	84
120～125	14	28	64	64
125～130	9	18	82	36
130～135	6	12	94	18
135～140	3	6	100	6
合计	50	100	—	—

1.3.2　分组数据图示

1. 直方图

直方图是一种用矩形的宽度和高度来表示频数分布的图形，实际上是用矩形的面积来表示各组的频数分布。在直角坐标中，用横轴表示数据分组，纵轴表示频数或频率，各组与相应的频数构成的矩形即为直方图。在以频率表示的直方图中，直方图下的总面积等于 1。

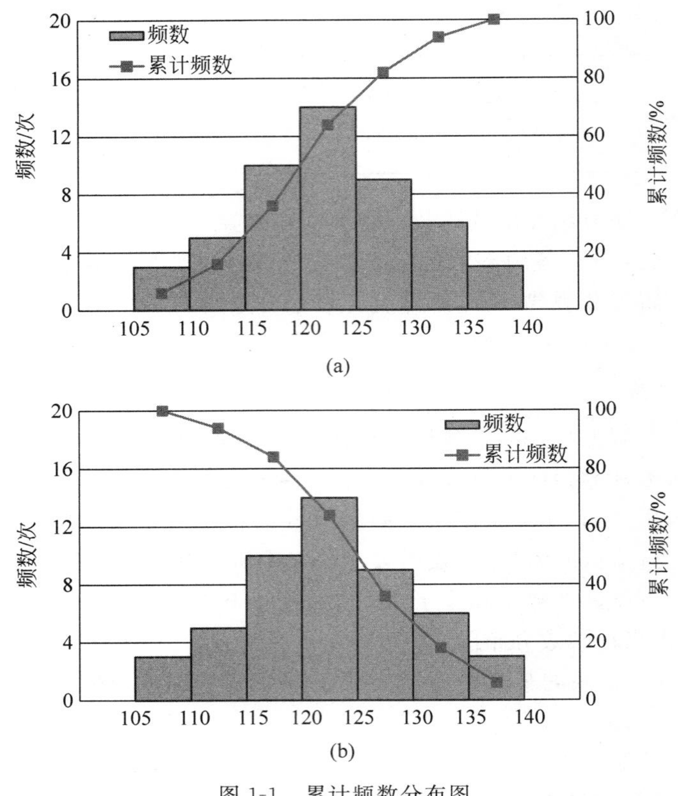

图 1-1 累计频数分布图

(a) 向上累计频数分布图 (b) 向下累计频数分布图

例 1-4 对表 1-3 记录的某工序 50 次重复作业的作业时间按上下组限重叠进行等距分组后的频数直方图如图 1-2 所示。

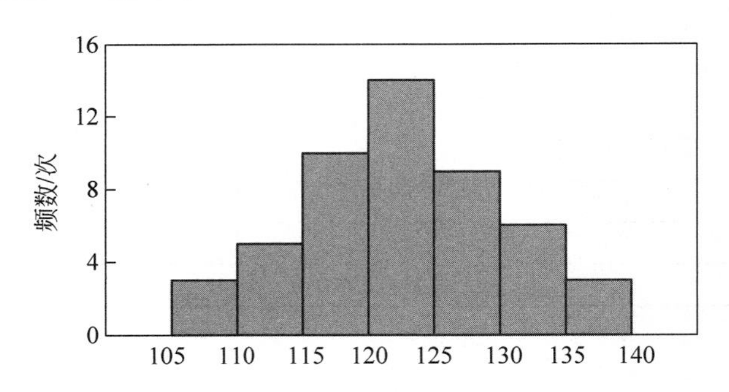

图 1-2 某工序 50 次重复作业的作业时间频数直方图

对本例中已经分组的数据，可以应用 Excel 的图表工具中的柱形图工具生成频数直方图。在 Excel 表中插入柱形图，选择已分组的数据为数据源，设置和编辑坐标轴等属性参数后即可生成该分组数据的频数直方图，主要过程如图 1-3～图 1-6 所示。

2. 折线图

折线图是在直方图的基础上，把直方图顶部的各组中点(各组中值对应的点)用直线连接起来，再去掉原来的直方图后的图形，也称频数多边形图。

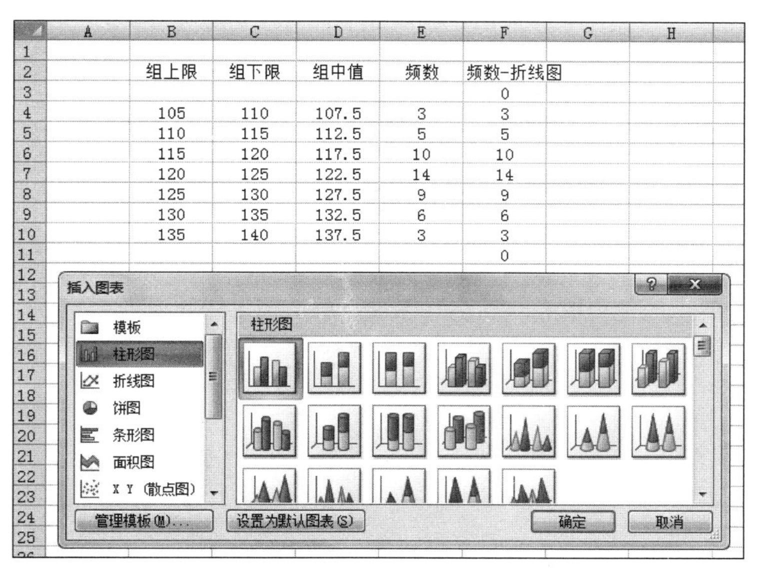

图 1-3　选择柱形图模板

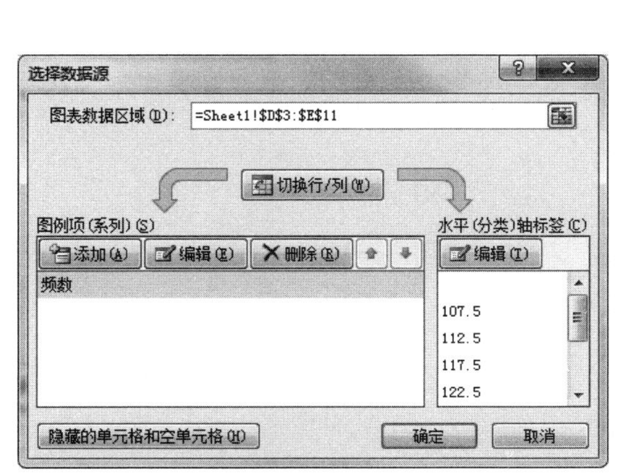

图 1-4　选择数据源

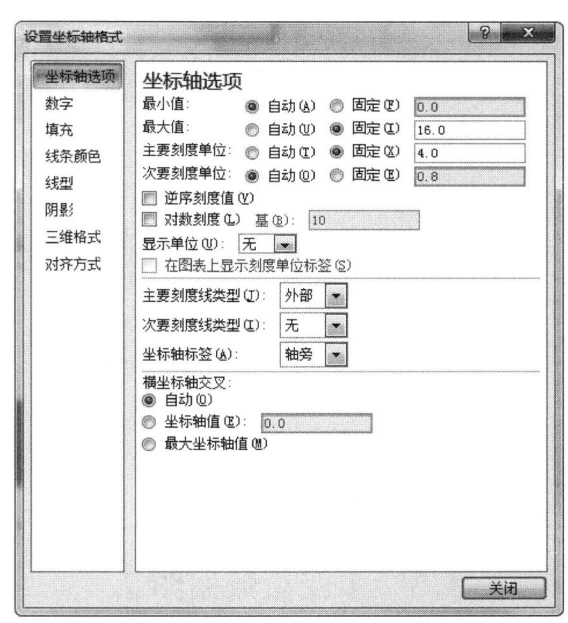

图 1-5　设置坐标轴选项

折线图的两个终点在横轴上，绘制折线图时，将第一个矩形的顶部中点与左侧竖边中点（即该组频数值的一半的位置）连接并延长到横轴，得到左侧终点，将最后一个矩形顶部中点与其右侧竖边中点连接并延长到横轴，得到右侧终点。折线图与横轴构成一个封闭的多边形，这个多边形的面积与原直方图的面积相等，二者所表示的频数分布是一致的。

例 1-5　用折线图展示表 1-3 记录的某工序 50 次重复作业的作业时间按上下组限重叠进行等距分组后的频数变化。

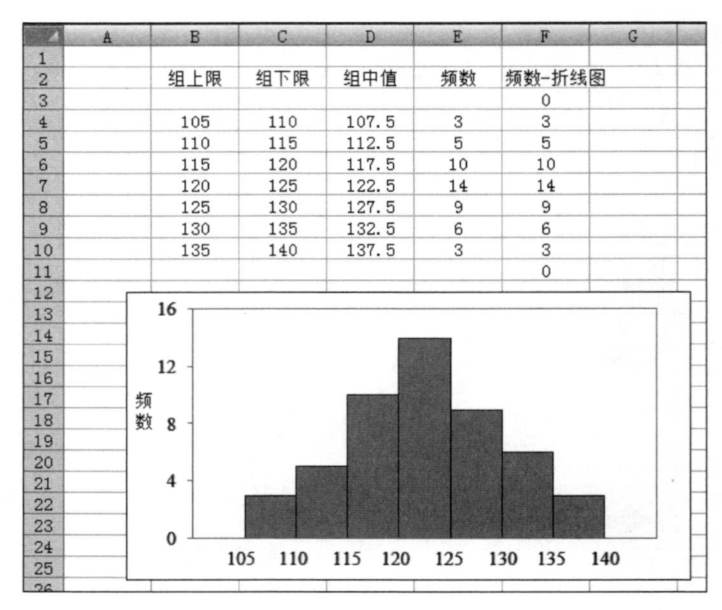

组上限	组下限	组中值	频数	频数-折线图
				0
105	110	107.5	3	3
110	115	112.5	5	5
115	120	117.5	10	10
120	125	122.5	14	14
125	130	127.5	9	9
130	135	132.5	6	6
135	140	137.5	3	3
				0

图 1-6　输出结果

图 1-7 是应用 Excel 的图表工具在频数直方图上绘制的频数折线图。在频数直方图的数据源中，通过添加数据系列，并将新添加的数据系列的图表类型更改为折线图类型后即可生成对应的频数折线图。

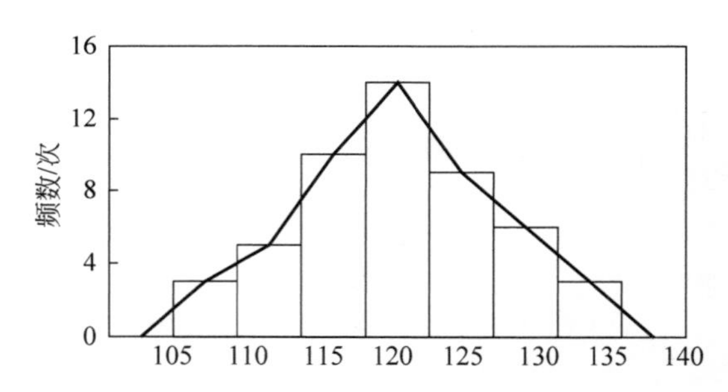

图 1-7　某工序 50 次重复作业的作业时间频数折线图

1.3.3　多变量数据图示

1. 雷达图

雷达图是以从同一点开始的轴上表示的三个或更多个变量的二维图形的形式显示多变量数据的图形方法。雷达图常用于显示或对比各变量的数值总和，也可用于研究多个样本之间的相似程度，当不同样本间各变量的取值具有相同的正负号时，总的绝对值与图形所围成的区域成正比。

例 1-6　某企业三相油浸式电力变压器的全生命周期成本(LCC)如表 1-9 所示，根据全生命周期成本的组成项绘制该产品全生命周期成本的雷达图。

图 1-8 所示是应用 Excel 图表工具中的雷达图工具生成的三相油浸式电力变压器的全

生命周期成本雷达图。

表 1-9 某企业三相油浸式电力变压器的全生命周期成本(LCC)

成 本 项	产品 LCC/元
研发成本	4172
制造成本	123 714
销售成本	2874
使用成本	200 348
退役成本	−2712
LCC 合计	328 396

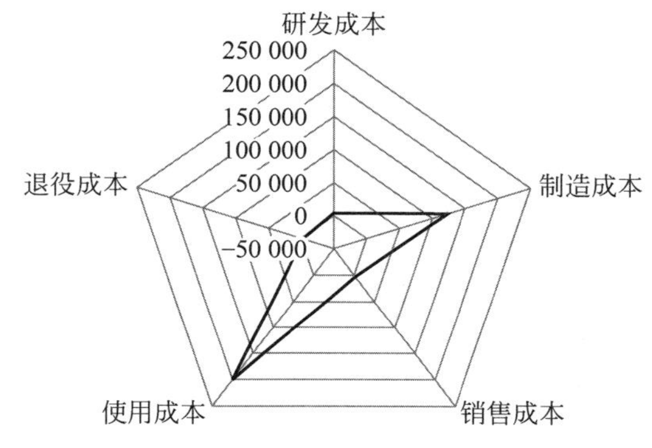

图 1-8 某企业三相油浸式电力变压器的全生命周期成本(LCC)的雷达图

2. 散点图

散点图是用二维坐标展示两个变量之间关系的一种图形,使用的数据是成对的数据,如(x_i, y_i),以变量 x 为横轴,变量 y 为纵轴,在坐标系中描出各数据点。

例 1-7 某工序需要将零件安装到夹具上进行加工,装夹零件时取零件作业时间与零件质量有关,取零件作业时间与零件质量之间的关系的抽样调查数据如表 1-10 所示。根据表 1-10 的数据,用散点图描述零件作业时间与零件质量变化的关系。

表 1-10 装夹零件时取零件作业时间与零件质量的关系

时间/s	4	10.5	7.5	6.5	6	8.5	8	7.5	5
质量/kg	2	8	6	4	3	9	7	5	1

图 1-9 所示为应用 Excel 图表工具中的散点图工具生成的取零件作业时间与零件质量变化关系散点图。

3. 气泡图

气泡图是用以展示三个变量之间关系的一种图形。它与散点图类似,在散点图的基础上,将点变成有大小的气泡。绘制时一个变量为横坐标,一个变量为纵坐标,而第三个变量则用气泡的大小来表示。

例 1-8 零件质量的变化将影响取零件作业时间,从而影响零件的装夹时间。表 1-11 所示为零件总的装夹时间与取零件作业时间和零件质量关系的抽样调查数据,图 1-10 所示

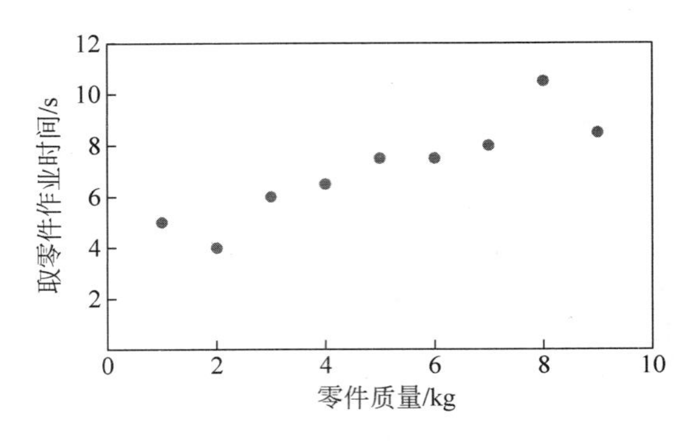

图 1-9　取零件作业时间与零件质量关系散点图

为应用 Excel 图表工具中的气泡图工具生成的零件总的装夹时间与取零件作业时间和零件质量关系的气泡图。气泡图上的数值表示该零件总的装夹时间，数值越大，对应的气泡就越大。

表 1-11　零件总的装夹时间与取零件作业时间和零件质量的关系

零件质量/kg	2	8	6	4	3	9	7	5	1
取零件作业时间/s	4	10.5	7.5	6.5	6	8.5	8	7.5	5
总的装夹时间/s	16	9.8	23.5	19	15	31.5	27	31.5	38.5

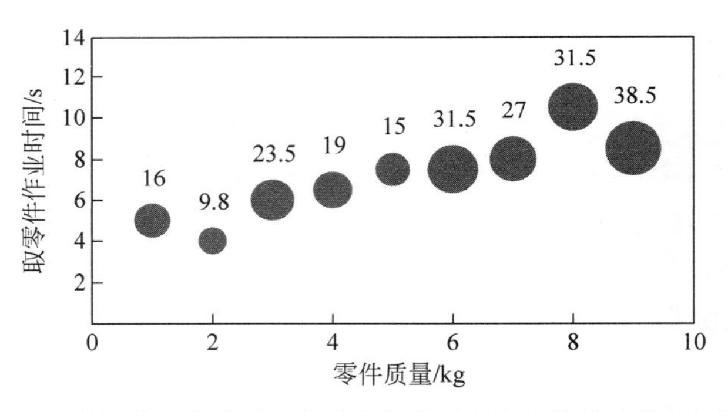

图 1-10　零件总装夹时间与取零件作业时间和零件质量关系气泡图

4. 时间序列图

时间序列是一组在不同时间采集到的按照时间顺序排列的数据序列，用于描述数据随时间变化的情况。时间序列图是以时间为横轴，变量为纵轴来展示时间序列数据的一种图形，也是折线图的一种形式。时间序列图可以直观地反映某一特征随时间的变化状态或程度。

例 1-9　表 1-12 所示为某操作者某年每个月生产的零件的合格率数据，为了分析该操作者的作业质量，可以用时间序列图来展示该操作者生产零件的合格率随时间变化的情况。

图 1-11 所示为应用 Excel 图表工具中的折线图工具生成的操作者月生产零件的合格率时间序列图。

表 1-12 某操作者某年每个月生产的零件的合格率

月份	1	2	3	4	5	6	7	8	9	10	11	12
合格率/%	95	95	97	98	98	97	96	97	96	95	97	96

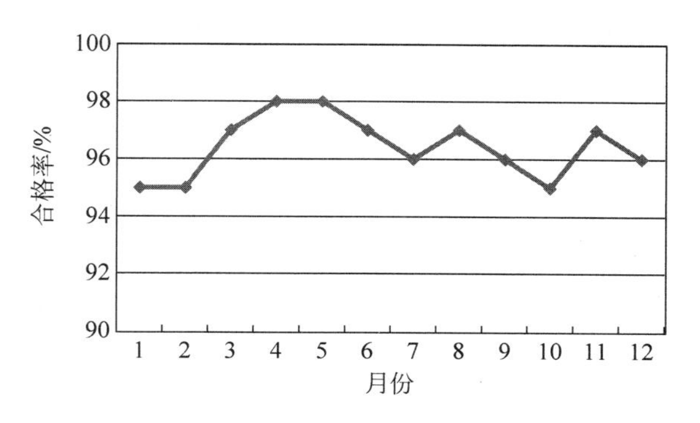

图 1-11 操作者月生产零件的合格率时间序列图

本章小结

工程管理数据是对工程活动过程进行管理所产生的和(或)使用到的数据,具有复杂性、多样性、关联性、动态性、可度量性等特点。工程管理数据包括通过报表、调查、抽样、观察、传感技术等方法获取的观察数据和通过实验方式获得的实验数据。对获得的工程管理数据采用分组、汇总、图示等数据整理方法实现数据的条理化、系统化、可视化,可以达到简化数据并使之更容易理解和分析的目的。采用 Excel 提供的常用图表工具可以方便地对数据进行可视化展示。

习题与思考题

1.1 什么是工程管理数据?

1.2 结合工作中的典型工程管理数据,分析工程管理数据的特点。

1.3 针对实际工作中的某个具体问题设计调查问卷,用于分析和探究问题产生的原因。调查问卷应格式规范,问卷上的题目设计满足调查目标要求。

1.4 对由调查问卷获得的数据进行整理,并选择合适的图表展示。

矿渣粉磨系统进行智能化改造中的数据获取与展示

高炉矿渣是高炉炼铁过程中排出的副产品,将矿渣粉磨至合格细度掺入普通水泥中可制造成矿渣水泥。为了提高资源的利用率、延长设备的使用寿命、减少生产过程对环境的影响,某特种钢铁企业对其 100 万 t 矿渣粉磨系统进行智能化改造,建设了矿渣粉磨生产线工业数据在线运行监控平台,包括设备状态监控、生产状态监控、运行数据查询等模块,实现了生产线运行的在线数据采集和智能监控，其中大量的运行和状态数据，经过适当的整理后以图形化的方式进行了可视化展示。每天的平均喂料量、产出量等反映数量上的变化的生产数据用直方图展示，数据的直方图展示方法和展示形式参见例1-4；生产过程中磨机的入口温度、出口温度、振动量等随时间波动的状态数据用时间序列图展示，数据的时间序列图展示方法和展示形式参见例1-9；设备调控参数的不同取值与产出量的变化用折线图展示，数据的折线图展示方法和展示形式参见例1-5。数据的可视化展示使矿渣粉磨系统的运行状况一目了然。

案例问题：

（1）案例中矿渣粉磨生产线工业数据有哪些类型？需要采用哪些数据获取方法？

（2）案例中矿渣粉磨生产线工业数据在线运行监控平台如何选择恰当的数据展示工具对各监控对象进行可视化展示？

参考文献

[1] 贾俊平.统计学基础[M].2版.北京：中国人民大学出版社，2014.
[2] 刘金兰.管理统计学[M].天津：天津大学出版社，2007.
[3] 马庆国.应用统计学：数理统计方法、数据获取与SPSS应用[M].北京：科学出版社，2005.
[4] 明杰秀，周雪，刘雪.概率论与数理统计[M].上海：同济大学出版社，2017.
[5] 王志江，陶靖轩，沈鸿.概率论与数理统计[M].北京：中国计量出版社，2009.

第2章

数据分析

【教学内容、重点与难点】

教学内容：数据分布特征及其测度，常用概率分布介绍，参数估计，假设检验，线性回归分析，单因素和双因素方差分析。

教学重点：数据分布特征的主要测度，总体均值和比例的置信区间估计，总体均值和比例的假设检验，一元线性回归分析，单因素方差分析。

教学难点：分组数据分布特征的测度计算方法，区间估计的统计量选择，假设检验的统计量选择，方差分析的前提条件。

以避免质量损失为目标的供应商零部件质量评价

质量损失是指企业在生产、经营过程和活动中由于产品的质量问题而导致的损失，包括由于内部因素直接导致的资源和材料浪费等造成的有形损失以及由于用户不满意而导致的销售机会或增值机会丧失等造成的无形损失。随着市场竞争的日益加剧，越来越多的企业在发展和提高自身的核心竞争力的同时，加强与供应商的合作，构建企业供应链，为企业产品提供配套的零部件。

在A公司的供应链上，每一种配套的零部件通常有多个供应商，尽管来自不同供应商的同一种零部件都是符合设计规格、检验合格的，但由于其质量特性的分布有所不同，可能会对公司最终产品的质量产生影响，从而给公司造成不同程度的质量损失。因此，对A公司来说，如何正确地估计或检验各供应商提供的零部件的质量、如何判断各供应商之间的差异性，是两个迫切需要解决的问题。本章将重点介绍数据的分布特征、常用的统计推断方法和统计分析方法，帮助学生提升应用统计方法解决实际工程问题的能力。

2.1 分布分析

2.1.1 数据分布的特征

对数据进行整理、分组、图示是对数据分布的基本描述，如果要进一步分析数据的分布特征及其变化规律，还需要找出能描述数据分布的主要特征及其测度，而数据的集中趋势、离散程度和分布的形状很好地刻画了数据的分布特征，如图 2-1 所示。

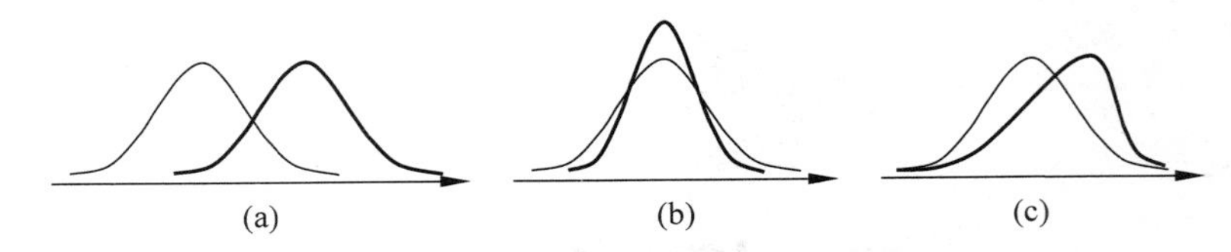

图 2-1 数据的分布特征
(a) 集中趋势；(b) 离散程度；(c) 分布的形状

1. 集中趋势

集中趋势就是数据向其某一中心值靠拢或聚集的程度。集中趋势反映了数据的位置特征，关注的是值集中的位置。

集中趋势的概念就是平均数的概念，它对总体的某一特征具有代表性，能够表明所研究对象在一定时间、空间条件下的共同性质和一般水平。常用的集中趋势测度有众数、中位数和均值等。

2. 离散程度

离散程度就是数据远离其中心值的程度。离散程度反映了数据的分散特征，关注的是值变化的程度。

一组数据围绕中心值的分布可能比较集中，差异较小，也可能比较分散，差异较大，因此，离散程度也反映了集中趋势测度值对该组数据的代表程度：数据的离散程度越大，集中趋势测度值的代表性越差；数据的离散程度越小，集中趋势测度值的代表性越好。常用的离散程度测度有极差、方差、标准差、标准误差等。

3. 分布形状

集中趋势和离散程度是关于数据分布的基本测度，要进一步描述数据分布的形态是否偏倚，偏倚的方向和程度，分布是尖耸还是扁平，尖耸或扁平的程度，以及数据分布形态与正态分布的差异等，还需要描述数据分布的形状特征。数据分布的形状反映了值是对称分布的程度，常用的测度有偏态和峰度，偏态反映了分布对称或有尾的程度，峰度反映了分布达到顶点的程度。

2.1.2 数据分布的测度

表 2-1 所示为某企业生产线改造工程中对某工序进行作业测定时测得的 50 次重复作业的作业时间数据，表 2-2 所示为对该作业时间数据按上下组限重叠进行等距分组后的频数分布。

表 2-1 某工序 50 次重复作业的作业时间 单位：s

127	123	119	113	125	122	134	114	125	120
127	134	121	138	119	118	123	117	130	137
123	129	131	119	135	127	126	133	112	123
108	124	106	109	122	118	115	128	112	110
116	123	122	122	131	117	118	124	128	121

表 2-2　某工序 50 次重复作业的作业时间等距分组频数分布

按作业时间分组/s	频数/次	累积频数
105～110	3	3
110～115	5	8
115～120	10	18
120～125	14	32
125～130	9	41
130～135	6	47
135～140	3	50
合计	50	—

1. 集中趋势的测度

集中趋势反映了一组数据向其中心值聚集的程度，对集中趋势的测度就是找出反映数据水平的代表值或中心值。描述一组数据的集中趋势的常用代表值有众数、中位数、均值，它们都可以用来反映总体的平均状况，只是描述的角度不同，其中以均值(平均数)的应用最为广泛。

1）众数

一组数据中出现次数最多的数据称为这组数据的众数。众数不受极端值的影响，一组数据中可能没有众数或有多个众数。

例如，原始数据 10、5、9、12、6、8 中没有众数；原始数据 6、5、9、8、5、5 中有一个众数 5；原始数据 25、28、28、36、42、42 中有两个众数，分别是 28 和 42。

例 2-1　求表 2-1 所示的作业时间数据的众数。

根据表 2-1 的数据，可以知道该工序 50 次重复作业时的作业时间众数是 123 s。

对于分组数据，众数的值与相邻两数组频数的分布有关。当相邻两数组的频数相等时，众数组的组中值即为众数。当相邻两数组的频数不相等时，假定众数组的频数在众数组内均匀分布，则众数可采用下列近似公式计算：

$$M_0 \approx L + \frac{f - f_{-1}}{(f - f_{-1}) + (f - f_{+1})} \times i \tag{2-1}$$

式中，M_0 为众数；L 为众数组的下限值；i 为组距；f 为众数组的频数；f_{-1} 为众数组前一组的频数；f_{+1} 为众数组后一组的频数。

例 2-2　求表 2-2 所示的作业时间分组数据的众数。

根据表 2-2 中 50 次重复作业的作业时间等距分组频数分布，可以计算出该工序重复作业时的作业时间众数是 122.22 s。

$$M_0 \approx \left[120 + \frac{14 - 10}{(14 - 10) + (14 - 9)} \times 5\right] \text{s} = 122.22 \text{ s}$$

2）中位数

在一组数据中，分位数也可以用来表示这组数据的集中趋势，如四分位数、中位数、百分位数等，其中最常用的分位数是中位数。

一组按大小依次排列的数据中，处于最中间位置的一个数据(或最中间位置的两个数据的平均数)称为这组数据的中位数。

中位数不受极端值的影响，主要用于定序数据(如表示学生学习成绩的数据：优秀、良好、中等、及格、不及格)，也可用于数值型数据，但不能用于定类数据(如表示学生性别的数据：男生、女生)，各数据值与中位数的离差绝对值之和最小。

对于未分组数据，中位数位置$=(N+1)/2$，对于按组距分组数据，中位数位置$=N/2$，其中 N 为数据个数。

对于未分组数据，中位数按以下公式计算：

$$M_e=\begin{cases}x_{\frac{N+1}{2}}, & N\text{ 为奇数}\\ \dfrac{1}{2}\left(x_{\frac{N}{2}}+x_{\frac{N}{2}+1}\right), & N\text{ 为偶数}\end{cases} \tag{2-2}$$

例 2-3 求表 2-1 所示的作业时间数据的中位数。

根据表 2-1 中的数据，可以知道该工序 50 次重复作业时的作业时间中位数是 122 s。

对于分组数据，根据位置公式确定中位数所在的组，假定中位数组的频数在该组内均匀分布，中位数采用下列近似公式计算：

$$M_e\approx L+\frac{\frac{N}{2}-S_{m-1}}{f_m}\times i \tag{2-3}$$

式中，L 为中位数所在组的下限值；S_{m-1} 为上一组累积频数；f_m 为所在组的频数；i 为组距。

例 2-4 求表 2-2 所示的作业时间分组数据的中位数。

例如，根据表 2-2 所示的某工序 50 次重复作业的作业时间按上下组限重叠进行等距分组后的频数分布，可以计算出该工序重复作业时的作业时间中位数是 122.50 s。

$$M_e\approx\left(120+\frac{50/2-18}{14}\times 5\right)\text{ s}=122.50\text{ s}$$

3) 均值

一组数据的算术平均数称为均值，算术平均数通常简称为平均数。均值是最常用的集中趋势测度值，是一组数据的均衡点所在，但是易受极端值的影响。

设一组数据为 $x_1,x_2,\cdots,x_N$，简单均值的计算公式为

$$\bar{x}=\frac{x_1+x_2+\cdots+x_N}{N}=\frac{\sum_{i=1}^{N}x_i}{N} \tag{2-4}$$

例 2-5 求表 2-1 所示的作业时间数据的均值。

根据表 2-1 中的数据，可以知道该工序 50 次重复作业时的作业时间均值是 122.36 s。

$$\bar{x}=\frac{x_1+x_2+\cdots+x_N}{N}=\frac{\sum_{i=1}^{50}x_i}{50}=122.36\text{ s}$$

对于分组数据，设分组后的数据为 $x_1,x_2,\cdots,x_K$，相应的频数为 $f_1,f_2,\cdots,f_K$，加权均值的计算公式为

$$\bar{x}\approx\frac{x_1f_1+x_2f_2+\cdots+x_Kf_K}{f_1+f_2+\cdots+f_K}=\frac{\sum_{i=1}^{K}x_if_i}{\sum_{i=1}^{K}f_i} \tag{2-5}$$

例 2-6 求表 2-2 所示的作业时间分组数据的均值。

根据表 2-2 所示的某工序 50 次重复作业的作业时间按上下组限重叠进行等距分组后的频数分布，可以计算出该工序重复作业时的作业时间均值是 122.6 s。

$$\bar{x} \approx \frac{\sum_{i=1}^{K} x_i f_i}{\sum_{i=1}^{K} f_i} = \frac{6130}{50}\ \text{s} = 122.6\ \text{s}$$

4）众数、中位数和均值的比较

众数体现了样本数据的最大集中点，它不受极端值的影响，但也无法客观地反映数据的总体特征。

中位数是样本数据所占频率的等分线，它不受极端值的影响，但也缺乏对极端值的敏感性。

均值与每一个样本数据有关，任何一个样本数据的改变都会引起均值的改变。与众数、中位数比较起来，均值可以反映出更多的关于样本数据全体的信息，但均值受数据中的极端值的影响较大，使均值在估计时的可靠性降低。

2. 离散程度的测度

离散程度反映了数据的分散特征，描述数据离散程度的常用测度值有极差、四分位数间距、方差、标准差等，其中，方差、标准差是最常用的离散程度测度值。

1）方差及标准差

方差和标准差反映数据的分布，体现了各变量值与均值的平均差异。根据总体数据得到的方差或标准差称为总体方差或总体标准差，根据样本数据得到的方差或标准差称为样本方差或样本标准差。

对于未分组数据，总体方差 σ^2 和标准差 σ 的计算公式为

$$\sigma^2 = \frac{\sum_{i=1}^{N} (x_i - \bar{x})^2}{N} \tag{2-6}$$

$$\sigma = \sqrt{\frac{\sum_{i=1}^{N} (x_i - \bar{x})^2}{N}} \tag{2-7}$$

例 2-7 假设表 2-1 中所示为全部 50 次作业的作业时间数据，求该作业时间的标准差。

根据表 2-1 的数据，可以计算出该工序 50 次重复作业时的作业时间标准差是 7.55 s。

$$\sigma = \sqrt{\frac{\sum_{i=1}^{N} (x_i - \bar{x})^2}{N}} = \sqrt{\frac{2847.52}{50}}\ \text{s} = 7.55\ \text{s}$$

对于组距分组数据，总体方差 σ^2 和标准差 σ 的计算公式为

$$\sigma^2 \approx \frac{\sum_{i=1}^{K} (x_i - \bar{x})^2 f_i}{\sum_{i=1}^{K} f_i} \tag{2-8}$$

$$\sigma \approx \sqrt{\frac{\sum_{i=1}^{K}(x_i-\bar{x})^2 f_i}{\sum_{i=1}^{K} f_i}} \tag{2-9}$$

例 2-8 假设表 2-2 中所示为全部 50 次作业的作业时间的分组数据，求该作业时间的标准差。

根据表 2-2 所示的某工序 50 次重复作业的作业时间按上下组限重叠进行等距分组后的频数分布，可以计算出该工序重复作业时的作业时间标准差是 7.65 s。

$$\sigma \approx \sqrt{\frac{\sum_{i=1}^{K}(x_i-\bar{x})^2 f_i}{\sum_{i=1}^{K} f_i}} = \sqrt{\frac{2924.5}{50}}\ \mathrm{s} = 7.65\ \mathrm{s}$$

对于未分组数据，n 个样本的样本方差 S^2 和标准差 S 的计算公式为

$$S_{n-1}^2 = \frac{\sum_{i=1}^{n}(x_i-\bar{x})^2}{n-1} \tag{2-10}$$

$$S_{n-1} = \sqrt{\frac{\sum_{i=1}^{n}(x_i-\bar{x})^2}{n-1}} \tag{2-11}$$

对于组距分组数据，k 组样本的样本方差 S^2 和标准差 S 的计算公式为

$$S_{n-1}^2 \approx \frac{\sum_{i=1}^{k}(x_i-\bar{x})^2 f_i}{\sum_{i=1}^{k} f_i - 1} \tag{2-12}$$

$$S_{n-1} \approx \sqrt{\frac{\sum_{i=1}^{k}(x_i-\bar{x})^2 f_i}{\sum_{i=1}^{k} f_i - 1}} \tag{2-13}$$

例 2-9 原始数据包含 6 个样本值 10、5、9、13、6、8，那么样本方差和标准差分别为

$$S_{n-1}^2 = \frac{\sum_{i=1}^{n}(x_i-\bar{x})^2}{n-1} = \frac{(10-8.5)^2+(5-8.5)^2+\cdots+(8-8.5)^2}{6-1} = 8.3$$

$$S_{n-1} = \sqrt{\frac{\sum_{i=1}^{n}(x_i-\bar{x})^2}{n-1}} = \sqrt{8.3} = 2.88$$

2）相对离散程度

当需要比较两组量纲不同或者测量尺度相差太大的数据的离散程度大小时，为了消除测量尺度或量纲的影响，一般不直接使用标准差而是使用变异系数来进行比较。

变异系数 V_σ 是一个衡量相对离散程度的测度，是原始数据标准差与原始数据均值的比，$V_\sigma=\dfrac{\sigma}{\bar{x}}$ 或 $V_S=\dfrac{S}{\bar{x}}$。

由于变异系数没有量纲，因此可用于比较不同组别数据的离散程度。变异系数反映的是数据离散程度的绝对值，其数值大小不仅与变量值离散程度有关，也与变量值平均水平大小有关。

例 2-10　不同企业的产量和相应的利润数据如表 2-3 所示，应用变异系数比较不同企业的产量和利润的离散程度。

表 2-3　不同企业的产量和相应的利润数据

企　业	产量 x_1/件	利润 x_2/万元
1	1500	80
2	2800	125
3	3900	175
4	4400	225
5	5100	265
6	6700	420
7	8000	515
8	8600	500
9	8800	620
10	9500	680

由表 2-3 中数据可以计算出：

$$\bar{x}_1=5930,\quad S_1=2780.11,\quad V_1=\frac{S_1}{\bar{x}_1}=\frac{2780.11}{5930}=0.47$$

$$\bar{x}_2=360.5,\quad S_2=214.04,\quad V_2=\frac{S_2}{\bar{x}_2}=\frac{214.04}{360.5}=0.59$$

计算结果表明 $V_1<V_2$，说明产量的离散程度小于利润的离散程度。

3. 分布形状的测度

表达数据分布的形状特征的常用测度有偏态和峰度。

1）偏态

数据分布的不对称性称为偏态，是反映数据分布偏斜程度的测度，偏态分布分为对称分布、左偏分布和右偏分布，如图 2-2 所示。

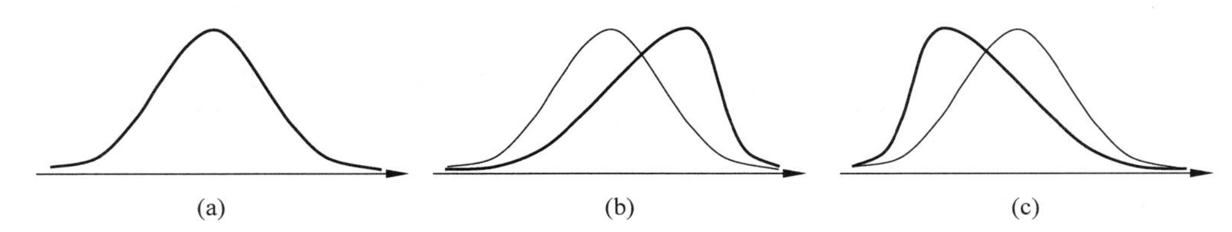

图 2-2　偏态分布的形状

(a) 对称分布；(b) 左偏分布；(c) 右偏分布

偏斜程度用偏态系数来表示。设一组数据为 $x_1, x_2, \cdots, x_K$，相应的频数为 $f_1, f_2, \cdots, f_K$，如果数据的均值为 $\bar{x}$，标准差为 σ，所有数据的频数和为 N，采用中心矩法计算偏态系数 α_3 的计算公式如下：

$$\alpha_3 = \frac{\sum_{i=1}^{K}(x_i - \bar{x})^3 f_i}{N\sigma^3} \tag{2-14}$$

偏态系数 $\alpha_3 = 0$ 时，数据分布为对称分布；偏态系数 $\alpha_3 > 0$ 时，数据分布为右偏分布；偏态系数 $\alpha_3 < 0$ 时，数据分布为左偏分布。

2）峰度

数据分布的扁平程度称为峰度，以正态分布曲线为标准，反映数据分布顶端相对于正态分布曲线顶端而言的平坦或尖峰程度。峰度分布的形状如图 2-3 所示，分为扁平分布和尖峰分布。

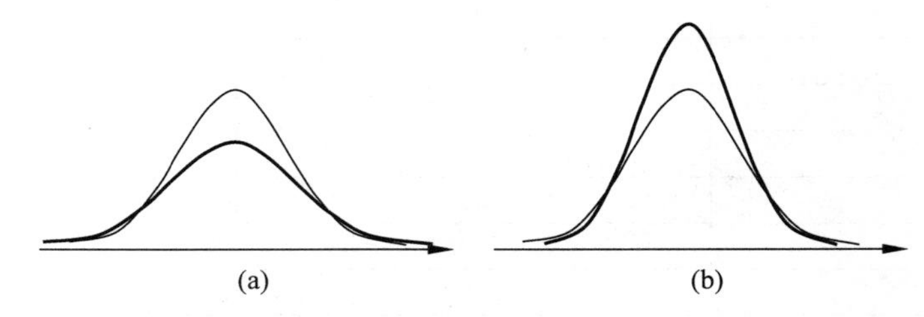

图 2-3　峰度分布的形状

(a) 扁平分布；(b) 尖峰分布

扁平程度用峰度系数来表示。设一组数据为 $x_1, x_2, \cdots, x_K$，相应的频数为 $f_1, f_2, \cdots, f_K$，如果数据的均值为 $\bar{x}$，标准差为 σ，所有数据的频数和为 N，采用中心矩法计算峰度系数 α_4 的计算公式如下：

$$\alpha_4 = \frac{\sum_{i=1}^{K}(x_i - \bar{x})^4 f_i}{N\sigma^4} \tag{2-15}$$

峰度系数 $\alpha_4 = 3$ 时，数据分布的扁平程度适中；峰度系数 $\alpha_4 < 3$ 时，数据分布为扁平分布；峰度系数 $\alpha_4 > 3$ 时，数据分布为尖峰分布。

例 2-11　分析表 2-2 所示的作业时间分组数据分布的偏度和峰度。

根据表 2-2 所示的某工序 50 次重复作业的作业时间的分组数据，按式(2-14)和式(2-15)可以计算出该工序作业时间数据分布的偏态系数和峰度系数，计算如表 2-4 所示。

表 2-4　某工序 50 次重复作业的作业时间数据偏态及峰度计算

按作业时间分组/s	组中值 x_i	频数 f_i	$(x_i-\bar{x})^3 f_i$	$(x_i-\bar{x})^4 f_i$
105～110	107.5	3	−10 328.85	155 965.68
110～115	112.5	5	−5151.50	52 030.20
115～120	117.5	10	−1326.51	6765.20
120～125	122.5	14	−0.01	0.00
125～130	127.5	9	1058.84	5188.32

续表

按作业时间分组/s	组中值 x_i	频数 f_i	$(x_i-\bar{x})^3 f_i$	$(x_i-\bar{x})^4 f_i$
130～135	132.5	6	5821.79	57 635.76
135～140	137.5	3	9923.85	147 865.32
合计	—	50	−2.40	425 450.49

得

$$\bar{x}=122.6,\quad \sigma=7.65,\quad N=50$$

$$\alpha_3=\frac{\sum_{i=1}^{7}(x_i-\bar{x})^3 f_i}{N\sigma^3}=\frac{-2.40}{50\times 7.65^3}=-0.000\,11$$

$$\alpha_4=\frac{\sum_{i=1}^{7}(x_i-\bar{x})^4 f_i}{N\sigma^4}=\frac{425\,450.49}{50\times 7.65^4}=2.48$$

计算结果表明，这组作业时间数据呈微弱的左偏扁平分布。

2.1.3　与数据分析相关的常用概率分布

1. 正态分布

若连续型随机变量 X 的概率密度函数为

$$f(x)=\frac{1}{\sqrt{2\pi}\sigma}\mathrm{e}^{-\frac{(x-\mu)^2}{2\sigma^2}},\quad -\infty<x<+\infty \tag{2-16}$$

其中，μ、$\sigma(\sigma>0)$为常数，则称随机变量 X 服从参数为 μ、σ 的正态分布，记作 $X\sim N(\mu,\sigma^2)$。

当 $\mu=0,\sigma=1$ 时，正态分布就成为标准正态分布，记作 $X\sim N(0,1)$。这时 X 的概率密度函数为

$$\varphi(x)=\frac{1}{\sqrt{2\pi}}\mathrm{e}^{-\frac{x^2}{2}},\quad -\infty<x<+\infty \tag{2-17}$$

正态分布是具有两个参数 μ 和 σ^2 的连续型随机变量的分布，μ 和 σ 分别为随机变量 X 的均值和标准差，σ^2 为方差。

参数 μ 是正态分布的位置参数，反映了正态分布数据分布的集中趋势。正态分布概率密度曲线以 $X=\mu$ 为对称轴，左右完全对称。正态分布的众数、中位数、均值相同，均等于 μ。

参数 σ 是正态分布的形状参数，反映了正态分布数据分布的离散程度。σ 越大，数据分布越分散，正态分布概率密度曲线越扁平；σ 越小，数据分布越集中，曲线越陡峭。

正态分布可用于总体服从正态分布且方差已知，或总体不是正态分布但为大样本时的总体均值的区间估计以及总体均值与样本均值差异的显著性检验。

2. χ^2 分布

若 $X_1,X_2,\cdots,X_n$ 是 n 个相互独立且服从标准正态分布 $N(0,1)$ 的随机变量，则这 n 个随机变量的平方和构成的随机变量 $\chi^2=\sum_{i=1}^{n}X_i^2$ 服从自由度为 n 的 χ^2 分布，记作 $\chi^2\sim$

$\chi^2(n)$，其中自由度 n 是独立随机变量的个数。χ^2 分布的概率密度函数为

$$f(x)=\begin{cases}\dfrac{1}{2^{\frac{n}{2}}\Gamma\left(\dfrac{n}{2}\right)}x^{\frac{n}{2}-1}\mathrm{e}^{-\frac{x}{2}}, & x>0\\ 0, & x\leqslant 0\end{cases} \tag{2-18}$$

其中

$$\Gamma\left(\frac{n}{2}\right)=\int_0^{+\infty}x^{\frac{n}{2}-1}\mathrm{e}^{-x}\,\mathrm{d}x$$

χ^2 分布的概率密度曲线形状与自由度 n 有关，通常呈右偏分布，随着 n 的增大而逐渐趋近于对称分布。

χ^2 分布的均值 $E(\chi^2)$ 为自由度，方差 $D(\chi^2)$ 为 2 倍的自由度。如果有 $\chi^2\sim\chi^2(n)$，则 $E(\chi^2)=n$，$D(\chi^2)=2n$。

χ^2 分布可用于计数数据的假设检验以及总体方差与样本方差差异的显著性检验。

3. *t* 分布

若 X 是服从标准正态分布的随机变量，Y 是服从自由度为 n 的 χ^2 分布的随机变量，即 $X\sim N(0,1)$，$Y\sim\chi^2(n)$，且 X 与 Y 相互独立，则称随机变量 $T=\dfrac{X}{\sqrt{Y/n}}$ 服从自由度为 n 的 t 分布，记作 $T\sim t(n)$。t 分布的概率密度函数为

$$f(t)=\frac{\Gamma\left(\dfrac{n+1}{2}\right)}{\sqrt{n\pi}\,\Gamma\left(\dfrac{n}{2}\right)}\left(1+\frac{t^2}{n}\right)^{-\frac{n+1}{2}},\quad -\infty<t<+\infty \tag{2-19}$$

t 分布的概率密度曲线与正态分布曲线相似，形态与自由度 n 有关，自由度越小，t 分布曲线愈平坦，随着自由度增大，t 分布曲线越来越接近正态分布曲线，当自由度 $n\to+\infty$ 时，t 分布曲线为标准正态分布曲线。

t 分布 $T\sim t(n)$ 的均值 $E(t)=0$，方差 $D(t)=\dfrac{n}{n-2}(n>2)$。

t 分布可用于根据小样本来估计呈正态分布且方差未知的总体的均值。如果总体方差已知，则应该用正态分布来估计总体均值。

4. *F* 分布

若 X 和 Y 分别是服从自由度为 n_1 和 n_2 的 χ^2 分布的随机变量，即 $X\sim\chi^2(n_1)$，$Y\sim\chi^2(n_2)$，且 X 与 Y 相互独立，则称随机变量 $F=\dfrac{X/n_1}{Y/n_2}$ 服从第一自由度为 n_1 和第二自由度为 n_2 的 F 分布，记作 $F\sim F(n_1,n_2)$。F 分布的概率密度函数为

$$f(x)=\begin{cases}\dfrac{\Gamma\left(\dfrac{n_1+n_2}{2}\right)}{\Gamma\left(\dfrac{n_1}{2}\right)\Gamma\left(\dfrac{n_2}{2}\right)\left(1+\dfrac{n_1}{n_2}x\right)^{\frac{n_1+n_2}{2}}}\left(\dfrac{n_1}{n_2}\right)^{\frac{n_1}{2}}x^{\frac{n_1}{2}-1}, & x>0\\ 0, & x\leqslant 0\end{cases} \tag{2-20}$$

F 分布 $F \sim F(n_1, n_2)$ 的均值 $E(F)=\frac{n_2}{n_2-2}, n_2>2$；

方差 $D(F)=\frac{2n_2^2(n_1+n_2-2)}{n_1(n_2-2)^2(n_2-4)}, n_2>4$。

F 分布是一种非对称分布，具有两个自由度，而且两个自由度的位置不可互换。F 分布可用于方差分析和回归方程的显著性检验。

2.2　参数估计

参数估计是统计推断的一种基本形式，它根据从总体中抽取的随机样本的信息来推断总体的未知参数，参数估计有点估计和区间估计两种形式。参数估计的点估计和区间估计可以应用 Excel 或 SPSS 等统计分析软件来实现。

2.2.1　点估计

点估计就是根据从总体中抽取的一个样本的统计量对总体的未知参数作出一个数值点的估计。例如，将样本均值作为总体均值的估计值。

用于估计总体某一参数的随机变量称为估计量，根据一个具体的样本计算出来的估计量的值称为估计值。

衡量估计量的优良性的准则有估计量的无偏性、有效性和一致性。无偏性是指估计量的数学期望等于总体参数的真值。有效性是指估计量与总体参数的离散程度，对于两个无偏估计量而言，方差较小的无偏估计量是一个更为有效的估计量。一致性是指样本容量越大，估计量越接近总体参数的真值。

常用的估计量有总体均值 μ 的估计量、总体方差 σ^2 和标准差 σ 的估计量、总体比例 P 的估计量，用对应的样本均值 $\bar{x}$、样本方差 S^2 和标准差 S、样本比例 $\hat{p}$ 作为总体参数的点估计。

例 2-12　表 2-5 所示为某企业生产线改造工程中对某工序作业测定时 30 次抽样得到的作业时间数据，试估计该工序作业时间的均值和标准差。

表 2-5　某工序作业时间的 30 次抽样数据　　单位：s

109	112	135	121	129	116	118	123	128	138
122	131	119	124	106	133	134	113	115	117
126	127	121	119	130	122	123	117	128	123

根据表 2-5 的抽样数据，可以用样本均值 $\bar{x}$ 和标准差 S 作为该工序作业时间均值 μ 和标准差 σ 的估计量。可得

$$n=30,\quad \bar{x}=\frac{\sum_{i=1}^{n} x_i}{n}=122.63,\quad S=\sqrt{\frac{\sum_{i=1}^{n}(x_i-\bar{x})^2}{n-1}}=7.81$$

即该工序作业时间均值 μ 和标准差 σ 的估计量分别为 122.63 s 和 7.81 s。

计算过程可以在 Excel 中完成，如图 2-4 所示。在 Excel 表中导入抽样数据，引用求平

均值函数 AVERAGE()和求样本标准差函数 STDEV()求出选定样本数据的均值和标准差。

	A	B	C	D	E	F	G	H	I	J
1	30次抽样的样本数据									
2										
3	109	112	135	121	129	116	118	123	128	138
4	122	131	119	124	106	133	134	113	115	117
5	126	127	121	119	130	122	123	117	128	123
6										
7	样本均值 AVERAGE(A3:J5)				122.63					
8	样本标准差 STDEV(A3:J5)				7.81					

图 2-4　样本数据的均值和标准差计算

2.2.2　区间估计

区间估计就是根据从总体中抽取的样本，在一定的可靠度与精确度下，构造出总体未知参数的一个估计范围。总体未知参数落在该区间内的概率称为置信水平或置信度，表示为 $1-\alpha$，其中，α 称为显著性水平，表示总体未知参数未落在该区间内的概率。

1. 总体均值 μ 的区间估计

(1) 当总体服从正态分布，即 $X\sim N(\mu,\sigma^2)$，且总体方差 σ^2 已知时，构造正态分布统计量 Z：

$$Z=\frac{\bar{x}-\mu}{\sigma/\sqrt{n}}\sim N(0,1) \tag{2-21}$$

总体均值 μ 在 $1-\alpha$ 置信水平下的置信区间为

$$\left(\bar{x}-Z_{\alpha/2}\frac{\sigma}{\sqrt{n}},\bar{x}+Z_{\alpha/2}\frac{\sigma}{\sqrt{n}}\right) \tag{2-22}$$

其中，$Z_{\alpha/2}$ 为标准正态分布上右侧面积为 $\alpha/2$ 时的 Z 值。

如果总体不是正态分布，当样本容量 n 足够大($n\geqslant 30$)时可以由正态分布来近似。

例 2-13　表 2-5 所示为某工序作业时间的 30 次抽样数据，如果该工序作业时间服从正态分布，即 $X\sim N(\mu,\sigma^2)$，且 $\sigma=7.5$，求在给定置信水平下该工序作业时间均值的置信区间。

根据表 2-5 中的样本数据和给定的置信水平，可以利用正态分布统计量 Z 估计出该工序作业时间均值 μ 的置信区间。

$$n=30,\quad \bar{x}=122.63,\quad \sigma=7.5$$

设置信水平 $1-\alpha$ 为 0.95，查正态分布表得到 $Z_{\alpha/2}=1.96$，则

$$\left(\bar{x}-Z_{\alpha/2}\frac{\sigma}{\sqrt{n}},\bar{x}+Z_{\alpha/2}\frac{\sigma}{\sqrt{n}}\right)=(119.95,125.32)$$

即该工序作业时间均值在 0.95 置信水平下的置信区间为(119.95,125.32)。

图 2-5 所示为应用 Excel 软件的计算过程示例。在 Excel 表中导入抽样数据，引用求平均值函数 AVERAGE()和求置信区间函数 CONFIDENCE()求出均值的置信区间。

(2) 当总体服从正态分布，即 $X\sim N(\mu,\sigma^2)$，但总体方差 σ^2 未知时，构造 t 分布统计量 t，

$$t=\frac{\bar{x}-\mu}{S/\sqrt{n}}\sim t(n-1) \tag{2-23}$$

	A	B	C	D	E	F	G	H	I	J
1	30次抽样的样本数据									
2										
3	109	112	135	121	129	116	118	123	128	138
4	122	131	119	124	106	133	134	113	115	117
5	126	127	121	119	130	122	123	117	128	123
6										
7	样本均值 AVERAGE(A3:J5)						122.63			
8	偏差 CONFIDENCE(0.05,7.5,30)						2.6838			
9	置信区间下限 G7-G8						119.95			
10	置信区间上限 G7+G8						125.32			
11										

图 2-5 总体方差已知时均值置信区间计算

总体均值 μ 在 $1-\alpha$ 置信水平下的置信区间为

$$\left(\bar{x}-t_{\alpha/2}\frac{S}{\sqrt{n}},\bar{x}+t_{\alpha/2}\frac{S}{\sqrt{n}}\right) \tag{2-24}$$

其中，$t_{\alpha/2}$ 为自由度为 $n-1$ 时 t 分布上右侧面积为 $\alpha/2$ 时的 t 值。

例 2-14 表 2-5 所示为某工序作业时间的 30 次抽样数据，如果该工序作业时间服从正态分布 $N(\mu,\sigma^2)$，但是 σ^2 未知，求在给定置信水平下该工序作业时间均值的置信区间。

根据表 2-5 中的样本数据和给定的置信水平，可以利用 t 分布统计量 t 估计出该工序作业时间均值 μ 的置信区间。

$$n=30,\quad \bar{x}=122.63$$

样本标准差

$$S=\sqrt{\frac{\sum_{i=1}^{n}(x_i-\bar{x})^2}{n-1}}=7.81$$

设置信水平 $1-\alpha$ 为 0.95，查 t 分布表得到 $t_{\alpha/2}(n-1)=2.045$，则

$$\left(\bar{x}-t_{\alpha/2}\frac{S}{\sqrt{n}},\bar{x}+t_{\alpha/2}\frac{S}{\sqrt{n}}\right)=(119.72,125.55)$$

即该工序作业时间均值在 0.95 置信水平下的置信区间为(119.71,125.55)。

图 2-6 所示为应用 Excel 软件的计算过程示例。在 Excel 表中导入抽样数据，引用求平均值函数 AVERAGE()、求样本标准差函数 STDEV()、求 t 分布值函数 TINV()和求平方根函数 SQRT()求出均值的置信区间。

	A	B	C	D	E	F	G	H	I	J
1	30次抽样的样本数据									
2										
3	109	112	135	121	129	116	118	123	128	138
4	122	131	119	124	106	133	134	113	115	117
5	126	127	121	119	130	122	123	117	128	123
6										
7	样本均值 AVERAGE(A3:J5)						122.63			
8	样本标准差 STDEV(A3:J5)						7.81			
9	$t_{\alpha/2}(n-1)$ TINV(0.05,29)						2.045			
10	偏差 TINV(0.05,29)*STDEV(A3:J5)/SQRT(30)						2.916			
11	置信区间下限 G7-G9						119.72			
12	置信区间上限 G7+G9						125.55			

图 2-6 总体方差未知时均值置信区间计算

2. 总体比例的区间估计

总体比例是指总体中具有某种相同特征的个体所占的比值。当总体服从参数为 p 的二项分布时，从总体中抽取样本容量为 n 的一个样本，当 n 充分大，且满足 $np\geqslant 5$ 和 $n(1-p)\geqslant 5$ 时，样本比例近似服从正态分布，因此可以使用正态分布统计量 Z，用样本比例 $\bar{p}$ 来估计未知的总体比例 p。

$$Z=\frac{\bar{p}-p}{\sqrt{\frac{p(1-p)}{n}}}\sim N(0,1) \tag{2-25}$$

总体比例 p 在 $1-\alpha$ 置信水平下的置信区间为

$$\left(\bar{p}-Z_{\alpha/2}\sqrt{\frac{\bar{p}(1-\bar{p})}{n}},\bar{p}+Z_{\alpha/2}\sqrt{\frac{\bar{p}(1-\bar{p})}{n}}\right) \tag{2-26}$$

3. 样本容量的确定

估计总体均值时的允许误差

$$\Delta=Z_{\alpha/2}\frac{\sigma}{\sqrt{n}} \tag{2-27}$$

根据总体均值区间估计公式可得样本容量

$$n=Z_{\alpha/2}^{2}\frac{\sigma^{2}}{\Delta^{2}} \tag{2-28}$$

估计总体比例时的允许误差

$$\Delta=Z_{\alpha/2}\sqrt{\frac{p(1-p)}{n}} \tag{2-29}$$

根据总体比例区间估计公式可得样本容量

$$n=Z_{\alpha/2}^{2}\frac{Z_{\alpha/2}^{2}p(1-p)}{\Delta^{2}} \tag{2-30}$$

若总体比例 p 未知，可用样本比例 $\bar{p}$ 来代替。

2.3 假设检验

2.3.1 假设检验的基本思想

假设检验也是一种利用样本对总体进行某种推断的方法，它先对总体参数提出某种假设，然后通过对样本的观察来判断该假设是否成立。

需要通过样本去推断其是否成立的假设称为原假设，也称“零假设”，用 H_0 表示；与原假设对立的假设称为备择假设，也称“研究假设”，用 H_1 表示。

假设检验是在承认原假设成立的前提下进行的，假设检验的基本思想是“小概率”原理，即小概率事件在一次试验中几乎不可能发生。假设检验的方法是带有某种概率性质的反证法，如果一次试验的结果是小概率事件发生，则依据小概率原理拒绝原假设。

根据备择假设是否具有特定的方向性，假设检验可分为双侧检验与单侧检验两种基本形式。备择假设中含有“≠”符号的假设检验称为双侧检验或双尾检验，备择假设中含有“＞”或“＜”符号的假设检验称为单侧检验或单尾检验。备择假设中含有“＜”符号的单侧检验称为左侧检验，备择假设中含有“＞”符号的单侧检验称为右侧检验。

2.3.2　假设检验的步骤

一个完整的假设检验过程通常包括以下几个步骤：

（1）根据问题要求提出原假设与备择假设。

原假设和备择假设的确定取决于研究者的研究目的，因此带有一定的主观性。通常，将研究者想收集证据予以反对的假设确定为原假设，原假设一般总是含有等号（=、≤、≥）；将研究者想收集证据予以支持的假设确定为备择假设，备择假设一般总是含有不等号（≠、＜、＞）。

原假设和备择假设是一个相互对立的完备事件组。在一项假设检验中，原假设和备择假设有且只有一个成立。由于研究目的不同，对同一问题可能提出不同的原假设和备择假设。因此，进行假设检验时需要根据检验的目的来确定原假设和备择假设。

对研究中的假设的检验，应先确立备择假设 H_1，将研究者想收集证据予以支持的假设作为备择假设 H_1，而与之对立的假设作为原假设 H_0。

对某项声明的有效性的检验，应先确立原假设 H_0，将所作出的声明作为原假设 H_0，对该声明的质疑作为备择假设 H_1。

对决策中的假设的检验，总是将含有等号的假设作为原假设 H_0。

（2）确定适当的检验统计量及抽样分布。

根据样本观测结果计算得到的某个样本统计量称为检验统计量，依据检验统计量的值对原假设和备择假设作出决策。

选择检验统计量时，需考虑是大样本还是小样本，总体方差已知还是未知等，常用的检验统计方法有 z 检验、t 检验等。

z 检验一般用于大样本（即样本容量大于 30）的均值差异性检验。当 z 检验统计量的绝对值大于临界值时，则认为二者有差异，否则认为无差异。

z 检验统计量的基本形式为

$$Z=\frac{\bar{x}-\mu_0}{\sigma/\sqrt{n}} \tag{2-31}$$

式中，σ 为总体标准差；μ_0 为被假设的参数值（即总体均值）；$\bar{x}$ 为容量为 n 的样本的均值。

t 检验一般用于小样本（即样本容量小于 30），且总体方差未知的正态分布总体的均值差异性检验。

t 检验统计量的基本形式为

$$t=\frac{\bar{x}-\mu_0}{S/\sqrt{n}} \tag{2-32}$$

式中，S 为样本标准差；μ_0 为被假设的参数值（即总体均值）；$\bar{x}$ 为容量为 n 的样本的均值。

（3）规定显著性水平，确定原假设的拒绝域。

显著性水平是指原假设为真时拒绝原假设的概率，用 α 来表示。

原假设的拒绝域是指能够拒绝原假设的检验统计量的所有可能的取值范围，拒绝域的大小由检验统计量的分布和显著性水平 α 决定。常用的 α 值有 0.01、0.05、0.10。

(4) 计算检验统计量的值。

根据总体分布、样本容量大小和检验目的，选择合适的检验方法，计算检验统计量的值。

(5) 作出统计决策。

将计算出的检验统计量的值与原假设的拒绝域的临界值进行比较，据以作出是否拒绝原假设的决策。决策的依据如下：

双侧检验：当检验统计量的绝对值大于临界值时拒绝原假设。

左侧检验：当检验统计量的值小于临界值时拒绝原假设。

右侧检验：当检验统计量的值大于临界值时拒绝原假设。

常用的统计分析软件，如 SPSS 等，都提供了假设检验的功能模块，一般情况下，应用 Excel 软件也可以方便地进行假设检验的计算。

2.3.3 假设检验的内容

1. 总体均值检验

对于服从正态分布 $N(\mu,\sigma^2)$ 的总体 X，当样本容量足够大($n>30$)时，总体均值 μ 的假设检验可使用 z 检验统计量。大样本时的检验方法如表 2-6 所示。

表 2-6 大样本时总体均值的假设检验方法

假设检验形式		双侧检验	左侧检验	右侧检验
假设		$H_0: \mu=\mu_0$ $H_1: \mu\neq\mu_0$	$H_0: \mu\geqslant\mu_0$ $H_1: \mu<\mu_0$	$H_0: \mu\leqslant\mu_0$ $H_1: \mu>\mu_0$
统计量	σ^2 已知	$Z=\dfrac{\bar{x}-\mu_0}{\sigma/\sqrt{n}}\sim N(0,1)$		
	σ^2 未知	$Z=\dfrac{\bar{x}-\mu_0}{S/\sqrt{n}}\sim N(0,1)$		
拒绝域		$\lvert Z\rvert>Z_{\alpha/2}$	$Z<-Z_\alpha$	$Z>Z_\alpha$

对于服从正态分布 $N(\mu,\sigma^2)$ 的总体 X，当样本容量较小($n<30$)时，如果 σ^2 已知，则总体均值 μ 的假设检验可使用 z 检验统计量；如果 σ^2 未知，则总体均值 μ 的假设检验可使用 t 检验统计量。小样本时的检验方法如表 2-7 所示。

表 2-7 小样本时总体均值的假设检验方法

假设检验形式		双侧检验	左侧检验	右侧检验
假设		$H_0: \mu=\mu_0$ $H_1: \mu\neq\mu_0$	$H_0: \mu\geqslant\mu_0$ $H_1: \mu<\mu_0$	$H_0: \mu\leqslant\mu_0$ $H_1: \mu>\mu_0$
统计量	σ^2 已知	$Z=\dfrac{\bar{x}-\mu_0}{\sigma/\sqrt{n}}\sim N(0,1)$		
	σ^2 未知	$t=\dfrac{\bar{x}-\mu_0}{S/\sqrt{n}}\sim t(n-1)$		

续表

假设检验形式		双侧检验	左侧检验	右侧检验
拒绝域	σ^2 已知	$\|Z\|>Z_{\alpha/2}$	$Z<-Z_\alpha$	$Z>Z_\alpha$
	σ^2 未知	$\|t\|>t_{\alpha/2}(n-1)$	$t<-t_\alpha(n-1)$	$t>t_\alpha(n-1)$

例 2-15　某企业在生产线改造工程中对某工序经作业测定后制定的标准作业时间是 120 s。对该工序的某作业者进行了 40 次随机抽样，得到的作业时间数据如表 2-8 所示，根据这组抽样数据，检验该作业者的工序作业时间在显著性水平 α 下是否符合标准作业时间要求。

表 2-8　某工序作业者 40 次随机抽样的作业时间数据　　单位：s

125	123	127	120	122	118	119	127	124	125
109	112	135	121	129	116	118	123	128	138
122	131	119	124	106	133	134	113	115	117
126	127	121	119	130	122	123	117	128	123

该问题是对作业者的工序作业时间均值 μ 作假设检验，由于样本容量大于 30，使用 z 检验统计量进行假设和检验。

原假设 $H_0: \mu=120$；备择假设 $H_1: \mu\neq120$。

取显著性水平 $\alpha=0.05$，原假设的拒绝域临界值 $Z_{\alpha/2}=1.96$。

(1) 如果工序作业时间的标准差 σ 已知，且 $\sigma=7$，则有

$$n=40,\quad \bar{x}=122.73,\quad \mu_0=120,\quad \sigma=7$$

$$Z=\frac{\bar{x}-\mu_0}{\sigma/\sqrt{n}}=\frac{122.73-120}{7/\sqrt{40}}=2.46$$

因为 $|Z|>Z_{\alpha/2}$，因此，在 $\alpha=0.05$ 的水平上拒绝 H_0，即该作业者的工序作业时间不符合标准作业时间要求。

图 2-7 所示为应用 Excel 软件的计算过程示例。在 Excel 表中导入抽样数据，编写计算公式求出 Z 检验统计量。

	A	B	C	D	E	F	G	H	I	J
1	40次抽样的样本数据									
2										
3	125	123	127	120	122	118	119	127	124	125
4	109	112	135	121	129	116	118	123	128	138
5	122	131	119	124	106	133	134	113	115	117
6	126	127	121	119	130	122	123	117	128	123
7										
8	样本数 n						40			
9	总体均值 μ_0						120			
10	总体标准差 σ						7			
11	α=0.05时临界值$Z_{\alpha/2}$						1.96			
12	样本均值 AVERAGE(A3:J6)						122.73			
13	Z检验统计量 (G12-G9)/(G10/SQRT(G8))						2.46			

图 2-7　总体方差已知时总体均值假设检验计算

(2) 如果工序作业时间的标准差 σ 未知，则有

$$n=40,\quad \bar{x}=122.73,\quad \mu_0=120$$

$$S=\sqrt{\frac{\sum_{i=1}^{40}(x_i-\bar{x})^2}{40-1}}=6.91$$

$$Z=\frac{\bar{x}-\mu_0}{S/\sqrt{n}}=\frac{122.73-120}{6.91/\sqrt{40}}=2.49$$

因为$|Z|>Z_{\alpha/2}$，因此，在$\alpha=0.05$的水平上拒绝H_0，即该作业者的工序作业时间不符合标准作业时间要求。

图2-8所示为应用Excel软件的计算过程示例。在Excel表中导入抽样数据，编写计算公式求出Z检验统计量。

	A	B	C	D	E	F	G	H	I	J
1	40次抽样的样本数据									
2										
3	125	123	127	120	122	118	119	127	124	125
4	109	112	135	121	129	116	118	123	128	138
5	122	131	119	124	106	133	134	113	115	117
6	126	127	121	119	130	122	123	117	128	123
7										
8	样本数 n						40			
9	总体均值 μ_0						120			
10	α=0.05时临界值$Z_{\alpha/2}$						1.96			
11	样本标准差 STDEV(A3:J6)						6.91			
12	样本均值 AVERAGE(A3:J6)						122.73			
13	Z检验统计量 (G12-G9)/(G10/SQRT(G8))						2.49			

图 2-8　总体方差未知时总体均值假设检验计算

2. 总体比例检验

从服从参数为p的二项分布的总体X中抽取样本容量为n的一个样本，当n充分大($n\geqslant 30$)，且满足$np\geqslant 5$和$n(1-p)\geqslant 5$时，样本比例的抽样分布近似服从正态分布，总体比例p的假设检验可使用Z检验统计量，检验方法如表2-9所示。

表 2-9　总体比例的假设检验方法

假设检验形式	双侧检验	左侧检验	右侧检验
假设	$H_0: p=p_0$ $H_1: p\neq p_0$	$H_0: p\geqslant p_0$ $H_1: p<p_0$	$H_0: p\leqslant p_0$ $H_1: p>p_0$
统计量	$Z=\dfrac{p-p_0}{\sqrt{\dfrac{p_0(1-p_0)}{n}}}\sim N(0,1)$		
拒绝域	$\|Z\|>Z_{\alpha/2}$	$Z<-Z_\alpha$	$Z>Z_\alpha$

例 2-16　某工序要求作业者的工作率不低于70%，对该工序的某作业者进行了50次随机观察，发现其中正在作业的有32次，用总体比例的假设检验方法检验该作业者在显著性水平α下是否满足工作率的要求。

原假设$H_0: p\geqslant 70\%$；备择假设$H_1: p<70\%$。

$$n=50,\quad p=32/50=64\%,\quad p_0=70\%$$

$$np_0=50\times 0.70=35>5,\quad n(1-p_0)=50\times(1-0.70)=15>5$$

因此可以用 Z 检验统计量进行左侧检验。

取显著性水平 $\alpha=0.05$，原假设的拒绝域临界值 $-Z_{\alpha}=-1.645$，则

$$Z=\frac{p-p_0}{\sqrt{\frac{p_0(1-p_0)}{n}}}=\frac{0.64-0.70}{\sqrt{\frac{0.70\times(1-0.70)}{50}}}=-0.926$$

因为 $Z>-Z_{\alpha}$，因此，在 $\alpha=0.05$ 的水平上不拒绝 H_0，即该作业者的工作率符合要求。

图 2-9 是应用 Excel 软件的计算过程示例。在 Excel 表中导入计算所需的数据，编写计算公式求出 Z 检验统计量。

	A	B	C	D	E	F	G
1	50次随机观察的结果						
2							
3	总体比例 p_0						70%
4	观察次数 n						50
5	作业次数						32
6	作业率 p		G5/G4				64%
7	np_0		G4*G3				35
8	$n(1-p_0)$		G4*(1-G3)				15
9	α=0.05时临界值 $-Z_{\alpha}$						-1.645
10	Z检验统计量		(G6-G3)/SQRT(G3*(1-G3)/G4)				-0.926

图 2-9　总体比例的假设检验计算

2.3.4　假设检验中的两类错误

假设检验的基本思想是“小概率”原理，而小概率事件是否发生与抽选的样本以及所选择的显著性水平 α 有关，由于样本是随机的，显著性水平 α 也可以有不同的取值，因此可能得到与真实情况不一致的检验结果，导致假设检验得出错误的结论。

当原假设为真时，如果因为小概率事件发生而拒绝了原假设，从而犯了“弃真”的错误，这类错误称为第Ⅰ类错误。第Ⅰ类错误发生的概率记为 α，第Ⅰ类错误也称 α 错误。

当原假设为假时没有拒绝原假设，从而犯了“取伪”的错误，这类错误称为第Ⅱ类错误。第Ⅱ类错误发生的概率记为 β，第Ⅱ类错误也称 β 错误。

这两类错误是互相关联的，当样本容量固定时，一类错误概率的减少将导致另一类错误概率的增加。如果要同时降低这两类错误的概率，或者在保持其中一类错误的概率不变的条件下降低另一类错误的概率，则需要增加样本容量。

2.4　回归分析

回归分析是一种分析变量之间的相关关系的统计方法，目的是研究因变量与一个或多个自变量之间的统计关系。根据自变量的个数，可分为一元回归分析和多元回归分析；根据因变量和自变量之间的关系类型，可分为线性回归分析和非线性回归分析。当回归分析中只涉及一个自变量，且因变量和自变量之间为线性关系时，称为一元线性回归分析。当回归分析中涉及两个或两个以上的自变量，且因变量和自变量之间为线性关系时，称为多元线性回归分析。

2.4.1 一元线性回归

1. 一元线性回归方程

回归分析研究自变量和因变量之间的统计关系，一元线性回归只涉及一个自变量，而且因变量 Y 与自变量 X 之间为线性关系，可以用一个线性方程来表示。

用于描述因变量 Y 与自变量 X 和误差项 ε 之间关系的方程称为一元回归模型。如果 Y 和 X 具有线性统计关系，则回归模型可表示为

$$Y=\beta_0+\beta_1 X+\varepsilon \tag{2-33}$$

模型中，Y 由两部分组成：线性部分 $\beta_0+\beta_1 X$ 和误差项 ε。线性部分反映了 X 对 Y 的线性影响；误差项 ε 是一个随机变量，反映了各种随机因素对 Y 的影响。β_0 和 β_1 为模型参数。

误差项 ε 是一个服从正态分布 $N(0,\sigma^2)$ 的随机变量，$E(\varepsilon)=0$。

对于一个给定的 X 值，Y 的均值为 $E(Y)=\beta_0+\beta_1 X$，方差为 $D(Y)=\sigma^2$。

描述 Y 的均值与 X 之间关系的方程称为回归方程，则 Y 对 X 的一元线性回归方程的形式为

$$E(Y)=\beta_0+\beta_1 X \tag{2-34}$$

由于回归参数 β_0 和 β_1 是未知的，需要利用样本数据去估计。设未知参数 β_0 和 β_1 的估计值为 b_0 和 b_1，设 $\hat{Y}$ 是 Y 的估计值，可以得到 Y 对 X 的直线回归方程

$$\hat{Y}=b_0+b_1 X \tag{2-35}$$

该直线称为回归直线，设样本容量为 n，利用样本数据，应用最小二乘法可求得 β_0 和 β_1 的估计值 b_0 和 b_1：

$$b_1=\frac{n\sum_{i=1}^{n}X_iY_i-\left(\sum_{i=1}^{n}X_i\right)\left(\sum_{i=1}^{n}Y_i\right)}{n\sum_{i=1}^{n}X_i^2-\left(\sum_{i=1}^{n}X_i\right)^2} \tag{2-36}$$

$$b_0=\bar{Y}-b_1\bar{X} \tag{2-37}$$

用最小二乘法拟合的回归直线与样本数据的偏差平方和比其他任何直线对应的偏差平方和都小。设 SST、SSR、SSE 分别为总偏差平方和、回归平方和、残差平方和，则有

$$\mathrm{SST}=\sum_{i=1}^{n}(Y_i-\bar{Y})^2 \tag{2-38}$$

$$\mathrm{SSR}=\sum_{i=1}^{n}(\hat{Y}_i-\bar{Y})^2=b_1^2\sum_{i=1}^{n}(X_i-\bar{X})^2 \tag{2-39}$$

$$\mathrm{SSE}=\sum_{i=1}^{n}(Y_i-\hat{Y}_i)^2 \tag{2-40}$$

$$\mathrm{SST}=\mathrm{SSR}+\mathrm{SSE} \tag{2-41}$$

$$R^2=\frac{\mathrm{SSR}}{\mathrm{SST}} \tag{2-42}$$

其中，R^2 为决定系数，表示回归平方和 SSR 占总偏差平方和 SST 的比例。

总偏差平方和 SST 反映样本数据中 Y 的波动程度；回归平方和 SSR 反映估计值 $\hat{Y}$ 的波动程度，并通过 X 与 Y 之间的线性关系表现出来；残差平方和 SSE 反映样本数据中 Y 相对于拟合直线的波动程度。

决定系数 R^2 反映回归直线对样本数据的拟合程度。R^2 值的范围为 $0 \leqslant R^2 \leqslant 1$，$R^2$ 越趋近于 1，表明回归直线的拟合度越好，X 与 Y 之间的线性相关性越强；R^2 越趋近于 0，表明回归直线的拟合度越差，X 与 Y 之间的线性相关性越弱。

2. 一元线性回归方程的显著性检验

由于根据样本数据，总是可以用最小二乘法拟合出一条回归直线来表示 X 和 Y 之间的关系，因此，X 和 Y 之间是否真正具有线性统计关系还需要进行统计检验，即进行回归方程的显著性检验。

1）t 检验

根据回归方程 $\hat{Y}=b_0+b_1X$ 可知，如果 $b_1=0$，那么 X 和 Y 之间不存在线性关系，因此可以通过检验回归参数 β_1 来检验 X 和 Y 之间是否存在线性关系。回归参数 β_1 的显著性检验采用 t 检验。

原假设 $H_0: \beta_1=0$；备择假设 $H_1: \beta_1 \neq 0$。

t 检验统计量

$$t=\frac{b_1}{\sqrt{\dfrac{\sum_{i=1}^{n}(Y_i-\hat{Y}_i)^2}{(n-2)\sum_{i=1}^{n}(X_i-\bar{X})^2}}} \sim t(n-2) \tag{2-43}$$

对于给定的显著性水平 α，当 $|t|>t_{\alpha/2}(n-2)$ 时，拒绝原假设 H_0，说明回归参数 β_1 是显著的，即 X 和 Y 之间存在线性关系。

2）F 检验

对于回归方程的显著性检验采用 F 检验。

原假设 $H_0: \beta_1=0$；备择假设 $H_1: \beta_1 \neq 0$。

由于总偏差平方和可以分解为回归平方和与残差平方和，而总偏差平方和的自由度为 $n-1$，回归平方和的自由度为 1，残差平方和的自由度为 $n-2$，因此构造 F 检验统计量：

$$F=\frac{\sum_{i=1}^{n}(\hat{Y}_i-\bar{Y})^2/1}{\sum_{i=1}^{n}(Y_i-\hat{Y}_i)^2/(n-2)} \sim F(1,n-2) \tag{2-44}$$

对于给定的显著性水平 α，当 $F>F_\alpha(1,n-2)$ 时，拒绝原假设 H_0，说明回归方程是显著的，即 X 和 Y 之间存在线性关系。

例 2-17　表 2-10 给出了作业者装夹零件时取零件作业时间与零件质量变化关系的实测数据，用一元线性回归来分析取零件作业时间与零件质量之间的线性关系。

表 2-10　装夹零件时取零件作业时间与零件质量的关系

时间/s	4	10.5	7.5	6.5	6	8.5	8	7.5	5
质量/kg	2	8	6	4	3	9	7	5	1

设取零件作业时间为因变量 Y,零件质量为自变量 X,建立直线回归方程

$$\hat{Y}=b_0+b_1X$$

样本容量 $n=9,\bar{Y}=7.0556,\bar{X}=5$,应用最小二乘法求回归参数的估计值 b_0 和 b_1：

$$b_1=\frac{n\sum_{i=1}^{n}X_iY_i-\left(\sum_{i=1}^{n}X_i\right)\left(\sum_{i=1}^{n}Y_i\right)}{n\sum_{i=1}^{n}X_i^2-\left(\sum_{i=1}^{n}X_i\right)^2}=0.6417$$

$$b_0=\bar{Y}-b_1\bar{X}=3.8471$$

则得

$$\text{SST}=\sum_{i=1}^{n}(Y_i-\bar{Y})^2=30.2222$$

$$\text{SSR}=\sum_{i=1}^{n}(\hat{Y}_i-\bar{Y})^2=b_1^2\sum_{i=1}^{n}(X_i-\bar{X})^2=24.7067$$

$$\text{SSE}=\sum_{i=1}^{n}(Y_i-\hat{Y}_i)^2=\text{SST}-\text{SSR}=5.5155$$

$$R^2=\frac{\text{SSR}}{\text{SST}}=0.8174$$

R^2 的值表明回归直线有较好的拟合度。

取显著性水平 $\alpha=0.05$,用 t 检验进行回归参数的显著性检验,用 F 检验进行回归方程的显著性检验：

$$t=\frac{b_1}{\sqrt{\dfrac{\sum_{i=1}^{n}(Y_i-\hat{Y}_i)^2}{(n-2)\sum_{i=1}^{n}(X_i-\bar{X})^2}}}=\frac{0.6417}{\sqrt{\dfrac{24.7067}{(9-2)\times 60}}}=2.65$$

查表得 $t_{\alpha/2}(n-2)=t_{0.025}(7)=2.365$,满足 $|t|>t_{\alpha/2}(n-2)$,说明回归参数是显著的。

$$F=\frac{\sum_{i=1}^{n}(\hat{Y}_i-\bar{Y})^2/1}{\sum_{i=1}^{n}(Y_i-\hat{Y}_i)^2/(n-2)}=\frac{24.7067}{5.5155/(9-2)}=31.35$$

查表得 $F_\alpha(1,n-2)=F_{0.05}(1,7)=5.59$,满足 $F>F_\alpha(1,n-2)$,说明回归方程是显著的。

图 2-10、图 2-11 和图 2-12 示出了应用 Excel 中的回归分析工具对本例中的数据进行回归分析的过程。首先从“数据分析”对话框中选择“回归”分析工具,然后输入 Y 值和 X 值在

Excel 表中的区域，单击“确定”按钮输出回归分析结果。

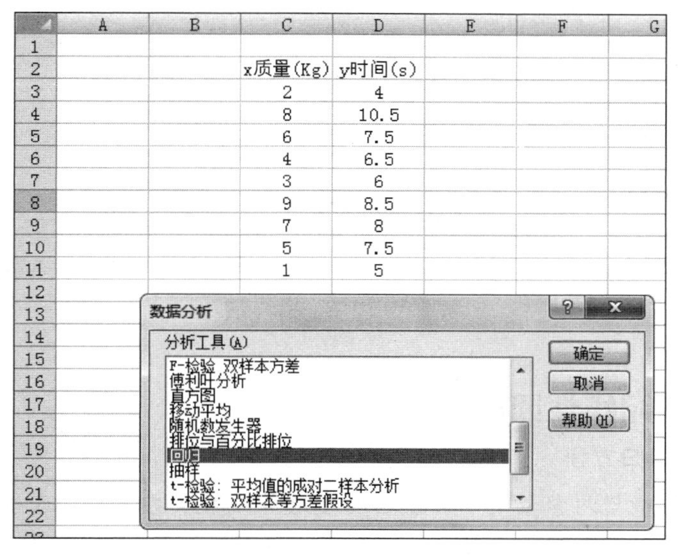

图 2-10 选取“回归”分析工具

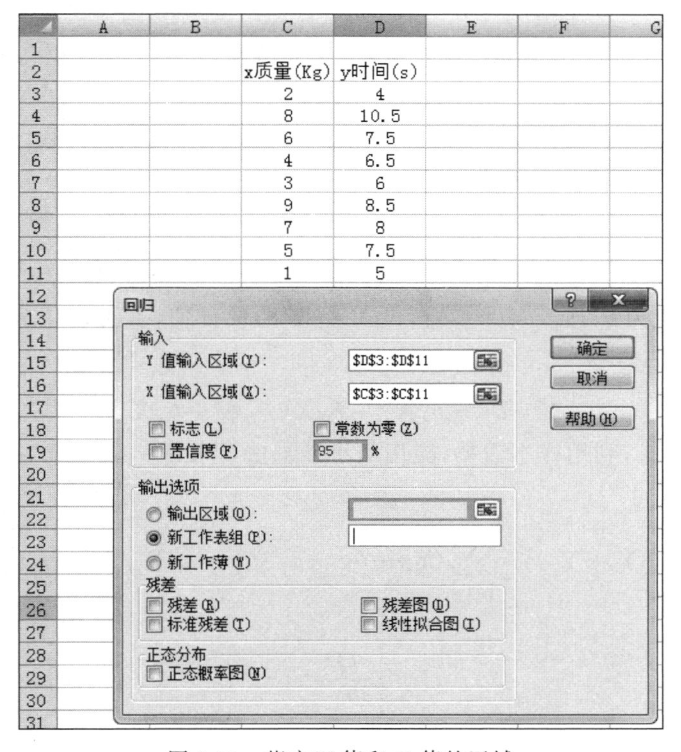

图 2-11 指定 Y 值和 X 值的区域

对于一元线性回归来说，回归参数显著性的 t 检验和回归方程显著性的 F 检验是等价的，只需要做一种检验即可。

	A	B	C	D	E	F	G	H	I
1	SUMMARY OUTPUT								
2									
3	回归统计								
4	Multiple R	0.9041113							
5	R Square	0.8174173							
6	Adjusted R :	0.791334							
7	标准误差	0.887859							
8	观测值	9							
9									
10	方差分析								
11		df	SS	MS	F	gnificance F			
12	回归分析	1	24.70417	24.70417	31.33879	0.000818			
13	残差	7	5.518056	0.788294					
14	总计	8	30.22222						
15									
16		Coefficient	标准误差	t Stat	P-value	Lower 95%	Upper 95%	下限 95.0%	上限 95.0%
17	Intercept	3.8472222	0.645015	5.96455	0.000562	2.322005	5.372439	2.322005	5.372439
18	X Variable	0.6416667	0.114622	5.598106	0.000818	0.370628	0.912705	0.370628	0.912705

图 2-12 回归分析结果

2.4.2 多元线性回归

1. 多元线性回归方程

研究一个因变量与两个及两个以上自变量之间线性关系的回归分析称为多元线性回归。如果因变量 Y 与自变量 $X_1, X_2, \cdots, X_k$ 之间具有线性统计关系，那么它们之间的线性回归模型可表示为

$$Y = \beta_0 + \beta_1 X_1 + \beta_2 X_2 + \cdots + \beta_k X_k + \varepsilon \tag{2-45}$$

式中，$\beta_0, \beta_1, \beta_2, \cdots, \beta_k$ 为模型参数；误差项 ε 是随机变量，是一个服从正态分布 $N(0, \sigma^2)$ 且相互独立的随机变量。

描述 Y 的均值如何依赖于 $X_1, X_2, \cdots, X_k$ 的方程称为多元回归方程，则 Y 对 $X_1, X_2, \cdots, X_k$ 的多元线性回归方程的形式为

$$E(Y) = \beta_0 + \beta_1 X_1 + \beta_2 X_2 + \cdots + \beta_k X_k \tag{2-46}$$

由于参数 $\beta_0, \beta_1, \beta_2, \cdots, \beta_k$ 是未知的，需要利用样本数据去估计。设未知参数 $\beta_0, \beta_1, \beta_2, \cdots, \beta_k$ 的估计值为 $b_0, b_1, b_2, \cdots, b_k$，设 $\hat{Y}$ 是 Y 的估计值，就可以得到 Y 对 $X_1, X_2, \cdots, X_k$ 的多元线性回归方程

$$\hat{Y} = b_0 + b_1 X_1 + b_2 X_2 + \cdots + b_k X_k \tag{2-47}$$

设样本容量为 n，利用样本数据，应用最小二乘法可求得 $b_0, b_1, b_2, \cdots, b_k$。

令

$$Q = \sum_{i=1}^{n} (Y_i - \hat{Y}_i)^2 = \sum_{i=1}^{n} (Y_i - b_0 - b_1 X_{i1} - b_2 X_{2i} - \cdots - b_k X_{ki})^2$$

由

$$\begin{cases} \dfrac{\partial Q}{\partial b_0} = 0 \\ \dfrac{\partial Q}{\partial b_1} = 0 \\ \vdots \\ \dfrac{\partial Q}{\partial b_k} = 0 \end{cases}$$

可以求得 $b_0, b_1, b_2, \cdots, b_k$ 的值。

2. 回归方程的显著性检验

对于建立的回归方程,需要检验因变量与所有的自变量之间是否存在一个显著的线性关系。多元线性回归方程的显著性检验采用 F 检验。

原假设 H_0：$\beta_1=\beta_2=\cdots=\beta_k=0$；备择假设 H_1：β_i 不全为 $0, i=1,2,\cdots,k$。

F 检验统计量

$$F=\frac{\sum_{i=1}^{n}(\hat{Y}_i-\bar{Y})^2/k}{\sum_{i=1}^{n}(Y_i-\hat{Y}_i)^2/(n-k-1)} \sim F(k, n-k-1) \tag{2-48}$$

对于给定的显著性水平 α,当 $F>F_\alpha(k, n-k-1)$ 时,拒绝原假设 H_0,说明回归方程是显著的。

3. 回归参数的显著性检验

回归方程显著,但是每个自变量对 Y 的影响并不都是重要的,因此需要对每个回归参数分别进行显著性检验。回归参数的显著性检验采用 t 检验。

原假设 H_0：$\beta_i=0, i=1,2,\cdots,k$；备择假设 H_1：$\beta_i\neq 0, i=1,2,\cdots,k$。

t 检验统计量

$$t_i=\frac{b_i}{s(b_i)} \sim t(n-k-1), \quad i=1,2,\cdots,k \tag{2-49}$$

其中,$s(b_i)$ 为 b_i 的标准差,根据回归方程的均方残差求得。

对于给定的显著性水平 α,当 $|t_i|>t_{\alpha/2}(n-k-1)$ 时,拒绝原假设 H_0,说明回归参数 β_i 是显著的。

2.5 方差分析

方差分析用于两个及两个以上总体均值差别的显著性检验,是在相同方差下检验若干个正态总体均值是否相等的一种统计分析方法。方差分析中,将需要观测的研究对象的某个指标称为试验指标,将影响试验指标的条件称为因素,将因素的可选择状态称为因素的水平。如果一个试验中只有一个因素在变化,则称为单因素试验,采用单因素方差分析；若有两个因素在变化,则称为双因素试验,采用双因素方差分析。

2.5.1 单因素方差分析

设因素 A 有 r 个水平,在 A_i 水平下做试验,所有可能的试验结果组成一个总体 Y_i,它是一个服从正态分布 $N(\mu_i, \sigma^2)$ 的随机变量。

为了判断各个总体均值的一致性,需要进行各个总体的均值是否相等的检验,则：

原假设 H_0：$\mu_1=\mu_2=\cdots=\mu_n$；

备择假设 H_1：$\mu_1, \mu_2, \cdots, \mu_n$ 不全相等。

当拒绝原假设 H_0 时,表示在不同水平下的总体的均值有显著差异,即因素 A 是显著的。

在 A_i 水平下进行 m 次重复试验的试验结果相当于从总体 Y_i 中随机抽取的一个容量为 m 的样本。记 A_i 水平下的试验结果数据为 $Y_{i1},Y_{i2},\cdots,Y_{im}$，数据总和为 T_i，均值为 $\bar{Y}_i$，试验结果数据如表 2-11 所示。在每一水平下进行 m 次重复试验，记所有试验结果数据的总和为 T，均值为 $\bar{Y}$，总的偏差平方和为 S_T。

表 2-11 单因素试验结果数据

水平	试验数据				合计	均值
A_1	Y_{11}	Y_{12}	$\cdots$	Y_{1m}	T_1	$\bar{Y}_1$
A_2	Y_{21}	Y_{22}	$\cdots$	Y_{2m}	T_2	$\bar{Y}_2$
$\vdots$	$\vdots$	$\vdots$		$\vdots$	$\vdots$	$\vdots$
A_r	Y_{r1}	Y_{r2}	$\cdots$	Y_{rm}	T_r	$\bar{Y}_r$

其中，

$$T_i=\sum_{j=1}^{m}Y_{ij},\quad i=1,2,\cdots,r \tag{2-50}$$

$$T=\sum_{i=1}^{r}\sum_{j=1}^{m}Y_{ij} \tag{2-51}$$

$$\bar{Y}_i=\frac{1}{m}\sum_{j=1}^{m}Y_{ij},\quad i=1,2,\cdots,r \tag{2-52}$$

$$\bar{Y}=\frac{1}{rm}\sum_{i=1}^{r}\sum_{j=1}^{m}Y_{ij} \tag{2-53}$$

$$S_T=\sum_{i=1}^{r}\sum_{j=1}^{m}(Y_{ij}-\bar{Y})^2=\sum_{i=1}^{r}\sum_{j=1}^{m}Y_{ij}^2-\frac{T^2}{rm} \tag{2-54}$$

总的偏差平方和可以分解为由因素水平引起的偏差平方和以及随机误差引起的偏差平方和。由因素水平引起的偏差平方和可以用组间偏差平方和 S_A 来表示，由随机误差引起的偏差平方和可以用组内偏差平方和 S_E 来表示。则有

$$S_A=\sum_{i=1}^{r}m(\bar{Y}_i-\bar{Y})^2=\frac{1}{m}\sum_{i=1}^{r}T_i^2-\frac{T^2}{rm} \tag{2-55}$$

$$S_E=\sum_{i=1}^{r}\sum_{j=1}^{m}(Y_{ij}-\bar{Y}_i)^2=\sum_{i=1}^{r}\sum_{j=1}^{m}Y_{ij}^2-\frac{1}{m}\sum_{i=1}^{r}T_i^2 \tag{2-56}$$

$$S_T=S_A+S_E \tag{2-57}$$

构造 F 检验统计量

$$F=\frac{S_A/(r-1)}{S_E/r(m-1)}\sim F(r-1,r(m-1)) \tag{2-58}$$

对于给定的显著性水平 α，当 $F>F_\alpha(r-1,r(m-1))$时，拒绝原假设 H_0，说明因素 A 是显著的。

例 2-18 某企业从三个供应商处采购同一种零件，要求零件长度为(100±5) mm。假设每个供应商的零件长度数据服从正态分布，且方差相同。为了了解不同供应商的零件长度是否有明显差异，分别从每个供应商的零件中随机抽取 5 个测量其长度，数据如表 2-12

所示,用单因素方差分析来判断各供应商的零件长度是否有明显差异。

表 2-12　三个供应商的零件长度数据

供应商(A)	零件长度(Y)				
A_1	98	103	99	100	104
A_2	101	103	104	103	102
A_3	99	95	96	96	97

设因素 A 有 3 个水平,每个水平各有 5 个试验数据,即

$$r=3,\quad m=5$$

每一水平下的数据和:$T_1=504, T_2=513, T_3=483$。

数据总和:$T=1500$。

数据的平方和:$\sum_{i=1}^{r}\sum_{j=1}^{m}Y_{ij}^2=150\,136$。

则有

$$S_T=\sum_{i=1}^{r}\sum_{j=1}^{m}(Y_{ij}-\bar{Y})^2=\sum_{i=1}^{r}\sum_{j=1}^{m}Y_{ij}^2-\frac{T^2}{rm}=150\,136-\frac{1500^2}{3\times 5}=136$$

$$S_A=\sum_{i=1}^{r}m(\bar{Y}_i-\bar{Y})^2=\frac{1}{m}\sum_{i=1}^{r}T_i^2-\frac{T^2}{rm}=\frac{1}{5}\times 750\,474-\frac{1500^2}{3\times 5}=94.8$$

$$S_E=S_T-S_A=41.2$$

计算 F 检验统计量:

$$F=\frac{S_A/(r-1)}{S_E/r(m-1)}=\frac{94.8/(3-1)}{41.2/3\times(5-1)}=13.806$$

取显著性水平 $\alpha=0.05$,查表得

$$F_\alpha(r-1,r(m-1))=F_{0.05}(2,12)=3.89$$

由于 $F>F_\alpha(r-1,r(m-1))$,因此说明在显著性水平 $\alpha=0.05$ 上各供应商的零件长度有明显差异。

应用 Excel 中的方差分析工具对本例中的数据进行单因素方差分析的过程如图 2-13、图 2-14 和图 2-15 所示。从“数据分析”对话框中选择“方差分析:单因素方差分析”工具,给定输入数据在 Excel 表中的区域后输出单因素方差分析的计算结果。

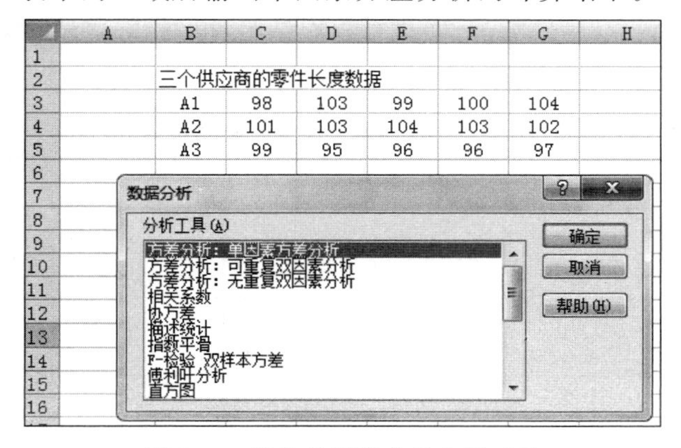

图 2-13　选取单因素方差分析工具

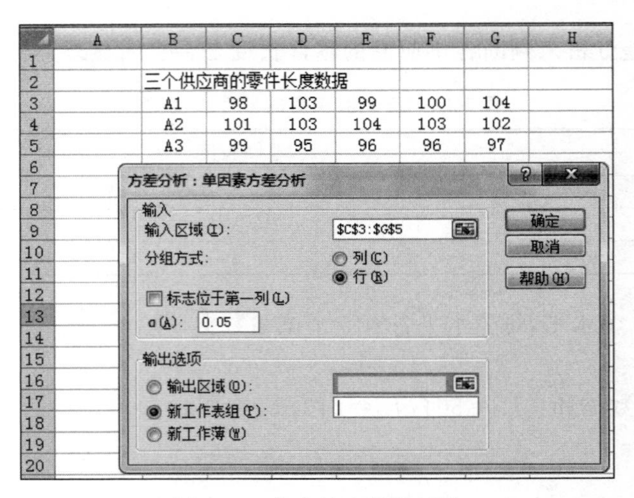

图 2-14 指定输入数据区域

	A	B	C	D	E	F	G
1	方差分析：单因素方差分析						
2							
3	SUMMARY						
4	组	观测数	求和	平均	方差		
5	行 1	5	504	100.8	6.7		
6	行 2	5	513	102.6	1.3		
7	行 3	5	483	96.6	2.3		
8							
9							
10	方差分析						
11	差异源	SS	df	MS	F	P-value	F crit
12	组间	94.8	2	47.4	13.80583	0.000773	3.885294
13	组内	41.2	12	3.433333			
14							
15	总计	136	14				

图 2-15 单因素方差分析结果

2.5.2 双因素方差分析

双因素方差分析的目的是检验两个因素对试验结果的影响。在试验中，每对因素的每一水平组合都可以取一个容量为 n_{ij} 的样本。对于每个样本的容量都为 1，即无重复试验的情况，设因素 A 和因素 B 各有 r 个水平和 k 个水平，对 A、B 的每一个水平的一对组合 $(A_i, B_j)(i=1,2,\cdots,r;\ j=1,2,\cdots,k)$进行一次试验，得到 rk 个试验结果 Y_{ij}，构成双因素方差分析数据结构表，如表 2-13 所示。

表 2-13 双因素方差分析数据结构

		因素 B				行合计 $T_{i\cdot}$	行平均 $\bar{Y}_{i\cdot}$
		B_1	B_2	…	B_k		
因素 A	A_1	Y_{11}	Y_{12}	…	Y_{1k}	$T_{1\cdot}$	$\bar{Y}_{1\cdot}$
	A_2	Y_{21}	Y_{22}	…	Y_{2k}	$T_{2\cdot}$	$\bar{Y}_{2\cdot}$
	⋮	⋮	⋮		⋮	⋮	⋮
	A_r	Y_{r1}	Y_{r2}	…	Y_{rk}	$T_{r\cdot}$	$\bar{Y}_{r\cdot}$

续表

	因素 B				行合计 $T_{i\cdot}$	行平均 $\bar{Y}_{i\cdot}$
	B_1	B_2	…	B_k		
列合计 $T_{\cdot j}$	$T_{\cdot 1}$	$T_{\cdot 2}$	…	$T_{\cdot k}$	总和 T	
列平均 $\bar{Y}_{\cdot j}$	$\bar{Y}_{\cdot 1}$	$\bar{Y}_{\cdot 2}$	…	$\bar{Y}_{\cdot k}$		总平均 $\bar{Y}$

其中，

$$\bar{Y}_{i\cdot} = \frac{1}{k}\sum_{j=1}^{k} Y_{ij}, \quad i = 1,2,\cdots,r \tag{2-59}$$

$$\bar{Y}_{\cdot j} = \frac{1}{r}\sum_{i=1}^{r} Y_{ij}, \quad j = 1,2,\cdots,k \tag{2-60}$$

$$\bar{Y} = \frac{1}{rk}\sum_{i=1}^{r}\sum_{j=1}^{k} Y_{ij} \tag{2-61}$$

$$T_{i\cdot} = \sum_{j=1}^{k} Y_{ij} = k\bar{Y}_{i\cdot} \tag{2-62}$$

$$T_{\cdot j} = \sum_{i=1}^{r} Y_{ij} = r\bar{Y}_{\cdot j} \tag{2-63}$$

$$T = \sum_{i=1}^{r}\sum_{j=1}^{k} Y_{ij} \tag{2-64}$$

总的偏差平方和为

$$S_T = \sum_{i=1}^{r}\sum_{j=1}^{k}(Y_{ij} - \bar{Y})^2 = \sum_{i=1}^{r}\sum_{j=1}^{k} Y_{ij}^2 - \frac{T^2}{rk} \tag{2-65}$$

假设 Y_{ij} 服从正态分布 $N(\mu_{ij}, \sigma^2)$，要判断因素 A 的影响是否显著，则

原假设 $H_{0A}: \mu_{1j} = \mu_{2j} = \cdots = \mu_{rj} = \mu_{\cdot j}, \quad j = 1,2,\cdots,k$

要判断因素 B 的影响是否显著，则

原假设 $H_{0B}: \mu_{i1} = \mu_{i2} = \cdots = \mu_{ik} = \mu_{i\cdot}, \quad i = 1,2,\cdots,r$

与单因素方差分析一样，将总偏差平方和分解为由因素 A 水平引起的偏差平方和、因素 B 水平引起的偏差平方和以及随机误差引起的偏差平方和，分别用 S_A、S_B 和 S_E 表示。

$$S_A = k\sum_{i=1}^{r}(\bar{Y}_{i\cdot} - \bar{Y})^2 = \frac{1}{k}\sum_{i=1}^{r} T_{i\cdot}^2 - \frac{T^2}{rk} \tag{2-66}$$

$$S_B = r\sum_{j=1}^{k}(\bar{Y}_{\cdot j} - \bar{Y})^2 = \frac{1}{r}\sum_{j=1}^{k} T_{\cdot j}^2 - \frac{T^2}{rk} \tag{2-67}$$

$$S_E = \sum_{i=1}^{r}\sum_{j=1}^{k}(Y_{ij} - \bar{Y}_{i\cdot} - \bar{Y}_{\cdot j} + \bar{Y})^2 \tag{2-68}$$

$$S_T = S_A + S_B + S_E \tag{2-69}$$

构造 F 检验统计量

$$F_A = \frac{(k-1)S_A}{S_E} \sim F(r-1, (r-1)(k-1)) \tag{2-70}$$

$$F_B=\frac{(r-1)S_B}{S_E}\sim F(k-1,(r-1)(k-1)) \tag{2-71}$$

对于给定的显著性水平 α，当 $F_A>F_\alpha(r-1,(r-1)(k-1))$时，拒绝原假设 H_{0A}，说明因素 A 是显著的；当 $F_B>F_\alpha(k-1,(r-1)(k-1))$时，拒绝原假设 H_{0B}，说明因素 B 是显著的。

例 2-19 有 3 名作业者和 3 台机器，每名作业者分别操作每台机器完成 20 个零件的加工，完成时间如表 2-14 所示，用双因素方差分析来判断作业者或者机器对完成时间是否有显著影响。

表 2-14 作业者操作机器完成 20 个零件加工的完成时间

完成时间/min		因素 B(作业者)		
		B_1	B_2	B_3
因素 A(机器)	A_1	130	118	120
	A_2	132	134	138
	A_3	125	104	112

根据表 2-14，列出如表 2-15 所示的双因素方差分析表。

表 2-15 作业者操作机器完成 20 个零件加工的完成时间双因素方差分析

完成时间/min		因素 B(作业者)			行合计 $T_{i\cdot}$	$T_{i\cdot}^2$
		B_1	B_2	B_3		
因素 A(机器)	A_1	130	118	120	368	135 424
	A_2	132	134	138	404	163 216
	A_3	125	104	112	341	116 281
列合计 $T_{\cdot j}$		387	356	370	$T=1113$	$\sum T_{i\cdot}^2=414\,921$
$T_{\cdot j}^2$		149 769	126 736	136 900	$\sum T_{\cdot j}^2=413\,405$	

数据的平方和：$\sum_{i=1}^{r}\sum_{j=1}^{k}Y_{ij}^2=138\,633$。

则有

$$S_T=\sum_{i=1}^{r}\sum_{j=1}^{k}(Y_{ij}-\bar{Y})^2=\sum_{i=1}^{r}\sum_{j=1}^{k}Y_{ij}^2-\frac{T^2}{rk}=138\,633-\frac{1113^2}{3\times3}=992$$

$$S_A=k\sum_{i=1}^{r}(\bar{Y}_{i\cdot}-\bar{Y})^2=\frac{1}{k}\sum_{i=1}^{r}T_{i\cdot}^2-\frac{T^2}{rk}=\frac{1}{3}\times414\,921-\frac{1113^2}{3\times3}=666$$

$$S_B=r\sum_{j=1}^{k}(\bar{Y}_{\cdot j}-\bar{Y})^2=\frac{1}{r}\sum_{j=1}^{k}T_{\cdot j}^2-\frac{T^2}{rk}=\frac{1}{3}\times413\,405-\frac{1113^2}{3\times3}=160.67$$

$$S_E=S_T-S_A-S_B=165.33$$

$$F_A=\frac{(k-1)S_A}{S_E}=\frac{2\times666}{165.33}=8.06$$

$$F_B=\frac{(r-1)S_B}{S_E}=\frac{2\times160.67}{165.33}=1.94$$

取显著性水平 $\alpha=0.05$，查表得 $F_{0.05}(2,4)=6.94$。

$F_A>F_{0.05}(2,4)$，说明机器因素对完成时间的影响是显著的；而 $F_B<F_{0.05}(2,4)$，说明作业者因素对完成时间无显著影响。

应用 Excel 中的方差分析工具对本例中的数据进行双因素方差分析的过程如图 2-16、图 2-17 和图 2-18 所示。从“数据分析”对话框中选择“方差分析：无重复双因素分析”工具，给定输入数据在 Excel 表中的区域后输出双因素方差分析的计算结果。

作业者操作机器完成20个零件加工的完成时间
作业者
B1 B2 B3
机器 A1 130 118 120
A2 132 134 138
A3 125 104 112
数据分析
分析工具(A)
方差分析：单因素方差分析
方差分析：可重复双因素分析
方差分析：无重复双因素分析
相关系数
协方差
描述统计
指数平滑
F-检验 双样本方差
傅利叶分析
直方图
确定
取消
帮助(H)

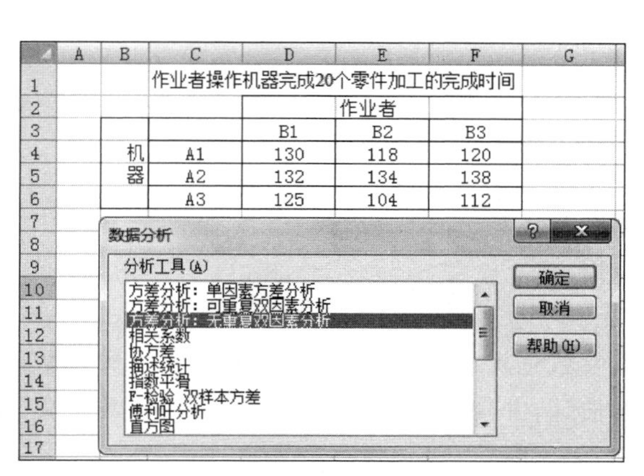

图 2-16　选取双因素方差分析工具

作业者操作机器完成20个零件加工的完成时间
作业者
B1 B2 B3
机器 A1 130 118 120
A2 132 134 138
A3 125 104 112
方差分析：无重复双因素分析
输入
输入区域(I)：
$D$4:$F$6
标志(L)
α(A)： 0.05
输出选项
输出区域(O)：
新工作表组(P)：
新工作薄(W)
确定
取消
帮助(H)

图 2-17　指定输入数据区域

方差分析：无重复双因素分析						
SUMMARY	观测数	求和	平均	方差		
行 1	3	368	122.6667	41.33333		
行 2	3	404	134.6667	9.333333		
行 3	3	341	113.6667	112.3333		
列 1	3	387	129	13		
列 2	3	356	118.6667	225.3333		
列 3	3	370	123.3333	177.3333		
方差分析						
差异源	SS	df	MS	F	P-value	F crit
行	666	2	333	8.056452	0.039552	6.944272
列	160.6667	2	80.33333	1.943548	0.257209	6.944272
误差	165.3333	4	41.33333			
总计	992	8				

图 2-18　双因素方差分析结果

本章小结

数据的集中趋势、离散程度、分布的形状是反映数据分布的三个主要特征，集中趋势的常用测度有众数、中位数和均值，离散程度最常用的测度是方差和标准差，表达数据分布的形状特征的常用测度有偏态和峰度。

利用从总体中抽取的随机样本可以对总体进行某种推断，常用的方法有参数估计和假

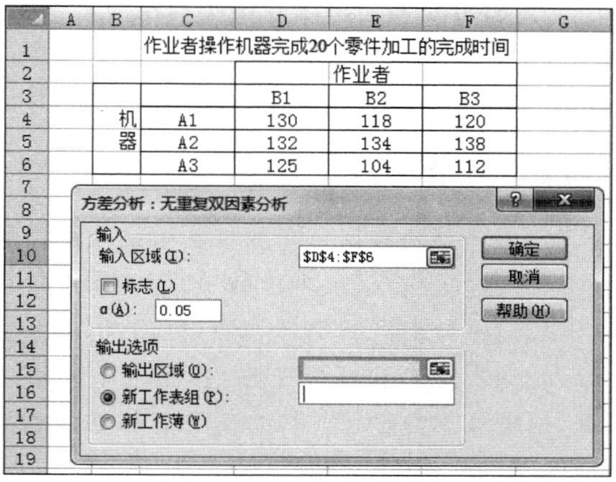

设检验。参数估计是利用样本来估计总体分布中的未知参数，有点估计和区间估计两种形式。假设检验是利用样本先对总体参数提出某种假设，然后通过对样本的观察来判断该假设是否成立。

回归分析用于研究自变量和因变量之间的定量关系，一元线性回归用于一个因变量与一个自变量之间线性关系的回归分析，多元线性回归用于一个因变量与两个及两个以上自变量之间线性关系的回归分析。

方差分析用于两个及两个以上总体均值差别的显著性检验，单因素试验采用单因素方差分析，双因素试验采用双因素方差分析。

习题与思考题

2.1　反映数据分布的主要特征及其常用测度有哪些？

2.2　分析众数、中位数、均值的特点及其应用。

2.3　分析区间估计和假设检验的关系。

2.4　结合自己的工作，找出一个能够应用参数估计解决的问题并采集相关的样本数据，根据样本数据作总体均值和总体方差的无偏估计，并构造某一置信水平下的总体均值置信区间。

2.5　结合自己的工作，找出一个能够应用假设检验解决的问题并采集相关的样本数据，选择合适的检验统计量，作总体均值或总体比例的假设检验。

2.6　结合自己的工作，选择一个具体的问题和一个相关的主要影响因素，采集相关数据，作一元线性回归分析，并分析两者之间是否具有线性统计关系。

2.7　结合自己的工作，设计一个单因素试验（如不同供应商提供的同一种产品的某个性能指标，不同设备加工同一种零件所需的时间，不同类型员工的工作压力大小，等等），根据试验结果进行单因素方差分析。

供应商零部件质量指标抽样检测的质量检验方案设计

A公司在供应链管理中建立了一套完整的供应商零部件质量评价流程，入库检验是其中的一个基本环节，主要是对从供应商处采购的零部件进行质量检验，判断其是否符合设计规格要求，并比较各供应商提供的同一种零部件的质量是否存在差异等。具体的检验方法是对各供应商提供的零部件按设计规格要求的质量指标进行抽样检测，并通过对抽样检测数据的统计分析来完成零部件的入库检验。

在对抽样数据作统计分析时，根据检验目的设计和选择相应的统计分析方法和工具。应用的主要统计方法和工具有：①应用分布分析的方法，对抽样数据作分布分析，检验该批次零部件的质量指标数据的分布特性，计算该批次零部件的质量数据的均值和标准差，抽样数据均值和标准差的计算方法和过程参见例2-12；②应用参数估计的区间估计方法，由抽样数据估计出该批次零部件的质量指标数据的置信区间，检验该批次零部件是否满足质量指标要求，区间估计的计算方法和过程参见例2-14；③应用假设检验的方法，根据抽样数据检验供应商提供的该批次零部件的质检报告或质量指标数据的真实性，假设检验的方法和应用过程参见例2-15；④对向多个供应商采购同一种零部件的情况，在累积了两个以上的供应商的同一种零部件的抽样数据后，应用方差分析方法，分析不同供应商的同一种零部件间的质量是否存在差异，方差分析的方法和应用过程参见例2-18。

案例问题：

（1）针对零部件供应商提供或不提供自检质量报告的情况，A公司如何设计相应的质量检验方案？

（2）当从不同的供应商处采购的同一种零部件存在显著的质量差异时，A公司应如何使用这些零部件以避免导致质量损失？

参考文献

[1] 贾俊平.统计学基础[M].2版.北京：中国人民大学出版社，2014.
[2] 刘金兰.管理统计学[M].天津：天津大学出版社，2007.
[3] 马庆国.应用统计学：数理统计方法、数据获取与SPSS应用[M].北京：科学出版社，2005.
[4] 明杰秀，周雪，刘雪.概率论与数理统计[M].上海：同济大学出版社，2017.
[5] 王志江，陶靖轩，沈鸿.概率论与数理统计[M].北京：中国计量出版社，2009.

第3章

预　　测

【教学内容、重点与难点】

教学内容：定性预测、定量预测的常用方法、模型及应用。

教学重点：定性、定量预测方法及其应用场景。

教学难点：预测方法的选择、对预测方法的不确定性和准确性的理解。

大庆油田的开发指标预测方法体系

2019年7月15日，大庆油田举办上半年生产经营会。与会人员介绍，“截至目前，石油探明、控制、预测储量和天然气预测储量均超计划运行，为实现全年储量目标赢得了主动”。大庆油田自1959年发现，1960年投入开发，为国家创造了巨大的物质财富，不仅摘掉了我国“贫油”的帽子，还在生产过程中形成了一整套非均质大型砂岩油田地质开发理论及工程技术，为油田勘探开发领域贡献了重大科技成果。其中大庆油田的开发指标预测方法体系经历了研究方法由简单到复杂、由片面到全面，预测方法的应用条件由模糊到明确，预测精度不断提高的过程，经不断改进形成了适应油田各阶段的预测方法体系。

开发指标预测是根据油田的实际资料或模拟油田实际情况所进行的实验获取的数据建立模型，然后外推分析未来开发指标的变化趋势。油田的开发指标预测方法形成过程中遵循了以下原则：建立的数学模型不能违反油田开发基本规律和各项指标间的逻辑关系；明确模型适用的条件；预测所需参数要具有易得性；预测要与油田生产管理相结合，便于制定生产计划和安排生产措施，从而成为生产管理和科研不可缺少的工具。因为对油田开发指标变化规律的认识具有阶段性和层次性，上述要求保证了预测方法的持续发展及其有效性。由于油田工作者一直坚持紧密结合油田实际，认真研究目前及今后油田开发的特点，并努力改变预测方法的提出落后于生产的情况，使得预测方法随着油田的开发得到了深入广泛的应用和发展，形成了预测方法和我国重大工程结合的典范。

预测即依据过去和现在预估未来，是指在掌握已有信息的基础上，依照特定的规律和方法对未来趋势进行推演。预测的目的是预先了解事物发展的过程与结果，为决策提供依据。预测方法按属性可分为定性预测方法和定量预测方法。

3.1　定性预测方法

3.1.1　定性预测方法概述

定性预测法又称定性判断法或经验判断法，是指预测者依靠从业人员或专家的从业经验、业务知识，根据已有信息和材料结合问题所处情境，对事务的未来发展做出估计和判断。它适用于新产品开发、新科技在工业工程中应用、企业未来发展方向规划等多种场景。常用的定性预测方法主要有主观概率法、德尔菲法、综合意见法、领先指标法、推销人员估计法、经理评判意见法和交叉影响分析法等。定性预测侧重于事物发展的性质和趋势，其优势在于灵活性大，可充分发挥专家的经验和主观能动性，快速迅捷。同时由于注重人的主观经验和判断能力，定性预测的不足表现为个体依赖性强，科学性较差，缺乏对事物发展作数量上的精确描述，应尽量收集数据加以弥补。

3.1.2　主观概率法

预测的困难在于预测对象所具有的不确定性，即难以根据历史信息建立起系统当前状态和未来状态间的映射关系(映射关系指对于任意当前状态，总有唯一的未来状态与之对应)。概率论的发展为描述状态的不确定性提供了良好的工具，概率的特性使之可用于描述多种可能的未来状态，它是刻画不确定性的有效途径。客观概率的获得要基于客观事件的统计或大量实验结果，如一个事件的概率被认为是它在长期重复实验中发生的频率，这在现实的应用场景中往往很难获得。不同于客观概率独立于观察者描述被观察系统的特性，主观概率将概率与系统的观察者相联系，是人们根据经验和预感所作的主观判断的度量，不同的观察者和决策者对同一件事可赋予不同的概率。主观概率法是一种实用性很强的预测方法，伦纳德·萨维奇依据主观概率建立了主观期望效用理论，拓展了冯·诺伊曼的经典期望效用理论，用以处理不确定性问题。人类社会的发展是一个不断探索未知领域的过程，因此工程建设和生产生活中都难以避免面临需解决的新问题。这类问题(如新产品的研发)无法通过统计大量历史数据得到结果发生的概率，只能凭人们某一次、几次或经历相似事物的特定经验来度量可能出现的结果。主观概率的应用也应符合概率论的基本原理，假设可能状态集为$\{x_1, x_2, \cdots, x_i, \cdots\}$，反映决策者对各事件的信念程度的主观概率分别为$\{p_1, p_2, \cdots, p_i, \cdots\}$，则 $p_i \in [0,1]$，$\sum p_i = 1$。

主观概率法是一种适用性很强的统计预测方法，使用主观概率法预测的步骤如下：

(1) 准备相关资料；

(2) 编制主观概率调查表；

(3) 汇总整理；

(4) 判断预测。

例 3-1　某公司打算预测即将开工的一项工程的花费，用于编制预算，要求误差为±10万元。使用主观概率法预测的过程如下：

(1) 准备相关资料。将过去相关工程的工程资金耗费和预算情况及当前工程的实际情况、市场信息相应材料等汇集整理提供给专家参考。

(2) 编制主观概率调查表。主观概率调查表中一般包括可能的预算和其主观概率两项，通常使用累积概率，如表3-1所示。

表3-1 主观概率调查表

累积概率	0.010	0.125	0.250	0.375	0.500	0.625	0.750	0.875	0.990
工程预算/万元									

表中累积概率为0.010表示预算小于对应数值的可能性为1%，累积概率为0.990表示预算大于其对应数值的可能性只有1%。

(3) 汇总整理。将 n 位专家的反馈结果加以汇总，并计算各栏平均数，如表3-2表示。

表3-2 主观概率汇总 单位：万元

被调查人编号	累积概率								
	0.010	0.125	0.250	0.375	0.500	0.625	0.750	0.875	0.990
1	395	398	399	403	405	407	409	410	413
2	383	394	397	399	403	405	409	410	430
3	405	407	407	410	412	414	417	418	425
4	393	394	395	396	397	398	399	400	401
5	389	394	397	398	407	409	411	413	425
6	399	400	401	402	403	404	405	406	407
7	403	404	405	407	410	413	415	417	421
8	373	384	385	389	395	397	399	401	403
9	399	403	405	411	413	417	421	424	429
10	385	390	391	394	397	400	403	405	410
均值	392.4	396.8	398.2	400.9	404.2	406.4	408.8	410.4	416.4

(4) 判断预测。此例中，依据主观概率汇总表可知该工程的预计最低花费为392.4万元，低于此预算的可能只有1%，预计最高花费为416.4万元，高于此数值的可能也只有1%，中位数404.2万元可作为预算的预测值，其累积概率为50%。取预测误差为10万元，则预测区间为(394.2,414.2)，此区间涵盖了主观概率的第2列到第8列，发生的概率大于0.875－0.125＝0.75。

3.1.3 德尔菲法

德尔菲法是美国兰德公司于1964年最先用于预测领域的一种预测方法。它是根据有专门知识的人的直接经验，对研究的问题进行判断、预测的一种方法，是一种专家调查法。德尔菲法具有反馈性、匿名性和统计性特点，一般适用于长期预测。

(1) 反馈性。反馈表现为有组织、有目的地进行多次作业、反复、综合、整理、归纳和修正。

(2) 匿名性。匿名性可以最大限度地避免专家意见之间的相互干扰，收集到相对广泛的信息。

(3) 统计性。对各位专家的估值或预测进行统计分析,采用适用于对应问题的处理手法如加权平均、中位数等统计出量化结果。

德尔菲法的优点:①预测速度快,适用于快速反应和应急性问题等对时效要求高的预测问题,预测成本较低;②可以获得不同的独立有价值观点,可最大限度地求同存异;③对于现存历史资料、记录较少,不可测因素较多的问题尤为适用,如新产品研发或长期预测。德尔菲法的不足:①对于异质性群体或分区产品的预测可能不可靠;②责任比较分散;③由于预测的可能是缺乏已有信息的新事物,专家匹配难,导致专家的意见可能不完整或价值不大。

针对以上不足,德尔菲法在应用过程中应遵循以下原则:问题集中,避免专家间相互影响或诱导因素,科学拆解避免组合事件。

例 3-2 某创新型企业要预测新研发成功投放市场的产品的年销售量,由于缺乏历史数据,聘请 5 位专家对可能的销量做出预测。在对产品的功能、特点、用途、适用对象进行详细介绍并寄出样品后,让专家们各自做出销量判断。5 位专家的判断结果如表 3-3 所示。

表 3-3 专家意见反馈表　　单位:台

专家编号	第一轮判断			第二轮判断			第三轮判断		
	最低销量	最可能销量	最高销量	最低销量	最可能销量	最高销量	最低销量	最可能销量	最高销量
1	500	750	900	600	750	900	550	750	900
2	200	450	600	300	500	650	400	500	650
3	400	600	800	500	700	800	500	700	800
4	100	200	350	200	400	500	300	500	600
5	300	500	750	300	500	750	300	600	750
均值	300	500	680	380	570	720	410	610	740

根据表 3-3 中的信息,如果将 5 位专家第三轮预测的最可能销量、最低销量和最高销量分别赋予权重 0.5、0.2、0.3,则预测的加权平均销售量为 $0.5\times610+0.2\times410+0.3\times740=609$。如果按 5 位专家第三轮预测的平均值来算,则预测销量为 $(410+610+740)/3=587$。根据问题的情景不同还可以计算中位数、四分位数等作为预测值,除了用于解决预测问题,德尔菲法亦可用于对工程进程等问题进行评价。

3.1.4 交叉影响分析法

交叉影响分析法,又称交叉概率法。鉴于德尔菲法对一系列相关事件的预测效果较差,且各位专家的意见往往差距较大以致难以协调统一,美国兰德公司的戈登和海沃德在德尔菲法和主观概率法的基础上于 1968 年提出了交叉影响分析法,它是对传统德尔菲法的修正和补充。此方法是主观估计每种新事物在未来出现的概率,以及新事物之间相互影响的概率,对事物发展前景进行预测的方法。交叉影响分析法要求专家们在对事件进行预测时意识到交叉影响的存在并在自己的主观判断中将它考虑进去。

交叉影响分析法的目的在于清晰地表明和系统地考虑事件之间的相互影响,即它是研究一系列事件$\{x_1,x_2,\cdots,x_i,\cdots\}$及其概率$\{p_1,p_2,\cdots,p_i,\cdots\}$相互关系的方法。交叉影响分析法预测的步骤为:

(1) 通过预测者的主观判断获得各有关事件发生的初始概率。

(2) 用矩阵的形式描述各事件相互之间的逻辑关系，用概率的变化表示各事件相互影响的强度。

(3) 根据各事件之间相互影响的结果，修正各事件的初始概率，做出预测。

交叉影响分析法使用概率描述自然状态出现的可能性，通过概率的变化反映人们认识事物逐次递进的过程，更新了不确定性，使决策者清晰了决策方向，降低了决策风险。交叉影响分析的优势是考虑了事件之间的相互影响及影响的程度和被影响后的发展方向，能把大量可能发生的数据系统地整理成易于分析的形式，弥补了传统德尔菲法的不足；该方法的劣势在于相互影响的分析过程仍具有主观任意性，交叉影响因素的意义有待更加明晰、具体。

例 3-3 我们以今后 10 年能源政策预测为对象，为简单清晰起见，假设涉及的能源政策只有三个主要事件：

D_1：清洁能源大量使用；

D_2：降低石油价格；

D_3：控制环境污染。

给定以上三个事件的初始概率 p_1、p_2、p_3 分别为 0.8、0.4、0.3。注意：此例中的三个事件不是一个随机事件的三种相互排斥的结果，故三者的概率相加不需要为 1，修订后的三者概率之和同样不需要为 1，也无须与修订前的和保持一致。表 3-4 给出了三个事件的相互关系矩阵。

表 3-4 事件相互关系矩阵

事件	概率	事件间的相互影响		
		D_1	D_2	D_3
D_1	p_1	—	↓	↑
D_2	p_2	↑	—	—
D_3	p_3	↓	↑	—

表 3-4 中箭头向上表示正向影响，即一件事发生会增加另一件事发生的概率；反之，箭头向下表示负向影响。例如 D_1 发生，即清洁能源大量使用，则将导致石油需求的下降，增加其降价的可能性。清洁能源的普及减少了污染，将降低控制环境污染政策出台的可能性。影响关系的定量化表示如表 3-5 所示。

表 3-5 事件相互关系量化矩阵

事件初始发生概率		事件间的相互影响					
		D_1	p_{i1}	D_2	p_{i2}	D_3	p_{i3}
D_1	$p_1=0.8$	—	0	↓	-0.1	↑	0.15
D_2	$p_2=0.4$	↑	0.1	—	0	—	0
D_3	$p_3=0.3$	↓	-0.4	↑	0.2	—	0

根据各种方案之间的相互影响，修正之后的概率 $p'_i=p_i+\sum_{j=1}^{3}p_{ij}$；

事件 D_1：清洁能源大量使用发生的概率为 $p_1'=0.8-0.1+0.15=0.85$；

事件 D_2：降低石油价格发生的概率为 $p_2'=0.4+0.1=0.5$；

事件 D_3：控制环境污染发生的概率为 $p_3'=0.3-0.4+0.2=0.1$。

当各事件之间的影响关系难以用线性关系表示时，还可以使用 T. J. Gordon 和 H. Hayward 提出的公式 $p_i'=p_i+KS_{ki}(p_i-1)p_i$，$i=1,2,\cdots,n$，其中 p_i 为事件 D_k 发生前事件 D_i 发生的概率，p_i' 为事件 D_k 发生后事件 D_i 发生的概率，KS_{ki} 为 D_k 对事件 D_i 的影响方向和影响程度。当各事件间的相互关系不能简单地用公式计算得到时，一般采用蒙特卡洛风险模拟法(Monte Carlo Risk Simulation Method)，有成熟的商品化软件可供选择。

3.1.5　经理评判意见法

厂长(经理)评判意见法，是由企业的负责人把与市场有关或者熟悉市场情况的各负责人员和中层管理部门的负责人召集起来，让他们对未来的市场发展形势或某一重大市场问题发表意见，做出判断；然后，将各种意见汇总起来，进行分析研究和综合处理；最后得出市场预测结果。

这种方法的主要优势有：快速、及时、经济，不需要经过大量的复杂计算，也不需要大额的预测费用就可以及时地得到预测结果；由于参与预测的人是对预测内容熟悉的主体，预测结果较为可靠；不需要大量的统计材料，有利于处理不可控因素较多的问题的预测；如果现实情况发生改变，可快速响应，及时修正。

此方法的不足主要体现在：预测结果易受主观因素影响，个体依赖性强；对预测主体的细节了解不深入，预测结果比较一般化。

结合工程管理的实例，此种方法可用来处理全新工程的施工管理进程中遇到的预测问题，厂长(经理)等被召集的人员相应的替换为熟悉工程项目的专家、管理人员或一线员工。

例 3-4　某全新工程开工前聘请了相应领域的负责人和最有经验的专家来预测或估计工期，如表 3-6 所示。

表 3-6　工期评判

人　　员	工期估计	工期/月	概　　率	期望值/月
工程首席管理专家	最长	38	0.2	7.6
	最可能	36	0.6	21.6
	最短	34	0.2	6.8
	总期望值	—	1	36
A 部门负责人	最长	42	0.3	12.6
	最可能	36	0.5	18
	最短	32	0.2	6.4
	总期望值	—	1	37
B 部门负责人	最长	40	0.2	8
	最可能	35	0.5	17.5
	最短	30	0.3	9
	总期望值	—	1	34.5

有了上述信息后，一般采用绝对平均和加权平均两种方法来综合处理数据，得到预测值。

绝对平均法：该工程的工期预测值为$\frac{36+37+34.5}{3}$月=35.8月。

加权平均法：根据评判人员对工程的熟悉程度可赋予不同的权值，如首席专家对工程进程最熟悉，他的加权系数赋为2，其他两人为1，则工期预测值为$\frac{36\times2+37+34.5}{4}$月=35.9月。

3.1.6 定性预测的其他方法

常用的定性预测方法还有领先指标法、推销人员估计法、情景预测法等。此类方法比较简单，有些与前面的方法也颇为类似，在此只作简要介绍，感兴趣的读者可参阅相关书籍自行学习。

1. 领先指标法

领先指标法常用于经济现象的预测，各种经济现象或经济指标之间存在着联系和制约关系。在经济周期的运行过程中，经济指标在时间上是先后呈现的，如材料、人力成本的变动先于成品价格的变动。领先指标法将各种经济指标分为三种类型——领先指标、同步指标和滞后指标，并根据这三类指标之间的关系进行分析预测。领先指标法不仅可以预测经济的发展趋势，而且可以预测其转折点。

2. 推销人员估计法

推销人员估计法就是召集本企业所有的推销人员（包括代理商、经销商、分支机构负责人），让他们对下一期的销售情况做出估计，将不同销售人员的估计值综合汇总起来，作为预测结果值。由于销售人员一般都很熟悉市场情况，因此，这一方法具有一些显著的优势，其过程与经理评判意见法类似，不需要经过复杂的计算，预测速度快，可节省费用。推销人员能够熟练地预测市场情况，预测效果比较精准可靠。该方法的预测结果也同经理评判意见法一样具有主观性，容易受个人偏见的影响。特别当有些企业将完成销售任务与推销人员的业绩结合在一起的时候，有可能导致预测人员不敢或不乐于给出高的预测值。

3. 情景预测法

情景预测法是一种新兴的预测方法，由于不受任何条件的限制，应用起来灵活，适用于多种场景，可充分调动预测人员的想象力，考虑全面，有利于决策者更客观地进行决策。在制定经济政策、公司发展战略等方面有很好的应用。

3.2 时间序列预测法

3.2.1 时间序列预测法概述

按照时间顺序把随机事件变化发展的过程记录下来就构成了一个时间序列，时间序列的每个数据都是在相同的时间间隔里产生的。时间序列本质上反映的是某个或某些随机变量随时间不断变化的趋势。对时间序列进行观察、研究，寻找它潜在的变化发展规律，从数据中挖掘出这种规律，预测它将来的走势以描述随机事件的未来发展方向，就是时间序列的预测。为方便表示，随机事件按照时间的变化过程在统计研究中常用按时间顺序排列的一组随机变量 $X_1, X_2, \cdots, X_t, \cdots$ 来表示，简记为 $\{X_t, t \in T\}$ 或 $\{X_t\}$，t 为时间。

上述随机变量随时间逐次出现，其观察值用 $x_t(t=1,2,\cdots)$ 表示。如 $x_1, x_2, \cdots, x_n$ 或 $\{x_t, t=1,2,\cdots,n\}$ 可表示该随机序列的 n 个有序观察值，称为序列长度为 n 的观察值序列，有时也称其为随机变量的一个实现。

时间序列的例子很常见，如把全国 2000—2019 年每年的工业生产总值共 20 个数据按照时间顺序记录下来，就构成了一个序列长度为 20 的时间序列。如果要预测 2020 年的工业生产总值，简单地对数据加总平均会忽略掉时间序列变化的情况，且各个年份的数据对 2020 年的数据的影响也不尽相同，因此简单地用算术平均值进行预测是不理想的。

常用的时间序列预测法一般归结为简单时间序列预测法（确定型时间序列预测法）和平稳时间序列预测法（随机时间序列预测法），其本质区别是前者使用非概率的方法而后者使用概率的方法。简单时间序列预测法是用确定型的预测模型去拟合研究对象的一类方法的总称。事实上，许多时间序列并不是时间 t 的确定型函数，而是由许多偶然因素共同作用的随机型波动，这些波动具有一定的规律，人们根据随机理论对这些随机序列进行分析，相应的方法称为随机型时间序列分析法。随机型时间序列分析法将在后续平稳时间序列分析章节中以 AR、MA、ARMA 模型为例进行介绍。

3.2.2　简单时间序列预测法

如前所述，简单时间序列预测法（确定型时间序列预测法）是用一个确定的预测模型去拟合研究对象进行预测的方法。在应用简单时间序列预测法进行时间序列分析时，人们通常将各种可能发生影响的因素分为四大类：长期趋势（T）、季节变动（S）、循环变动（C）和不规则变动（I）。

长期趋势是指序列长时间受某种根本性因素影响而形成的总发展变动趋势，如在较长的时间内朝着一定的方向持续上升、下降或停留在某一水平上的倾向，反映事物的主要变化趋势及全局情形。例如要精益生产、精准营销，预测潜在消费者数量，在考虑某地区的居民纯收入等因素时，应考虑这些经济指标随着时间变化呈现的增长趋势。一些成熟的行业可能随着时间的推移无明显的上升或下降趋势，比较稳定。随着科学技术的发展和进步，某些行业指标会呈现下降趋势，如表 3-7 所示 2010—2018 年我国第一产业就业人员数量所呈现的趋势。

表 3-7　2010—2018 年我国第一产业就业人数

年　份	第一产业就业人数/万人
2010	27 930.5
2011	26 594.2
2012	25 773
2013	24 171
2014	22 790
2015	21 919

续表

年　　份	第一产业就业人数/万人
2016	21 496
2017	20 944
2018	20 257.7

季节变动是指由于受到自然条件或社会条件的影响，时间序列在一年内随着季节的变化而发生的有规律的周期性变动。掌握季节变化的规律可更好地进行季节预测，提供消除季节变动的方法可提升长期预测的质量。工程管理领域的季节变动是季节性的固有规律作用于工程活动的结果。例如，某些农作物的生长受季节性的影响，从而导致一些农产品的销售和农产品加工工业的季节变动。特定情形下季节因素甚至会导致某些行业如建筑业的用工呈现季节性短缺，连锁反应会传递到建材的销售，这是自然因素导致的季节性变动。另外春节、中秋节、情人节等期间某些食品、花卉的需求量会骤增，这是受社会条件影响人为导致的季节性变动。季节变动的周期比较稳定，一般以一年为一个变动周期，当然也有一些活动的变动周期不到一年。

循环变动一般指周期不固定的波动变化，以若干个时间单位为周期所呈现出的有规律的波浪起伏形态的变动。有时是以数年为周期变动，有时是以几个月为周期变动，并且每次的周期不完全相同，如房地产行业和钢铁工业都有可能具有这种循环变动趋势。循环变动不同于长期趋势，它不是朝单一趋势持续发展，而是呈现涨落相间的波浪式起伏。循环变动也不同于季节变动，它的波动时间一般较长，变动周期长短不一，短则一年以上，长则数年、数十年，下次出现的时间难以预料。

不规则变动是指各种偶然因素引起的无周期变动，它无明显规律性。不规则变动通常又可分为随机变动和突发性变动。所谓突发性变动，是指诸如自然灾害、意外事故、战争、政策改变等引起的变动。随机变动是指由多个随机因素的交叉作用而产生的影响。不规则变动因为规律难以掌握，预测难度大。

对于一个具体的时间序列，如果在预测时间内没有突发性的变动且不规则变动对整个时间序列的影响较小，并且过去的历史演变趋势可以演化发展到未来，这时可根据所掌握的资料、时间序列的性质以及研究的目的来选择某种简单时间序列预测法。常用的简单时间序列预测法有移动平均法、指数平滑法、时间序列分解法、季节指数法、自适应过滤法等。

3.3　移动平均法

如前所述，对于时间序列用简单算术平均值预测效果是不理想的，用移动算数平均值进行预测是一个可行的方式。移动平均法也称为时间序列修匀法，是根据时间序列资料逐项推移，依次计算包含一定项数的时序平均数，以反映长期趋势的预测方法。形象地说，移动平均是指每当产生一个新的数据，序列就立即把它纳入而把最久远的那个时间点的数据剔除，每次计算出一个新的平均值，用它来预测下一时期的数据。依照此方法可以计算出一串平均数，移动平均数所取数据点数在每次计算过程中保持不变，只是不断“吐故纳新”，始终包括最新的观察值。当时间序列受周期变动和不规则变动的影响起伏较大，且不存在季节性因素时，移动平均法能有效地消除预测中的随机波动，是工程管理中非常实用的方法。例如，已有某公司一款产品前三个月的销量观测值，计算这三个月的平均数用于第四个月的销量预测。当第四个月的实际销量可观测后，则把第一个月的数据剔除，用第二到第四个月的数据重新计算用以预测第五个月的销量。

记当前时间为 t，已知时间序列的观测值为 $x_1, x_2, \cdots, x_t$，假设连续 m 个时期的观测值用于计算一个平均数，则下一时期即 $t+1$ 时期的一次移动平均预测值 F_{t+1} 可用下面的公式表示：

$$F_{t+1}=\frac{1}{m}(x_t+x_{t-1}+\cdots+x_{t-m+1})=\frac{1}{m}\sum_{i=t-m+1}^{t}x_i \tag{3-1}$$

式中，x_t 为当前期的观测值；F_{t+1} 为下一期的预测值。当 $m=1$ 时表示直接用本期观测值作为下一期的预测值。

例 3-5　某公司一款商品前 11 个月的销售量如表 3-8 所示，用移动平均法预测该产品 12 月的销售量。分别使用 $m=1$，即用本月实际销售量预测；$m=4$，即用最近 4 个月的平均值进行预测；$m=6$，即用最近 6 个月的平均值进行预测。

表 3-8　某公司一款产品的销售量及移动平均预测　　单位：万件

月　份	销　售　量	预测值($m=1$)	预测值($m=4$)	预测值($m=6$)
1	92	—	—	—
2	100	92	—	—
3	118	100	—	—
4	114	118	—	—
5	110	114	106	—
6	128	110	110.5	—
7	110	128	117.5	110.3
8	122	110	115.5	113.3
9	90	122	117.5	117
10	98	90	112.5	112.3
11	92	98	105	109.7
12	—	92	100.5	106.7

为便于直观地呈现 m 取不同值时预测值的趋势，将表中数据绘制成柱形图，如图 3-1 所示。

图中 $m=1$ 时的预测趋势用蓝色柱(1—4 月对应的唯一柱形，5—12 月最左侧柱形)表示；$m=4$ 时的预测趋势用橘色柱(5、6 月右侧柱形，7—12 月中间柱形)表示；$m=6$ 时的预测趋势用灰色柱(7—12 月右侧柱形)表示。一次移动平均法的优点是计算简单，从图 3-1 中 m 取不同值时预测销量的对比可以看出，其对原序列有修匀或平滑的作用，使得原序列的上下波动被削弱了，而且平均的时距项数 m 越大，对数列的修匀作用越强。一次移动平均法的缺点是需要保存的历史数据较多，预测效果受时间序列的波动形式的限制；随着移动平均期数(m)的增加，其平滑波动的效果会更好，但同时会使预测值对数据实际变动更不敏感，故而 m 的大小不容易确定。一般来说，当数据的随机性比较大时，宜选用较大的 m，这样有利于较大程度的平滑随机性所带来的偏差，如果序列是纯随机的，则全部历史数据的

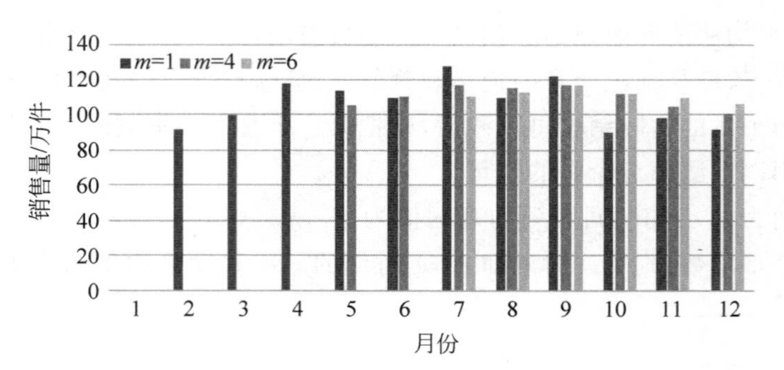

图 3-1 产品销量移动平均预测柱形图

均值就是最好的预测值；当数据的随机性较小时，宜选用较小的 m 值，这有利于反映数据的变化，并且预测值滞后的期数也较少。一次移动平均法只能用于平稳时间序列，当时间序列的基本特性发生变化时，一次移动平均法难以适应这种改变。一次移动平均法适合做短期预测，因为在短期内假设时间序列具有平稳特征，预测结果的准确度受到的影响相对较小。

利用式(3-1)计算平均数时认为每一期的影响效果相同。实际中，不同时期的数据对预测值的影响可能不尽相同，通常新数据包含更多关于系统未来变化的信息，t 期数据自身和靠近 t 期数据包含更多 t 期附近的波动信息。加权移动平均法则考虑各期数据的重要性差异为其赋予权重。用加权移动平均法预测，式(3-1)转化为

$$F_{t+1,w}=w_0x_t+w_1x_{t-1}+\cdots+w_{m-1}x_{t-m+1} \tag{3-2}$$

式中，$w_i(i=0,1,2,\cdots,m-1)$为观测值 x_{t-i} 的权重，且 $\sum_{i=0}^{m-1}w_i=1$。运用加权移动平均法预测的过程与一次移动平均法类似，其中权重的选择是一个需要注重的问题，经验法和试算法是选择权重的常用简单方法。

使用一次移动平均法，如果时间序列具有明显的线性变化趋势，则可采用二次移动平均法以避免预测有趋势的数据时产生的误差。二次移动平均数可用一次线性平均数线性表示：

$$S_t^{(2)}=\frac{S_t^{(1)}+S_{t-1}^{(1)}+\cdots+S_{t-M+1}^{(1)}}{M} \tag{3-3}$$

式中，$S_t^{(2)}$ 为 t 时期的二次移动平均数，$S_t^{(1)},S_{t-1}^{(1)},\cdots,S_{t-M+1}^{(1)}$ 分别为 $t,t-1,\cdots,t-M+1$ 时期的一次移动平均数，M 为计算移动平均数所选定的数据个数。二次移动平均法不是利用二次平均数直接预测，而是在二次平均数的基础上建立模型，然后再利用模型预测，即二次移动平均法是对一次移动平均数进行二次移动平均，再以一次移动平均数和二次移动平均数为基础建立预测模型。

当序列呈现线性趋势时，一次平均数序列存在预测值滞后于实际值的现象，二次平均数也形成了滞后偏差。二次移动平均法是利用这种规律进行超前期预测，以期纠正滞后偏差而建立线性预测模型，公式为

$$F_{t+T}=a_t+b_tT \tag{3-4}$$

式中，t 为当前时期序号；T 为由当前时期到预测时期的间隔时期数，即预测超前时期数；

F_{t+T} 为 $t+T$ 时期的预测值；a_t 为线性模型的截距；b_t 为线性模型的斜率，即单位时期的变化量。a_t、b_t 可由一次、二次移动平均数求得，计算公式如下：

$$a_t = 2S_t^{(1)} - S_t^{(2)}, \quad b_t = \frac{2}{M-1}(S_t^{(1)} - S_t^{(2)}) \tag{3-5}$$

例 3-6　表 3-9 中第二列为某公司一款产品 14 个月的销售数据，取 $M=3, T=1$，采用二次移动平均法预测第 15 个月的销售量。

表 3-9　线性二次移动平均法计算　　单位：万件

期　数	销 售 量	$S_t^{(1)}(M=3)$	$S_t^{(2)}(M=3)$	a_t	b_t	$F_{t+T}(T=1)$
1	75	—	—	—	—	—
2	85	—	—	—	—	—
3	145	101.7	—	—	—	—
4	147.5	125.8	—	—	—	—
5	136	142.8	123.4	162.2	19.4	—
6	125	136.2	134.9	137.5	1.3	181.6
7	105	122	133.7	110.3	—11.7	138.6
8	140	123.3	127.2	119.6	—3.9	98.7
9	170	138.3	127.9	148.7	10.4	115.7
10	169	159.7	140.4	179	19.3	159.2
11	176	171.7	156.6	186.8	15.1	198.1
12	148	164.3	165.2	163.4	—0.9	201.9
13	210	178	171.3	184.7	6.7	162.5
14	205	184.3	175.6	193	8.7	191.4
15	—	—	—	—	—	201.7

利用二次移动平均法预测：记每月为一期，当月序号为 $t=14$ 时，将表 3-9 中第 14 个月一次、二次移动平均数代入式(3-5)得

$$a_{14} = 2S_{14}^{(1)} - S_{14}^{(2)} = 2 \times 184.3 - 175.6 = 193$$

$$b_{14} = \frac{2}{3-1}(S_{14}^{(1)} - S_{14}^{(2)}) = 184.3 - 175.6 = 8.7$$

将以上结果代入式(3-4)得预测值 $F_{14+T} = a_{14} + b_{14}T = 193 + 8.7T$，预测第 15 个月的销量，即 $T=1$，代入得 $F_{15} = 193 + 8.7 = 201.7$。利用同样的方法可预测第 16 个月的销量，即 $T=2$，代入得 $F_{16} = 193 + 8.7 \times 2 = 210.4$。

3.4　指数平滑法

移动平均法存在需要存储大量数据的弊端，且平均值的期数难以确定。指数平滑法可有效克服这些弊端，它既不需要存储很多历史数据又考虑了各期数据的重要程度，而且可使用全部历史资料。指数平滑法可看作对移动平均法的改进和发展，根据平滑次数的不同，指数平滑法也可分为一次指数平滑法、二次指数平滑法等。

由式(3-1)可知

$$F_{t+1} = \frac{1}{m}(x_t + x_{t-1} + \cdots + x_{t-m+1}) = \frac{1}{m}(x_t + x_{t-1} + \cdots + x_{t-m+1} + x_{t-m} - x_{t-m})$$

又因为 $F_t=\frac{1}{m}(x_{t-1}+x_{t-2}+\cdots+x_{t-m})$，故

$$F_{t+1}=\frac{1}{m}x_t+F_t-\frac{1}{m}x_{t-m} \tag{3-6}$$

假设时间序列是平稳的，则可以用 F_t 代替 x_{t-m}，代入上式得

$$F_{t+1}=\frac{1}{m}x_t+F_t-\frac{1}{m}F_t=\frac{1}{m}x_t+\left(1-\frac{1}{m}\right)F_t \tag{3-7}$$

当 $m=1$ 时，$\frac{1}{m}=1,F_{t+1}=x_t$；当 m 足够大时，$\frac{1}{m}$接近于零，F_{t+1} 接近于 F_t。因为 m 为正整数，设 $\alpha=\frac{1}{m}$，则 $\alpha\in[0,1]$，于是上式转化为

$$F_{t+1}=\alpha x_t+(1-\alpha)F_t \tag{3-8}$$

式(3-8)即为一次指数平滑法的一般表达式。从式中可以看出此方法不需要保留更多的历史数据，只需要记录当期观测值和上期对本期的预测值，此外还需要保留平滑常数 α。将式(3-8)展开可得

$$\begin{aligned}F_{t+1}&=\alpha x_t+(1-\alpha)F_t\\&=\alpha x_t+(1-\alpha)[\alpha x_{t-1}+(1-\alpha)F_{t-1}]\\&=\alpha x_t+\alpha(1-\alpha)x_{t-1}+(1-\alpha)^2F_{t-1}\\&\vdots\\&=\alpha x_t+\alpha(1-\alpha)x_{t-1}+\alpha(1-\alpha)^2x_{t-2}+\cdots+\alpha(1-\alpha)^m x_{t-m}\end{aligned} \tag{3-9}$$

由上式可以看出各期观测值的权重随着与当期间隔的增大而减小，这也是指数平滑名称的由来。指数平滑法的目标是使得均方差(MSE)最小。指数平滑法的估计是非线性的。可以证明当 m 趋近于无穷大时所有权重之和等于1，即 $\sum_{m=1}^{+\infty}\alpha(1-\alpha)^{m-1}=1$。表3-10给出了指数平滑法权重的变化。

表 3-10　指数平滑法权重变化

时　期	权　重	$\alpha=0$	$\alpha=0.1$	$\alpha=0.5$	$\alpha=0.9$	$\alpha=1$
t	α	0	0.1	0.500	0.9	1
$t-1$	$\alpha(1-\alpha)$	0	0.09	0.250	0.09	0
$t-2$	$\alpha(1-\alpha)^2$	0	0.081	0.125	0.009	0
$t-3$	$\alpha(1-\alpha)^3$	0	0.0729	0.0625	0.0009	0
$t-4$	$\alpha(1-\alpha)^4$	0	0.065 61	0.031 25	0.0009	0

将式(3-8)变形得

$$F_{t+1}=F_t+\alpha(x_t-F_t)=F_t+\alpha e_t \tag{3-10}$$

式中 e_t 表示 t 时期的误差，即 t 时期的实际实现值减去预测值。

由上式可以看出，指数平滑法的预测值是前一期预测值加上对前期预测值的修正。当 α 接近于1时，新的预测值几乎包含对前期预测误差的全部修正值；当 α 接近于0时，新的预测值只包括很小一部分修正值。应用中当平滑常数 α 取得比较大时，预测值 F_{t+1} 能比较快地反映时间序列的变化情况；当平滑常数 α 取得比较小时，预测值 F_{t+1} 比较平滑但反

映时间序列的变化情况缓慢。一次指数平滑法适用于平稳时间序列。当时间序列本质特性发生改变，尤其是突发性变化时，预测模型的效果就不理想了。平滑常数的确定可采用最小均方差的原则，即根据经验先取一组适当的 α 值备选，分别计算其均方差，选出均方差最小的项。

例 3-7 表 3-11 所示为某公司前 16 个月每个月的销售数据，试应用指数平滑法分别计算 $\alpha=0.1,\alpha=0.3,\alpha=0.9$ 时第 17 个月的销量预测值。

表 3-11 某公司销售数据一次指数平滑法计算 单位：万件

时 期	销 售 量	指数平滑法预测值		
		$\alpha=0.1$	$\alpha=0.3$	$\alpha=0.9$
1	197	—	—	—
2	195	197	197	197
3	195	196.8	196.40	195.20
4	192	196.62	195.98	195.02
5	195	196.16	194.79	192.30
6	195	196.04	194.85	194.73
7	198	195.94	194.90	194.97
8	197	196.14	195.83	197.70
9	199	196.23	196.18	197.07
10	195	196.51	197.03	198.81
11	195	196.36	196.42	195.38
12	196	196.22	195.99	195.04
13	197	196.20	195.99	195.90
14	198	196.28	196.30	196.89
15	194	196.45	196.81	197.89
16	195	196.21	195.97	194.39
17	—	196.09	195.68	194.94

如前所述，指数平滑法计算需要的数据量和计算量都较小，一次指数平滑法的初值一般采用第一期的值或最初几期的均值，表 3-11 的计算中我们采用了第一期的值为初值。分别按下式计算平滑常数取 0.1、0.3、0.9 时的均方差 MSE。

$$\mathrm{MSE}=\frac{1}{m-k+1}\sum_{t=k}^{m}(x_t-F_t)^2=\frac{1}{m-k+1}\sum_{t=k}^{m}(e_t)^2 \tag{3-11}$$

其中 k 表示第一个预测值出现的时期，m 为已记录数据的期数，此例中 $k=2,m=16$。将表 3-11 中数据代入式(3-11)，算得平滑常数 $\alpha=0.1$ 时，均方差 $\mathrm{MSE}=\frac{1}{15}\sum_{t=2}^{16}(e_t)^2=3.926$；平滑常数 $\alpha=0.3$ 时，均方差 MSE=3.980；平滑常数 $\alpha=0.9$ 时，均方差 MSE=4.507。所以选定 0.1 作为平滑常数。由式(3-8) 得 $F_{17}=x_{16}+(1-0.1)F_{16}=196.09$。

一次指数平滑法虽然克服了移动平均法存储数据多和均值数难确定的缺点，但当时间序列的变动出现线性趋势时，仍存在明显的滞后偏差，因此，这种情况下也需修正，即作二次指数平滑，这就是二次指数平滑法。与移动平均法的情形相似，二次指数平滑法利用一次指数平滑值作为预测值，二次指数平滑法是对时间序列存在的趋势进行修正，利用滞后偏差的规律建立线性模型，再使用模型进行预测。下面以布朗单一参数线性指数平滑法为例，介绍二次指数平滑的计算过程。

当时间序列存在趋势时，一次指数和二次指数平滑值也都落后于实际值。类比于移动平均法，可建立线性平滑预测模型对趋势进行修正：

$$F_{t+m}=a_t+b_tm \tag{3-12}$$

此式即为布朗单一参数线性指数平滑的预测模型。布朗单一参数线性指数平滑法即通常所说的二次指数平滑法，其中 m 为预测的超前期数。该方法适合对具有线性变化趋势的时间序列进行短期预测。式中，a_t 为截距；b_t 为线性模型的斜率，即单位时期的变化量。这两个参数都由一次指数和二次指数平滑值决定：

$$a_t=2S_t^{(1)}-S_t^{(2)},\quad b_t=\frac{\alpha}{1-\alpha}(S_t^{(1)}-S_t^{(2)}) \tag{3-13}$$

依据式(3-8)，可得一次、二次指数平滑值的计算公式分别为

$$S_t^{(1)}=\alpha x_t+(1-\alpha)S_{t-1}^{(1)} \tag{3-14}$$

$$S_t^{(2)}=\alpha S_t^{(1)}+(1-\alpha)S_{t-1}^{(2)} \tag{3-15}$$

式中 $S_t^{(1)}$ 为一次指数平滑值，$S_t^{(2)}$ 为二次指数平滑值，x_t 为当期观测值。

例 3-8 考虑例 3-6 中公司前 14 个月的销售数据，采用布朗单一参数线性指数平滑法对第 15 个月的销售量进行预测，如表 3-12 所示，取 $\alpha=0.2$，$m=1$。

表 3-12 某公司采用布朗单一参数线性指数平滑法计算销售量 单位：万件

期数	销售量	$S_t^{(1)}$	$S_t^{(2)}$	a_t	b_t	$F_{t+m}(m=1)$
1	75	75	75	—	—	—
2	85	77	75.4	78.6	0.4	—
3	145	90.6	78.4	102.8	3.0	79
4	147.5	102	83.2	120.8	4.7	105.8
5	136	108.8	88.3	129.3	5.1	125.5
6	125	112	93	131	4.8	134.4
7	105	110.6	96.5	124.7	3.5	135.8
8	140	116.5	100.5	132.5	4	128.2
9	170	127.2	105.9	148.5	5.3	136.4
10	169	135.6	111.8	159.3	5.9	153.9
11	176	143.6	118.1	169.1	6.4	165.2
12	148	144.5	123.4	165.6	5.3	175.5
13	210	157.6	130.2	185	6.8	170.9
14	205	165.1	137.2	193	7	191.8
15	—	—	—	—	—	200

与一次指数平滑法需要设定初值一样，第一期时 $S_t^{(1)}$、$S_t^{(2)}$ 是没有数值的，需要给定，它们称作二次指数平滑的初始值，分别记作 $S_0^{(1)}$、$S_0^{(2)}$。根据实际问题的特性，$S_0^{(1)}$ 与 $S_0^{(2)}$ 可赋予相同的值或不同值。通常 $S_0^{(1)}=S_0^{(2)}=y_0$，即将时间序列的初始值作为平滑初始值，即此例的计算中采用的方法（$S_0^{(1)}=S_0^{(2)}=75$）。此外，也可以根据需要将 $S_0^{(1)}$、$S_0^{(2)}$ 设为最初几期的平均值或其他值。利用表中数据，预测过程简介如下：

记每月为一期，当月 $t=14$，将表 3-12 中第 14 个月一次、二次指数平滑值代入式(3-13)得

$$a_{14}=2S_{14}^{(1)}-S_{14}^{(2)}=2\times165.1-137.2=193$$

$$b_{14}=\frac{0.2}{1-0.2}(S_{14}^{(1)}-S_{14}^{(2)})=\frac{1}{4}\times(165.1-137.2)=7$$

代入式(3-12)得预测值 $F_{14+m}=a_{14}+b_{14}m=193+7m$，预测第 15 个月的销售量，即 $m=1$，代入得 $F_{15}=193+7=200$。利用同样的方法可预测第 16 个月的销售量，即 $m=2$，代入得 $F_{16}=193+7\times2=207$。

除了布朗单一参数线性指数平滑法，霍尔特双参数线性指数平滑法也是一种常用的预测方法，这两种方法过程相似，只是后者不用二次指数平滑而是直接对趋势进行平滑。霍尔特线性指数平滑法预测的公式如下：

$$S_t=\alpha x_t+(1-\alpha)(S_{t-1}+b_{t-1})$$

$$b_t=\beta(S_t-S_{t-1})+(1-\beta)b_{t-1}$$

$$F_{t+m}=S_t+b_tm$$

此方法利用前一期趋势值 b_{t-1} 直接修正平滑值 S_t，即将 b_{t-1} 加在前一期平滑值 S_{t-1} 上，以消除滞后使 S_t 接近于最新数据 x_t。两次平滑值之差用来修正趋势值 b_t，由于随机性的存在，可以引入参数 β 对相邻两次平滑之差 S_t-S_{t-1} 进行修正，并将趋势值加上前期趋势值乘以 $1-\beta$。有了以上三个公式，霍尔特双参数线性指数平滑法的计算过程与布朗单一参数线性指标法极为类似，不再赘述。另外，三次指数平滑法、差分指数平滑法、二次曲线指数平滑法也都是常用的时间序列预测方法，其基本原理都类似。

假设 $x_1,x_2,\cdots,x_t$ 为时间序列的一组观测值，对于时间序列的一般预测模型为 $\hat{x}_{t+1}=\varphi_1x_t+\varphi_2x_{t-1}+\cdots+\varphi_px_{t-p+1}$，其中 $\hat{x}_{t+1}$ 为 $t+1$ 期的预测值，x_{t-i+1} 和 φ_i 分别为第 $t-i+1$ 期的观测值和其权重，p 为数据个数。用以上形式概括移动平均法和指数平滑法，则对于一次移动平均法：$\varphi_i=\frac{1}{p}$；对于一次指数平滑法：$\varphi_i=\alpha(1-\alpha)^{i-1}$。此两种方法的权重都是相对固定的，若权重 φ_i 可根据预测误差的大小不断调整修正直至获得最佳的权重，就形成了常用的自适应过滤法，感兴趣的读者可以阅读相关文献，如徐国祥所著《统计预测与决策》的第 6 章(上海财经大学出版社出版)。

3.5 线性趋势预测模型

3.5.1 线性趋势预测模型概述

时间序列预测方法要求拟合的曲线在未来一段时间内仍能顺着现有的形态“惯性”延续，即样本的历史演化规律可以适用于未来一段时期。序列的均值、方差等统计特征不随时间发生明显变化即平稳性是时间序列可延续的保障。本节我们介绍含有线性趋势的简单时间序列预测方法。线性趋势预测模型，是针对逐期等量增加或减少的预测对象，其历史数据具有线性变动趋势时，可拟合成一条直线，通过建立线性模型进行预测。在对变量的未来情况进行预测时，尽管时间序列数据会表现出随机波动，但是在一个较长的时间段内，时间序列会表现出向一个更高值或者更低值渐进变化的趋势，即时间序列值随时间的变化呈现出

增加或减少的趋势，称这样的序列为具有趋势性的时间序列。时间序列趋势有确定性和非确定性两种，确定性趋势又可细分为线性趋势和非线性趋势。非线性趋势通常有多项式曲线、指数曲线、修正指数曲线、龚珀兹曲线和罗吉斯曲线等类型。具有非确定趋势的序列，往往表现为一种慢慢地向上或向下漂移的时间序列。下文主要考虑预测模型中的线性趋势。

3.5.2 趋势性检验

一个趋势平稳的时间序列可表示为如下形式：

$$x_t = f(t) + \mu_t$$

式中，$f(t)$为时间 t 的一个确定性函数；μ_t 为一个白噪声序列。如果 $f(t)$是 t 的线性函数，则这一时间序列就是线性趋势的时间序列。线性趋势平稳的时间序列的显著特点是：当把时间序列中完全确定的线性趋势去掉以后，所形成的时间序列是一个平稳的时间序列。

如果一个时间序列是线性趋势平稳的，那么对于所观察到的时间序列数据，可以利用最小二乘法估计出这个趋势，进而利用所估计出的趋势进行趋势分析或者趋势预测。如果一个时间序列不是线性趋势平稳的，仍用同样的方法对这个时间序列进行趋势分析或趋势预测，就会出现严重的错误。因此，判断一个明显上升或明显下降的时间序列是否真能用线性趋势函数来拟合，须对类似的时间序列进行平稳性检验。

在实际问题中，当取得某随机时间序列的样本序列时，首要的问题是判断它是平稳的、带有趋势的还是其他情况。下面给出三种判断时间序列趋势性的常用方法。

1. 利用序列图进行判断

将所得的样本序列数据绘成序列图，如果各观测点不是在水平直线上、下波动，而是表现为一种向上或向下的趋势，则可认为该样本来自具有一定趋势的序列。

2. 利用样本自相关函数 $\hat{\rho}_k$ 进行平稳性判断

如果由样本序列的资料算出样本自相关函数 $\hat{\rho}_k$，当 k 增大时，$\hat{\rho}_k$ 迅速衰减，则认为该序列是平稳的；如果 $\hat{\rho}_k$ 衰减缓慢，则认为该序列是非平稳的。

3. 利用单位根检验进行判断

单位根检验是检验时间序列平稳性的一种标准方法。而检验时间序列的平稳性是构造经典回归模型、时间序列模型、向量自回归模型、面板数据模型的基础。利用单位根对时间序列进行检验，就是一个显著性检验的问题，具体检验过程同上章。

3.5.3 平稳化方法

具有趋势性的时间序列，又可分为方差平稳的时间序列和方差不平稳的对间序列。针对这两种情况，在分析的过程中需要采用不同的处理方式。

1. 方差平稳的情况

如前所述，时间序列的趋势有确定性和非确定性两种。确定性趋势的消除，既可以采用最小二乘法，也可以用差分的方法。最小二乘法的作用主要是求出趋势方程，例如对于线性趋势方程

$$\hat{x}_t = a + bt$$

将原序列 x_t 减去趋势值 $\hat{x}_t$，得到一个没有趋势变化的新序列

$$y_t = x_t - \hat{x}_t$$

对于非确定趋势的序列，由于它是一个慢慢地向上或向下偏移的过程，要判断这种序列的趋势是随机性的还是确定性的十分困难。在这种情况下，使用最小二乘法就不合适了。基于这种原因博克斯和詹金斯提出使用差分的方法去消除趋势。

设原序列为 x_t，称

$$\nabla x_t = x_t - x_{t-1}$$

为序列的一阶差分；称

$$\nabla^2 x_t = \nabla\nabla x_t = x_t - 2x_{t-1} + x_{t-2}$$

为序列的二阶差分，其中∇为差分算子。

通过对原序列进行差分运算，可以消除序列的趋势。一般说来，一阶差分可消除线性趋势，二阶差分可消除二次曲线趋势。以线性趋势的情形为例，若趋势方程为

$$x_t = a + bt$$

通过一阶差分，可得

$$\nabla x_t = x_t - x_{t-1} = b$$

这样就消去了线性趋势。

2. 方差不平稳的情况

时间序列的不平稳性也表现在时间序列方差的不平稳上，经济领域很多数据的时间序列随着时间推移，方差呈现不断增加的现象。消除方差不平稳性对时间序列的影响，通常是通过变量替换的方法来实现的。一般来说，若序列的方差同序列的发展水平成比例，则采用对数变换的方法，即对原序列 x_t 作对数变换：

$$y_t = \lg x_t$$

这种变换有时候对某些序列可能产生过度修正，因而平方根变换也常常被采用，即取

$$y_t = \sqrt{x_t}$$

应用中取对数变换还是取平方根变换，根据实际场景所处理的数据特征，视具体序列而定。

3.5.4　线性趋势预测模型方法

对于具有线性趋势的时间序列，有下列预测模型：

$$\hat{x}_t = a + bt$$

式中，t 为时间，代表年次、月次等；$\hat{x}_t$ 为预测值；a、b 为参数，a 代表 $t=0$ 时的预测值，b 代表逐期增长量。

线性预测模型的特点是一阶差分为常数，即有

$$\nabla \hat{x}_t = \hat{x}_t - \hat{x}_{t-1} = b$$

当时间序列$\{x_t\}$的一阶差分近似为一常数，其散点图成直线趋势时，可配合线性趋势预测模型来预测。线性趋势预测模型的参数可用最小二乘法、折扣最小二乘法估计。

1. 最小二乘法

最小二乘法就是使误差平方和 $Q = \sum(x_t - \hat{x}_t)^2\left(即 Q = \sum(x_t - a - bt)^2\right)$ 达到最

小,来估计 a、b 的方法。

由极值原理得

$$\begin{cases}\dfrac{\partial Q}{\partial a}=-2\sum(x_t-a-bt)=0\\ \dfrac{\partial Q}{\partial b}=-2\sum(x_t-a-bt)t=0\end{cases}$$

整理可得标准方程组

$$\begin{cases}\sum x_t=na+b\sum t\\ \sum tx_t=a\sum t+b\sum t^2\end{cases}$$

其中 n 为时间序列项数。为了简化计算,可选取时间序列 $\{x_t\}$ 的中点为时间原点,使 $\sum t=0$。当序列项为奇数时,t 分别为…,-2,-1,0,1,2,…;当序列项为偶数时,t 分别为…,-5,-3,-1,1,3,5,…。则上述方程简化为

$$\begin{cases}\sum x_t=na\\ \sum tx_t=b\sum t^2\end{cases}$$

由此可求得参数 a、b 的值为

$$\begin{cases}\hat{a}=\dfrac{\sum x_t}{n}\\ \hat{b}=\dfrac{\sum tx_t}{\sum t^2}\end{cases}$$

例 3-9 某公司 2013 年推出的一款产品 2013—2021 年的销售量如表 3-13 所示,试预测 2022 年该产品的销售量及预测区间($\alpha=0.05$)。

(1) 选择预测模型。

计算序列的一阶差分,列于表 3-13 中,由计算结果可以看出,一阶差分大体接近。因此使用线性预测模型来预测。

(2) 建立线性预测模型。

将表 3-13 的结果代入方程组 $\begin{cases}\hat{a}=\dfrac{\sum x_t}{n}\\ \hat{b}=\dfrac{\sum tx_t}{\sum t^2}\end{cases}$,可得 $\hat{a}=\dfrac{578}{9}=64.22$,$\hat{b}=\dfrac{192}{60}=3.2$,于是所求线性预测模型为 $\hat{x}_t=64.22+3.2t$。

将各年次的 t 值代入预测模型,可得各年的追溯预测值 $\hat{x}_t$(见表 3-13)。

(3) 预测。

将 $t=5$ 代入预测模型,则可预测 2022 年的销售量为 $\hat{x}_5=(64.22+3.2\times5)$ 万元 $=$ 80.22 万件。为了求预测区间,先计算估计标准误差 $S_x=\sqrt{\dfrac{\sum(x_t-\hat{x}_t)^2}{n-m}}$,其中 n 为资料总

项数，m 为模型参数的个数，本例中 $n=9, m=2$。将结果代入式 $S_x=\sqrt{\dfrac{\sum(x_t-\hat{x}_t)^2}{n-m}}$，可得 $S_x=0.4063$。当显著性水平 $\alpha=0.05$ 时，自由度 $n-m=9-2=7$，查 t 分布表得 $t_{\frac{\alpha}{2}}(n-2)=2.36$。于是，预测区间为 $\hat{x}_t \pm t_{\frac{\alpha}{2}}(n-2)\times S_x \times \sqrt{1+\dfrac{1}{n}+\dfrac{(5-\bar{t})^2}{\sum(t-\bar{t})^2}}=80.22\pm 1.1852$，其中 $\bar{t}$ 为 t 的平均值，即(79.0348,81.4052)。这意味着2022年该商店的销售量在79.0348万件至81.4052万件之间的预期为95%。

表 3-13　用线性预测模型最小二乘法计算某公司一款产品的销售量　单位：万件

年　份	t	x_t	一阶差分	tx_t	t^2	$\hat{x}_t$	$(x_t-\hat{x}_t)^2$
2013	−4	52	—	−208	16	51.42	0.3364
2014	−3	54	2	−162	9	54.62	0.3844
2015	−2	58	4	−116	4	57.82	0.0324
2016	−1	61	3	−61	1	61.02	0.0004
2017	0	64	3	0	0	64.22	0.0484
2018	1	67	3	67	1	67.42	0.1764
2019	2	71	4	142	4	70.62	0.1444
2020	3	74	3	222	9	73.82	0.0324
2021	4	77	3	308	16	77.02	0.0004
求和	0	578	—	192	60	577.98	1.1556

2. 折扣最小二乘法

最小二乘法是估计线性模型参数的常用方法，但是它具有将近期误差与远期误差的重要性等同看待的缺陷。实际预测中，有时近期误差远比远期误差重要。为了弥补这个缺陷，在预测中常采用折扣最小二乘法对其进行合理加权，将近期误差赋予比远期误差大的权重。

折扣最小二乘法就是对误差平方进行指数折扣加权后，使其总和达到最小的方法。折扣最小二乘法的数学表达为使得 $Q=\sum_{t=1}^{n}\lambda^{n-1}(x_t-\hat{x}_t)^2$ 的值最小，其中 λ 为折扣系数，$0<\lambda<1$。

用折扣最小二乘法来估计线性预测模型 $\hat{x}_t=a+bt$ 参数 a、b 的过程如下：为求得使 $Q=\sum_{t=1}^{n}\lambda^{n-1}(x_t-\hat{x}_t)^2$ 最小的 a 和 b，对其求偏导，得参数 a、b 估计值的标准方程组为

$$\begin{cases}\sum_{t=1}^{n}\lambda^{n-t}x_t=a\sum_{t=1}^{n}\lambda^{n-t}+b\sum_{t=1}^{n}\lambda^{n-t}t\\ \sum_{t=1}^{n}\lambda^{n-t}tx_t=a\sum_{t=1}^{n}\lambda^{n-t}t+b\sum_{t=1}^{n}\lambda^{n-t}t^2\end{cases}$$

例 3-10　根据例3-9中某公司一款产品的销售量统计资料，试用折扣最小二乘法预测2022年该商店的销售额($\lambda=0.8$)，预测区间($\alpha=0.05$)。

首先，根据列表计算有关数据，将 x_t 和参数 λ、n、t 代入式

$$\begin{cases}\sum_{t=1}^{n}\lambda^{n-t}x_t = a\sum_{t=1}^{n}\lambda^{n-t} + b\sum_{t=1}^{n}\lambda^{n-t}t \\ \sum_{t=1}^{n}\lambda^{n-t}tx_t = a\sum_{t=1}^{n}\lambda^{n-t}t + b\sum_{t=1}^{n}\lambda^{n-t}t^2\end{cases}$$

得$\begin{cases}297.3993=4.3289a+27.6843b \\ 1978.5134=27.6843a+200.8407b\end{cases}$，解得$\begin{cases}a=48.1183 \\ b=3.2184\end{cases}$。从而，所求直线预测模型为 $\hat{x}_t=48.1183+3.2184t$。将各年的 t 值代入预测模型，可得各年的追溯预测值 $\hat{x}_t$，见表 3-14。

表 3-14　用线性预测模型折扣最小二乘法计算某公司一款产品的销售量 单位：万件

年份	t	x_t	$n-t$	λ^{n-t}	$\lambda^{n-t}x_t$	$\lambda^{n-t}tx_t$	$\lambda^{n-t}t$	$\lambda^{n-t}t^2$	$\hat{x}_t$
2013	1	52	8	0.1678	8.7256	8.7256	0.1678	0.1678	51.3367
2014	2	54	7	0.2097	11.3238	22.6476	0.4194	0.8388	54.5551
2015	3	58	6	0.2621	15.2018	45.6054	0.7863	2.3589	57.7735
2016	4	61	5	0.3277	19.9897	79.9588	1.3108	5.2432	60.9919
2017	5	64	4	0.4096	26.2144	131.072	2.048	10.24	64.2103
2018	6	67	3	0.512	34.304	205.824	3.072	18.432	67.4287
2019	7	71	2	0.64	45.44	318.08	4.48	31.36	70.6471
2020	8	74	1	0.8	59.2	473.6	6.4	51.2	73.8655
2021	9	77	0	1	77	693	9	81	77.0839
求和	—	578	—	4.3289	297.3993	1978.513	27.6843	200.8407	577.8927

然后，计算估计标准误差得 $S_x=\sqrt{\dfrac{\sum\lambda^{n-t}(x_t-\hat{x}_t)^2}{n-m}}=0.2284$。

最后，进行预测。把 $t=10$ 代入预测模型可得 2022 年销售量的预测值为

$$\hat{x}_{10}=48.1183+3.2184\times 10=80.3023$$

因为 $t_{0.025}(7)=2.36, t=10$，故

$$\bar{t}=\frac{\sum\alpha^{n-t}t}{\sum\alpha^{n-t}}=\frac{27.6843}{4.3289}=6.3952$$

$$\sum\alpha^{n-t}(t-\bar{t})^2=23.7933$$

从而，预测区间为 $\hat{x}_{2022}\pm t_{\frac{\alpha}{2}}(n-2)\times S_x\times\sqrt{1+\dfrac{1}{n}+\dfrac{(10-\bar{t})^2}{\sum(t-\bar{t})^2}}=80.3023\pm 0.6939$，即 $(79.6084, 80.9962)$。

将由最小二乘法和折扣最小二乘法算得的追溯预测值进行比较可以看出：折扣最小二乘法近期追溯预测值比最小二乘法近期追溯预测值更接近实际观察值，这种情况随 λ 取值越小越突出。因为 λ 越小，对近期的权数就显得越大，因而预测值就越接近实际观察值，预测区间幅度也越小，这就是折扣最小二乘法的作用。

3.6 季节性预测模型

3.6.1 季节性预测模型概述

一年中，市场上的商品会随着时间呈季节性变化，工程的规划、进程等也受到季节的影响。生产生活中呈现季节性波动的变量很多，如水果、蔬菜的价格，自然景点的游客数，施工的进度和人力成本等。季节效应不单单指预测的指标随一年四季变动，而是泛指有规律的、按一定周期重复出现的变化，可将“季节”效应的内涵扩大：受时间变迁、生活习惯、生产条件等因素影响而呈现周期性变化的事件都可以看作具有“季节”效应。此类包含“季节”效应的时间序列是非平稳时间序列中非常典型的一种。如果使用平稳时间序列的预测模型来解决此类问题，得到的预测结果必然不够准确，同时季节效应对时间序列也不是一直产生正向或负向影响，因此线性趋势预测模型不再适合。此时，为了更贴近实际，增加预测的精准度，应该对“季节”效应进行分析，明确季节性因素的影响，才能更好地进行预测并为社会生产和经济活动提供参考。

3.6.2 季节指数

季节指数是一种以相对数表示的季节变动衡量指标，反映某一月份或季度的数值受季节因素影响而相对总体平均值变动的比例，它便于将“季节”效应引入到预测模型中。

如果序列存在“季节”效应，就可以根据数据资料所呈现的季节变动规律对预测目标未来状况进行预测。季节指数模型为

$$x_{ij}=\bar{x}\cdot S_j+\varepsilon_{ij},\quad j=1,2,\cdots,12$$

式中，x_{ij} 为第 i 年第 j 月(或季)的观测值；$\bar{x}$ 为时间序列的平均值；S_j 为第 j 月的季节指数；ε_{ij} 为随机波动。用简单平均法计算周期内各时期季节性影响的相对数得到的季节指数是该季度与总平均值之间一种比较稳定的关系。对于季节指数，如果比值大于 1，说明该季度的值(如销售量、产量等)常常高于总平均值；如果比值小于 1，说明该季度的值常常低于总平均值；比值近似等于 1，则意味着该序列没有明显的“季节”效应。例如，某商品第一季度的季节指数 $S_1=167\%$，意味着春季销售量比全年平均销售量高出 67%。

季节指数的计算步骤如下：

(1) 计算周期内各期平均值：

$$\bar{x}_k=\frac{\sum_{i=1}^{n}x_{ik}}{n},\quad k=1,2,\cdots,m$$

(2) 计算周期内总平均值：

$$\bar{x}=\frac{\sum_{i=1}^{n}\sum_{k=1}^{m}x_{ik}}{nm}$$

(3) 用周期内各期平均值除以总平均值得到季节指数：

$$S_k=\frac{\bar{x}_k}{\bar{x}},\quad k=1,2,\cdots,m$$

例 3-11 某公司 2001—2007 年产品的销售量数据如表 3-15 所示，为了更好地了解市场，有效地预测需求，组织生产，试根据上述季节指数的计算步骤计算季节指数。

表 3-15 2001—2007 年某公司产品销售量数据 单位：万件

年　份	第一季度	第二季度	第三季度	第四季度
2001	78	104	157	56
2002	67	108	164	63
2003	79	126	188	77
2004	83	133	196	76
2005	75	148	205	80
2006	88	174	247	83
2007	85	186	263	89

绘制该序列的时序图，如图 3-2 所示。

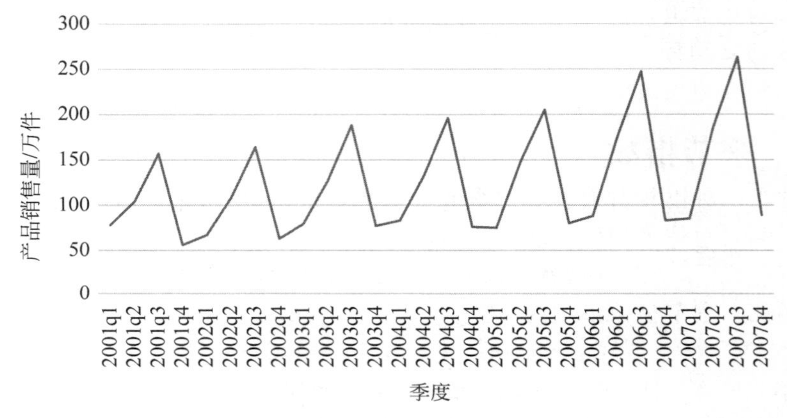

图 3-2 2001—2007 年某公司产品销售量序列时序图

根据时序图可以清晰地看到该公司的产品需求与季节相关，销售量随季节的变化而有很大不同，夏秋两季明显较冬春两季销售量大。

表 3-16 给出了 2001—2007 年某公司产品销售量数据及计算出来的季度指数。

表 3-16 2001—2007 年某公司产品销售量数据季节指数

年份	第一季度	第二季度	第三季度	第四季度	平　均　值
2001	78	104	157	56	98.75
2002	67	108	164	63	100.5
2003	79	126	188	77	117.5
2004	83	133	196	76	122
2005	75	148	205	80	127
2006	88	174	247	83	148
2007	85	186	263	89	155.75
季平均值	79.29	139.86	202.86	74.86	124.21
季节指数	0.64	1.13	1.63	0.60	—

由表 3-16 可以看出，该公司销售量数据夏秋两季的季节指数较大，说明这两个季节的

需求较为旺盛，企业安排生产时要充分考虑季节效应，保障供应以提升利润。

3.7　具有趋势和季节成分的时间序列模型

3.5 节与 3.6 节分别介绍了单纯的线性趋势预测模型与单纯的季节模型，但是一般的时间序列都同时包含长期趋势变动、季节效应与随机因素，如某些季节性产品的长期销售量情况。对于既含有趋势又含有季节成分的时间序列模型，通常的做法是将时间序列的各个因素依次分解出来，然后进行预测。经常采用的分解模型如下：

(1) 加法模型：$X_t = T_t + S_t + I_t$；

(2) 乘法模型：$X_t = T_t S_t I_t$；

(3) 混合模型：$X_t = S_t + T_t I_t$ 或 $X_t = T_t S_t + I_t$。

其中，$\{X_t\}$表示时间序列；T_t 表示长期趋势变动；S_t 表示季节效应；I_t 表示随机因素。

对于先分解出季节效应还是先分解出长期趋势变动因素，存在着两种常见做法：季节指数模型方法与含趋势变动的季节指数模型方法。

季节指数模型方法的预测步骤如下：首先，计算季节指数，剔除季节效应；然后，对消除季节因素的序列建立适当的预测模型进行预测；最后，用预测值乘以相应的季节指数，得到最终的预测值。

含趋势变动的季节指数模型方法的预测步骤如下：首先，对原数据进行移动平均，剔除部分变动趋势；然后，对处理后的序列计算季节指数，剔除季节效应；最后，对剔除了季节效应的时间序列进行趋势拟合，进行预测。

例 3-12　表 3-17 所示为一家泳衣企业 2016—2021 年各季度的泳衣销售数据。试利用季节指数模型预测 2022 年各季度的销售量以便协调生产能力，指导原材料采购，合理安排人员，保障市场供应。

表 3-17　某泳衣企业 2016—2021 年各季度泳衣销售量　　单位：万件

年　份	季　度			
	1	2	3	4
2016	12	22	17	16
2017	13	25	21	18
2018	15	27	22	19
2019	17	27	24	22
2020	20	31	26	24
2021	21	22	23	24

(1) 计算季节指数。

为求得季节指数，对季节数据进行 4 项移动平均，并对结果进行中心化处理，得到“中心化移动平均值”(CMA)。季节指数的具体计算过程为首先计算历年同季(月)的平均数；然后计算各年的季(月)平均值；最后用历年同季(月)的平均数与全时期的同季(月)平均数之比表示季节指数。理论上各季节指数之和应为 4(即各季节指数的平均值等于 1)，由于实际计算过程中存在误差或数据统计不完全等情形，若计算得出的各季节指数的平均值不等于

1，则要进行调整。调整后的季节指数表示为 $F_k=\mu S_k$，式中调整系数 μ 是理论季节指数之和 4 与实际季节指数之和 $\sum S_k$ 的比值。

表 3-18 计算出了泳衣销售量的季节指数。

表 3-18　泳衣销售量的季节指数

年　份	季　度			
	1	2	3	4
2016	—	—	1.208	0.921
2017	0.712	1.316	1.077	0.900
2018	0.736	1.309	1.048	0.894
2019	0.791	1.220	1.049	0.926
2020	0.816	1.240	1.020	0.923
2021	0.830	1.222	—	—
合计	3.886	6.307	5.401	4.564
平均	0.777	1.261	1.080	0.913
季节指数	0.779	1.264	1.083	0.915

（2）分离季节因素并进行线性趋势预测。

这里我们采用乘法模型进行分解，得

$$\frac{Y}{S}=\frac{TSI}{S}=TI$$

将时间序列除以相应的季节指数达到剔除季节因素的目的。

为确定线性趋势，构建线性方程

$$\hat{y}_t=b_0+b_t t$$

使用最小二乘法确定分离季节因素后的线性趋势方程为

$$\hat{Y}_t=15.176+0.525t$$

表 3-19 为分离季节因素后泳衣销售量的时间序列及预测值。

表 3-19　分离季节因素后泳衣销售量的时间序列及预测值

年份和季度	时间标号 t	销售量 Y	分离季节因素后的序列 Y/S	回归预测值
2016 年第一季度	1	12	15.409	23.266
2016 年第二季度	2	22	17.403	24.313
2016 年第三季度	3	17	15.704	23.421
2016 年第四季度	4	16	17.490	24.359
2017 年第一季度	5	13	16.693	23.940
2017 年第二季度	6	25	19.777	25.559
2017 年第三季度	7	21	19.399	25.361
2017 年第四季度	8	18	19.677	25.506
2018 年第一季度	9	15	19.261	25.288
2018 年第二季度	10	27	21.359	26.389
2018 年第三季度	11	22	20.323	25.846
2018 年第四季度	12	19	20.770	26.080
2019 年第一季度	13	17	21.829	26.636
2019 年第二季度	14	27	21.359	26.389

续表

年份和季度	时间标号 t	销售量 Y	分离季节因素后的序列 Y/S	回归预测值
2019 年第三季度	15	24	22.170	26.815
2019 年第四季度	16	22	24.049	27.802
2020 年第一季度	17	20	25.681	28.659
2020 年第二季度	18	31	24.523	28.051
2020 年第三季度	19	26	24.018	27.785
2020 年第四季度	20	24	26.236	28.950
2021 年第一季度	21	22	28.250	30.007
2021 年第二季度	22	33	26.105	28.881
2021 年第三季度	23	28	25.865	28.755
2021 年第四季度	24	26	28.422	30.098

图 3-3 为泳衣销售量的折线图及分离季节因素后泳衣销售量的时间序列及预测值。

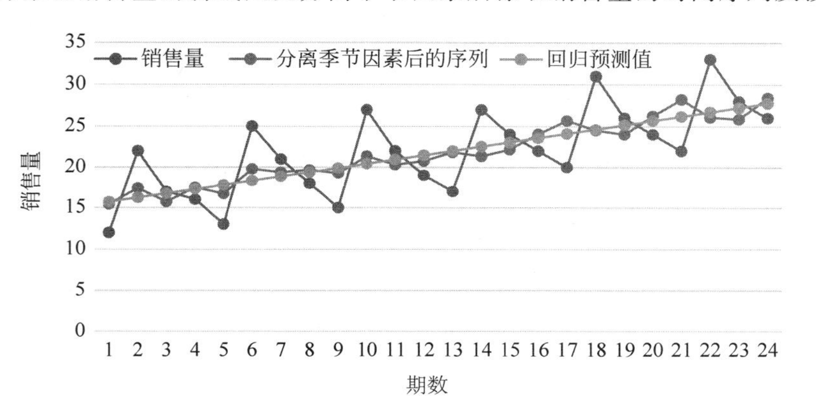

图 3-3 泳衣销售量折线图及分离季节因素后泳衣销售量的时间序列及预测值

彩图 3-3

(3) 加入季节因素进行最终预测

将步骤(2)中得到的线性趋势预测值乘以相应的季节指数,得到最终预测值。

表 3-20 为 2016—2021 年各季度泳衣销售量最终预测值。

表 3-20 2016—2021 年各季度泳衣销售量最终预测值

年份和季度	时间标号 t	销售量 Y	分离季节因素后的序列 Y/S	回归预测值	最终预测值
2016 年第一季度	1	12	15.409	15.701	12.227
2016 年第二季度	2	22	17.403	16.226	20.512
2016 年第三季度	3	17	15.704	16.751	18.133
2016 年第四季度	4	16	17.490	17.276	15.804
2017 年第一季度	5	13	16.693	17.801	13.863
2017 年第二季度	6	25	19.777	18.326	23.166
2017 年第三季度	7	21	19.399	18.851	20.407
2017 年第四季度	8	18	19.677	19.376	17.725
2018 年第一季度	9	15	19.261	19.901	15.498
2018 年第二季度	10	27	21.359	20.426	25.821
2018 年第三季度	11	22	20.323	20.951	22.680
2018 年第四季度	12	19	20.770	21.476	19.646
2019 年第一季度	13	17	21.829	22.001	17.134

续表

年份和季度	时间标号 t	销售量 Y	分离季节因素后的序列 Y/S	回归预测值	最终预测值
2019 年第二季度	14	27	21.359	22.526	28.476
2019 年第三季度	15	24	22.170	23.051	24.953
2019 年第四季度	16	22	24.049	23.576	21.567
2020 年第一季度	17	20	25.681	24.101	18.769
2020 年第二季度	18	31	24.523	24.626	31.130
2020 年第三季度	19	26	24.018	25.151	27.227
2020 年第四季度	20	24	26.236	25.676	23.488
2021 年第一季度	21	22	28.250	26.201	20.405
2021 年第二季度	22	33	26.105	26.726	33.785
2021 年第三季度	23	28	25.865	27.251	29.500
2021 年第四季度	24	26	28.422	27.776	25.409

表 3-21 为 2022 年各季度泳衣销售量预测值。

表 3-21　2022 年各季度泳衣销售量预测值

季　　度	时间标号 t	回归预测值	最终预测值
第一季度	25	28.826	22.429
第二季度	26	29.351	37.103
第三季度	27	29.876	32.341
第四季度	28	30.401	27.810

图 3-4 为 2016—2022 年泳衣预测销售量与实际销售量的对比。

彩图 3-4

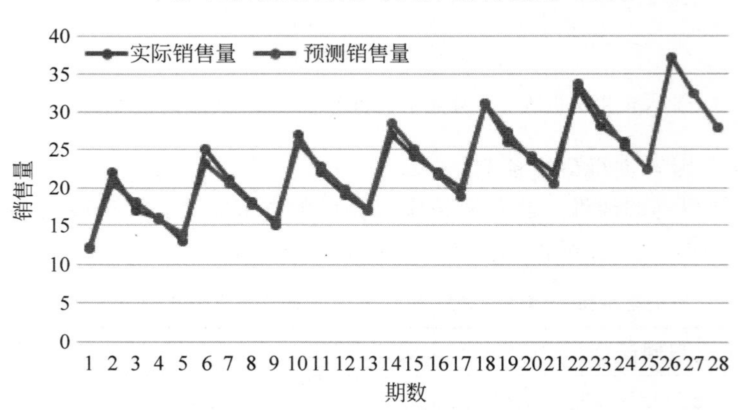

图 3-4　2016—2022 年泳衣预测销售量与实际销售量对比

前文以预测方法的属性为划分依据，从定性和定量两方面介绍了常用的预测方法和模型。定量预测方法侧重应用广泛的时间序列模型，从平稳时间序列引入，再考虑非平稳时间序列的趋势性、季节性以及趋势性和季节性因素如何处理。预测是一个复杂的研究课题，尤其是对复杂系统的预测更为困难。我们致力于介绍预测的根本目的，预测方法的选取，厘清历史数据、现状和未来状态的关系，以期能正确看待预测的结果，更好地为决策服务。

时间序列预测方法应用十分广泛，市场上有多种成熟的软件可供选择，如 SAS、SPSS 等。感兴趣的读者也可针对某种预测方法如 ARMA 通过 Python 自行编程实现，相关代码在一些书籍和网络中很容易找到。

3.8 平稳时间序列预测模型

3.8.1 平稳时间序列预测概述

预测一座城市或一个地区的工业生产总值是一类常见问题，那么，各个年份的工业产值之间是否存在着某种关系，这种关系可否通过数学模型刻画出来？刻画出来的数学模型能否用来对将来的工业生产总值进行预测？前面几节我们介绍了几种典型的简单时间序列预测方法，本节将通过学习平稳时间序列预测方法（随机型时间序列预测方法）来回答此类问题。把时间序列看作依赖于时间的一组时间变量，若该序列稳定，由其定义可知序列值虽然具有不确定性，但整个序列的变化却有一定的规律性，可以用相应的数学模型近似描述。通过对该数学模型的分析和研究，能够从本质上认识时间序列的结构和特征，达到精准预测的目的。此类方法的优势在于能利用一套有相当明确规定的准则来处理复杂的模式，预测精度较高，但缺点是计算过程相对较为复杂，预测成本较高。

平稳时间序列预测方法可以分为四个基本步骤：①确定模型的基本形式；②进行模型识别；③进行参数估计；④诊断检验。即首先根据建模的目的和理论分析确定模型的基本形式；其次从一大类模型中选择出一类实验模型；接着将选择的模型应用于所取得的历史数据，求得模型的参数；最后检验得到的模型是否合适，若合适则可以用于预测，若不合适则返回第二阶段重新建立模型。建模流程如图3-5所示。本节讨论自回归（AR）模型、移动平均（MA）模型和自回归移动平均（ARMA）模型三种常用模型。

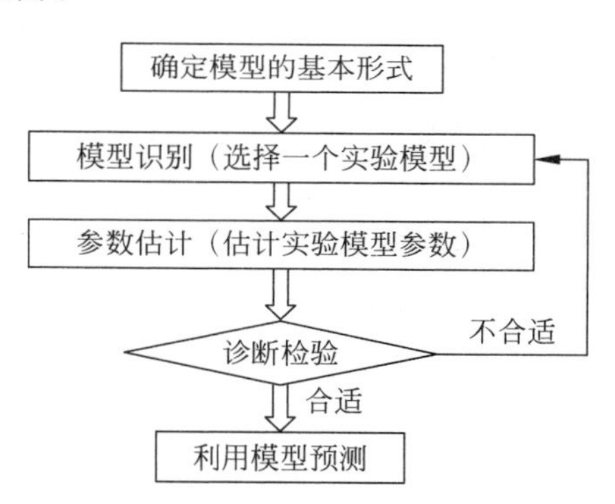

图3-5 平稳时间序列分析预测方法建模流程图

在时间序列模型构建过程中，通常采用Box-Jenkins方法对时间序列进行建模分析，如平稳性检验、模式识别与评估以及模式诊断等。Box-Jenkins方法的基本思想是用数学模型描述时间序列自身的相关性（图3-6），并假定这种自相关性一直延续，用该模型对未来的值进行预测。利用Box-Jenkins方法进行建模主要解决以下两个问题：

（1）分析时间序列的随机性、平稳性和季节性；

（2）找出生成它的合适的随机过程或模型，即判断该时间序列是遵循AR过程、MA过

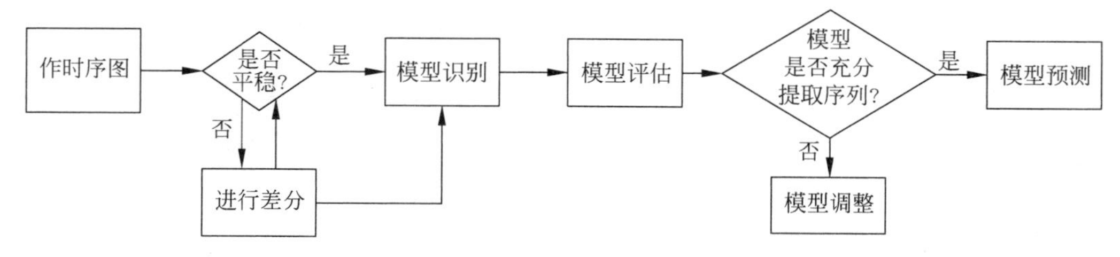

图3-6 Box-Jenkins流程图

程还是 ARMA 过程。

接下来我们将具体介绍时间序列的问题。

3.8.2 时间序列的平稳性

时间序列分析的主要目的是预测系统(或其相关变量)的走势，而基于随机变量的历史和现状来推测其未来，就要求随机变量的历史和现状具有代表性或可延续性。假如随机变量的基本特性在包括未来阶段的一个长时期内维持不变，预测就会极其便利；否则，基于历史和现状来预测未来就有可能不准确，需要加入新的变化因素。随机变量的基本性质和形态能否维持，即样本数据时间序列的本质特征能否延续到未来决定着预测效果的好坏。时间序列的特征可用随机样本序列的均值、方差、协方差等来刻画。如果这些统计量的取值在未来仍能保持不变，则我们称这样的样本时间序列具有平稳性。通俗地讲，一个平稳的时间序列是指序列的均值、方差、协方差在未来不发生改变。反之，如果这些统计量并不能延续到未来，亦即样本时间序列的均值、方差、协方差在时间轴上非常数，则这样一个在不同时间段具有不同特征的时间序列的历史和现状不足以揭示未来，便称这样的样本时间序列是非平稳的。在前面几节简单时间序列预测方法的介绍中我们也提到其适用的时间序列要具有平稳性，接下来将给出平稳时间序列的规范定义。

平稳性就是要求经由样本时间序列所得到的拟合曲线在未来的一段期间内仍能顺着现有的形态“惯性”地延续下去；如果数据非平稳，则说明样本拟合曲线的形态不具有“惯性”延续的特点，也就是基于未来将要获得的样本时间序列所拟合出来的曲线将迥异于当前的样本拟合曲线。下面给出平稳时间序列相关定义的数学表示。

1. 严平稳时间序列

当序列所有统计特征不随时间的平移而变化时，该序列为严平稳时间序列，其用数学语言表达为：对任意正整数 m 和 τ，有

$$F_{t_1,t_2,\cdots,t_m}(x_1,x_2,\cdots,x_m)=F_{t_{1+\tau},t_{2+\tau},\cdots,t_{m+\tau}}(x_1,x_2,\cdots,x_m),\ \forall t_i,t_{i+\tau}\in T,\quad i=1,2,\cdots,m \tag{3-16}$$

由于在实际问题中确定严平稳时间序列的概率分布是非常困难的，因此很少用到严平稳时间序列，用得比较多的是宽平稳时间序列。

2. 宽平稳时间序列

宽平稳是使用序列的特征统计量来定义的一种平稳性，它认为序列的统计性质主要由其低阶矩决定，即只要保证序列低阶矩平稳，就能保证序列的主要性质近似稳定。宽平稳时间序列需要满足如下三个条件：

(1) $E(x_t^2)<\infty,\ \forall t\in T$；

(2) $E(x_t)=\mu,\ \forall t\in T,\mu$ 为常数；

(3) $\gamma_{t,s}=\gamma_{k,k+s-t},\ \forall t,s,k,k+s-t\in T$。

条件(1)保证了时间序列的有界性，条件(2)表示时间序列的均值是与时间无关的常数，条件(3)表示协方差只与时间间隔有关，而与时间无关。此三个条件保证了序列的低(二)阶距平稳，这样的时间序列我们将其定义为宽平稳时间序列。

3. 严平稳和宽平稳的关系

严平稳条件比宽平稳条件苛刻，通常情况下，根据严平稳序列能推出宽平稳序列。但这

并不意味着所有的严平稳序列都是宽平稳的，例如服从柯西分布的严平稳序列就不是宽平稳序列，因为它的均值与方差都不存在。而宽平稳序列一般不能反推出严平稳成立。特别地，当序列服从多元正态分布时，宽平稳序列可以推出严平稳序列。[①]

3.8.3　时间序列的自相关分析

时间序列的自相关指某一个时刻的值和另一个时刻的值具有一定的相关性，本小节介绍时间序列自相关分析的内容。时间序列的自相关关系反映时间序列在不同时期观测值之间的相互联系。许多因素产生的影响不是瞬间的，而是持续几个时期或者更长时间，因此时间序列在不同时期的值往往存在较强的相关关系，这种相关关系可以用自相关函数和偏自相关函数衡量。建立时间序列模型，首先应判断时间序列的特性，判断是否满足建模条件。而要拟合一个平稳序列的发展，用来拟合的模型显然应该也是平稳的。AR、MA 以及 ARMA 模型是常用的平稳序列的拟合模型，但并非所有的时间序列都是平稳的，故要用前面所提到的 Box-Jenkins 方法进行建模来解决以下两个问题：

(1) 分析时间序列的随机性、平稳性和季节性。

(2) 找出生成它的合适的随机过程或模型，即判断该时间序列是遵循纯 AR 过程、纯 MA 过程还是 ARMA 过程。这里所进行的是自相关分析，使用的工具主要是时间序列的自相关函数（autocorrelation function，ACF）及偏自相关函数（partial autocorrelation function，PACF）。

1. 自相关分析

自相关分析法是进行时间序列分析的有效方法，它简单易行，较为直观，根据绘制的自相关分析图和偏自相关分析图，可以初步地识别平稳序列的模型类型和模型阶数。利用自相关分析法可以测定时间序列的随机性和平稳性，以及时间序列的季节性。

1) 自相关函数(自相关系数)的定义

当滞后期为 k 的自协方差函数为 $r_k=\text{cov}(x_{t-k},x_t)$，那么序列 $\{x_t\}$ 的自相关函数为 $\rho_k=\frac{r_k}{\sigma_{x_{t-k}}\sigma_{x_t}}$，其中 $\sigma_{x_t}^2=E(x_t-E(x_t))^2$；当序列平稳时，自相关函数可写为 $\rho_k=\frac{r_k}{r_0}$。

2) 样本自相关函数

实际应用中通常无法获得 1) 中给出的自相关函数理论值。利用样本观测值 x_1，$x_2,\cdots,x_n$ 可以给出自相关函数的估计值，即样本自相关函数。

$$\hat{\rho}_k=\frac{\sum_{t=1}^{n-k}(x_t-\bar{x})(x_{t+k}-\bar{x})}{\sum_{t=1}^{n}(x_t-\bar{x})^2}$$

其中，$\bar{x}=\sum_{t=1}^{n}x_t/n$。样本自相关函数可以说明不同时期的数据之间的相关程度，可告诉我们在序列 x_t 的邻近数据之间存在多大程度的相关性，其取值范围为 $-1\sim1$，值越接近于1，

① 对于一个严平稳时间序列来说，如果它的二阶矩存在且均值、方差都有界，那么它一定是宽平稳时间序列。

说明时间序列的自相关程度越高。

3）样本的偏自相关函数

多元回归中，通过计算偏自相关系数来了解多个因素存在时两个变量之间的关系。在时间序列中定义偏自相关函数是给定 $x_{t-1},x_{t-2},\cdots,x_{t-k+1}$ 的条件下，x_t 与滞后 k 期的 x_{t-k} 之间的条件相关性。偏自相关函数反映的是去掉 $x_{t-1},x_{t-2},\cdots,x_{t-k+1}$ 的影响后 x_t 与 x_{t-k} 之间的相关关系，也就是 x_t 和 x_{t-k} 之间未被 $x_{t-1},x_{t-2},\cdots,x_{t-k+1}$ 所解释的，剩余变量的相关性。对于1阶自回归模型AR(1)，从 x_t 中去掉 x_{t-1} 的影响，则只剩下随机扰动项 ε_t，显然它与 x_{t-2} 无关，因此我们说 x_t 与 x_{t-2} 的偏自相关函数为零。同理，在 p 阶自回归模型AR(p)中，对所有的 $k>p$，X_t 与 X_{t-k} 间的偏自相关函数为零。

4）样本偏自相关函数的计算

将 x_t 表示为 $x_{t-1},x_{t-2},\cdots,x_{t-k}$ 的线性函数，选择系数 $\phi_{k1},\phi_{k2},\cdots,\phi_{kk}$ 使 x_{t-1}，$x_{t-2},\cdots,x_{t-k}$ 对 x_t 的线性估计方差最小，即在原有用 $x_{t-1},x_{t-2},\cdots,x_{t-k+1}$ 的线性函数来表示 x_t 的基础上增加一期 x_{t-k}（系数为 ϕ_{kk}）来增强模型的解释能力。

$x_{t-1},x_{t-2},\cdots,x_{t-k}$ 对 x_t 的线性估计方差最小的目标函数为

$$\min E[x_t-(\phi_{k1}x_{t-1}+\phi_{k2}x_{t-2}+\cdots+\phi_{kk-1}x_{t-k+1}+\phi_{kk}x_{t-k})]^2$$

可展开表示为

$$\min E(x_t^2)-2(\phi_{k1},\cdots,\phi_{kk})E\left\{x_t\begin{pmatrix}x_{t-1}\\ \vdots\\ x_{t-k}\end{pmatrix}\right\}+(\phi_{k1},\cdots,\phi_{kk})E\left\{\begin{pmatrix}x_{t-1}\\ \vdots\\ x_{t-k}\end{pmatrix}(x_{t-1},\cdots,x_{t-k})\begin{pmatrix}\phi_{k1}\\ \vdots\\ \phi_{kk}\end{pmatrix}\right\}$$

对上式中 k 个参数 $\phi_{k1},\cdots,\phi_{kk}$ 分别求偏导得 Yule-Wolker 方程

$$\begin{cases}\dfrac{\partial E}{\partial\phi_{k1}}=0\\ \vdots\\ \dfrac{\partial E}{\partial\phi_{kk}}=0\end{cases}$$

从而，样本偏自相关函数的计算公式为

$$\hat{\phi}_{kk}=\begin{cases}\hat{\rho}_1, & k=1\\ \dfrac{\hat{\rho}_k-\sum\limits_{j=1}^{k-1}\hat{\phi}_{k-1,j}\hat{\rho}_{k-j}}{1-\sum\limits_{j=1}^{k-1}\hat{\phi}_{k-1,j}\hat{\rho}_j}, & k=2,3,\cdots\end{cases}$$

式中 $\hat{\phi}_{k,j}=\hat{\phi}_{k-1,j}-\hat{\phi}_{kk}\hat{\phi}_{k-1,k-j}$，将此关系反复代入即可递推求得样本偏自相关函数。

2. 时间序列的特征分析

1）随机性分析

时间序列的随机性，是指时间序列各项之间没有相关关系的特征。使用自相关分析图判断时间序列的随机性，一般给出如下准则：若时间序列的自相关函数基本上都落入置信区间 $\left(-\dfrac{2}{\sqrt{n}},\dfrac{2}{\sqrt{n}}\right)$，则该时间序列具有随机性；若较多自相关函数落在置信区间之外，则认为

该时间序列不具有随机性。而在 Box-Jenkins 方法中,测定时间序列的随机性,多用于模型残差,以评价模型优劣。

2) 平稳性分析

判断时间序列是否平稳是一项很重要的工作。运用自相关分析图判定时间序列平稳性的准则是:若时间序列的自相关函数在 $k>3$ 时都落入置信区间 $\left(-\frac{2}{\sqrt{n}},\frac{2}{\sqrt{n}}\right)$,且逐渐趋于零,则该时间序列具有平稳性;若时间序列的自相关函数更多地落在置信区间外面,则该时间序列不具有平稳性。在 Box-Jenkins 方法中,只有平稳的时间序列才能建立 ARMA 模型,否则必须经过适当的处理使序列满足平稳性要求。例如,对某种趋势的时间序列进行差分处理。很多序列不能通过差分达到平稳,而且差分虽然消除了序列的趋势易于建模,但也消除了序列的长期特征,实际的经济序列差分一般不超过两次。

3) ARMA 模型的自相关分析

AR(p)模型的偏自相关函数是以 p 步截尾的,自相关函数拖尾;MA(q)模型的自相关函数具有 q 步截尾性,偏自相关函数拖尾(可用以上两个性质来识别 AR 模型和 MA 模型的阶数);ARMA(p,q)模型的自相关函数和偏相关函数都是拖尾的。

3.8.4 平稳时间序列预测模型及其应用

本小节依次介绍自回归模型、移动平均模型和混合模型。

1. 自回归(autoregressive,AR)模型

如果时间序列$\{x_t\}$满足 $x_t=\varphi_1 x_{t-1}+\cdots+\varphi_p x_{t-p}+\varepsilon_t$,其中$\{\varepsilon_t\}$是独立同分布的随机变量序列,且满足:$E(\varepsilon_t)=0$,$\mathrm{Var}(\varepsilon_t)=\sigma_\varepsilon^2>0$,则称时间序列$\{x_t\}$服从 p 阶自回归模型,记为 AR(p)。式中,$\varphi_1,\cdots,\varphi_p$ 称为自回归系数,x_t 是模型的待估参数。该模型的特征是系统 t 时刻的响应仅与其以前时刻的响应有关,反映变量当前值与过去实现值之间的关系。引入自回归算子 B,记 B^k 为 k 步滞后算子,即 $x_{t-k}=B^k x_t$,$\varepsilon_{t-k}=B^k\varepsilon_t$,则模型可表示为 $x_t=(\varphi_1 B+\cdots+\varphi_p B^p)x_t+\varepsilon_t$,令 $\varphi(B)=1-\varphi_1 B-\cdots-\varphi_p B^p$,则模型简化为

$$\varphi(B)x_t=\varepsilon_t$$

这就是 AR(p)模型的传递模式。

将 $\varphi(B)=1-\varphi_1 B-\cdots-\varphi_p B^p$ 进行特征多项式分解,利用泰勒展开和特征根的性质可将 AR(p)模型的传递形式写为

$$x_t=\sum_{j=0}^{\infty}G_j\varepsilon_{t-j} \tag{3-17}$$

其中,G_j 为格林函数,即通过线性变换将 x_t 表示成既往白噪声 ε_{t-j}($j\geqslant 0$)的加权求和形式,应用 AR 模型进行预测只要求掌握其格林函数递推公式和 t 时刻的 l 步预测值 $\hat{x}_t(l)$的形式。

记 $G(B)=\sum\limits_{j=0}^{\infty}G_j B^j$,式(3-17)可以简记为 $x_t=G(B)\varepsilon_t$,代入 AR(p) 模型 $\varphi(B)x_t=\varepsilon_t$ 可得 $\varphi(B)G(B)\varepsilon_t=\varepsilon_t$,将其展开并整理得

$$\left[1+\sum_{j=0}^{\infty}\left(G_k-\sum_{j=1}^{k}\varphi'_j G_{k-j}\right)B^k\right]\varepsilon_t=\varepsilon_t \tag{3-18}$$

根据待定系数法可以得到 AR(p)模型的格林函数递推公式:

$$\begin{cases} G_0 = 1 \\ G_k = \sum_{j=1}^{k} \varphi'_j G_{k-j}, \quad k = 1,2,\cdots \end{cases} \tag{3-19}$$

其中，$\varphi'_j = \begin{cases} \varphi_j, & j \geqslant p \\ 0, & j > p \end{cases}$。$G_k$ 表示前 k 期进入系统的扰动 ε_{t-k} 对系统当前状态的影响权重，是对蕴含在时间序列中的数据依存关系的动态体现。t 时刻的 l 步预测值 $\hat{x}_t(l)$ 可表示为

$$\hat{x}_t(l) = E\{x_{t+l} \mid x_t, x_{t-1}, \cdots\} = \varphi_k \hat{x}_t(l-1) + \cdots + \varphi_p \hat{x}_t(l-p)$$

其中，$\hat{x}_t(k) = \begin{cases} \hat{x}_t(k), & k \geqslant 1 \\ x_{t+k}, & k \leqslant 0 \end{cases}$。

记预测误差项 $e_t(l) = x_{t+l} - \hat{x}_t(l)$，则预测方差 $\mathrm{Var}[e_3(l)] = (G_0^2 + G_1^2 + \cdots + G_{l-1}^2)\sigma_\varepsilon^2$。

例 3-13 已知某公司的产值近似服从 AR(2)模型(单位：万元/月)：

$$x_t = 400 + 0.5x_{t-1} + 0.2x_{t-2} + \varepsilon_t, \quad \varepsilon_t \sim N(0,64)$$

某年该公司第一季度的产值分别为 1270 万元、1250 万元、1260 万元。试确定该公司第二季度每月产值的 95%的置信区间。

(1) 计算预算值

$$4\text{ 月}：\hat{x}_3(1) = 400 \times 0.5x_3 + 0.2x_2 = 1280$$

$$5\text{ 月}：\hat{x}_3(2) = 400 \times 0.5\hat{x}_3(1) + 0.2x_3 = 1292$$

$$6\text{ 月}：\hat{x}_3(3) = 400 \times 0.5\hat{x}_3(2) + 0.2\hat{x}_3(1) = 1302$$

(2) 计算预测方差

根据格林函数的递推公式(3-19)，算得

$$G_0 = 1, \quad G_1 = \varphi'_1 G_0 = 0.5, \quad G_2 = \varphi'_1 G_1 + \varphi'_2 G_0 = 0.25 + 0.2 = 0.45$$

$$\mathrm{Var}[e_3(1)] = G_0^2 \sigma_\varepsilon^2 = 64, \quad \mathrm{Var}[e_3(2)] = (G_0^2 + G_1^2)\sigma_\varepsilon^2 = 80$$

$$\mathrm{Var}[e_3(3)] = (G_0^2 + G_1^2 + G_2^2)\sigma_\varepsilon^2 = 92.96$$

(3) l 步预测产值的 95% 置信区间为 $(\hat{x}_3(l) - 1.96\sqrt{\mathrm{Var}[e_3(l)]}, \hat{x}_3(l) + 1.96\sqrt{\mathrm{Var}[e_3(l)]})$。代入相应数据，可得二季度各月产值置信区间的计算结果如表 3-22 所示。

表 3-22 第二季度各月份产值置信区间

月　　份	95%置信区间
4 月	(1264.32,1295.68)
5 月	(1274.47,1309.53)
6 月	(1283.1,1320.9)

此例中可以看出随着预测期数的增加，预测方差也越来越大，置信区间呈喇叭形。

自回归的平稳条件为：滞后算子多项式 $\varphi(B) = 1 - \varphi_1 B - \cdots - \varphi_p B^p$ 的根均在单位圆外，即 $\varphi(B) = 0$ 的根大于 1。对 1 阶自回归模型 AR(1)：$X_t = \varphi X_{t-1} + \varepsilon_t$，方程两边平方再求数学期望，得到 X_t 的方差 $E(X_t^2) = \varphi^2 E(X_{t-1}^2) + E(\varepsilon_t^2) + 2E(X_{t-1}\varepsilon_t)$，由于 X_t 仅与 ε_t 相关，因此 $E(X_{t-1}\varepsilon_t) = 0$。如果该模型稳定，则有 $E(X_t^2) = E(X_{t-1}^2)$，从而上式可变换为

$\gamma_0=\sigma_x^2=\dfrac{\sigma_s^2}{1-\varphi^2}$，在稳定的条件下，该方差是一非负常数，从而有$|\varphi|<1$。而AR(1)的特征方程$\Phi(z)=1-\varphi z=0$的根为$z=1/\varphi$，AR(1)稳定，即$|\varphi|<1$，意味着特征根大于1。对高阶自回归模型AR($p$)来说，多数情况下没有必要直接计算其特征方程的特征根，但有一些有用的规则可用来检验高阶自回归模型的稳定性。

AR(p)模型稳定的必要条件为

$$\varphi_1+\varphi_2+\cdots+\varphi_p<1 \tag{3-20}$$

由于$\varphi_i(i=1,2,\cdots,p)$可正可负，则AR($p$)模型稳定的充分条件为$|\varphi_1|+|\varphi_2|+\cdots+|\varphi_p|<1$。

2. 移动平均(moving average，MA)模型

前面我们介绍过一次和二次移动平均法如何用于预测，这里给出移动平均模型的一般定义。具有如下结构的模型称为q阶移动平均模型，记为MA(q)。则得

$$x_t=\mu+\varepsilon_t-\theta_1\varepsilon_{t-1}-\cdots-\theta_q\varepsilon_{t-q} \tag{3-21}$$

其中，$\theta_q\neq 0$，保证模型的最高阶数为q；随机扰动的均值$E(\varepsilon_t)=0$，方差$\mathrm{Var}(\varepsilon_t)=\sigma_\varepsilon^2$，且对于任意$t\neq s$，$E(\varepsilon_t\varepsilon_s)=0$，即$\varepsilon_t$和$\varepsilon_s$不相关，保证序列$\{\varepsilon_t\}$为白噪声。

移动平均模型的本质是反映序列当前值及当前与过去误差项的关系。μ为均值，$\mu=0$时模型(3-21)成为中心化MA(q)模型，显然对于非中心化的MA(q)模型只需要进行一个简单的位移$y_t=x_t-\mu$即可转化为中心化模型。MA(q)模型的原理是对于稳定时间序列其低阶距(均值和方差等)保持不变，那么在$x_t,x_{t-1},\cdots$已知的条件下，求x_{t+l}的估计值，就等价于在$\varepsilon_t,\varepsilon_{t-1},\cdots$已知的条件下，求$x_{t+l}$的估计值，其中随机扰动$\varepsilon_t$是实现值与过去预测值间的误差，可通过对历史数据的处理求得，式中需要估计的参数为$\theta_1,\theta_2,\cdots,\theta_q$。序列某时刻的响应与以前时刻的响应无关，仅与其以前时刻进入系统的扰动有关，即$x_{t+l}=\mu+\varepsilon_{t+l}-\theta_1\varepsilon_{t+l-1}-\cdots-\theta_q\varepsilon_{t+l-q}$。记$\hat{x}_t(l)$为$t$时刻的$l$步预测值，$e_t(l)=x_{t+l}-\hat{x}_t(l)$为误差项。当预测步长小于等于MA模型的阶数时($l\leqslant q$)，$x_{t+l}$可以分解为

$$\begin{aligned}x_{t+l}&=\mu+\varepsilon_{t+l}-\theta_1\varepsilon_{t+l-1}-\cdots-\theta_q\varepsilon_{t+l-q}\\&=(\varepsilon_{t+l}-\theta_1\varepsilon_{t+l-1}-\cdots-\theta_{l-1}\varepsilon_{t+1})+(\mu-\theta_l\varepsilon_t-\cdots-\theta_q\varepsilon_{t+l-q})\\&=e_t(l)+\hat{x}_t(l)\end{aligned}$$

当预测步长大于MA模型的阶数时($l>q$)，x_{t+l}可以分解为

$$\begin{aligned}x_{t+l}&=\mu+\varepsilon_{t+l}-\theta_1\varepsilon_{t+l-1}-\cdots-\theta_q\varepsilon_{t+l-q}\\&=(\varepsilon_{t+l}-\theta_1\varepsilon_{t+l-1}-\cdots-\theta_q\varepsilon_{t+l-q})+\mu\\&=e_t(l)+\hat{x}_t(l)\end{aligned}$$

即MA(q)序列l步的预测值为

$$\hat{x}_t(l)=\begin{cases}\mu-\sum\limits_{i=l}^{q}\theta_i\varepsilon_{t+l-i}, & l\leqslant q\\ \mu, & l>q\end{cases}$$

这说明MA(q)序列理论上只能预测q步之内的序列走势，超过q步预测值恒等于序列均值，原因在于MA(q)序列自相关q步截尾的性质。MA(q)序列预测方差为

$$\mathrm{Var}[e_t(l)]=\begin{cases}(1+\theta_1^2+\cdots+\theta_{l-1}^2)\sigma_\varepsilon^2, & l\leqslant q\\(1+\theta_1^2+\cdots+\theta_q^2)\sigma_\varepsilon^2, & l>q\end{cases}$$

对于参数 θ_i 的计算只要求掌握递推公式 $\begin{cases}I_0=1\\I_k=\sum_{j=1}^{k}\theta'_jI_{k-j}-\theta'_k,k\geqslant 1\end{cases}$，其中 $\theta'_k=\begin{cases}\theta_k, & 1\leqslant k\leqslant q\\0, & k>q\end{cases}$。对于具体原理和推导过程，感兴趣的读者可阅读 ARMA 模型的参数估计和建模过程中格林函数相关内容。

例 3-14 已知某公司每年营业额增长率近似服从 MA(3)模型(单位：%)：$x_t=4.2+\varepsilon_t-0.2\varepsilon_{t-1}+0.6\varepsilon_{t-2}-0.2\varepsilon_{t-3},\sigma_\varepsilon^2=0.25$。

最近三年的增长率及一步预测增长率如表 3-23 所示。

表 3-23 某公司近三年增长率和一步预测增长率 %

年 份	增 长 率	一步预测增长率
2019	7.5	7.9
2020	7.9	7.6
2021	7.6	7.8

预测未来 5 年该公司营业额增长率的 95%置信区间步骤如下：

(1) 计算近三年的随机扰动项：$\varepsilon_{t-2}=x_{2019}-\hat{x}_{2018}(1)=7.5-7.9=-0.4,\varepsilon_{t-1}=x_{2020}-\hat{x}_{2019}(1)=7.9-7.6=0.3,\varepsilon_t=x_{2021}-\hat{x}_{2020}(1)=7.6-7.8=-0.2$。

(2) 计算未来 5 年营业额的新增预测值：$\hat{x}_t(1)=7.2-0.2\varepsilon_t+0.6\varepsilon_{t-1}-0.2\varepsilon_{t-2}=7.5$，$\hat{x}_t(2)=7.2+0.6\varepsilon_t-0.2\varepsilon_{t-1}=7.02,\hat{x}_t(3)=7.2-0.2\varepsilon_t=7.24,\hat{x}_t(4)=7.2,\hat{x}_t(5)=7.2$。

(3) 计算预测方差：$\mathrm{Var}[e_t(1)]=\sigma_\varepsilon^2=0.16,\mathrm{Var}[e_t(2)]=(1+\theta_1^2)\sigma_\varepsilon^2=0.26$，$\mathrm{Var}[e_t(3)]=(1+\theta_1^2+\theta_2^2)\sigma_\varepsilon^2=0.35,\mathrm{Var}[e_t(4)]=(1+\theta_1^2+\theta_2^2+\theta_3^2)\sigma_\varepsilon^2=0.36,\mathrm{Var}[e_t(5)]=(1+\theta_1^2+\theta_2^2+\theta_3^2)\sigma_\varepsilon^2=0.36$。

(4) 计算 95%置信区间：$(\hat{x}_t(l)-1.96\sqrt{\mathrm{Var}[e_t(l)]},\hat{x}_t(l)+1.96\sqrt{\mathrm{Var}[e_t(l)]})$，代入相应数值可求得未来 5 年营业额增长率的 95%置信区间如表 3-24 所示。

表 3-24 未来 5 年某公司营业额增长率的 95%置信区间

预 测 年 份	95%置信区间
2022	(6.716,8.284)
2023	(6.0206,8.0194)
2024	(6.0804,8.3996)
2025	(6.024,8.376)
2026	(6.024,8.376)

说明：对于移动平均模型 MA(q)：$X_t=\varepsilon_t-\theta_1E_{t-1}-\theta_2\varepsilon_{t-1}-\cdots-\theta_q\varepsilon_{t-q}$，其中 ε_t 是一个白噪声，于是有 $E(x_t)=E(\varepsilon_t)-\theta_1E(\varepsilon_{t-1})-\cdots-\theta_qE(\varepsilon_q)=0,\gamma_0=\mathrm{Var}(X_t)=(1+\theta_1^2+\cdots+\theta_q^2)\sigma_s^2,\gamma_1=\mathrm{cov}(X_t,X_{t-1})=(-\theta_1+\theta,\theta_2+a\theta_3+\cdots+\theta_{q-1}\theta q)\sigma_s^2,\gamma_{q-1}=$

$\mathrm{cov}(X_t, X_{t-1}) = (-\theta_{q-1} + \theta_1 \theta q)\sigma_s^2$，$\gamma_q = \mathrm{cov}(X_t, X_{t-q}) = -\theta q \sigma_s^2$。

由此可知：当滞后期大于 q 时，X_t 的自协方差系数为 0；当 $\theta(B)=0$ 的根均在单位圆外时，AR 过程与 MA 过程能相互表出，此时称 AR 过程是可逆的。过程可逆，则有限阶移动平均模型是平稳的。

3. 自回归移动平均(autoregressive moving average，ARMA)模型

如果时间序列 $\{x_t\}$ 满足 $x_t = \varphi_1 x_{t-1} + \cdots + \varphi_p x_{t-p} + \varepsilon_t - \theta_1 \varepsilon_{t-1} - \cdots - \theta_q \varepsilon_{t-q}$，则称其服从 (p,q) 阶自回归移动平均模型，简记为 $\varphi(B)x_t = \theta(B)\varepsilon_t$。下面首先给出 ARMA$(p,q)$ 模型的格林函数和逆函数及其递推公式。对于一个平稳可逆 ARMA(p,q) 模型，它的传递形式为 $x_t = \sum\limits_{j=0}^{\infty} G_j \varepsilon_{t-j}$，其中 $G_j\{j=0,1,2,\cdots\}$ 为格林函数。格林函数的递推公式为

$$\begin{cases} G_0 = 1 \\ G_k = \sum\limits_{j=1}^{k} \varphi'_j G_{k-j} - \theta'_k, & k \geqslant 1 \end{cases}$$

其中，$\varphi'_j = \begin{cases} \varphi_j, & 1 \leqslant j \leqslant q \\ 0, & j > p \end{cases}$，$\theta'_k = \begin{cases} \theta_k, & 1 \leqslant k \leqslant q \\ 0, & k > q \end{cases}$。

同理，ARMA(p,q) 模型的逆转形式可表示为

$$\varepsilon_t = \sum_{j=0}^{\infty} I_j x_{t-j}$$

其中 $\{I_1, I_2, \cdots\}$ 为逆函数。逆函数的递推公式为

$$\begin{cases} I_0 = 1 \\ I_k = \sum\limits_{j=1}^{k} \theta'_j I_{k-j} - \varphi'_k, & k \geqslant 1 \end{cases}$$

其中，$\varphi'_j = \begin{cases} \varphi_j, & 1 \leqslant j \leqslant q \\ 0, & j > p \end{cases}$，$\theta'_k = \begin{cases} \theta_k, & 1 \leqslant k \leqslant q \\ 0, & k > q \end{cases}$。

在时间序列是 ARMA(p,q) 模型的情况下，t 时刻的 l 步预测值 $\hat{x}_t(l)$ 可表示为

$$\hat{x}_t(l) = E(\varphi_1 x_{t+l-1} + \cdots + \varphi_p x_{t+l-p} + \varepsilon_{t+l} - \theta_1 \varepsilon_{t+l-1} - \cdots - \theta_q \varepsilon_{t+l-q} \mid x_t, x_{t-1}, \cdots)$$

$$= \begin{cases} \varphi_1 \hat{x}_t(l-1) + \cdots + \varphi_p \hat{x}_t(l-p) - \sum\limits_{i=l}^{q} \theta_i \varepsilon_{t+l-i}, & l \leqslant q \\ \varphi_1 \hat{x}_t(l-1) + \cdots + \varphi_p \hat{x}_t(l-p), & l > q \end{cases}$$

其中，$\hat{x}_t(k) = \begin{cases} \hat{x}_t(k), & k \geqslant 1 \\ x_{t+k}, & k \leqslant 0 \end{cases}$。

记误差项 $e_t(l) = x_{t+l} - \hat{x}_t(l)$，则预测方差为 $\mathrm{Var}[e_t(l)] = (G_0^2 + G_1^2 + \cdots + G_{l-1}^2)\sigma_\varepsilon^2$。

例 3-15　已知某地区关键绩效指标(key performance indicator，KPI)指数服从 ARMA(1,1)模型(单位：%)：$x_t = 0.9x_{t-1} + \varepsilon_t - 0.1\varepsilon_{t-1}$，$\sigma_t^2 = 0.0025$，且 $x_{2021} = 3$，$\varepsilon_{2021} = 0.2$，试预测未来三年期序列值的 95% 置信区间。

(1) 计算预测值：$\hat{x}_{2021}(1) = 0.9x_{2021} - 0.1\varepsilon_{2021} = 2.68$，$\hat{x}_{2021}(2) = 0.9\hat{x}_{2021}(1) = 2.412$，$\hat{x}_{2021}(3) = 0.9\hat{x}_{2021}(2) = 2.1708$。

（2）计算预测方差：根据格林函数的递推公式可得 $G_0=1, G_1=\varphi_1' G_0-\theta_1=0.8, G_2=\varphi_1' G_1=0.72$，则

$$\operatorname{Var}[e_{2021}(1)]=G_0^2\sigma_\varepsilon^2=0.0025,\quad \operatorname{Var}[e_{2021}(2)]=(G_0^2+G_1^2)\sigma_\varepsilon^2=0.0041$$

$$\operatorname{Var}[e_{2021}(3)]=(G_0^2+G_1^2+G_2^2)\sigma_\varepsilon^2=0.005\,396$$

（3）计算预测值的 95%置信区间，公式为

$$\left(\hat{x}_{2021}(l)-1.96\sqrt{\operatorname{Var}[e_{2021}(l)]},\hat{x}_{2021}(l)+1.96\sqrt{\operatorname{Var}[e_{2021}(l)]}\right)$$

代入相应数据后，结果见表 3-25。

表 3-25　某地区未来三年 KPI 预测值的 95%置信区间

预测年份	95%置信区间
2022	(2.582,2.778)
2023	(2.2865,2.5375)
2024	(2.0268,2.3148)

说明：ARMA 模型的平稳条件为 $\varphi(B)=0$ 均在单位圆外；可逆条件为 $\theta(B)=0$ 均在单位圆外。将纯 AR(p)与纯 MA(q)结合，得到一个一般的自回归移动平均过程：

$$x_t=\varphi_1 x_{t-1}+\cdots+\varphi_p x_{t-p}+\varepsilon_t-\theta_1\varepsilon_{t-1}-\cdots-\theta_q\varepsilon_{t-q} \tag{3-22}$$

该式表明：

（1）一个随机时间序列可以通过一个自回归移动平均过程生成，即该序列可以由其自身的过去或滞后值以及随机扰动项来解释。

（2）如果该序列是平稳的，即它的行为并不会随着时间的推移而变化，那么我们就可以通过该序列过去的行为来预测未来。这也正是随机时间序列分析模型的优势所在。

假设一个系统可以用平稳随机过程来刻画，我们的目的是根据收集到的观测数据来推断该随机过程的具体形式，用 $x_1,x_2,\cdots,x_T$ 表示长度为 T 的一个样本，建模过程就是判断该样本是 AR 过程、MA 过程还是 ARMA 过程。只要知道 p、q 和参数，模型就完全确定，因此用这类模型进行数据拟合，可以通过方便地分析数据的动态结构进行预测。

下面假设我们得到了一列平稳数据，要对它建立 ARMA 模型。包括如下几步：

（1）定阶，确定 p、q 的大小；

（2）估计，估计未知参数；

（3）检验，检验残差是否白噪声过程；

（4）预测，通过预测评价模型进行。

上述步骤依次完成有时也不能保证得到满意的 ARMA 模型，在真正建模过程中需要反复调整，具体的方法在时间序列相关理论基础的书籍（如潘雄锋等著《时间序列分析》）中都有介绍，感兴趣的读者可以自行选择阅读。

建立时间序列模型，首先应判断时间序列的特性，判断是否满足建模条件。一般采用自相关分析分析时间序列的平稳性、随机性和季节性。同时，许多领域产生的时间序列都是非平稳的，呈现出明显的趋势性和周期性，序列不平稳，导致预测无效，产生伪回归等问题。因此对时间序列的平稳性进行检验也是必不可少的。

3.9 机器学习的预测方法

近年来，人工智能是当之无愧的热门研究领域，而机器学习是推动人工智能发展的一个关键因素。机器学习是针对某个特定任务的计算机程序，从经验中学习，并且越做越好。机器学习的预测方法一般包括数据预处理、特征提取、特征转换以及预测。其中占据核心地位的是预测，前三者是学习规律和模式的过程，而预测则是所学规律和模式的应用，直接决定机器学习的效果。

早在半个多世纪之前的1959年，机器学习的概念就已经被提出来了。早期的研究集中在基于逻辑或者事实编写一些程序让计算机完成某些特定任务，研究者开发了一系列智能系统。随着研究的深入，越来越多的研究者发现，早期的推理规则过于简单，对项目难度评估不足，导致人工智能的研究陷入低谷。到了20世纪70年代，研究者们普遍意识到知识在人工智能系统中的重要性。在这个时期出现了大量的专家系统，这种专家系统一般采用知识表示以及知识推理技术来完成通常情况下由相关领域专家才能解决的复杂问题，因此也被叫作基于知识的系统。Prolog语言是这一时期的主要开发工具。随着专家系统的盛行，越来越多的研究者发现，只有"知识"很难完全解释一些人类的智能行为。同时，大数据时代的到来，使得尝试让计算机在数据中自己学习，进而利用学到的经验进行预测逐渐盛行。机器学习是从数据中学习出具有一般性的规律，并将总结出的规律推广到未观测的样本上，来实现预测。模型、学习准则、优化算法是机器学习的三个要素。

在已有数据的基础上，如何预测序列未来一段时间的变化趋势以及进一步地预测具体的数值？传统的机器学习中存在众多的线性回归算法，包括多元线性回归、Ridge回归、Lasso回归、分位数回归等，在一定程度上能够解决相关问题。由于传统的线性回归算法在训练过程中，损失函数对于预测数值与真实值之间的差值最小化要求过于严苛，导致代价函数很难优化也很容易发生过拟合等问题，使得模型的泛化能力不足。支持向量回归因在一定程度上"容忍"预测值与真实值之间差异的优势被广泛使用，该方法是基于支持向量机(support vector machine，SVM)演化得来的回归方法，感兴趣的读者可参阅周志华编写的《机器学习》一书。

近年来，基于传统的支持向量机国内外学者提出了很多改进的预测方法，其中J. A. K. Suykens提出的LS-SVMR即最小二乘支持向量回归因求解速度较快而得到广泛应用。该方法用等式约束代替传统的SVM中不等式约束，使得求解过程变成一组等式方程，避免了求解二次规划问题，大大加快了求解速度。感兴趣的读者可查阅相关文献或书籍。机器学习使得预测方法具有了处理海量数据的能力，预测精度不断提高，工程管理预测需要考虑的影响因素多，数据规模大，并涉及进程、预算等关键环节，有时决定着工程的顺利与否甚至成败，机器学习预测方法在工程管理领域有着广阔的应用前景。机器学习因解释性差，有时会使得决策者对结果产生怀疑，当前针对机器学习的可解释预测方法也逐渐引起研究者的兴趣，有望成为新的热点领域。

本章小结

预测即依据过去和现在的情况提前预估未来的行为，预测的方法按属性可分为定性预测方法和定量预测方法。不同预测方法之间没有绝对的优劣之分，哪种适用取决于问题的特征、具备的条件和管理者的诉求。在工程管理的各个环节中，预测的结果可提供决策支持和重要参考。预测的难点在于不确定性的存在，也就是多数情况下直至状态实现前都很难根据已有的信息和材料给出唯一确定的结果。不确定性的一种直接表现形式就是不同预测"主体"在具有同等信息的情况下对同一问题的预测结果也可能不一致。预测"主体"表述完这些不确定性信息后，通常相较于列出可能的结果和其发生的可能性，管理者更倾向于看到相对确定的结论，这就涉及不确定信息的处理。如厂长（经理）评判法中，各个代表对预测对象的表述通常都是不同的。对于给出的不确定性信息可以通过绝对平均、加权平均等不同的方法来处理。不确定性的存在致使预测"主体"对未来的描述不唯一，处理不确定性又有不同的方式，故而时刻明确预测目的，结合人工经验选择适当的预测方法和不确定性处理方式有着重要意义，可以使得某些预测工作事半功倍。数据的大量积累使得预测对象具有的长期趋势、季节变动或循环变动等规律得以显现，在预测方法的设计中考虑这些因素的影响将有助于预测精度的提高。随着物联网的广泛应用和信息技术的发展，预测对象的数据和信息越来越丰富、及时，机器学习等方法的应用使得预测的精度越来越高，机器学习可解释性的研究方兴未艾，预测将在工程管理中大有可为，扮演越来越重要的角色。

习题与思考题

3.1　什么是定性预测法？简述工程管理中常用的定性预测方法。它们各自的优缺点是什么？

3.2　某工程项目一段时间内随工程进度的花费（单位：万元）如表3-26所示。

表3-26　某工程项目一段时间内随工程进度的花费　　单位：万元

月份	1	2	3	4	5	6	7	8	9	10	11	12
花费额度	330	280	230	310	340	290	280	300	350	320	290	

（1）试用一次移动平均法（$M=4$）对12月的工程花费做出预测；

（2）试用一次指数平滑法（$\alpha=0.2$）对12月的工程花费做出预测。

3.3　线性二次移动平均法和线性二次指数平滑法主要克服了一次移动平均法和一次指数平滑法在应用中的哪些弊端？其解决问题的基本思想是什么？与线性二次移动平均法相比，线性二次指数平滑法的优势体现在哪里？

3.4　某小型公司2010—2018年的工程投资额度（单位：万元）如表3-27所示。

表3-27　某小型公司2010—2018年的工程投资额度　　单位：万元

年份	2010	2011	2012	2013	2014	2015	2016	2017	2018	2019	2020	2021
投资额	1020	1380	1200	1190	1340	1270	1240	1300	1050			

试用线性二次移动平均法($M=3$)对 2019 年、2020 年、2021 年的投资额做出预测。

3.5 已知某产品第 9 期的销售量 $x_9=150$，且 $S_8^{(1)}=125.7$，$S_8^{(2)}=113.2$，用布朗单一参数线性指数平滑法($\alpha=0.3$)分别预测某产品 11、12、13 期的销售量。

(1) 已知某商品第 10 期的销售量 $x_{10}=140$，且 $S_9=120$，$b_9=4.1$，试用霍尔特双参数线性指数平滑法($\alpha=0.2$，$\beta=0.4$)预测该产品在第 11、12 期的销售量。

(2) 表 3-28 所示为公司某产品的销售量数据，计算其季节指数，指导生产。

表 3-28 公司某产品的销售量数据

年 份	一 季 度	二 季 度	三 季 度	四 季 度
2010	115	110	71	102
2011	109	111	72	105
2012	111	110	75	103
2013	113	107	71	101
2014	117	106	76	107
2015	114	107	75	106
2016	108	105	73	104
2017	113	108	75	101
2018	110	109	77	103
2019	112	113	76	102

(3) 什么是平稳时间序列？AR、MA 模型的平稳性条件分别是什么？

(4) 怎样正确认识定性预测与定量预测的关系？在工程项目的进程中，随着时间的推移，适合于一类问题的预测方法会发生改变吗？

3.6 作为一名管理者，你怎样看待预测的作用？怎样正确认识预测中“测不准”的问题？

学习本章介绍的预测方法后，我们再次回顾开篇导入案例中关于油田的开发指标预测方法。在油田开发过程中的主要开发指标是可反映油田开发状态及变化趋势的(直接或间接)数据。通过对开发指标的分析有助于认识油田的历史开发情况、当前开发状态和未来开发前景，可为制定和调整开发方案提供决策支持。开发指标包括含水量、压力、产量、原油采收率和可采储量等。油田开发运行的初期，石油工作者对于指标的预测方法是基于对工作中的经验总结出来的。随着开采工作的深入、高端辅助设备的引入、数据的不断积累和分析技术的不断进步，开发指标的阶段性变化规律不断呈现。以含水量为例就可分为无水采油期、低含水期、中含水期和高含水期等，油田开发指标预测方法的演化过程是对油田开发指标变化规律逐步认识的过程，也是逐步接近油田开发本来面貌的过程。产量递减法被广泛地应用于油气田产量和可采储量的预测，从相关应用分析来看，多数油气田的产量递减符合 Arps 指数递减模型(递减产量与时间的关系可表示为 $Q=Q_0\mathrm{e}^{-D(t-t_0)}$)。随着开采的深入，含水量不断增加，产量递减模型的拟合程度变低，综合考虑油量和水量的水驱曲线法能够通过油水相对渗透率曲线发挥更好的作用。采油指数的引入又可以在预测产油量、产水量的同时预测压力指标，指标预测法随着油田特征的改变在不同的阶段相应地发生改变，使

得预测方法在重大工程的实践中发挥了不可忽视的作用。广义的开发指标除了上述开发技术指标还包括生产管理指标和经济效益指标。以某油田一区块2012年前11个月的部分监测指标为例((鲁柳利,2013),引用时相较原始数据做了部分技术处理),如表3-29所示,运用我们介绍过的AR预测模型可分别对相应监测指标12月的数据进行预测。

表3-29 某油田一区块2012年前11个月各项监测指标数值

月　份	产油能力 x_1	产液能力 x_2	渗流能力 x_3	吸水能力 x_4	压力水平 x_5
1	0.0356	0.3017	1576.147	1.8741	1.1894
2	0.0358	0.3758	1635.109	1.8537	1.1584
3	0.0330	0.4125	1379.105	1.8553	1.2204
4	0.0306	0.3502	1438.173	1.8643	1.1421
5	0.0312	0.3645	1590.303	1.9072	1.1511
6	0.0304	0.3456	1715.160	1.9145	1.1810
7	0.0298	0.3371	1339.815	1.9262	1.1400
8	0.0284	0.3215	1451.705	1.9387	1.1738
9	0.0286	0.3126	1555.924	1.8393	1.1773
10	0.0270	0.3098	1671.449	1.8799	1.2029
11	0.0260	0.3045	1303.452	1.8514	1.1881

根据AR模型按照平均偏差最小的原则可得各个监测指标的预测公式,以产油能力为例:

$$\bar{x}_1(12)=0.0176x_1(11)+0.0190x_1(10)+0.0237x_1(9)+0.4175x_1(8)+0.0441x_1(7)+0.0276x_1(6)+0.0566x_1(5)+0.0574x_1(4)+0.0718x_1(3)+0.0964x_1(2)+0.1883x_1(1)$$

其他各项指标的预测公式可以类似地给出,各项指标的预测值见表3-30。

表3-30 某油田一区块2012年12月各项监测指标预测值

项　目	产油能力 x_1	产液能力 x_2	渗流能力 x_3	吸水能力 x_4	压力水平 x_5
12月预测值	0.0270	0.3310	1496.663	1.8766	1.1783

目前,数据挖掘、灰色模型、智能算法等也都陆续应用于油田开发指标的相关预测模型,研究日益丰富,效果日益精准,取得了不错的效果。

预测是服务于工程和管理的,建模过程需立足实际问题,注重发展趋势,抓住核心问题。选择合适的预测方法,明确预测方法适用的条件,即明确什么情况可以预测,随着事物的发展达到何种情况此方法就不再适合。事物的发展具有阶段性,如公司研发一款新产品推出市场时需要预测其需求安排生产和销售。因为是研发的全新产品,没有历史数据可供参考,此时市场的预测适合应用德尔菲法或厂长意见评判法等定性预测方法。随着商品推入市场和时间的推移,各期的销售数据会逐次返回给公司,有了少量的数据作参考,即可用均值等简单的定量预测法来预测下一期销量。当数据积累到一定的量,形成销量的时间序列,就可使用一次移动平均法、一次指数平滑法等稳定时间序列预测方法来预测未来的销量。数据继续积累,若时间序列体现出趋势或季节特征,发生预测值滞后的现象,即可利用二次指数平滑、线性趋势预测模型或季节模型进行分析修正。

在预测方法的使用上，仅仅熟悉各个预测方法的步骤、了解其数学原理是远远不够的，一定要立足实际，明确目的，即使对于同一个问题，由于所处的阶段不同，可用的资源不同，适用的预测方法也不同，要始终明确预测服务于工程中管理决策的目的，正确认识预测中“测不准”的现象，及时分析修正，才能使预测方法和工程管理相互促进，共同发展。

案例问题：

根据案例所介绍内容，结合你主持或参与过的工程管理项目，详述不同阶段项目特征的变化和相应预测手段的改变，深入理解预测的内涵。

参考文献

[1] 任玉林，石成方. 大庆油田开发指标预测方法的演变和发展趋向[J]. 大庆石油地质与开发，1996，15(4)：26-30.

[2] 徐国祥. 统计预测和决策[M]. 5版. 上海：上海财经大学出版社，2016.

[3] 王燕. 应用时间序列分析[M]. 4版. 北京：中国人民大学出版社，2015.

[4] 潘雄锋. 彭晓雪. 时间序列分析[M]. 北京：清华大学出版社，2016.

[5] 白晓东. 应用时间序列分析[M]. 北京：清华大学出版社，2017.

[6] 刘思峰. 预测方法与技术[M]. 北京：高等教育出版社，2015.

[7] 赵华. 时间序列数据分析——R软件应用[M]. 北京：清华大学出版社，2016.

[8] 孙祝岭. 时间序列与多元统计分析[M]. 上海：上海交通大学出版社，2016.

[9] 黄汉江. 建筑经济大辞典[M]. 上海：上海社会科学院出版社，1990.

[10] 王振龙，胡永宏. 应用时间序列分析[M]. 北京：科学出版社，2007.

[11] 王沁. 时间序列分析及其应用[M]. 成都：西南交通大学出版社，2008.

[12] 李华. 胡奇英. 预测与决策教程[M]. 北京：机械工业出版社，2019.

[13] 黄永昌. Scikit-learn机器学习常用算法原理及编程实战[M]. 北京：机械工业出版社，2018.

[14] 周志华. 机器学习[M]. 北京：清华大学出版社，2016.

[15] 百度百科. 定性预测法[EB/OL]. (2023-02-08)[2023-03-15]. https://baike.baidu.com/item/%E5%AE%9A%E6%80%A7%E9%A2%84%E6%B5%8B%E6%B3%95/9997163?fr=aladdin

[16] CRYER J D, CHAN S. Time Series Analysis with Applications in R[M]. 2nd ed. New York: Springer, 2008.

[17] HAMILTON J D. Time Series Analysis[M]. New Jersey: Princeton University Press, 1994.

[18] SHUMWAY R S. Time Series Analysis and Its Applications: With R Examples[M]. 3rd ed. New York: Springer, 2011.

[19] 鲁柳利. 油田区块监测指标与开发指标预测建模及应用研究[D]. 成都：西南石油大学，2013：61-62.

第4章

大数据分析

【教学内容、重点与难点】

教学内容：大数据的基本概念，大数据基本决策思想，大数据基本分析方法。

教学重点：大数据基本概念，大数据基本决策思想。

教学难点：大数据基本决策思想。

如何针对性地帮助高职院校学生提升学业水平和就业满意度

高职院校主要是为了提高劳动力的就业水平，提升一线岗位工作者的整体素质和技能水平而设立的。大多数学生希望通过高职院校的学习在毕业后走上满意的工作岗位，而就近几年高职院校毕业生就业调查的实际情况来看，很多毕业生对所从事的工作并不满意，用人单位对毕业生的职业素质也不满意，认为毕业生应在专业水平或人际沟通能力等方面有很大提升。

某高职院校S已经采取了一些措施来提高学生的成绩和就业质量，这些措施虽然在一定程度上起到了作用，但是由于其主观性比较强，所以效果很不理想。

目前高职院校普遍拥有教学管理信息系统，其中存储了大量有关学生、教师和就业的数据，如学生的基本信息、课程成绩、在校表现情况、就业情况，教师的基本信息、教学安排和教学效果等，这些数据中隐藏着大量有价值的信息。充分利用这些数据资源为教学管理决策提供支持，能够进一步改善高职院校的延毕率或退学率高、就业质量差的现象。

本章将重点介绍大数据的基本决策思想和基本分析方法，为解决上述问题提供基本理论和方法。

4.1 大数据基本概念

4.1.1 大数据的含义

随着信息技术突飞猛进地发展，计算机和通信网络的数据存储、传送和处理能力得到了极大的提高，“大数据”的概念应运而生。

关于大数据，目前没有一个公认的、统一的定义，从工程应用出发，没有必要一定要咬文嚼字地机械地去纠结定义，但是我们可以从不同的方面对“大数据”的含义进行理解。

1. 从有代表性的大数据定义方面进行理解

关于大数据，目前几个有代表性的定义如下：

1）维克托·迈尔-舍恩伯格（2012）的定义

舍恩伯格从价值的角度对大数据进行了定义，他认为大数据是当今社会所独有的一种新型的能力：以一种前所未有的方式，通过对海量数据进行分析，获得有巨大价值的产品或服务，或深刻的洞见。

2）麦肯锡全球研究院（2011）的定义

麦肯锡全球研究院从体量的角度对大数据进行了定义：大数据是指那些规模大到在获取、存储、管理和分析方面大大超出了传统的数据库软件工具能力范围的数据集合。

3）信息技术研究和分析公司 Gartner 的定义

Gartner 公司从资产的角度对大数据进行了定义：大数据是需要新处理模式才能具有更强的决策力、洞察发现力和流程优化能力来适应海量、高增长率和多样化的信息资产。

2. 从大数据的特点方面进行理解

我们也可以从大数据的特点方面来进一步理解什么是大数据。一般认为，大数据有 4 个基本特征：量大（volume）、样多（variety）、速快（velocity）、值低（value）。也就是说，只有具备这些基本特点的数据才是大数据。

1）量大

一般情况下，大数据是以 PB、EB、ZB 为单位进行计量的，例如达到 PB（1024TB）、EB（1024PB）甚至 ZB（1024EB）级的规模。

2）样多

一是数据来源多，有来自组织内部多个应用系统的数据、来自互联网（如微博、网页）和物联网（如传感器）的数据等；二是数据类型多，包括诸如销售订单、出入库记录、设备清单等结构化数据，也有图片、音频、视频、文档等非结构化数据；三是数据关联多，如游客在旅行途中的图片和日志数据，就与游客的位置、行程等多种数据有关联。

3）速快

一方面是数据的增长速度快，另一方面是要求处理数据的速度快，要在合理的时间内完成对数据的处理，否则处理结果就是过时和无效的。

4）值低

大数据的总体价值大，但是价值密度低，需要从海量数据中挖掘稀疏但珍贵的信息，发现其中的规律性或相关性信息，为人类社会经济活动服务。

随着大数据技术的不断发展，除了上述基本特点之外，大数据的其他一些特点也不断地被提出，如真实性（veracity），强调有意义的数据必须真实、准确；动态性（vitality），强调整个数据体系的动态性；可视性（visualization），强调数据的显性化展现；合法性（validity），强调数据采集和应用的合法性，特别是对于个人隐私数据的合理使用。

3. 从大数据理论、技术和实践方面进行理解

我们还可以从理论、技术和实践三个维度对大数据的内涵进行理解。

1）从理论维度看

大数据用全体样本代替抽样样本，避免了统计抽样的局限性和随机性；

大数据用数量代替精确度，接受混杂性，容错性更强，这一点在某种程度上和工程是相似的；

大数据用相关性代替因果性，通过寻找更多的证据、更多独立的证据、构造完整的证据链，设法让分析结果逼近"因果性"。

2）从技术维度看

大数据应用传感、分布式处理、边缘计算、云存储、云计算、数据挖掘、预测分析等技术实现对数据的采集、传输、存储和分析。

3）从实践维度看

大数据的实践应用广泛，包括个人（用户）、产业（企业）、政务、互联网世界等各个层面、各个领域。

4.1.2 大数据的商业价值

大数据将各行各业的用户、供应商、生产商、服务商等整个生态链上的上下游企事业单位和个人融入一个大的系统中。大数据蕴藏着巨大的财富，已成为企事业单位和个人名副其实的资产，其商业价值举例如下：

1. 零售商

通过对顾客的背景、购物清单、网上网下购买行为等销售大数据进行收集分析，获得顾客购买行为习惯，开展针对性的营销服务。

2. 制造商

通过对生产过程中的物流、设备、质量、能耗、人员、环境等工业大数据进行收集分析，获得影响订单交货期、质量和成本等要素的具体原因，及时采取应对措施。

3. 公共服务商

通过对天气、环境、地理、水电煤气消耗等公共大数据进行收集分析，为广大民众提供更好的公共服务。

4. 金融服务商

通过对客户的存款、贷款、理财、保险、股票投资等金融大数据进行收集分析，帮助客户提高整体收入、降低金融风险，提升客户忠诚度。

5. 媒体广告商

通过对收视率、热点信息等娱乐大数据进行收集分析，为客户提供精准投放广告和评估广告效用服务。

4.1.3 大数据的关键技术

大数据的处理流程与传统的数据处理流程基本相同，包括数据采集、数据预处理、数据存储与管理、数据分析、数据展示与应用，主要区别在于大数据要接入、存储和处理大量结构化的、半结构化的和非结构化的数据。

1. 大数据采集技术

大数据的采集，通常包括多源、多类型、多结构的数据采集，这些数据可能是来自物理世界的各种传感器的实时数据，也可能是来自虚拟世界各种互联网网站和软件系统的数据。大数据的采集是指对这些数据进行接入、识别、定位、传输和初步处理等。

常见的处理工具有 HDFS、Sqoop、Flume、Fluentd、Logstash、Chukwa、Scribe、Splunk、Scrapy 等。

2. 大数据预处理技术

大数据的预处理主要包括对数据进行抽取、转换和清洗等工作，以保证数据的正确性、一致性、完整性以及规范性等。

常见的处理工具有 Excel、Kettle、FineBI、FineReport、Weka 等。

3. 大数据存储与管理技术

大数据存储与管理就是对已经采集到的数据进行存储，建立数据库和数据仓库，以便进行后续的分析处理，主要解决大数据的可表示和可存储等问题。

常见的处理工具有 HDFS、HBase、Kafka、Kestrel 等。

4. 大数据分析

大数据分析是对收集和存储在数据库或数据仓库中的大量数据，采用合适的分析方法来提取出其中蕴含的信息，以帮助人们更快速、更清晰地理解数据和科学地做出决策。

常见的处理工具有 MapReduce、Hive、Pig、Spark、Cascading、Shark、Flume、Storm、S4、Trident、Spark Streaming、Weka 等。

5. 大数据展示与应用技术

大数据展示与应用是通过各种形式的文字、图表(散点图、折线图、柱形图、地图、饼图、雷达图、K 线图、箱线图、热力图、关系图、矩形树图、桑基图、漏斗图、仪表盘)将分析结果直观地展示出来，进行直观形象的解释，从而可以从不同的角度观察数据，得到更有价值的信息。

常见的处理工具有 Smartbi、SPSS、R、D3、SAS、Google Chart API、Crossfilter、NodeBox、Leaflet、Anychart、Processing、Paper. js、Gantti、Fusion Charts Suit XT、Rapidminer 等。

4.2 大数据基本决策思想

1. 以数据为核心

传统上的决策一般都是以业务过程为核心，基于正确的过程将产生正确的结果这一因果关系进行逻辑推理决策。

但是在大数据时代，用数据说话已成为大家的共识，这为以数据为核心思考问题、解决问题提供了依据。也就是说，从过去以过程为核心转变为了现在以数据为核心。

在大数据时代，数据无疑比过程更重要。但是，如果把产生数据的物理过程和数据有机地结合起来，基于过程进行大数据的采集和分析，将更加实用和有效。

2. 重视数据价值

传统上的产品价值是通过功能体现的。功能越多、越强大的产品，价值越高。

但是现在，产品及其功能只是为用户提供服务的载体，对用户的需求了解越多、用户对产品了解越多，两者相匹配，各方所获利益就越大，价值自然就越高。也就是说，价值更多的是通过数据体现的，由通过重视功能体现价值转变为了通过重视数据体现价值。

3. 采用总体数据

传统上对数据的采集、存储和处理基本上都是基于抽样进行的。抽样方法要求对总体有相当的了解才有效，而这一点在实际调查分析之前又往往难以做到。

但是现在，可以对总体数据而不是抽样数据进行采集、存储和处理。数据越大，真实性也就越大，因为大数据包含了全部的信息。而如果只是通过抽样数据进行分析得到结论，那么总会有偏离实际情况的存在。而如果是从总体数据中得到结论的，这种偏离情况就会少多了。

采用总体数据思考问题、解决问题已成为必然趋势。

4. 注重效率

传统上对问题的求解往往注重追求精确度、追求确定性。

但是现在，追求的往往是高效率，效率是企业的生命，效率低与效率高是衡量企业成败的关键。有了大数据，就可以对那些过去不可量化、存储、分析和共享的不确定性的事物进行分析，获得各种可能性，从而为企业快速决策、快速动作、抢占先机提供依据。也就是说，由过去的注重精确度转变为了现在的注重效率。

5. 关注相关性

传统上解决问题的思路是，找出一个原因，通过因果关系推理出一个结果来。在这个快速多变的不确定性时代，等我们找到准确的因果关系时，事情可能已经发生了很大的变化，而继续按照那个因果关系去办理显然已不合适了。

但是现在，针对某种现象，如果大数据分析的结果表明会有某种相应的结果，那么只要发现出现了这种现象，就可以去做一个决策。也就是说，现在由关注因果关系转变为了关注相关性。只需要知道是什么，而不需要知道为什么。当然，转向相关性，不是不要因果关系，因果关系还是基础，两者是相辅相成的。只是在大数据时代，通过获取即时数据、实时分析预测，寻找到相关性数据，就可以预测未来，为快速决策提供提前量。

6. 用于预测

预测是大数据的核心应用，它使用大量多样化的和可变的数据来实现预测，有助于在充满不确定性的环境中做出更好的决策。应用大数据分析预测已经成为思考问题、解决问题的最有效的手段，特别是针对那些具有不确定性特征的问题。

7. 利用信息找人

传统上都是人找信息，但是在互联网和大数据时代，演变成了信息找人。通过大数据提供的信息，可以找到需要找的人。

8. 让机器懂人

传统上是机器按照人事先设置的程序运行，但是现在是让机器更懂人，机器会像人一样主动为人们提供所需要的信息、产品或服务。

例如，在亚马逊网站买书的时候，它会主动告诉你，买了这本书的人还买了什么样的书，结果你会发现它所推荐的书比自己想买的书还要好，这就像实体书店里的店员为你推荐介绍一样。在今日头条网站，如果你看过上面的新闻或者信息，下次打开时就会看到你可能感兴趣的新闻或信息已排在头几条了。

通过从大数据中挖掘出隐蔽在背后的规律，从中快速获取有价值的信息，主动为人们提供有价值的信息和服务，展现出了大数据让机器更懂人的能力。

9. 使业务智能化

大数据改变了业务过程模式，使得业务过程的智能化得以实现。

例如，在计算机或手机的输入法中，通过分析以前输入的词语，将个性化的新词语自动添加到输入法里，并且将常用的词汇排放在前面，等等，可以有效地提高我们的输入效率。又如，目前在热线电话中普遍使用的机器人应答系统，某些特定的领域（如体育）新闻报道稿件的机器写作，等等。

在不久的将来，世界上许多现在单纯依靠人开展的业务过程都可能会被计算机软件所改变甚至取代。

10. 实现产品定制化

通过大数据可以获得顾客个性化的特征、习惯和喜好，从而为顾客提供定制化的产品或服务、为企业开发出畅销的产品打开了方便之门。

大数据时代让企业找到了提供定制化产品、服务的有效手段。

4.3 大数据基本分析方法

4.3.1 聚类分析

聚类(clustering)分析是指将描述物理或抽象对象的数据集进行分组分类的分析过程，可以使得同一个组内或类内的对象具有较高的相似度，而不同组中的对象是不相似的。

相似或不相似是通过对描述对象属性的数据集进行分析确定的。聚类与分类的区别在于，分类是按照某种事先划分类的标准进行的，而聚类是不存在划分类的标准的。

有各种各样的聚类分析方法，所采用的方法不同，得到的结果也常常会不同。不同人员对于同一数据集进行聚类分析，所得到的聚类结果不一定相同。

聚类分析是大数据分析的主要分析工具之一，它可以作为一个独立的分析工具获得数据的分布状况，观察每一类数据的特征，集中对特定的聚类作进一步分析，也可以作为其他算法的预处理步骤。

聚类分析尤其适合用来探讨样本间的相互关联关系，从而对一个样本结构做一个初步的评价。

聚类分析不能做的事情如下：

(1) 自动确定分成多少类；

(2) 自动找到大致相等的类；

(3) 自动给出一个最佳的聚类结果。

常见的聚类分析方法有划分方法、层次方法和基于密度的聚类方法。在实际应用中，大多采用 K-means(K-均值)算法，它是目前最常用、最著名的聚类算法。

K-means 算法是一种迭代求解的聚类分析算法，其基本原理是，假设将数据集分为 K 组，随机选取数据集中的 K 个数据点作为初始聚类中心，然后计算数据集中每一个数据点与各个初始聚类中心之间的距离，将每个数据点分配给离它最近的聚类中心，聚类中心以及被分配给它的数据点就组成了一个聚类。对每一个确定下来的聚类，将以该聚类中所计算出来的新的均值作为新的聚类中心，不断重复这一过程直至满足某个终止条件。终止条件可以是数据点不再被重新分配到不同的聚类中、聚类中心不再发生变化，或者总距离误差平方和 SSE(见式(4-1))最小。

$$\mathrm{SSE}=\sum_{k=1}^{K}\sum_{x\in S_k}|x-\mu_k|^2 \tag{4-1}$$

式中，x 为数据点；S_k 为第 k 个聚类；μ_k 为第 k 个聚类的聚类中心(即均值)；$\sum_{x\in S_k}|x-\mu_k|^2$ 为第 k 个聚类的总离散度。应用 K-means 算法对具有 n 个数据点(x_1，x_2，…，x_n)的数据集进行聚类时，具体步骤如下：

(1) 确定聚类个数 K。当已知目标聚类数时，K 值较容易确定；当目标聚类数不明确时，可参照以往经验确定 K 值；当数据维度不超过三维时，可采用目测法试错等方法设置 K 值。记各聚类为(S_1，S_2，…，S_k)。

(2) 随机(或者根据经验)选取 K 个数据点作为初始聚类中心(μ_1，μ_2，…，μ_k)。

(3) 分别计算每一个数据点(x_1，x_2，…，x_n)到各个聚类中心(μ_1，μ_2，…，μ_k)的距离 d_{ik}($i=1,2,\cdots,n$；$k=1,2,\cdots,K$)，通常可以采用欧几里得距离计算方法进行计算。

(4) 将每一个数据点分配到离聚类中心最近的聚类中，得到聚类(S_1，S_2，…，S_k)。

(5) 根据各聚类中数据点，计算各聚类的均值 μ_k。

(6) 应用式(4-1)计算总距离误差平方和 SSE。

(7) 当 SSE 相对于上一轮的计算值减小时，则表明聚类中心(均值)有所改变，需重新将各聚类的均值 μ_k 作为新的聚类中心(μ_1，μ_2，…，μ_k)，回到步骤(3)，开始新一轮的聚类；当 SSE 相对于上一轮的计算值不变，或者两者差值小于某个预设的阈值，或者满足其他终止条件时，计算结束，聚类完成。

K-means 算法的实施可以利用 SPSS、Weka 等软件进行。例如，以应用 SPSS 为例，根据身高和体重对 22 位同学进行聚类分析。

第一步：导入待聚类分析的原始数据。先对 22 位同学的身高和体重进行无量纲化处理，本例采用极值差方法进行。然后将身高和体重及其无量纲化处理后的 Excel 数据表单作为输入导入 SPSS 的数据编辑器中，如图 4-1 所示。

第二步：设置聚类分析变量和 K 值。在 SPSS 数据编辑器菜单栏中选择“分析”→“分类”→“K-均值聚类分析”命令，进入“K 均值聚类分析”界面，选取无量纲身高和无量纲体重作为“变量”、序号作为“个案标注依据”，设置“聚类数”(即 K 值，本例设为 3)，“迭代与分类”为“方法”的默认选项，如图 4-2 所示。

第三步：设置初始聚类中心。按照 SPSS 文件格式要求编辑保存到外部文件中(本例为

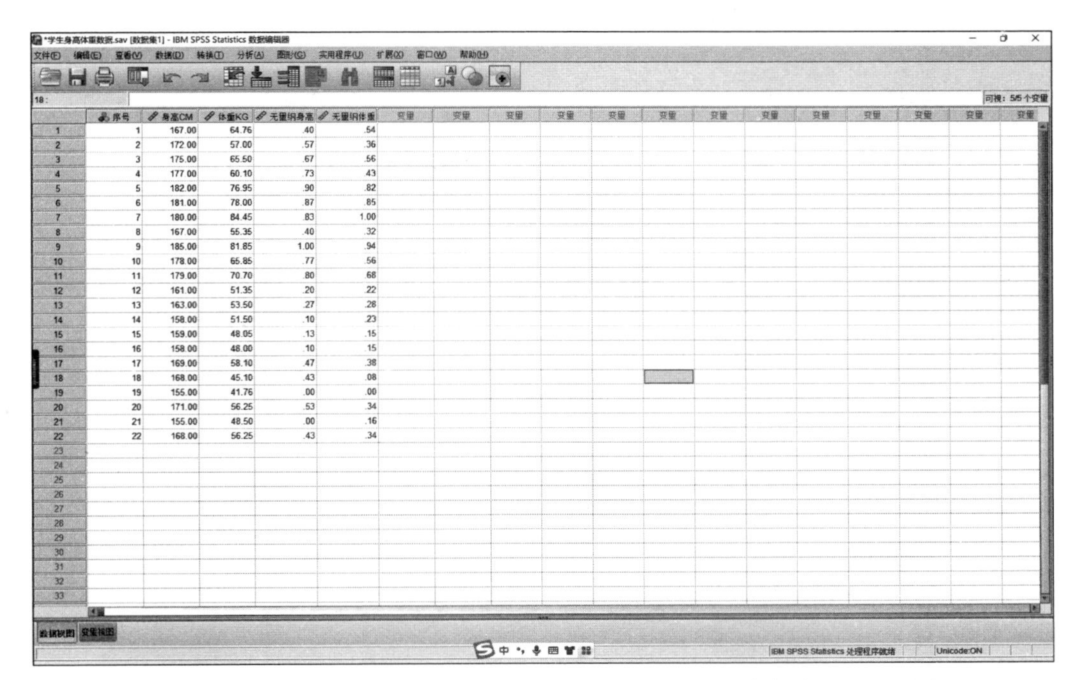

	序号	身高CM	体重KG	无量纲身高	无量纲体重
1	1	167.00	64.76	.40	.54
2	2	172.00	57.00	.57	.36
3	3	175.00	65.50	.67	.56
4	4	177.00	60.10	.73	.43
5	5	182.00	76.95	.90	.82
6	6	181.00	78.00	.87	.85
7	7	180.00	84.45	.83	1.00
8	8	167.00	55.35	.40	.32
9	9	185.00	81.85	1.00	.94
10	10	178.00	65.85	.77	.56
11	11	179.00	70.70	.80	.68
12	12	161.00	51.35	.20	.22
13	13	163.00	53.50	.27	.28
14	14	158.00	51.50	.10	.23
15	15	159.00	48.05	.13	.15
16	16	158.00	48.00	.10	.15
17	17	169.00	58.10	.47	.38
18	18	168.00	45.10	.43	.08
19	19	155.00	41.76	.00	.00
20	20	171.00	56.25	.53	.34
21	21	155.00	48.50	.00	.16
22	22	168.00	56.25	.43	.34

图 4-1　导入待聚类分析的原始数据(22 个二维数据点)

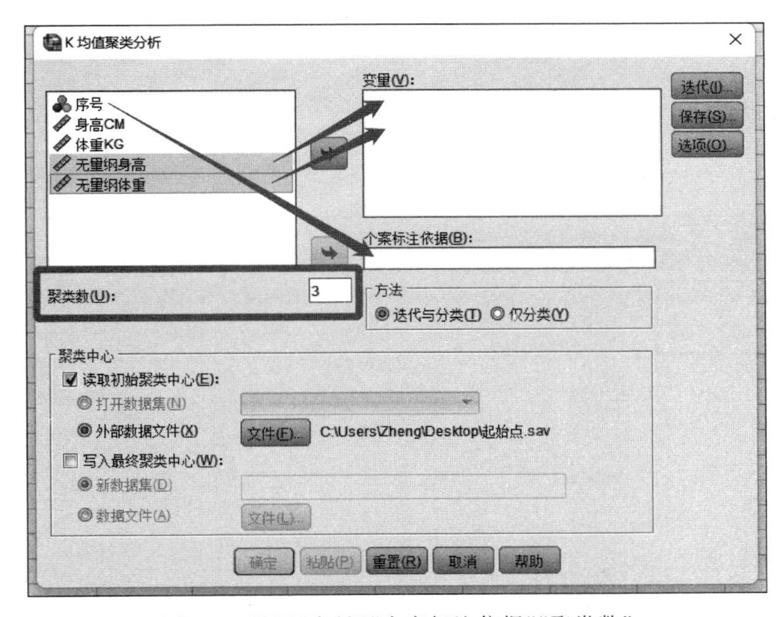

图 4-2　设置“变量”“个案标注依据”“聚类数”

“起始点.sav”)。在“K 均值聚类分析”界面中勾选“读取初始聚类中心”,选择“外部数据文件”单选按钮,读取外部文件“起始点.sav”,如图 4-3 所示。获取的初始聚类中心值如图 4-4 所示。

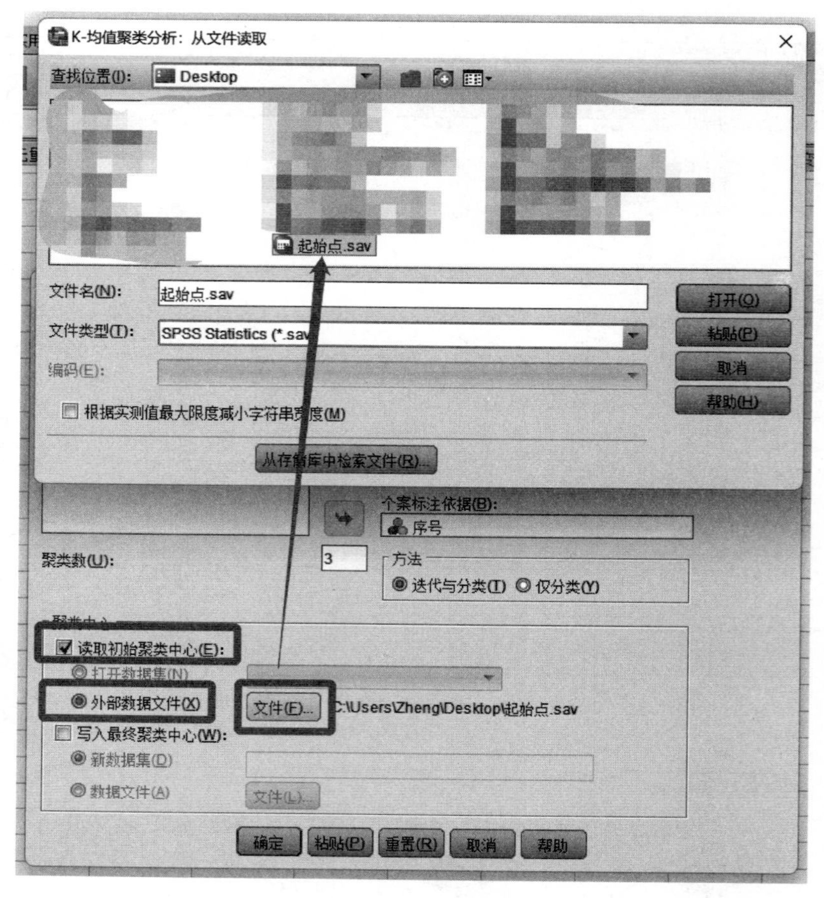

图 4-3　读入初始聚类中心数据文件

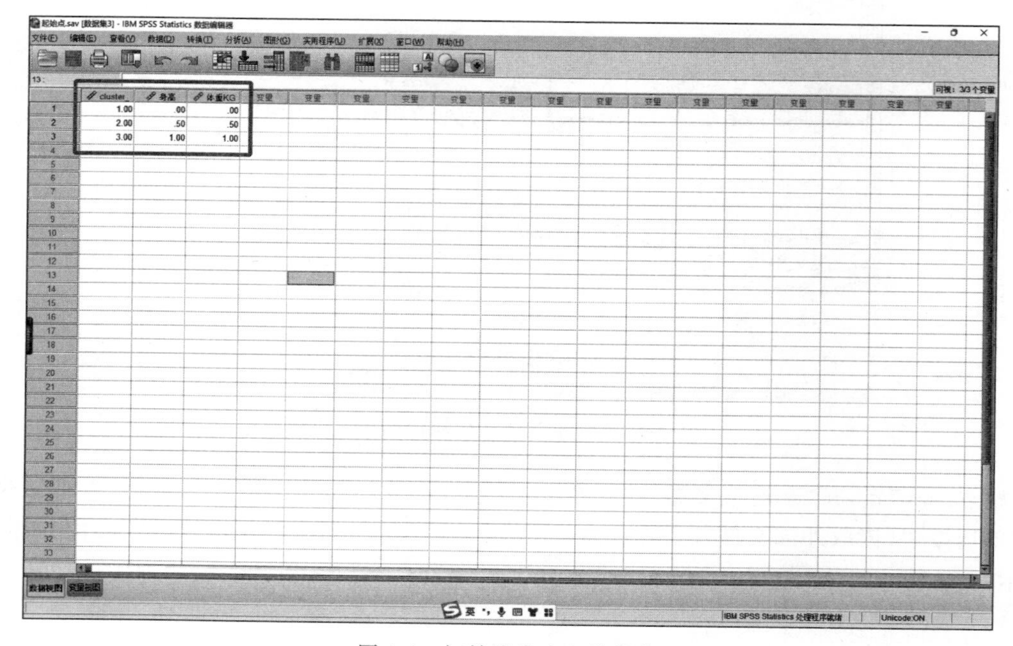

	cluster	身高	体重KG
1	1.00	.00	.00
2	2.00	.50	.50
3	3.00	1.00	1.00

图 4-4　初始聚类中心数据值

第四步：设置聚类分析选项。在“K 均值聚类分析”界面，针对“迭代”，设置“最大迭代次数”为 10，“收敛准则”为 0.001，不勾选“使用运行平均值”，如图 4-5 所示；针对“保存”，勾选所有选项“聚类成员”和“与聚类中心的距离”，如图 4-6 所示；针对“选项”，勾选所有选项“初始聚类中心”“ANOVA 表”和“每个个案的聚类信息”，选取“成对排除个案”作为“缺失值”选项，如图 4-7 所示。然后，单击“确定”按钮，开始进行 K 均值聚类分析。

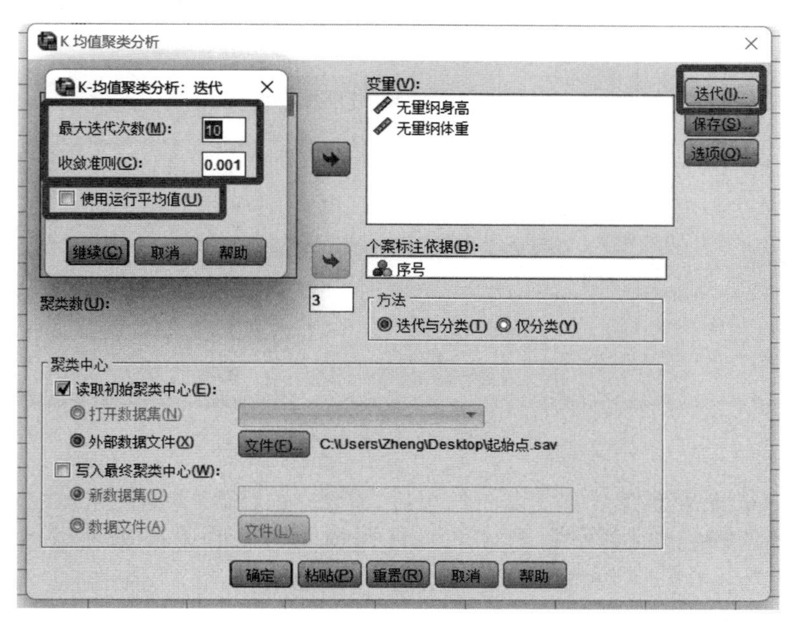

图 4-5　设置“迭代”选项

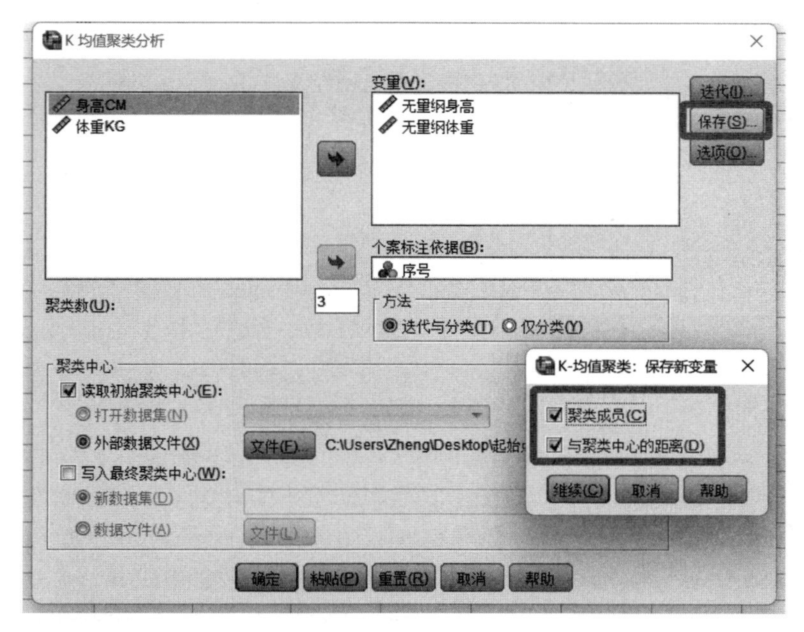

图 4-6　设置“保存”选项

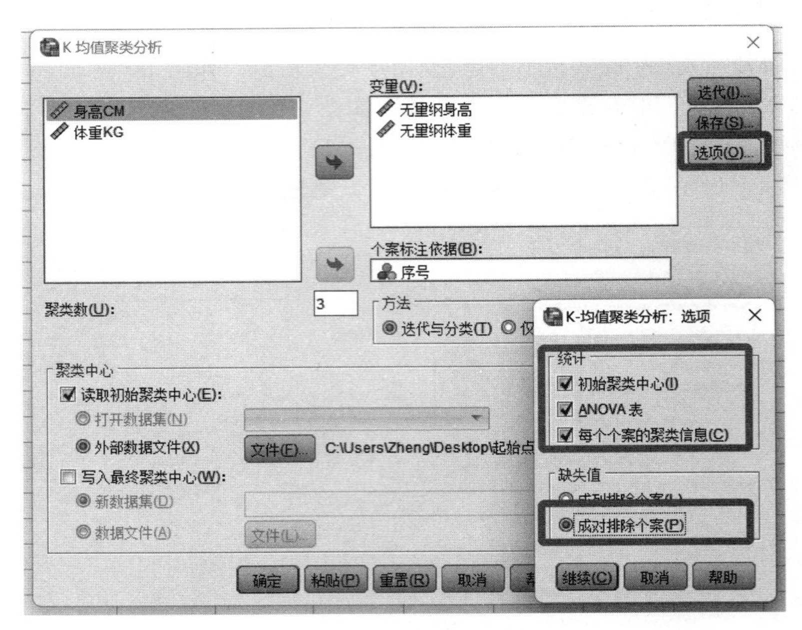

图 4-7　设置"选项"选项

第五步：查看分析结果。聚类分析结束后，SPSS"查看器"界面弹出，在其中可查看"初始聚类中心""迭代历史记录""聚类成员""最终聚类中心""最终聚类中心之间的距离"ANOVA（方差分析）、"每个聚类中的个案数目"等输出数据，如图 4-8、图 4-9 所示。同时还可将分析结果导出为 Excel 文件。

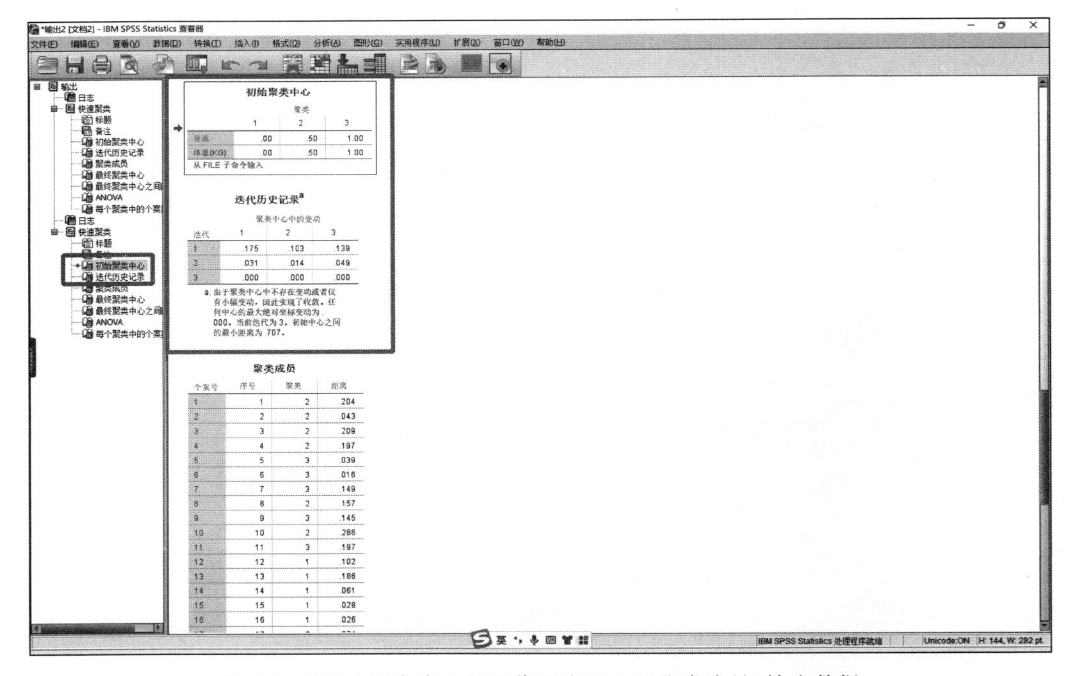

初始聚类中心

	聚类 1	2	3
身高	.00	.50	1.00
体重(KG)	.00	.50	1.00

从 FILE 子命令输入

迭代历史记录[a]

迭代	聚类中心中的变动 1	2	3
1	.175	.103	.139
2	.031	.014	.049
3	.000	.000	.000

a. 由于聚类中心中不存在变动或者仅有小幅变动，因此实现了收敛。任何中心的最大绝对坐标变动为 .000。当前迭代为 3。初始中心之间的最小距离为 .707。

聚类成员

个案号	序号	聚类	距离
1	1	2	.204
2	2	2	.043
3	3	2	.209
4	4	2	.197
5	5	3	.039
6	6	3	.016
7	7	3	.149
8	8	2	.157
9	9	3	.145
10	10	2	.286
11	11	3	.197
12	12	1	.102
13	13	1	.186
14	14	1	.061
15	15	1	.028
16	16	1	.026

图 4-8　"初始聚类中心""迭代历史记录""聚类成员"输出数据

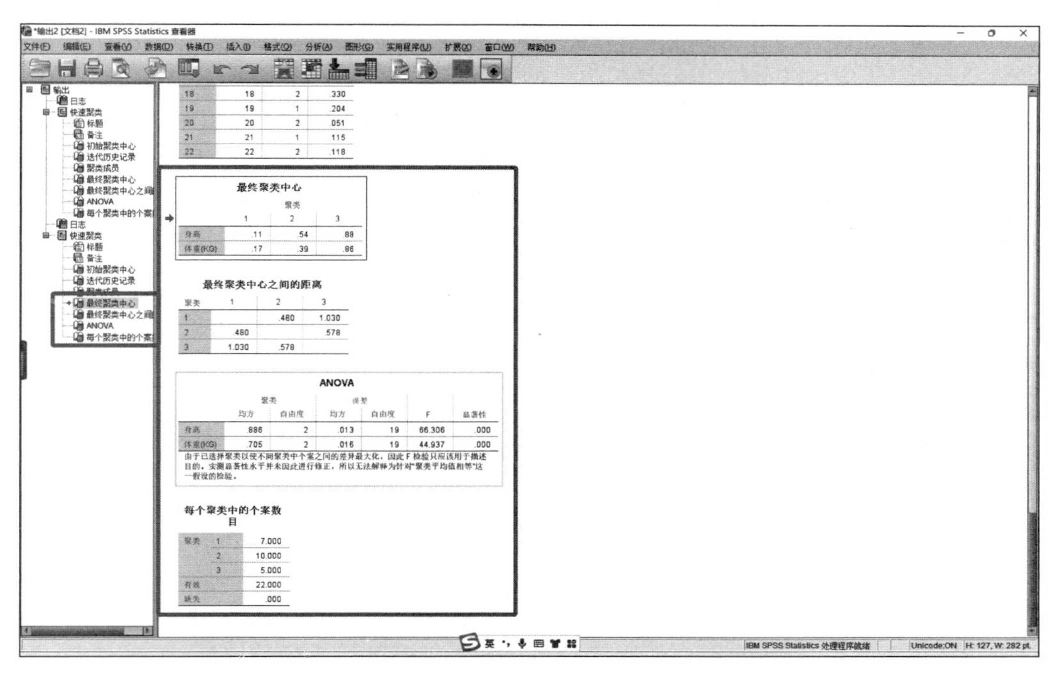

图 4-9 “最终聚类中心”“最终聚类中心之间的距离”ANOVA、“每个聚类中的个案数目”输出数据

第六步：查看原始数据聚类情况。回到 SPSS“数据编辑器”界面，可查看 22 位同学按照身高和体重进行聚类的情况，如图 4-10 所示。

	序号	身高CM	体重KG	无量纲身高	无量纲体重	QCL_1	QCL_2
1	12	161.00	51.35	.20	.22	1	.10249
2	13	163.00	53.50	.27	.28	1	.18594
3	14	158.00	51.50	.10	.23	1	.06139
4	15	159.00	48.05	.13	.15	1	.02842
5	16	158.00	48.00	.10	.15	1	.02646
6	19	155.00	41.76	.00	.00	1	.20363
7	21	155.00	48.50	.00	.16	1	.11477
8	1	167.00	64.76	.40	.54	2	.20391
9	2	172.00	57.00	.57	.36	2	.04273
10	3	175.00	65.50	.67	.56	2	.20857
11	4	177.00	60.10	.73	.43	2	.19727
12	8	167.00	55.35	.40	.32	2	.15744
13	10	178.00	65.85	.77	.56	2	.28569
14	17	169.00	58.10	.47	.38	2	.07373
15	18	168.00	45.10	.43	.08	2	.32983
16	20	171.00	56.25	.53	.34	2	.05139
17	22	168.00	56.25	.43	.34	2	.11821
18	5	182.00	76.95	.90	.82	3	.03921
19	6	181.00	78.00	.87	.85	3	.01616
20	7	180.00	84.45	.83	1.00	3	.14941
21	9	185.00	81.85	1.00	.94	3	.14480
22	11	179.00	70.70	.80	.68	3	.19708

图 4-10 22 位同学按照身高和体重进行聚类的情况

4.3.2 关联分析

关联分析是一种用于从大量数据集中发现项与项之间的关联性或相关性的简单、实用的分析技术，可从中得到如“由于某些事件的发生而引起另外一些事件的发生”之类的规则，例如“‘高等数学’课程优秀的同学，在学习‘理论力学’时为优秀的可能性达88%”，那么就可以通过强化“高等数学”的学习来提高教学效果。

一个典型的应用场景是购物篮分析，通过从顾客的消费记录中分析哪些商品被频繁地同时购买来获取顾客的购物习惯，从而帮助销售商制定营销策略。其他的典型应用场景包括线上的个性化推荐、组合优惠券设计、捆绑销售，线下的商品排放、商品促销，保险行业的投保组合设计，等等。

常见的关联分析有Apriori算法和FP-growth算法等。这里重点介绍Apriori算法。

1. 基本概念

关联分析涉及项集、事务集、关联规则、支持度、频繁项集、置信度等基本概念。

1）项集

项集(itemset，I)是指包含0个或多个项的集合，项(item)是指数据集中的某个事物，k项集是指一个项集包含k个项。例如，购物单中的一件商品为1项，{啤酒，尿布}为2项集。

2）事务集

事务集(transactionset，T)是指若干事务的集合，事务(transaction)是指数据集中所表示的某次事务行为。例如，1次购物行为是一次事务，4次购买行为构成了1个事务集。

3）关联规则

关联规则(association rule)用于表示数据集中项集和项集之间隐含的关联性，一般记为$X \to Y$，表示项集X为先决条件，项集Y为相应的关联结果。例如，尿布→啤酒表示购买了尿布的消费者往往也会购买啤酒这一商品，即这两个购买行为之间具有一定的关联性。

4）支持度

关联规则$X \to Y$的支持度$S(X \to Y)$是指事务集中同时包含项集X、Y的事务数$N(X,Y)$(称之为频数或支持度计数)与事务集T中所有事务数$N(T)$的比值：

$$S(X \to Y)=\frac{N(X,Y)}{N(T)} \tag{4-2}$$

支持度是生成所需关联规则的第一项基本指标，用于衡量所考察的项集之间在多大程度上具有关联性。通过设定最小支持度阈值$S_{\min}$，来筛选掉那些项集之间关联性较低的无意义关联，而保留满足条件$S \geqslant S_{\min}$的项集。

5）频繁项集

频繁项集(frequent itemset)是指满足最小支持度阈值条件即$S \geqslant S_{\min}$的所有项集。

6）置信度

关联规则$X \to Y$的置信度$C(X \to Y)$是指事务集中同时包含项集X、Y的事务数$N(X,Y)$与包含项集X的事务数$N(X)$的比值：

$$C(X \to Y)=\frac{N(X,Y)}{N(X)} \tag{4-3}$$

置信度是生成所需关联规则的第二项基本指标，用于衡量所考察的项集之间存在关联的可信程度有多大。通过设定最小置信度阈值 C_{min} 进一步进行甄别，即对通过支持度筛选保留下来的频繁项集，进一步应用置信度进行筛选，选取满足条件 $C \geqslant C_{min}$ 的关联规则，从而最终获得所需的关联规则。

2. Apriori 算法

Apriori 算法是一种最具影响的搜索获取布尔关联规则频繁项集的算法。它采用迭代的方式，先搜索出候选 1 项集、计算对应的支持度，剪枝去掉低于最小支持度阈值的 1 项集，得到频繁 1 项集。然后对留下来的频繁 1 项集进行组合，连接得到候选频繁 2 项集，计算对应的支持度，剪枝去掉低于最小支持度阈值的候选频繁 2 项集，得到最终的频繁 2 项集。以此类推，迭代下去，直到无法找到频繁 $k+1$ 项集为止，对应的频繁 k 项集的集合即为算法的输出结果。也就是说，Apriori 算法利用频繁 k 项集生成候选的频繁 $k+1$ 项集，计算候选频繁项集的支持度以筛选出频繁项集。

Apriori 算法的基本思想是"如果某个项集是频繁的，那么它的所有子集也是频繁的；如果一个项集是非频繁项集，那么它的所有超集也是非频繁项集"。运用这一基本思想，可以去掉很多非频繁项集，大大简化计算量。

Apriori 算法的具体算法步骤如下。

输入：数据集 D，最小支持度阈值 S_{min}，最小置信度阈值 C_{min}。

输出：满足支持度阈值和置信度阈值要求的关联规则。

(1) 获取频繁 1 项集 L_1。

① 扫描数据集，得到所有出现过的项，作为候选频繁 1 项集 C_1。应用式(4-2)计算候选频繁 1 项集 C_1 中的每一个项集的支持度。

② 剪枝去掉候选频繁 1 项集 C_1 中支持度小于 S_{min} 的项集，得到频繁 1 项集 L_1。

③ 令 $k=1$，转入步骤(2)。

(2) 获取频繁 $k+1$ 项集 L_{k+1}。

① 对频繁项集 L_k 中的 k 项集按序进行组合，连接生成候选频繁 $k+1$ 项集 C_{k+1}。应用式(4-2)计算每一个 $k+1$ 项集的支持度。

② 剪枝去掉候选频繁 $k+1$ 项集 C_{k+1} 中支持度小于 S_{min} 的 $k+1$ 项集，得到频繁 $k+1$ 项集 L_{k+1}。针对 L_{k+1} 的 $k+1$ 项集生成关联规则，应用式(4-3)计算每一条关联规则的置信度。

③ 判断，如果得到的频繁 $k+1$ 项集 L_{k+1} 为空，则将频繁 k 项集 L_k 作为计算结果，迭代结束，转入步骤(4)；如果得到的频繁 $k+1$ 项集 L_{k+1} 只有一项，则直接将频繁 $k+1$ 项集 L_{k+1} 作为计算结果，迭代结束，转入步骤(4)；否则进入步骤(3)。

(3) 令 $k=k+1$，转入步骤(2)。

(4) 针对 L_k 或 L_{k+1} 中的 k 或 $k+1$ 项集生成关联规则，应用式(4-3)计算每一条关联规则的置信度。

(5) 找出所有频繁项集中置信度不小于 C_{min} 的规则，生成所需的关联规则。

以某超市商品销售记录为例说明 Apriori 的应用。其中，取最小支持度阈值 $S_{min}=50\%$，最小置信度阈值 $C_{min}=95\%$。扫描、剪枝、连接以及最终产生结果的过程如图 4-11 所示。

某超市商品销售记录	
单号（事务）	商品（项）
1	电池、啤酒、打火机
2	尿布、啤酒、奶粉
3	电池、尿布、啤酒、奶粉
4	尿布、奶粉

扫描

候选频繁1项集C_1		
项（商品）集	频数	支持度
{电池}	2	2/4=50%
{尿布}	3	3/4=75%
{啤酒}	3	3/4=75%
{打火机}	1	*1/4=25%*
{奶粉}	3	3/4=75%

剪枝

频繁1项集L_1		
项（商品）集	频数	支持度
{电池}	2	2/4=50%
{尿布}	3	3/4=75%
{啤酒}	3	3/4=75%
{奶粉}	3	3/4=75%

连接

支持度 $S(X\rightarrow Y)=\dfrac{N(X,Y)}{N(T)}$

置信度 $C(X\rightarrow Y)=\dfrac{N(X,Y)}{N(X)}$

$N(T)$ 事务集T中所有事务数

$N(X,Y)$ 包含项集X、Y的事务数

$N(X)$ 包含项集X的事务数

*斜体*表示的支持度或者置信度是低于最小阈值的，相应的项集或关联规则将被剪掉而不再保留。

$S_{min}=50\%$ $C_{min}=95\%$

候选频繁2项集C_2		
项（商品）集	频数	支持度
{电池、尿布}	1	*1/4=25%*
{电池、啤酒}	2	2/4=50%
{电池、奶粉}	1	*1/4=25%*
{尿布、啤酒}	2	2/4=50%
{尿布、奶粉}	3	3/4=75%
{啤酒、奶粉}	2	2/4=50%

剪枝

频繁2项集L_2				
项（商品）集	频数	支持度	关联规则	置信度
{电池、啤酒}	2	2/4=50%	电池→啤酒	2/2=100%
			啤酒→电池	*2/3=67%*
{尿布、啤酒}	2	2/4=50%	尿布→啤酒	*2/3=67%*
			啤酒→尿布	*2/3=67%*
{尿布、奶粉}	3	3/4=75%	尿布→奶粉	3/3=100%
			奶粉→尿布	3/3=100%
{啤酒、奶粉}	2	2/4=50%	啤酒→奶粉	*2/3=67%*
			奶粉→啤酒	*2/3=67%*

生成

某超市商品销售关联规则		
关联规则	支持度	置信度
电池→啤酒	2/4=50%	2/2=100%
尿布→奶粉	3/4=75%	3/3=100%
奶粉→尿布	3/4=75%	3/3=100%
{尿布，啤酒}→奶粉	2/4=50%	2/2=100%
{奶粉，啤酒}→尿布	2/4=50%	2/2=100%

连接

候选频繁3项集C_3		
项（商品）集	频数	支持度
{尿布、啤酒、奶粉}	2	2/4=50%

迭代结束

频繁3项集L_3				
项（商品）集	频次	支持度	关联规则	置信度
{尿布、啤酒、奶粉}	2	2/4=50%	{尿布，啤酒}→奶粉	2/2=100%
			奶粉→{尿布，啤酒}	*2/3=67%*
			{奶粉，啤酒}→尿布	2/2=100%
			尿布→{奶粉，啤酒}	*2/3=67%*
			{尿布，奶粉}→啤酒	*2/3=67%*
			啤酒→{尿布，奶粉}	*2/3=67%*

生成

图 4-11 Apriori 算法应用案例

注意，本例中从 L_2 到 C_3 的过程中，应用了 Apriori 在生成频繁项集时的一个法则：只针对项集的前 $k-1$ 项是一样的项集才按序进行组合，生成候选频繁 $k+1$ 项集。例如在 L_2 的{电池，啤酒}、{尿布，啤酒}、{尿布，奶粉}、{啤酒，奶粉} 中，只针对前 $2-1=1$ 项一样的项集，才进行按序组合生成候选频繁 3 项集。{电池，啤酒}、{尿布，啤酒}的第 1 项分别是{电池}和{尿布}，{尿布，奶粉}、{啤酒，奶粉}的第 1 项分别是{尿布}和{啤酒}，因为它们的第 1 项不一样，所以就不组合了。只对{尿布，啤酒}、{尿布，奶粉}进行组合，最后生成{尿布，啤酒，奶粉}。

这里应用到了“某个项集是频繁的，那么它的所有子集也是频繁的；如果一个项集是非频繁项集，那么它的所有超集也是非频繁项集”这一 Apriori 基本思想，简化了工作。

本章小结

大数据是随着传感技术，计算机和通信网络的数据存储、传送和处理能力的发展而发展

起来的，虽然目前还没有一个公认的、统一的定义，但是从工程应用出发，可以从不同的方面对大数据的含义进行理解。在大数据时代，应用大数据的决策思想去思考问题、解决问题是非常重要的。关于大数据的分析方法很多，而且还在不断地完善和涌现出新的方法。进行大数据分析，不能脱离产生数据的背景和业务过程进行。

习题与思考题

4.1　大数据具有“4V”“5V”甚至“7V”特点，您认为这些特点一般应该怎样排序？您熟悉的大数据的特点如何？相应的特点如何排序？

4.2　在10项大数据的基本决策思想中，您最熟悉或最可能应用的是哪几项？举例说明。

4.3　结合自己的学习和工作开展一项大数据分析工作。

基于大数据分析的高职院校学生的学业水平和就业满意度分析研究

目前，我国设立了众多的高职院校，目的是提高劳动力的就业水平，提升一线岗位工作者的整体素质和技能水平，学生毕业后可以选择直接就业，也可选择到更高级的学校继续学习。

本案例将大数据基本分析方法中的K-means算法和Apriori算法分别应用于某高职院校的毕业生就业指导工作和课程设置工作中，以提升该校学生的学业水平和就业满意度。具体实现是应用Weka软件平台进行的。

Weka全名是怀卡托知识分析环境(Waikato Environment for Knowledge Analysis)，它是一款免费的、基于Java环境下开源的机器学习以及数据挖掘软件，Weka也是新西兰独有的一种鸟名(新西兰秧鸡)。该软件集合了大量能承担数据挖掘任务的机器学习算法，包括对数据进行预处理、分类、回归、聚类、关联规则以及在新的交互式界面上的可视化。

1. 基于K-means算法的学生就业指导

为了提高毕业生自身特性与就业岗位的匹配程度，利用往届毕业生就业信息和在校表现信息进行相关性分析，筛选出就业相关的因素，运用K-means算法对学生进行聚类，得到具有相似特性的学生群体，利用历届毕业生的就业信息，为相同群体的在校学生推荐具有较高匹配度的岗位，提高企业的认可度。

在分析中，学生专业名称数量多且为离散型数据，不适合作为聚类的指标，但专业对行业类别和岗位类型的影响比较大，不可忽略，所以默认同一专业的学生为一类，选取同一专业的学生进行聚类。对学生的在校表现情况进行细化，整理出23项用于聚类分析的指标，并规定每项指标内容的标准形式，对数值型内容做出解释，并将其转换为英文以符合Weka软件平台的数据格式要求，得到表4-1所示的对照表。

表4-1　K-means聚类指标及其内容的英文对照

指标名称	指标内容		
专业成绩排名	前30%	前70%	其他
Ranking	Top30%	Top70%	else

续表

<table>
<tr><th>指　标　名　称</th><th colspan="3">指　标　内　容</th></tr>
<tr><td>汇报类课程平均成绩</td><td colspan="3" rowspan="2">所有考查方式为“汇报考查”的课程平均成绩</td></tr>
<tr><td>Report_score</td></tr>
<tr><td>考试类课程平均成绩</td><td colspan="3" rowspan="2">所有考查方式为“闭卷考试”“开卷考试”的课程平均成绩</td></tr>
<tr><td>Test_score</td></tr>
<tr><td>课程平均出勤率</td><td colspan="3" rowspan="2">所有课程出勤率的平均，无考勤制度的课程除外</td></tr>
<tr><td>Attendance_rate</td></tr>
<tr><td>课程平均作业提交率</td><td colspan="3" rowspan="2">所有课程作业提交率的平均，无作业的课程除外</td></tr>
<tr><td>Task_subrate</td></tr>
<tr><td>课程平均作业优秀率</td><td colspan="3" rowspan="2">所有课程作业优秀率的平均，无作业的课程除外</td></tr>
<tr><td>Task_Excellent</td></tr>
<tr><td>英语水平</td><td>高</td><td>一般</td><td>低</td></tr>
<tr><td>English_level</td><td>high</td><td>normal</td><td>low</td></tr>
<tr><td>专业技能水平</td><td>高</td><td>一般</td><td>低</td></tr>
<tr><td>Skill_level</td><td>high</td><td>normal</td><td>low</td></tr>
<tr><td>获奖学金次数</td><td colspan="3" rowspan="2">在校期间所获各级奖学金的次数之和</td></tr>
<tr><td>Scholarship _num</td></tr>
<tr><td>所获奖学金最高等级</td><td>省级及以上</td><td>校级</td><td>其他</td></tr>
<tr><td>Highest_scholarship</td><td>Provincial</td><td>Campus-level</td><td>else</td></tr>
<tr><td>违规处罚次数</td><td colspan="3" rowspan="2">在校期间受到违规处罚的次数之和</td></tr>
<tr><td>Punishment_num</td></tr>
<tr><td>违规处罚最高等级</td><td>特别严重</td><td>严重</td><td>一般严重</td></tr>
<tr><td>Highest_punish</td><td>Especially</td><td>Serious</td><td>Generally</td></tr>
<tr><td>社团类型</td><td>学生管理类</td><td>公益类</td><td>兴趣类</td></tr>
<tr><td>Community_nature</td><td>Student_management</td><td>Public_welfare</td><td>Interest</td></tr>
<tr><td>是否担任过团部长级职务</td><td>是</td><td colspan="2">否</td></tr>
<tr><td>Holdpost</td><td>yes</td><td colspan="2">no</td></tr>
<tr><td>技能类竞赛</td><td>是</td><td colspan="2">否</td></tr>
<tr><td>Skill_competition</td><td>yes</td><td colspan="2">no</td></tr>
<tr><td>技能类竞赛等级</td><td>国家级</td><td>省级</td><td>其他</td></tr>
<tr><td>Skill_level</td><td>National</td><td>Provincial</td><td>else</td></tr>
<tr><td>技能类竞赛获奖等级</td><td>一等奖</td><td>二等奖</td><td>其他</td></tr>
<tr><td>Skill_award</td><td>First prize</td><td>Second prize</td><td>else</td></tr>
<tr><td>创新类竞赛</td><td>是</td><td colspan="2">否</td></tr>
<tr><td>Innovation_competition</td><td>yes</td><td colspan="2">no</td></tr>
<tr><td>创新类竞赛等级</td><td>国家级</td><td>省级</td><td>其他</td></tr>
<tr><td>Innovation_level</td><td>National</td><td>Provincial</td><td>else</td></tr>
<tr><td>创新类竞赛获奖等级</td><td>一等奖</td><td>二等奖</td><td>其他</td></tr>
<tr><td>Innovation_award</td><td>First prize</td><td>Second prize</td><td>else</td></tr>
<tr><td>语言表达类竞赛</td><td>是</td><td colspan="2">否</td></tr>
<tr><td>Expression_competition</td><td>yes</td><td colspan="2">no</td></tr>
<tr><td>语言表达类竞赛等级</td><td>国家级</td><td>省级</td><td>其他</td></tr>
<tr><td>Expression_level</td><td>National</td><td>Provincial</td><td>else</td></tr>
</table>

续表

指 标 名 称	指 标 内 容		
语言表达类竞赛获奖等级	一等奖	二等奖	其他
Expression_award	First prize	Second prize	else

考虑到岗位可能会随时间变动,学生在校表现评价标准可能会变化的情况,选取毕业5年内的学生和即将毕业的学生的在校表现信息进行聚类,例如,即将毕业的学生为2016级,选取该专业2011～2016级学生的在校表现情况信息进行聚类。本案例以2016级计算机网络技术专业的学生为例,进行提供学生就业指导方法的展示。

选取计算机网络技术专业2011～2016级共548名学生的在校表现情况信息,打开.csv格式的文件后,选择算法SimpleKMeans,设置numClusters即K的值为默认。算法输出结果中有一个评价聚类的指标Within cluster sum of squared errors,其数值越小说明同一簇实例之间的距离越小,聚类效果越好,该指标的值随着K值的增加而减小。K值代表聚类的数量,K值太大不便于理解聚类结果,并且有可能使结果失去意义。根据经验,我们设置numClusters的值遍历4～7,对每一个K值随机调整seed值10次,最后确定numClusters即K值为6,结果如图4-12所示。

```
Clusterer output

Final cluster centroids:
                                        Cluster#
Attribute               Full Data              0             1             2             3             4             5
                          (548.0)         (58.0)        (52.0)       (264.0)        (94.0)        (54.0)        (26.0)
=======================================================================================================================
Ranking                      else         TOP70%          else          else        TOP70%        TOP30%        TOP30%
Test_score                79.9483          82.59         69.24         78.98         79.87         89.22         86.33
Task_subrate               93.43%         92.89%        64.23%        93.43%        84.16%        93.46%        93.48%
English_level              normal         normal           low        normal        normal          high          high
Skill_ level               normal         normal        normal        normal          high          high          high
Scholarship _num           1.5777            2.7          0.05             1             2           3.2           3.1
Highest_ scholarship Campus -level  Campus -level Campus -level Campus -level   Provincial    Provincial    Provincial
Punishment_num             0.1234              0           1.3             0             0             0             0
Holdpost                       no            yes            no           yes            no            no           yes
Skill _competition            yes             no            no           yes           yes           yes           yes
Skill _award                 else           null          null          else   First prize  Second prize   First prize
Innovation _level            else     Provincial          null          else    Provincial          else    Provincial
Innovation _award            else           else          null          else  Second prize  Second prize          else
Expression _competition        no            yes            no            no            no            no           yes
Expression _award            null    First prize          null          null          null          null  Second prize



Time taken to build model (full training data) : 0.01 seconds

=== Model and evaluation on training set ===

Clustered Instances

0       58 ( 11%)
1       52 (  9%)
2      264 ( 48%)
3       94 ( 17%)
4       54 ( 10%)
5       26 (  5%)
```

图4-12 K-means算法聚类结果

利用classes to clusters evaluation对聚类结果进行评估,存在20.8318%的错误率,即聚类正确率约为80%。从图4-12显示的结果来看,算法保留了15项指标,将学生聚为6类,观察每一类中这15项指标的值,依据学生评价的常识和经验,将548名学生的聚类结果进行总结,如表4-2所示,表中按包含的学生人数由低到高排序。

表 4-2　计算机网络技术专业学生聚类结果

序　　号	描　　述	聚类结果名称
1	态度比较认真，学习能力、专业技能、组织协调能力、语言表达能力和时间协调能力都比较强	全能型
2	态度不认真，学习能力弱，各方面均无特长，并且部分有违规处罚记录	庸碌型
3	态度认真，学习能力和专业技能都很强，语言表达能力和组织协调能力稍弱	学习型
4	学习能力较强，语言表达能力和组织协调能力强	领导型
5	态度比较不认真，学习能力一般，专业技能和知识应用能力强，语言表达能力和组织协调能力欠缺	应用型
6	态度比较认真，学习能力一般，各方面表现均不突出	普通型

2. 基于 Apriori 算法的课程关联分析

为了得到课程间的关联规则，找到特定课程的前置课程，利用历届学生的课程成绩数据挖掘课程间的关联关系，选择 Apriori 算法对课程进行关联分析，整理出课程间的强关联规则，为专业培养计划的调整提供参考意见，同时为后续建立成绩预测模型提供基础。

以该校 2015 级市场营销专业三个班级共 144 名学生、78 门课程成绩数据为例，利用 Weka 平台提供的 Apriori 算法进行课程关联分析。

1）数据预处理

首先，Apriori 算法要求输入的数据格式为离散型，因此选择五级制的成绩数据进行课程关联分析，部分数据如图 4-13 所示。

	A	B	C	D	E	F	G	H	I	J	K	L	M	N	O	P	Q
1	学号	[S62029]职业心理训练	[W990260301]体育（一）	[W9904301]思想道德修养与法律基础（一）	[W99044]军事理论教程	[W99051]职业生涯规划	[Z6203702]经济学基础	[Z6204802]市场营销基础	[Z6210802]统计学原理	[z6201504]管理学基础	[X05034]口语协会	[EY0005]形势与政策	[EY0009]音乐鉴赏	[EY0017]中国近现代史纲要	[EYA106]中国古代史	[EYD302]社会心理学	[EYD303]心理、行为与文化
2	1502023001	良好	良好	良好	良好	良好	及格	中等	中等	优秀		良好					良好
3	1502023002	良好	中等	良好	良好	良好	良好	良好	中等	中等		良好					
4	1502023003	良好	良好	良好	良好	良好	中等	良好	及格	中等	优秀	良好		优秀			
5	1502023004	良好	中等	中等	优秀	良好	中等	中等	及格	中等		良好				优秀	
6	1502023005	良好	良好	良好	优秀	优秀	中等	中等	及格	良好		优秀		优秀			
7	1502023006	中等	中等	中等	良好	优秀	及格	良好	及格	中等		优秀	优秀			优秀	
8	1502023007	良好	中等	良好	优秀	良好	中等	良好	中等	中等	良好	良好				优秀	
9	1502023008	良好	中等	良好	及格	良好	中等	中等	及格	及格		良好					

图 4-13　Apriori 算法的部分输入数据

其次，关联分析结果对于某一专业的学生来说应当具有普适性，且关联分析对数据量有一定要求，对于修读人数很少的课程，应当予以剔除，此次分析将修读人数少于总数 80% 的课程剔除，剩余 40 门课程的成绩数据。最后，Weka 平台要求输入的数据为英文格式，所以用课程代码来代表课程，学号记为 stuID，分数等级“优秀”“良好”“中等”“及格”“不及格”分别记为 A、B、C、D、E、“缓考”记为 H，“缺考”记为 Q，处理后的部分数据如图 4-14 所示。

	A	B	C	D	E	F	G	H	I	J	K	L	M	N	O
1	stuID	S62029	W990260301	W9904301	W99044	W99051	Z6203702	Z6204802	Z6210802	z6201504	EY0005	W9905204	W99007	W9902402	W990260402
2	1502023001	B	B	B	B	B	D	C	C	A	B	D	A	B	C
3	1502023002	B	C	B	B	B	B	B	C	C	B	B	B	A	C
4	1502023003	B	B	B	B	B	C	B	D	C	B	D	A	B	C
5	1502023004	B	C	C	A	B	C	C	D	C	B	D	B	B	D
6	1502023005	B	B	B	A	A	C	C	D	B	A	D	A	B	C
7	1502023006	C	C	C	B	A	D	B	D	C	A	D	B	A	B
8	1502023007	B	C	B	A	B	C	B	C	C	B	B	B	A	C
9	1502023008	B	C	B	D	B	C	C	D	D	B	D	C	A	C
10	1502023009	A	D	B	A	B	D	C	C	C	A	C	B	B	D
11	1502023010	B	D	B	B	B	C	B	C	C	A	C	B	A	D

图 4-14　成绩等级与字母转换示意

2）关联分析

（1）利用 Weka 软件平台提供的 Apriori 算法进行课程成绩的关联分析，设置最小支持度为 0.4，最小置信度为 0.9，以置信度为排序依据，展示前 20 条规则，结果如图 4-15 所示。

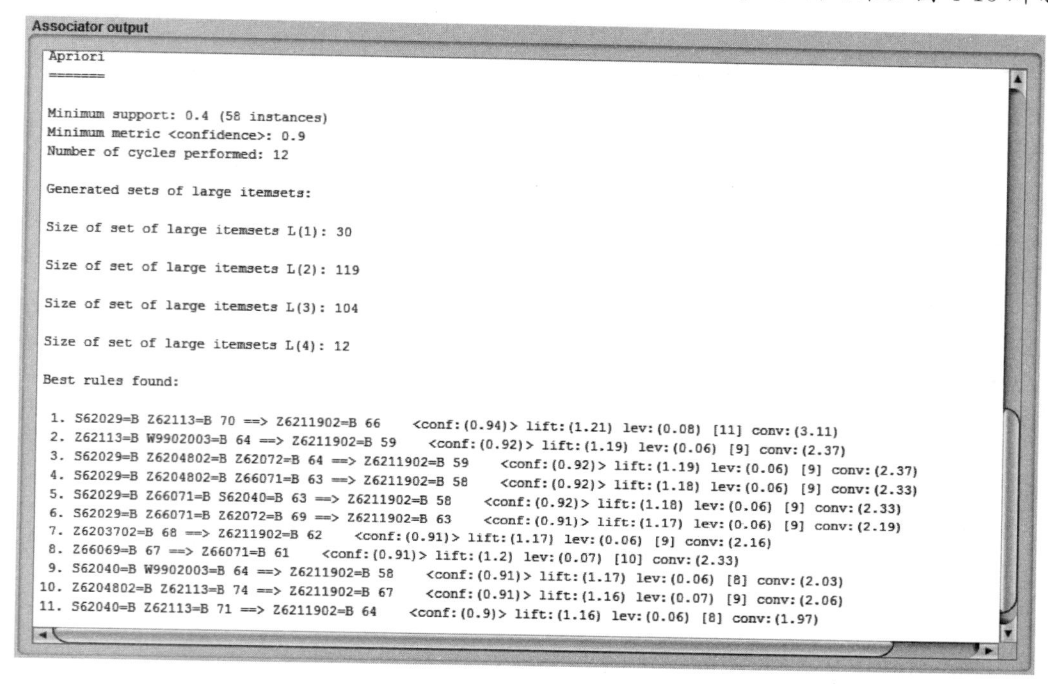

图 4-15　Apriori 关联规则

共得到了 11 条关联规则，将课程代码与课程名称对应，以第一条规则为例，对结果进行解释：所有学生中，同时满足“S62029 职业心理训练”成绩为良好、“Z62113 商品识别”成绩为良好和“Z6211902 推销与谈判技术（二）”成绩为良好的学生至少占 40%，而同时满足“S62029 职业心理训练”成绩为良好、“Z62113 商品识别”成绩为良好的学生中，“Z6211902 推销与谈判技术（二）”成绩为良好的学生占 100%，第一条规则可以描述为“如果学生的职业心理训练成绩为良好，且商品识别成绩为良好，那么他的推销与谈判技术（二）成绩也为良好”。由于课程成绩关联分析与传统购物篮算法的场景不同，课程成绩的发生是有时间上的先后顺序的，类似于“如果第四学期的某课程成绩为 A，那么第一学期的某课程成绩为 A”等有违客观事实的情况属于无效的规则，应当予以剔除，如第 8 条规则，“Z66069 企业文化”课程设置在第五学期，而“Z66071 人际沟通”课程设置在第二学期，显然规则“如果学生的企业文化课程成绩为良好，那么他的人际沟通课程成绩为良好”不符合事实发生的先后逻辑。对得到的关联规则进行筛选和研究，梳理后得到如下结果：

① 推销与谈判技术（二）课程的成绩与多门课程有关，包括职业心理训练、商品识别、市场营销基础、营销心理学、渠道管理、企业经营模拟实训和经济学基础，如果学生在这几门课程中有 2～3 门成绩为良好，那么他在推销与谈判技术（二）中有 90% 以上的可能性取得良好。

② 应用高等数学、推销与谈判技术（二）在课程设置中为同一学期，第 2 条规则“Z62113 B W9902003 B → Z6211902 B”，解释为“如果学生的商品识别和应用高等数学成绩都为良

好，那么他的推销与谈判技术(二)成绩也为良好”，置信度为92%，第9条规则“S62040 B W9902003 B → Z6211902 B”，置信度为91%，表示应用高等数学、推销与谈判技术(二)两门课程间存在关联。

直接对原始数据进行关联分析，得到的结果都是关于等级B的规则，这是由于等级B在学生成绩中出现的次数远多于其他等级，很难发现课程成绩其他等级之间的关系。为了更好地发现某些课程成绩为A与其他课程成绩为A之间是否有关联，某些课程成绩为E与其他课程成绩为E之间是否有关联，同时为基于决策树的成绩预测模型提供支持，我们需要对数据作进一步的处理。

(2) 将等级A、B转换为T，将D、E转换为F，C保持不变。设置最小支持度为0.2，最小置信度为0.9，以置信度为排序依据，展示前20条规则，结果如图4-16所示。

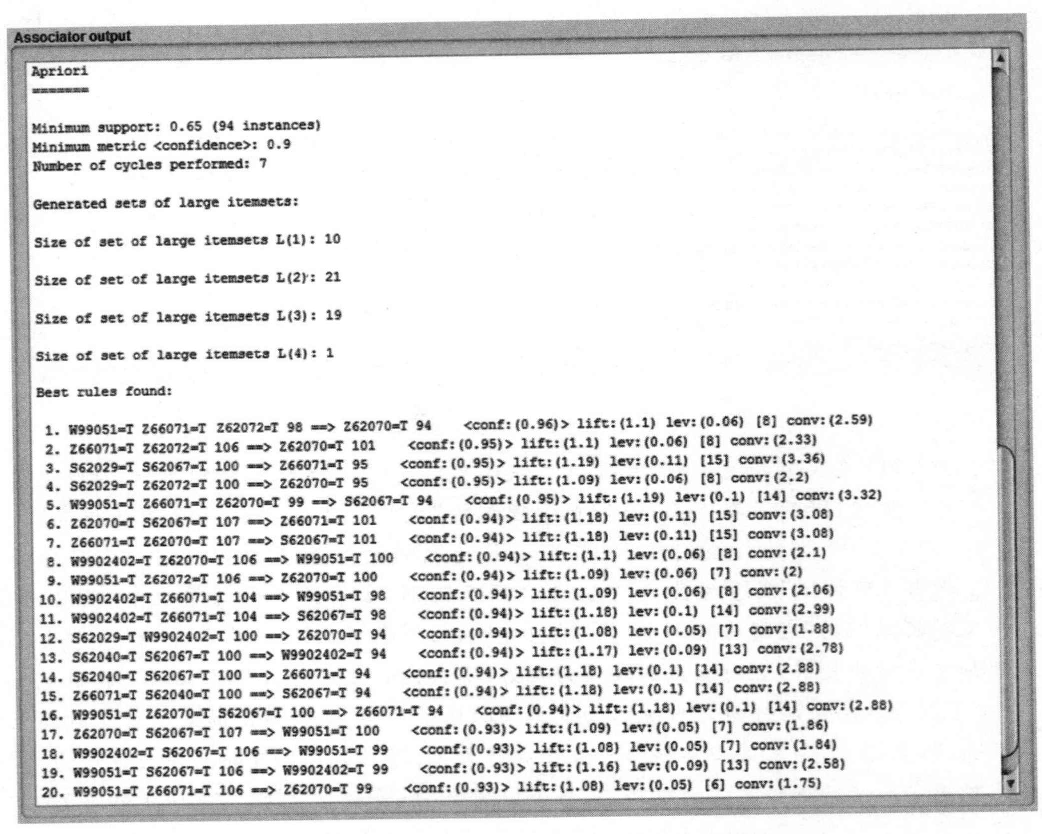

```
Associator output

Apriori
=======

Minimum support: 0.65 (94 instances)
Minimum metric <confidence>: 0.9
Number of cycles performed: 7

Generated sets of large itemsets:

Size of set of large itemsets L(1): 10

Size of set of large itemsets L(2): 21

Size of set of large itemsets L(3): 19

Size of set of large itemsets L(4): 1

Best rules found:

 1. W99051=T Z66071=T Z62072=T 98 ==> Z62070=T 94    <conf:(0.96)> lift:(1.1) lev:(0.06) [8] conv:(2.59)
 2. Z66071=T Z62072=T 106 ==> Z62070=T 101    <conf:(0.95)> lift:(1.1) lev:(0.06) [8] conv:(2.33)
 3. S62029=T S62067=T 100 ==> Z66071=T 95    <conf:(0.95)> lift:(1.19) lev:(0.11) [15] conv:(3.36)
 4. S62029=T Z62072=T 100 ==> Z62070=T 95    <conf:(0.95)> lift:(1.09) lev:(0.06) [8] conv:(2.2)
 5. W99051=T Z66071=T Z62070=T 99 ==> S62067=T 94    <conf:(0.95)> lift:(1.19) lev:(0.1) [14] conv:(3.32)
 6. Z62070=T S62067=T 107 ==> Z66071=T 101    <conf:(0.94)> lift:(1.18) lev:(0.11) [15] conv:(3.08)
 7. Z66071=T Z62070=T 107 ==> S62067=T 101    <conf:(0.94)> lift:(1.18) lev:(0.11) [15] conv:(3.08)
 8. W9902402=T Z62070=T 106 ==> W99051=T 100    <conf:(0.94)> lift:(1.1) lev:(0.06) [8] conv:(2.1)
 9. W99051=T Z62072=T 106 ==> Z62070=T 100    <conf:(0.94)> lift:(1.09) lev:(0.06) [7] conv:(2)
10. W9902402=T Z66071=T 104 ==> W99051=T 98    <conf:(0.94)> lift:(1.09) lev:(0.06) [8] conv:(2.06)
11. W9902402=T Z66071=T 104 ==> S62067=T 98    <conf:(0.94)> lift:(1.18) lev:(0.1) [14] conv:(2.99)
12. S62029=T W9902402=T 100 ==> Z62070=T 94    <conf:(0.94)> lift:(1.08) lev:(0.05) [7] conv:(1.88)
13. S62040=T S62067=T 100 ==> W9902402=T 94    <conf:(0.94)> lift:(1.17) lev:(0.09) [13] conv:(2.78)
14. S62040=T S62067=T 100 ==> Z66071=T 94    <conf:(0.94)> lift:(1.18) lev:(0.1) [14] conv:(2.88)
15. Z66071=T S62040=T 100 ==> S62067=T 94    <conf:(0.94)> lift:(1.18) lev:(0.1) [14] conv:(2.88)
16. W99051=T Z62070=T S62067=T 100 ==> Z66071=T 94    <conf:(0.94)> lift:(1.18) lev:(0.1) [14] conv:(2.88)
17. Z62070=T S62067=T 107 ==> W99051=T 100    <conf:(0.93)> lift:(1.09) lev:(0.05) [7] conv:(1.86)
18. W9902402=T S62067=T 106 ==> W99051=T 99    <conf:(0.93)> lift:(1.08) lev:(0.05) [7] conv:(1.84)
19. W99051=T S62067=T 106 ==> W9902402=T 99    <conf:(0.93)> lift:(1.16) lev:(0.09) [13] conv:(2.58)
20. W99051=T Z66071=T 106 ==> Z62070=T 99    <conf:(0.93)> lift:(1.08) lev:(0.05) [6] conv:(1.75)
```

图4-16　成绩为A/B、C、D/E的课程关联规则

筛选掉不符合事实发生的先后逻辑的规则，得到的结果如下：

① 第5条规则，“W99051 T Z66071 T Z62070 → TS62067 T”，即“如果学生的职业生涯规划、人际沟通和营销策划成绩都为良好，那么他的营销礼仪实训成绩也为良好”，置信度95%；

② 第7条规则，“Z66071 T Z62070 → TS62067 T”，即“如果学生的人际沟通和营销策划成绩都为良好，那么他的营销礼仪实训成绩也为良好”，置信度94%；

③ 第11条规则，“W9902402 T Z62070 → T S62067 T”，即“如果学生的计算机文化基

础和人际沟通成绩都为良好,那么他的营销礼仪实训成绩也为良好”,置信度94%;

④ 第12条规则,“S62029 T W9902402 T → Z62070 T”,即“如果学生的职业心理训练和计算机文化基础成绩都为良好,那么他的营销策划成绩也为良好”,置信度94%;

⑤ 第15条规则,“Z62070 T S62040 T → S62067 T”,即“如果学生的人际沟通和企业经营模拟实训成绩都为良好,那么他的营销礼仪实训成绩也为良好”,置信度94%;

⑥ 第20条规则,“W99051 T Z66071 T → Z62070 T”,即“如果学生的职业生涯规划和人际沟通成绩都为良好,那么他的营销策划成绩也为良好”,置信度93%;

⑦ 第1、2、4、9条规则中,“Z62072 营销心理学”和“Z62070 营销策划”课程设置在同一学期,表示营销心理学与营销策划两课程之间存在关联,同时“S62029 职业心理训练”与营销策划之间也存在关联,由于职业心理训练在课程设置中比营销策划提前两个学期,因此职业心理训练也可视为营销策划的前置课程。

(3) 将等级D、E转换为F,将等级A、B、C删除。设置最小支持度为0.1,最小置信度为0.9,以置信度为排序依据,展示前20条规则,结果如图4-17所示。

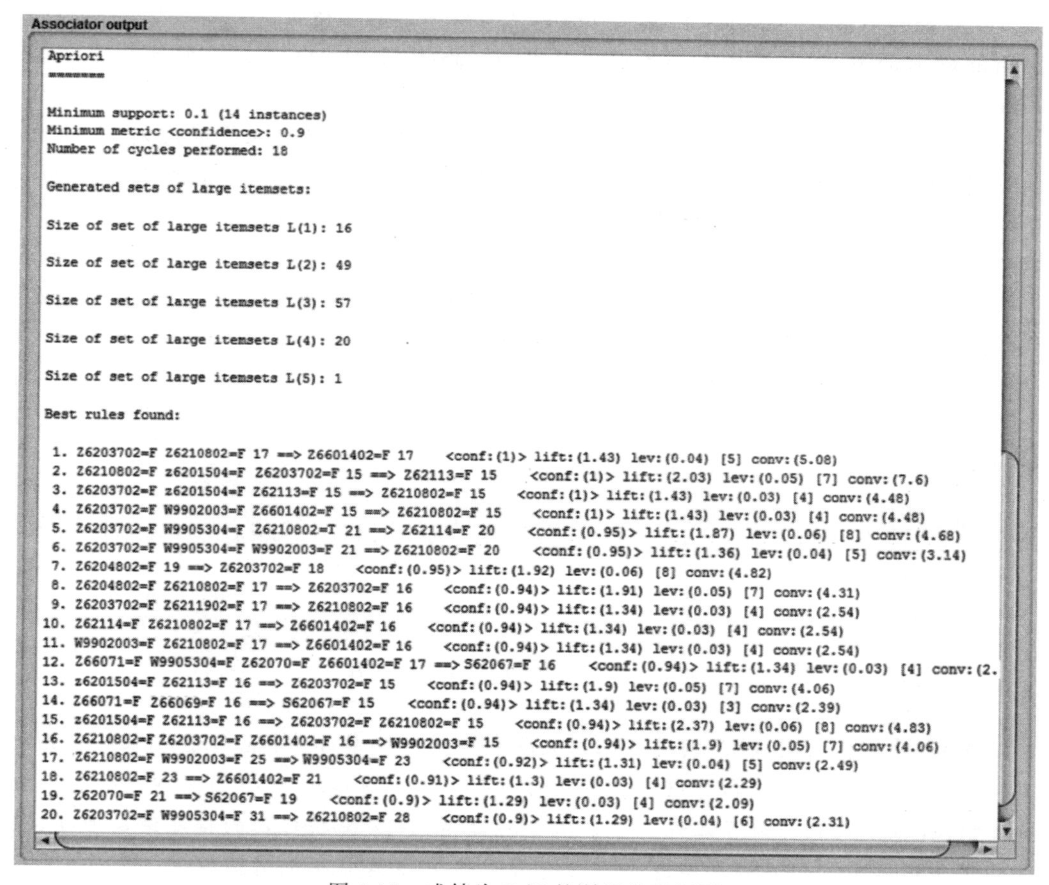

图4-17　成绩为D/E的课程关联规则

筛选掉不符合事实发生的先后逻辑的规则后,得到的规则解释如下:

① 第1条规则,“Z6203702 F Z6210802 F → Z6601402 F”,即“如果学生的经济学基础和统计学原理成绩都为及格/不及格,那么他的办公自动化课程成绩也为及格/不及格”,置

信度 100%；

② 第 2 条规则，"Z6210802 F Z6201504 F Z6203702 F → Z62113 F"，即"如果学生的统计学原理、管理学基础、经济学基础成绩都为及格/不及格，那么他的商品识别课程成绩也为及格/不及格"，置信度 100%；

③ 第 5 条规则，"Z6203702 F W9905304 F Z6210802 F → Z62114 F"，即"如果学生的经济学基础、高职英语(二)、统计学原理成绩都为及格/不及格，那么他的市场调查与分析课程成绩也为及格/不及格"，置信度 95%；

④ 第 6 条规则，"Z6203702 F W9905304 F Z6210802 F → W9902003 F"，即"如果学生的经济学基础、高职英语(二)、统计学原理成绩都为及格/不及格，那么他的应用高等数学课程成绩也为及格/不及格"，置信度 95%；

⑤ 第 7、8 条规则，"Z6204802 F → Z6203702 F""Z6204802 F Z6210802 F → Z6203702 F"，置信度分别为 95%和 94%，由于"Z6204802 市场营销基础""Z6204802 统计学原理"和"Z6203702 经济学原理"三门课程属于同一学期，说明三门课程的学习成绩之间存在关联，这是学生学习特性的一种反映，表明三门课程之间有一定的相似性。

剩余规则的解释方式类似，此处不再赘述，其中第 12、14、19 条规则中包含课程"S62067 营销礼仪实训"，且都符合事实发生的先后逻辑。

综合以上分析，我们可以发现营销礼仪实训的前置课程包括职业生涯规划、人际沟通、营销策划、计算机文化基础、企业经营模拟实训、高职英语(二)、企业文化、职业心理训练共 8 门课程，符合逻辑的关联规则共有 7 条，在建立基于决策树的成绩预测模型时，将这 7 条规则作为属性加入到决策树中，结合其他属性进行营销礼仪实训课程成绩的预测，属性表示方式如图 4-18 所示。为了分析时表示方便，我们对 8 门课程重新编号：1—职业生涯规划，2—人际沟通，3—营销策划，4—计算机文化基础，5—企业经营模拟实训，6—高职英语(二)，7—企业文化，8—职业心理训练。其中列名"1A/1B & 2A/2B & 3A/3B"表示"职业生涯规划成绩为 A/B 且人际沟通成绩为 A/B 且营销策划成绩为 A/B"，"&"表示逻辑关系"与"，属性列中的数据 T 代表 True，F 代表 False。

	A	B	C	D	E	F	G	H
1	stuID	1A/1B & 2A/2B & 3A/3B	2A/2B & 3A/3B	4A/4B & 3A/3B	3A/3B & 5A/5B	2D/2E & 6D/6E & 3D/3E & 4D/4E	2D/2E & 7D/7E	3D/3E
2	1502023001	T	T	T	T	F	F	F
3	1502023002	T	T	T	T	F	F	F
4	1502023003	F	T	T	T	F	F	F
5	1502023004	F	T	T	T	F	F	F
6	1502023005	T	T	T	T	F	F	F

图 4-18 关联规则转换为分类属性

以课程"营销礼仪实训"为例进行课程关联分析过程的展示，可能由于该课程与其他课程间的关联较为紧密，因此在对该专业涉及的所有修读人数超过 80%的课程进行关联分析的结果中，就可以找到其前置课程。但如图 4-16 和图 4-17 关联规则的排序结果所示，虽然进行关联分析时输入的课程有接近 40 门，输出的规则却集中在几门课程上，难以涵盖我们感兴趣的所有课程，并且规则整理起来比较麻烦。从成绩预测的角度出发，实际中可以根据挖掘需要对数据进行处理，以剔除对分析无益的强关联规则，使挖掘结果更加清晰。我们以某一门课程为挖掘对象，可以进行两方面的关联分析：一方面基于经验选取会对其学习效果产生影响的课程成绩，与该课程成绩进行关联分析；另一方面选取本专业的学科基础课程成绩，与该课程成绩进行关联分析。

3. 小结

本例基于学生在校表现信息，利用 K-means 算法对学生进行了聚类分析，结合历届毕业生的就业信息，为相同群体的在校学生推荐具有较高匹配度的岗位，提高学生的就业满意度和企业的认可度。

基于学校教学管理信息系统中的历届学生的课程成绩数据，选择 Apriori 算法进行了课程关联分析，获得了课程间的关联规则，为专业培养计划的调整和成绩预测模型的建立提供了依据，有助于学校制定相关政策以提升学生的学业水平。

案例问题：

根据该案例，哪些大数据决策思想可以在高职院校学生的学业水平和就业率提升中得到应用？

参考文献

[1] 简祯富，许嘉裕. 大数据分析与数据挖掘[M]. 北京：清华大学出版社，2016.
[2] 刘娜. 基于数据分析的高校教学管理决策支持方法研究[D]. 杭州：浙江大学，2019.
[3] Weka：version 3. 8[EB/OL].（2022-09-12）[2023-04-03]. https://waikato. github. io/weka-wiki/downloading_weka/.

第5章

线性规划

【教学内容、重点与难点】

教学内容：本章主要介绍以线性规划为代表的最优化模型与方法，包括线性规划建模与典型的应用场景；线性规划的图解法和优化软件求解方法；线性规划的一般形式、标准形式与对偶形式；线性规划的灵敏度分析；线性规划对偶问题求解方法和经济学解释等内容。

教学重点：线性规划建模的要领；线性规划模型的多种表现形式；线性规划模型的求解方法与优化软件求解工具；灵敏度分析方法；对偶问题和影子价格。

教学难点：线性规划的最优性判据；灵敏度分析；原始问题与对偶问题的约束、变量对应关系；影子价格与对偶最优解的关系。

制造服务型企业需要统筹规划其业务活动

旭电公司(Solectron Corporation)位于美国加州硅谷，成立于1977年，最初制造太阳能设备。公司自成立以来，一直以其高质量产品及管理技术服务于用户，分别在1991年和1997年两次荣获美国总统颁发的鲍德里奇奖(Malcolm Baldrige National Quality Award)。虽然该公司擅长制造，致力于高科技电子设备的装配、测试及系统集成，但实际上它是一家服务公司，即高科技电子制造服务公司，其产品广泛应用于计算机、网络通信、半导体工艺、医疗以及航空导航等领域。

后来，旭电公司被另一家大型电子专业制造服务供应商伟创力集团(Flextronics International Ltd)收购。伟创力集团是一家以新加坡为基地的公司，目前有近20万名员工，其分支机构和业务遍布全球30多个国家和地区。公司的业务主要是向不同行业和市场中多种规模的企业提供创新设计、工程、制造、供应链管理和物流服务。自1987年进入中国市场以来，伟创力公司在中国设立了多家工厂、研发中心，并且有5万多名本地员工，与中国政府及产业界一起，共同促进可持续的经济增长。它助力中国社会和高科技制造产业的发展，增加优质就业岗位，推动科技创新和发展，特别是支持工业4.0的前沿技术创新。

在制造服务领域，企业需要统筹规划其经营活动、生产材料的采购和产品生产过程。这对于公司竞争力的提升和营收状况的改善都有很大的影响。如何统筹规划、安排企业的业务活动和产品生产，帮助企业科学地应对风险、增加营业收入和利润，是一个非常现实的重要问题。

下面，我们考虑一个制造企业的产品加工问题。

例 5-1 假设某制造企业有三条产品生产线，分别生产特定型号的产品，如产品 A、产品 B 和产品 C。每种产品都需要通过零部件制造和装配等生产环节才能完成，并且每种型号产品都有一个生产管理团队负责生产过程的组织和管理。假设该企业的零部件制造部门、产品装配部门以及三个生产管理团队的年运行费用、年可用服务时间以及每批产品生产所需要的时间如表 5-1 所示。

表 5-1 某制造企业的产品生产活动所花费的时间与费用

活动类型	每批产品生产时间的平均值/h			生产、服务时间/(万 h/a)	运行费用/(万元/a)
	产品 A	产品 B	产品 C		
零部件制造	5	8	3	4.2	2500
产品装配	3	7	4	3.6	2600
产品 A 管理	96			8.4	2800
产品 B 管理		110		9.2	3200
产品 C 管理			130	8.5	2700

此外，假设每批产品的平均合同额和直接成本分别为：产品 A 为 115 万元和 90 万元，产品 B 为 110 万元和 85 万元，产品 C 为 55 万元和 35 万元。试问：在时长为一年的计划期内，该制造企业应该如何制定三种型号产品的生产计划，以获得最大的利润？

这里，我们先提出形如例 5-1 这样的制造企业生产计划问题。后面再利用线性规划的建模和求解方法对例 5-1 进行深入分析。

本章主要讨论线性规划的建模、求解和分析方法。这有助于企业业务主管部门的决策者在面临生产经营问题时理清思路，科学谋划经营方案，恰当地把握机遇、应对风险、趋利避害。

5.1 线性规划建模

线性规划是一种常用的、最基本的定量优化模型，主要研究某个线性函数在一组线性约束下的极大化(或者极小化)问题。无论是极大化问题，还是极小化问题，人们统称其为最优化问题。如果将实际问题的背景也考虑在内，那么我们可以对线性规划的模型和方法给出一种广义的解释，这一解释涵盖了若干个方面，如对于实际问题的分析与建模、对于模型可行域的范围与特性进行分析、讨论模型最优解的存在性，以及在模型存在最优解时，寻找求解模型最优解的方法，等等。

5.1.1 建模的含义

建模的含义有广义和狭义之分。广义建模是指利用简化的图形、文字、符号、式子、实物等工具，描述那些需要观察、思考、分析或者处理的对象。如图 5-1 所示中的象形汉字兼具图形与文字的特征，实际上是作为一种特殊的模型，描述了人们日常所见的自然和社会中的事物和现象。

此外，在牛顿力学中力与加速度的公式 $F=ma^2$，以及狭义相对论中爱因斯坦的质能关

图 5-1　象形汉字示意图

系式 $E=mc^2$，也作为一种特殊的模型，分别描述了在惯性参照系下低速物体（质点）运动的动力学特征，以及表面上无关的两个物体特性（质量和能量）之间的当量关系。

在社会生活中，我们也可以见到各种各样的模型。如开发商在销售房屋时，通常会做一些样板间和小区规划的沙盘，向人们展示未来所交付房屋的结构和小区的空间布局。实际上，这是一种房屋模型和小区环境景观的简化模型，构建样板间和沙盘的过程也是一种建模的过程。从一个更大范围的空间布局来看，城市的总体规划、各地高新技术开发区的规划与设计、公路局的道路规划、大桥局的桥梁结构设计等，都是对未来空间开发或者实物建造过程的提前建模。在空间开发和实物建造完成之后，这些模型通常又作为一种简化、形象的工具，向一定范围内的参观者宣传和展示空间开发的效果。

狭义建模是指将那些需要观察、思考、分析或者处理的对象以一定的空间形式、模式或者数量关系描述出来，构成一个简化的、虚拟的或者抽象的数学表达形式。它们可能是代数的、几何的、方程的、不等式的、随机的或者统计的形式。如在一个三维空间中，如果给定两个向量 $\boldsymbol{c},\boldsymbol{x}\in\mathbf{R}^3$，并且将向量 $\boldsymbol{x}=(x_1,x_2,x_3)^{\mathrm{T}}$ 的分量都看成变量，那么我们定义一个函数如下：

$$l(\boldsymbol{x})=\boldsymbol{c}^{\mathrm{T}}\boldsymbol{x}=c_1x_1+c_2x_2+c_3x_3 \tag{5-1}$$

函数(5-1)在数学上称为线性函数，它实际上是一个描述线性关系的数学表达式（模型）。值得指出的是，前面提到的力与加速度的公式（牛顿第二定律）和爱因斯坦的质能关系式分别是牛顿力学和相对论力学中非常重要的数学模型。此外，像微积分基本定理（牛顿-莱布尼茨公式）、电磁学中麦克斯韦方程组、信息科学中信号与系统的傅里叶变换、物理学中薛定谔方程和德布罗意方程等著名的数学公式，都是描述所研究物理对象规律的著名数学模型。它们已经成为人类社会中科学、技术和文化的重要组成部分。

在 5-1 节的后半部分我们将讨论线性规划建模，其含义就是在一定的应用场景中，利用合适的决策变量，描述人们所关心的、特定形式的定量优化问题。通过对目标的设定和决策变量的选择，将这类定量优化问题描述成一个在若干线性约束下，有助于线性目标达到最大（或者最小）的定量分析模型。

5.1.2　模型三要素

在举例说明线性规划建模方法之前，先简要地描述一下线性规划模型的基本结构。

所谓线性规划模型，是指描述实际问题核心要素的一组数学表达式，形如

$$\min \text{ or } \max\ l_0(\boldsymbol{x})$$

$$\text{s.t.}\begin{cases} l_1(\boldsymbol{x})\leqslant 0 \\ l_2(\boldsymbol{x})\geqslant 0 \\ l_3(\boldsymbol{x})=0 \end{cases} \tag{5-2}$$

其中，$\boldsymbol{x}\in\mathbf{R}^n$ 是一个 n 维向量，其每个分量表示一个决策变量；$l_0(\boldsymbol{x})$是一个需要极小化或者极大化的线性函数，通常称为目标函数。模型(5-2)中的函数 $l_i(\boldsymbol{x})(i=1,2,3)$都是向量值函数，每个分量是线性函数，这些函数统称为约束函数，相应的等式或者不等式被称为线性约束。由于模型(5-2)的目标函数通常需要极小化，或者极大化，所以分别用 min 或者 max 这样的记号表示。这里，目标函数和约束函数都是形如式(5-1)的线性函数，其中变量维数推广为自然数 n，约束函数对应的等式或者不等式也称为约束条件。

线性规划模型(5-2)有三个组成要素：决策变量、线性目标函数和线性约束条件。线性规划的建模过程就是选择合适的决策变量，将目标和约束分别描述成适当的线性函数和线性约束的过程。下面说明线性规划模型的三个组成要素。

1. 决策变量

决策变量是管理者在做决策时的可选项，又称设计变量、操作变量或者控制变量等，不同的名称对应着不同的应用场景，如工业设计、生产系统管理、自动化监控等。在应用定量优化方法时，要注意不同场景中关于决策变量的描述和选择。决策变量是管理者在考虑问题时的内生变量，其取值影响着目标的高低、大小、强弱，以及约束条件能否满足、满足程度等。

在线性规划模型(5-2)中，决策变量 $\boldsymbol{x}$ 一般是连续的，可以取一个实数，也可以取由多个实数组成的向量。决策变量取值的连续性是线性规划模型的突出特点之一，人们称之为变量的可分性。一个连续的生产流程，如石油的炼化、白酒的酿造等，都是典型的选取连续决策变量的应用场景。在机械加工过程中，对于大量的零配件生产，如螺丝、螺母等，虽然存在不再区分的最小计量单元(单位)，但是涉及的数量大，也可以使用连续的决策变量对零配件的产量进行近似描述。

此外，有些决策变量有符号、范围限制，或者有些函数不是线性的，但是它们可以通过某种变换方式，使用线性函数或者线性约束进行描述。如非负变量 $x\geqslant 0$，可以表示成一个线性函数 x_1-x_2，其中 $x_i(i=1,2)$都是可以在某个范围内自由变化的实数变量。绝对值函数$|x|$不是一个线性函数，但是它可以表示成一个非负变量的函数 $t=|x|\geqslant 0$，其中线性不等式 $x\geqslant -t$，$x\leqslant t$ 同时成立。于是，在线性约束下，极小化非负变量 t，就能够得到非线性函数$|x|$的等价表示 $t=|x|$。

2. 目标函数

线性规划模型的目标函数形如 $l_0(\boldsymbol{x})=\boldsymbol{c}^{\mathrm{T}}\boldsymbol{x}=\sum\limits_i c_i x_i$。它是一个多元线性函数，通常用来表示需要优化的目标，例如，表示一个生产过程的成本(需要极小化)，或者表示一个销售过程的收益(需要极大化)。根据所考虑问题的时间特性，或者生产过程的阶段特性，目标函数又可以被分解成不同时间或者不同过程阶段的变量函数，其中这些分解成分是可以线性叠加的。

线性规划模型的目标函数具有两个突出特点：其一，目标取值是与变量取值成比例地变化的。如一升汽油的价格是 6.85 元，那么销售 3 升汽油的收入就是(6.85×3)元＝20.55 元。其二，不同变量对于目标的作用是可以线性地叠加的。如加油站销售汽油和柴油的总收入等于分别销售这两种油品的收入之和。从加油站销售油品对其收入的影响来看，销售汽油和销售柴油的活动是互不影响的。

此外，如果目标函数具有分式线性函数的形式，比如

$$\frac{c_1x_1+c_2x_2+c_3x_3}{d_1x_1+d_2x_2+d_3x_3}$$

那么在引入中间变量 $t=1/(d_1x_1+d_2x_2+d_3x_3)$，以及新的决策变量 $y_i=x_it(i=1,2,3)$ 之后，对于上面分式线性函数的优化，就可以转换成在等式约束 $d_1y_1+d_2y_2+d_3y_3=1$ 成立的条件下，优化关于 $y_i(i=1,2,3)$ 的线性函数 $c_1y_1+c_2y_2+c_3y_3$。

3. 约束条件

线性规划模型的约束条件由两部分组成：一是约束函数；二是约束函数的取值范围。约束函数通常也是决策变量的线性函数。对于约束函数来说，决策变量的影响是相互独立的，它们的影响可以线性地叠加，并且每个决策变量的影响是与其取值成比例的。约束函数的取值范围是指给定某个参照值，比如零值或者非零的数值，并且要求该函数大于、小于或者等于这个参照值。当然，也可以给定两个参照值，并且要求约束函数的取值处于所给的两个参照值之间。

约束函数的取值范围本质上可以转化为决策变量的取值范围。此时，不同决策变量的取值范围可能相互影响，人们称之为线性规划模型的解的可行区域，简称为可行域。从逻辑关系的角度看，决策变量在可行域内变化，对应约束函数和目标函数的某个变化范围。但是，从对应关系的角度看，这里就出现了一个逆向对应现象，即根据约束函数的取值范围，需要反向地确定决策变量的取值范围(可行域)，进而确定目标函数的取值范围。因此，求解优化问题的过程实质上就是通过约束条件确定决策变量的可行域，然后在可行域内寻优，最终找到目标函数在约束下的最优状态(假设优化问题的最优状态存在)。

5.1.3 建模举例

首先，我们通过两个实例介绍线性规划建模的两种方法，即分析法和建模表方法。

例 5-2 假设某企业在计划期内准备安排生产两种产品，分别记为产品Ⅰ和产品Ⅱ。产品生产过程需要使用一种设备，以及两种原材料 A 和 B。企业生产单位产品所需的设备时间(称为台时)，以及两种原材料 A、B 的消耗量如表 5-2 所示。如果该企业每生产一个单位产品Ⅰ可获利 200 元，每生产一个单位产品Ⅱ可获利 300 元，那么该企业应该如何安排计划，确定每种产品的生产量，使企业的获利最多?

表 5-2 生产单位产品需要的机器台时和原材料数量

生产资源	单位产品Ⅰ	单位产品Ⅱ	资源总量
设备时间/台时	1	2	8
原材料 A 消耗量/kg	4	3	16
原材料 B 消耗量/kg	3	5	15

解 假设企业生产的产品是可以近似分割的，那么确定使企业获利最多的生产计划就需要建立一个线性规划模型。整个建模过程可以分成六个步骤，分别简述如下：

第一步：明确建模的目标，即企业获利最多。假设将企业在计划期内的总利润记为 z，

那么企业的目标也是模型的目标，即极大化企业的总利润，记为 max z。

第二步：定义决策变量。由于企业的生产计划是通过安排生产产品的数量来集中体现的，所以我们引入两个决策变量 x_1 和 x_2 来表示生产计划，其中 x_1 表示在计划期内产品Ⅰ的产量(即生产 x_1 个单位产品Ⅰ)；x_2 表示在计划期内产品Ⅱ的产量(即生产 x_2 个单位产品Ⅱ)。

第三步：描述目标函数。根据产品产量每增加一个单位对于企业利润目标的贡献量，将企业的目标描述成一个确定的数学表达式(线性函数)，作为模型的目标函数。我们已经知道，生产一个单位产品Ⅰ可以获利 200 元，生产一个单位产品Ⅱ可以获利 300 元。于是，企业生产计划 x_1 和 x_2 对应的获利总量为 $z=200x_1+300x_2$(单位：元)，简记为 $z=2x_1+3x_2$(单位：百元)。

第四步：明确企业可以使用的资源总量。根据表 5-2 所给出的参数取值，我们知道，计划期内设备的可用总台时数为 8 台时，原材料 A 的可用量为 16kg，原材料 B 的可用量为 15kg。

第五步：描述约束条件。根据产品产量每增加一个单位所需要的资源数量，参见表 5-2 所给出的参数取值，我们知道，为了完成企业生产计划的产品数量，需要占用设备的时间为 x_1+2x_2(单位：台时)，需要原材料 A 和 B 的数量分别为 $4x_1+3x_2$ 和 $3x_1+5x_2$(单位：kg)。于是，企业制定的生产计划 x_1 和 x_2 需要满足下面的约束条件：

设备台时约束：$x_1+2x_2\leqslant 8$

原材料 A 的数量约束：$4x_1+3x_2\leqslant 16$

原材料 B 的数量约束：$3x_1+5x_2\leqslant 15$

此外，还有一种隐含的约束形式，即产品的产量是非负的。

第六步：列出线性规划模型。将上述的极大化目标、选取的决策变量，以及定义的目标函数和约束形式集成在一起，列出线性规划模型如下：

$$\max z=2x_1+3x_2$$

$$\text{s.t.}\begin{cases}x_1+2x_2\leqslant 8\\4x_1+3x_2\leqslant 16\\3x_1+5x_2\leqslant 15\\x_1\geqslant 0,x_2\geqslant 0\end{cases}\tag{5-3}$$

在建立线性规划模型(5-3)的过程中，通过六个步骤对实际问题进行线性规划建模，我们把这种建模方法称为分析法。除了分析法建模，还可以使用建模表方法，构建线性规划模型。建模表方法是将决策变量、目标内容、资源名称、参数的取值以及约束事项等排列成一个表格，然后根据表格的内容写出相应的线性规划模型。如例 5-2 对应的线性规划建模表方法如表 5-3 所示。

表 5-3　产品生产计划的线性规划建模表方法

事 项 类 别	产品Ⅰ的参数	产品Ⅱ的参数	事项的特性
决策变量/(产量)	x_1	x_2	连续变化
边际利润/百元	2	3	极大化总利润
设备台时需求	1	2	不超过 8 台时

续表

事项类别	产品Ⅰ的参数	产品Ⅱ的参数	事项的特性
原材料A需求量	4	3	不超过16 kg
原材料B需求量	3	5	不超过15 kg
隐含约束	非负	非负	卖方市场：容量无限

例 5-3 在临床医学实验研究中，为了观察某种药物的疗效，研究人员通常会使用安慰剂进行对照试验。安慰剂可以镇痛或缓解症状，具有替代药物和给患者心理安慰的作用。假设某制药企业要确定生产安慰剂的配方，其中有四种可供使用的食材，每单位食材的维生素B、维生素C和蛋白质等营养元素的含量如表5-4所示。

表 5-4 单位食材的维生素B、维生素C和蛋白质含量

营养元素	食材A	食材B	食材C	食材D
维生素B含量/mg	0.2	0.4	0.1	0.2
维生素C含量/mg	3	2	1	3
蛋白质含量/g	5	2	1	4

经过调研分析，制药企业设定了每份安慰剂的生产规格：维生素B、维生素C和蛋白质的最低含量分别是1.6 mg、12 mg以及10 g。此外，每单位食材A、B、C和D的费用分别为1.2元、2元、0.6元和1.1元。试问：制药公司应该如何选用食材，既能够保证所加工的安慰剂满足生产规格要求(即维生素B、维生素C和蛋白质的含量不少于最低标准)，又可以使安慰剂的生产成本最低？

解 参照前面例5-2中所用的线性规划建模六步骤分析法，可以建立一个描述安慰剂生产配方的线性规划模型。这一过程留给读者作为练习。

对于安慰剂配方问题，我们采用建模表方法进行线性规划建模。将本例的决策变量、目标内容、营养成分、参数的取值以及约束条件等事项排列起来，可以得到一个表格，如表5-5所示。

表 5-5 安慰剂配方的线性规划建模表方法

事项类别	食材A	食材B	食材C	食材D	事项的特性
决策变量(用量)	x_1	x_2	x_3	x_4	连续变化
边际费用/元	1.2	2	0.6	1.1	极小化成本
维生素B含量/mg	0.2	0.4	0.1	0.2	至少1.6 mg
维生素C含量/mg	3	2	1	3	至少12 mg
蛋白质含量/g	5	2	1	4	至少10 g
隐含约束	非负	非负	非负	非负	生产过程：无损耗

最后，根据表5-5中变量、参数和各个事项的特性，写出相应的线性规划模型如下：

$$\min z = 1.2x_1 + 2x_2 + 0.6x_3 + 1.1x_4$$

$$\text{s.t.}\begin{cases}0.2x_1 + 0.4x_2 + 0.1x_3 + 0.2x_4 \geqslant 1.6 \\ 3x_1 + 2x_2 + x_3 + 3x_4 \geqslant 12 \\ 5x_1 + 2x_2 + x_3 + 4x_4 \geqslant 10 \\ x_1 \geqslant 0, x_2 \geqslant 0, x_3 \geqslant 0, x_4 \geqslant 0\end{cases} \tag{5-4}$$

下面我们分别利用分析法和建模表方法，讨论一下例 5-1 的线性规划建模过程。

需要说明的是在例 5-1 的建模过程中，需要利用该实例所给的参数计算出三种型号产品每批生产销售之后的盈利水平，包括产品 A、产品 B、产品 C 等；然后，据此做好各种型号产品的生产计划。

利用分析法对例 5-1 的制造企业生产计划问题进行建模，我们将整个过程分成六个步骤，分别描述如下：

第一步：明确制造企业的目标是企业获利最多。在一年的计划期内，如果企业的总利润记为 z，那么，我们将企业的目标描述成线性规划的极大化目标，即 $\max z$。

第二步：定义决策变量。对于制造企业的生产计划来说，需要明确产品 A、产品 B、产品 C 等批次的数量。因此，我们引入三个决策变量 x_1、x_2 和 x_3 表示企业三种型号产品的生产批次数量，其中，x_1 表示在计划期内产品 A 的生产批次数量；x_2 表示在计划期内产品 B 的生产批次数量；x_3 表示在计划期内产品 C 的生产批次数量。

第三步：描述目标函数。注意到每个批次产品都有相应的平均合同额和直接成本，并且零部件制造部门、产品装配部门以及各型号产品批次的生产管理团队也需要花费一定的时间处理产品生产过程中遇到的问题，这就产生了相应的间接成本。每个批次产品对目标函数的贡献量是它的盈利水平，其中盈利等于该批次产品的平均合同额与直接成本、间接成本之差，即

盈利 = 每批产品利润 = 平均合同额 − 直接成本 − 相关部门的分摊费用

例如，每批产品 A 的平均合同额是 115 万元，直接成本为 90 万元。该批产品分别需要零部件制造部门花费 5 h、产品装配部门花费 3 h，同时需要产品 A 生产线的管理团队投入 96 h 工作量。考虑到各部门和生产线管理团队的一年可用服务时间和运行费用，并且假设分摊费用与工作时间的长短成比例，我们就可以估算出每批产品 A 的盈利水平(单位：万元)为

$$115 - 90 - 5 \times 2500/42\,000 - 3 \times 2600/36\,000 - 96 \times 2800/84\,000 = 21.2857$$

同理，每批产品 B 的盈利水平为

$$110 - 85 - 8 \times 2500/42\,000 - 7 \times 2600/36\,000 - 110 \times 3200/92\,000 = 20.1922$$

每批产品 C 的盈利水平为

$$55 - 35 - 3 \times 2500/42\,000 - 4 \times 2600/36\,000 - 130 \times 2700/85\,000 = 15.4031$$

这些盈利水平参数是制造企业开展相应产品生产活动的价值系数，也就是说，每生产一批产品 A、产品 B 或者产品 C，大约可以分别获利 21.29 万元、20.19 万元、15.40 万元。于是，制造企业各型号产品生产线的年总盈利为 $z = 21.29x_1 + 20.19x_2 + 15.4x_3$(单位：万元)。

第四步：明确制造企业可以使用的资源总量。根据例 5-1 所给出的各部门或者生产线管理团队的年可用服务时间，我们知道，零部件制造部门的年可用时间为 42 000 h，产品装配部门的年可用时间为 36 000 h，三条生产线的产品 A、产品 B、产品 C 生产管理团队的年可用时间分别为 84 000 h、92 000 h、85 000 h。

第五步：描述约束条件。根据生产每批产品所需要相应业务部门的服务时间长短(参见例 5-1 所给出的参数取值)，我们计算出企业生产所有产品需要零部件制造部门的总服务时间为 $5x_1 + 8x_2 + 3x_3$(单位：h)，需要产品装配部门的总服务时间为 $3x_1 + 7x_2 + 4x_3$(单位：h)。这样，企业产品生产计划需要各个业务部门的服务时间满足下面的约束：

$$\text{零部件制造：} 5x_1 + 8x_2 + 3x_3 \leqslant 42\,000$$

产品装配：$3x_1+7x_2+4x_3\leqslant 36\,000$

产品 A 生产线管理：$96x_1\leqslant 84\,000$

产品 B 生产线管理：$110x_2\leqslant 92\,000$

产品 C 生产线管理：$130x_3\leqslant 85\,000$

此外，还有产品生产批次数量的隐含约束，即决策变量的取值都是非负的。

第六步：根据制造企业的盈利水平极大化目标、选取的决策变量、定义的目标函数和约束形式，我们列出企业产品生产计划的线性规划模型如下[①]：

$$\max z=21.29x_1+20.19x_2+15.4x_3$$

$$\text{s.t.}\begin{cases}5x_1+8x_2+3x_3\leqslant 42\,000\\3x_1+7x_2+4x_3\leqslant 36\,000\\96x_1\leqslant 84\,000\\110x_2\leqslant 92\,000\\130x_3\leqslant 85\,000\\x_1\geqslant 0,x_2\geqslant 0,x_3\geqslant 0\end{cases}\tag{5-5}$$

根据上面分析法获得的目标函数中决策变量的系数（即制造企业生产每个批次产品的盈利水平参数），以及企业的产品生产活动时间与费用参数（参见表 5-1），我们可以列出描述制造企业产品生产计划的建模表方法，如表 5-6 所示，该表格包含决策变量、目标函数中决策变量的系数、约束类型、参数的取值，以及约束条件等事项的信息。

根据表 5-6 给出的事项与参数，我们可以写出描述制造企业产品生产计划的线性模型，参见式(5-5)。

表 5-6　制造企业产品生产计划的建模表方法

事 项 类 别	产品 A	产品 B	产品 C	事项的特性
决策变量(批次数量)	x_1	x_2	x_3	连续变化
每批产品盈利/万元	21.29	20.19	15.40	极大化总盈利
零部件制造/h	5	8	3	不超过 42 000
产品装配/h	3	7	4	不超过 36 000
产品 A 管理/h	96			不超过 84 000
产品 B 管理/h		110		不超过 92 000
产品 C 管理/h			130	不超过 85 000
隐含约束	非负	非负	非负	卖方市场：需求无限

最后，根据上面三个实例（例 5-1、例 5-2 和例 5-3）的线性规划建模情况，我们将线性规划建模表方法归纳总结成一个表格，如表 5-7 所示。

① 制造企业的最佳盈利水平为 45 584.16 万元，相应的最佳生产计划为：安排产品 A 生产 875 个批次，产品 B 生产 836.36 个批次，产品 C 生产 653.85 个批次。

表 5-7　线性规划建模表方法汇总

事项类别	活动 1	…	活动 n	目标与约束趋向
决策变量	x_1	…	x_n	连续变化
目标边际贡献	c_1	…	c_n	max 或者 min
约束事项 1	在各约束事项下，决策变量取值对相应约束函数的边际贡献			事项 1 约束总量
⋮				⋮
约束事项 m				事项 m 约束总量
隐含约束	符号	…	符号	上下界、假设

5.2 线性规划的应用场景

线性规划是一种最基本的运筹学模型，也是一种常用的定量分析优化方法，其决策变量是连续变化的，但是其最优解如果存在的话，通常可以在模型可行域的顶点处找到。也就是说，如果可行域存在顶点，并且最优解存在的话，则线性规划模型存在最优的顶点。因为线性规划模型可行域内部的点可以连续变化，可行域顶点的集合是离散的，并且由有限个元素构成，所以，线性规划模型具有连续优化和离散优化的双重特性（即决策变量变化的连续性和备选最优顶点的离散性、有限性），是运筹优化领域应用较广的一种基本模型。

从前面线性规划的建模举例来看，为了建立一个线性规划模型，首先，我们需要根据优化的目标选择合适的决策变量；然后，考虑目标与决策变量之间、约束与决策变量之间、目标与活动之间以及不同活动之间的逻辑关系和定量关系①，并且利用决策变量和给定的参数，将模型的目标函数、约束函数和约束条件描述清楚；最后，把它们集成起来形成一个统一的数学对象，得到一个完整的线性规划模型。因此，决策变量、目标函数和约束条件是线性规划建模的三个最重要的构成要素。

下面，我们讨论几种典型的应用场景，这些场景中的实际问题都可以利用线性规划进行建模分析。

5.2.1 生产管理

在生产管理领域中，线性规划的应用场景是多方面的，如生产任务安排、原材料采购、生产方案选择、生产能力计划、存货控制、人员任务分配等。这里，我们通过一些实例说明，在这些场景中，如何利用线性规划方法进行建模分析。

例 5-4　（生产任务安排）假设华氏企业在 10 月份计划生产四款手机产品 B_1、B_2、B_3、B_4，每部手机都可以利用三条流水作业线 A_1、A_2、A_3 中的任何一条加工出来，其中流水线 A_i 加工手机产品 B_j 所需的工时数，以及四种手机产品的市场需求量如表 5-8 所示。此外，假设三条流水线 A_1、A_2、A_3 的生产成本分别为每小时 7000 元、8000 元、9000 元。试问：华氏企业应该如何安排三条流水作业线的生产任务，在手机产品满足市场需求时，使得企业的生产总成本最低？

---

①　这里的“活动”概念是指有生产要素参与的，以满足人们的需求为目的的行为。通常，人们使用决策变量描述活动的水平。

解 根据线性规划模型的三个组成要素，我们对生产任务安排问题的建模过程概述如下：

（1）**决策变量** 由于手机产品可以在任何一条流水作业线上生产出来，所以，我们引入决策变量 x_{ij} 表示华氏企业在10月份利用流水作业线 A_i 加工产品 B_j 的部数（$i=1,2,3$，$j=1,2,3,4$）。

表 5-8 华氏企业手机产品的市场需求与工时需求

流水作业线	每部手机产品占用流水作业线的工时数/h				流水线可用工时数/h
	B_1	B_2	B_3	B_4	
A_1	2	1	3	2	1500
A_2	3	2	4	4	1800
A_3	1	2	1	2	1600
市场需求量/部	280	150	350	500	

（2）**目标函数** 每部手机都是在某条流水作业线上生产出来的，需要占用流水线一定的工时。如果记流水线 A_1 加工手机产品 B_j 所需的工时数为 a_{1j}，那么根据流水线单位工时的生产成本参数，该流水线生产 x_{1j} 部手机所需要的生产成本为 $7a_{1j}x_{1j}$（单位：千元/h）。同理，可以计算出其他流水线生产每款手机产品的生产成本参数。于是，三条流水线生产所有手机产品的总成本为一个线性函数：

$$14x_{11}+7x_{12}+21x_{13}+14x_{14}+24x_{21}+16x_{22}+32x_{23}+32x_{24}+9x_{31}+18x_{32}+9x_{33}+18x_{34}$$

其中流水作业线上每款手机生产成本参数的单位为千元/h。

（3）**约束条件** 对于决策变量需要满足的约束条件，我们可以将其分成三类：第一类约束是流水作业线上生产同一款手机产品的数量约束。如手机产品 B_1 的数量，应该不少于市场需求量，即

$$x_{11}+x_{21}+x_{31}\geqslant 280$$

第二类约束是任何一条流水作业线的可用工时约束。如流水线 A_1 生产所有手机产品花费的时间总和，不大于该条生产线的可用工时总数1500 h，即

$$2x_{11}+x_{12}+3x_{13}+2x_{14}\leqslant 1500$$

第三类约束是隐含约束，即任意一条流水线生产的任意一款手机产品数量是非负的实数。

综上所述，华氏企业的生产任务安排问题可以转化成一个极小化问题，使得所有流水作业线生产手机产品的总成本最小。进一步，该问题又可以描述成如下线性规划模型①：

$$\min\ 14x_{11}+7x_{12}+21x_{13}+14x_{14}+24x_{21}+16x_{22}+32x_{23}+32x_{24}+9x_{31}+18x_{32}+9x_{33}+18x_{34}$$

① 华氏企业的最佳生产手机产品方案为利用作业线 A_1 生产 B_2 手机150部，B_4 手机500部；利用作业线 A_3 生产 B_1 手机280部，B_3 手机350部；最低生产成本为1372万元。

$$
\text{s.t.}\begin{cases}x_{11}+x_{21}+x_{31}\geqslant 280\\x_{12}+x_{22}+x_{32}\geqslant 150\\x_{13}+x_{23}+x_{33}\geqslant 350\\x_{14}+x_{24}+x_{34}\geqslant 500\\2x_{11}+x_{12}+3x_{13}+2x_{14}\leqslant 1500\\3x_{21}+2x_{22}+4x_{23}+4x_{24}\leqslant 1800\\x_{31}+2x_{32}+x_{33}+2x_{34}\leqslant 1600\\x_{ij}\geqslant 0,\quad i=1,2,3,j=1,2,3,4\end{cases}\tag{5-6}
$$

例 5-5 (采购决策)假设某制造企业在一月份需要四种型号的钢板,记为 B_1、B_2、B_3、B_4,计划分别采购 1100 t、1200 t、1500 t、2300 t。该制造企业计划向三家生产钢板的工厂(钢厂)订货(这些钢厂分别记为 A_1、A_2、A_3),并且收集了每家钢厂生产的钢板型号、生产钢板的效率(单位:t/h)和一月份生产能力(单位:h)等信息,如表 5-9 所示。各种型号钢板的需求量和采购价格(单位:百元/t)如表 5-10 所示。试问:该制造企业应该如何采购四种型号钢板,使得采购总成本最小?

表 5-9 各钢厂的钢板生产效率和一月份生产能力

钢厂编号	钢厂生产钢板的型号及效率/(t/h)				一月份钢厂生产能力/h
	B_1	B_2	B_3	B_4	
A_1	12	10	15	8	220
A_2	9	—	11	13	230
A_3	—	14	12	7	260

表 5-10 各种型号钢板的需求量以及钢板采购价格

钢厂编号	各种型号钢板的采购价格/(百元/t)			
	B_1	B_2	B_3	B_4
A_1	51	54	50	48
A_2	36	—	40	52
A_3	—	62	48	53
钢板需求量/t	1100	1200	1500	2300

解 从所描述的采购决策实例中我们知道,制造企业的采购决策需要明确三件事情:向哪个钢厂采购钢板、从钢厂采购什么型号的钢板,以及采购相应钢板的数量是多少。

假设采购的钢板数量与钢厂生产钢板的型号有关。根据前面介绍的三要素优化建模要点,我们对该实例的线性规划建模过程概述如下:

(1) **决策变量** 由于同型号的钢板可以从多个不同的钢厂采购,所以需要引入决策变量 x_{ij} 表示在一月份从钢厂 $A_i(i=1,2,3)$ 采购 $B_j(j=1,2,3,4)$ 型号钢板的数量(单位:t)。

(2) **目标函数** 一方面,同一型号的钢板可以采购自不同的钢厂,采购价格也是不同的;另一方面,不同型号的钢板可以采购自同一钢厂。如果将制造企业从钢厂 A_i 采购 B_j 型号钢板的价格记为 a_{ij},那么对于这种类型的钢板采购来说,制造企业采购 x_{ij} 吨钢板所需要的采购费用为$a_{ij}x_{ij}$(单位：百元)。于是,从三个钢厂采购四种型号钢板的总采购费用,可以描述成一个线性函数(单位：百元),形如：

$$51x_{11}+54x_{12}+50x_{13}+48x_{14}+36x_{21}+40x_{23}+52x_{24}+62x_{32}+48x_{33}+53x_{34}$$

(3) **约束条件** 将决策变量需要满足的约束条件分成三类：第一类约束是每种型号钢板从不同钢厂的采购总量需要满足需求量的要求。如型号 B_1 钢板的采购数量,应该不少于一月份制造企业的需求量(单位：t),即

$$x_{11}+x_{21}\geqslant 1100$$

第二类约束是任何一个钢厂的生产能力限制。如钢厂 A_1 在一月份生产订购数量的各类钢板所需要的时间(单位：h)总和,不大于该钢厂在一月份具备的生产能力,即

$$\frac{1}{12}x_{11}+\frac{1}{10}x_{12}+\frac{1}{15}x_{13}+\frac{1}{8}x_{14}\leqslant 220$$

其中不等式约束左边的系数是表 5-9 中钢厂 A_1 生产四种型号钢板的生产效率的倒数。第三类约束是隐含约束,即任意一家钢厂可能生产的相应型号钢板的数量是非负实数。

综上所述,某制造企业采购多种型号钢板的采购决策优化问题,可以描述成如下线性规划模型：

$$\min\ 51x_{11}+54x_{12}+50x_{13}+48x_{14}+36x_{21}+40x_{23}+52x_{24}+62x_{32}+48x_{33}+53x_{34}$$

$$\text{s.t.}\begin{cases}x_{11}+x_{21}\geqslant 1100\\ x_{12}+x_{32}\geqslant 1200\\ x_{13}+x_{23}+x_{33}\geqslant 1500\\ x_{14}+x_{24}+x_{34}\geqslant 2300\\ \frac{1}{12}x_{11}+\frac{1}{10}x_{12}+\frac{1}{15}x_{13}+\frac{1}{8}x_{14}\leqslant 220\\ \frac{1}{9}x_{21}+\frac{1}{11}x_{23}+\frac{1}{13}x_{24}\leqslant 230\\ \frac{1}{14}x_{32}+\frac{1}{12}x_{33}+\frac{1}{7}x_{34}\leqslant 260\\ x_{ij}\geqslant 0,\quad i=1,2,3,j=1,2,3,4\end{cases}\tag{5-7}$$

在模型(5-7)的最优解中,若决策变量 x_{ij} 是非零的,则它表示从钢厂 A_i 采购 B_j 型号钢板的数量(单位：t),否则,表示不存在相应的采购活动①。

例 5-6 (下料问题)假设某建筑公司需要 100 套钢架,每套需要用长为 2.9 m、2.1 m、1.5 m 的钢筋各一根。已知原料钢筋的长度为 7.4 m。试问：该建筑公司应该如何下料,将原料钢筋切割成短钢筋,以便制作所需要数量的钢架,并且使用原料钢筋总量最少?

解 将一根长 7.4 m 的原料钢筋切割成一些短的钢筋,每一种切割方式通常称为下料方案。因此,这里讨论的下料问题实际上有两个层面的含义：一是如何确定下料方案?二是如何选择下料方案,即将多少根原料钢筋按照某种下料方案进行切割?

---

① 制造企业的最佳采购计划为：从钢厂 A_1 采购 B_2 型号钢板 1200 t,采购 B_4 型号钢板 800 t；从钢厂 A_2 采购 B_1 型号钢板 1100 t,采购 B_3 型号钢板 1185.556 t；从钢厂 A_3 采购 B_3 型号钢板 314.444 t,采购 B_4 型号钢板 1500 t。最低采购费用为 2848.156 万元。

关于确定下料方案的问题，可以采取排列组合方法，列出一些余料(料头)较少的切割方式。如表 5-11 列出了料头不超过最短钢筋长度的 8 种下料方案，其中每种下料方案所对应的列中数字表示按照该方案切割一根 7.4 m 的原料钢筋能够获得的短钢筋数量，以及料头的大小。

表 5-11 料头较短的原料钢筋下料方案

类别		方案 1	方案 2	方案 3	方案 4	方案 5	方案 6	方案 7	方案 8
短钢筋	2.9 m	2	1	1	1	0	0	0	0
	2.1 m	0	2	1	0	3	2	1	0
	1.5 m	1	0	1	3	0	2	3	4
合计/m		7.3	7.1	6.5	7.4	6.3	7.2	6.6	6.0
料头/m		0.1	0.3	0.9	0	1.1	0.2	0.8	1.4

关于下料方案的最优选择问题，我们可以将它描述成一个线性规划模型。根据优化建模的三要素，我们将该实例的线性规划建模过程概述如下：

(1) **决策变量** 引入决策变量 $x_i, i=1,2,\cdots,8$，表示按照第 i 个下料方案，切割原材料钢筋的数量。

(2) **目标函数** 每一种下料方案都对应着一个料头。如果将第 i 种下料方案对应的料头长度记为 c_i，那么按照这种方案，切割 x_i 根原料钢筋之后，所得到的料头总量为 $c_i x_i$(单位：m)。于是，在制作钢架过程中，按照表 5-11 所列的下料方案，建筑公司切割一定数量的原料钢筋后，会得到剩余的料头总量(单位：m)，以此作为选择最优下料方案的目标函数。容易看出，我们可以将料头总量描述成下面的线性函数(单位：m)：

$$0.1x_1+0.3x_2+0.9x_3+1.1x_5+0.2x_6+0.8x_7+1.4x_8$$

(3) **约束条件** 由于建筑公司需要制作 100 套钢架，所以，可以将决策变量满足的约束条件分成两类：一类约束是每种短型号钢筋的数量约束。无论短钢筋是按照哪一种下料方式加工出来的，它的总体数量都等于 100 根。如对于 2.9 m 型号的钢筋来说，有

$$2x_1+x_2+x_3+x_4=100$$

另一类约束是隐含约束，即按照任何一种下料方式加工的原料钢筋数量是非负实数。

综上所述，关于建筑公司制作 100 套钢架的最优下料方案，可以描述成一个线性规划模型如下[①]：

$$\min\ 0.1x_1+0.3x_2+0.9x_3+1.1x_5+0.2x_6+0.8x_7+1.4x_8$$

$$\text{s.t.}\begin{cases}2x_1+x_2+x_3+x_4=100\\2x_2+3x_3+3x_5+2x_6+x_7=100\\x_1+x_3+3x_4+2x_6+3x_6+4x_8=100\\x_i\geqslant 0,\quad i=1,2,\cdots,8\end{cases}\tag{5-8}$$

关于模型(5-8)，我们给出两点说明：其一是钢筋下料问题的目标函数。由于本章主要介绍线性规划模型和方法，所以我们在例 5-6 中选择料头总量最小这个目标，没有选择使用

① 建筑公司的最佳下料方案为：按照第一种下料方案切割 10 根原料钢筋；按照第二种方案切割 50 根原料钢筋；按照第四种方案切割 30 根原料钢筋。制作 100 套钢架的料头剩余长度最小值为 16 m。

钢筋的总根数最少作为目标。选择钢筋总根数最少作为目标，会导致一个整数规划模型。其二是模型(5-8)中约束条件取成等号。在切割钢筋的料头总量最小这个目标下，模型(5-8)的约束条件取等号也存在可行解，但是一般的约束形式可以取成大于或者等于 100。

例 5-7 (生产库存问题)某食品企业生产有季节性需求的月饼，通常只能在 4 个月内生产和销售。月饼的生产有两种方式：可以在企业的正常工作时间内生产，也可以因需求变化和生产能力调整，利用企业的加班时间生产。当某个月份的月饼产量大于当月的需求量时，多余的月饼被储存起来，但企业要花费一定的成本保管月饼(付出储存费)。为了避免月饼过长时间存放，在第 4 个月的月末，企业要求将生产的月饼全部售完。

根据以前的生产经验，在正常工作时间生产，每月最多能生产 100 万块月饼，单位成本 20 元；在加班时间生产，每月最多能生产 20 万块月饼，单位成本 30 元。对于每月没有销售完的月饼，需要付出一定的成本(如食材占用资金利息、月饼保管费用等)，平均每块月饼每月需要 0.3 元储存费。根据食品企业获得的订单数量，估算该企业在未来 4 个月内的月饼需求量分别为 50 万块、130 万块、150 万块、110 万块。试问：该企业应该如何制订计划，安排生产，在未来四个月内正常生产或者加班生产月饼，既满足每个月的月饼需求量，又能够使得 4 个月内月饼生产和储存的总费用最低?

解 为了帮助食品企业确定最佳的生产存储计划，假设食品企业每月的月饼需求量等于其每月的月饼销售量。此外，考虑到月饼的保存期最长为 4 个月，所以在第一个月开始时，假设食品企业的月饼库存为零。

根据线性规划模型的三个组成要素，我们将生产库存问题的建模过程概述如下：

(1) **决策变量** 引入变量 x_i 和 y_i 分别表示第 i 个月食品企业正常生产和加班生产的月饼数量(单位：万块)，变量 s_i 表示第 i 个月结束时，食品企业需要保存的月饼数量(单位：万块)，其中 $i=1,2,3,4$。这里，食品企业的月饼生产量 x_i 和 y_i 都是独立的决策变量；s_i 是与月饼生产量、销售量有关的中间变量。通常，描述月饼库存的变量，可以用描述月饼生产的决策变量来表示(参见后面关于约束条件的讨论)。

(2) **目标函数** 食品企业的生产与库存费用是由三部分组成的：一是正常生产月饼的费用；二是加班生产月饼的费用；三是每月保管剩余月饼的费用。我们知道，四个月内正常生产月饼的数量为 $\sum_{i=1}^{4} x_i$，加班生产月饼的数量为 $\sum_{i=1}^{4} y_i$，需要库存保管的月饼数量为 $\sum_{i=1}^{4} s_i$。于是，可以将食品企业的月饼生产与库存费用总量表示成下面的线性函数(单位：万元)：

$$20\sum_{i=1}^{4} x_i + 30\sum_{i=1}^{4} y_i + 0.3\sum_{i=1}^{4} s_i$$

(3) **约束条件** 由于食品企业加工月饼的生产能力有限，并且月饼生产量、需求量以及库存量需要满足物流平衡方程，所以，我们将决策变量满足的约束条件分成三类：第一类约束是生产能力约束，即正常时间的月饼生产量 $x_i \leqslant 100$(单位：万块)，加班时间的月饼生产量 $y_i \leqslant 20$(单位：万块)；第二类约束是物流平衡约束，即每个月末的月饼库存量等于当月的月饼生产量和月初的月饼库存量之和，再减去当月的月饼销售量(需求量)，即

$$s_i = s_{i-1} + x_i + y_i - d_i, \quad i = 1,2,3,4$$

其中 $s_0 = s_4 = 0$，d_i 表示第 i 个月的月饼需求量；第三类约束是隐含约束，即所有的决策变量是非负实数。

综上所述，食品企业的月饼生产库存问题可以描述成如下的线性规划模型①：

$$\min 20\sum_{i=1}^{4} x_i + 30\sum_{i=1}^{4} y_i + 0.3\sum_{i=1}^{4} s_i$$

$$\text{s.t.}\begin{cases} x_i \leqslant 100 \\ y_i \leqslant 20 \\ s_1 = x_1 + y_1 - 50 \\ s_2 = s_1 + x_2 + y_2 - 130 \\ s_3 = s_2 + x_3 + y_3 - 150 \\ s_3 + x_4 + y_4 = 110 \\ x_i, y_i, s_i \geqslant 0, \quad i = 1,2,3,4 \end{cases} \tag{5-9}$$

5.2.2 混合问题

混合问题是指寻找生产某种产品所需原料的最佳搭配方式，以便减少生产成本、满足产品质量要求，取得最佳的生产效益（如经济上获取较大的利润，质量方面获得最佳的性能）。这类问题也称为配料问题或者配方问题，包括机械行业中合金生产的不同原料使用比例；石油行业中利用不同品质的原油炼化出不同型号的汽油、柴油等成品油；在化工行业中，通过使用不同的化工原料，生产化肥或者除草剂等化工产品；食品行业中，利用谷类、肉类、水果类等原料生产饮料、保健品；以及环保行业中，研究固体废物的最佳回收利用等类似的问题。

例 5-8　某材料加工企业用三种原材料 C、P、H，混合、调配、加工出三种不同规格的产品 A、B、D。根据市场需求，三种产品的规格要求和销售价格如表 5-12 所示。每天能够供应的原材料数量和单价如表 5-13 所示。如果产品 B 和 D 的最低生产量分别是 30 kg 和 20 kg，那么该企业应如何安排生产任务，既满足产品规格要求和原材料供应的约束，又能够获得最佳利润收入？

表 5-12　三种产品的规格要求和销售价格

产品名称	规格要求	单价/(元/kg)
A	原材料 C 不少于 50%，原材料 P 不超过 25%	50
B	原材料 C 不少于 25%，原材料 P 不超过 50%	40
D	不限	30

① 食品企业的最佳生产库存方案为：在 4 个月内，每月正常时间生产月饼 100 万块；第二、四个月加班生产月饼 10 万块，第 3 个月加班生产月饼 20 万块。这样，第一、二个月结束时，企业分别有 50 万、30 万块月饼库存。该方案对应着生产库存的总费用为 9224 万元。

表 5-13　三种原材料的日供应量和采购价格

原材料名称	每日供应量上限/kg	单价/(元/kg)
C	100	65
P	100	25
H	60	35

解　对于产品 A、B 和 D 来说，前两种产品的规格要求高，后两种产品的生产量有一定限制，这些条件都会影响到企业的生产任务安排。

假设在利用原材料加工产品的过程中没有材料的损耗。根据优化建模的三要素，我们将该实例的线性规划建模过程描述如下：

(1) **决策变量**　引入决策变量 x_{ij}，表示生产编号为 i 的产品，所需要编号为 j 的原材料数量，其中 $i=\mathrm{A,B,D}$，$j=\mathrm{C,P,H}$。

(2) **目标函数**　由于在加工过程中没有原材料的损耗，所以，产品 A 的生产量等于其所用的原材料数量。于是，该产品的生产量可以表示成线性函数 $x_{\mathrm{AC}}+x_{\mathrm{AP}}+x_{\mathrm{AH}}$。同理，可以写出描述产品 B 生产量的线性函数 $x_{\mathrm{BC}}+x_{\mathrm{BP}}+x_{\mathrm{BH}}$，以及描述产品 D 生产量的线性函数 $x_{\mathrm{DC}}+x_{\mathrm{DP}}+x_{\mathrm{DH}}$。

此外，我们还可以得到原材料使用量的表达式。如原材料 C 的使用量为 $x_{\mathrm{AC}}+x_{\mathrm{BC}}+x_{\mathrm{DC}}$，原材料 P 的使用量为 $x_{\mathrm{AP}}+x_{\mathrm{BP}}+x_{\mathrm{DP}}$，原材料 H 的使用量为 $x_{\mathrm{AH}}+x_{\mathrm{BH}}+x_{\mathrm{DH}}$。这些表达式都是决策变量的线性函数。根据表 5-12 给出的产品销售价格和表 5-13 给出的原材料采购价格，我们还可以得到，经过原材料采购、加工、产品销售之后，材料加工企业的利润函数如下：

$$
\begin{aligned}
z=&50(x_{\mathrm{AC}}+x_{\mathrm{AP}}+x_{\mathrm{AH}})+40(x_{\mathrm{BC}}+x_{\mathrm{BP}}+x_{\mathrm{BH}})+30(x_{\mathrm{DC}}+x_{\mathrm{DP}}+x_{\mathrm{DH}})-65(x_{\mathrm{AC}}+\\
&x_{\mathrm{BC}}+x_{\mathrm{DC}})-25(x_{\mathrm{AP}}+x_{\mathrm{BP}}+x_{\mathrm{DP}})-35(x_{\mathrm{AH}}+x_{\mathrm{BH}}+x_{\mathrm{DH}})\\
=&-15x_{\mathrm{AC}}+25x_{\mathrm{AP}}+15x_{\mathrm{AH}}-25x_{\mathrm{BC}}+15x_{\mathrm{BP}}+5x_{\mathrm{BH}}-35x_{\mathrm{DC}}+5x_{\mathrm{DP}}-5x_{\mathrm{DH}}
\end{aligned}
$$

(3) **约束条件**　决策变量需要满足的约束条件可以分成四类：

第一类约束是产品 B 和 D 的产量约束。如产品 B 的生产量(单位：kg)不少于 30 kg，可以表示成如下不等式：

$$x_{\mathrm{BC}}+x_{\mathrm{BP}}+x_{\mathrm{BH}}\geqslant 30$$

第二类约束是产品的规格要求。如对于产品 A 来说，“原材料 C 不少于 50%”可以表示成不等式

$$x_{\mathrm{AC}}\geqslant\frac{1}{2}(x_{\mathrm{AC}}+x_{\mathrm{AP}}+x_{\mathrm{AH}})$$

“原材料 P 不超过 25%”可以表示成不等式

$$x_{\mathrm{AP}}\leqslant\frac{1}{4}(x_{\mathrm{AC}}+x_{\mathrm{AP}}+x_{\mathrm{AH}})$$

同理，对于产品 B 的规格要求，也可以写出其对应的不等式约束。

第三类约束是原材料的使用量约束。因为原材料的每天供应量有限制，所以它们的使用量不能超过其日最大供应量。如原材料 C 的每天使用量(单位：kg)不超过 100 kg，可以表示成不等式

$$x_{AC}+x_{BC}+x_{DC}\leqslant 100$$

第四类约束是隐含约束，即所有决策变量是非负实数。

综上所述，材料加工企业的最佳生产安排，即利用何种原材料，利用多少原材料，以及如何搭配生产多少产品的问题，实际上对应着下面线性规划模型的最优解①：

$$\max z=-15x_{AC}+25x_{AP}+15x_{AH}+\cdots$$

$$\text{s.t.}\begin{cases}x_{BC}+x_{BP}+x_{BH}\geqslant 30\\x_{DC}+x_{DP}+x_{DH}\geqslant 20\\-x_{AC}+x_{AP}+x_{AH}\leqslant 0\\-x_{AC}+3x_{AP}-x_{AH}\leqslant 0\\-3x_{BC}+x_{BP}+x_{BH}\leqslant 0\\-x_{BC}+x_{BP}-x_{BH}\leqslant 0\\x_{AC}+x_{BC}+x_{DC}\leqslant 100\\x_{AP}+x_{BP}+x_{DP}\leqslant 100\\x_{AH}+x_{BH}+x_{DH}\leqslant 60\\x_{ij}\geqslant 0,\quad i=A,B,D,j=C,P,H\end{cases}\tag{5-10}$$

5.2.3 人力资源规划

人力资源规划也是线性规划模型与方法的一个重要应用场景，既包括人力资源数量的规划，也包括人员与工作任务的岗位匹配等多个方面。关于人员与工作任务的岗位匹配问题，可以参考本书后面章节关于平衡运输、分布变换、整数规划或者任务指派等相关问题的讨论。下面，我们主要讨论人力资源数量方面的需求规划。

例 5-9 （人力资源调度）假设双清保安中队实行 24 小时值班制度。中队人员分成四个班组，其中班组的工作时间分别为 0 时到 6 时、6 时到 12 时、12 时到 18 时、18 到深夜 24 时。假设每天每个保安需要值两个 6 小时班，其中值班的两个时间段可以是连续的，也可以是分开的。连续两个时间段值班的人员工资标准是 18 元/h，分开的两个值班时间段的人员工资标准是 24 元/h。假设双清保安中队值班时，每个班组需要的人员如表 5-14 所示。试问：保安中队应该如何安排值班人员，既满足每个时间段的值班人数需求，又能够使人员工资支出最少？

表 5-14 保安中队每个值班时间段所需求的人员数

值班时间段	0:00—6:00	6:00—12:00	12:00—18:00	18:00—24:00
人员需求数	8	20	18	15

解 根据优化建模的三要素分析方法，针对该实例，可以通过引入决策变量、描述目标函数，并且写出相应的约束条件，得到双清保安中队人力资源调度的线性规划模型。

① 材料加工企业的最佳生产任务安排为：$x_{AC}=92$，$x_{AP}=46.25$，$x_{AH}=46.25$，$x_{BC}=7.5$，$x_{BP}=15$，$x_{BH}=7.5$，$x_{DC}=0$，$x_{DP}=38.75$，$x_{DH}=0$，相应的每天最大利润为 731.25 元。

关于线性规划的建模过程，我们简述其要点如下：

（1）**决策变量** 双清保安中队所聘用人员可以分成六类，其中连续值班的人员有四类，不连续值班人员有两类。对于连续值班的人员，可以根据其第一个工作时间段进行标识。于是，我们引入决策变量 x_i，$i=1,2,3,4$，分别表示从 0:00、6:00、12:00、18:00 开始值班，并且连续工作两个班次的保安人数。此外，引入决策变量 x_j，$j=5,6$，分别表示在 0:00—6:00/12:00—18:00，以及 6:00—12:00/18:00—24:00 时段工作的保安人数。

（2）**目标函数** 根据连续两个 6 小时时段工作以及两个不连续时段工作的工资标准，计算出一个保安在连续两个 6 小时时段工作时，每天得到的工资为 18×12 元=216 元；在两个不连续时段工作时，每天得到的工资为 24×12 元=288 元。于是，每天用于支付保安工资的费用是一个线性函数（单位：元），定义如下：

$$z=216(x_1+x_2+x_3+x_4)+288(x_5+x_6)$$

（3）**约束条件** 决策变量满足的约束条件可以分成两类：一类是决策变量的隐含约束，即每类保安人数是非负的；另一类是在每个时段工作的保安人数不低于中队需求的人数。如在 0:00—6:00 工作的保安是由三部分组成的（包括在该时段开始，连续两时段工作的保安；在上个时段开始，连续两个时段工作的保安；以及在包含该时段的、两个不连续时段工作的保安），其总人数为 $x_1+x_4+x_5$，相应的约束条件为 $x_1+x_4+x_5\geqslant 8$。同理，可以写出在其他时段工作的保安人数，以及它所满足的线性不等式约束。

综上所述，在满足不同时段工作的保安人员数量需求下，双清保安中队可以选择一个工资费用最低的人员聘用方案。该方案是如下线性规划模型的最优解[①]：

$$\min z=216(x_1+x_2+x_3+x_4)+288(x_5+x_6)$$

$$\text{s.t.}\begin{cases}x_1+x_4+x_5\geqslant 8\\x_1+x_2+x_6\geqslant 20\\x_2+x_3+x_5\geqslant 18\\x_3+x_4+x_6\geqslant 15\\x_i\geqslant 0,\quad i=1,2,\cdots,6\end{cases}\tag{5-11}$$

5.3 线性规划模型的常见形式

本节我们将讨论线性规划模型的两种常见形式：一般形式和标准形式。在面对适合应用线性规划方法的实际问题时，人们利用六步骤分析方法或者建模表方法可以得到一个线性规划模型。此时，暂不考虑线性规划模型求解的方便程度，只是在形式上将约束条件、目标函数甚至决策变量，利用线性函数、等式或者不等式以及数学符号描述出来，它们对应着一般形式的线性规划模型。此后，在设计求解模型的算法时，通常假定模型具有一种特定的

---

① 双清保安中队需要聘用 30.5 人，相应的工资支出费用最少，每天 6912 元，其中第一、二、三时段开始需要的人数分别为 8 人、7.5 人和 10.5 人，每人需要参加两个时段的连续值班，另外，有 4.5 人参加第二、四时段的值班。值得说明的是，值班人数非整数是因为所建立的模型是线性规划模型，变量是连续变化的。对于其结果可以有两个方面的解读：其一，值班人数按照模型的结果进行有比例的调整或者调休；其二，将这个问题看成一个整数规划问题，要求变量是非负整数。关于整数规划的内容可以参考本书的后续相关章节。

形式，如单纯形算法应用于求解标准形式的线性规划模型。

5.3.1　一般形式

1. 约束的形式

在线性规划模型中，约束有三类基本形式：

(1) 第一类是变量约束，包括变量的符号约束(如非负变量或者非正变量)，以及变量的下界约束或者上界约束。

(2) 第二类是等式约束，即决策变量满足形如

$$c_1x_1+c_2x_2+\cdots+c_nx_n=d$$

的 n 元线性方程，其中 n 为决策变量的个数，c_i 为约束函数中决策变量的系数，d 为常数项(也称为约束右端项)。

(3) 第三类是不等式约束，形如

$$c_1x_1+c_2x_2+\cdots+c_nx_n\leqslant d$$

或者

$$c_1x_1+c_2x_2+\cdots+c_nx_n\geqslant d$$

其中不等式约束中符号的含义与等式约束的符号类似。

在上述三类约束中，不等式约束通常描述某种量之间的多少、大小关系，如重量、体积、容积、成分含量、投资额、贷款量、需求量、供应量、运输量、资源量、消耗量，等等。等式约束通常描述一种物质之间的某种守恒关系，如在产品生产和销售过程中，生产量、需求量和库存量之间存在物质平衡关系；在石油炼化过程中，不同成分的原油经过混合加工后，汽油、柴油等成品油的重量之间也存在物质平衡关系；在合金加工过程中，不同合金的元素含量保持总量平衡，等等。

2. 目标函数形式

在线性规划模型中，目标函数都是线性函数，形如

$$z=\boldsymbol{c}^{\mathrm{T}}\boldsymbol{x}=c_1x_1+c_2x_2+\cdots+c_nx_n$$

其中 $\boldsymbol{c},\boldsymbol{x}\in\mathbf{R}^n$ 为 n 维向量。在线性规划建模过程中，需要考虑目标函数的选择及其趋向性，例如，希望企业的利润最大，或者生产过程的成本最小，或者某个技术指标保持在某个范围内，等等。对于在实际问题建模过程中考虑的目标，通常有两种基本的表达形式，如极大化目标，$\max z$；或者极小化目标，$\min z$。

人们有时难以找到满足所有约束的可行解(此时，线性规划模型是不可行的)，就需要考虑建立实际问题的目标规划模型。在这种情况下，问题的目标不是单纯地考虑其极大化或者极小化，而是希望目标达到某种水平或者在某个范围内。因此，需要对目标函数进行适当的变形，使之满足求解实际问题的需要。如果希望线性函数 $f(x)=c_1x_1+c_2x_2+\cdots+c_nx_n$，满足不等式

$$b\leqslant f(x)\leqslant d$$

那么，可以将该不等式表示成

$$f(x)-\delta_1^++\delta_2^+=b$$

$$f(x)-\delta_3^++\delta_4^+=d$$

其中 $\delta_i^+ \geqslant 0, i=1,2,3,4$ 称为偏差变量。此时，优化的过程就是控制偏差的过程，特别地，极小化目标函数 $\delta_2^+ + \delta_3^+$，就是尽可能地找到满足如上不等式的最优解或者最接近满足它的满意解。关于线性目标规划的讨论，可以查看第 6 章中关于线性目标规划问题的讨论。

3. 决策变量形式

在线性规划模型中，决策变量有三种基本形式：非负变量、非正变量以及符号可以自由变化的变量(简称为自由变量)。值得指出的是，自由变量可以分解成两个非负变量之差；有下界或者上界约束的变量可以通过变量的平移，转化成新的非负变量，或者非正变量。在讨论求解线性规划的单纯形算法时，这种变量替换的方法是非常有效的求解技巧。

综上所述，线性规划的一般形式可以表示成下面的数学模型：

$$\max\ (\text{or}\ \min)\quad c_1x_1+c_2x_2+\cdots+c_nx_n$$

$$\text{s.t.}\begin{cases} a_{11}x_1+a_{12}x_2+\cdots+a_{1n}x_n \leqslant (\geqslant,=) b_1 \\ a_{21}x_1+a_{22}x_2+\cdots+a_{2n}x_n \leqslant (\geqslant,=) b_2 \\ \qquad\vdots \\ a_{m1}x_1+a_{m2}x_2+\cdots+a_{mn}x_n \leqslant (\geqslant,=) b_m \\ x_i \geqslant 0,\quad i\in I,\quad x_j \leqslant 0,\quad j\in J,\quad x_k\in \mathbf{R},\quad k\in K \end{cases} \tag{5-12}$$

其中 $\mathbf{R}$ 表示实数集合，I、J 和 K 为决策变量的下标集合，并且 $I\cup J\cup K=\{1,2,\cdots,n\}$。

5.3.2 标准形式

1. 标准形式的含义

线性规划的标准形式是指满足如下四个条件的线性规划模型：

(1) 所有决策变量都是非负的；

(2) 所有非变量符号的约束都是等式约束；

(3) 模型的目标是极小化一个线性函数；

(4) 等式约束的常数项位于等号的右端，并且是非负实数。

于是，线性规划的标准形式可以表示成

$$\min z = c_1x_1+c_2x_2+\cdots+c_nx_n$$

$$\text{s.t.}\begin{cases} a_{11}x_1+a_{12}x_2+\cdots+a_{1n}x_n = b_1 \\ a_{21}x_1+a_{22}x_2+\cdots+a_{2n}x_n = b_2 \\ \qquad\vdots \\ a_{m1}x_1+a_{m2}x_2+\cdots+a_{mn}x_n = b_m \\ x_i \geqslant 0,\quad i=1,2,\cdots,n \end{cases} \tag{5-13}$$

其中 $b_j \geqslant 0, j=1,2,\cdots,m$。在线性规划模型的标准形式(5-13)中，等式约束的常数项也称为右端项。值得指出的是，有些讨论线性规划的书籍或者文章提到模型的标准形式时，将极小化目标 $\min z$ 替换成极大化目标 $\max z$，或者对右端项的符号不作要求。这些情形只是模型标准形式约定方面的差异，不存在本质性差异，如对于极大化目标，可以将目标函数乘以 -1，转换成极小化目标；对于右端项小于零的等式约束，可以将约束两边同乘以 -1，使得新的等式约束的右端项为正数。

线性规划模型标准形式的通用要求是：等式约束和非负决策变量。为了讨论方便起见，在本书中我们约定：线性规划的标准形式是指形如(5-13)的线性规划模型，同时，把模型(5-13)的其他变形，即对某些条件进行放松之后的模型，统称为准标准形式。

2. 转化为标准形式

下面，以模型(5-3)和模型(5-4)为例，说明如何将任意一个线性规划模型转化为标准形式。

首先，对于目标函数来说，模型(5-3)的极大化目标 $\max z=2x_1+3x_2$，可以等价地变换成极小化目标 $\min(-z)=-2x_1-3x_2$，这是因为 $(-1)\times\min(-z)=\max z$。此时，原来模型的最优解保持不变，目标函数的最优值只是和标准形式的最优值相差一个符号。对于模型(5-4)来说，极小化目标保持不变。

其次，对于不等式约束来说，可以通过引入新的变量，提升约束函数的定义空间，使原来的不等式约束等价于高维空间中某个等式约束。如在模型(5-3)中，不等式约束 $x_1+2x_2\leqslant 8$ 等价于 $x_1+2x_2+s_1=8$，其中 $s_1\geqslant 0$ 是一个新引入的变量，称为松弛变量。此时，原来的约束函数 x_1+2x_2 定义在二维空间，就可以提升到三维空间，转换成 $x_1+2x_2+s_1$。这种处理技巧，可以参见前面关于目标函数形式的讨论，在那里，为了使模型的目标达到某个范围，我们引入了合适的偏差变量。

同理，对于模型(5-3)中的其他不等式约束，也可以引入新的松弛变量，进一步提升约束函数定义空间的维数。通过这种方式，模型(5-3)就转化为一个等价的标准形式

$$
\min -z=-2x_1-3x_2
$$

$$
\text{s. t.}\begin{cases}x_1+2x_2+s_1=8\\4x_1+3x_2+s_2=16\\3x_1+5x_2+s_3=15\\x_1\geqslant 0,x_2\geqslant 0,s_i\geqslant 0,\quad i=1,2,3\end{cases}\tag{5-14}
$$

在模型(5-4)中，对于不等式约束

$$
0.2x_1+0.4x_2+0.1x_3+0.2x_4\geqslant 1.6
$$

可以引入一个新的变量 $e_1\geqslant 0$，使不等式约束等价于线性等式约束

$$
0.2x_1+0.4x_2+0.1x_3+0.2x_4-e_1=1.6
$$

这个新引入的变量称为剩余变量，它将原来的约束函数从其定义的四维空间提升到五维空间。同理，对于模型(5-4)中的其他不等式约束，也可以引入新的剩余变量，进一步提升约束函数定义空间的维数。通过这种提升空间维数的变换技巧，可以将模型(5-4)等价地转化为如下标准形式的线性规划模型：

$$
\min z=1.2x_1+2x_2+0.6x_3+1.1x_4
$$

$$
\text{s. t.}\begin{cases}0.2x_1+0.4x_2+0.1x_3+0.2x_4-e_1=1.6\\3x_1+2x_2+x_3+3x_4-e_2=12\\5x_1+2x_2+x_3+4x_4-e_3=10\\x_i\geqslant 0,e_j\geqslant 0,\quad i=1,2,3,4,j=1,2,3\end{cases}\tag{5-15}
$$

需要说明的是，对于一个一般的线性约束来说，当右端项是负数时，可以先将原来的约束两边同乘以-1，得到一个右端项为正数的等价约束(等式约束，或者不等式约束)。此时，

对于等价的不等式约束，再引入松弛变量或者剩余变量，提升约束函数的定义空间。通过这种技巧，就可以将原来的右端项为负数的约束最终转化成一个等价的、右端项为正数的等式约束。此外，若决策变量是非正的，即 $x\leqslant 0$，则引入新的变量 $y=-x$，替换原来的变量。于是，得到非负变量 $y\geqslant 0$。对于无符号限制的自由变量 $x\in \mathbf{R}$，可以引入两个非负变量 $y_1\geqslant 0, y_2\geqslant 0$，使得 $x=y_1-y_2$，然后代入原来的线性规划模型，得到包含两个非负变量 y_1, y_2，但不包含自由变量 x 的等价模型。

综上所述，通过引入松弛变量、剩余变量或者采取自由变量替换、非正变量反转等约束条件的处理技巧，必要时，同时采取目标函数替换的方式，可以将任意一个线性规划模型转换成等价的标准形式。

5.4 求解线性规划问题的图解法

求解线性规划问题有三种常用方法：一是图解法，它适用于求解两个决策变量和特殊的三个决策变量的线性规划模型；二是利用计算机和优化软件求解线性规划模型，这种方法通常可用于求解决策变量和约束条件都比较多的模型；三是设计求解线性规划模型的算法，并且利用数值计算等基础软件，实现算法的基本运算和优化迭代功能，从而求出模型的最优解和最优值，或者对模型的可行性进行判断。

本节主要介绍求解线性规划问题的图解法，其他两种方法在本书后面的相应章节中讨论。

5.4.1 可行域及作图

我们以企业生产计划对应的线性规划模型(5-3)为例，说明线性规划问题的可行域组成及作图方法。

在线性规划模型(5-3)中，有两个决策变量 x_1 和 x_2，我们把它们分别看成横坐标和纵坐标，并且用二维向量 $\boldsymbol{x}=(x_1, x_2)^{\mathrm{T}}$ 表示一个生产计划对应的决策方案。该方案在平面 $\mathbf{R}^2$ 中对应着一个点。如图 5-2 中 A 点或者 B 点。决策方案对应的点需要满足一定的约束条件，等式约束对应着二维空间中的直线，不等式约束对应着二维空间中的半平面。

线性规划模型(5-3)的可行域是指满足其所有约束条件的决策变量取值的集合。可行域上的点称为可行点，如图 5-2 所示中 B 点是可行点，但是 A 不是可行点。在平面中，线性规划模型(5-3)的可行域可以用一个多边形区域来表示，如图 5-2 所示的阴影部分。通常，可行域也可以表示成若干个线性等式或者不等式组成的线性系统的解集合，例如，

$$D=\{\boldsymbol{x}=(x_1, x_2)^{\mathrm{T}} \mid x_1+2x_2\leqslant 8, 4x_1+3x_2\leqslant 16, 3x_1+5x_2\leqslant 15, x_1\geqslant 0, x_2\geqslant 0\}$$

该可行域总共有五个约束，每个约束的外法向用带箭头的短线表示，参见图 5-2 中直线附近的方向。容易看出，在定义可行域的约束中，第一个约束 L_1 是多余的，其微小的变动(平移或者转动)不会影响可行域的大小。

为了画出线性规划模型(5-3)可行域的示意图，需要遵循三个主要步骤：

(1) 对于每一个线性等式或者不等式约束，画出它们对应的直线(相当于找到满足线性等式的点的集合)。

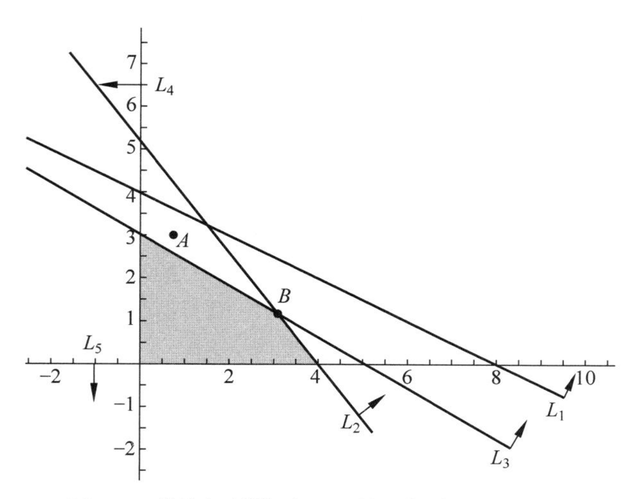

图 5-2　线性规划模型(5-3)的可行域(阴影部分)

(2) 判断满足线性规划所有约束的点(即模型的可行点)与所画出的直线的相对位置关系。例如,可行点在所画直线上,还是所画直线某一侧? 位于直线的左侧,还是右侧? 位于直线的上方,还是下方? 此外,标识出模型的所有可行点与可行域对应的约束直线之间的位置关系。如标识出可行域边界的外法向,以此说明可行点位于约束直线外法向相反的一侧。

(3) 找出满足所有约束的点所构成的区域,并标识出来。这就是所要画出的线性规划模型的可行域。

在线性规划模型的可行域中,满足等式约束的点位于约束直线上,满足不等式约束的点位于约束直线的一侧,相应的区域称为半平面(或者半空间)。由于直线也可以看成两个半平面的交集,所以,线性规划模型(5-3)的可行域是若干个半平面的交集。

同理,对于下面的极小化线性规划模型:

$$\min z = 18x_1 + 15x_2$$

$$\text{s.t.}\begin{cases}2x_1 + 3x_2 \geqslant 5\\3x_1 + 2x_2 \geqslant 6\\x_1 \geqslant 0, x_2 \geqslant 0\end{cases} \tag{5-16}$$

可以画出其可行域,如图 5-3 所示。容易看出,模型(5-16)的可行域是一个无界区域。它总共有四个约束,在图 5-3 中,每个约束边界的外法向是用带箭头的短线来表示的。

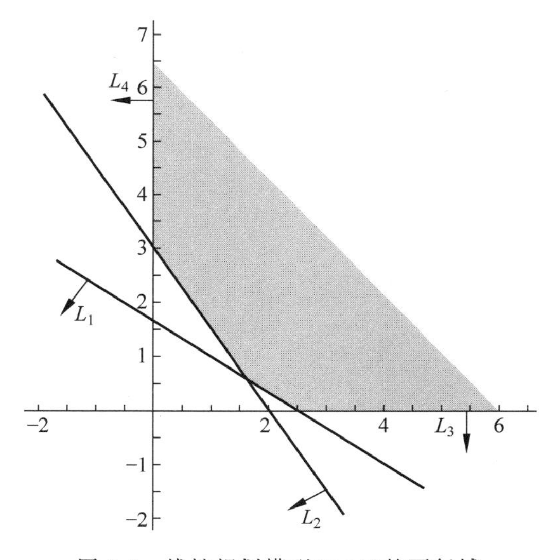

图 5-3　线性规划模型(5-16)的可行域

5.4.2　图解法

线性规划模型的图解法是指利用作图的方法,画出模型的可行域和目标函数的等值线;根据可行域与等值线的关系,以及目标函数的优化方向,通过移动目标函数的等值线,寻找模型的最优解和最优值，或者判断模型最优解的存在性。

具体来说，首先，画出线性规划模型的可行域。在此基础上，再画出目标函数的等值线。其次，根据目标函数的等值线与可行域的相对位置关系，以及目标函数是需要极大化还是极小化确定目标函数等值线的平移方向。最后，移动目标函数的等值线，使之与模型的可行域处于一种“若即若离”的临界状态：一方面，可行域位于目标函数等值线的闭半空间中，并且目标函数的优化方向为可行域的外法向；另一方面，目标函数的等值线与可行域的边界有相交的点。这种“若即若离”的临界状态就是目标函数等值线的最优状态。此时，目标函数等值线上的可行点都是线性规划模型的最优解，相应的目标函数值即为模型的最优值。

下面，我们分别以模型(5-3)和模型(5-16)为例，说明一下图解法求解线性规划问题的过程。

例 5-10 利用图解法，求解例 5-2 所对应的线性规划极大化模型(5-3)。

解 利用图解法求解线性规划模型(5-3)，首先，画出模型的可行域，参见前面的图 5-2。在此基础上，画出目标函数的等值线，我们将可行域与等值线叠加起来，如图 5-4 所示，其中等值线 z_1、z_2、z_3 的法向取为目标函数的极大化方向，即目标函数的梯度方向。

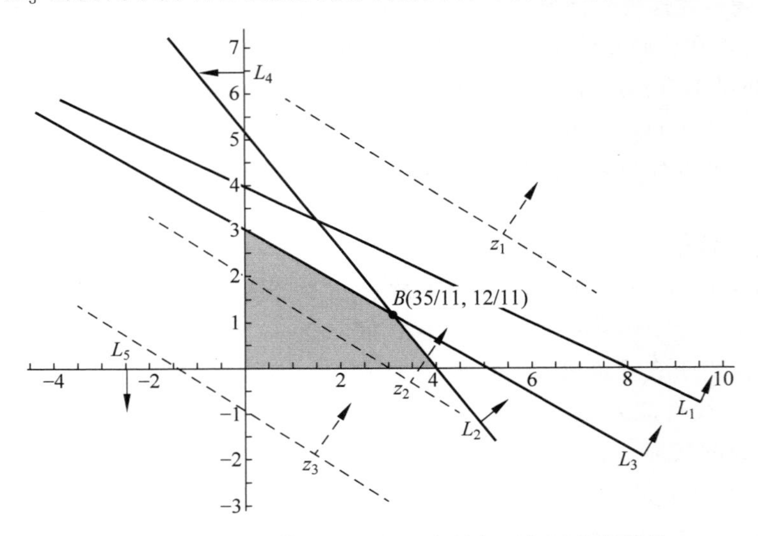

图 5-4 线性规划模型(5-3)的可行域与目标函数等值线

其次，确定目标函数的等值线与可行域的相对位置关系。通常，等值线与可行域存在相交或者不相交两种情形。对于相交的情形，只有一种状况：等值线穿越可行域的内部或者边界点，如 $2x_1+3x_2=z_2$。对于不相交的情形，还可以细分为两种状况：一是等值线位于可行域的右上方，如 $2x_1+3x_2=z_1$，即可行域位于等值线的负半空间中；二是等值线位于可行域的左下方，如 $2x_1+3x_2=z_3$，此时，可行域位于等值线的正半空间中。

然后，基于等值线与可行域的相对位置关系，根据目标函数等值线的极大化方向(法向)，确定等值线的移动方向。如当等值线与可行域相交时，或者当等值线位于可行域的左下方(可行域在等值线的正半空间中)，二者没有交点时，需要沿着等值线的梯度方向(即目标函数的极大化方向)移动，以便使目标函数的取值得到改进(增加)。与此对应的是，当等值线与可行域没有交点，并且位于可行域的右上方时，需要沿着等值线的负梯度方向移动，以便找到使目标函数值得到改进(减小)的可行点。

最后，寻找目标函数的等值线与可行域"若即若离"的临界状态：一方面，二者存在交点；另一方面，可行域位于等值线的负半空间中(对于极大化问题而言)。也就是说，在图 5-4 中，找到经过第二个约束 L_2 与第三个约束 L_3 交点(B 点)的目标函数等值线，此等值线对应着目标函数的约束最优状态。交点 B 是线性规划模型(5-3)的最优点，对应着企业的最优生产计划：生产$\frac{35}{11}\approx 3.18$ 单位的产品 Ⅰ，生产$\frac{12}{11}\approx 1.09$ 单位的产品 Ⅱ。模型(5-3)的最优值为 $2\times\frac{35}{11}+3\times\frac{12}{11}=\frac{106}{11}\approx 9.64$，这说明最优的生产计划可以使企业获利约 964 元。

例 5-11　利用图解法，求解线性规划的极小化模型(5-16)。

解　首先，参见图 5-3 给出的线性规划模型(5-16)的可行域。在此基础上，画出模型(5-16)的目标函数等值线，如图 5-5 所示，其中等值线的法向取为目标函数的极小化方向，即目标函数的负梯度方向$(-18,-15)^{\mathrm{T}}$。

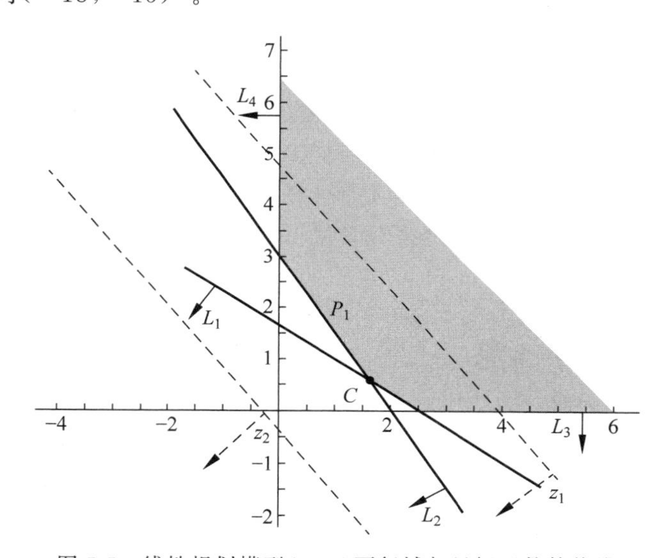

图 5-5　线性规划模型(5-16)可行域与目标函数等值线

其次，确定目标函数的等值线与可行域的相对位置关系。等值线与可行域存在相交或者不相交两种情形。对于相交的情形，等值线穿越可行域的内部或者边界，如直线 $18x_1+15x_2=z_1$。对于不相交的情形，等值线位于可行域的左下方，如 $18x_1+15x_2=z_2$。此时，可行域位于等值线的负半空间中。注意到，模型(5-16)的可行域是无界的、由多边形所围成的区域，所以目标函数等值线与可行域不相交的情形只有一种状况。

再次，基于等值线与可行域的相对位置关系，根据目标函数等值线的极小化方向，确定等值线的移动方向。如当等值线与可行域相交时，沿着等值线的法向(即目标函数的负梯度方向)移动，以便使目标函数的取值得到改进(减小)；当等值线与可行域没有交点(可行域位于等值线的负半空间)时，沿着等值线法向的相反方向(即目标函数的梯度方向)移动，以便找到使目标函数的取值得到改进(增加)的可行点。

最后，寻找目标函数等值线与可行域"若即若离"的临界状态：一方面，二者存在交点；

另一方面，可行域位于等值线的负半空间中。也就是说，在图 5-5 中，找到经过第一个约束 L_1 与第二个约束 L_2 交点（即 C 点）的目标函数等值线，则交点 C 就是线性规划模型(5-16)的最优点，相应的最优解为 $\left(\frac{8}{5},\frac{3}{5}\right)^{\mathrm{T}}$，最优值为 $\frac{189}{5}$。

下面我们将上述图解法过程进行总结，给出图解法求解线性规划模型的实施步骤：

步骤一：画出线性规划模型的可行域。在可行域为空集时，模型不存在可行点。

步骤二：画出目标函数的等值线，并判断目标函数的等值线与可行域的相对位置关系，如它们有交点，或者没有交点。

步骤三：根据目标函数的优化方向（极大化或者极小化），以及模型可行域与等值线的位置关系，确定目标函数等值线的平移方向。为了方便起见，通常可以将目标函数等值线的法向取为目标函数的优化方向。

① 当目标函数等值线与可行域有交点时，沿着它的法向（优化方向）移动等值线。

② 当目标函数等值线与可行域没有交点时，若可行域位于等值线法向所指的半空间内，则沿着等值线的法向（优化方向）移动它；否则，沿着等值线的负法向移动它。

步骤四：持续地移动目标函数的等值线，使之与模型的可行域处于一种相交的临界状态，即"若即若离"状态：一方面，目标函数的等值线与可行域有相交的边界点；另一方面，可行域位于目标函数等值线法向所指的半空间区域的外部。此时，目标函数等值线与可行域的交点就是线性规划模型的最优点，相应的目标函数值即为模型的最优值。值得指出的是，当无法找到这样的"若即若离"临界状态时，模型的目标函数在可行域内是无界的，即模型的最优值不存在，最优解也不存在。

5.4.3 若干可能情形

下面，我们以线性规划模型(5-3)和模型(5-16)及其可行域为基础，说明线性规划模型可能出现的四种基本情形，即存在唯一最优解、存在无穷个最优解、目标函数无界以及不存在可行解等情形。当然，对于模型(5-3)和模型(5-16)来说，目标函数或者约束条件中决策变量的系数需要有一定的变化，后三种情形才有可能出现。

1. 存在唯一最优解

根据图解法容易看出，线性规划模型(5-3)和模型(5-16)都存在唯一最优解，其中前者的最优解为 $x_1=\frac{35}{11}\approx 3.18$，$x_2=\frac{12}{11}\approx 1.09$，最优值为 9.64；后者的最优解为 $x_1=1.6$，$x_2=0.6$，最优值为 37.8。

模型存在唯一最优解的特征是：在最优点处，目标函数等值线与可行域有唯一的交点，并且可行域位于目标等值线的负半空间中（对于极大化模型，目标函数的等值线法向是它的梯度方向，参见图 5-4；对于极小化模型，目标函数的等值线法向是它的负梯度方向，参见图 5-5）。

2. 存在无穷多个最优解

在线性规划模型(5-3)中，如果目标函数修改为 $3x_1+5x_2$，那么相应模型有多个最优解，例如，$x_1=0$，$x_2=3$ 和 $x_1=\frac{35}{11}\approx 3.18$，$x_2=\frac{12}{11}\approx 1.09$ 都是最优解，它们分别对应着

图 5-6 中的点 $A(0,3)$ 和点 $B(35/11,12/11)$，相应的最优值为 15。实际上，此种情形包含着无穷多个最优解，如图 5-6 中粗的等值线 $z=3x_1+5x_2$（虚线）所示。

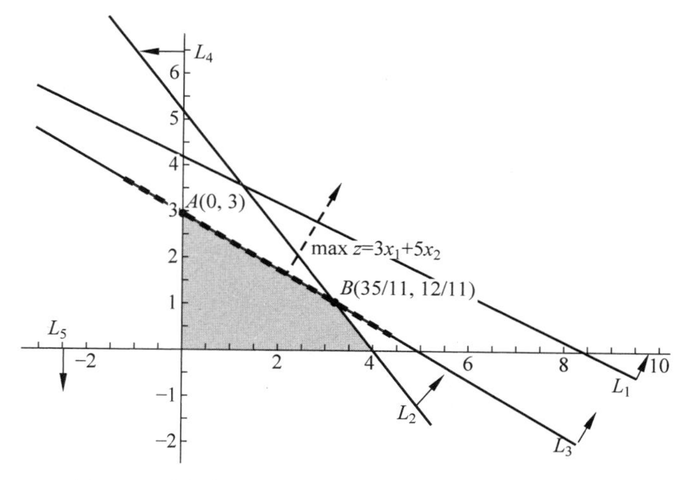

图 5-6　线性规划极大化模型的可行域与多个最优解

同理，在线性规划模型(5-16)中，如果目标函数修改为 $3x_1+2x_2$，那么相应模型也有多个最优解，如 $x_1=0,x_2=3$ 和 $x_1=1.6,x_2=0.6$ 都是最优解，它们分别对应着图 5-7 所示中的点 $A(0,3)$ 和点 $B(1.6,0.6)$，相应的最优值为 6。实际上，此种情形也包含着无穷多个最优解，如图 5-7 所示中粗的等值线 $z=3x_1+2x_2$（虚线）所示。

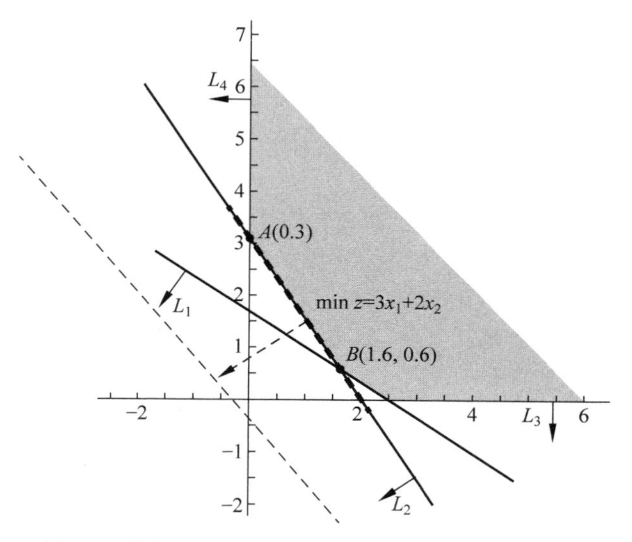

图 5-7　线性规划极小化模型的可行域与多个最优解

对于上述线性规划模型来说，由于目标函数和约束函数都是线性的，所以在两个不同最优解的连线上所有的中间点都是可行的，并且具有相同的目标函数值。

3. 目标函数最优值无界

如果一个线性规划模型的目标函数最优值是无界的，那么它的可行域一定是无界集合。

这样，我们考虑形如线性规划模型(5-16)的可行域，如图 5-8 所示。

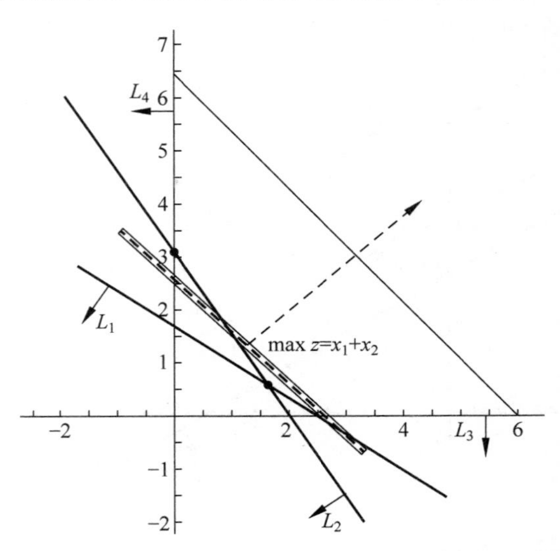

图 5-8 线性规划可行域的无界性与最优值无界

在图 5-8 所示的模型可行域上，我们考虑极大化目标 max $z=x_1+x_2$。容易看出，在平面直角坐标系中，沿着第一象限的角分线方向存在一条射线，其上的点都是可行点，例如，令 $x_1=t$，$x_2=t$，其中 $t\geqslant 1.2$。由于该射线上的点都是可行点，所以它们对应的目标函数取值为 $2t$，随着 t 的增加而不断地增加。因此，线性规划模型

$$\max z=x_1+x_2$$

$$\text{s. t.}\begin{cases}2x_1+3x_2\geqslant 5\\3x_1+2x_2\geqslant 6\\x_1\geqslant 0,x_2\geqslant 0\end{cases}$$

不存在有限的最优值，即存在一个可行点的序列，其对应的目标函数值严格单调增加，并且没有上界。此种情形的可行域与最优值无界性如图 5-8 所示。

同理，将模型(5-16)的极小化目标 min $18x_1+15x_2$ 替换为极大化目标 max $18x_1+15x_2$，相应的线性规划模型也是无界的，即在优化过程中，对目标函数的改进量没有上界，其取值单调增加，趋向于无穷大。

4. 模型的可行域为空集

在线性规划模型(5-16)中，如果增加一个新的约束 $x_1+x_2\leqslant 2$，则得到如下形式的线性规划模型：

$$\min z=18x_1+15x_2$$

$$\text{s. t.}\begin{cases}2x_1+3x_2\geqslant 5\\3x_1+2x_2\geqslant 6\\x_1+x_2\leqslant 2\\x_1\geqslant 0,x_2\geqslant 0\end{cases}$$

此时，将前两个不等式约束相加，可以得到一个等价的不等式约束 $x_1+x_2\geqslant 2.2$，它对应的

正半空间和第三个不等式约束对应的负半空间之间没有共同的交点。也就是说，该线性规划模型没有满足所有约束的点，其可行域是空集。这样的线性规划模型称为不可行的。

综上所述，任意一个线性规划模型可以归类于下述四种情形之一：可行域为空集；目标函数最优值无界；存在唯一最优解；存在无穷多个最优解。

5.5 求解线性规划问题的其他方法

在应用运筹学方法的过程中，建立实际问题的运筹学模型(包括线性规划、整数规划、非线性规划等)，并且利用优化软件分析、求解相应的模型，是两个比较重要的定量分析环节。特别地，在考虑具有一定场景的实际问题时，由于问题规模通常比较大，更需要借助于某种优化软件，才能分析与求解描述实际问题的运筹学模型。

本节通过一些算例说明利用优化软件求解线性规划模型的要领。关于几种优化软件的简介，可以参见相关的操作手册或者书后的附录 A。

5.5.1 Excel 的规划求解功能

例 5-12 试利用 Excel 软件的“规划求解”加载宏功能，求解例 5-2 描述的企业生产计划问题，即在利用设备时间和消耗原材料数量不超过现有各类资源总量的条件下，如何确定产品Ⅰ和产品Ⅱ的最优生产量，使企业获得最大的利润？

解 我们知道，例 5-2 中的企业生产计划问题可以描述成一个线性规划模型，参见模型(5-3)，这个模型包括决策变量、约束条件和目标函数三个组成要素。

利用“规划求解”的功能求解该模型，需要在 Excel 中输入模型参数，并且指明参数之间的关联性，以便明确模型的三个要素。然后，启动“规划求解”加载项，获得模型的最优解、最优值，以及其他重要信息。

下面，我们简要介绍一下使用“规划求解”的方法和步骤。

第一步：启动 Excel，仿照模型的结构，在表格的适当位置输入模型中约束的系数矩阵 $\boldsymbol{A}$，约束的右端项 b，以及目标函数中表示产品边际利润的决策变量的系数向量 $\boldsymbol{c}$，如图 5-9 所示。对于给定的实例来说，在图中表格的 B2:C2 单元格分别存放产品Ⅰ和产品Ⅱ的生产量(即决策变量 x 的取值)；B4:C6 单元格存放系数矩阵 $\boldsymbol{A}$；F4:F6 单元格存放约束右端项 b；单位产品的边际利润 $\boldsymbol{c}$ 存放在 B9:C9 单元格。图 5-9 中生产量的数值表示初始值，读者也可以输入其他的数值。

	A	B	C	D	E	F
1	自变量	产品Ⅰ	产品Ⅱ			
2	生产量	1	1			
3	约束	边际消耗Ⅰ	边际消耗Ⅱ			资源总量
4	设备台时	1	2	3	<=	8
5	原材料A	4	3	7	<=	16
6	原材料B	3	5	8	<=	15
7						
8	目标	边际利润Ⅰ	边际利润Ⅱ			
9	总利润	200	300	500		

图 5-9 Excel 规划求解的参数输入

第二步：利用给定的参数和决策变量，表示约束函数和目标函数。例如，D4 单元格表示生产产品Ⅰ和产品Ⅱ所使用的设备时间，其数值是根据单元格 B2:C2 和 B4:C4 的数值计算出来，相当于 x_1+2x_2（单位：台时）。同理，D5 和 D6 单元格分别表示生产产品Ⅰ和产品Ⅱ使用的原材料数量，它们是根据单元格 B2:C2 和 B5:C6 的数值计算出来的，分别相当于 $4x_1+3x_2$（单位：kg）和 $3x_1+5x_2$（单位：kg）。此外，单元格 D9 表示销售产品所获得的利润，它是根据单元格 B2:C2 和 B9:C9 的取值计算出来的，相当于 $2x_1+3x_2$（单位：百元）。在计算过程中，可以调用 Excel 软件中定义的函数 SUMPRODUCT()，利用其功能，计算参数向量与决策变量的点积。

第三步：启动"规划求解"加载宏，并建立起单元数据之间的关联性。如果已经加载"规划求解"，那么只需在"数据"菜单的分析类别项中单击"规划求解"即可。如果"规划求解"命令没有出现在"分析"类别中，则需要加载宏程序，安装"规划求解"[①]。

在"规划求解参数"对话框中，设定线性规划模型的有关参数，如图 5-10 所示。在此对话框中，有三个关键的内容：①设定目标函数所在的单元格位置，对应着"设置目标"，并且选择"最大值"表示极大化目标函数。②指定决策变量所在的单元格位置，对应着"可变单元格"（决策变量）。③定义模型的约束，通过"添加""更改"和"删除"等按钮，将线性规划模型中非负变量之外的约束描述清楚。对于非负变量约束，可以通过"使用无约束变量为非负数"功能实现。

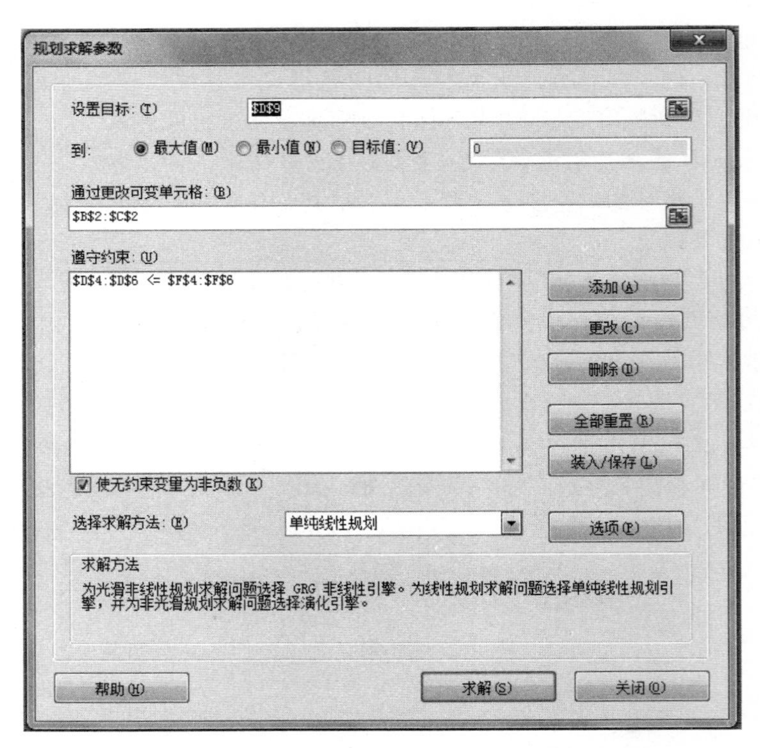

图 5-10　Excel 规划求解参数的设定窗口

① 打开"文件"菜单，找到"加载项"中"规划求解"加载宏，安装并运行即可。

第四步：选用“单纯线性规划”求解方法，单击“求解”按钮，即可以获得线性规划模型的运算结果报告等输出结果，如图 5-11 所示。

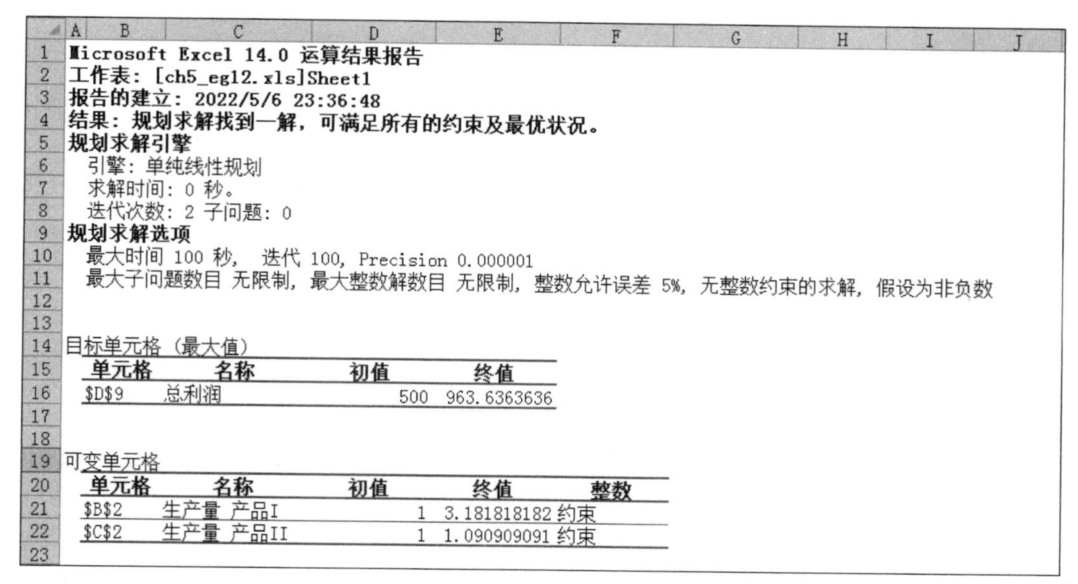

Microsoft Excel 14.0 运算结果报告
工作表：[ch5_eg12.xls]Sheet1
报告的建立：2022/5/6 23:36:48
结果：规划求解找到一解，可满足所有的约束及最优状况。
规划求解引擎
　引擎：单纯线性规划
　求解时间：0 秒。
　迭代次数：2 子问题：0
规划求解选项
　最大时间 100 秒，　迭代 100，Precision 0.000001
　最大子问题数目 无限制，最大整数解数目 无限制，整数允许误差 5%，无整数约束的求解，假设为非负数

目标单元格（最大值）

单元格	名称	初值	终值
$D$9	总利润	500	963.6363636

可变单元格

单元格	名称	初值	终值	整数
$B$2	生产量 产品I	1	3.181818182	约束
$C$2	生产量 产品II	1	1.090909091	约束

图 5-11　利用 Excel 求解例 5-2 的运算结果报告

从运算结果报告中可以看出(参见图 5-11)，企业最优的生产计划是：生产 3.18 单位的产品Ⅰ和 1.09 单位的产品Ⅱ，获得的最大利润为 963.64 元。此时，原材料 A 和 B 恰好能够利用完。

5.5.2　LINDO 和 LINGO 优化求解举例

例 5-13　试利用 LINDO 和 LINGO 软件求解例 5-3 的安慰剂生产配方问题，即如何确定安慰剂配方中每种食材的使用量，既能够使每份安慰剂中维生素 B、维生素 C 以及蛋白质的含量达到最低要求，又能够使得安慰剂的生产成本最低？

解　根据 LINDO 编程规则，可以将安慰剂生产配方的线性规划模型(5-4)写成如下形式：

```
min 1.2x1 + 2x2 + 0.6x3 + 1.1x4
subject to
0.2x1 + 0.4x2 + 0.1x3 + 0.2x4 > = 1.6
3x1 + 2x2 + x3 + 3x4 > = 12
5x1 + 2x2 + x3 + 4x4 > = 10
end
```

其中变量非负性是程序的默认设置。

上面代码是一个可以执行的 LINDO 程序。通过调用 LINDO 软件的 SOLVE 功能，能够获得线性规划模型费用最小的安慰剂生产配方，即使用 3 个单位的食材 B 和 2 个单位的食材 D，可以生产一份安慰剂，只需要 8.2 元。该生产配方能够保证每份安慰剂中维生素 B、维生素 C 和蛋白质的含量满足最低要求。

如果利用 LINGO 软件求解线性规划模型(5-4)，那么可以将该模型写成如下 LINGO 建模语言形式：

```
model:
sets:
food/1..4/:c,x;
nutrient/1..3/:b;
link(nutrient,food):a;
endsets
min=@sum(food:c*x);
@for(nutrient(I):@sum(food(J):a(I,J)*x(J))>=b(I));
data:
a = 0.2,0.4,0.1,0.2,3,2,1,3,5,2,1,4;
b = 1.6,12,10;
c= 1.2,2,0.6,1.1;
enddata
end
```

其中程序分成三个部分：第一部分是从 sets 到 endsets 定义模型变量和参数以及下标集合；第二部分是语句 min=@sum(food: c*x)定义目标函数，其他的语句定义约束条件；第三部分是 data…enddata 给模型参数赋值。在 LINGO 模型中，变量的非负性也是一个隐含设置。

上述代码是一个可以执行的 LINGO 程序。通过调用 LINGO 软件的 SOLVE 功能，也能够获得模型(5-4)的最优结果。

5.5.3 数值求解举例及单纯形法

1. 基于标准形式的最优性判据

下面以线性规划模型(5-3)的标准形式为例，讨论求解线性规划问题的数值方法。数值求解线性规划模型的核心问题是：对于满足约束条件的一个可行解，如何判断它是否是最优的？

为了方便起见，将线性规划模型(5-3)的标准形式(5-14)等价地表示成如下形式：

$$\min -z=-2x_1-3x_2$$

$$\text{s.t.}\begin{cases}x_1+2x_2+x_3=8\\4x_1+3x_2+x_4=16\\3x_1+5x_2+x_5=15\\x_1\geqslant 0,\cdots,x_5\geqslant 0\end{cases}$$

其中 x_3、x_4、x_5 为松弛变量。记模型标准形式的决策变量 $\boldsymbol{x}=(x_1,\cdots,x_5)^{\mathrm{T}}$，容易看出，$\boldsymbol{x}^0=(0,0,8,16,15)^{\mathrm{T}}$ 是模型标准形式的一个可行解。于是，从这个初始可行解出发，我们说明求解线性规划问题数值方法的一般过程，以及基于标准形式，给出判断一个可行解最优性的方法(也称为最优性判据)。

首先，模型标准形式的目标函数是 $-z$。该函数需要极小化，并且它的表达式中非负变量 x_1 和 x_2 的系数都是负数。从给定的可行点 $\boldsymbol{x}^0$ 出发，无论分量 x_1 还是 x_2 增加一点，都会使目标函数值下降。假设 x_1 或者 x_2 增加的量是相同的，那么目标函数中系数最小的变量 x_2 对应的目标值下降量较大。值得指出的是，这里只考虑一个变量发生变动，并且无论哪个变量发生变动，假定它们的变动幅度是相同的。

当只考虑变量 x_2 从 0 开始增加时，一方面，目标函数取值逐渐减少；另一方面，每个等式约束以及变量的非负性约束都可能对变量 x_2 的增加量进行限制。一般地说，能够使目标函数取值减少的变量 x_2 有一个公共的最大可能增加量。例如，第一个等式约束确定的最大可能增加量为 4；第二个等式约束确定的最大可能增加量为 $\frac{16}{3}$；第三个等式约束确定的最大可能增加量为 3。由于这些约束都需要满足，所以，为了使所有决策变量在变化之后仍然保持可行，当前考虑的变量 x_2 必然有一个共同的最大可能增加量，也就是每个约束单独确定的最大可能增加量中最小者，即

$$\min\left\{4,\frac{16}{3},3\right\}=3$$

因此，通过令变量 x_2 尽可能地在满足约束条件情况下增大，我们就得到一个新的可行解 $\boldsymbol{x}^1=(0,3,2,7,0)^{\mathrm{T}}$，它对应着图 5-4 中可行域在纵轴上的最高点，相应的目标函数 $(-z)$ 取值为 -9。以新的可行解 $\boldsymbol{x}^1$ 为参照点，线性规划模型的标准形式等价地表示成如下模型：

$$\min -z=-9-0.2x_1+0.6x_5$$

$$\text{s.t.}\begin{cases}-0.2x_1+x_3-0.4x_5=2\\2.2x_1+x_4-0.6x_5=7\\0.6x_1+x_2+0.2x_5=3\\x_1\geqslant 0,\cdots,x_5\geqslant 0\end{cases}$$

其次，我们判断可行解 $\boldsymbol{x}^1$ 是否是最优解。注意到，在新的目标函数等价表达式中，只有非负变量 x_1 的系数是负数。为了极小化目标函数，可以将变量 x_1 适当地增加一些，以便使目标函数取值下降。这就说明当前的可行解 $\boldsymbol{x}^1$ 不是最优的，因为让变量 x_1 从 0 开始增加，有助于降低目标函数的取值。

当变量 x_1 从 0 开始增加，同时保持目标函数中变量 x_5 的取值不变时，一方面，目标函数取值不断减少；另一方面，一些等式约束和变量的非负性约束会对变量 x_1 的增加带来限制，这些限制对应着一个最大可能的增加量。例如，第一个等式约束对变量 x_1 的变化没有影响，或者说最大可能增加量是∞；第二个等式约束确定的最大可能增加量为 $\frac{35}{11}$；第三个等式约束确定的最大可能增加量为 5。由于这些约束都需要满足，所以，能够使目标函数下降，同时保持所有决策变量可行的、当前考虑变量 x_1 的最大增加量，是每个约束单独确定的最大可能增加量中最小者，即

$$\min\left\{\infty,\frac{35}{11},5\right\}=\frac{35}{11}$$

因此，通过令变量 x_1 尽可能地增大，我们就得到一个新的可行解 $\boldsymbol{x}^2=\left(\frac{35}{11},\frac{12}{11},\frac{29}{11},0,0\right)^{\mathrm{T}}$，它对应着图 5-4 中 B 点，相应的目标函数 $(-z)$ 取值为 $-\frac{106}{11}\approx -9.6364$。此时，以新的可

行解 $\boldsymbol{x}^2$ 为参照点，可以将线性规划模型的标准形式等价地变换成如下形式：

$$\min -z=-\frac{106}{11}+\frac{1}{11}x_4+\frac{6}{11}x_5$$

$$\text{s. t.}\begin{cases}x_3+\frac{1}{11}x_4-\frac{5}{11}x_5=\frac{29}{11}\\ x_1+\frac{5}{11}x_4-\frac{3}{11}x_5=\frac{35}{11}\\ x_2-\frac{3}{11}x_4+\frac{4}{11}x_5=\frac{12}{11}\\ x_1\geqslant 0,\cdots,x_5\geqslant 0\end{cases}$$

最后，我们判断可行解 $\boldsymbol{x}^2$ 是否是最优解。由于在目标函数的最新表达式中，所有变量 x_4、x_5 都是非负变量，并且其系数也是非负的，此时无论哪个变量增加，目标函数取值都不会减少。虽然变量 x_4 或者 x_5 适当地减少可以使目标函数取值下降，但是变量的非负性约束不允许这种情形出现。因此，当前的可行解 $\boldsymbol{x}^2$ 是最优的，模型标准形式对应的目标函数 $(-z)$ 的最优值为 -9.6364。

综上所述，在该实例中，判断一个可行解是否是最优的，需要遵循这样的规则（最优性判据）：对于线性规划的标准形式（极小化问题）来说，等价形式的目标函数中所有决策变量是非负的，并且其系数也是非负的。

由于上述判断一个可行解最优性的规则具有通用性，所以在这里，我们把它概括成一个基于模型标准形式的最优性判据。具体来说，对于线性规划的标准形式(5-13)，首先，将它表示成一个矩阵形式：

$$\min z=\boldsymbol{c}^{\mathrm{T}}\boldsymbol{x}$$
$$\text{s. t.}\begin{cases}\boldsymbol{A}\boldsymbol{x}=\boldsymbol{b}\\ \boldsymbol{x}\geqslant \boldsymbol{0}\end{cases}\tag{5-17}$$

其中 $\boldsymbol{A}\in\mathbf{R}^{m\times n}$，$\boldsymbol{c},\boldsymbol{x}\in\mathbf{R}^n$，$\boldsymbol{b}\in\mathbf{R}^m$。其次，假设式(5-17)中等式约束的系数矩阵 $\boldsymbol{A}$ 是行满秩的，并且有一个分解形式 $\boldsymbol{A}=(\boldsymbol{B},\boldsymbol{N})$，其中 $\boldsymbol{B}$ 是一个 $m\times m$ 的可逆子矩阵，$\boldsymbol{N}$ 是其他列向量构成的子矩阵。相应地，对于决策变量 $\boldsymbol{x}$ 和目标函数的系数向量 $\boldsymbol{c}$，也可以将它们的分量表示成分组形式，如 $\boldsymbol{x}=\begin{pmatrix}\boldsymbol{x}_B\\ \boldsymbol{x}_N\end{pmatrix}$ 和 $\boldsymbol{c}=\begin{pmatrix}\boldsymbol{c}_B\\ \boldsymbol{c}_N\end{pmatrix}$。于是，线性规划的标准形式(5-17)又可以等价地表示成如下形式：

$$\min z=\boldsymbol{c}_B^{\mathrm{T}}\boldsymbol{x}_B+\boldsymbol{c}_N^{\mathrm{T}}\boldsymbol{x}_N=\boldsymbol{c}_B^{\mathrm{T}}\boldsymbol{B}^{-1}\boldsymbol{b}+(\boldsymbol{c}_N^{\mathrm{T}}-\boldsymbol{c}_B^{\mathrm{T}}\boldsymbol{B}^{-1}\boldsymbol{N})\boldsymbol{x}_N$$
$$\text{s. t.}\begin{cases}\boldsymbol{x}_B+\boldsymbol{B}^{-1}\boldsymbol{N}\boldsymbol{x}_N=\boldsymbol{B}^{-1}\boldsymbol{b}\\ \boldsymbol{x}\geqslant \boldsymbol{0}\end{cases}\tag{5-18}$$

最后，在线性规划的等价标准形式(5-18)中，我们将目标函数的变量系数表示成一个向量 $\boldsymbol{r}=(\boldsymbol{0},\boldsymbol{c}_N^{\mathrm{T}}-\boldsymbol{c}_B^{\mathrm{T}}\boldsymbol{B}^{-1}\boldsymbol{N})^{\mathrm{T}}$，并且把基于该标准形式的最优性判据描述成：

① 检验等价的系数向量 $\boldsymbol{r}$ 是否是非负的；

② 检验决策变量取值 $\boldsymbol{x}_B=\boldsymbol{B}^{-1}\boldsymbol{b}$，$\boldsymbol{x}_N=\boldsymbol{0}$ 是否满足非负性。

也就是说，对于可逆子矩阵 $\boldsymbol{B}$ 来说，令目标函数的等价系数向量

$$\boldsymbol{r}=(\boldsymbol{c}_B^{\mathrm{T}}-\boldsymbol{c}_B^{\mathrm{T}}\boldsymbol{B}^{-1}\boldsymbol{B},\boldsymbol{c}_N^{\mathrm{T}}-\boldsymbol{c}_B^{\mathrm{T}}\boldsymbol{B}^{-1}\boldsymbol{N})^{\mathrm{T}}=(\boldsymbol{c}^{\mathrm{T}}-\boldsymbol{c}_B^{\mathrm{T}}\boldsymbol{B}^{-1}\boldsymbol{A})^{\mathrm{T}}$$

检验不等式组

$$\begin{cases} \boldsymbol{r} \geqslant \boldsymbol{0} \\ \boldsymbol{B}^{-1}\boldsymbol{b} \geqslant \boldsymbol{0} \end{cases}$$

是否同时成立。

在运筹优化领域，人们把满足等式约束的点 $\boldsymbol{x}_B=\boldsymbol{B}^{-1}\boldsymbol{b}, \boldsymbol{x}_N=\boldsymbol{0}$ 称为一个基本解，相应的可逆子矩阵 $\boldsymbol{B}$ 称为一个基矩阵，系数矩阵 $\boldsymbol{A}$ 中剩下的列向量所构成的矩阵 $\boldsymbol{N}$ 称为非基矩阵。此时，与基矩阵 $\boldsymbol{B}$ 对应的变量 $\boldsymbol{x}_B$ 称为基变量，其他与矩阵 $\boldsymbol{N}$ 对应的变量 $\boldsymbol{x}_N$ 称为非基变量。若一个基本解满足非负性要求，则称之为一个基本可行解。值得指出的是，对于一个基本可行解来说，判断向量 $\boldsymbol{r}$ 中与决策变量 $\boldsymbol{x}_B$ 对应的分量都是零；对于一般的可行解来说，判断向量 $\boldsymbol{r}$ 需要另外的构造方式。

2. 求解线性规划模型的单纯形法

如果对上面求解线性规划问题的数值方法给出一个命名，那就是人们通常所称的单纯形法。单纯形法的基本原理是：从线性规划模型的一个（准）标准形式出发，利用前面给出的基于模型标准形式的最优性判据，判断相应的可行点（也是基本解，即基本可行解）是否是最优解；如果该可行点是最优解，那么结束迭代过程，否则，根据目标函数的极小化方向（或者准标准形式的优化方向）选择一个合适的变量，并且适当地增加（或者调整）其取值，最大限度地改进目标函数值，得到一个新的（准）标准形式。如此循环，直至求出模型的最优解或者判断其不存在最优解。

值得说明的是，在线性规划模型的（准）标准形式中，模型的非符号约束都是等式约束；在等式约束的系数矩阵中，存在一个单位子矩阵；决策变量是非负的；右端项也是非负的。为了方便起见，我们将满足这些要求的模型称为线性规划的典范形式。

由于线性规划的典范形式是一个模型的（准）标准形式，不但具有等式约束、非负变量、非负的右端项，而且在等式约束的系数矩阵中存在一个单位子矩阵，所以，典范形式的右端项对应着一个基本可行解。

下面仍然以线性规划模型(5-3)的标准形式为例，说明求解线性规划的单纯形法主要步骤。这里，求解过程使用的工具是单纯形表，如表 5-15 所示。

表 5-15　求解线性规划的单纯形表

变　　量	基变量 $\boldsymbol{x}_B$	非基变量 $\boldsymbol{x}_N$	右　端　项
基变量 $\boldsymbol{x}_B$	I_m	$\boldsymbol{B}^{-1}\boldsymbol{N}$	$\boldsymbol{B}^{-1}\boldsymbol{b}$
目标函数 z	$\boldsymbol{0}^{\mathrm{T}}$	$\boldsymbol{c}_B^{\mathrm{T}}\boldsymbol{B}^{-1}\boldsymbol{N}-\boldsymbol{c}_N^{\mathrm{T}}$	$\boldsymbol{c}_B^{\mathrm{T}}\boldsymbol{B}^{-1}\boldsymbol{b}$

首先，将线性规划模型(5-3)的标准形式(5-14)等价地表示成初始单纯形表形式，如表 5-16 所示。在表 5-16 中，s_1、s_2、s_3 为松弛变量，也是基变量，它们分别取值为 8、16、15，相应地，决策变量 $x_1=0, x_2=0$。在图 5-4 所示的可行域中，这个初始单纯形表对应着坐标原点，相当于描述了模型标准形式(5-14)的基本可行解 $\boldsymbol{x}^0=(0,0,8,16,15)^{\mathrm{T}}$。此时，在表 5-16 所示的初始单纯形表中，最后一行对应着目标函数的等价表示为 $(-z)+2x_1+3x_2=0$。

表 5-16　线性规划模型(5-14)的初始单纯形表

变　　量	x_1	x_2	s_1	s_2	s_3	右　端　项
基变量 s_1	1	2	1	0	0	8
基变量 s_2	4	3	0	1	0	16
基变量 s_3	3	5	0	0	1	15
目标函数($-z$)	2	3	0	0	0	0

其次，考虑单纯形法的求解过程，它有如下两个基本的步骤：

第一步：判断(初始)基本可行解的最优性。在表 5-15、表 5-16 的单纯形表中，由于所有变量都是非负的，并且最后一行中决策变量的系数向量有正的分量，所以对于极小化目标函数($-z$)来说，当前可行解并不处于最优状态。

第二步：改进不处在最优状态的可行解。在表 5-15、表 5-16 单纯形表的目标函数对应行中，由于变量 x_2 的系数最大，所以可以通过增加变量 x_2 的取值，同时保持变量 $x_1=0$ 不变，其他基变量取值随之相应地调整，最大限度地改进目标函数的取值。人们把相应的列称为单纯形法本次迭代的主列。

根据等式约束和决策变量的非负性要求，变量 x_2 的增加量有一个上限。通常，人们把这个变量从零开始，在保持可行性时，可增加的最大量称为优化迭代的步长。从第一个约束来看，x_2 可增加到 4；从第二个约束来看，x_2 可增加到$\frac{16}{3}$；同理，从第三个约束来看，x_2 可增加到 3。于是，优化迭代的步长对应着这些可增加量的最小值 $\min\left\{4,\frac{16}{3},3\right\}=3$。这就是说，第三个等式约束的右端项和该行中 x_2 的系数是确定步长的关键因素。通常，人们把单纯形表中确定步长的相应行称为本次迭代的主行，其中变量 x_2 的系数称为主元。通常，选取哪个变量的系数为主元的标准是，判断哪个(非基)变量取值增加有助于改善目标函数取值、哪个等式约束对应着优化迭代的步长。

在单纯形表的主列、主行和主元确定之后，为了对初始基本可行解 $x_1=0,x_2=0$ 进行改进，我们以第三个等式约束中 x_2 的系数(也就是主元)为中心，完成高斯消去运算，将主列中主元位置变换成 1，其他位置变换成零。一般地，主元的选择标准可以保证经过高斯消去操作后，仍然得到模型的一个等价的典范形式。例如，对于初始的基本可行解 $\boldsymbol{x}^0=(0,0,8,16,15)^{\mathrm{T}}$ 来说，它对应的单纯形表(如表 5-16 所示)，经过上述迭代改进后，可以得到一个新的单纯形表，如表 5-17 所示。

表 5-17　线性规划模型(5-14)的改进单纯形表(第一次)

变　　量	x_1	x_2	s_1	s_2	s_3	右　端　项
基变量 s_1	$-\frac{1}{5}$	0	1	0	$-\frac{2}{5}$	2
基变量 s_2	$\frac{11}{5}$	0	0	1	$-\frac{3}{5}$	7
基变量 x_2	$\frac{3}{5}$	1	0	0	$\frac{1}{5}$	3
目标函数($-z$)	$\frac{1}{5}$	0	0	0	$-\frac{3}{5}$	-9

表 5-17 中，s_1、s_2、x_2 为基变量，分别取值为 2、7、3，此时，决策变量 $x_1=0$，$x_2=3$。在图 5-4 所示的可行域中，该单纯形表对应着纵轴上的最高点，相当于模型标准形式(5-14)的基本可行解 $\boldsymbol{x}^1=(0,3,2,7,0)^{\mathrm{T}}$。在表 5-17 所示的单纯形表中，最后一行对应着目标函数的等价表示为 $(-z)+0.2x_1-0.6s_3=-9$，基本可行解 $\boldsymbol{x}^1$ 对应的目标函数 $(-z)$ 取值为 -9。

随后，重复单纯形法的上述迭代过程：

第一步：判断基本可行解 $\boldsymbol{x}^1$ 的最优性。在表 5-17 所示的单纯形表中，最后一行的决策变量系数向量有正的分量。这说明，对于极小化目标函数 $(-z)$ 来说，$\boldsymbol{x}^1$ 不是最优的。

第二步：改进不处在最优状态的可行解 $\boldsymbol{x}^1$。在表 5-17 所示的单纯形表中，目标函数对应行中只有变量 x_1 的系数是正的，所以可以通过增加变量 x_1 的取值，同时保持变量 $s_3=0$ 不变，其他基变量取值随之相应地调整，最大限度地改进目标函数的取值。同时，根据等式约束和决策变量的非负性要求，确定变量 x_1 可能增加量的上限。从第一个约束来看，x_1 的增加量没有上限；从第二个约束来看，x_1 可增加到 $\frac{35}{11}$；从第三个约束来看，x_1 可增加到 5。于是，优化迭代的步长对应着这些可能增加量的最小值 $\min\left\{\infty,\frac{35}{11},5\right\}=\frac{35}{11}$。此时，第二个等式约束的右端项和变量 s_2 的系数是确定步长的关键因素，即 s_2 的系数为主元，相应的列为主列。

为了对基本可行解 $\boldsymbol{x}^1$ 进行改进，我们以第二个等式约束中 s_2 的系数（也就是主元）为中心，完成高斯消去运算，将主列中主元位置变换成 1，其他位置变换成零。该基本可行解对应的单纯形表（如表 5-17 所示），经过高斯消去法改进后，可以得到一个新的单纯形表，如表 5-18 所示。表 5-18 中，s_1、x_1、x_2 为基变量，分别取值为 $\frac{29}{11}$、$\frac{35}{11}$、$\frac{12}{11}$，它们对应着一个新的基本可行解 $\boldsymbol{x}^2=\left(\frac{35}{11},\frac{12}{11},\frac{29}{11},0,0\right)^{\mathrm{T}}$。此时，在表 5-18 所示的单纯形表中，最后一行对应着目标函数的等价表示：$(-z)-\frac{1}{11}s_2-\frac{6}{11}s_3=-\frac{106}{11}$。新的基本可行解 $\boldsymbol{x}^2$ 实际上是图 5-4 中可行域的 B 点，相应的目标函数 $(-z)$ 取值为 $-\frac{106}{11}\approx-9.6364$。

表 5-18　线性规划模型(5-14)的改进单纯形表(第二次)

变　量	x_1	x_2	s_1	s_2	s_3	右　端　项
基变量 s_1	$-\frac{1}{5}$	0	1	$\frac{1}{11}$	$-\frac{5}{11}$	$\frac{29}{11}$
基变量 x_1	1	0	0	$\frac{5}{11}$	$-\frac{3}{11}$	$\frac{35}{11}$
基变量 x_2	0	1	0	$-\frac{3}{11}$	$\frac{4}{11}$	$\frac{12}{11}$
目标函数$(-z)$	0	0	0	$-\frac{1}{11}$	$-\frac{6}{11}$	$-\frac{106}{11}$

最后，判断基本可行解 $\boldsymbol{x}^2$ 的最优性。在表 5-18 所示的单纯形表中，目标函数 $(-z)$ 对应的最后一行中，决策变量的系数向量没有正的分量。这说明，对于极小化目标函数 $(-z)$ 来说，$\boldsymbol{x}^2$ 是最优解。

5.6 灵敏度分析

在利用线性规划方法对实际问题进行建模时，通常有一个基本假设：在建模过程中，实际问题的所有参数都在某个范围内，或者在某个时段内保持不变，即实际问题具有确定性特征。例如，企业产品的市场需求、单位产品的加工成本、库存成本和销售价格等在一段时间内保持不变，产品的加工工艺参数也是相对稳定的。于是，当决策变量的影响具有比例性、可加性、可分性和确定性时，我们就可以获得一个描述实际问题的确定型线性规划模型。

对于实际问题来说，模型中参数的取值（观测值、估计值）常常是非精确的，它们与真值相比较通常存在一定的误差。这样，人们求解的线性规划模型与真实的问题就存在一定的差异。也就是说，模型描述的问题与真实的问题可能是不同的。在这种情况下，人们关心的一个基本问题是：模型的最优解与真实问题的最优解之间差异有多大呢？此时，需要分析线性规划的最优解（或者最优值）与模型参数取值之间的关系，弄清楚最优解（或者最优值）随参数变动的规律，这就是线性规划灵敏度分析要研究的基本问题。

灵敏度分析主要研究模型参数的变化范围，使得参数在该范围内变化时，线性规划的最优结构（即确定最优解的基本结构）保持不变。在理论分析中，人们将模型的最优结构抽象成一个概念，即“最优基”，这个“基”的概念就是指前面 5.5.3 节中关于数值求解线性规划的单纯形法讨论过程中提到的“基矩阵”。

5.6.1 灵敏度分析的实例

下面，我们先讨论一个例子，说明灵敏度分析主要考虑的基本问题和处理方法。

例 5-14 对于例 5-2 的线性规划模型(5-3)，其最优解为 $x_1=3.1818$，$x_2=1.0909$，相应的最优值为 9.6364。在求出模型的最优解之后，人们希望进一步弄明白下面几个问题的答案：

(1) 对于企业生产的产品Ⅰ，若每件产品的利润由 200 元增加到 210 元，则企业的最优生产计划是否需要改变？此时，模型(5-3)中目标函数的最优值将如何变化？

(2) 若企业拥有的原材料 B 的数量由 15 kg 增加到 17 kg，则企业的最优生产计划是否需要改变？此时，模型(5-3)中目标函数的最优值又将如何变化？

解 首先，我们对模型(5-3)的最优解进行刻画。对于模型的第一，二，三个不等式约束，如果分别引入（非负的）松弛变量 x_3、x_4、x_5，就得到五元一次方程组

$$\begin{cases} x_1+2x_2+x_3=8 \\ 4x_1+3x_2+x_4=16 \\ 3x_1+5x_2+x_5=15 \end{cases}$$

求解出变量 x_1、x_2、x_3 的表达式，可以得到

$$\begin{cases} x_1=\dfrac{35}{11}-\dfrac{5}{11}x_4+\dfrac{3}{11}x_5 \\ x_2=\dfrac{12}{11}+\dfrac{3}{11}x_4-\dfrac{4}{11}x_5 \\ x_3=\dfrac{29}{11}-\dfrac{1}{11}x_4+\dfrac{5}{11}x_5 \end{cases}$$

然后，将上述表达式代入目标函数，可以得到模型(5-3)的目标函数的等价表达式

$$\begin{aligned} z &= 2x_1 + 3x_2 \\ &= \frac{106}{11} - \frac{1}{11}x_4 - \frac{6}{11}x_5 \\ &\approx 9.6364 - 0.0909x_4 - 0.5455x_5 \end{aligned}$$

在目标函数的等价表达式中，松弛变量 x_4、x_5 的系数是负数。由于这些变量的取值是非负的，所以目标函数只有在 $x_4 = x_5 = 0$ 时才取到其最大值 9.6364。此时，模型的最优解为 $x_1 = 3.1818$，$x_2 = 1.0909$。容易看出，确定这个最优解，只需要将第二、三个不等式约束替换成等式约束，这就决定了模型的最优结构。

最后，利用上述最优解和最优值的表达式，我们能够回答例 5-14 提出的几个问题：

(1) 对于企业生产的产品Ⅰ，若每件利润由 200 元增加到 210 元，则目标函数中 x_1 的系数由 2 变成 2.1(单位：百元)。容易看出，松弛变量以及约束都没有变化，但是，目标函数最优值的表达式有新的形式

$$\begin{aligned} z &= 2.1x_1 + 3x_2 \\ &= \frac{109.5}{11} - \frac{1.5}{11}x_4 - \frac{5.7}{11}x_5 \\ &\approx 9.9545 - 0.1364x_4 - 0.5182x_5 \end{aligned}$$

根据该表达式中松弛变量的非负性，以及其系数的非正性，我们知道，在其他参数不变的情形下，原来模型的最优解仍是最优的。因此，企业的最优生产计划将保持不变，但是模型(5-3)中目标函数的最优值将由 9.6364 变成 9.9545。这相当于企业可以获利 995.45 元，比参数变化前的利润增加了 31.81 元。

(2) 若企业拥有的原材料 B 的数量由 15 kg 增加到 17 kg，则变量 x_1、x_2、x_3 表达式的右端常数项有所变化。此时，变量 x_1、x_2、x_3 的表达式可以等价地表示成

$$\begin{cases} x_1 = \frac{35}{11} - \frac{5}{11}x_4 + \frac{3}{11}x_5 - \frac{3}{11} \times 2 = \frac{29}{11} - \frac{5}{11}x_4 + \frac{3}{11}x_5 \\ x_2 = \frac{12}{11} + \frac{3}{11}x_4 - \frac{4}{11}x_5 + \frac{4}{11} \times 2 = \frac{20}{11} + \frac{3}{11}x_4 - \frac{4}{11}x_5 \\ x_3 = \frac{29}{11} - \frac{1}{11}x_4 + \frac{5}{11}x_5 - \frac{5}{11} \times 2 = \frac{19}{11} - \frac{1}{11}x_4 + \frac{5}{11}x_5 \end{cases}$$

相应地，目标函数最优值的表达式有新的等价形式：

$$z = \frac{118}{11} - \frac{1}{11}x_4 - \frac{6}{11}x_5 \approx 10.7272 - 0.0909x_4 - 0.5455x_5$$

根据目标函数等价的表达式中松弛变量取值的非负性，以及其系数的非正性，我们知道，在其他参数不变的情形下，新的最优解仍然是最优的。因此，企业的最优产品组合保持不变，即仍然生产产品Ⅰ和产品Ⅱ，但是产品的生产数量有所变化，其中产品Ⅰ和产品Ⅱ的最优生产量分别为 $\frac{29}{11} \approx 2.6364$ 个单位和 $\frac{20}{11} \approx 1.8182$ 个单位。容易看出，模型的最优结构也没有发生变化，仍然可以将第二、三个不等式约束替换成等式约束(也就是说，松弛变量 $x_4 = 0$，$x_5 = 0$)，确定模型的最优解。相应地，模型(5-3)中目标函数的最优值将由 9.6364 变成 10.7272(单位：百元)。这相当于企业获利 1072.72 元，与原材料 B 的数量变化前相

比较，企业的获利增加了109.08元。

从例5-14中可以看出，灵敏度分析考虑的主要问题是：模型参数的变化，对模型的最优解和最优值造成什么样的影响？特别是，模型参数的变化是否影响到模型的最优结构？灵敏度分析方法是基于最优解和最优值的等价表达式，分析模型参数变化带来的影响，或者在模型的最优结构保持不变的前提下，确定参数可能变化的范围大小。

下面，我们再通过一个实例，说明利用LINDO软件和Excel的"规划求解"加载项对线性规划模型进行灵敏度分析的方法。在求解线性规划模型之后，灵敏度分析的功能选项可以给出相应的运算结果，我们需要对其输出形式及其含义进行解释。

例5-15 考虑下面的线性规划问题：

$$\min 6x_1+2x_2+5x_3$$
$$\text{s.t.}\begin{cases}5x_1-6x_2+2x_3\geqslant 5\\-x_1+3x_2+5x_3\geqslant 8\\2x_1+5x_2-4x_3\leqslant 4\\x_1\geqslant 0,x_3\geqslant 0\end{cases}\tag{5-19}$$

试确定目标函数中变量x_1、x_2、x_3的系数，以及约束右端项的变化范围，使得单个参数在相应的范围内变化，并且其他参数保持不变时，该问题的最优结构(最优基)保持不变。

解 首先，使用LINDO软件求解该实例，并选择对目标函数系数和约束右端项进行灵敏度分析的功能选项。

根据LINDO编程规则，我们将所给的线性规划模型写成如下形式：

```
min 6x1 + 2x2 + 5x3
s.t.
5x1 - 6x2 + 2x3 > 5
 - x1 + 3x2 + 5x3 > 8
2x1 + 5x2 - 4x3 < 4
end
free x2
```

其中在LINDO软件中，作为程序的默认设置，变量x_1、x_3是非负的；变量x_2是无符号限制的，可以利用free语句进行标识。

上述代码是一段可执行的LINDO程序。通过调用软件的单纯形表功能，可以得到软件计算使用的初始单纯形表如下：

ROW (BASIS)	X1	X2	X3	SLK 2	SLK 3	SLK 4	
1 ART	6.000	2.000	5.000	0.000	0.000	0.000	0.000
2 SLK 2	-5.000	6.000	-2.000	1.000	0.000	0.000	-5.000
3 SLK 3	1.000	-3.000	-5.000	0.000	1.000	0.000	-8.000
4 SLK 4	2.000	5.000	-4.000	0.000	0.000	1.000	4.000
ART ART	-4.000	3.000	-7.000	0.000	0.000	0.000	-13.000

通过调用软件的SOLVE(或者分步计算的Pivot)功能，获得线性规划模型的优化运算结果，其中最优单纯形表如下：

ROW (BASIS)	X1	X2	X3	SLK 2	SLK 3	SLK 4	
1 ART	6.250	0.000	0.000	0.139	0.944	0.000	-8.250

```
2 X2            -0.750  1.000   0.000   0.139    -0.056   0.000  -0.250
3 X3             0.250  0.000   1.000  -0.083    -0.167   0.000   1.750
4 SLK 4          6.750  0.000   0.000  -1.028    -0.389   1.000  12.250
```

对比分析一下初始单纯形表和最优单纯形表，可以看出，LINDO引入了四个辅助变量，包括两个剩余变量SLK2和SLK3，一个松弛变量SLK4，以及一个人工变量ART。在利用两阶段法(关于该算法的介绍，可以参考有关线性规划的文献[①])求解线性规划模型时，阶段Ⅰ的问题通常是将引入的人工变量之和进行极小化处理。实际上，在本例中，优化软件是将阶段Ⅰ寻找可行解的问题等价成将两个剩余变量之和进行极大化的问题，即设定阶段Ⅰ的目标函数为SLK 2 + SLK 3，并且极大化SLK 2 + SLK 3；相应地，阶段Ⅱ将原来的线性规划极小化模型，等价成一个极大化模型，即极大化目标函数 - 6x1 - 2x2 - 5x3。

值得说明的是，虽然在LINDO优化软件给出的最优单纯形表的第一行中，右端项为 -8.25，但是线性规划原问题的最优值为8.25(参见LINDO软件给出的运算结果报告)。二者相差一个负号，这也从侧面说明，LINDO软件的求解模型通常是极大化问题。

LINDO软件的运算结果报告如下：

```
LP OPTIMUM FOUND AT STEP 2
    OBJECTIVE FUNCTION VALUE
    1)       8.250000
VARIABLE            VALUE               REDUCED COST
    X1              0.000000            6.250000
    X2             -0.250000            0.000000
    X3              1.750000            0.000000
    ROW             SLACK OR SURPLUS    DUAL PRICES
    2)              0.000000           -0.138889
    3)              0.000000           -0.944444
    4)              12.250000           0.000000
NO. ITERATIONS =    2
RANGES IN WHICH THE BASIS IS UNCHANGED:
                                OBJ COEFFICIENT RANGES
VARIABLE            CURRENT             ALLOWABLE           ALLOWABLE
                    COEF                INCREASE            DECREASE
    X1              6.000000            INFINITY            6.250000
    X2              2.000000            1.000000            8.333333
    X3              5.000000            25.000000           1.666667
                                RIGHTHAND SIDE RANGES
    ROW             CURRENT             ALLOWABLE           ALLOWABLE
                    RHS                 INCREASE            DECREASE
    2               5.000000            INFINITY            11.918919
    3               8.000000            INFINITY            10.500000
    4               4.000000            INFINITY            12.250000
```

从这个运算结果报告可以看出，软件经过两次迭代操作，得到原问题目标函数的最优值为8.25，相应的最优解为 $x_1=0, x_2=-0.25, x_3=1.75$。

此外，目标函数中变量 x_1、x_2、x_3 系数的变动区间分别为

$$6+(-6.25,+\infty)=(-0.25,+\infty)$$

$$2+(-8.333,1)=(-6.333,3)$$

① 黄红选. 运筹学：数学规划[M]. 北京：清华大学出版社，2011.

$$5+(-1.667,25)=(3.333,30)$$

同理，该实例中第一、二、三个约束右端项参数的变动区间，分别为$(-6.9189,+\infty)$，$(-2.5,+\infty)$和$(-8.25,+\infty)$。

下面，我们利用 Excel 的“规划求解”加载项求解该实例，并对目标函数系数和约束右端项进行灵敏度分析。

启动 Excel 软件，并且按照一定的格式输入模型的参数，如表 5-19 所示，其中单元格 B2:D2 表示决策变量 $\boldsymbol{x}$，B4:D6 表示约束函数的系数矩阵 $\boldsymbol{A}$，E4:E6 表示向量值约束函数 $\boldsymbol{Ax}$，G4:G6 表示约束右端项 b，E8 和 B8:D8 分别表示目标函数及其系数向量 $\boldsymbol{c}$。

表 5-19　Excel 规划求解例 5-15 的参数输入

行号	A	B	C	D	E	F	G
1	决策变量	变量 x_1	变量 x_2	变量 x_3			
2	x_2 为自由变量	1	1	2			
3	约束	矩阵 $\boldsymbol{A}_1$	矩阵 $\boldsymbol{A}_2$	矩阵 $\boldsymbol{A}_3$	左端 $\boldsymbol{Ax}$	不等号	右端项 b
4	约束 1	5	−6	2	3	>=	5
5	约束 2	−1	3	5	12	>=	8
6	约束 3	2	5	−4	−1	<=	4
7	目标	系数 c_1	系数 c_2	系数 c_3	目标值 $\boldsymbol{c}^{\mathrm{T}}\boldsymbol{x}$		
8	极小化	6	2	5	18		

在输入模型参数之后，调用“规划求解”模块，并设置模块参数，包括模型的目标、约束不等式和符号约束，如图 5-12 所示。需要说明的是，在规划求解模块的设置窗口，第一、三个变量的非负性是作为约束条件添加到求解模块的。另外，为了方便对单元格 E8 的标识，定义了一个名称“目标函数 z”，求解方法选择单纯形法（Excel 的规划求解称为单纯线性规划）。

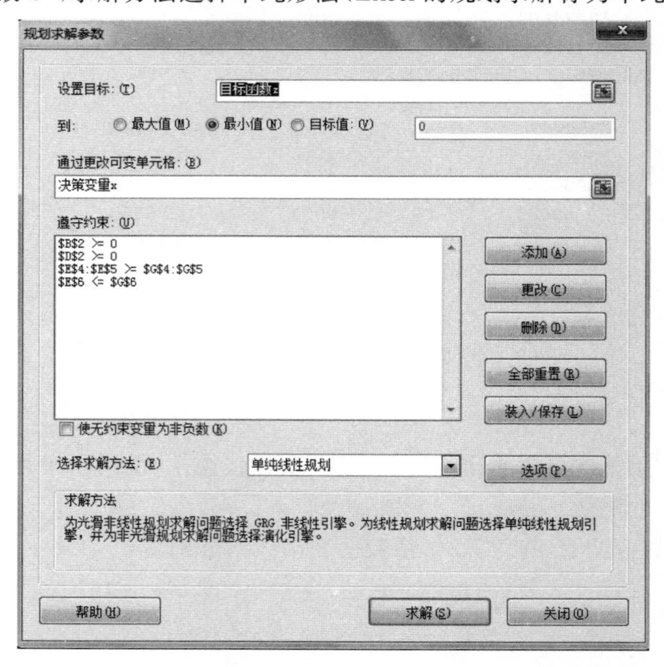

图 5-12　Excel 规划求解例 5-15 的目标、约束和方法设置对话框

Excel“规划求解”加载项求解该实例的运算结果报告如下：

Microsoft Excel 14.0 运算结果报告
工作表：[ch5_eg15.xls]Sheet1
报告的建立：2022/5/7 14:37:14
结果：规划求解找到一解，可满足所有的约束及最优状况
规划求解引擎
　引擎：单纯线性规划
　求解时间：.016 秒.
　迭代次数：2 子问题：0
规划求解选项
　最大时间 无限制，迭代 无限制，Precision 0.000001，使用自动缩放
　最大子问题数目 无限制，最大整数解数目 无限制，整数允许误差 1%

目标单元格（最小值）

单元格	名称	初值	终值
$E$8	目标函数 z	18	8.25

可变单元格

单元格	名称	初值	终值	整数
$B$2	符号约束 变量 x1	1	0	约束
$C$2	符号约束 变量 x2	1	−0.25	约束
$D$2	符号约束 变量 x3	2	1.75	约束

约束

单元格	名称	单元格值	公式	状态	型数值
$E$4	约束 1 左端项	5	$E$4>=$G$4	到达限制值	0
$E$5	约束 2 左端项	8	$E$5>=$G$5	到达限制值	0
$E$6	约束 3 左端项	−8.25	$E$6<=$G$6	未到限制值	12.25
$B$2	符号约束　变量 x1	0	$B$2>=0	到达限制值	0
$D$2	符号约束　变量 x3	1.75	$D$2>=0	未到限制值	1.75

从运算结果报告可以看出，整个求解过程的初始值为 $x_1=1, x_2=1, x_3=2$，经过两次迭代，用时 0.016 s，求出了该实例中模型的最优值 8.25，相应的最优解为 $x_1=0, x_2=-0.25, x_3=1.75$。在最优状态下，第一、二个约束取等号，变量 x_1 取值为 0，其他的约束和变量可以在一定范围内自由变化。

此外，Excel“规划求解”加载项将模型参数的灵敏度分析称为“敏感性”，在求解该实例之后，也可以给出相应的敏感性报告如下：

Microsoft Excel 14.0 敏感性报告
工作表：[ch5_eg15.xls]Sheet1
报告的建立：2022/5/7 14:37:14

可变单元格

单元格	名称	终值	递减成本	目标式系数	允许的增量	允许的减量
$B$2	符号约束 变量 x1	0	6.25	6	1E+30	6.25
$C$2	符号约束 变量 x2	−0.25	0	2	1	8.3333
$D$2	符号约束 变量 x3	1.75	0	5	25	1.6667

续表

约束						
单元格	名称	终值	阴影价格	约束限制值	允许的增量	允许的减量
$E$4	约束 1 左端项	5	0.13889	5	1E+30	11.9189
$E$5	约束 2 左端项	8	0.94444	8	1E+30	10.5
$E$6	约束 3 左端项	−8.25	0	4	1E+30	12.25

敏感性报告给出了模型的最优解 $x_1=0,x_2=-0.25,x_3=1.75$，并且提供了等价模型的目标函数中决策变量的系数 $r_1=6.25,r_2=0,r_3=0$（参见线性规划的等价标准形式(5-18)，在敏感性报告中，该系数向量标识为“递减成本”）。相应地，在该实例的模型目标函数中，变量 x_1、x_2、x_3 系数的容许扰动范围分别为（−6.25，1E+30），（−8.333，1）和（−1.667，25）。

在敏感性报告的后半部分，也可以看到这样的信息：约束右端项（在“约束限制值”一列给出）、在最优状态下约束函数的取值（“终值”一列）以及保持最优结构不变的右端项的容许扰动范围分别为（−11.9189，1E+30），（−10.5，1E+30）和（−12.25，1E+30），其中扰动范围的上界是“允许的增量”，下界是“允许的减量”。“阴影价格”一列给出了不等式约束对应的模型对偶形式的最优解，关于线性规划对偶形式的讨论参见 5.7 节和 5.8 节。

值得说明的是，对于例 5-15 的实例而言，Excel 给出的“阴影价格”和 LINDO 给出的“DUAL PRICES”相差一个符号，这说明两个软件关于线性规划的基本概念的解释存在差异。因此，在实际使用软件时，要了解软件处理问题的特点，并且牢记优化软件仅仅是人们分析优化问题、求解模型的一种工具而已。关于线性规划模型和方法的准确理解，还需要基于对它们进行严谨的理性分析，掌握线性规划的基本概念、理论和方法。

5.6.2 目标函数系数的灵敏度分析

1. 非基变量系数分析

利用单纯形法（Excel 软件中称为“单纯线性规划”，也可以参见前面的 5.5.3 节，或者后面的 5.7.2 节的相关内容），在求解线性规划模型所得到的最优解中，非基变量通常取值为零。如在例 5-15 的最优单纯形表中，变量 X1 是非基变量，该变量没有出现在 LINDO 软件输出的最优单纯形表中 ROW(BASIS)所在的列，因而取值为零。另外，在运算结果报告中，也可以看到变量 X1 的值为零，对应的 REDUCED COST 为 6.25，不等于零。

在例 5-15 中，由于目标函数需要极小化，变量 X1 系数的原始取值为 6，所以对于最优取值为零的变量 X1 来说，当它的系数在扰动后取值变大，并且其他参数保持不变时，该实例的最优解和最优值就不会变化。因此，变量 X1 系数的 ALLOWABLE INCREASE 是正无穷大。相应地，当变量 X1 的系数在扰动后的取值非常小时，为了极小化目标函数，变量 X1 有可能取正值。在例 5-15 中，考虑到变量 X1 的取值实际上是非负的，所以，目标函数中该变量的系数变小，意味着系数可以变为负值，同时变量 X1 在最优解中可能由零变成正数。根据 LINDO 软件的数值结果报告可知，变量 X1 系数的 ALLOWABLE DECREASE 是 6.25。这说明变量 X1 的系数变化到比 6−6.25=−0.25 还要小时，线性规划问题的最优结构、最优解、最优值就有可能发生变化。例如，当变量 X1 的系数由 6 变成−0.3 时，若其他参数保持不变,则线性规划问题的最优解为 $x_1=1.814\,815, x_2=1.111\,111, x_3=1.296\,296$,相应的最优值为 8.159 259。

基于灵敏度分析的基本原理,我们解释一下在 LINDO 数值结果报告中,非基变量系数的变化范围的计算依据。根据例 5-15 的最优单纯形表,可知该实例的最优基变量是 X2、X3、SLK 4。对于前面利用 LINDO 软件求解的线性规划模型(5-19)来说,它可以表示成一个等价的准标准形式如下:

$$\min\ 6x_1+2x_2+5x_3$$
$$\text{s. t.}\begin{cases}5x_1-6x_2+2x_3-x_4=5\\-x_1+3x_2+5x_3-x_5=8\\2x_1+5x_2-4x_3+x_6=4\\x_1\geqslant 0, x_i\geqslant 0,\quad i=3,4,5,6\end{cases}\tag{5-20}$$

其中变量 x_2 是自由的,无符号限制。在目标函数中,这些最优基变量对应的系数向量 $\boldsymbol{c}_{\boldsymbol{B}}=(2,5,0)^{\mathrm{T}}$,对应的基矩阵为

$$\boldsymbol{B}=\begin{bmatrix}-6 & 2 & 0\\3 & 5 & 0\\5 & -4 & 1\end{bmatrix}$$

该矩阵的逆矩阵

$$\boldsymbol{B}^{-1}=\begin{bmatrix}-5/36 & 1/18 & 0\\1/12 & 1/6 & 0\\37/36 & 7/18 & 1\end{bmatrix}=\begin{bmatrix}-0.1389 & 0.0556 & 0\\0.0833 & 0.1667 & 0\\1.0278 & 0.3889 & 1\end{bmatrix}$$

对于非基变量 X1 来说,目标函数中系数向量 $\boldsymbol{c}$ 的扰动方向 $\Delta\boldsymbol{c}_{\boldsymbol{B}}=(0,0,0)^{\mathrm{T}}, \Delta\boldsymbol{c}_{\boldsymbol{N}}=(1,0,0)^{\mathrm{T}}$,其中扰动方向中各分量对应的变量排列顺序依次为:基变量 X2、X3、SLK 4(x_6),非基变量 X1、SLK 2(x_4)、SLK 3(x_5)。于是,在给定扰动步长 α 后,可以计算出非基变量 X1 在目标函数中的等价系数为

$$\bar{r}_1=r_1+\alpha\Delta r_1=c_1-\boldsymbol{c}_{\boldsymbol{B}}^{\mathrm{T}}\boldsymbol{B}^{-1}\boldsymbol{A}_1+\alpha=6.25+\alpha$$

其中 $\boldsymbol{A}_1$ 是约束系数矩阵 $\boldsymbol{A}$ 的第一列,$\Delta r_1=\Delta c_1-\Delta\boldsymbol{c}_{\boldsymbol{B}}^{\mathrm{T}}\boldsymbol{B}^{-1}\boldsymbol{A}_1$。由此可知,为了保持例 5-15 中模型的最优结构不变,X1 的系数扰动量不能小于 -6.25,也就是说,X1 系数的灵敏度分析范围是($-0.25,+\infty$)。

2. 基变量系数分析

对于例 5-15 来说,最优基变量是 X2 和 X3,它们在目标函数中系数分别为 2 和 5。容易看出,基变量在目标函数中的系数扰动后,其等价系数仍为零,但是非基变量的系数向量可能会受到扰动的影响。

对于基变量 X2 来说,目标函数系数向量 $\boldsymbol{c}$ 的扰动方向 $\Delta\boldsymbol{c}_{\boldsymbol{B}}=(1,0,0)^{\mathrm{T}}, \Delta\boldsymbol{c}_{\boldsymbol{N}}=(0,0,0)^{\mathrm{T}}$,其中扰动方向中各分量对应的变量排列顺序依次为:基变量 X2,X3,SLK 4(x_6),非基变量 X1,SLK 2(x_4),SLK 3(x_5)。在给定扰动步长 α 后,三个非基变量的等价系数为

$$\begin{aligned}\bar{\boldsymbol{r}}_{\boldsymbol{N}}^{\mathrm{T}}&=\boldsymbol{c}_{\boldsymbol{N}}^{\mathrm{T}}-\bar{\boldsymbol{c}}_{\boldsymbol{B}}^{\mathrm{T}}\boldsymbol{B}^{-1}\boldsymbol{N}\\&=\boldsymbol{r}_{\boldsymbol{N}}^{\mathrm{T}}-\alpha(1,0,0)B^{-1}\boldsymbol{N}\end{aligned}$$

$$=(6.25,0.1389,0.9444)-\alpha(-0.75,0.1389,-0.0556)$$
$$=(6.25+0.75\alpha,0.1389-0.1389\alpha,0.9444+0.0556\alpha)$$

其中 $\boldsymbol{N}$ 是线性规划模型(5-20)中，非基变量对应的等式约束系数矩阵 $\boldsymbol{A}$ 的子矩阵。为了保持例 5-15 中模型的最优结构不变，对于极小化问题来说，扰动步长 α 的变化范围由 $\bar{\boldsymbol{r}}_{\boldsymbol{N}}^{\mathrm{T}}\geqslant\boldsymbol{0}$ 确定，于是，$\alpha\in(-8.333,1)$，即基变量 X2 系数的灵敏度分析范围是 $(-6.33,3)$。这与 LINDO 软件在运算结果报告中给出的 ALLOWABLE INCREASE 和 ALLOWABLE DECREASE 是一致的。

同理，对于基变量 X3 来说，目标函数系数向量 $\boldsymbol{c}$ 的扰动方向 $\Delta\boldsymbol{c}_{\boldsymbol{B}}=(0,1,0)^{\mathrm{T}}$，$\Delta\boldsymbol{c}_{\boldsymbol{N}}=(0,0,0)^{\mathrm{T}}$，其中扰动方向中各分量对应的变量顺序仍然是：基变量 X2，X3，SLK 4(x_6)，非基变量 X1，SLK 2(x_4)，SLK 3(x_5)。在给定扰动步长 α 后，三个非基变量的等价系数为

$$\bar{\boldsymbol{r}}_{\boldsymbol{N}}^{\mathrm{T}}=\boldsymbol{c}_{\boldsymbol{N}}^{\mathrm{T}}-\bar{\boldsymbol{c}}_{\boldsymbol{B}}^{\mathrm{T}}\boldsymbol{B}^{-1}\boldsymbol{N}$$
$$=\boldsymbol{r}_{\boldsymbol{N}}^{\mathrm{T}}-\alpha(0,1,0)\boldsymbol{B}^{-1}\boldsymbol{N}$$
$$=(6.25,0.1389,0.9444)-\alpha(0.25,-0.0833,-0.1667)$$
$$=(6.25-0.25\alpha,0.1389+0.0833\alpha,0.9444+0.1667\alpha)$$

其中 $\boldsymbol{N}$ 是线性规划模型(5-20)中，非基变量对应的等式约束系数矩阵 $\boldsymbol{A}$ 的子矩阵。为了保持例 5-15 中模型的最优结构不变，扰动步长 α 的变化范围由 $\bar{\boldsymbol{r}}_{\boldsymbol{N}}^{\mathrm{T}}\geqslant\boldsymbol{0}$ 确定，于是，$\alpha\in(-1.667,25)$，相关的结果也可以参见 LINDO 软件的运算结果报告。这说明基变量 X3 系数的灵敏度分析范围是 $(3.333,30)$。

综上所述，对于目标函数中基变量或者非基变量系数的灵敏度分析范围，可以与 LINDO 软件输出的结果相互印证(参见例 5-15 解答过程的相关部分)。

5.6.3 约束右端项的灵敏度分析

对于例 5-15 来说，引入剩余变量和松弛变量之后，得到线性规划的准标准形式(5-20)，其中第二个变量是自由变量，等式约束的右端项对应着一个向量 $(5,8,4)^{\mathrm{T}}$。如果右端项有扰动，那么该问题的最优解通常会发生变化。在约束的右端项发生变化时，模型的最优结构是否改变，即原来的最优基所对应的基本解是否仍然是最优的，主要看新的基本解是否保持可行性。

首先，对等式约束右端项的第 1 个参数 b_1 进行灵敏度分析。此时，等式约束右端向量 $\boldsymbol{b}$ 的扰动方向 $\Delta\boldsymbol{b}=(1,0,0)^{\mathrm{T}}$。在给定扰动步长 β 后，基变量 X2(x_2)、X3(x_3)、SLK 4(x_6)的取值为

$$\bar{\boldsymbol{x}}_{\boldsymbol{B}}=\boldsymbol{B}^{-1}\boldsymbol{b}+\beta\boldsymbol{B}^{-1}\Delta\boldsymbol{b}$$
$$=(-0.25,1.75,12.25)^{\mathrm{T}}+\beta(-0.1389,0.0833,1.0278)^{\mathrm{T}}$$
$$=(-0.25-0.1389\beta,1.75+0.0833\beta,12.25+1.0278\beta)^{\mathrm{T}}$$

为了保持例 5-15 中模型的最优结构不变，即基矩阵 $\boldsymbol{B}$ 仍是最优的，则扰动步长 β 的变化范围需要由 $\bar{x}_3\geqslant0$，$\bar{x}_6\geqslant0$ 确定(此时，变量 $\bar{x}_2$ 没有符号限制)。因此，参数 $\beta\in(-11.919,+\infty)$，即右端项 b_1 的灵敏度分析范围是 $(-6.919,+\infty)$。

其次，对右端项的第二个参数 b_2 进行灵敏度分析。此时，等式约束右端向量 $\boldsymbol{b}$ 的扰动

方向 $\Delta \boldsymbol{b}=(0,1,0)^{\mathrm{T}}$。在给定扰动步长 β 后，基变量 X2(x_2)、X3(x_3)、SLK 4(x_6)的取值为

$$\begin{aligned}\bar{\boldsymbol{x}}_{\boldsymbol{B}} &= \boldsymbol{B}^{-1}\boldsymbol{b}+\beta\boldsymbol{B}^{-1}\Delta\boldsymbol{b}\\ &=(-0.25,1.75,12.25)^{\mathrm{T}}+\beta(0.0556,0.1667,0.3889)^{\mathrm{T}}\\ &=(-0.25+0.0556\beta,1.75+0.1667\beta,12.25+0.3889\beta)^{\mathrm{T}}\end{aligned}$$

为了保持例5-15中模型的最优结构不变，扰动步长 β 的变化范围需要由 $\bar{x}_3 \geqslant 0, \bar{x}_6 \geqslant 0$ 确定。于是，我们得到扰动参数的区间 $\beta \in(-10.5,+\infty)$，即右端项 b_3 的灵敏度分析范围是 $(-2.5,+\infty)$。

最后，对右端项的第三个参数 b_3 进行灵敏度分析。此时，等式约束右端向量 $\boldsymbol{b}$ 的扰动方向 $\Delta \boldsymbol{b}=(0,0,1)^{\mathrm{T}}$。在给定扰动步长 β 后，基变量 X2(x_2)、X3(x_3)、SLK 4(x_6)的取值为

$$\begin{aligned}\bar{\boldsymbol{x}}_{\boldsymbol{B}} &= \boldsymbol{B}^{-1}\boldsymbol{b}+\beta\boldsymbol{B}^{-1}\Delta\boldsymbol{b}\\ &=(-0.25,1.75,12.25)^{\mathrm{T}}+\beta(0,0,1)^{\mathrm{T}}\\ &=(-0.25,1.75,12.25+\beta)^{\mathrm{T}}\end{aligned}$$

假设例5-15中模型的最优结构保持不变，即基矩阵 $\boldsymbol{B}$ 仍然是最优的，则扰动参数 β 的变化范围由 $\bar{x}_3 \geqslant 0, \bar{x}_6 \geqslant 0$ 确定。这样，我们就得到 $\beta \in(-12.25,+\infty)$，即右端项 b_3 的灵敏度分析范围是 $(-8.25,+\infty)$。

值得指出的是，上面关于等式约束右端项的灵敏度分析范围也可以与LINDO或者Excel软件的运算结果报告中相关内容相互印证(参见例5-15解答过程的相关部分)。

5.6.4 灵敏度分析的100%规则

前面5.6.2节和5.6.3节讨论的灵敏度分析方法主要针对目标函数和约束右端项中单个参数发生变化的情形。对上述方法进行推广，需要考虑多个参数同时发生改变的情形，这就是灵敏度分析的100%规则。

1. 目标函数中多个变量系数同时变化

对于目标函数中多个变量系数同时发生变化的情形，需要区分两种状况：

其一，系数发生变化的多个决策变量对应的等价系数都是非零的。在这种状况下，系数发生改变的变量一定是非基变量，并且这些系数的变化是相互独立的。因此，线性规划模型的最优结构在参数变化前后保持不变，当且仅当每个扰动参数都位于其灵敏度分析所得到的范围内。此时，多参数的灵敏度分析实际上等价于单参数的灵敏度分析。也就是说，对于每个非基变量 x_j 来说，如果其在目标函数中系数 c_j 的扰动量为 δc_j，并且定义一个比值

$$R_j=\begin{cases}\dfrac{\delta c_j}{\underline{R}_j}, & \delta c_j<0\\[2ex] \dfrac{\delta c_j}{\bar{R}_j}, & \delta c_j>0\end{cases} \tag{5-21}$$

其中，$\underline{R}_j$ 和 $\bar{R}_j$ 分别表示单个系数 c_j 发生变化时，关于 c_j 的灵敏度分析所允许的最大减少量和最大增加量(此时，扰动方向取为单位向量)，那么，只要每个比值 $R_j \leqslant 1$，模型的最优结构就保持不变。

其二，对于多个系数发生变化的决策变量，至少有一个变量对应的等价系数取值为零。在这种状况下，系数发生改变的决策变量可能是基变量，也可能是等价系数为零的非基变量。通常，这些系数的变化不再是相互独立的，需要综合分析系数变化可能对模型最优结构带来的影响。此时，多参数的灵敏度分析需要使用100%规则。

100% 规则实际上给出了保持模型最优结构不变的一个充分条件。不妨记目标函数中系数发生变化的决策变量下标集合为Λ，对于任意$j \in \Lambda$，可以引入决策变量x_j对应的比值R_j，参见比值定义式(5-21)。当$\sum\limits_{j \in \Lambda} R_j \leqslant 1$时，线性规划的最优结构保持不变。于是，在模型右端项不变的前提下，模型的最优解也保持不变。此时，新的目标函数最优值会随着决策变量的系数变化而发生变化，可以表示为

$$\boldsymbol{c}_B^{\mathrm{T}} \boldsymbol{B}^{-1} \boldsymbol{b} + \sum_{j \in \Lambda} x_j \delta c_j \tag{5-22}$$

例 5-16 对于例5-15给出的线性规划模型，假设目标函数中决策变量x_2、x_3的系数分别由$c_2=2$，$c_3=5$改变为$\bar{c}_2=1$，$\bar{c}_3=8$，试问：这些参数发生变化时，原模型的最优解和最优值将如何变化？

解 从例5-15的解答过程中可以看出，模型的最优结构与决策变量x_2、x_3紧密相关，这些变量都是基变量，所以需要利用100%规则进行灵敏度分析。此外，我们已经知道，系数$c_2=2$，$c_3=5$的灵敏度分析范围分别为$(-6.3333,3)$和$(3.3333,30)$，保持模型最优结构不变的单参数扰动范围分别为$(-8.3333,1)$和$(-1.6667,25)$。容易看出，相对于新的参数$\bar{c}_2=1$，$\bar{c}_3=8$来说，原参数的扰动量分别为$\delta c_2=-1<0$，$\delta c_3=3>0$。

由于例5-15中模型的最优结构保持不变时，参数c_2的最大允许减少量为$\underline{R}_2=-8.3333$，参数c_3的最大允许增加量为$\bar{R}_3=25$，所以根据式(5-21)，目标函数中变量x_2、x_3的系数扰动量所对应的比值分别为$R_2=(-1)/(-8.3333)=0.12$和$R_3=3/25=0.12$。这两个比值之和$R_2+R_3=0.24<1$，因此，当决策变量的系数$c_2=2$，$c_3=5$改变为$\bar{c}_2=1$，$\bar{c}_3=8$时，原模型的最优结构会保持不变。此时，最优解仍为$x_1=0$，$x_2=-0.25$，$x_3=1.75$，但是目标函数中系数扰动将使模型的最优值发生改变。根据(5-22)，可以计算出新的目标函数最优值为

$$8.25+(-1)\times(-0.25)+3\times 1.75=13.75$$

2. 约束右端项中多个参数同时变化

对于线性规划模型的约束右端项，如果有多个参数b_i同时发生改变，那么我们也可以使用相应的100%规则进行灵敏度分析。具体地说，对于第i个约束的右端项b_i，假设它有某个扰动量δb_i，并且在其他参数以及模型的最优结构保持不变的情况下，可以确定出相应右端项系数b_i发生变化的最大允许减少量为$\underline{R}_i$和最大允许增加量为$\bar{R}_i$。此时，如果定义一个比值

$$R_i=\begin{cases} \dfrac{\delta b_i}{\underline{R}_i}, & \delta b_i<0 \\ \dfrac{\delta b_i}{\bar{R}_i}, & \delta b_i>0 \end{cases} \tag{5-23}$$

并且记右端项参数发生变化的下标集合为Π,那么当$\sum_{i\in\Pi}R_i\leqslant 1$时,模型的最优结构可以保持不变。

由于右端项多个参数存在扰动,所以模型的最优解需要适当地调整,新的最优解为$\boldsymbol{x}_{\boldsymbol{B}}+\sum_{i\in\Pi}(\boldsymbol{B}^{-1})_i\delta b_i$,其中$\boldsymbol{x}_{\boldsymbol{B}}$为原来模型中基变量的最优解,$(\boldsymbol{B}^{-1})_i$表示基矩阵的逆$\boldsymbol{B}^{-1}$的第$i$列。相应地,新模型的目标函数最优值为

$$\boldsymbol{c}_{\boldsymbol{B}}^{\mathrm{T}}\boldsymbol{B}^{-1}\boldsymbol{b}+\sum_{i\in\Pi}\boldsymbol{c}_{\boldsymbol{B}}^{\mathrm{T}}(\boldsymbol{B}^{-1})_i\delta b_i \tag{5-24}$$

例 5-17 对于例 5-15 给出的线性规划模型,假设非变量符号约束的右端项由$b_1=5$, $b_2=8$, $b_3=4$扰动为$\bar{b}_1=3$, $\bar{b}_2=4$, $\bar{b}_3=2$,试问:原模型的最优解和最优值将如何变化?

解 由于模型等式约束的多个右端项同时发生扰动,所以需要利用100%规则进行灵敏度分析。从例 5-15 的解答过程中可以看出,右端项$b_1=5$, $b_2=8$, $b_3=4$的灵敏度分析范围分别为$(-6.919,+\infty)$,$(-2.5,+\infty)$和$(-8.25,+\infty)$,它们的单参数最大扰动范围分别为$(-11.919,+\infty)$,$(-10.5,+\infty)$和$(-12.25,+\infty)$。容易看出,相对于新的参数$\bar{b}_1=3$, $\bar{b}_2=4$, $\bar{b}_3=2$,原参数的扰动量分别为$\delta b_1=-2<0$, $\delta b_2=-4<0$, $\delta b_3=-2<0$。

由于例 5-15 中模型的最优结构保持不变时,参数b_1的最大允许减少量为$\underline{R}_1=-11.919$,参数b_2的最大允许减少量为$\underline{R}_2=-10.5$,参数b_3的最大允许减少量为$\underline{R}_3=-12.25$,所以根据式(5-23),约束右端项扰动量所对应的比值分别为$R_1=(-2)/(-11.919)=0.168$, $R_2=(-4)/(-10.5)=0.381$和$R_3=(-2)/(-12.25)=0.163$。这三个比值之和$R_1+R_2+R_3=0.712<1$,根据右端项灵敏度分析的100%规则可知,原模型的最优结构保持不变。

此外,右端项扰动会引起原模型的最优解发生改变,最优值也会随之变化。我们已经知道,模型最优结构对应的基变量排列顺序是 X2(x_2)、X3(x_3)和 SLK 4(x_6),其中最后一个变量是第三个约束的松弛变量。根据式(5-24),可以计算出新的目标函数最优值为

$$8.25+0.1389\times(-2)+0.9444\times(-4)+0\times(-2)=4.1944$$

其中式(5-24)中右端项扰动量的系数向量为$\boldsymbol{c}_{\boldsymbol{B}}^{\mathrm{T}}\boldsymbol{B}^{-1}=(0.1389,0.9444,0)$,$\boldsymbol{c}_{\boldsymbol{B}}^{\mathrm{T}}=(2,5,0)$为基变量对应的目标函数系数向量,$\boldsymbol{B}^{-1}$为模型最优基的逆矩阵:

$$\boldsymbol{B}^{-1}=\begin{bmatrix}-5/36 & 1/18 & 0\\ 1/12 & 1/6 & 0\\ 37/36 & 7/18 & 1\end{bmatrix}=\begin{bmatrix}-0.1389 & 0.0556 & 0\\ 0.0833 & 0.1667 & 0\\ 1.0278 & 0.3889 & 1\end{bmatrix}$$

与新的右端项$\bar{b}_1=3$, $\bar{b}_2=4$, $\bar{b}_3=2$对应的模型最优解为$x_1=0$(非基变量),决策变量x_2、x_3仍是基变量,其取值如下:

$$x_2=-0.25-0.1389\times(-2)+0.0556\times(-4)=-0.1944$$

$$x_3=1.75+0.0833\times(-2)+0.1667\times(-4)=0.9167$$

其中最优解的修正项也需要使用模型最优结构对应的基矩阵进行计算。这相当于计算基变量x_2、x_3和 SLK 4(x_6)的新值,即$\boldsymbol{x}_{\boldsymbol{B}}+\boldsymbol{B}^{-1}\delta\boldsymbol{b}=\boldsymbol{B}^{-1}(\boldsymbol{b}+\delta\boldsymbol{b})=(-0.1944,0.9167,6.6389)^{\mathrm{T}}$。

5.7 对偶问题的提出与求解

对偶问题以及关于此问题讨论的对偶理论是线性规划理论的重要组成部分。它不但提供了分析和求解线性规划问题的独特视角，而且可以帮助人们深刻认识线性规划模型所描述的实际问题的“价值”层面。

对于例 5-2 所给出的企业生产计划问题，其解答过程可以参见例 5-12。我们知道，最优的生产计划对应的产品Ⅰ和产品Ⅱ的生产量分别为 3.18 个单位和 1.09 个单位，并且在计划期内，企业可以获得的总利润为 963.64 元。此外，我们还可以看出，在实施最优生产计划时，原材料 A 和 B 的库存量都会用完，但是设备台时这种资源还有一定的余量。如果我们换一个看待企业生产计划问题的角度，如从扩大生产规模的角度来看，可以思考这样的问题：增加原材料 A 或者 B 的供应，或者增加机器设备的台时，它们对提升企业的利润分别能够起到多大的作用？换句话说，我们既可以把企业生产计划看成一个传统的决策问题，即利用资源寻找最佳生产方案的原始问题，也可以从扩大生产规模的角度，对企业资源的生产效益进行“价值”评估，即通过资源的定价对企业产品生产过程进行取舍决策（对偶问题）。

根据求解例 5-2 中线性规划模型的图解法（参见例 5-10），或者根据例 5-12 中 Excel“规划求解”的结果，我们知道，企业的最优生产计划一定会受到原材料 A 和 B 的数量限制，增加它们的供应自然地可以增加企业的利润。不过，还可以深入思考这样的问题：如果可以增加原材料的供应量，比如从市场上购买原材料 A 或者 B，那么企业的赢利水平会受到何种影响？特别地，原材料的价格变化又怎样影响企业的利润？相应地，还有一个根本性的问题需要回答，即：如何判断企业的生产计划（即产品Ⅰ和产品Ⅱ的生产量）是最优的计划？关于这个根本性问题的回答，既影响到如何寻找求解线性规划模型的方法，又影响到如何深入理解关于线性规划参数的灵敏度分析（在灵敏度分析过程中，线性规划的最优结构通常保持不变）。

此外，在利用 LINDO、LINGO 或者 Excel“规划求解”等优化软件对线性规划问题进行模型求解和灵敏度分析时，其运算结果报告或者灵敏度分析报告包含了一些有价值的信息，比如：REDUCED COST，DUAL PRICES，ALLOWABLE INCREASE，ALLOWABLE DECREASE，递减成本，或者阴影价格等。这些概念和信息都需要从新的角度才能得到准确的解释和理解，这个新的角度就是线性规划的对偶视角。

5.7.1 对偶问题的提出

对于例 5-2 提出的问题，我们换一个角度考虑：假设在该实例中，生产产品所需要的设备可以出租、原材料 A 和 B 能够转让，那么如何对这些设备和资源进行定价，使得企业出租设备和转让资源所得收益不低于自己生产的收益，同时使得受让方所支付的费用最少？这就是例 5-2 所提出问题的对偶形式，即模型（5-3）的对偶问题。

例 5-18 对于例 5-2 给出的线性规划模型（5-3），试写出其对偶问题。

解 假设例 5-2 中设备除折旧外的出租价格为 w_1 元/h，原材料 A 除成本外的转让加价为 w_2 元/kg，原材料 B 除成本外的转让加价为 w_3 元/kg，并且将受让方支付的费用记为 z。

若将手头上的设备时数和原材料数量全部出租或者转让，则受让方需要支付的费用为

$$z=8w_1+16w_2+15w_3$$

根据表 5-2 可知，生产一件产品Ⅰ需要设备 1 个台时、4 kg 原材料 A 和 3 kg 原材料 B。将这些台时和原材料按照上述价格全部出租、转让出去，定价策略应该是保证企业所得到的收益不少于生产一件产品Ⅰ的利润 2(单位：百元)。于是，我们提出这样的线性不等式约束：

$$w_1+4w_2+3w_3 \geqslant 2$$

同理，对于产品Ⅱ来说，定价策略要保证企业出租设备、转让原材料所得到的收益不少于生产一件产品Ⅱ的利润 3(单位：百元)，也就是说，$2w_1+3w_2+5w_3 \geqslant 3$。

最后，考虑到出租设备和转让资源价格的非负性，我们得到一个新的线性规划模型

$$\min z=8w_1+16w_2+15w_3$$

$$\text{s.t.}\begin{cases} w_1+4w_2+3w_3 \geqslant 2 \\ 2w_1+3w_2+5w_3 \geqslant 3 \\ w_1 \geqslant 0, w_2 \geqslant 0, w_3 \geqslant 0 \end{cases} \tag{5-25}$$

通常，人们将模型(5-25)称为例 5-2 中模型(5-3)的对偶形式，即对偶问题。

将线性规划的原问题(5-3)与对偶问题(5-25)进行比较，可以看到两种模型之间存在一定对应关系。为了使用和查证方便，我们将这些对应关系概括、拓展如下：

(1) 原问题是极大化问题，对偶问题是极小化问题；反之亦然。

(2) 对于原问题来说，目标函数中决策变量的系数向量 $\boldsymbol{c}$ 是对偶问题的约束右端项 $\boldsymbol{c}$；同时，约束右端项 $\boldsymbol{b}$ 是对偶问题目标函数中决策变量的系数向量 $\boldsymbol{b}$。反之亦然。

(3) 原问题的等式约束与对偶问题的自由变量(无符号限制)是相互对应的。

(4) 对于极大化目标函数的原问题来说，决策变量的非负性约束对应着极小化目标函数的对偶问题中"不小于"($\geqslant$)类型的约束。同理，决策变量的非正性约束，对应着极小化目标函数的对偶问题中"不大于"($\leqslant$)类型的约束。

(5) 根据原问题目标函数的极大化方向，可知非符号限制的不等式约束方向"$\leqslant$"对应着对偶问题的非负决策变量。同理，非符号限制的"不小于"($\geqslant$)类型约束对应着对偶问题的非正决策变量。

特别需要指出的是，对于极小化目标函数的原问题来说，上述后两条对应关系需要从错位对应的视角进行解释。

例 5-19 对于例 5-3 给出的线性规划模型(5-4)，试写出其对偶问题。

解 由于线性规划模型(5-4)是极小化问题，所以其对偶问题是极大化问题。

首先，根据对偶问题目标函数的变量系数与原问题的约束右端项之间存在的对应关系可知对偶问题有三个决策变量，目标函数可以表示成 $z=1.6w_1+12w_2+10w_3$。

其次，根据对偶问题的约束右端项与原问题目标函数的变量系数之间存在的对应关系可知对偶问题有四个非符号限制的不等式约束。原问题决策变量的非负性说明，对偶问题的不等式约束是"$\leqslant$"方向。此外，根据原问题非符号限制的不等式约束方向($\geqslant$)，可知对偶问题的决策变量都是非负的。

最后，我们把线性规划模型(5-4)的对偶问题表示如下：

$$\max z=1.6w_1+12w_2+10w_3$$

$$\text{s. t.}\begin{cases}0.2w_1+3w_2+5w_3\leqslant 1.2\\0.4w_1+2w_2+2w_3\leqslant 2\\0.1w_1+w_2+w_3\leqslant 0.6\\0.2w_1+3w_2+4w_3\leqslant 1.1\\w_1\geqslant 0,w_2\geqslant 0,w_3\geqslant 0\end{cases}\tag{5-26}$$

5.7.2 对偶问题的求解方法

关于线性规划对偶问题的求解，可以采取多种方法。除了比较简单的情形（例如，对偶问题有两个决策变量）可以使用图解法，人们可以将对偶问题仍然看成一种线性规划问题，通过调用优化软件或者利用单纯形法等方式进行求解。此外，也可以根据线性规划原问题的最优解，利用最优性条件和模型的最优结构求出对偶问题的最优解和最优值。相应地，人们开发了一种求解原问题的对偶单纯形法，可以用来同时求解原问题和对偶问题。

1. 调用优化软件

例 5-20 试利用 Excel 中“规划求解”加载项求解对偶问题(5-26)。

解 根据 Excel 软件中“规划求解”加载项的使用方法，我们将对偶问题(5-26)的参数输入 Excel 文件，其参数输入示意图如图 5-13 所示。

	A	B	C	D	E	F	G
1	对偶决策变量	W1	W2	W3			
2	变量取值	0	0	0			
3							
4	约束	维生素B	维生素C	蛋白质			食材单价
5	食材A	0.2	3	5	0	<=	1.2
6	食材B	0.4	2	2	0	<=	2
7	食材C	0.1	1	1	0	<=	0.6
8	食材D	0.2	3	4	0	<=	1.1
9							
10	收益目标	维生素B	维生素C	蛋白质			
11	目标函数值	1.6	12	10	0		

图 5-13 对偶问题(5-26)参数输入

随后，在“规划求解”加载项中指明：极大化目标函数所在单元格“\$E\$11”，决策变量所在的可变单元格“\$B\$2:\$D\$2”，以及模型的非变量符号约束条件“\$E\$5:\$E\$8≤\$G\$5:\$G\$8”。此外，设定求解方法为“单纯线性规划”，并且指明决策变量是非负的。规划求解参数的设定情况如图 5-14 所示。

最后，运行“规划求解”加载项，并且输出规划求解结果，生成运算结果报告，如图 5-15 所示。从运算结果报告中可以看出：从初始可行解 $w_1=0,w_2=0,w_3=0$ 出发，经过两次迭代，可以得到对偶问题(5-26)的最优解为 $w_1=4.75,w_2=0.05,w_3=0$，对应的目标函数最优值为 8.2 元。

例 5-21 试利用 LINDO 软件求解对偶问题(5-25)。

解 对于企业生产计划问题的对偶形式(5-25)，根据 LINDO 编程规则，我们可以写出相应的 LINDO 代码如下：

```
min 8w1 + 16w2 + 15w3
s.t.
```

```
w1 + 4 w2 + 3 w3 >= 2
2 w1 + 3 w2 + 5 w3 >= 3
end
```

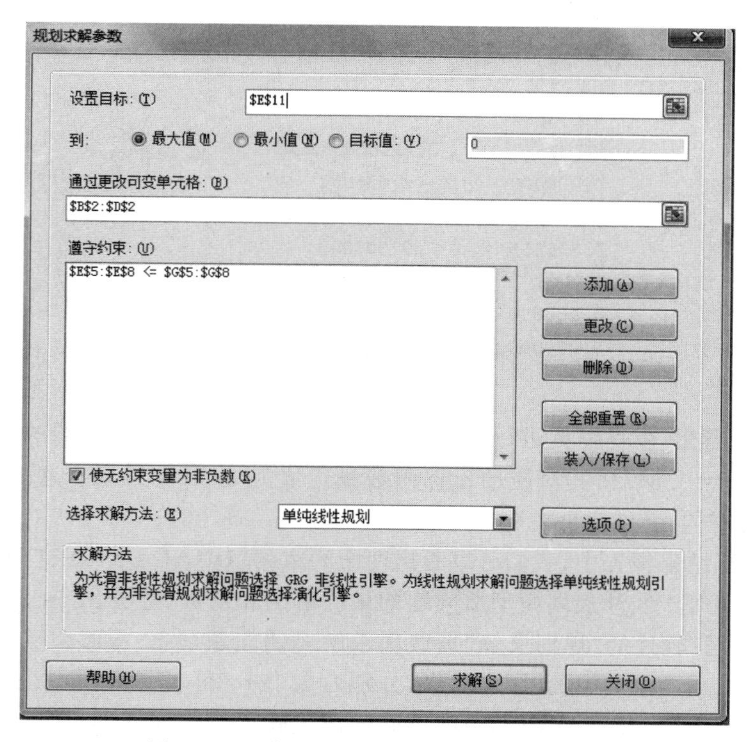

图 5-14　对偶问题(5-26)规划求解参数设定

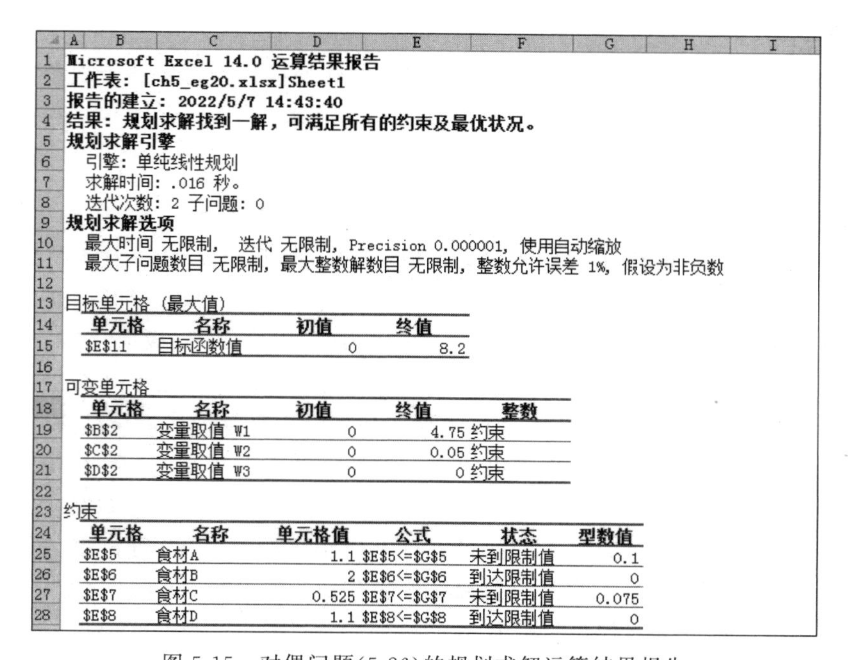

Microsoft Excel 14.0 运算结果报告
工作表：[ch5_eg20.xlsx]Sheet1
报告的建立：2022/5/7 14:43:40
结果：规划求解找到一解，可满足所有的约束及最优状况。
规划求解引擎
引擎：单纯线性规划
求解时间：.016 秒。
迭代次数：2 子问题：0
规划求解选项
最大时间 无限制，迭代 无限制，Precision 0.000001，使用自动缩放
最大子问题数目 无限制，最大整数解数目 无限制，整数允许误差 1%，假设为非负数

目标单元格（最大值）

单元格	名称	初值	终值
$E$11	目标函数值	0	8.2

可变单元格

单元格	名称	初值	终值	整数
$B$2	变量取值 W1	0	4.75	约束
$C$2	变量取值 W2	0	0.05	约束
$D$2	变量取值 W3	0	0	约束

约束

单元格	名称	单元格值	公式	状态	型数值
$E$5	食材A	1.1	$E$5<=$G$5	未到限制值	0.1
$E$6	食材B	2	$E$6<=$G$6	到达限制值	0
$E$7	食材C	0.525	$E$7<=$G$7	未到限制值	0.075
$E$8	食材D	1.1	$E$8<=$G$8	到达限制值	0

图 5-15　对偶问题(5-26)的规划求解运算结果报告

其中变量非负性是程序的默认设置。通过调用 LINDO 软件的 SOLVE 功能，我们能够获得求解对偶问题(5-25)的数值运算结果。

LINDO 软件的运算结果报告如下：

```
LP OPTIMUM FOUND AT STEP 2
             OBJECTIVE FUNCTION VALUE
             1)          9.636364
VARIABLE                 VALUE             REDUCED COST
             W1          0.000000          2.636364
             W2          0.090909          0.000000
             W3          0.545455          0.000000
ROW           SLACK OR SURPLUS             DUAL PRICES
             2)          0.000000          -3.181818
             3)          0.000000          -1.090909
NO. ITERATIONS =         2
```

从这个报告可以看出，软件需要进行两次迭代操作，才能寻找到对偶问题的最优解 $w_1=0$，$w_2=0.0909$，$w_3=0.5454$，其对应的目标函数最优值为 9.6364 百元。这相当于最优的企业生产计划能够产生总利润 963.64 元。

另外，从运算结果报告中，我们可以看出两个约束的“DUAL PRICES”分别为 −3.1818 和 −1.0909，恰好等于线性规划模型原问题的最优解的相反数(参见例 5-12)。值得指出的是，如果使用 Excel 软件的“规划求解”加载项求解对偶问题(5-25)，那么敏感性报告(即灵敏度分析报告)给出两个约束的“阴影价格”分别为 3.1818 和 1.0909，也就是线性规划模型原问题的最优解。这是又一个实例，说明不同的优化软件对于同样的模型和约束可能给出不同的概念解释。

2. 单纯形法

利用单纯形法求解对偶问题时，可以将对偶问题转换成标准形式或者典范形式，再利用 5.5.3 节描述的方法求解相应的等价模型。在此不再赘述。

3. 对偶单纯形法

对偶单纯形法的基本原理是：从一个满足等式约束的基本解出发，在 5.5.3 节给出的最优性判据成立时(对于极小化问题来说，要求 $r\geqslant 0$)，判断给定的基本解是否是可行的。如果满足最优性判据的基本解处于可行状态，那么就得到了模型的最优解，迭代过程结束；否则，选择一个右端项为负的等式约束，根据目标函数的优化方向(极大化或者极小化)，在满足最优性判据的前提条件下，对迭代点进行迭代改进，最大限度地提高迭代点的可行性。重复以上“判断迭代点的可行性，必要时对之改进”的过程，直至迭代过程结束。

通常，对偶单纯形法在迭代过程中也使用一种特殊的线性规划的(准)标准形式，如在等式约束的系数矩阵中存在一个单位子矩阵，并且目标函数的等价变量系数满足最优性判据：对于极大化问题来说，等价系数都是非正的；对于极小化问题来说，等价系数都是非负的。在这样的(准)标准形式中，等式约束的右端项可能存在负的分量，即原始问题的基本解可能是不可行的(也可以称之为对偶可行的基本解)。整个迭代过程是改进对偶可行基本解相对于原始问题约束条件的可行性。

5.8 对偶问题的经济学解释——影子价格

利用线性规划分析实际问题，主要涉及两个方面的工作：其一是线性规划建模、模型求解的方法和过程；其二是分析模型的最优结构、最优解和最优值随参数变化可能受到的影响。前面已经讨论过建模和求解这方面的工作，灵敏度分析描述了目标函数中变量系数和约束右端项的可能取值范围，使得参数在此范围内取值时，模型的最优结构保持不变。至于模型的最优解和最优值如何随参数的变化而变化，以及分析它们的变化规律，实际上涉及线性规划的对偶特性。

线性规划对偶问题至少具有两个方面的重要价值：其一是在理论方面，它描述了线性规划最优解所具有的特性，给出了判断一个可行解最优性的依据（通常，该可行解可能不是基本解形式）；其二是在经济学方面，它揭示了生产资源的隐含价值，有助于人们从多个角度分析复杂的经济现象。

我们已经在 5.5.3 节和 5.7.1 节中讨论过线性规划基本可行解的最优性判据，以及对偶问题的形式。本节解释一下对偶问题的经济学含义，以及影子价格的概念。关于影子价格或者对偶问题的最优解，实际上可以从 LINDO、LINGO 或者 Excel“规划求解”的运算结果报告和灵敏度分析报告中找到相关的信息（参见例 5-15 的解答过程）。值得指出的是，不同软件的结果可能具有不同的描述术语和含义，需要基于线性规划的对偶概念、理论和方法才能准确地理解。

首先，我们回顾一下例 5-2 给出的企业生产计划问题：某企业希望在计划期内通过使用原材料 A、B 和设备，生产并销售两种产品 Ⅰ 和 Ⅱ，获得最多的利润。其次，我们知道，企业生产产品需要消耗一定的资源，包括设备台时、原材料 A 和 B 的数量。通常，企业在生产并销售这些产品后，才能获得相应的利润。

通过分析企业生产过程和使用的资源，我们还可以知道，企业获利实质上有两种基本的方式，可以采取的策略包括：其一，生产销售策略，即通过企业生产与销售产品获利的途径；其二，资源最优定价（租赁）策略，即通过销售或者租赁资源获利的途径。从线性规划建模的角度看，前一种策略对应着线性规划的原问题，后一种策略对应着线性规划的对偶问题。

两种策略的目标在本质上是一致的，都是为了使企业获得最佳的利润，区别在于看待企业利润的来源视角不同。如果生产与销售产品能够获得更多的利润，企业便会启动生产产品的过程。相应地，如果销售（租赁）资源可以获得更多的利润，企业就会用销售资源代替生产产品来获利。这两种策略又是相互关联的，销售（租赁）资源的获利潜能与其生产过程紧密相关，这是因为生产、销售产品能否获利，依赖于资源的利用效率；反过来，销售（租赁）资源的获利潜能能否发挥出来，依赖于生产、销售产品的过程效能。具体地说，生产、销售产品的过程越高效，企业就通过将资源转化为产品获取越多的利润（包括采购更多的资源，扩大生产规模）；否则，企业生产产品越多就越亏本，还不如销售（租赁）资源获利更多。因此，从经济均衡的角度看，企业最优生产计划的获利水平应该相当于其销售（租赁）生产产品所消耗资源的获利水平。

下面，我们给出对偶问题的经济学解释，并说明影子价格的概念以及其与对偶问题最优解之间的关系。

5.8.1 对偶问题的经济学解释

假设某企业在生产过程中需要从事 n 种生产活动，每种生产活动都会消耗一定的资源。记企业在生产过程中消耗的资源总数为 m 种，并且引入如下符号：

x_j——表示第 j 种生产活动的产出水平；

c_j——表示第 j 种生产活动产出的单位收入；

a_{ij}——表示第 j 种生产活动单位产出所消耗的第 i 种资源的数量；

b_i——表示企业拥有的第 i 种生产资源的数量；

w_i——表示市场上第 i 种资源的价格。

于是，企业的总收入可以表示成两部分之和：一是所有生产活动产出的产品或者服务的收入；二是所拥有的剩余生产资源的市场价值。利用上面引入的参数和变量符号，我们将企业总收入概括成如下的表达式：

$$z(x,w)=\sum_{j=1}^{n}c_jx_j+\sum_{i=1}^{m}w_i\left(b_i-\sum_{j=1}^{n}a_{ij}x_j\right) \tag{5-27}$$

容易看出，当生产资源的市场价格比较高时，企业会选择出售生产要素的策略，获得较高的收入；反之，企业会采取扩大生产活动产出的策略，通过生产、销售产品或者服务，获取更多的收入。

另外，企业总收入的表达式(5-27)，也可以等价地表示成如下形式：

$$z(x,w)=\sum_{i=1}^{m}b_iw_i+\sum_{j=1}^{n}x_j\left(c_j-\sum_{i=1}^{m}a_{ij}w_i\right) \tag{5-28}$$

其中第一项表示企业所有生产资源的市场价值，即以市场价格衡量生产要素的成本；第二项表示生产活动产出水平所对应的产品或者服务的利润。当企业生产活动产出的利润比较高时，企业有内在动力从市场采购生产资源，并转化为产品或者服务，其产出水平通常也比较高；反之，企业会控制生产活动的产出水平和生产资源的需求，降低生产成本。相应地，受供求关系的影响，生产资源的市场价格也会有所变化。

1. 企业生产决策问题

企业从事生产活动需要从市场上购买生产要素(资源)，它能够控制的决策变量主要是它的生产活动水平，而企业所处的市场竞争环境会不断挤压其活动产出的利润空间。当企业制订的生产计划所需求的资源量超过其拥有的资源量时，市场可能出现资源供不应求的情形，市场机制促使资源价格提升，增加企业的生产成本。

如果生产要素市场竞争充分，定价机制成熟，资源的市场价格基本稳定，那么企业为了极大化生产利润，需要确定合适的生产活动产出水平，在满足生产要素资源约束的前提下，极大化企业的收入和利润。因此，从企业生产决策的角度看，可以将企业的最佳生产活动水平看成下面线性规划模型的最优解：

$$\max \sum_{j=1}^{n}c_jx_j$$

$$\text{s. t.}\begin{cases}\sum_{j=1}^{n}a_{ij}x_j\leqslant b_i, & i=1,2,\cdots,m\\ x_j\geqslant 0, & j=1,2,\cdots,n\end{cases} \tag{5-29}$$

2. 资源市场定价问题

在生产要素(资源)市场上,有一只看不见的手操纵着生产要素的交易价格。当企业从事某种生产活动可以获得额外的利润时,它必然会千方百计地提升其生产活动水平,采购更多的资源,扩大活动的产出,以便获取更大的利润。从市场均衡的角度来看,企业提升其生产活动水平可能引起生产要素资源供求关系的变化,以及生产要素价格的变化。市场交易机制形成的生产要素价格会尽可能地挤压企业的生产活动利润。因此,从生产要素资源的市场定价角度看,生产要素的均衡价格可以看成下面线性规划模型的最优解:

$$\min \sum_{i=1}^{m} b_i w_i$$

$$\text{s.t.}\begin{cases}\sum_{i=1}^{m} a_{ij} w_i \geqslant c_j, & j=1,2,\cdots,n \\ w_i \geqslant 0, & i=1,2,\cdots,m\end{cases} \tag{5-30}$$

容易看出,线性规划模型(5-29)和模型(5-30)是互为对偶的问题,如果将其中任意一个问题作为原问题,那么另一个问题就是其对偶形式。因此,企业的最佳生产决策问题与生产要素的市场定价问题是存在相互影响的一对关联问题。一方面,要素资源的市场均衡价格影响了资源的采购成本、产品与服务的盈利水平,从而影响了企业的生产决策;另一方面,生产活动的产出水平也影响着产品与服务的供应,进而,从产业链的角度来看,影响到下游企业的生产要素、产品与服务等供求关系的变化,最终对生产要素、产品与服务的市场价格产生影响,也就是说,影响到资源的市场定价。

综上所述,需要指出的是,企业生产决策问题(5-29)和以企业总收入表达式(5-27)为目标的极大化、极小化问题 $\max_x \min_w z(x,w)$ 是等价的;生产要素资源的市场定价问题(5-30)和以企业总收入表达式(5-28)为目标的极小化、极大化问题 $\min_w \max_x z(x,w)$ 是等价的;前后两类问题本质上又是互为对偶的,共同反映了企业和生产要素市场的经济活动规律。关于经济运行调节机制的设计也需要遵循这种规律才能有更好的实施效果。

5.8.2 影子价格

影子价格的概念与灵敏度分析有一定的关联性。根据线性规划模型右端项的灵敏度分析方法,我们知道,在模型的最优结构不变时,右端项扰动后目标函数的最优值与扰动前目标函数的最优值之差与右端项的扰动量存在线性关系,即

$$\bar{\boldsymbol{c}}^{\mathrm{T}}\boldsymbol{x}=\boldsymbol{c}^{\mathrm{T}}\boldsymbol{x}+\beta(\boldsymbol{c}_{\boldsymbol{B}}^{\mathrm{T}}\boldsymbol{B}^{-1}\Delta\boldsymbol{b})$$

其中,$\Delta\boldsymbol{b}$ 表示右端项的扰动方向;β 为扰动步长。为了讨论方便起见,不妨假定扰动步长取值为 1。

对于生产要素、资源的影子价格,根据其参照对象的不同,可以从两个不同的角度来解释。从经济学的角度来看,对于生产要素、资源的影子价格的理解需要考虑其成本和使用价值;从运筹学的角度来看,对于生产要素、资源的影子价格的理解是与描述生产活动的运筹学模型关联在一起的。因此,描述同一个实际问题的线性规划模型不同,就会给出不同的影子价格数值。

对于线性规划模型来说，某个约束的影子价格是指其右端项有单位增加量，并且模型的最优结构保持不变时，目标函数最优值(如果其存在的话)的改进量。对于极大化模型(5-29)来说，目标函数最优值的改进量就是目标函数值的增加量，即

$$\text{新目标值} = \text{原目标值} + \Delta b_i \times \text{约束 } i \text{ 的影子价格}$$

对于极小化模型(5-30)来说，目标函数最优值的改进量就是目标函数值的减少量，即

$$\text{新目标值} = \text{原目标值} - \Delta c_j \times \text{约束 } j \text{ 的影子价格}$$

根据影子价格的这一定义，以及右端项扰动前后目标函数最优值的表达式，如在极大化模型中，新的目标函数最优值

$$\bar{\boldsymbol{c}}^{\mathrm{T}}\boldsymbol{x} = \boldsymbol{c}^{\mathrm{T}}\boldsymbol{x} + \boldsymbol{c}_{\boldsymbol{B}}^{\mathrm{T}}\boldsymbol{B}^{-1}\Delta\boldsymbol{b}$$

我们可以看出，生产要素、资源的影子价格是相对于约束的右端项来说的，并且与向量 $\boldsymbol{c}_{\boldsymbol{B}}^{\mathrm{T}}\boldsymbol{B}^{-1}$ 存在一定的关系。当然，对比极大化模型和极小化模型，这种关系存在一些形式上的差异，在实际应用时需要注意这种差异性。

下面通过一个实例进一步解释影子价格的含义。

例 5-22 假设某家具厂生产茶几和椅子两种家具，生产一个茶几需要 75 min 切割板材，1 h 安装，生产一把椅子需要 45 min 切割板材，1.5 h 安装。该厂每周可用切割板材的生产线时间为 84 h，家具安装时间为 150 h。目前，市场上茶几和椅子的销售价格分别是 100 元/张和 75 元/把，家具厂雇用板材切割工和家具安装工的平均成本(含设备资源占用成本)分别为 12 元/h 和 8 元/h。试问：该家具厂应该如何组织茶几和椅子的生产，才能使家具厂每周的生产利润和销售收入最大？此外，如果该家具厂利用其设备、人力资源为其他企业代工、加工家具，那么家具厂应该如何确定资源的租赁价格，才能使其收益最大？

解 对于家具厂的生产组织问题，我们建立描述其最优生产计划的线性规划模型。

首先，需要引入决策变量。如我们用 x_1 表示家具厂每周生产茶几的数量(单位：张)，用 x_2 表示每周生产椅子的数量(单位：把)。

其次，明确家具厂的经营目标为：极大化家具厂每周的生产利润和销售收入。假设家具厂生产的茶几和椅子都能够在市场上销售出去。于是，家具厂每周的家具生产量等于其销售量。生产家具需要进行板材切割和安装，这样，家具厂就需要雇用工人，使用设备来切割和安装板材。雇用工人、使用设备需要花费一定的成本，我们可以计算出家具厂生产每张茶几的成本为(1.25×12+8)元=23 元，生产每把椅子的成本为(0.75×12+1.5×8)元=21 元。相应地，也可以计算出每张茶几和每把椅子的利润，分别为(100−23)元=77 元和(75−21)元=54 元。家具厂的经营目标是极大化销售收入和生产利润，其中收入函数为 $100x_1+75x_2$，利润函数为 $77x_1+54x_2$，它们都是决策变量的线性函数。

再次，考虑到每张茶几和每把椅子需要的板材切割时间、家具安装时间，以及家具厂每周可用的总时间，我们可以写出相应的约束表达式。例如，切割板材的时间为 $\frac{5}{4}x_1+\frac{3}{4}x_2$ h，不应该超过生产线时间 84 h，这对应着一个线性不等式约束 $\frac{5}{4}x_1+\frac{3}{4}x_2\leqslant 84$。同理，可以写出安装家具时间对应的不等式约束。

最后，根据家具厂的极大化目标选择，我们可以用两种形式描述其最优生产计划，得到两个线性规划模型，其中一个模型是极大化销售收入模型：

$$\max z = 100x_1 + 75x_2$$

$$\text{s. t.}\begin{cases}\frac{5}{4}x_1 + \frac{3}{4}x_2 \leqslant 84 \\ x_1 + \frac{3}{2}x_2 \leqslant 150 \\ x_1 \geqslant 0, x_2 \geqslant 0\end{cases} \tag{5-31}$$

另一个模型是极大化生产利润模型：

$$\max z = 77x_1 + 54x_2$$

$$\text{s. t.}\begin{cases}\frac{5}{4}x_1 + \frac{3}{4}x_2 \leqslant 84 \\ x_1 + \frac{3}{2}x_2 \leqslant 150 \\ x_1 \geqslant 0, x_2 \geqslant 0\end{cases} \tag{5-32}$$

通过分别求解模型(5-31)和模型(5-32)，我们得到同样的最优生产计划，即每周生产 12 张茶几，92 把椅子，但是它们对应着不同的目标函数最优值，其中前一个模型最优值为家具厂每周的最大销售收入 8100 元，后一个模型最优值为家具厂每周获得的最大利润 5892 元。

对于家具厂为其他企业代工情况，我们可以建立另一种类型的线性规划模型，描述资源最优租赁价格的定价机制。

在建模过程中，需要引入另外的决策变量描述生产要素的租赁价格。例如，用 w_1 表示家具厂板材切割的单位工时租金(单位：元)，用 w_2 表示家具安装的单位工时租金(单位：元)。这样，家具厂为其他企业代工时设定的资源租赁价格，应该要保证其收益不低于租金函数 $84w_1 + 150w_2$ 的最小值。此外，租赁价格的设定需要保证家具厂生产一张茶几或者一把椅子的工时租赁收入，不低于生产、销售相应家具的收入或者利润。因此，家具厂愿意代工的资源租赁价格应该不低于下面线性规划模型的最优解：

(1) 租赁价格模型 1(包含雇用工人的工资)为

$$\min z = 84w_1 + 150w_2$$

$$\text{s. t.}\begin{cases}\frac{5}{4}w_1 + w_2 \geqslant 100 \\ \frac{3}{4}w_1 + \frac{3}{2}w_2 \geqslant 75 \\ w_1 \geqslant 0, w_2 \geqslant 0\end{cases} \tag{5-33}$$

(2) 租赁价格模型 2(不包含雇用工人的工资)为

$$\min z = 84w_1 + 150w_2$$

$$\text{s. t.}\begin{cases}\frac{5}{4}w_1 + w_2 \geqslant 77 \\ \frac{3}{4}w_1 + \frac{3}{2}w_2 \geqslant 54 \\ w_1 \geqslant 0, w_2 \geqslant 0\end{cases} \tag{5-34}$$

容易看出，模型(5-33)和模型(5-34)的右端项是不同的，所以它们的最优解也是不同的。通过求解模型(5-33)，可以得到最优解为 $w_1=\frac{200}{3}$，$w_2=\frac{50}{3}$，对应的最优值为 8100 元。通过求解模型(5-34)，可以得到最优解为 $w_1=\frac{164}{3}$，$w_2=\frac{26}{3}$，对应的最优值为 5892 元。两个模型最优解 w_1、w_2 的差距分别为 12 和 8，分别相当于家具厂的板材切割工和安装工的单位时间成本。

因此，家具厂的最优资源租赁策略为：板材切割 $\frac{164}{3}$ 元/h、家具安装 $\frac{26}{3}$ 元/h(不含工人工资)，或者板材切割 $\frac{200}{3}$ 元/h、家具安装 $\frac{50}{3}$ 元/h(含工人工资)。该租赁策略可以使家具厂的代工收益最大。

根据影子价格的含义，将模型(5-31)的第一个和第二个约束右端项分别增加一个单位，得到其目标函数最优值的改进量(影子价格)分别为 $\frac{200}{3}$ 和 $\frac{50}{3}$。同理，将模型(5-32)的第一个和第二个约束右端项分别增加一个单位，也可以得到其目标函数最优值的改进量(影子价格)分别为 $\frac{164}{3}$ 和 $\frac{26}{3}$。虽然模型(5-31)和模型(5-32)的约束是一样的，但是目标函数取值和资源的影子价格是不同的。两个模型最优值和影子价格的差别，来源于模型如何考虑家具厂雇用工人的单位工时工资。

同理，如果将模型(5-33)和模型(5-34)的第一个和第二个约束右端项分别增加一个单位，那么我们可以看到目标函数最优值分别增加了 12 和 92，也就是说，其目标函数最优值的改进量(影子价格)分别是 −12 和 −92。虽然模型(5-33)和模型(5-34)的约束是不同的，但是它们的影子价格是一样的。此时，两个模型的目标函数形式是一样的，但是它们的最优值是不同的。

5.8.3 影子价格与对偶最优解

假设 x^* 和 w^* 分别是线性规划模型(5-29)和模型(5-30)的最优解。根据线性规划的最优性条件可知，目标函数的最优值 $z=\boldsymbol{c}^{\mathrm{T}}\boldsymbol{x}^*=\boldsymbol{b}^{\mathrm{T}}\boldsymbol{w}^*$。于是，线性规划模型的最优解与目标函数最优值之间存在如下关系：

$$\frac{\partial z}{\partial b_i}=w_i^* \tag{5-35}$$

$$\frac{\partial z}{\partial c_j}=x_j^* \tag{5-36}$$

这说明线性规划模型的约束影子价格与其对偶问题的最优解之间存在一定的对应关系，它们相等或者相差一个符号。特别地，在极大化问题中，模型约束的影子价格等于其对偶问题最优解的相应分量；在极小化问题中，模型约束的影子价格等于其对偶问题最优解相应分量的相反数。

值得指出的是，租赁模型(5-33)和模型(5-34)给出的租赁价格(最优解)和租赁收入(最优值)是不同的。出现这种差别的原因在于：板材切割和家具安装的单位工时租金是否包含了雇用工人的单位工时工资 12 元和 8 元。

基于销售收入的生产计划模型(5-31)和租赁模型(5-33)是相互对偶的。在生产计划模型(5-31)中,虽然板材切割和家具安装的可用工时是资源约束,但是这些约束的影子价格是租赁模型(5-33)的最优解,即板材切割的单位工时租金 66.67 元和家具安装的单位工时租金 16.67 元。该影子价格不但包含了家具厂因放弃使用资源而损失的赢利,也包含了雇用工人的工资。

基于家具销售利润的生产计划模型(5-32)和租赁模型(5-34)也是相互对偶的,但是在生产计划模型(5-32)中,板材切割和家具安装可用工时约束的影子价格只是描述了家具厂因放弃使用资源而损失的赢利(其值与资源的租赁价格相当),没有考虑雇用工人的成本。

综上所述,在线性规划中,人们通常将影子价格看成一个与模型约束相关联的量。当同一个问题可以用不同的模型来描述时,同样的约束在不同的模型中也可能有不同的影子价格。尽管如此,影子价格始终表示模型的目标函数最优值的改进量,前提条件是:右端项有单位增加量,并且模型的最优结构保持不变(对于极大化问题来说,改进量表示增加量;对于极小化问题来说,改进量表示减小量)。

本章小结

线性规划是一种特殊的最优化问题,其目标函数和约束函数都是线性的,并且变量是连续变化的。线性规划模型通常由决策变量、目标函数和约束条件三个要素组成。在一些应用场景中,可以利用线性规划模型描述线性优化问题。

线性规划具有多种形式,可以是极大化模型,也可以是极小化模型。对于具有两个变量的线性规划模型,可以使用图解法进行求解;对于复杂一些的线性规划模型,需要借助于计算机和优化软件进行求解。此外,单纯形法是求解线性规划模型的一种基本方法,也是优化软件求解线性规划问题的算法基础之一。为了了解线性规划模型中参数扰动所带来的影响,本章还对模型目标函数中决策变量的系数和约束右端项进行了灵敏度分析。

所谓单参数的灵敏度分析,就是指确定某个参数的变化范围,同时令其他参数保持不变,使得所考虑的参数在相应范围内变化时,线性规划模型的最优结构保持不变。对于线性规划模型中目标函数或者约束右端项的多个参数同时发生变化的情形,可以使用 100%规则进行灵敏度分析。

此外,也可以根据考虑问题的优化视角不同,利用同样的一组参数建立互为对偶形式的线性规划模型。求解线性规划对偶问题的方法,本质上与求解原始问题的方法是等价的。通常,对偶问题的最优解也具有一定的经济学含义,与资源的影子价格存在着一定的对应关系。不同的优化软件对线性规划模型进行灵敏度分析或对偶分析所使用的术语及其内涵可能有所不同,需要基于线性规划的基本原理与方法才能给予合理的解释。

习题与思考题

5.1　假设某企业生产甲、乙两种产品,其中制造一件甲产品需要元器件 A 四个,元器件 B 三个;制造一件乙产品需要元器件 A 两个,元器件 B 三个。目前,企业仓库中有 120 个元器件 A,110 个元器件 B。如果销售每件甲、乙产品,企业可以分别获得 25 元、20 元的利润，那么企业如何安排甲、乙产品的生产，充分利用库存的元器件，才能获得最大的销售利润？

5.2　某公司生产一种新型合金，其中含有40%的铝、30%的铁和30%的铜。生产新型合金所用的原料来自于其他合金，这些原料合金的成分和单位成本如表5-20所示。试问：该公司如何确定各种原料合金的使用比例，以便以最低的生产成本制成所需要的新型合金？

表5-20　六种原料合金的成分含量及单位成本　单位：%

成　　分	合金A	合金B	合金C	合金D	合金E	合金F
铝	50	25	40	20	60	45
铁	20	35	25	55	32	30
铜	30	40	35	25	18	25
单位成本/元	75	85	80	45	65	60

5.3　圣美是一个中型百货商场，根据业务规划，它测算在未来一年内每周对售货人员的最少需求如表5-21所示。为了保证售货员充分休息，让他们每周工作五天，休息两天，并要求休息的两天是连续的。试问：应该如何安排售货人员的作息，既满足他们工作的需要，又使得配备的售货人员数量最少？

表5-21　一周内每天商场需要售货员的最少人数

上班时间	周一	周二	周三	周四	周五	周六	周日
售货员数	18	24	25	22	30	32	36

如果周六的最少需求人数由32人增加到40人，圣美商场的人员聘用和工作安排方案会怎样改变？此外，如果可以用两个临时聘用的半时售货人员（一天工作4 h，不需要连续工作）代替一个全时人员（每天工作8 h），但规定半时售货员的工作时间不得超过所有售货员工作时间的四分之一，那么对于表5-21给出的售货员最低需求，圣美商场应该如何聘用和安排工作，使得配备的售货人员数量最少？

5.4　某有机饲料公司生产雏鸡、蛋鸡、肉鸡三种饲料，这三种饲料由A、B、C三种原料混合而成，其中A、B、C三种饲料的价格分别为每吨650、450、550元。此外，三种饲料的规格要求、产品单价以及日需求量如表5-22所示。受流动资金和生产能力所限，公司每天只能生产25 t饲料。试问：如何安排饲料的生产，才能使公司获利最大？

表5-22　三种饲料的规格要求、售价以及日销售量

产品名称	规格要求	售价/元	需求量/t
雏鸡饲料	原料A含量不少于50% 原料B含量不超过20%	900	5
蛋鸡饲料	原料A含量不少于40% 原料C含量不超过30%	750	16
肉鸡饲料	原料C含量不少于45%	650	12

5.5　某企业利用研磨和/或钻孔两种工艺生产甲、乙、丙、丁、戊五种产品（单位：件），每种产品需要的研磨和/或钻孔的时间（h/件）、工人时间（h/件）以及产品的利润（百元/件）如表5-23所示。

表 5-23 某企业加工单件产品所需要的加工时间参数及产品利润 单位：h

资　源	甲	乙	丙	丁	戊
研　磨	15	18	—	25	20
钻　孔	12	10	16	—	—
工　人	20	20	20	20	20
利润/(百元/件)	55	60	20	40	35

表中“—”表示生产对应列的产品不需要相应行的工艺。目前，企业有 3 台研磨机，2 台钻孔机床，8 名工人。工人每周工作 6 天，每天工作的工人分成两班，每班 8 h。假设每件产品所获得的利润与产品完成情况成比例，也就是说，完成了 70%加工量的产品可以简称为 0.7 件产品。试问：企业管理人员如何科学地安排产品的生产，以便使企业的利润达到最优？

5.6　写出下面线性规划模型的对偶形式，并求解相应的对偶问题：

(1)

$$\max\ 2x_1+5x_2+4x_3$$
$$\text{s. t.}\begin{cases}-x_1+2x_2+3x_3\leqslant 13\\4x_1-2x_2+x_3\leqslant 20\\x_1+2x_2+x_3\leqslant 17\\x_1\geqslant 0,x_2\geqslant 0,x_3\geqslant 0\end{cases}$$

(2)

$$\min\ 3x_1+2x_2-2x_3-3x_4$$
$$\text{s. t.}\begin{cases}x_1-2x_2+3x_3-2x_4=8\\4x_1+2x_2-x_3+5x_4\leqslant 12\\x_1+2x_2+x_3+x_4=7\\x_i\geqslant 0,\quad i=1,2,3,4\end{cases}$$

(3)

$$\max\ x_1+2x_2+4x_3+x_4$$
$$\text{s. t.}\begin{cases}x_1-2x_2+3x_3+x_4\leqslant 5\\2x_1+3x_2-x_3+4x_4\geqslant 3\\x_1+3x_2+x_3+2x_4=6\\x_1\geqslant 0,x_2\leqslant 0,x_3\geqslant 0\end{cases}$$

(4)

$$\min\ 2x_1+3x_2+x_3+x_4$$
$$\text{s. t.}\begin{cases}2x_1-x_2+3x_3-x_4\geqslant 4\\x_1+2x_2-x_3+3x_4\geqslant 2\\-x_1+2x_2+x_3-3x_4=7\\x_i\geqslant 0,\quad i=1,2,3,4\end{cases}$$

5.7　对习题5.6中线性规划的目标函数系数进行灵敏度分析，确定每个参数的变化范围。

5.8　对习题5.6中线性规划的非符号约束右端项进行灵敏度分析，确定每个参数的变化范围。

5.9　假设某城市有一条昼夜服务的公交线路，每天各时间段内所需乘务人员(司机和安防)数量如表5-24所示。假设乘务人员在各时间段一开始上班就连续工作8 h。试问：公交公司应该如何安排该条公交线路的乘务人员，既能满足工作需要，又配备最少乘务人员？

表5-24　昼夜服务的公交线路在每个时段需求的乘务人员数量

班　次	时　间	人员需求数	班　次	时　间	人员需求数
1	6:00—10:00	65	4	18:00—22:00	55
2	10:00—14:00	70	5	22:00—2:00	20
3	14:00—18:00	80	6	2:00—6:00	35

此外，试对公交公司昼夜服务公交线路的乘务人员需求数量进行灵敏度分析，确定其变化范围，以便参数在此范围内变化时，公交公司的人员排班规则可以保持不变。

5.10　北方机械制造厂生产五种产品A、B、C、D和E，单位产品的利润(单位：百元)以及需要在刨床、立铣、钻孔、装配线上加工所需要的时间(单位：h)如表5-25所示。假设刨床、立铣、钻孔、装配线每个月生产产品的可用时间分别为1800 h、2800 h、3200 h和5500 h。根据市场预测，五种产品都是适销对路的，试问：北方机械制造厂应该如何确定五种产品的生产量，才能获得最大的利润？此外，试对产品A、B、C、D和E的单件利润参数进行灵敏度分析，确定各个参数的变化范围，以便参数在此范围内变化时，北方机械厂的最优产品结构保持不变。

表5-25　北方机械厂单件产品的加工时间参数　　单位：h

资　源	A	B	C	D	E
刨床	0.5	1	0.9	0.6	0.8
立铣	2	1.2	1.5	1	1.3
钻孔	0.6	0.4	0.7	0.5	0.8
装配	1.5	1.8	1	1.3	1.6
利润/百元	5	6	4	3	2

5.11　对于例5-15给出的线性规划模型，如果目标函数中决策变量x_1、x_2、x_3的系数分别由$c_1=6, c_2=2, c_3=5$改变为$\bar{c}_1=5, \bar{c}_2=1, \bar{c}_3=4$，试利用多参数灵敏度分析的100%规则，分析原模型的最优解和最优值将如何变化。此外，当目标函数中变量x_1、x_2、x_3的系数分别由$c_1=6, c_2=2, c_3=5$改变为$\bar{c}_1=4, \bar{c}_2=1, \bar{c}_3=4$时，原模型的最优解和最优值又将如何变化？

5.12　对于例5-22中线性规划模型(5-31)，如果目标函数中决策变量x_1、x_2的系数分别由$c_1=100, c_2=75$变为$\bar{c}_1=77, \bar{c}_2=68$，试利用灵敏度分析的100%规则分析原模型的最优解和最优值将如何变化。此外，当目标函数中变量x_1、x_2的系数分别由$c_1=100, c_2=$

75 改变为 $\bar{c}_1=77,\bar{c}_2=54$ 时，原模型的最优解和最优值又将如何变化？

航空公司拓展航运市场的人力资源保障计划

中美两国是全球非常重要的两个经济体，其经贸、投资、金融、科技等双边关系的发展对世界经济发展能够产生重大的影响。某航空公司计划进一步开拓中美航运市场，并要求人事部做好未来六个月乘务人员队伍的规划和建设工作。中美航班的增加带来乘务人员需求的扩大，需要招聘、培养新的乘务人员，同时原有的部分乘务人员也有可能离职。根据测算，未来六个月内，航空公司为了开拓航运市场，需要新的乘务人员服务时间以及离职人员的数量如表 5-26 所示。

表 5-26　乘务人员未来六个月的服务时间需求及离职人数

月　　份	服务时间需求/h	离职人数
1	8000	2
2	8500	1
3	9200	3
4	9800	2
5	10 150	1
6	10 500	2

假设新的乘务人员(见习生)聘用合同通常在每个月初签署，其需要参加两个月的培训，才能够独立工作。由于培训能力的限制，公司每个月最多招聘 5 名见习生。见习生每个月折算的航运服务时间为 25 h，工资是 1.5 万元。乘务人员(正式员工)每个月的航运服务时间为 150 h，工资是 2.5 万元。由于各种原因，乘务人员可能会离开航空公司，这给公司运营带来风险。公司要求离职人员需要提前一个月向人事部经理提交辞呈，以便公司做好后续安排。此外，航空公司在 11 月初聘用了两名见习生，在 12 月初可以安排 60 名乘务人员，参与开拓中美航运市场的工作。

案例问题：

(1) 在开拓航运市场过程中，航空公司每个月乘务人员的组成有什么特点？相邻两个月乘务人员的组成有什么关联性？

(2) 哪些因素是航空公司人事部可以控制的？哪些因素不是人事部可控制的？

(3) 在未来六个月内，公司人事部需要采取何种人力资源保障计划，才能完成航空公司开拓中美航运市场的工作？

(4) 未来六个月内，航空公司乘务人员离职人数的变动对人力资源保障计划会带来何种影响？乘务人员服务时间的需求变化对人力资源保障计划又会带来何种影响？

案例分析：

根据案例描述，航空公司每个月的乘务人员由见习生和正式员工两部分人员组成。再仔细划分的话，可以看出：见习生有两种类型，包括刚签合同(参加培训)人员和已经参加一个月培训的人员；正式员工也有两种类型，包括月初向人事部经理提出辞职申请的人员和没有提出辞职(下个月继续工作)的人员。

相邻两个月的乘务人员类型和数量之间存在一定的关联性，例如，已经参加一个月培训的人员，下个月将成为正式员工；本月初提出辞职申请的人员，下个月初将离职；本月初刚签合同参加培训的人员，在下个月培训时间超过一个月。假设本月初没有提出辞职申请的正式员工下个月以正式员工身份继续工作，不存在生病或者其他事项的请假现象。当然，还需要另外一个基本假设，即见习生只有成为正式员工后才能提出辞职申请。于是，关于乘务人员数量，我们有如下基本关系式：

$$x_{i+1}=x_i+y_{i-1}-n_i,\quad i=1,2,\cdots,5$$

其中，x_{i+1} 为下个月在岗的正式员工数量；x_i 为本月在岗的正式员工数量；y_{i-1} 为培训时间超过一个月的见习生数量；n_i 为本月初提出辞职申请的员工数量。在此，约定 $y_0=0$。

对于航空公司人事部来说，它可以控制的因素包括员工的工作时间、工资待遇、见习生的招聘与培训、员工辞职程序等，不能控制的因素包括航运市场对于乘务人员服务时间的需求量、正式员工和见习生的辞职申请(合同另有约定除外)，等等。

在未来六个月内，为了完成开拓中美航运市场的工作，航空公司人事部需要采取的人力资源保障计划需要满足三个方面的要求：首先，乘务人员(包括正式员工和见习生)的服务时间总和不少于市场需求；其次，不同月份的乘务人员数量要满足上述基本关系式；最后，公司要获得开拓航运市场的收益，尽可能地减少乘务人员的工资成本。

根据这些要求，可以建立相应的线性规划模型，并且利用 LINGO 优化软件求解，得到如下人力资源保障方案：从 1 月份到 4 月份，人事部分别招聘 3、5、5、4 名见习生；在考虑辞职员工的可能数量时，从 1 月份到 6 月份，确保提供服务的、正式员工性质的乘务人员数量分别为 62、60、62、64、67、70 人。相应地，在未来 6 个月内，公司需要支付的乘务人员工资总额为 1013.5 万元。

关于离职人数的变动对人力资源保障计划的影响，我们可以利用灵敏度分析的方法获得相应参数的变化范围，使得某个参数在其范围内变化时，该计划不会受到实质性影响。在未来六个月内，最后一个月(第 6 个月)的辞职申请人数对计划没有影响，第 5 个月的辞职人数不能超过表 5-26 中预测人数，即 1 人，其他 4 个月份的辞职申请人数最多允许比预测人数多 2 人。如果申请辞职人数下降，或者在允许范围内增加，它们对人力资源保障计划的影响只是引起工资成本的相应增加或者减少，不会带来实质性影响，如影响到市场需求满足情况等。

同理，利用灵敏度分析方法，可以分析服务时间的市场需求变动对人力资源保障计划带来的影响。对于表 5-26 给出的服务时间需求，从 1 月份到 6 月份，需求变动的上限分别为 9375、9200、9550、9825、10 400、10 625 h，下限分别为 0、0、0、0、10 125、10 000 h。当单个月的服务时间需求在相应范围内变化，而其他参数保持不变时，航空公司招聘见习生的方式不会发生根本变化，即只在前四个月招聘见习生，但是招聘见习生的数量和支付乘务人员的工资总额可以有相应的调整。

参考文献

[1] 华长生，易伟明，王平平，等. 运筹学教程例题分析与题解[M]. 北京：清华大学出版社，2012.
[2] WILLIAMS H. Model Building in Mathematical Programming[M]. Chichester: John Wiley &

Sons,1985.

[3] BISSCHOP J. AIMMS：Optimization Modeling[M]. Netherlands：AIMMS B. V. ,2018.

[4] 黄红选.运筹学：数学规划[M].北京：清华大学出版社,2011.

[5] 黄红选,韩继业.数学规划[M].北京：清华大学出版社,2006.

[6] 朱德通.最优化模型与实验[M].上海：同济大学出版社,2004.

[7] TAHA H. Operations Research：An Introduction[M]. 8th Ed. Upper Saddle：Pearson Education, Inc. ,2007.

[8] WINSTON W. Operations Research：Applications and Algorithms[M]. 4th Ed. Belmont：Thomson Brooks/Cole,2004.

[9] 何坚勇.运筹学基础[M].2版.北京：清华大学出版社,2008.

[10] 谢金星,薛毅.优化建模与LINDO/LINGO软件[M].北京：清华大学出版社,2005.

[11] 熊伟.运筹学[M].北京：机械工业出版社,2005.

[12] GUERET C. PRINS C,SEVAUX M. Application of Optimization with Xpress-MP[M]. Northants：Dash Optimization Ltd,2002.

[13] SIMCHI-LEVI D KAMINSKY P,SIMCHI-LEVI E. Designing and Managing the Supply Chain：Concepts,Strategies and Case Studies[M]. Boston：McGraw-Hill/Irwin,2008.

第6章

线性规划的拓展

【教学内容、重点与难点】

教学内容：本章主要介绍线性规划模型与方法的一些拓展形式，涉及运输问题、网络优化问题、线性目标规划的模型和方法。内容涉及运输模型、转载运输(转运)、最短路模型、最小费用流、最小生成树、最大流与最小割、线性回归与目标规划，以及运输与网络优化模型相关联的其他应用场景。

教学重点：运输模型的特性；运输模型的转化形式；网络的点弧关联矩阵描述与网络优化问题的线性规划建模；网络优化问题的求解算法；线性目标规划的建模与求解方法。

教学难点：供需不平衡或者运输线路不完备的运输问题建模；网络优化问题的线性规划建模；最大流模型与最小割模型的对偶关系；不等式约束的线性回归与线性目标规划建模。

高铁时代的旅客运输与出行规划

中国大陆的铁路分成三种类型：高速铁路、快速铁路和普通铁路。其中高速铁路有两个方面的含义，其一是技术标准，其二是路网建设。2018 年年底，中国高铁运营里程超过 2.9 万 km，占全球高铁运营里程的三分之二以上。2018 年，全国铁路运输旅客人数首破 20 亿，日均开行旅客列车 3970.5 对，其中高铁(动车组)列车 2775 对。中国高铁已经成为铁路旅客运输的主渠道，累计超过 90 亿人次，安全可靠性和运输效率世界领先。2019 年，增加高铁新线长度超过 4000 km，铁路旅客运输在中国已经进入高铁时代。

中国的旅客运输呈现出周期性和节假日的特点(新冠疫情等特殊情形下除外)，以“黄金周”的形式表现得最为明显。“黄金周”是从国外借鉴来的一种休假、旅游方式，源自国务院在 1999 年公布的更新版《全国年节及纪念日放假办法》。这个办法是统一全国年节及纪念日的行政法规，将春节、“五一”和“十一”的休息时间与前后的双休日拼接，形成各自长达七天的假期。人们通常利用七天长假走亲访友、旅游观光、休闲娱乐，其中长距离的出行给铁路运输带来了比较大的压力。

在“黄金周”中，有许多旅客从不同的城市(高铁站)出发，乘坐直达或者中转的高铁到达另外一些城市(高铁站或者旅游景点)；在走亲访友或者游玩之后，他们又从旅游观光的城市(高铁站或者旅游景点)乘坐直达或者中转的高铁返回原来居住的城市。这里，可以从两个角度看待高铁时代的旅客运输与出行规划问题：一方面，从铁路运输部门的角度看，需要确保旅客运输过程的有序、安全、高效，这是一个重要的运输管理问题；另一方面，从旅客需求的角度看，需要规划好出行路线，以便在出行过程中省时、省力、省钱，同时保证出行方案可行、可靠，这是一个旅客关心的出行服务与体验问题。

除"黄金周"之外，在高铁组网之后，高速动车组还可以满足 600～1500 km 的中长途快速货运需求。轨道交通装备技术水平的提升，使得货物运输具有运输时效性高、运营频次多、运输成本低以及全天候运行等显著优势。可以预期未来高铁货运的发展将逐渐进入快车道。

在生产和交通运输领域，原材料采购、零部件转运、产成品的销售等各类生产物流，以及顾客出行带来的人员流动，都是运输与网络优化的建模分析对象。本章将介绍线性规划模型与方法的一些拓展形式，包括：运输问题的基本模型及其拓展，涉及供需平衡与不平衡、转载运输等情形；最短路、最小费用流、最小生成树、最大流与最小割等模型；线性回归与线性目标规划，以及运输与网络优化模型相关联的应用场景。

6.1 运输问题的基本模型

运输问题有狭义和广义两种含义。狭义的运输问题是指研究货物或者物资从生产地到需求地的数量分配方案，使得资源的消耗、运输的时间或者运输的成本最低。广义的运输问题是指可以利用运输模型进行描述和分析的各种场景，包括对工作任务的分配、随机变量分布变换、生产与库存费用的平衡等方面。运输问题的数学建模和求解是线性规划模型与方法的具体应用，但是考虑到运输模型的特殊结构，人们可以构造求解它的特殊算法，如运输单纯形法(表上作业法)。

本节首先讨论平衡形式的运输问题，然后讨论运输问题的基本模型和特性。

6.1.1 平衡运输问题

1. 供应与需求

对于运输问题来说，货物的运输通常有出发地(也称为发地、供应地、产地)和接收地(也称为收地、需求地、销地)，其中发出的货物总量称为供应量，接收的货物总量称为需求量。假设当前有 m 个供应地和 n 个需求地，其中第 i 个供应地的货物供应量为 $a_i(i=1,2,\cdots,m)$，第 j 个需求地的需求量为 $b_j(j=1,2,\cdots,n)$。

假设从每个发地到每个收地都有道路，记第 i 个发地到第 j 个收地的单位货物运价为 c_{ij}。所谓平衡运输问题，是指在货物供需平衡的前提下，即货物的供应量和需求量满足等式

$$\sum_{i=1}^{m} a_i = \sum_{j=1}^{n} b_j \tag{6-1}$$

情况下，确定使总运价最低的货物运输方案。

例 6-1　假设星通快递公司在西安、郑州、长沙分别有 4500 t、6800 t 和 3400 t 货物需要运送到北京、上海、重庆和成都，这些城市对所运货物的需求量分别为 3200 t、5400 t、3800 t

和 2300 t。已知货物从供应城市到需求城市的运输费用为 3.6 元/(t·km)，城市之间的运输距离如表 6-1 所示。

表 6-1　供应地与需求地之间的距离　　单位：km

供应地	需求地			
	北京	上海	重庆	成都
西安	902	1233	581	627
郑州	615	846	901	1027
长沙	1346	909	648	918

试为星通公司建立一个货物运输模型，以便帮助该公司制定最佳的货物运输方案，将所有货物从供应城市运到需求城市，并且使货物运输的总费用最低。

对于运输问题，通常有三种表示方法：网络表示、运输表以及线性规划。在例 6-1 中西安、郑州、长沙三座城市可以供应的货物总量为 14 700 t，北京、上海、重庆、成都四座城市需求的货物总量也是 14 700 t。由于货物的供应总量等于需求总量，所以该实例的运输问题就是平衡运输问题。下面以例 6-1 为例，说明运输问题三种表示方法的特点。

2. 网络表示

运输问题的网络表示是指使用二部图，将货物的供应量、需求量，供应地、需求地，以及从供应地到需求地的运输路线的距离或者费用等运输特征表示出来。所谓二部图是指图的顶点可以分成两部分，即供应地对应的顶点子集和需求地对应的顶点子集，所有运输路线只存在于两个顶点子集之间。以例 6-1 为例，该平衡运输问题的网络表示如图 6-1 所示。

图 6-1 中，货物的供应地安排在左边，需求地安排在右边，城市旁边的数字表示相应的供应量或者需求量；供应地与需求地之间存在一条直线，它表示运输路线，边上的数字表示两地之间的距离。这个网络图是一个二部图。

对于前面描述的平衡运输问题来说，其二部图网络表示的一般形式如图 6-2 所示。

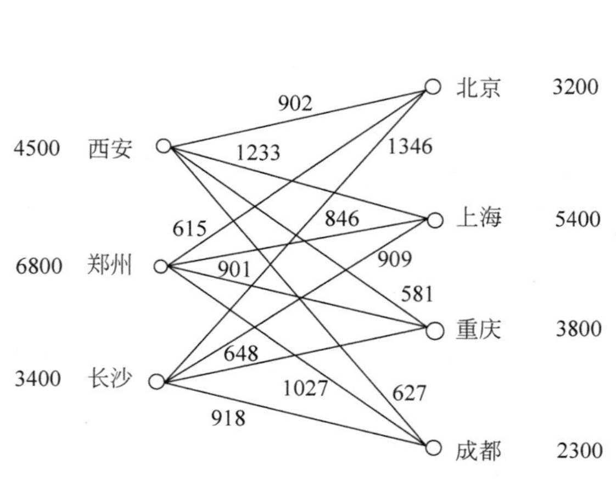

图 6-1　星通快递公司货物运输的网络表示

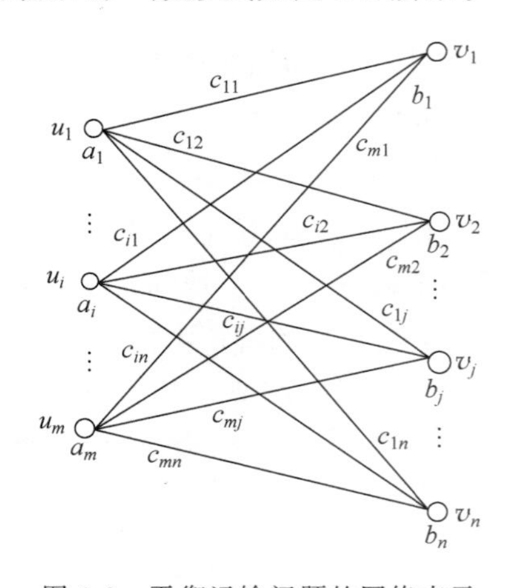

图 6-2　平衡运输问题的网络表示

图 6-2 中，u_i 表示货物的供应地，$a_i(i=1,2,\cdots,m)$表示相应的供应量；v_j 表示货物的需求地，$b_j(j=1,2,\cdots,n)$表示相应的需求量；参数 $c_{ij}(i=1,2,\cdots,m;\ j=1,2,\cdots,n)$表示

从供应地 u_i 到需求地 v_j 的单位货物运输费用。

3. 运输表

运输问题的运输表建模是指以表格的形式，将货物的供应量、需求量，供应地、需求地，以及从供应地到需求地的距离或者费用等特征表示出来。以例 6-1 为例，该平衡运输问题的运输表，如表 6-2 所示。

表 6-2 星通快递公司的货物运输表

	北京	上海	重庆	成都	供应量
西安	902	1233	581	627	4500
郑州	615	846	901	1027	6800
长沙	1346	909	648	918	3400
需求量	3200	5400	3800	2300	

表 6-2 中，货物的供应地安排在表格的左边，右边的数字表示相应城市的货物供应量；需求地安排在表格的上边，下面的数字表示相应城市的货物需求量；在供应地所在行与需求地所在列的交叉位置，左上角的数字表示两个城市之间的距离。

对于一般形式的运输问题来说，其运输表如表 6-3 所示，其中 u_i 表示货物的供应地，$a_i(i=1,2,\cdots,m)$表示相应的货物供应量，v_j 表示货物的需求地，$b_j(j=1,2,\cdots,n)$表示相应的货物需求量，$c_{ij}(i=1,2,\cdots,m；j=1,2,\cdots,n)$表示从供应地 u_i 到需求地 v_j 的单位货物运输费用。

表 6-3 平衡运输问题的运输表

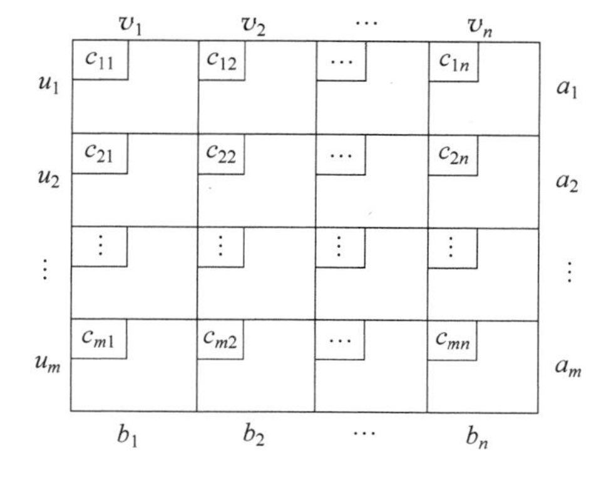

	v_1	v_2	$\cdots$	v_n	
u_1	c_{11}	c_{12}	$\cdots$	c_{1n}	a_1
u_2	c_{21}	c_{22}	$\cdots$	c_{2n}	a_2
$\vdots$	$\vdots$	$\vdots$	$\vdots$	$\vdots$	$\vdots$
u_m	c_{m1}	c_{m2}	$\cdots$	c_{mn}	a_m
	b_1	b_2	$\cdots$	b_n	

4. 线性规划

下面以例 6-1 为例，说明平衡运输问题的线性规划建模过程。

首先，将运输问题涉及的城市进行编号。如将供应地城市(西安、郑州、长沙)分别编号为 u_1、u_2、u_3，将需求地城市(北京、上海、重庆和成都)分别编号为 v_1、v_2、v_3、v_4。

其次，我们引入一组决策变量 $x_{ij}(i=1,2,3；j=1,2,3,4)$，表示从城市 u_i 到 v_j 的货物运输量。如果这组变量满足一定条件，那么其取值组合便构成货物从供应地到需求地城市的一个运输方案。

最后，确定每一个运输方案对应的运输总费用，并将它作为线性规划模型的目标函数进行极小化。如根据例 6-1 中所给出的单位货物从供应城市到需求城市的运输费用 3.6 元/(t·km)，我们计算出从供应地到需求地的费用系数 $c_{ij}(i=1,2,3;\ j=1,2,3,4)$ 如表 6-4 所示。

表 6-4　货物从供应地到需求地的运输费用系数 c_{ij}　　单位：元/t

供 应 地	需 求 地			
	北京	上海	重庆	成都
西安	3247.2	4438.8	2091.6	2257.2
郑州	2214	3045.6	3243.6	3697.2
长沙	4845.6	3272.4	2332.8	3304.8

假设货物从供应地到需求地的运输费用是相互独立的，不存在打包运输或者分拆运输等节省运输费用的情形，那么对于任何一个运输方案 $x_{ij}(i=1,2,3;\ j=1,2,3,4)$ 来说，它的运输总费用可以表示成一个线性函数：

$$\sum_{i=1}^{3}\sum_{j=1}^{4}c_{ij}x_{ij}$$

此外，每个运输方案需要满足三类约束：①隐含约束。货物从供应地到需求地的运输量都是非负的，即 $x_{ij}\geqslant 0(i=1,2,3;\ j=1,2,3,4)$。②供应量约束。任意供应地的货物都需要运出去，如对于供应地 u_i 来说，$\sum_{j=1}^{4}x_{ij}=a_i(i=1,2,3)$。③需求量约束。在任意需求地，货物的需求量都应该得到满足，如对于需求地 v_j 来说，$\sum_{i=1}^{3}x_{ij}=b_j(j=1,2,3,4)$。

最后，将上面给出的决策变量目标函数以及约束条件集成在一起，可以得到例 6-1 所给实例的线性规划模型如下：

$$\min 3247.2x_{11}+4438.8x_{12}+\cdots+3304.8x_{34}$$

$$\text{s.t.}\begin{cases}x_{11}+x_{12}+x_{13}+x_{14}=4500\\x_{21}+x_{22}+x_{23}+x_{24}=6800\\x_{31}+x_{32}+x_{33}+x_{34}=3400\\x_{11}+x_{21}+x_{31}=3200\\x_{12}+x_{22}+x_{32}=5400\\x_{13}+x_{23}+x_{33}=3800\\x_{14}+x_{24}+x_{34}=2300\\x_{ij}\geqslant 0,\quad i=1,2,3;\ j=1,2,3,4\end{cases}\tag{6-2}$$

例 6-2　试求出例 6-1 中实例的最优货物运输方案。

解　根据 LINGO 软件的语法规则，我们可以写出求解线性规划模型(6-2)的代码程序如下：

```
model:
sets:
    demands/1..4/:b;
    supply/1..3/:a;
    link(supply,demands):c,x;
endsets
min = @sum(supply(I):@sum(demands(J):c(I,J) * x(I,J)));
@for(supply(I):@sum(demands(J):x(I,J)) = a(I););
@for(demands(J):@sum(supply(I):x(I,J)) = b(J););
data:
    c = 3247.2,4438.8,2091.6,2257.2,
       2214, 3045.6, 3243.6, 3697.2,
       4845.6, 3272.4, 2332.8, 3304.8;
    a = 4500, 6800, 3400;
    b = 3200, 5400, 3800, 2300;
enddata
end
```

其中程序代码中开头部分 sets…endsets 给出参数 $a=(a_i)$，$b=(b_j)$，$c=(c_{ij})$和决策变量 $x=(x_{ij})$的定义，$i=1,2,3$；$j=1,2,3,4$，中间部分给出模型的描述，最后部分 data…enddata 设定相应参数的取值。

经过计算，我们得到从西安、郑州、长沙三个城市到北京、上海、重庆、成都四个城市的货物运输总费用为 3746.484 万元，相应的运输方案如表 6-5 所示。

表 6-5　货物从供应地到需求地的最佳运输方案　　单位：t

供　应　地	需　求　地			
	北京	上海	重庆	成都
西安	0	0	2200	2300
郑州	3200	3600	0	0
长沙	0	1800	1600	0

6.1.2　基本模型及特性

对于平衡运输问题来说，如果从任意货物供应地到任意货物需求地都存在一条运输路线，那么这类运输问题称为运输路线完备的平衡运输问题。此时，我们可以将运输路线完备的平衡运输问题描述成一个标准形式的线性规划模型。

首先，将运输问题涉及的供应地和需求地编号。如供应地记为 $u_1,u_2,\cdots,u_m$，需求地记为 $v_1,v_2,\cdots,v_n$。

然后，引入决策变量 $x_{ij}(i=1,2,\cdots,m;\ j=1,2,\cdots,n)$，表示从供应地 u_i 到需求地 v_j 的货物运输量。决策变量需要满足一定的约束条件，包括供应量约束和需求量约束。满足约束条件的决策变量取值组合，通常称为运输问题的一个运输方案。

此外，我们注意到，对于运输路线完备的平衡运输问题来说，供应地的货物供给总量和需求地的货物需求总量是相等的，即满足等式(6-1)。于是，利用决策变量以及给定的货物运输费用系数，我们得到描述平衡运输问题的线性规划模型：

$$
\min\ c_{11}x_{11}+c_{12}x_{12}+\cdots+c_{1n}x_{1n}+\cdots+c_{m1}x_{m1}+c_{m2}x_{m2}+\cdots+c_{mn}x_{mn}
$$

$$
\text{s. t.}\begin{cases}x_{11}+x_{12}+\cdots+x_{1n}=a_1\\ x_{21}+x_{22}+\cdots+x_{2n}=a_2\\ \qquad\vdots\\ x_{m1}+x_{m2}+\cdots+x_{mn}=a_m\\ x_{11}+x_{21}+\cdots+x_{m1}=b_1\\ x_{12}+x_{22}+\cdots+x_{m2}=b_2\\ \qquad\vdots\\ x_{1n}+x_{2n}+\cdots+x_{mn}=b_n\\ x_{ij}\geqslant 0,\quad i=1,2,\cdots,m;\ j=1,2,\cdots,n\end{cases}\tag{6-3}
$$

线性规划模型(6-3)是运输路线完备的平衡运输问题的基本模型。这是一个标准形式的模型。有时，为了描述方便，我们也使用该模型的矩阵表示形式：

$$
\min\ \boldsymbol{c}^{\mathrm{T}}\boldsymbol{x}
$$

$$
\text{s. t.}\begin{cases}\boldsymbol{Ax}=\boldsymbol{b}\\ \boldsymbol{x}\geqslant\boldsymbol{0}\end{cases}\tag{6-4}
$$

其中变量 $\boldsymbol{x}$ 是一个向量，定义如下：

$$
\boldsymbol{x}=(x_{11},x_{12},\cdots,x_{1n},x_{21},x_{22},\cdots,x_{2n},\cdots,x_{m1},x_{m2},\cdots,x_{mn})^{\mathrm{T}}
$$

它表示决策变量 $x_{ij}(i=1,2,\cdots,m;\ j=1,2,\cdots,n)$对应的运输方案；向量 $\boldsymbol{c}$ 是由所有运输路线上的费用系数构成的，其元素与变量 x 的元素相对应，例如，

$$
\boldsymbol{c}=(c_{11},c_{12},\cdots,c_{1n},c_{21},c_{22},\cdots,c_{2n},\cdots,c_{m1},c_{m2},\cdots,c_{mn})^{\mathrm{T}}
$$

在模型(6-4)的等式约束中，右端项 $\boldsymbol{b}$ 是由货物供应量和需求量组成的一个向量，表示为

$$
\boldsymbol{b}=(a_1,a_2,\cdots,a_m,b_1,b_2,\cdots,b_n)^{\mathrm{T}}
$$

系数矩阵 $\boldsymbol{A}$ 形如

$$
\boldsymbol{A}=\underbrace{\begin{bmatrix}1 & 1 & \cdots & 1 & & & & & & & & \\ & & & & 1 & 1 & \cdots & 1 & & & & \\ & & & & & & & \cdots & \cdots & & & \\ & & & & & & & & 1 & 1 & \cdots & 1\\ 1 & & \cdots & & 1 & & \cdots & & & 1 & & \\ & 1 & & \cdots & & 1 & & \cdots & & & 1 & \\ & & \ddots & & & & \ddots & & & & & \ddots\\ & & & 1 & & \cdots & & 1 & & \cdots & & 1\end{bmatrix}}_{mn}\left.\vphantom{\begin{bmatrix}1\\1\\1\\1\\1\\1\\1\\1\end{bmatrix}}\right\}m+n
$$

它是一个 $m+n$ 行、mn 列，并且具有特殊结构的矩阵。在上面矩阵 $\boldsymbol{A}$ 的空白位置处，元素取值为零。

对于运输路线完备的平衡运输问题来说，线性规划模型(6-4)具有一些独特的性质，列举如下：

(1) 系数矩阵 $\boldsymbol{A}$ 有 $m+n$ 行，其中前 m 行中每行有连续排列的 n 个 1；后 n 行中每行

有 m 个 1，相邻两个 1 相距 n 列。

（2）系数矩阵 $\boldsymbol{A}$ 有 mn 列，其中每列只有两个元素为 1，其余元素都为 0。特别地，矩阵 $\boldsymbol{A}$ 对应决策变量 x_{ij} 的列中，两个非零元素的下标分别为 i 和 $m+j$。

（3）系数矩阵 $\boldsymbol{A}$ 的前 m 行之和等于后 n 行之和。于是，该系数矩阵 $\boldsymbol{A}$ 不是行满秩的。由于可以找到一个秩为 $m+n-1$ 的子矩阵，所以，矩阵 $\boldsymbol{A}$ 的秩为 $m+n-1$。

（4）对于等式约束中系数矩阵 $\boldsymbol{A}$ 的任意一个行数与列数相等的子矩阵来说，其行列式的值为 0、1 或者 -1。因此，只要货物供应地的供应量和需求地的需求量是整数，那么平衡运输问题必然存在运输量为整数的运输方案。

6.2　特殊形式的运输模型

本节主要讨论三类特殊形式的运输模型，包括供需不平衡的运输模型、运输路线不完备的运输模型以及转运模型。

6.2.1　供需不平衡情形

供需不平衡情形的运输问题主要指总供应量超过总需求量或者总供应量小于总需求量。近些年来，我国的经济结构改革逐渐从需求侧改革转移到供给侧改革，其中需求侧改革涉及投资、消费、出口三个方面，供给侧改革涉及劳动力、土地、资本、机制、制度创造、创新等多个生产要素。无论是需求侧改革，还是供给侧改革，从运输问题的角度看，都是要实现物流、人流、信息流、技术流、资金流等多种生产要素的国内和国际双循环，并通过双循环经济结构的调整和改革，激发中国经济的内在驱动力。

1. 供大于需情形

此情形下，货物的总供应量大于总需求量，即 $\sum_{i=1}^{m} a_i > \sum_{j=1}^{n} b_j$。在处理这类运输问题时，可以引进一个参数 $b_{n+1} = \sum_{i=1}^{m} a_i - \sum_{j=1}^{n} b_j$ 表示供求量的差异，同时构造一个虚拟的需求地 v_{n+1}，设定该地对于货物的需求量为 b_{n+1}。此外，引进 m 个决策变量 $x_{i,n+1}(i=1,2,\cdots,m)$ 描述从供应地 u_i 到需求地 v_{n+1} 的货物运输量，相应的单位货物运输成本系数取值为零，即 $c_{i,n+1}=0$。这样，供大于需情形的不平衡运输问题可以转化为一个等价的平衡运输问题，其线性规划模型如(6-5)所示。

$$\min \sum_{i=1}^{m} \sum_{j=1}^{n+1} c_{ij} x_{ij}$$

$$\text{s.t.} \begin{cases} \sum_{j=1}^{n+1} x_{ij} = a_i, & i=1,2,\cdots,m \\ \sum_{i=1}^{m} x_{ij} = b_i, & j=1,2,\cdots,n,n+1 \\ x_{ij} \geqslant 0, & i=1,2,\cdots,m;\ j=1,2,\cdots,n,n+1 \end{cases} \tag{6-5}$$

2. 供小于需情形

在此情形下，货物的总供应量小于需求量，即 $\sum_{i=1}^{m} a_i < \sum_{j=1}^{n} b_j$，因此，有些需求是无法得到充分满足的。在处理这类运输问题时，引进一个参数 $a_{m+1}=\sum_{j=1}^{n} b_j - \sum_{i=1}^{m} a_i$，并且构造一个虚拟的供应地 u_{m+1}，该地可以供应的货物量为 a_{m+1}。此外，引进 n 个决策变量 $x_{m+1,j}(j=1,2,\cdots,n)$描述从供应地 u_{m+1} 到需求地 v_j 的货物运输量，相应的单位货物运输成本系数设置为非常大的正数，即 $c_{m+1,j}=M\gg 0$。于是，供小于需情形的不平衡运输问题也可以转化为一个等价的平衡运输问题，其线性规划模型如(6-6)所示。

$$
\min \sum_{i=1}^{m+1}\sum_{j=1}^{n} c_{ij}x_{ij}
$$

$$
\text{s.t.}\begin{cases}\sum_{j=1}^{n} x_{ij}=a_i, & i=1,2,\cdots,m,m+1\\ \sum_{i=1}^{m+1} x_{ij}=b_i, & j=1,2,\cdots,n\\ x_{ij}\geqslant 0, & i=1,2,\cdots,m,m+1;\ j=1,2,\cdots,n\end{cases} \tag{6-6}
$$

需要指出的是，在求解模型(6-6)之后，我们可以得到“供小于需”情形的最优解。它实现了货物供应量按照运输成本最小化的最佳分配，但是该模型的等价目标函数取值需要进行调整，从中减去 Ma_{m+1} 之后，才能得到最优运输方案对应的原始运输问题的最优值。

例 6-3 假设京平电力公司有两个发电厂，负责三个城市的电力供应。每个发电厂每个月的平均发电量(10^6 kW・h)、城市的低谷与高峰用电量估计值(10^6 kW・h)，以及从发电厂到城市的输电成本(百元/(10^6 kW・h))如表 6-6 所示。

表 6-6 京平电力公司的电力供应、城市用电量和输电成本

供应与需求		输电成本/[百元/(10^6 kW・h)]			供电量/(10^6 kW・h)
		城市 A	城市 B	城市 C	
电力公司	电厂 1	8	11	9	18
	电厂 2	10	7	8	26
低谷用电量/(10^6 kW・h)		12	13	10	
高峰用电量/(10^6 kW・h)		16	20	15	

试问：京平电力公司应该如何进行电力调度，既满足三个城市的最低电力需求，又尽可能地满足一些城市高峰时段的用电需求，并且最大限度地降低输电成本？

解 京平电力公司两个电厂每月供电量之和为 4400×10^4 kW・h，三个城市 A、B、C 的每月最低用电量为 3500×10^4 kW・h，最高用电量为 5100×10^4 kW・h。容易看出，在用电低谷时，电力公司面临电量供大于需的情形，但是在用电高峰时，它又面临电量供小于需的情形。

根据前面关于供需不平衡情形的分析，我们采取三种方式处理京平电力公司的电力调度问题。首先，在用电低谷时段，需要增加虚拟的用电城市，处理剩余的发电量；其次，在用电高峰时段，需要增加虚拟的发电厂，尽可能地满足高峰时段城市的用电需求；最后，兼顾在低谷时段和高峰时段城市的用电需求，帮助京平电力公司确定最优的电力调度方案。

为了分析该实例，我们将它分解成三个问题，其中供大于需、供小于需的两种情形作为两个例子，在下面详细地进行讨论。关于兼顾低谷时段和高峰时段用电需求的问题，处理起来稍微复杂一些，我们留给读者作为习题继续讨论。

例 6-4　对于例 6-3 和表 6-6 所给的低谷时段城市用电需求、电力公司能够提供的供电量以及输电成本参数，试问：京平电力公司应该如何进行电力调度，既满足三个城市低谷时段的电力需求，又最大限度地降低输电成本？

解　对于用电低谷时段的电力调度，我们首先计算一下，两个电厂可以提供的供电量为$(18+26)\times10^6$ kW·h$=44\times10^6$ kW·h，低谷时段三个城市的用电需求总量为$(12+13+10)\times10^6$ kW·h$=35\times10^6$ kW·h。这是供大于需的情形，需要引入虚拟的用电城市，其对应的虚拟用电需求为$(44-35)\times10^6$ kW·h$=9\times10^6$ kW·h。这种方式可以将用电低谷时段的电力调度问题转化成一个运输路线完备的平衡运输问题。此时，京平电力公司电力供应与需求运输表如表 6-7 所示。

表 6-7　用电低谷时段电力供应与需求的等价运输表

供应与需求		输电成本/[百元/(10^6 kW·h)]				供电量/(10^6 kW·h)
		城市 A	城市 B	城市 C	虚拟城市 D	
电力公司	电厂 1	8	11	9	0	18
	电厂 2	10	7	8	0	26
用电量/(10^6 kW·h)		12	13	10	9	$\sum=44$

根据 LINGO 编程规则，可以将用电低谷时段电力调度问题（参见表 6-7）的求解程序写为如下形式：

```
model:
sets:
    demands/1..4/:b;
    supply/1..2/:a;
    link(supply,demands):c,x;
endsets
min = @sum(supply(I):@sum(demands(J):c(I,J) * x(I,J)));
@for(supply(I):@sum(demands(J):x(I,J)) = a(I););
@for(demands(J):@sum(supply(I):x(I,J)) = b(J););
data:
    c = 8,11,9,0,10,7,8,0;
    a = 18, 26;
    b = 12,13,10,9;
enddata
end
```

其中变量非负性是程序的默认设置。

上面代码是一个可以执行的 LINGO 程序。通过调用 LINGO 软件的 SOLVE 功能，得到平衡运输问题的最优电力调度结果：电厂 1 向城市 A 输送电量 12×10^6 kW·h，电厂 2 向城市 B 和 C 分别输送电量 13×10^6 kW·h 和 10×10^6 kW·h，对应的输电成本为 267 百元。

例 6-5 对于例 6-3 和表 6-6 所给的高峰时段城市用电需求、电力公司能够提供的供电量以及输电成本参数，试问：京平电力公司应该如何进行电力调度，既尽可能地满足三个城市高峰时段的电力需求，又最大限度地降低输电成本？

解 对于用电高峰时段的电力调度，可以看出两个电厂提供的供电总量为 44×10^6 kW·h，用电高峰时段三个城市的用电需求总量为 $(16+20+15)\times10^6$ kW·h$=51\times10^6$ kW·h。因此，高峰时段城市用电处于"供小于需"的状态。

此时，需要引入虚拟的供电厂，其对应的虚拟供电量为 $(51-44)\times10^6$ kW·h$=7\times10^6$ kW·h。这种方式可以将用电高峰时段的电力调度问题转化成一个运输路线完备的平衡运输问题，对应的电力供应与需求运输表如表 6-8 所示，其中 M 是一个很大的正数。

表 6-8 用电高峰时段电力供应与需求的等价运输表

供应与需求		输电成本/[百元/(10^6 kW·h)]			供电量/(10^6 kW·h)
		城市 A	城市 B	城市 C	
电力公司	电厂 1	8	11	9	18
	电厂 2	10	7	8	26
	虚拟电厂	M	M	M	7
用电量/(10^6 kW·h)		16	20	15	$\sum=51$

根据 LINGO 编程规则，参照例 6-4 的求解程序，可以写出求解用电高峰时段电力调度问题(参见表 6-8)的 LINGO 程序，并通过调用 LINGO 软件的 SOLVE 功能，执行 LINGO 代码得到最优电力调度方案：电厂 1 向城市 A 和 C 分别输送电量为 16×10^6 kW·h 和 2×10^6 kW·h，电厂 2 向城市 B 和 C 分别输送电量为 20×10^6 kW·h 和 6×10^6 kW·h。值得指出的是，虚拟电厂的输电成本为 $7M$，需要从程序给出的最优值中剔除掉。这样，高峰时段的最优电力调度方案对应着输电成本 334 百元。

对于例 6-5 和表 6-8 来说，如果设定虚拟电厂的输电成本为 $c_{3,j}=0, j=1,2,3$，那么等价平衡运输问题的最优解仍然保持不变，最优值为 334 百元。由此可见，虚拟电厂的输电成本参数设定为不同的值，仅仅影响到目标函数的最优值，但是实际的最优电力调度方案和输电成本保持不变。

值得指出的是，上述高峰时段的最优电力调度方案虽然能够实现最低的输电成本，但是城市 C 在高峰时段的用电需求不仅没有得到满足，而且它获得的电力供应量 8×10^6 kW·h 小于低谷时段的用电需求 10×10^6 kW·h。这个方案在实际执行过程中会使京平电力公司遇到比较大的行政和民意压力，引起比较大的利益冲突。为此，比较科学的电力调度方案需要兼顾低谷时段和高峰时段的城市用电需求。在此，留给读者作为习题继续讨论。

6.2.2 运输路线不完备的情形

运输路线不完备的运输问题是指从某个供应地(如 u_i)到某个需求地(如 v_j)，两地之间不存在运输路线或者道路不允许通过的情形。此时，从运输问题建模的角度看，可以虚设一条从 u_i 到 v_j 的运输路线，并设定该线路上的运输费用系数 $c_{ij}=M$，其中 M 为足够大的正数。于是，该类问题就转化为路线完备的运输问题，可以利用前面讨论的平衡运输或者不平衡运输的模型进行建模和求解。由于从 u_i 至 v_j 的运输费用系数足够大，所以对于运输费用最低的运输方案，原则上就不会在此条路线上安排货物运量。

例 6-6　假设某物流公司从两个仓储中心向三个超市供应货物。仓储中心 1 和 2 分别有 25 车和 15 车货物需要运出，超市 A、超市 B 和超市 C 分别需要 12 车、20 车、8 车货物。除了仓储中心 2 到超市 B 因道路维修不能通行外，其他运输路线都可以通行。在可行的运输路线上，每辆货车需要的运输时间如表 6-9 所示。

表 6-9　物流公司从仓储中心到超市的货物运输时间

供应与需求		运输时间/min			供货量/车
		超市 A	超市 B	超市 C	
仓储	中心 1	14	18	16	25
	中心 2	17	—	11	15
补货需求/车		12	20	8	$\sum = 40$

试问：物流公司应该如何拟定货物运输方案，既满足三个超市的补货需求，又能够最大限度地降低运输时间？

解　根据表 6-9 可知从仓储中心到超市的可能运输路线以及沿路线的货物运输时间。如果设定从仓储中心 2 到超市 B 的货物运输时间为一个非常大的正数 M，那么就可以将例 6-6 这个路线不完备的运输问题用一个等价的平衡运输问题网络图来表示，参见图 6-3，其中货车的数量安排在仓储中心的左边或者超市的右边，分别表示相应的货物供应量或者需求量；仓储中心与超市之间相连的边表示二者之间的运输路线，边上的数字表示一辆货车从仓储中心到超市所需要的时间；虚线表示从仓储中心 2 到超市 B 的辅助边，由于此运输路线实际上不存在，所以辅助边上通行时间设定为一个非常大的正数 M。

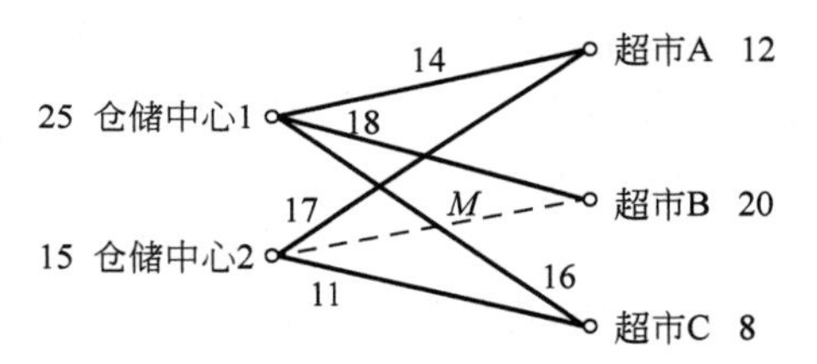

图 6-3　运输路线不完备情形向路线完备转化的网络表示

假设货车从仓储中心到超市的运输时间是相互独立的，那么，可以引入决策变量 $x_{ij}(i=1,2;\ j=A,B,C)$ 表示从仓储中心 i 到超市 j 的货物运输量。于是，相应运输方案的货物运输时间的总和为

$$\sum_{i=1}^{2}\sum_{j=\mathrm{A}}^{C} c_{ij}x_{ij}$$

其中，c_{ij} 为每辆货车从仓储中心到超市的运输时间。

此外，考虑到货物运输方案需要满足的隐含约束（运量非负性约束）、仓储中心的货物供应量约束以及超市的货物需求量约束，我们可以得到例 6-6 的线性规划模型如下：

$$\min\ 14x_{1\mathrm{A}} + 18x_{1\mathrm{B}} + 16x_{1\mathrm{C}} + 17x_{2\mathrm{A}} + Mx_{2\mathrm{B}} + 11x_{2\mathrm{C}}$$

$$\text{s.t.}\begin{cases}x_{1A}+x_{1B}+x_{1C}=25\\x_{2A}+x_{2B}+x_{2C}=15\\x_{1A}+x_{2A}=12\\x_{1B}+x_{2B}=20\\x_{1C}+x_{2C}=8\\x_{ij}\geqslant 0,\quad i=1,2;\quad j=A,B,C\end{cases}\tag{6-7}$$

其中，$c_{2B}=M(M\gg 0)$蕴含着一个特性：在最优解中，$x_{2B}=0$。

利用 Excel 软件中"规划求解"加载项，求解线性规划模型(6-7)，可以得到例 6-6 的最优货物运输方案：从仓储中心 1 分别运输 5 车和 20 车货物到超市 A 和 B；从仓储中心 2 分别运输 7 车和 8 车货物到超市 A 和 C。该方案对应的货物运输时间为 637 min。

需要指出的是，由于从仓储中心 2 到超市 B 不存在货物运输路线，所以超市 B 只能从仓储中心 1 补货。这样，通过在模型(6-7)中设定 $x_{2B}=0$，可以将例 6-6 的货物运输问题转化为一个等价的双供应地、双需求地的，路线完备的平衡运输问题。也就是说，不引入参数 M，也能够得到另一个等价的平衡运输模型。此问题作为一个练习题留给读者思考。

6.2.3 转运问题

在实际的货物运输过程中，可能有一些特殊的运输节点，它们既是货物在前一阶段运输的需求地，又是货物在后一阶段运输的供应地，这类节点通常称为运输网络的转运点，相应的运输问题称为转运问题。下面，我们通过一个例子，说明转运问题的建模和求解方法。

例 6-7 对于例 6-1 给出的平衡运输问题，假设货物在西安、郑州、长沙供应地之间也可以转运，例如，货物从西安运输到郑州，然后从郑州运输到其他城市。供应城市之间的单位货物运输费用参数是给定的，如表 6-10 所示。

表 6-10 货物在西安、郑州、长沙之间的运输费用系数 c_{ij} 单位：元/t

货物发地	货物收地		
	西安	郑州	长沙
西安	0	469.6	1522.4
郑州	469.6	0	1249.6
长沙	1522.4	1249.6	0

此外，货物也可以在北京、上海、重庆、成都需求城市之间转运，例如，货物先从供应地运输到重庆，然后从重庆运输到成都。需求城市之间的单位货物运输费用参数也是给定的，如表 6-11 所示。

表 6-11 货物在北京、上海、重庆、成都之间的运输费用系数 c_{ij} 单位：元/t

货物发地	货物收地			
	北京	上海	重庆	成都
北京	0	3945.6	5198.4	5479.2
上海	3945.6	0	5256	6015.6

续表

货物发地	货物收地			
	北京	上海	重庆	成都
重庆	5198.4	5256	0	150.8
成都	5479.2	6015.6	150.8	0

假设从供应城市直接到需求城市的单位货物运输费用参数如表 6-4 所示，试问：星通快递公司应该如何制订货物运输计划，通过货物在供应城市和需求城市之间的运输或者转运，使得货物运输的总费用最低？

解　根据该例题的描述，货物既可以从供应地到需求地直接运输，也可以在供应地或者需求地之间转运。对于货物从西安、郑州、长沙三座城市向北京、上海、重庆、成都四座城市的直接运输，其运输费用系数如表 6-4 所示。对于货物在供应城市或者需求城市之间的转运，其转运费用系数分别如表 6-10 和表 6-11 所示。

为了方便起见，在制订货物运输计划时，星通快递公司可以设定转运的货物量为 $\sum_{i=1}^{m} a_i = 14\,700$ t。于是，从西安、郑州、长沙等城市运出的货物总量分别为 $\sum_{i=1}^{m} a_i + 4500$ t $=$ 19 200 t，21 500 t，18 100 t，向这三座城市运入的货物量都是 14 700 t；相应地，向北京、上海、重庆、成都运入的货物总量分别为 $\sum_{i=1}^{m} a_i + 3200$ t$=$17 900 t，20 100 t，18 500 t，17 000 t，从这四座需求城市运出的货物量都是 14 700 t。这样，我们得到一个等价的、运输路线完备的平衡运输问题，其中新的货物供应地、需求地分别包含原来的货物供应城市和需求城市，即西安、郑州、长沙、北京、上海、重庆、成都。这些城市之间单位货物的运输费用系数是给定的，如表 6-4、表 6-10、表 6-11 所示。

从运输问题建模和求解的角度看，首先，我们需要给出必要的假设和说明。假设任意两个城市之间，双向运输的单位货物费用系数是一样的。如从西安到郑州，或者从郑州到西安，这两个方向的单位货物运输费用系数是相同的。

其次，还需要将转运问题转换成一个等价的平衡运输问题。在这个平衡运输问题中，等价需求地包括原来的需求城市北京、上海、重庆、成都，以及参与转运的供应城市西安、郑州、长沙；相应地，等价供应地包括原来的供应城市西安、郑州、长沙，以及参与转运的需求城市北京、上海、重庆、成都。考虑到前面关于双向运输的单位货物费用系数假设，以及可能转运的货物总量，我们将货物从等价供应地到等价需求地的运输费用系数、每个城市的等价供应量和等价需求量汇总成一个表格，如表 6-12 所示。

表 6-12　从等价供应地到等价需求地的运输费用系数和货物供应(需求)总量

等价供应地 u_i	等价需求地 v_j(运输费用系数 c_{ij}，单位：元/t)							供应总量/t
	西安	郑州	长沙	北京	上海	重庆	成都	
西安	0	469.6	1522.4	3247.2	4438.8	2091.6	2257.2	19 200
郑州	469.6	0	1249.6	2214	3045.6	3243.6	3697.2	21 500
长沙	1522.4	1249.6	0	4845.6	3272.4	2332.8	3304.8	18 100
北京	3247.2	2214	4845.6	0	3945.6	5198.4	5479.2	14 700

续表

等价供应地 u_i	等价需求地 v_j（运输费用系数 c_{ij}，单位：元/t）							供应总量/t
	西安	郑州	长沙	北京	上海	重庆	成都	
上海	4438.8	3045.6	3272.4	3945.6	0	5256	6015.6	14 700
重庆	2091.6	3243.6	2332.8	5198.4	5256	0	150.8	14 700
成都	2257.2	3697.2	3304.8	5479.2	6015.6	150.8	0	14 700
需求总量/t	14 700	14 700	14 700	17 900	20 100	18 500	17 000	117 600

再者，引入决策变量 $x_{ij}(i=1,2,\cdots,7;\ j=1,2,\cdots,7)$表示从等价供应地 u_i 到等价需求地 v_j 的货物运输量，数学符号 $a_i(i=1,2,\cdots,7)$表示等价供应地 u_i 的货物供应总量，$b_j(j=1,2,\cdots,7)$表示等价需求地 v_j 的货物需求总量。根据表 6-12 所给出的参数取值，对于任意的运输方案$\{x_{ij}\}$来说，它的运输总费用可以表示成一个线性函数：

$$\sum_{i=1}^{7}\sum_{j=1}^{7}c_{ij}x_{ij}$$

此外，考虑到每个运输方案需要满足三类约束（从等价供应地到等价需求地的运输量都是非负的；每个等价供应地的货物都需要运出去；每个等价需求地的需求量都应该得到满足），我们将上面给出的决策变量、目标函数以及约束条件集成在一起，可以得到例 6-7 所给转运实例的线性规划模型如下：

$$\min \sum_{i=1}^{7}\sum_{j=1}^{7}c_{ij}x_{ij}$$

$$\text{s.t.}\begin{cases}\sum\limits_{j=1}^{7}x_{ij}=a_i, & i=1,2,\cdots,7\\ \sum\limits_{i=1}^{7}x_{ij}=b_j, & j=1,2,\cdots,7\\ x_{ij}\geqslant 0, & i=1,2,\cdots,7;\ j=1,2,\cdots,7\end{cases}$$

随后，根据 LINGO 优化软件的编程规则，对于平衡运输问题例 6-1 的求解代码（参见例 6-2），我们进行适当的补充和完善，得到求解转运问题模型的代码程序如下：

```
model:
sets:
    demands/1..4/:b;
    supply/1..3/:a;
    link(supply,demands):c,x,xt;
    link1(supply,supply): sc,sx;
    link2(demands,demands):dc,dx;
endsets
min = @sum(supply(I):@sum(supply(J):sc(I,J) * sx(I,J))) + @sum(supply(I):@sum(demands
    (J):c(I,J) * x(I,J))) + @sum(supply(I):@sum(demands(J):c(I,J) * xt(I,J))) + @sum
    (demands(I):@sum(demands(J):dc(I,J) * dx(I,J)));
@for (supply(I):@sum(supply(J):sx(I,J)) + @sum(demands(J):x(I,J)) = a(I) + @sum(supply
    (J):a(J)););
@for (demands(I):@sum(supply(J):xt(J,I)) + @sum(demands(J):dx(I,J)) = @sum(supply(J):
    a(J)););
@for (supply(I):@sum(supply(J):sx(J,I)) + @sum(demands(J):xt(I,J)) = @sum(supply(J):
```

```
     a(J));););
@for (demands(J):@sum(supply(I):x(I,J)) + @sum(demands(I):dx(I,J)) = b(J) + @sum(supply
     (I):a(I)););
data:
c = 3247.2, 4438.8, 2091.6, 2257.2,
   2214, 3045.6, 3243.6, 3697.2,
   4845.6, 3272.4, 2332.8, 3304.8;
a  =  4500, 6800, 3400;
b  =  3200, 5400, 3800, 2300;
sc  =  0, 469.6, 1522.4, 469.6, 0, 1249.6, 1522.4, 1249.6, 0;
dc  =  0, 3945.6, 5198.4, 5479.2,
    3945.6, 0, 5256, 6015.6,
    5198.4, 5256, 0, 150.8,
    5479.2, 6015.6, 150.8, 0;
enddata
end
```

其中 sets...endsets 部分给出了决策变量 sx、x、xt、dx 的定义，分别表示供应城市之间、从供应城市到需求城市、从需求城市到供应城市以及需求城市之间的货物运输数量，也给出了参数 a、b、c 的定义，分别表示表 6-4、表 6-10、表 6-11 给出的单位货物运输费用系数；data...enddata 部分设定了相应参数的取值；中间部分的 min 语句和@for 语句分别描述了模型的目标函数和约束条件。

表 6-13　从供应地到需求地的货物最佳(转运)运输方案

等价供应地	等价需求地(需求量单位：t)							货物总量/t
	西安	郑州	长沙	北京	上海	重庆	成都	
西安	14 700	0	0	0	0	4500	0	19 200
郑州	0	14 700	0	3200	3600	0	0	21 500
长沙	0	0	14 700	0	1800	1600	0	18 100
北京	0	0	0	14 700	0	0	0	14 700
上海	0	0	0	0	14 700	0	0	14 700
重庆	0	0	0	0	0	12 400	2300	14 700
成都	0	0	0	0	0	0	14 700	14 700
总量/t	14 700	14 700	14 700	17 900	20 100	18 500	17 000	117 600

最后，运行上述 LINGO 程序代码，得到等价的平衡运输问题的最优运输方案，如表 6-13 所示。容易看出，对于例 6-7 给出的转运问题，重庆既是货物的需求地，也是货物的供应地，起到了转运货物的作用，其中有 2300 t 货物首先从西安运到重庆，然后由重庆转运到成都。其他城市在模型的最优运输方案中没有体现出转运地的功能。此外，货物从西安、郑州、长沙三个城市到北京、上海、重庆、成都四个城市的(转运)运输总费用最小值为 3743.08 万元。

需要说明的是，在表 6-4 中，单位货物从西安到成都的直接运输费用为 2257.2 元。将表 6-4 和表 6-11 结合起来，可以知道单位货物从西安出发，经过重庆转运，到达成都的运输费用为(2091.6＋150.8)元＝2242.4 元。两种方案的单位货物运输费用相差 14.8 元。于是，从西安出发，经过重庆转运 2300 t 货物到达成都，总共可以节省费用 3.404 万元。

对于转运问题来说，一方面，它是普通运输问题的推广，其中运输节点包含货物供应地、需求地以及转运地；另一方面，通过一定的技巧，可以将转运问题转化为等价形式的运输问题，即只考虑供应地和需求地的运输情形。这时，运输问题的货物供应量与需求量可能是不一样的。将某些供应地或者需求地看成转运节点时，最大可能的货物中转量可以设定为$\theta=\max\left\{\sum_{i=1}^{m}a_i,\sum_{j=1}^{n}b_j\right\}$，其中$a_i$和$b_j$分别为供应地$u_i$和需求地$v_j$的货物量。此时，在运输网络中，除普通产地或者销地之外的特殊节点又可以分成三种类型，并且对不同类型的节点，需要按照相应的方法进行处理。比如：

(1) 对于单纯的中转点，把它看成一个虚拟产地和一个虚拟销地，其输出量和输入量都设定为θ。相应地，从这种虚拟产地到虚拟销地的单位货物运输费用系数设定为零。

(2) 对于兼作中转点的产地u_i，把它看成一个输出量为$\theta+a_i$的虚拟产地和一个输入量为θ的虚拟销地。

(3) 对于兼作中转点的销地v_j，把它看成一个输入量为$\theta+b_j$的虚拟销地和一个输出量为θ的虚拟产地。

综上所述，解决转运问题的基本思路是：对于平衡的转运问题，将它转化为无转运的平衡运输问题。对于非平衡的转运问题，采取两步骤处理策略：首先，通过添加虚拟产地或者虚拟销地将它转化为一个平衡的转运问题；然后，再将平衡的转运问题转化为无转运的平衡运输问题。

6.3 最短路问题

最短路问题通常考虑的是在网络中寻找从某个节点到另外一个节点的最短路径。描述这类问题的线性规划模型称为最短路模型，它是一种常见的网络优化模型。一方面，可以利用线性规划方法对最短路问题进行建模和求解；另一方面，也可以利用网络的特殊结构，构造求解最短路径的递归算法。

下面，我们通过两个实例，分别说明最短路问题的建模和求解方法。

例 6-8 假设某快递员接受了一个需要派送的包裹，需要从编号为v_1的地方出发，送到编号为v_7的地方。已经知道，从v_1到v_7可能经过的地点以及可能行走的道路如图 6-4 所示，其中带箭头的线段称为弧，表示从箭尾的地方出发，有一条指向箭头地方的道路，弧边的数字表示这条道路的长度。试问：快递员需要选择哪些道路、经过哪些地点，才能最快地将包裹从v_1送到v_7的顾客手里？

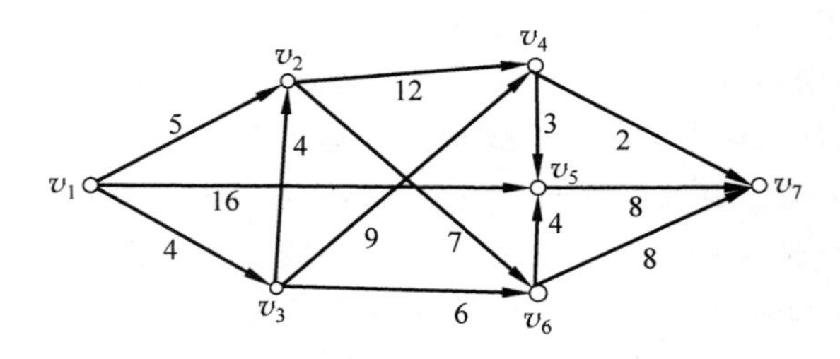

图 6-4 最短路模型的网络图

图 6-4 表示快递员递送包裹的网络图。如果快递员的行进速度是匀速的，并且在路线经过的地点没有时间消耗，那么选择最快的包裹快递路线等价于在该网络图中选择一条从

v_1 到 v_7 的最短路。

6.3.1 点弧关联矩阵

通常,一个网络图包括三个部分:其一,顶点的集合,如图 6-4 中顶点集是由 7 个顶点组成的,记为 $V=\{v_1,v_2,\cdots,v_7\}$;其二,弧的集合,如图 6-4 中有 13 条弧,它们组成一个集合,记为

$$E=\{(v_1,v_2),(v_1,v_5),(v_1,v_3),(v_3,v_2),(v_2,v_4),(v_2,v_6),(v_3,v_4),(v_3,v_6),\\(v_4,v_5),(v_6,v_5),(v_4,v_7),(v_5,v_7),(v_6,v_7)\}$$

其三,所有弧对应的道路长度可以用一个向量表示,如 $\boldsymbol{w}=(5,16,4,4,12,7,9,6,3,4,2,8,8)^{\mathrm{T}}$,其中向量 $\boldsymbol{w}$ 的分量下标与弧的编号相对应,我们从左到右、从上到下对弧进行编号。

在描述网络图时,既可以使用图 6-4 的形式,也可以使用集合符号 $N=(V,E,\boldsymbol{w})$ 的表示形式,其中 $\boldsymbol{w}$ 也称为权重向量。此外,也可以使用点弧关联矩阵,给出网络优化问题的代数表示形式。所谓点弧关联矩阵,是指以网络图的顶点对应着矩阵的行、弧对应着矩阵的列,由 0、1 或者 −1 等元素所构成的一个 $|V|\times|E|$ 矩阵,其中矩阵每列对应弧的起点位置赋值为 1,终点位置赋值为 −1,其他位置赋值为 0。如下面定义的矩阵 $\boldsymbol{A}\in\mathbf{R}^{7\times 13}$ 是由 7 行、13 列元素组成的:

$$\boldsymbol{A}=\begin{bmatrix}1&1&1&0&0&0&0&0&0&0&0&0&0\\-1&0&0&-1&1&1&0&0&0&0&0&0&0\\0&0&-1&1&0&0&1&1&0&0&0&0&0\\0&0&0&0&-1&0&-1&0&1&0&1&0&0\\0&-1&0&0&0&0&0&0&-1&-1&0&1&0\\0&0&0&0&0&-1&0&-1&0&1&0&0&1\\0&0&0&0&0&0&0&0&0&0&-1&-1&-1\end{bmatrix}$$

其中从上到下的行分别对应着顶点 $v_1,v_2,\cdots,v_7$,从左往右的列分别对应着图 6-4 中弧集 E 按照所列顺序给出的弧。在图 6-4 中,弧的编号是从左往右、从上到下给出的。每列只包含两个非零元素,1 对应着相应弧的起点,−1 对应着相应弧的终点。

6.3.2 最短路模型

从顶点 v_1 到 v_7 的一条"路"可以看成一个点、弧相间的序列。如 $v_1\rightarrow(v_1,v_5)\rightarrow v_5\rightarrow(v_5,v_7)\rightarrow v_7$ 是由三个顶点 v_1、v_5、v_7 和两条弧 (v_1,v_5)、(v_5,v_7) 组成的路,这条路的长度等于它所包含的所有弧的长度之和,即 16+8=24。为了方便起见,一条路也可以简化成若干弧组成的序列。此时,可以引入一个向量 $\boldsymbol{x}=(x_1,x_2,\cdots,x_{13})^{\mathrm{T}}$ 表示一条路,其中当第 i 条弧在这条路上时,对应的分量 $x_i=1$,否则 $x_i=0$。于是,我们利用决策变量和上面定义的点弧关联矩阵,建立起描述最短路问题的线性规划模型。

对于决策变量 x 来说,它表示的路的总长度定义为

$$\boldsymbol{w}^{\mathrm{T}}\boldsymbol{x}=\sum_{i=1}^{13}w_ix_i \tag{6-8}$$

其中 w_i 是网络图(见图 6-4)中第 i 条弧的长度(通常表示为权重)。另外,注意到从顶点

v_1 到 v_7 的每条路上，所有顶点都具有这样的特性：以该顶点为起点的所有弧中，组成路的弧所对应的变量取值为 1，网络图中其他弧对应的变量取值为零；以该顶点为终点的所有弧中，组成路的弧所对应的变量取值也是 1，网络图中其他弧对应的变量取值为零。这样，考虑到点弧关联矩阵的构造特性，在向量 $\boldsymbol{Ax}$ 中，与 v_1 对应的分量为 1，与 v_7 对应的分量为 -1，其他顶点对应的分量取值为零。因此，从供需量和节点平衡的角度来看，从顶点 v_1 到 v_7 的每条路上，起点 v_1 的输出量（供给量）为 1，终点 v_7 的输入量（需求量）为 1，其他顶点的输出量等于输入量，处于节点平衡状态。

因此，寻找从顶点 v_1 到 v_7 的最短路问题，相当于求解如下线性规划模型的最优解：

$$\min \boldsymbol{w}^{\mathrm{T}}\boldsymbol{x} = \sum_{i=1}^{13} w_i x_i$$

$$\text{s.t.} \begin{cases} \boldsymbol{Ax} = \boldsymbol{b} \\ \boldsymbol{x} \geqslant \boldsymbol{0} \end{cases} \tag{6-9}$$

其中矩阵 $\boldsymbol{A}$ 是网络图 6-4 的点弧关联矩阵，右端项 $\boldsymbol{b}=(1,0,\cdots,0,-1)^{\mathrm{T}}\in\mathbf{R}^7$ 的维数等于网络图中顶点的个数，第一个分量对应 v_1，最后一个分量对应 v_7，目标函数中系数向量

$$\boldsymbol{w}=(5,16,4,4,12,7,9,6,3,4,2,8,8)^{\mathrm{T}}\in\mathbf{R}^{13}$$

是由所有弧的长度（权重）构成的向量，其分量与弧的编码、点弧关联矩阵的列顺序对应。

值得指出的是，模型(6-9)具有特殊的结构，其最优解必是一个 0-1 向量，并且最短路上任意一段路径都是该段两个终端顶点之间的最短路。根据 LINGO 软件的语法规则，我们可以写出求解模型(6-9)的程序代码如下：

```
model:
sets:
    nodes/1..7/:b;
    arcs/1..13/:c,x;
    link(nodes,arcs):a;
endsets
min = @sum(arcs:c * x);
@for(nodes(I):@sum(arcs(J):a(I,J) * x(J)) = b(I););
data:
    c = 5,16,4,4,12,7,9,6,3,4,2,8,8;
    b = 1, 0, 0, 0, 0, 0, -1;
    a = 1, 1, 1, 0, 0, 0, 0, 0, 0, 0, 0, 0, 0,
        -1, 0, 0, -1, 1, 1, 0, 0, 0, 0, 0, 0, 0,
        0, 0, -1, 1, 0, 0, 1, 1, 0, 0, 0, 0, 0,
        0, 0, 0, 0, -1, 0, -1, 0, 1, 0, 1, 0, 0,
        0, -1, 0, 0, 0, 0, 0, 0, -1, -1, 0, 1, 0,
        0, 0, 0, 0, 0, -1, 0, -1, 0, 1, 0, 0, 1,
        0, 0, 0, 0, 0, 0, 0, 0, 0, 0, -1, -1, -1;
enddata
end
```

其中 sets...endsets 部分给出了决策变量 $\boldsymbol{x}$ 的定义，其分量表示相应的弧是否在从顶点 v_1 到 v_7 的路上；同时也给出了参数 a、b、c 的定义，分别表示图 6-4 的点弧关联矩阵 $\boldsymbol{A}$、模型(6-9)中等式约束的右端项 $\boldsymbol{b}$ 和目标函数的变量系数向量 $\boldsymbol{w}$；data...enddata 部分设定了

相应参数的取值；中间部分描述了模型(6-9)的目标函数和约束条件。

线性规划模型(6-9)的最优解为 $x_3=x_7=x_{11}=1$，其他分量 $x_i=0, i\neq 3,7,11$，相应的最优值为 15。这就是说，从顶点 v_1 到 v_7 的最短路是 $v_1\to(v_1,v_3)\to v_3\to(v_3,v_4)\to v_4\to(v_4,v_7)\to v_7$，最短路的长度为 15。

6.3.3 求解最短路的 Dijkstra 法

下面通过一个实例介绍求解最短路问题的 Dijkstra 法。该法利用了最短路径所具有的特殊结构，即如果给定网络图上从顶点 A 到顶点 C 的最短路线，记为 P，并且该路线经过某个顶点 B，那么在该网络图中，路线 P 上从顶点 A 到顶点 B 的路段也是从 A 到 B 的最短路。同理，路线 P 上从顶点 B 到顶点 C 的路段也是这两个节点之间的最短路。

上述特殊结构说明在最短路上，任意一段路径都是其两个终端顶点之间的最短路。它有助于从网络中一个中间顶点对应的最短路出发，构造出连接起点和终点的最短路，而且有助于寻找连接所有顶点的最短路网络。

例 6-9 假设中海建公司参与雄安新区的建设，目前在雄县、安新、容城三个县的区域内总共拥有 6 个工程项目。为了加强项目的施工管理，中海建公司筹建了一个工程管理总部。在总部与项目工地之间，公司每天需要多次运送员工、设备和补给，这些运输活动的成本比较高。已经知道，6 个项目工地之间以及它们与工程管理总部之间可能存在的运输路线和路段长度(单位：km)，如图 6-5 所示。试问：中海建公司应该如何确定从工程管理总部到各个工程工地之间的运输路线，使得公司的运输总成本最低？

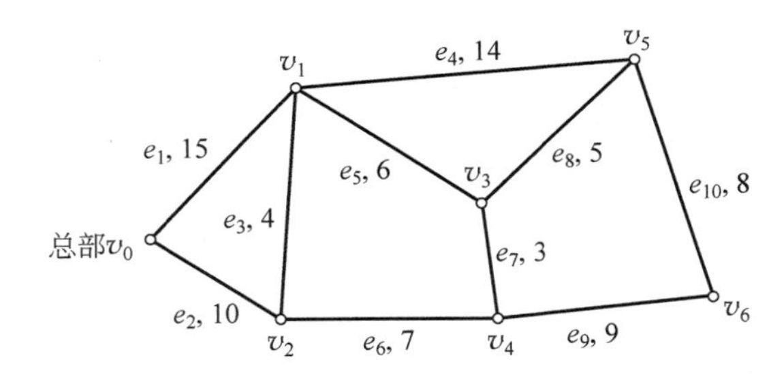

图 6-5 中海建公司工程总部与各个工地之间的路线图

解 假设从公司工程管理总部到各项目工地的运输成本与运输路线长度成正比，那么，确定运输费用最低的运输路线，等价于寻找连接工程管理总部与各项目工地的最短路网络。

下面，我们先给出求解从工程管理总部到各个项目工地最短路的 Dijkstra 法。

(1) 符号约定：将图 6-5 中的网络记为$(V,E,\boldsymbol{w})$，其中顶点集合 $V=\{v_0,v_1,\cdots,v_6\}$，边的集合 $E=\{e_1,e_1,\cdots,e_{10}\}$，边的长度构成权重向量 $\boldsymbol{w}=(15,10,4,14,6,7,3,5,9,8)^{\mathrm{T}}$。此外，定义顶点子集 $P=\{v_0\}$，$T=V\backslash\{v_0\}$，以及最短路长函数 $d:V\to\mathbf{R}$，其中 $d(v_j)$表示从顶点 v_0 到 v_j 最短路的长度。

(2) 初始化：设定初始顶点 v_0 对应的最短路长度为 $d(v_0)=0$，其前导顶点 $\mathrm{Prior}(v_0)=v_0$。另外，引入函数 $t:V\to\mathbf{R}$，其中 $t(v_j)$表示从顶点 v_0 到 v_j 最短路长度的估计值。如果存在一条边 $e_k=(v_0,v_j)\in E$，那么置 $t(v_j)=w_k$，$\mathrm{Prior}(v_j)=v_0$；否则，置 $t(v_j)=\infty$。

(3) 最短路迭代改进：只要顶点子集 $P\neq V$，就可以重复地进行下面两步运算。

① 选择一个顶点 $v_i \in T$，使得 $t(v_i)=\min\{t(v_j)\mid v_j \in T\}$；并且令集合 $P=P\cup\{v_i\}$，$T=T\backslash\{v_i\}$，$d(v_i)=t(v_i)$。

② 修正距离估计值：对于顶点 v_i 相连的任意边 $e_p=(v_i,v_j)\in E$，如果 $t(v_j)>t(v_i)+w_p$，那么令 $t(v_j)=t(v_i)+w_p$，并且 $\text{Prior}(v_j)=v_i$。

然后，将 Dijkstra 法应用于图 6-5 表示的网络图，就可以求出从工程管理总部 v_0 到项目各个工地的最短路线和长度，如表 6-14 和图 6-6 所示，其中最短路线在图 6-6 中用虚边表示，图中顶点记号后面的括号里有两个标号，分别给出了从顶点 v_0 到当前顶点的最短路长度，以及其前导顶点的编号。

表 6-14　从工程管理总部到 6 个工地的最短路线和最短路线的长度

顶　点	从工程管理总部 v_0 到项目地 v_i 的最短路线	最短路线的长度/km
v_1	$v_0 \to v_2 \to v_1$	14
v_2	$v_0 \to v_2$	10
v_3	$v_0 \to v_2 \to v_1 \to v_3$	20
v_4	$v_0 \to v_2 \to v_4$	17
v_5	$v_0 \to v_2 \to v_1 \to v_3 \to v_5$	25
v_6	$v_0 \to v_2 \to v_4 \to v_6$	26

最后，利用线性规划方法，我们验证一下 Dijkstra 法得到的最短路网的合理性，参见图 6-6。此时，最短路网络对应的线性规划模型形如

$$\min \boldsymbol{w}^{\mathrm{T}}\boldsymbol{x}=\sum_{i=1}^{13} w_i x_i$$

$$\text{s. t.}\begin{cases}\boldsymbol{A}\boldsymbol{x}=\boldsymbol{b}\\ \boldsymbol{x}\geqslant \boldsymbol{0}\end{cases}\tag{6-10}$$

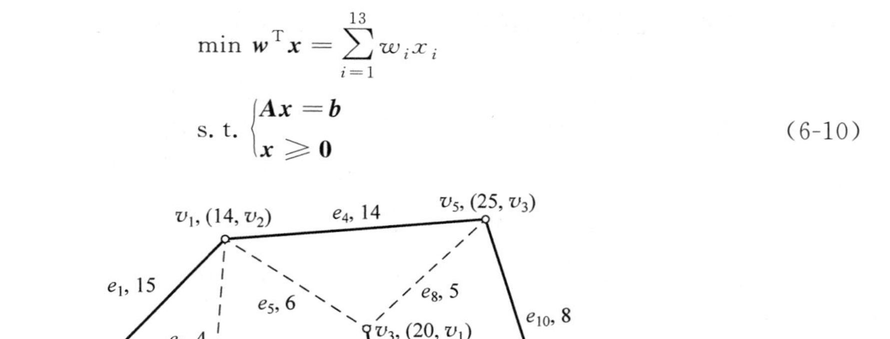

图 6-6　从工程管理总部到 6 个工地的最短路线分布图

其中矩阵 $\boldsymbol{A}$ 是网络图 6-5 的点弧关联矩阵（为了简化讨论，对于边集合 $E=\{e_1,e_1,\cdots,e_{10}\}$ 中的边，按照从左到右或者由上到下的方向设定为有向弧，同时增加纵向边 e_3、e_7、e_{10} 对应的、由下到上的反向弧，依次分别记为 e_{11}、e_{12}、e_{13}），右端项 $\boldsymbol{b}=(6,-1,\cdots,-1,-1)^{\mathrm{T}}\in \mathbf{R}^7$ 的维数等于有向网络图中顶点的个数，目标函数中系数向量 $\boldsymbol{w}=(15,10,4,14,6,7,3,5,9,8,4,3,8)^{\mathrm{T}}\in \mathbf{R}^{13}$ 是由所有弧的长度（权重）构成的，其分量与弧的编码、点弧关联矩阵的列顺序对应。

此外，根据 LINGO 软件的编程规则，我们写出求解模型(6-10)的程序代码如下：

```
model:
sets:
    nodes/1..7/:b;
    arcs/1..13/:c,x;
    link(nodes,arcs):a;
endsets
min = @sum(arcs:c * x);
@for(nodes(I):@sum(arcs(J):a(I,J) * x(J)) = b(I););
data:
    c = 15,10,4,14,6,7,3,5,9,8, 4,3,8;
    b = 6, - 1, - 1, - 1, - 1, - 1, - 1;
    a = 1, 1, 0, 0, 0, 0, 0, 0, 0, 0, 0, 0, 0,
        - 1, 0, 1, 1, 1, 0, 0, 0, 0, 0, - 1, 0, 0,
        0, - 1, - 1, 0, 0, 1, 0, 0, 0, 0, 1, 0, 0,
        0, 0, 0, 0, - 1, 0, 1, 1, 0, 0, 0, - 1, 0,
        0, 0, 0, 0, 0, - 1, - 1, 0, 1, 0, 0, 1, 0,
        0, 0, 0, - 1, 0, 0, 0, - 1, 0, 1, 0, 0, - 1,
        0, 0, 0, 0, 0, 0, 0, 0, - 1, - 1, 0, 0, 1;
enddata
end
```

其中 sets...endsets 部分给出了决策变量 $\boldsymbol{x}$ 的定义,其分量表示相应的弧在最短路网中出现的次数,也就是说,它有多少次出现在从顶点 v_1 到 $v_i(i=1,2,\cdots,6)$ 的最短路上；同时,也给出了参数 a、b、c 的定义,分别表示图 6-5 对应的有向网络的点弧关联矩阵 $\boldsymbol{A}$、模型(6-10)中等式约束的右端项 $\boldsymbol{b}$ 和目标函数的变量系数向量 $\boldsymbol{w}$；data...enddata 部分设定了相应参数的取值；中间部分描述了模型(6-10)的目标函数和约束条件。

运行上述 LINGO 程序,得到线性规划模型(6-10)的最优解 $x_2=6,x_5=2,x_6=2,x_8=1,x_9=1,x_{11}=3$,其他分量 $x_i=0,i\neq 2,5,6,8,9,11$,相应的最优值为 112。容易看出,最优解中非零分量对应的弧(边)构成了图 6-6 中虚线边表示的最短路网。最优值等于表 6-14 中所有最短路的长度之和。

6.4　网络优化

给定一个有向网络 $N=(V,E,\boldsymbol{w})$,其中 V 表示顶点集合,E 表示弧的集合,权函数 $\boldsymbol{w}$: $E\to\mathbf{R}_+^{|E|}$ 表示弧上容量的分布,参见图 6-4 所示的网络图。此外,我们引入费用函数 c: $E\to\mathbf{R}_+^{|E|}$ 表示弧上流量的费用系数。这样,我们就可以考虑与有向网络 N 相关的几种优化问题,统称为网络优化问题。

6.4.1　最小费用流

例 6-10　给定有向网络 N 中两个顶点,如图 6-4 中的顶点 v_1 和 v_7,我们分别称之为源点 v_1 和汇点 v_7。假设所有弧上流量的费用系数向量 $\boldsymbol{c}=(3,5,2,7,6,3,4,5,8,7,9,4,3)^{\mathrm{T}}$,并且从源点 v_1 到汇点 v_7 的流量设定为 15。试问：在该有向网络 N 中,从源点 v_1 到汇点 v_7 的流量在弧上如何分布,才能使得其费用最低?

解 首先，我们对图 6-4 补充一些费用系数信息，使之包含每条弧上的流量费用系数，如图 6-7 所示。

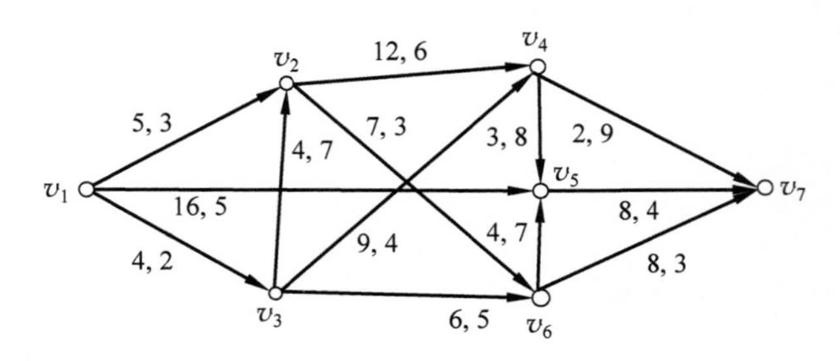

图 6-7 最小费用流模型的网络图

这样，在图 6-7 中，每条弧的附近有两个数字：第一个数字表示弧的容量，第二个数字表示弧的单位流量费用参数。该实例的问题就是：如何在给定的网络图中，寻找一个最小费用的流，使得从源点 v_1 到汇点 v_7 的流量为 15？

其次，我们引入决策变量$\boldsymbol{x}=(x_1,x_2,\cdots,x_{13})^{\mathrm{T}}$，它表示有向网络中每条弧上流的分布，其中弧的编号是从左往右、从上往下依次排列的，第 i 条弧上的流量对应着非负分量 x_i。

此外，在不同弧上的流量之间存在一定的数量关系。如对于源点 v_1 来说，发出流的总量应该等于设定的流量 15。对于汇点 v_7 来说，汇入流的总量也应该等于 15。对于网络中其他节点来说，发出流的总量等于汇入流的总量，处于平衡状态，也就是说，这些节点起到转运的作用，在这些点处的流都需要满足平衡约束。于是，我们将流在这些源点、汇点以及转运点处需要满足的数量关系写出来，就可以得到优化建模的约束条件。

最后，利用引入的决策变量 $\boldsymbol{x}$，以及该有向网络的点弧关联矩阵 $\boldsymbol{A}$、约束条件等，我们可以建立描述最小费用流的线性规划模型，如式(6-11)所示。

$$\min\ 3x_1+5x_2+2x_3+7x_4+6x_5+3x_6+4x_7+5x_8+8x_9+7x_{10}+9x_{11}+4x_{12}+3x_{13}$$

$$\text{s. t.}\begin{cases}x_1+x_2+x_3=15\\-x_1-x_4+x_5+x_6=0\\-x_3+x_4+x_7+x_8=0\\-x_5-x_7+x_9+x_{11}=0\\-x_2-x_9-x_{10}+x_{12}=0\\-x_6-x_8+x_{10}+x_{13}=0\\-x_{11}-x_{12}-x_{13}=-15\\0\leqslant x_1\leqslant w_1,\quad 0\leqslant x_2\leqslant w_2,\quad \cdots,\quad 0\leqslant x_{13}\leqslant w_{13}\end{cases}\tag{6-11}$$

其中决策变量的上界 $\boldsymbol{w}=(w_1,w_2,\cdots,w_{13})^{\mathrm{T}}=(5,16,4,4,12,7,9,6,3,4,2,8,8)^{\mathrm{T}}$，等式约束的右端项中正数表示发出流的流量，负数表示汇入流的流量，零表示流的转运和平衡。

根据 LINGO 软件的语法规则，写出求解模型(6-11)的程序代码如下：

```
model:
sets:
    nodes/1..7/:b;
    arcs/1..13/:c,w,x;
```

```
    link(nodes,arcs):a;
endsets
min = @sum(arcs:c * x);
@for(nodes(I):@sum(arcs(J):a(I,J) * x(J)) = b(I););
@for(arcs(J):x(J) - w(J)<= 0;);
data:
    c = 3,5,2,7,6,3,4,5,8,7,9,4,3;
    w = 5,16,4,4,12,7,9,6,3,4,2,8,8;
    b = 15, 0, 0, 0, 0, 0, - 15;
    a = 1, 1, 1, 0, 0, 0, 0, 0, 0, 0, 0, 0, 0,
        - 1, 0, 0, - 1, 1, 1, 0, 0, 0, 0, 0, 0, 0,
        0, 0, - 1, 1, 0, 0, 1, 1, 0, 0, 0, 0, 0,
        0, 0, 0, 0, - 1, 0, - 1, 0, 1, 0, 1, 0, 0,
        0, - 1, 0, 0, 0, 0, 0, 0, - 1, - 1, 0, 1, 0,
        0, 0, 0, 0, 0, - 1, 0, - 1, 0, 1, 0, 0, 1,
        0, 0, 0, 0, 0, 0, 0, 0, 0, 0, - 1, - 1, - 1;
enddata
end
```

其中 sets…endsets 部分给出了决策变量 $\boldsymbol{x}$ 的定义，其分量表示相应的弧上流量；同时，也给出了参数 a、b、c、w 的定义，分别对应着点弧关联矩阵 $\boldsymbol{A}$、右端项 $\boldsymbol{b}$、相应的弧上流量的费用系数向量 $\boldsymbol{c}$ 以及弧上流量的上界向量 $\boldsymbol{w}$；data…enddata 部分设定了相应参数的取值；中间部分描述了模型(6-11)的目标函数和约束条件。

调用 LINGO 优化软件，并运行上面的程序代码，可以求出线性规划模型(6-11)的最优解为 $\boldsymbol{x}=(5,8,2,0,0,5,0,2,0,0,0,8,7)^{\mathrm{T}}$，以及相应的最小费用值 137。于是，我们可以在网络图中标出每条弧上分布的流，如从源点 v_1 到汇点 v_7 的最小费用流的分布如图 6-8 所示。

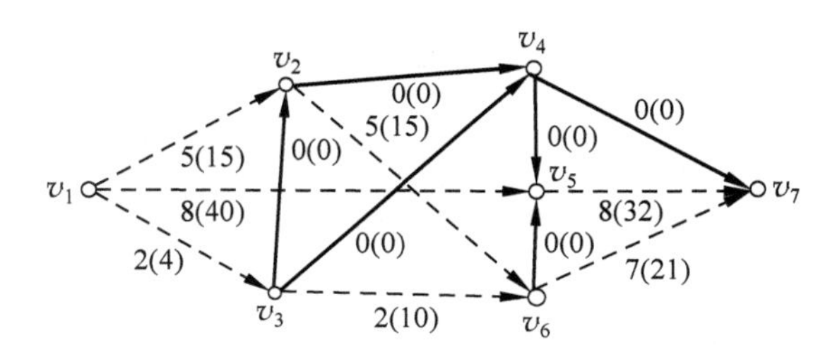

图 6-8　最小费用流的分布图

其中在图中组成最小费用流的弧是利用虚线表示的，每条弧的附近有两个数字，括号外面的数字表示弧上流量的大小，括号内的数字表示弧上流量对应的费用。所有构成最小费用流的弧、经过的节点，以及点弧关联关系可以描述如下：

$$v_1 \to (v_1,v_2),(v_1,v_5),(v_1,v_3) \to (v_2,v_6),(v_3,v_6) \to (v_5,v_7),(v_6,v_7) \to v_7$$

值得指出的是，最小费用流的分布是相对于从源点 v_1 到汇点 v_7，并且设定流量值为 15 时，所计算出来的流的分布。当选择的源点和汇点发生变化，或者从源点到汇点的流的设定数值发生变化时，该网络的最小费用流也可能发生改变。

一般地，对于某个有向网络，如果它有 m 个顶点、n 条弧，并且源点 s 和汇点 t 也是给定的，那么从源点 s 到汇点 t 的最小费用流问题可以用下面矩阵形式的线性规划模型来描述：

$$\min \boldsymbol{c}^{\mathrm{T}}\boldsymbol{x} = \sum_{i=1}^{n} c_i x_i$$

$$\text{s.t.} \begin{cases} \boldsymbol{A}\boldsymbol{x} = \beta \boldsymbol{b}, \\ \boldsymbol{0} \leqslant \boldsymbol{x} \leqslant \boldsymbol{w} \end{cases} \tag{6-12}$$

其中向量 $\boldsymbol{c}$、$\boldsymbol{w}$ 的分量分别表示其下标对应弧的费用系数和流量的上界(即弧的容量)；$\boldsymbol{A}$ 为点弧关联矩阵；β 为从源点到汇点的流量设定值；右端项 $\boldsymbol{b}$ 是一个维数等于 m 的向量，其分量 $b_s=1$，$b_t=-1$，其他分量都是零。

6.4.2 最小生成树

回顾一下图 6-6，它给出了例 6-9 的中海建公司参与雄安新区建设过程中，从工程管理总部分别到 6 个工地的最短路线分布图。这个图包含了 6 个项目工地与工程管理总部所构成网络 G 的所有节点，并且任意两点可以通过最短路线分布图实现互达，通常称之为网络 G 的生成树(具体含义解释见后文)。容易看出，图 6-6 中互达路线(虚线)的总长度为 41 km。这里，我们还可以提出这样的问题：为了实现所有工地与工程管理总部所构成网络 G 中节点的互达，互达路线长度总和的最小值是多少？这就是本节要讨论的最小生成树问题，参见图 6-9，其中互达路线(虚线)的总长度为 36 km。

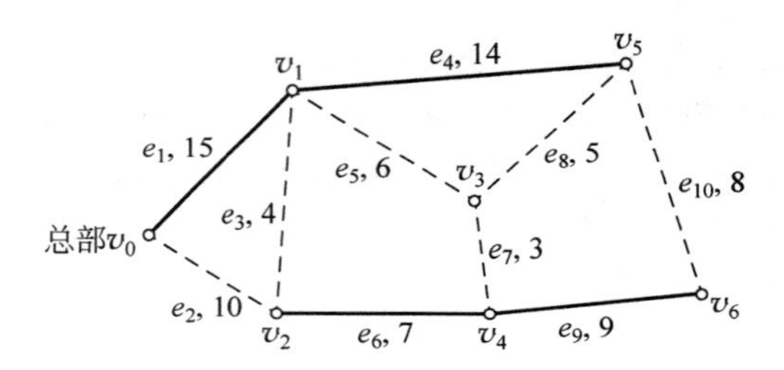

图 6-9 工程管理总部以及所有工地之间互达的最短路线分布图

类似地，对于城市道路建设、煤气管线的铺设、计算机网络的搭建、应急通信系统的保障等实际问题，都可以提炼出多种形式的最小生成树问题。

为了分析和求解最小生成树问题，我们首先介绍几个与“图”相关的概念。然后，通过例子，说明在一个网络图中寻找最小生成树的方法。

给定一个无向图 $G=(V,E)$，其中 V 为顶点集，E 为边集，如果 G 中存在一些边是首尾相连的，如在图 6-10(a)中，三条边 $(v_3,v_6)\rightarrow(v_6,v_5)\rightarrow(v_5,v_3)$ 构成一个三角形，那么这些边以及相连的点称为图 G 的一个圈。如果在图 G 中任意两个顶点之间存在若干条边将它们连接起来，那么该图称为连通的。如图 6-10(a)和(b)都是连通的图，而图 6-10(c)不是连通的图。

由图 G 中部分顶点和边所构成的图称为 G 的一个子图。特别地，保留 G 中所有顶点，删掉 G 中部分边，但是保留 G 的另外一部分边，所获得的子图称为 G 的一个生成子图。如图 6-10(b)和(c)都是图 6-10(a)的生成子图，其中图 6-10(b)是连通的子图，图 6-10(c)不是连通的。任何一个图都可以分解成若干个连通的子图，其中每个极大的连通子图称为该图的一个连通分支。

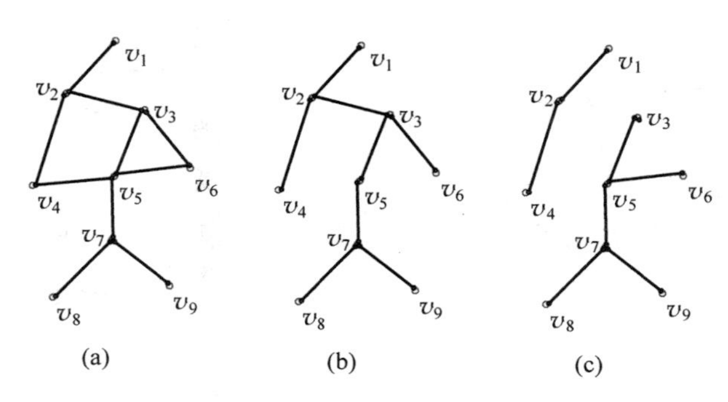

图 6-10　图及其生成子图

通常，人们把一个无圈的、连通的图称为树。因此，在图 G 中若存在一个连通的、无圈的生成子图，则该子图就称为图 G 的生成树。此外，当图中每条边都被赋予一定的权重时，该图便成为一个网络。一个网络的生成树的权重定义为该生成子图中所有边的权重之和。人们把网络中权重最小的生成树称为它的最小生成树。

由于树是一个连通的图，所以存在最小生成树的网络一定是连通的。在一个连通的网络图中寻找最小生成树有多种方法，比较常见的是贪心算法，即按照某个准则，在所给网络图的子图中进行优化迭代；在每一步迭代过程中，先选择一个权重最优的边，然后对（生成）子图中的边集进行操作，使得子图更接近一棵生成树；直至寻找到给定网络的最小生成树。

下面先介绍一下寻找最小生成树的破圈法，随后介绍其他寻找最小生成树的方法。

1. 破圈法

破圈法的基本思想是通过循环迭代，既降低一个图的连通程度，又剔去图中权重比较大的边，直至得到一个连通的、无圈的生成子图（树）。

破圈法寻找最小生成树的实施步骤如下：

步骤一：在给定的赋权连通图上寻找任意一个圈。如果找不到这样的圈，那么此时的生成子图就是一棵（最小）生成树，停止寻找过程。

步骤二：在所找到的圈中去掉一条权重最大的边。

步骤三：在去掉权重最大的边后，会得到一个新的、连通的生成子图。对该子图重复以上步骤一和步骤二。

下面通过两个例子说明利用破圈法寻找最小生成树的过程。

例 6-11　假设某大学信息中心计划将 7 个学院办公室的计算机联网，这个网络的可能连接方式如图 6-11 所示。其中每条边的权重表示连接两个学院办公室的网络长度（单位：百米）。试问：信息中心应该制定何种网络连接方案，既能使 7 个学院办公室的计算机联网，又能使敷设网线的总长度最短？

解　我们利用破圈法，寻找图 6-11 中连接计算机网络的最小生成树。

利用破圈法迭代过程中，首先在图 6-11 中任意选择一个圈，如 $v_1 \to v_7 \to v_6 \to v_1$，比较圈中边的权重大小，并去掉一个权重最大的边 (v_1, v_7)，得到如图 6-12 所示的生成子图。

其次，在图 6-12 中再选择一个圈，如 $v_7 \to v_3 \to v_5 \to v_7$，或者 $v_4 \to v_3 \to v_5 \to v_4$，并比较圈中边的权重大小。这两种方式都会选择并去掉一个权重最大的边 (v_3, v_5)，得到如图 6-13 所示的生成子图。

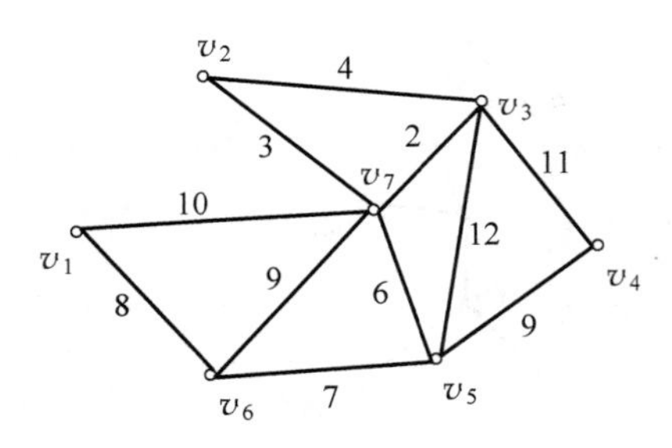

图 6-11　计算机网络的可能连接方式

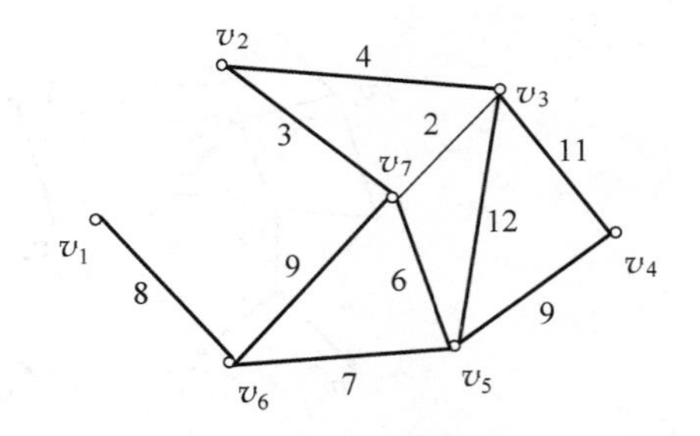

图 6-12　破圈法的第一次迭代的生成子图

然后，在图 6-13 中分别选择圈 $v_7 \to v_2 \to v_3 \to v_7$ 和圈 $v_7 \to v_6 \to v_5 \to v_7$，并比较圈中边的权重大小。依次去掉权重最大的边 (v_2, v_3) 和 (v_6, v_7)，得到如图 6-14 所示的生成子图（生成树）。因此，图 6-14 是图 6-11 的最小生成树，该树对应的最小权重为 35（单位：百米）。也就是说，按照图 6-14 给出的联网方式敷设网线，能够使得敷设网线的总长度最短。

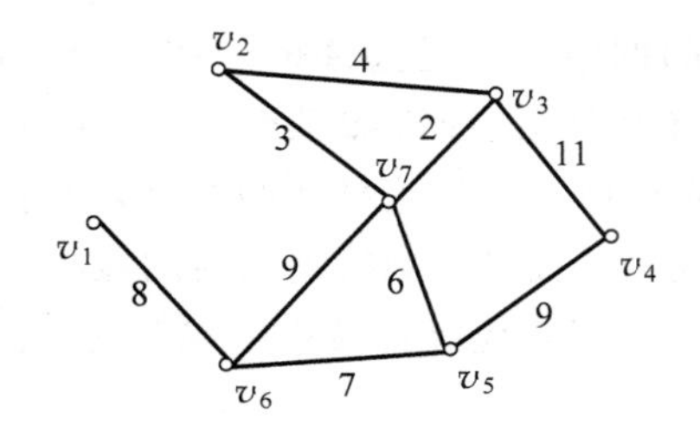

图 6-13　破圈法的第二次迭代的生成子图

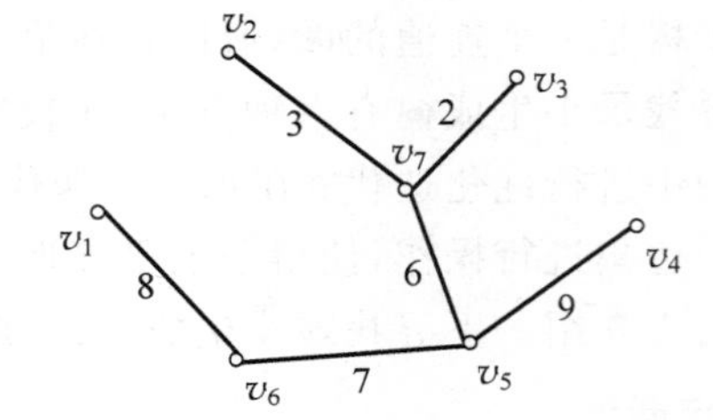

图 6-14　连接计算机网络的最小生成树

例 6-12　假设某酒店连锁集团要在南海建立一个文化旅游度假村。这个度假村位于一片林区，该酒店集团希望通过步行小路将度假村的各个设施连接起来，尽可能地减少要砍伐的树木数量，保持现有的自然景观。图 6-15 显示了在文化旅游度假村多个设施之间可能采用的连接路线以及相应的施工距离（单位：m）。试确定各个设施的连接方案，以便最大限度地减少施工的工程量。

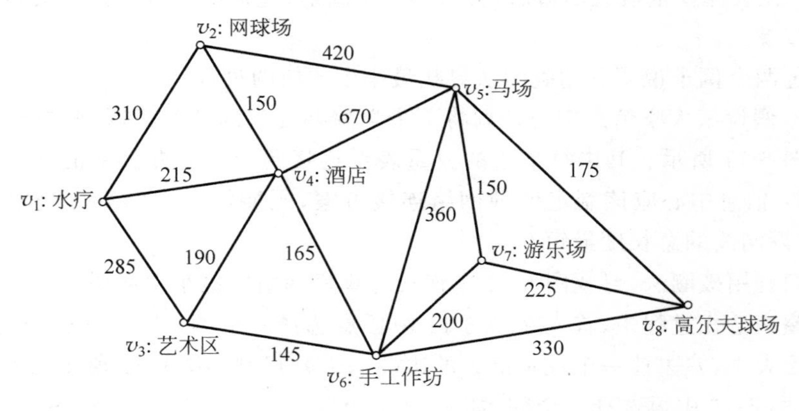

图 6-15　文化旅游度假村多个设施的可能连接路径

解　我们仍然利用破圈法，寻找图 6-15 中连接度假村多个设施的网络最小生成树。

在迭代过程中，首先，从图 6-15 中选择一个包含最长施工路径的圈 $v_2 \to v_4 \to v_5 \to v_2$，并去掉最长施工路径对应的边$(v_4, v_5)$，得到如图 6-16 所示的生成子图。

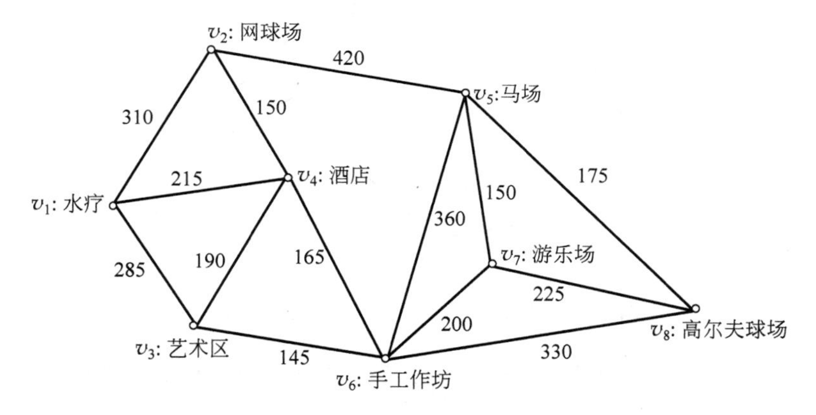

图 6-16　文化旅游度假村的第一次迭代的生成子图

其次，在图 6-16 中选择圈 $v_2 \to v_5 \to v_6 \to v_4 \to v_2$，比较圈中边的权重大小，并去掉一个权重最大的边$(v_2, v_5)$，得到如图 6-17 所示的生成子图。

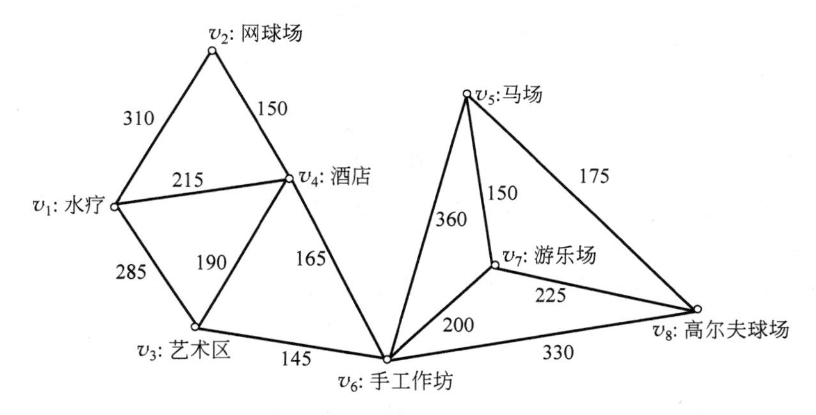

图 6-17　文化旅游度假村的第二次迭代的生成子图

然后，在图 6-17 中分别选择 $v_7 \to v_6 \to v_5 \to v_7$，$v_1 \to v_2 \to v_4 \to v_1$，$v_1 \to v_4 \to v_3 \to v_1$，$v_3 \to v_4 \to v_6 \to v_3$，$v_7 \to v_6 \to v_8 \to v_7$，$v_7 \to v_8 \to v_5 \to v_7$ 等圈，并比较圈中边的权重大小，依次去掉权重较大的边(v_5, v_6)、(v_1, v_2)、(v_1, v_3)、(v_3, v_4)、(v_6, v_8)、(v_7, v_8)。最后得到如图 6-18 所示的生成子图。这个生成子图是一棵树，因此，图 6-18 是图 6-15 的最小生成树，该树对应的最小权重为 1200(单位：m)。

综上所述，我们可以得到这样的结论：按照图 6-18 给出的网络路径施工，能够连接文化旅游度假村的各个服务设施，并且最大限度地减少施工的工程量。

2．避圈法：Kruskal 法

避圈法的基本思想是：对于给定的连通图，从包含所有顶点的、无边的生成子图开始，逐次添加权重小的边，同时避免新的子图包含某种圈，直至得到原来连通图的一棵生成树。

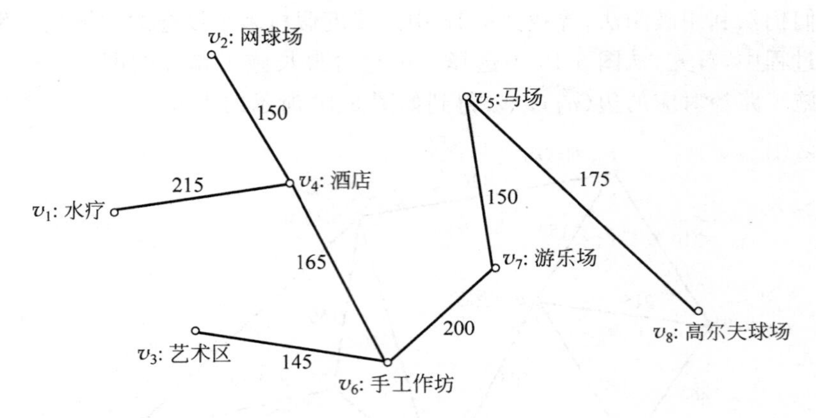

图 6-18　文化旅游度假村网络的最小生成树

根据添加权重小的边的不同方式，避圈法通常又可以分成两种形式：逐个加边法(Kruskal 法)及逐个加点法(Prim 法)。

Kruskal 法(逐个加边法)的基本步骤是：

(1) 将边集 E 中所有的边按照权重递增的方式排列，不妨假设 $E=\{e_1,e_2,\cdots,e_m\}$，对应的权重 $w_1\leqslant w_2\leqslant\cdots\leqslant w_m$，并且置辅助集合 $E^0=E$，$F^0=\varnothing$，迭代指标 $k=0$。

(2) 在第 $k+1$ 次迭代过程中，如果边集为 $F^k\cup\{e_{k+1}\}$ 的子图不包含圈，那么置集合 $F^{k+1}=F^k\cup\{e_{k+1}\}$；否则，置集合 $F^{k+1}=F^k$。

(3) 经过一次迭代，令集合 $E^{k+1}=E^k\setminus\{e_{k+1}\}$，并且更新迭代指标 $k+1\rightarrow k$。如果迭代指标 $k<m$，那么重新转到步骤(2)；否则，迭代终止，最后得到的子图是最小生成树。

例 6-13　对于例 6-9 中工程总部与各个工地之间的运输网络(参见图 6-5)，试利用 Kruskal 法求出其最小生成树。

解　根据 Kruskal 法的迭代步骤，我们按照权重从小到大的顺序，对网络图 6-5 中所有的边进行排序，可以得到排序之后的边集，形如 $E^0=E=\{e_7,e_3,e_8,e_5,e_6,e_{10},e_9,e_2,e_4,e_1\}$。此时，$F^0=\varnothing$，$k=0$。

第一次迭代时，选择权重最小的边 e_7，连同所有的顶点，构成了图 6-5 的一个生成子图，如图 6-19 所示。为了比较迭代过程所选择的边 e_7，我们在图 6-19 中保留了原来的边，所选择的边用虚线表示。经过该次迭代，集合 $F^1=\{e_7\}$，$E^1=\{e_3,e_8,e_5,e_6,e_{10},e_9,e_2,e_4,e_1\}$，迭代指标 $k=1$。

在第二次迭代中，选择 E^1 中权重最小的边 e_3，连同第一次迭代得到的子图，可以生成一个新的子图，如图 6-20 所示。同理，在图 6-20 中保留了原来的边，所选择的边用虚线表示。经过该次迭代，集合 $F^2=\{e_7,e_3\}$，$E^2=\{e_8,e_5,e_6,e_{10},e_9,e_2,e_4,e_1\}$，迭代指标 $k=2$。

同理，进行第三次迭代：选择 E^2 中权重最小的边 e_8，连同第二次迭代得到的子图，又可以生成一个新的子图，如图 6-21 所示。在图 6-21 中保留了原来的边，所选择的边用虚线表示。经过该次迭代，集合 $F^3=\{e_7,e_3,e_8\}$，$E^3=\{e_5,e_6,e_{10},e_9,e_2,e_4,e_1\}$，迭代指标 $k=3$。

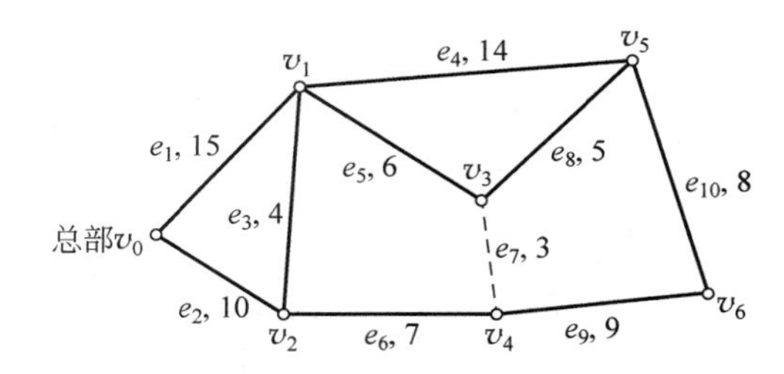

图 6-19　Kruskal 法的第一次迭代子图

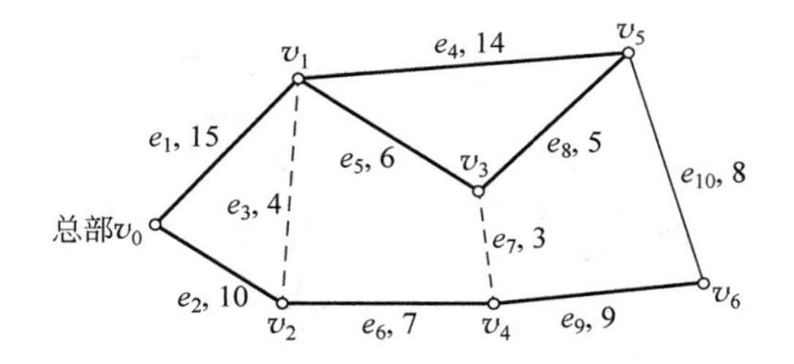

图 6-20　Kruskal 法的第二次迭代子图

依次类推,经过十次迭代,可以得到网络图 6-5 的最小生成树,如图 6-22 所示。在图 6-22 中,最小生成树的边是用虚线表示的(为了对比分析,保留了原网络图中的其他边)。

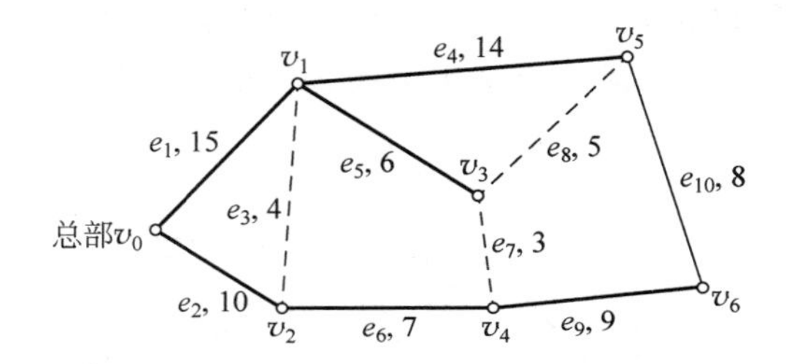

图 6-21　Kruskal 法的第三次迭代子图

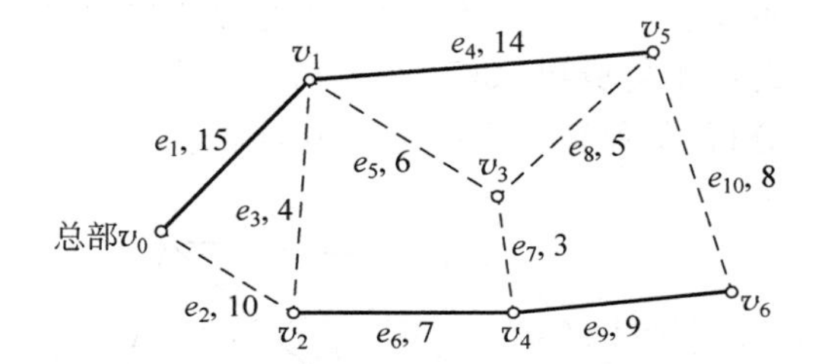

图 6-22　Kruskal 法得到的最小生成树

3. 避圈法：Prim 法

Prim 法(逐个加点法)的基本步骤如下：

(1) 从连通图的顶点集 V 中任意选择一个顶点。

(2) 在所有与选择顶点相连的边中选择权重最小的边,构成原来网络的一个子图。

(3) 对于迭代过程中形成的子图,在所有与其相连的边中选择不产生圈的、权重最小的边,构成一个新的子图。

(4) 重复前面的步骤(3),直至得到给定网络的一个最小生成树。

例 6-14　对于例 6-9 中工程总部与各个工地之间的运输网络(参见图 6-5),试利用 Prim 法求出其最小生成树。

解　根据 Prim 法的迭代步骤,我们在网络图 6-5 中任意选择一个顶点,比如 v_2。此时,与顶点 v_2 相连的边有三条 e_2、e_3、e_6,其中 e_3 的权重最小。于是,选择权重最小的边 e_3,连同所有的顶点,构成了图 6-5 的一个子图,如图 6-23 所示。为了显示迭代过程所选择的边 e_3,我们在图 6-23 中保留了原图中的其他边,所选择的边用虚线表示。

在第二次迭代中,与子图顶点 v_2、v_1 相连的边有五条,分别为 e_2、e_6、e_1、e_4、e_5,其中权重最小的边 e_5 连同第一次迭代得到的子图可以生成一个新的子图,如图 6-24 所示。在图 6-24 中,迭代过程所选择的边用虚线表示,同时保留了原图中的其他边。

同理,进行第三次迭代。此时,与子图顶点 v_1、v_2、v_3 相连的边有六条,分别为 e_2、e_6、e_1、e_4、e_7、e_8,其中权重最小的边 e_7 与第二次迭代得到的子图构成一个新的子图,如图 6-25 所示。在图 6-25 中,构成子图的边用虚线表示,同时,为了对比方便,我们仍保留了原来的边。

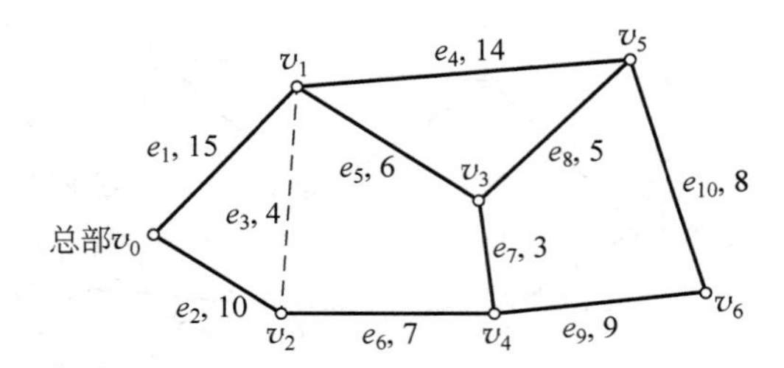

图 6-23 Prim 法的第一次迭代子图

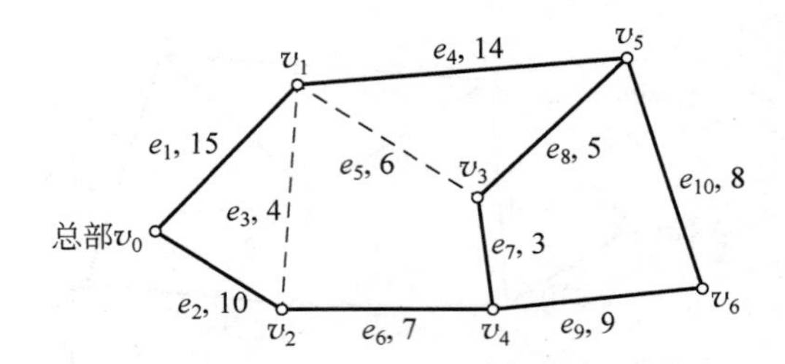

图 6-24 Prim 法的第二次迭代子图

依次类推，只要选择与前一个迭代子图顶点相连的、权重最小的边不构成任何的圈，就可以形成一个新的子图。否则，选择权重次小的边，重新进行检验，直至得到不构成圈的、权重比较小的一个相邻边，再进行迭代改进。最后，经过六次迭代，我们可以得到网络图 6-5 的最小生成树，如图 6-26 所示。在图 6-26 中，最小生成树的边是用虚线表示的(为了对比分析，仍保留了原网络图中的其他边)。

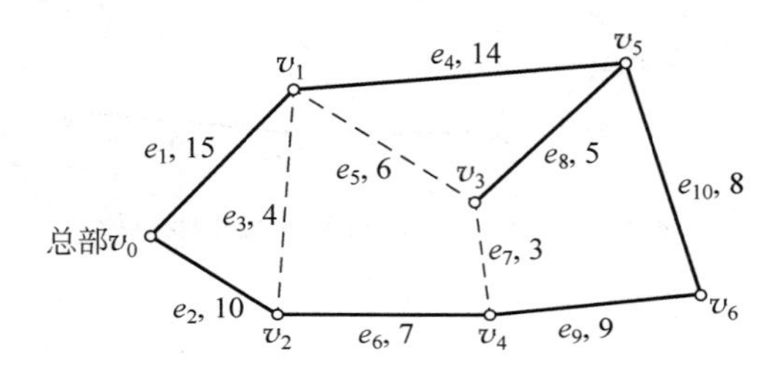

图 6-25 Prim 法的第三次迭代子图

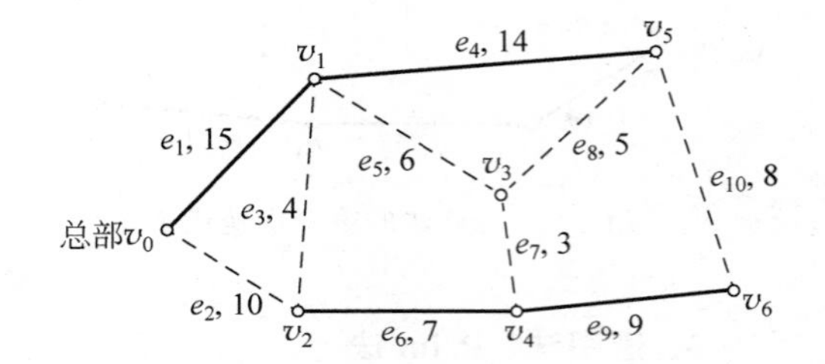

图 6-26 Prim 法得到的最小生成树

值得指出的是，对于例 6-9 中的运输网络图 6-5 来说，两种避圈法(Kruskal 法和 Prim 法)得到的最小生成树是一样的(参见图 6-22 和图 6-26)，这是因为网络图 6-5 的最小生成树是唯一的。对于一般的加权网络来说，这个结果不具有一般性，即两种破圈法得到的最小生成树可能是不一样的。

前面介绍的求解最小生成树的三种方法——破圈法、Kruskal 法和 Prim 法，都是基于贪婪局部寻优的思想进行设计的，其迭代过程或者从某个圈中最大权重的边开始，或者从最小权重的边开始，或者从任意一个顶点开始，每一步迭代都选择局部最优的边，构成新的迭代子图；重复迭代，直至得到所给连通网络的最小生成树。

此外，基于最短路网络的线性规划模型(6-10)也可以获得求解最小生成树的模型和方法。该模型具有特殊的结构，使得在线性规划模型的参数都是整数时，其最优解必是整数向量。因此，我们将最小生成树问题列入这一个章节，作为线性规划的拓展形式。

6.4.3 最大流问题

最大流问题考虑的对象也是一个赋权的网络。在满足各个线路流量限制的条件下，人们希望尽可能高效地通过网络的线路输送流量，以便在规定的时间内最大化能够流入或流出网络的流量，如车流、物流、信息流或者资金流等。这种问题常常描述为网络优化中的最大流模型。对于最大流问题，既可以建立相应的线性规划模型，借助于线性规划方法和优化软件进行求解，也可以利用标号方法，直接在网络图上分析、求解。

下面，我们介绍一下最大流问题的线性规划建模方法，以及求解最大流问题的标号法。值得说明的是，从数学的角度看，标号法是求解线性规划模型的单纯形法在网络上的直观表示。

1. 最大流问题的线性规划模型

为了方便直观地理解，我们通过一个因道路养护而疏导交通的实例，说明最大流问题的线性规划建模特点。通常，在执行道路养护计划或者举办大型群体活动时，交管部门需要考虑相应的交通疏导方案，如估算从某个节点到另外一个节点的车流量。这有助于评估车辆疏导方案的可行性，判断是否会引起严重的交通拥堵问题。

例 6-15　郑州市是京广和陇海两条交通要道的交汇地，假设在高峰时期，南北向、东西向高速公路车辆通过数量可达到每小时 15 000 辆。根据一项高速公路养护计划，要求暂时关闭某些车道、降低时速，并疏导过往的车流。郑州市交通管理委员会提出了车辆通过郑州市的替代方案，利用像城市街道一样的道路疏导交通。受不同道路的车速限制、交通管理方式不同等因素的影响，道路的车流容量会随街道与环境条件而变化。假设替代路网的组成道路以及可通行的车流容量如图 6-27 所示。其中每条弧的方向表示车辆通行的方向，双向箭头表示车辆可以双向行驶，弧旁边的数字表示车流的容量(单位：千辆/h)，试求出从节点 v_1 到节点 v_7 车辆可通过的最大流量。

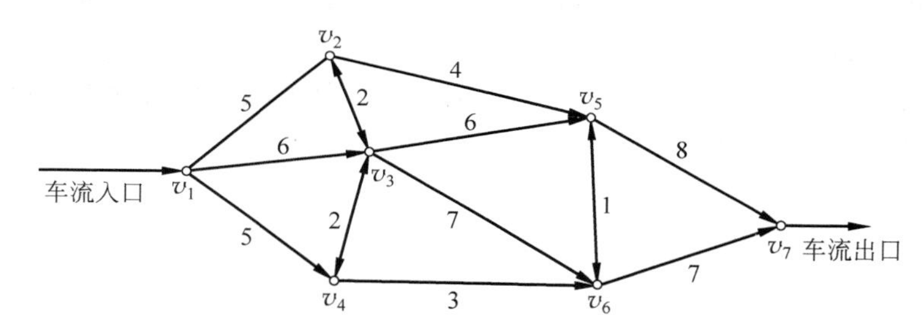

图 6-27　高速公路养护计划配套的车流疏导方案

解　根据图 6-27 可以看出车流疏导网络是开环的，有车流的入口，也有车流的出口。从车流平衡的角度看，如果疏导方案不引起严重的交通拥堵问题，那么每小时从出口驶出的车辆数量应该等于从入口驶入的车辆数量。于是，可以将该网络图转化为一个车辆转运模型，即增加一条从节点 v_7 到节点 v_1 的弧，该弧上的流量表示通过替代路网(公路系统)的车辆总流量，如图 6-28 所示，其中弧上数字后面括号内的文字标识了每条弧的编号，特别地，双向弧是按照向下、向上的方向依次编号的。这样，最大化从节点 v_7 到节点 v_1 的弧上的流量，等价于最大化经过郑州市公路系统的车辆数量。

下面，我们利用线性规划建模方法来描述最大流问题。

首先，引入决策变量 $x_i, i=1,2,\cdots,16$。它表示在第 i 条弧 e_i 上，沿着箭头方向驶过的车流量(单位：千辆/h)。特别地，最大流问题的目标函数定义为 $y=x_{16}$。

其次，给出决策变量满足的约束条件。对于图 6-28 所示的有向网络来说，它的点弧关联矩阵是 7×16 的矩阵，定义如下：

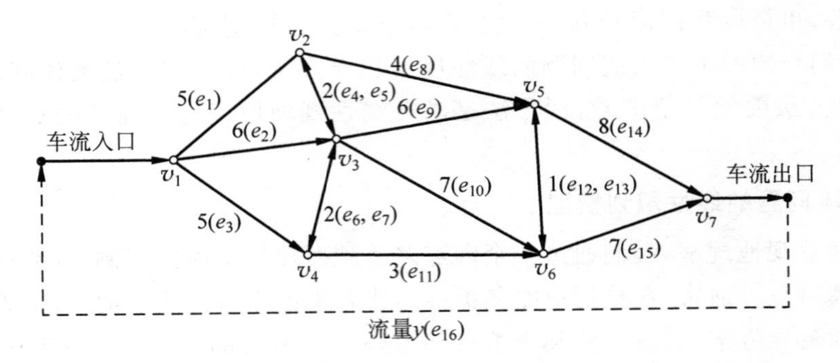

图 6-28 车流疏导方案等价的车辆转运网络

$$
\boldsymbol{A}=\begin{bmatrix}
1 & 1 & 1 & 0 & 0 & 0 & 0 & 0 & 0 & 0 & 0 & 0 & 0 & 0 & 0 & -1\\
-1 & 0 & 0 & 1 & -1 & 0 & 0 & 1 & 0 & 0 & 0 & 0 & 0 & 0 & 0 & 0\\
0 & -1 & 0 & -1 & 1 & 1 & -1 & 0 & 1 & 1 & 0 & 0 & 0 & 0 & 0 & 0\\
0 & 0 & -1 & 0 & 0 & -1 & 1 & 0 & 0 & 0 & 1 & 0 & 0 & 0 & 0 & 0\\
0 & 0 & 0 & 0 & 0 & 0 & 0 & -1 & -1 & 0 & 0 & 1 & -1 & 1 & 0 & 0\\
0 & 0 & 0 & 0 & 0 & 0 & 0 & 0 & 0 & -1 & -1 & -1 & 1 & 0 & 1 & 0\\
0 & 0 & 0 & 0 & 0 & 0 & 0 & 0 & 0 & 0 & 0 & 0 & 0 & -1 & -1 & 1
\end{bmatrix}
$$

由于图 6-28 中每个节点都是转运节点，所以其输入流量等于其输出流量。因此，决策变量 $\boldsymbol{x}=(x_1,x_2,\cdots,x_{16})^{\mathrm{T}}$ 满足 $\boldsymbol{Ax}=\boldsymbol{0}$。

最后，利用引入的决策变量 $\boldsymbol{x}$、点弧关联矩阵 $\boldsymbol{A}$ 以及车流量平衡约束，可以建立描述最大流问题的线性规划模型如下：

$$
\max y=x_{16}
$$

$$
\text{s. t.}\begin{cases}
x_1+x_2+x_3-x_{16}=0\\
-x_1+x_4-x_5+x_8=0\\
-x_2-x_4+x_5+x_6-x_7+x_9+x_{10}=0\\
-x_3-x_6+x_7+x_{11}=0\\
-x_8-x_9+x_{12}-x_{13}+x_{14}=0\\
-x_{10}-x_{11}-x_{12}+x_{13}+x_{15}=0\\
-x_{14}-x_{15}+x_{16}=0\\
0\leqslant x_1\leqslant w_1,\quad 0\leqslant x_2\leqslant w_2,\quad \cdots,\quad 0\leqslant x_{15}\leqslant w_{15}
\end{cases}\tag{6-13}
$$

其中每个决策变量都有一个上界，这些上界构成权重向量 $\boldsymbol{w}=(5,6,5,2,2,2,2,4,6,7,3,1,1,8,7)^{\mathrm{T}}$。

通过调用 LINGO 优化软件，编写相应的代码程序，求解最大流问题的线性规划模型(6-13)，我们可以得到该模型的最优解 $\boldsymbol{x}=(5,5,5,2,1,0,2,4,3,5,3,0,1,8,7,15)^{\mathrm{T}}$，以及相应的最优值为 15 千辆/h。这说明，车辆疏导方案每小时可以疏导的最大车流量为 15 000 辆。车辆转运网络上每条道路的车流分布如图 6-29 所示，其中弧上数字表示其容量，括号内的数字表示最优解的相应分量取值，即该条弧对应道路上的车流量(单位：千辆/h)。

此外，根据最优解各分量的取值还可以看出，为了实现车流疏导的最大流量，道路(v_2，

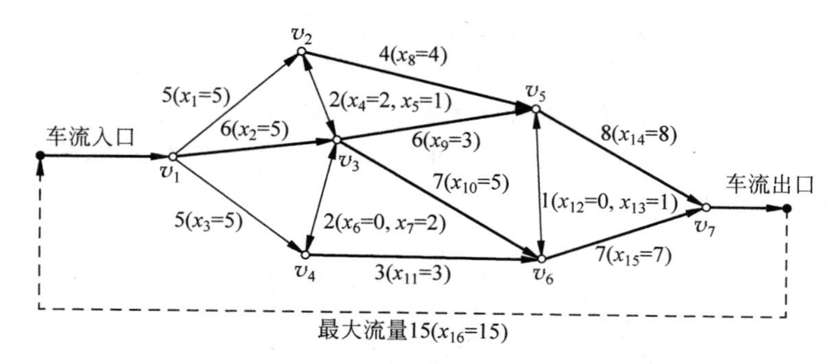

图 6-29　车流疏导方案的最大流分布图

v_3)存在双向车流。道路(v_3,v_4)和(v_5,v_6)虽然是双向的,但是只分布单向车流,即从下往上的车流。其他道路的车流方向是根据弧的方向确定的。

2. 求解最大流问题的标号法

从数学上看,求解最大流问题的标号法本质上是求解有界变量约束、线性规划问题的单纯形法。这种算法的实现形式是依托最大流问题的网络模型表现出来的。

下面,我们先介绍几个与标号法有关的概念。

给定一个赋权的有向网络 $G=(V,A,\boldsymbol{w})$,其中 V 是顶点集合,A 是弧的集合,$\boldsymbol{w}$ 是定义在集合 A 上的一个非负函数,也就是权重函数。如在图 6-30 所示的有向网络中,顶点集是由源点 v_1、汇点 v_6 以及其他四个转运顶点组成的,弧旁边的数字是权重函数在该弧上的取值,表示相应弧的容量(即该弧上可以经过的流的上限)。

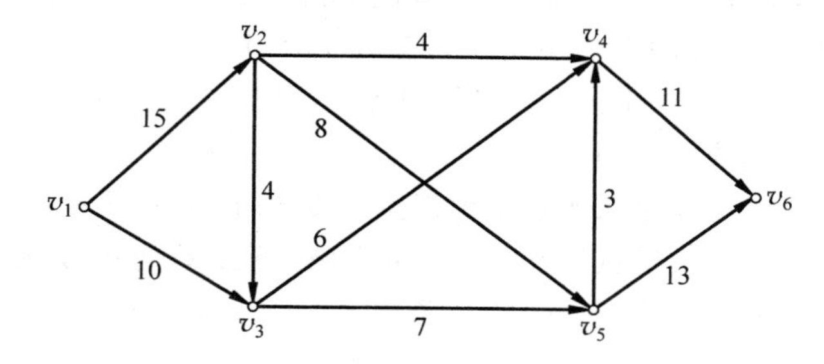

图 6-30　带有容量限制的有向网络图

对于有向网络 $G=(V,A,\boldsymbol{w})$,以及给定的源点 $s\in V$ 和汇点 $t\in V$,若存在一个实值函数 $f:A\to\mathbf{R}_+$ 满足三条性质:

(1) 容量约束:$\forall e=(v_i,v_j)\in A, f(e)\leqslant w(e)$;

(2) 反对称条件:$\forall e=(v_i,v_j)\in A, f(v_i,v_j)=-f(v_j,v_i)$;

(3) 流量平衡方程:$\forall u\in V\backslash\{s,t\}, \sum_{v} f(u,v)=0$;

则实值函数 f 称为网络 G 的一个从源点 s 到汇点 t 的可行流。相应地,该可行流 f 的值定义为

$$|f|=\sum_{v:(s,v)\in A} f(s,v)-\sum_{u:(u,s)\in A} f(u,s) \tag{6-14}$$

即源点 s 的净流出量。

容易验证，实值函数 f 恒取为零的流是一个可行流。此外，对于图 6-30 给出的有向网络图，假设存在一个流的分布如图 6-31 所示，其中每条弧的容量是标注在弧旁边的数字，括号内的字符表示弧的编号，字符后面的数字表示流在该弧上的取值，即 $f(e), \forall e \in A$。由于在图 6-31 中所有弧上分布的流满足关于可行流定义的上述三条性质，所以它也是一个可行流，该可行流的值为 9。

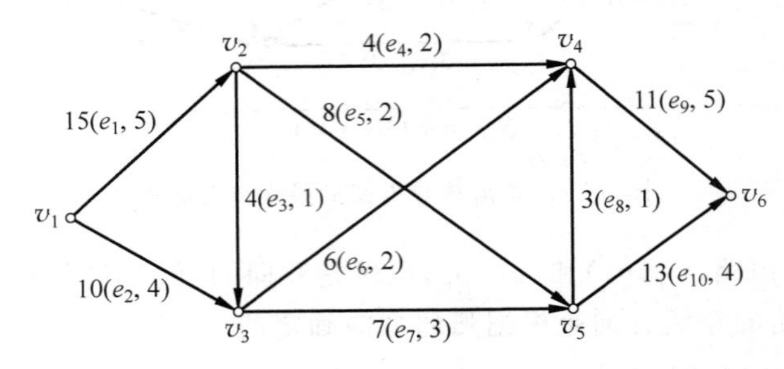

图 6-31 有向网络的可行流分布图

在使用标号法求解最大流时，需要寻找有向网络的增广链。增广链的含义随后给出解释，这需要引入其他相关的概念。增广链的概念与可行流在每条弧上的流量分布、弧的方向，以及从源点 s 到汇点 t 的方向有关。

通常，对于一个可行流 $f: A \to \mathbf{R}_+$ 来说，流量满足 $f(e_i)=w(e_i)$ 的弧称为饱和弧，否则 $f(e_i)<w(e_i)$，称为非饱和弧。相应地，流量满足 $f(e_i)=0$ 的弧称为零流弧，否则 $f(e_i)>0$，称为非零流弧。如在图 6-31 中，可行流的每条弧都是非饱和弧、非零流弧。

此外，在网络中，从源点 s 到汇点 t 的一条链是指起点为源点 s、终点为汇点 t，由中间若干个顶点和相应的弧所构成的点弧序列。如在图 6-31 中，$v_1 \to e_1 \to v_2 \to e_5 \to v_5 \to e_{10} \to v_6$ 就是从源点 v_1 到汇点 v_6 的一条链。为了简单起见，通常，我们也可以略去点弧序列中相关的弧，只用中间若干点构成的序列表示链，如 $v_1 \to v_2 \to v_5 \to v_6$。

如果我们约定，链的方向是从源点 s 到汇点 t 的方向，那么根据链的方向，就可以将链上的弧分成两类：前向弧，是指弧的方向与链的方向一致；后向弧，是指弧的方向与链的方向相反。如对于从源点 v_1 到汇点 v_6 的一条链 $v_1 \to v_3 \to v_4 \to v_5 \to v_6$ 来说，前向弧包括 $e_2=(v_1,v_3)$，$e_6=(v_3,v_4)$和 $e_{10}=(v_5,v_6)$，后向弧是 $e_8=(v_5,v_4)$。因此，该链也可以表示成网络中弧集 A 的一个子集合

$$C=\{e_2,e_6,e_8,e_{10}\}=\{(v_1,v_3),(v_3,v_4),(v_5,v_4),(v_5,v_6)\}$$

其中前向弧的集合记为 $C^+=\{e_2,e_6,e_{10}\}$，后向弧的集合记为 $C^-=\{e_8\}$。

有了上面给出的这些概念，我们就可以解释有向网络中增广链的含义。假设 $f: A \to \mathbf{R}_+$ 是一个可行流，C 是从源点 s 到汇点 t 的一条链。若链 C 满足下列条件：

(1) 对于任意前向弧 $e \in C^+$，$0 \leqslant f(e) < w(e)$ 成立，即每条前向弧是非饱和弧；

(2) 对于任意后向弧 $e \in C^-$，$0 < f(e) \leqslant w(e)$ 成立，即每条后向弧是非零流弧；

则称该链 C 是关于可行流 f 的一条增广链。

然后，我们描述一下求解最大流问题的标号法的主要步骤。这种方法是基于人们已经知道的、关于最大流和增广链的性质：对于有向网络 $G=(V,A,w)$，以及给定的源点 $s \in V$ 和汇点 $t \in V$ 来说，从源点 s 到汇点 t 的一个可行流是最大流，当且仅当不存在从源点 s 到

汇点 t 的、关于该可行流的增广链。

根据最大流与增广链的关系，我们将求解有向网络最大流的标号法描述如下：

(1) 标号过程：对于源点 s，标号为$(0,+\infty)$，其中标号的第一个元素"零"表示该点是源点，第二个元素"$+\infty$"表示可赋值为正的无穷大量。对于非饱和弧 $e_k=(v_i,v_j)$来说，可行流的值满足 $f(e_k)<w(e_k)$。于是，根据 v_i 的标号，可以给未标号的节点 v_j 赋予一个标号$(v_i,l(v_j))$，其中

$$l(v_j)=\min\{l(v_i),w(e_k)-f(e_k)\}$$

同理，对于非零流弧 $e_p=(v_j,v_i)$来说，可行流的值满足 $f(e_p)>0$，也可以根据 v_i 的标号给未标号节点 v_j 赋予一个标号$(-v_i,l(v_j))$，其中

$$l(v_j)=\min\{l(v_i),f(e_p)\}$$

重复上述步骤，一旦汇点 t 被标号，这就表明可以得到一条从源点 s 到汇点 t 的增广链 C。进而，需要转入下面的流量调整过程。若标号过程进行不下去，则当前的可行流就是最大流，算法结束。

(2) 流量调整过程：通过三个环节，完成可行流的流量调整。

① 利用"反向追踪"的办法，从汇点 t 出发，按照该点及其他节点标号的第一个元素找出一条增广链 C。

② 令可行流的调整量 $\theta=l(t)$，并按照下面规则，对可行流的流量分布进行修正：

$$\bar{f}(e)=\begin{cases} f(e)+\theta, & \forall e\in C^+ \\ f(e)-\theta, & \forall e\in C^- \\ f(e), & \forall e\in A\backslash C \end{cases}$$

③ 去掉可行流 $f:A\rightarrow\mathbf{R}_+$ 对应的所有标号，针对新的可行流 $\bar{f}:A\rightarrow\mathbf{R}_+$，重新进入标号过程，判断其是否存在增广链，是否需要进行流量调整。

最后，通过一个实例说明如何利用标号法求解最大流问题。

例 6-16　求出图 6-31 所示有向网络从源点 v_1 到汇点 v_6 的最大流，其中初始可行流为图中每条弧旁边括号内的数字。

解　对于图 6-31 给出的有向网络以及可行流，根据上面关于标号法的标号过程的描述，我们对该可行流对应的某些节点进行标号。标号结果如图 6-32 所示，其中图中虚线对应的链是一条关于可行流的增广链，可行流的调整量为 4。

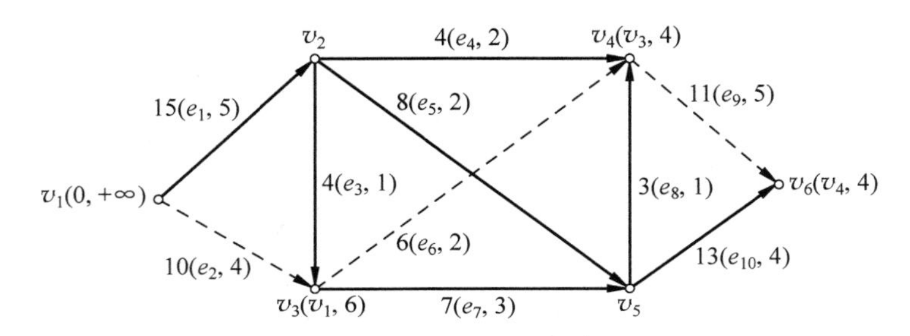

图 6-32　第一次迭代过程中，初始可行流对应的标号结果

经过对初始可行流进行流量调整得到一个新的可行流，如图 6-33 所示，其中可行流的

值为 13。在此基础上，对新的可行流对应的某些节点再进行标号。标号结果参见图 6-33，其中图中虚线对应的链是关于新的可行流的增广链，可行流的调整量为 2。

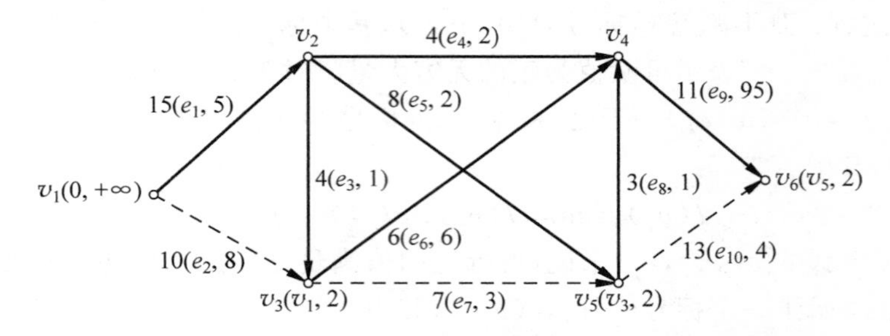

图 6-33　第一次迭代得到的可行流和相应的标号结果

对第一次迭代得到的可行流再一次进行流量调整，得到调整后的可行流（第二次迭代结果），如图 6-34 所示，其中可行流的值为 15。在此基础上，对第二次迭代得到的可行流所对应的某些节点再次进行标号。标号结果参见图 6-34，其中图中虚线对应的链是关于该可行流的增广链，可行流的调整量仍为 2。

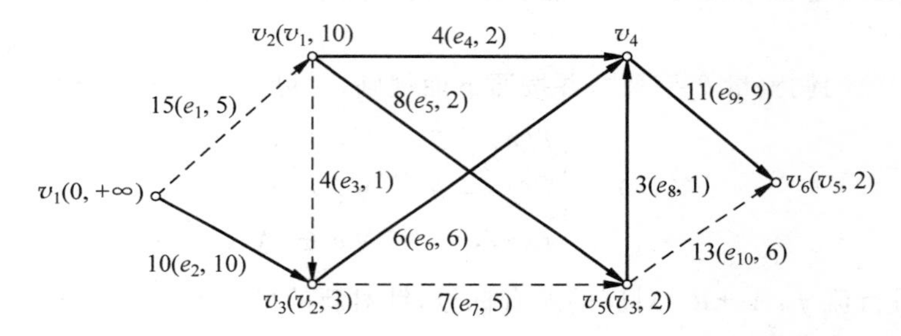

图 6-34　第二次迭代得到的可行流和相应的标号结果

对第二次迭代得到的可行流又一次进行流量调整，得到第四个可行流，即第三次迭代结果，如图 6-35 所示，其中可行流的值为 17。在此基础上，对第三次迭代得到的可行流所对应的某些节点进行新的标号。标号结果参见图 6-35，其中图中虚线对应的链是关于该可行流的增广链，可行流的调整量为 5。

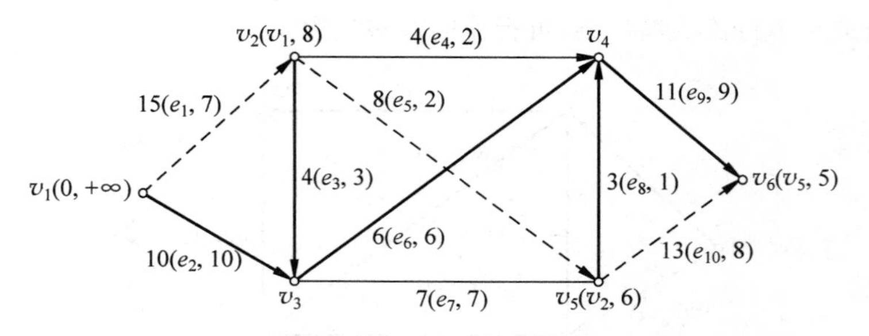

图 6-35　第三次迭代得到的可行流和相应的标号结果

对第三次迭代得到的可行流进行新的流量调整，得到一个新的调整后的可行流（第四次迭代结果），如图 6-36 所示，其中可行流的值为 22。在此基础上，对第四次迭代得到的可行流所对应的某些节点再进行标号。标号结果参见图 6-36，其中图中虚线对应的链是关于该可行流的增广链，可行流的调整量为 2。

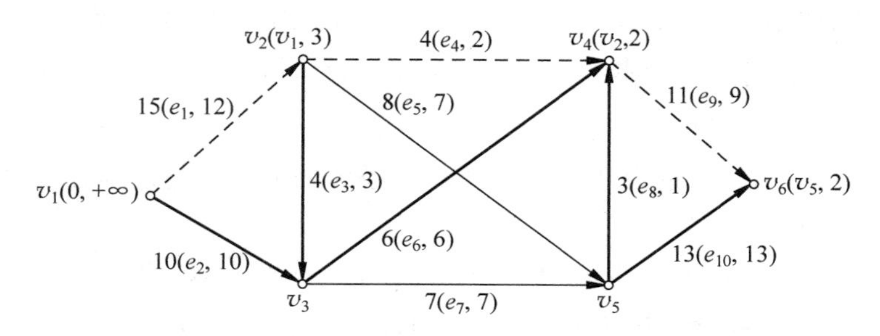

图 6-36　第四次迭代得到的可行流和相应的标号结果

经过对第四次迭代得到的可行流进行流量调整，得到一个最新的可行流（第五次迭代结果），如图 6-37 所示，其中可行流的值为 24。在此基础上，对第五次迭代得到的可行流所对应的某些节点又一次进行标号。标号结果参见图 6-37，从图中可以看出，无法对汇点 v_6 进行标号。由此可知，这个最新的可行流不存在从源点 v_1 到汇点 v_6 的增广链。

最后，根据增广链和最大流之间的关系我们知道，图 6-37 所示的可行流就是要寻找的、从源点 v_1 到汇点 v_6 的最大流。容易看出，该最大流的值为 24。

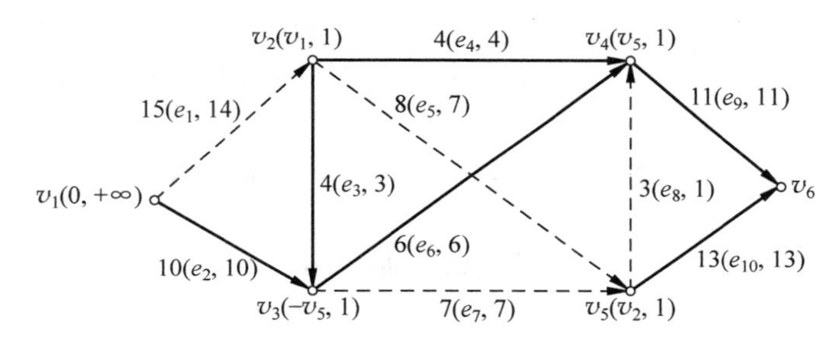

图 6-37　第五次迭代得到的最大流和相应的标号结果

6.4.4　最小割问题

在网络优化中，最小割问题是与最大流问题密切相关的一个问题。以图 6-30 给出的赋权的有向网络 $G=(V,A,\boldsymbol{w})$ 为例，其中 V 为顶点集，A 为弧的集合，$\boldsymbol{w}$ 是定义在集合 A 上的权重函数，其分量表示相应弧上流的容量。对于给定的网络 G 的源点 v_1 和汇点 v_6，该网络的顶点集 V 可以分成两个没有公共点的子集，不妨记为 U 和 $\overline{U}$，使得 $v_1\in U, v_6\in\overline{U}$。这样的子集 U 和 $\overline{U}$ 称为顶点集 V 的一个剖分。在两个子集之间，从集合 U 到 $\overline{U}$ 的有向弧的集合称为源点 $v_1\in U$ 和汇点 $v_6\in\overline{U}$ 之间的一个割（简记为 $v_1\sim v_6$ 割，有时也称其为分离源点 v_1 和汇点 v_6 的截集）。一个 $v_1\sim v_6$ 割通常可以表示为

$$(U,\overline{U})=\{e=(u,v)\in A \mid u\in U, v\in\overline{U}\}$$

相应地，一个 $v_1\sim v_6$ 割 $(U,\overline{U})$ 的容量（或者称为截量）定义为

$$C(U,\overline{U})=\sum_{e\in(U,\overline{U})} w(e)$$

容易看出，一个 $v_1\sim v_6$ 割 $(U,\overline{U})$ 的容量给出了从源点 v_1 到汇点 v_6 的可行流的上界。因

此，它也是最大流的上界。

例 6-17 试给出图 6-30 中有向网络的两个 $v_1 \sim v_6$ 割，并比较这两个割的容量大小。

解 该网络有六个顶点，如果令 $U=\{v_1, v_3\}$ 和 $\bar{U}=\{v_2, v_4, v_5, v_6\}$，那么 $(U, \bar{U})$ 就是一个 $v_1 \sim v_6$ 割。这个割是由三条弧组成的，即 $(U, \bar{U})=\{(v_1, v_2), (v_3, v_4), (v_3, v_5)\}$。容易计算，这个 $v_1 \sim v_6$ 割的容量为 28。当该割中三条弧的流量不超过其容量时，从源点到汇点的流量必然不超过 28。

此外，如果令 $P=\{v_1, v_2, v_3, v_4\}$ 和 $\bar{P}=\{v_5, v_6\}$，那么 $(P, \bar{P})$ 也是一个 $v_1 \sim v_6$ 割。这个割也是由三条弧组成的，即 $(P, \bar{P})=\{(v_2, v_5), (v_3, v_5), (v_4, v_6)\}$。可以计算这个 $v_1 \sim v_6$ 割 $(P, \bar{P})$ 的容量为 26。当该割中三条弧的流量不超过其容量时，从源点到汇点的流量也必然不超过 26。

尽管上面两个 $v_1 \sim v_6$ 割 $(U, \bar{U})$ 和 $(P, \bar{P})$ 的容量是不同的，但是对于每个割来说，其容量都是从源点到汇点的可行流（最大流）流量的上界。

对于给定的有向网络图 6-30 来说，$v_1 \sim v_6$ 割通常不是唯一的。如上面的 $(U, \bar{U})$ 和 $(P, \bar{P})$ 都是 $v_1 \sim v_6$ 割，这些割的容量也是不同的。由于割的数量是有限的，所以存在容量最小的割，人们称之为有向网络的最小割。

所谓最小割问题，就是指给定一个有向网络 G、源点 s 和汇点 t，并且在该网络的所有 $s \sim t$ 割中寻找一个容量最小的割。根据线性规划的理论和方法可知，最小割问题实际上是最大流问题的对偶问题。理由简述如下：

将最大流模型(6-13)进行推广，得到最大流问题的一般形式

$$\max y$$
$$\text{s.t.} \begin{cases} \boldsymbol{A}\boldsymbol{x} - \boldsymbol{b} y = \boldsymbol{0} \\ \boldsymbol{x} \leqslant \boldsymbol{w} \\ \boldsymbol{x} \geqslant \boldsymbol{0} \end{cases} \tag{6-15}$$

其中 $\boldsymbol{A}$ 为有向网络的点弧关联矩阵；向量 $\boldsymbol{b}$ 的分量 $b_s=1, b_t=-1, b_i=0, i \neq s, t$；$\boldsymbol{w}$ 是网络中弧的容量所构成的权重向量。根据线性规划的对偶理论，最大流问题(6-15)的对偶形式为

$$\min \boldsymbol{w}^{\mathrm{T}} \boldsymbol{\gamma}$$
$$\text{s.t.} \begin{cases} \boldsymbol{A}^{\mathrm{T}} \boldsymbol{\pi} + \boldsymbol{\gamma} \geqslant \boldsymbol{0} \\ (-\boldsymbol{b})^{\mathrm{T}} \boldsymbol{\pi} = 1 \\ \boldsymbol{\gamma} \geqslant \boldsymbol{0} \end{cases} \tag{6-16}$$

其中对偶变量 $\boldsymbol{\pi}$、$\boldsymbol{\gamma}$ 分别对应着模型(6-15)的等式约束和变量的上界约束。将对偶形式(6-16)写成分量形式，可以得到其等价表示

$$\min \sum_i w_i \gamma_i$$
$$\text{s.t.} \begin{cases} \pi_{k_i} - \pi_{k_j} + \gamma_k \geqslant 0, \quad \forall e_k = (v_{k_i}, v_{k_j}) \in A \\ \pi_t - \pi_s = 1 \\ \gamma_i \geqslant 0, \quad i = 1, 2, \cdots, n \end{cases} \tag{6-17}$$

例 6-18 试求出图 6-30 中有向网络的最小 $v_1 \sim v_6$ 割，以及最小割的容量。

解 我们已经知道，最小割问题等价于求解形如式(6-17)的线性规划模型。对于任意一个 $v_1 \sim v_6$ 割$(U,\overline{U})$来说，源点和汇点分别设定为 $s=v_1, t=v_6$，令

$$\pi_i = \begin{cases} 1, & v_i \in \overline{U} \\ 0, & \text{其他} \end{cases}$$

$$\gamma_k = \begin{cases} 1, & e_k = (v_i, v_j) \in (U,\overline{U}) \\ 0, & \text{其他} \end{cases}$$

则$(\boldsymbol{\pi}, \boldsymbol{\gamma})$是最小割线性规划模型(6-17)的一个可行解，并且其目标函数值等于 $v_1 \sim v_6$ 割$(U,\overline{U})$的容量。

特别地，如果在所有 $\gamma_k=1$ 对应的弧上可行流的取值 $x_k=w_k$，那么线性规划问题的互补松弛条件就成立。此时，$v_1 \sim v_6$ 割$(U,\overline{U})$是一个最小割，并且对应着一个最大流的分布。例如，根据图 6-37 给出的最大流分布容易知道，$v_1 \sim v_6$ 最小割对应着顶点集 $U=\{v_1, v_2, v_3, v_4, v_5\}$和 $\overline{U}=\{v_6\}$。此时，$(U,\overline{U})=\{(v_4,v_6),(v_5,v_6)\}$是一个由两条弧组成的、分离源点和汇点的 $v_1 \sim v_6$ 割，其容量为 24。

由于上述 $v_1 \sim v_6$ 割$(U,\overline{U})$中两条弧的容量之和，等于图 6-37 中可行流的流量之和，所以，该 $v_1 \sim v_6$ 割(最小割)的容量等于图 6-30 中有向网络的最大流的流量值。这个结论对于一般的最大流模型和最小割模型也是成立的，人们通常称之为最大流最小割定理。

6.5 线性目标规划

本节通过实例说明线性规划方法的另外一种拓展方式，即处理在线性规划模型中约束条件不能同时成立的情形。此时，模型的可行域为空集，虽然模型没有可行解(最优解)，但是它存在另一种形式，可以权衡约束条件满足程度的“最优解”。从线性规划发展的过程来看，这种情形最终演变成一类现在称为线性目标规划的问题。

6.5.1 线性回归与目标规划

线性目标规划是由 A. Charles、W. W. Cooper 和 R. O. Ferguson 等发展起来的。20 世纪 50 年代，他们研究了通用电气公司(General Electric Company，简称 GE 公司)委托的一个咨询项目，根据公司对于管理人员的综合技能评价以及岗位级别，需要制订一个确定管理人员报酬的方案。在工作过程中，他们发现普通的统计回归方法往往导致异常的结果，无法令通用电气公司的高层满意，特别是，回归系数的符号没有反映出 GE 公司的组织等级制度对管理人员薪酬的影响。对于这种情形，当时的 GE 公司总经理曾经评论道，虽然我承认“实习生”(office boy)比我精明能干，但我不希望由公式计算出的实习生工资水平比我的高。经过对传统回归方法的改进，这些学者提出了不等式约束下的线性回归方法。后来，“不等式约束回归”引起了许多运筹、管理专家的重视，被命名为目标规划(goal programming)。实际上，这种方法指出了处理线性系统不相容性和多目标优化问题的新途径，人们对此开展

了进一步的研究。现在，目标规划是人们公认的多目标方法之一，有时，它甚至已经成为多目标优化的代名词。

下面通过一个实例，说明线性回归和线性目标规划的关系。

例 6-19 某制造厂聘用了 8 名技术管理人员，经过一段时间的培训、实习和测评，人事部为这些管理人员确定了相应的工资水平。假设技术管理人员的岗位职级、工资水平以及综合素质的评价结果如表 6-15 所示，那么如何确定一个线性函数，描述技术管理人员的工资水平与他们的能力水平之间的关系。

表 6-15 技术管理人员的工资水平与各类能力评价水平 单位：等级

岗位职级	工资水平/元	沟通能力	责任感	创造能力	技能水平	教育水平	表达能力	规划能力	情商指数	掌控能力
P1	16 000	3	4	4	4	4	4	5	3	4
P2	14 000	3	4	3	3	1	0	3	2	3
P3	13 000	2	3	2	2	1	0	2	2	3
P4	12 000	0	4	2	3	1	0	3	3	4
P5	10 000	0	2	2	2	0	2	2	2	2
P6	10 000	1	3	1	3	1	4	2	1	2
P7	8000	0	2	1	2	1	0	2	2	2
P8	5000	0	2	1	1	0	0	1	1	2

解 将 8 名技术管理人员的工资水平分别记为 $y_i, i=1,2,\cdots,8$，其中第 i 个管理人员对应着表 6-15 中标号为 P_i 行的岗位职级，相应的能力水平评价结果记为 $a_{ij}(j=1,2,\cdots,9)$，其中 j 对应着表 6-15 中第 $j+2$ 列给出的能力水平。如果将第 i 个管理人员的能力水平评价结果表示成一个向量

$$\boldsymbol{A}^i=(a_{i1},a_{i2},\cdots,a_{i9})^{\mathrm{T}},\quad i=1,2,\cdots,8$$

那么为了描述一个技术管理人员的工资水平与他的能力水平之间的关系，就需要确定一个线性函数，形如

$$y=f(\boldsymbol{a})=c_1a_1+c_2a_2+\cdots+c_9a_9$$

式中，$a_i(i=1,2,\cdots,9)$分别代表表 6-15 中的不同能力，也就是说，需要根据表 6-15 中的数据，估计出技术管理人员的工资水平函数中系数向量 $\boldsymbol{c}=(c_1,c_2,\cdots,c_9)^{\mathrm{T}}$。

在理想情形下，系数向量 $\boldsymbol{c}$ 可以看成如下线性方程组：

$$\boldsymbol{Ax}=\boldsymbol{y} \tag{6-18}$$

的解 $\boldsymbol{x}$，其中 $\boldsymbol{A}=(a_{ij})=(\boldsymbol{A}^1,\boldsymbol{A}^2,\cdots,\boldsymbol{A}^8)^{\mathrm{T}}$ 是一个 8×9 的管理人员能力水平矩阵，右端项是所有管理人员的工资水平所构成的向量，$\boldsymbol{y}=(y_1,y_2,\cdots,y_8)^{\mathrm{T}}$。容易看出，方程组(6-18)是一个不定的线性方程组，此时变量的个数多于约束的个数。由于方程组(6-18)的系数矩阵不是行满秩的，此时 $\mathrm{rank}(\boldsymbol{A})=7$，并且系数矩阵和增广矩阵的秩不同，所以该方程组不存在可行解。

利用传统的最小二乘法，通过数据拟合，可以建立技术管理人员的工资水平与他的能力水平之间的线性回归关系。借助优化软件或者统计工具，我们得到线性回归函数

$$y=f(\boldsymbol{a})=\boldsymbol{c}^{\mathrm{T}}\boldsymbol{a}$$

其中回归系数向量 $\boldsymbol{c}$ 定义如下：

$$\boldsymbol{c}=(3317.46,-238.1,-2079.37,0,-2190.48,1111.11,0,5190.48,1015.87)^{\mathrm{T}}$$

线性回归的偏差向量为

$$\boldsymbol{Ac}-\boldsymbol{y}=(0,0,0,333.33,0,0,-333.33,-333.33)^{\mathrm{T}}$$

此时，矩阵 $\boldsymbol{A}$ 的第4、7、8行对应的管理人员的工资水平存在回归误差。一方面，根据回归公式，岗位职级P4的工资水平要高于目前设定的薪酬标准；另一方面，岗位职级P7和P8的工资水平要低于目前的薪酬标准。

目标规划也是一种优化建模处理方法。对于第 i 个管理人员工资水平的回归函数，引入一个正的偏差 δ_i^+ 和负的偏差 δ_i^-，使得下面的等式约束条件成立：

$$f(\boldsymbol{A}^i)+\delta_i^- -\delta_i^+ = y_i \tag{6-19}$$

其中所有的偏差变量是非负的，下标 $i=1,2,\cdots,8$ 对应着第 i 个管理人员。此时，评价线性回归函数优劣的准则设定为极小化所有偏差之和。于是，我们得到一个目标规划模型

$$\min \sum_{i=1}^{8}(\delta_i^- + \delta_i^+)$$

$$\text{s.t.}\begin{cases} f(\boldsymbol{A}^i)+\delta_i^- -\delta_i^+ = y_i \\ \delta_i^- \geqslant 0, \delta_i^+ \geqslant 0, \quad i=1,2,\cdots,8 \end{cases} \tag{6-20}$$

目标规划模型(6-20)本质上是一个线性规划问题，其决策变量除了线性回归函数中的系数之外，也包括新引入的多个正负偏差变量。

如果利用LINGO软件求解目标规划模型(6-20)，那么可以将该模型写成如下LINGO建模语言形式：

```
model:
sets:
ability/1..9/:c;
people/1..8/:y,ndev,pdev;
link(people,ability):a;
endsets
min = @sum(people(I):ndev(I)) + @sum(people(I):pdev(I));
@for(people(I):@sum(ability(J):a(I,J) * c(J)) + ndev(I) - pdev(I) = y(I););
@for(ability(I):@free(c(I)););
data:
a = 3 4 4 4 4 4 5 3 4
   3 4 3 3 1 0 3 2 3
   2 3 2 2 1 0 2 2 3
   0 4 2 3 1 0 3 3 4
   0 2 2 2 0 2 2 2 2
   1 3 1 3 1 4 2 1 2
   0 2 1 2 1 0 2 2 2
   0 2 1 1 0 0 1 1 2;
y = 16000 14000 13000 12000 10000 10000 8000 5000;
enddata
end
```

该程序分成三个部分：第一部分是sets…endsets，定义模型变量和参数，以及下标集

合；第二部分是中间的语句，min=@sum(people(I)：ndev(I))+@sum(people(I)：pdev(I))定义目标函数为所有偏差变量之和，@for 语句定义约束条件；第三部分是 data…enddata，给模型参数赋值。在 LINGO 模型中，偏差变量的非负性也是一个隐含设置。

上述代码是一个可以执行的 LINGO 程序。通过调用 LINGO 软件的 SOLVE 功能，能够获得目标规划模型(6-20)的最优解，其中线性回归函数形如

$$y=f(\boldsymbol{a})=\boldsymbol{c}^{\mathrm{T}}\boldsymbol{a}$$

其中最优的回归系数向量 $\boldsymbol{c}$ 定义如下：

$$\boldsymbol{c}=(2416.67,3041.67,0,0,333.33,1166.67,-4458.33,8125,-2875)^{\mathrm{T}}$$

对应的回归偏差向量

$$\boldsymbol{Ac}-\boldsymbol{y}=(0,0,0,0,0,0,0,-1000)^{\mathrm{T}}$$

对于偏差变量来说，只有负的偏差变量 $\delta_8^-=1000$，其他的偏差变量都为零。因而，目标规划模型(6-20)的最小值为 1000。

容易看出，最小二乘线性回归的最优解和目标规划模型(6-20)的最优解是有差异的，其差异的根源在于评价线性回归效果的准则不同，即对回归偏差的度量方式有所不同。

此外，我们还可以建立另一种形式的目标规划模型：使用向量的 1-范数 $\|\cdot\|_1$ 评价线性回归的效果，并且回归系数是非负的。通过 LINGO 软件的 SOLVE 功能，可以求出一个具有非负回归系数的线性回归函数如下：

$$y=f(\boldsymbol{a})=\boldsymbol{c}^{\mathrm{T}}\boldsymbol{a}$$

其中回归系数向量 $\boldsymbol{c}$ 定义为

$$\boldsymbol{c}=(800,1000,0,1600,0,0,0,1400,0)^{\mathrm{T}}$$

对应的回归偏差向量为

$$\boldsymbol{Ac}-\boldsymbol{y}=(1000,0,-2400,1000,-2000,0,0,0)^{\mathrm{T}}$$

对于偏差变量来说，负的偏差变量 $\delta_3^-=2400$，$\delta_5^-=2000$，正的偏差变量 $\delta_1^+=1000$，$\delta_4^+=1000$，其他偏差变量都为零。第二种目标规划模型的目标函数最小值为 6400。

值得指出的是，上述三种方法虽然都可以找到相应的线性回归函数，用来描述技术管理人员的工资水平与他们的能力水平之间的关系，但是对于这些线性回归函数性能的评价存在着一定的差异。通常，选用的评价准则不同，得到的线性回归函数也有所不同。在实际应用中，需要兼顾偏差向量的度量方式、重要性以及其他反映岗位职级的准则，才能得到具有明确管理学意义的线性回归函数。

6.5.2 不等式约束的线性回归

例 6-20 对于例 6-19 描述的某制造厂中 8 名技术管理人员，假设他们的岗位职级、工资水平、综合素质的评价结果如表 6-15 所示。由于该企业在 2020 年受到新型冠状病毒肺炎疫情的影响，面临着产品市场规模缩小、企业经济效益下降的压力，所以，企业人事部计划采取一项管理人员薪酬调整方案，以便共克时艰、共渡难关。该方案要求 P1 岗位职级的薪酬不高于 16 000 元，P8 岗位职级的薪酬不低于 5000 元，P6 岗位职级的薪酬在 10 000 元上下浮动，其他岗位职级人员的薪酬相应地调整，但是需要满足如下特性：

(1) 维持从 P1 到 P8 岗位职级工资水平的单调性；

(2) 在调整管理人员的薪酬时，要遵循能力水平越高，薪酬越高的激励原则；

(3) 薪酬调整方案实行后的工资水平与原来的工资水平尽可能地接近。

试问：如何寻找一个线性回归函数 $y=f(\boldsymbol{a})=\boldsymbol{c}^{\mathrm{T}}\boldsymbol{a}$，描述技术管理人员的工资水平与其能力水平之间的关系，帮助企业人事部制定管理人员薪酬调整方案？

解　我们仍然沿用例6-19解答过程中使用的符号：将8名技术管理人员的工资水平分别记为 $y_i, i=1,2,\cdots,8$，其中第 i 个管理人员的能力水平记为 $a_{ij}, j=1,2,\cdots,9$，并且第 i 个管理人员的能力水平可以表示成一个向量

$$\boldsymbol{A}^i=(a_{i1},a_{i2},\cdots,a_{i9})^{\mathrm{T}},\quad i=1,2,\cdots,8$$

为了帮助企业人事部制订一个管理人员的薪酬调整方案，需要寻找一个形如

$$y=f(\boldsymbol{a})=c_1a_1+c_2a_2+\cdots+c_9a_9$$

的线性函数，作为计算技术管理人员薪酬水平的依据，其中该函数描述了管理人员的工资水平与其能力水平之间的关系。

下面，我们需要根据表6-15中的数据，以及管理人员薪酬方案调整所满足的准则，估计出薪酬水平函数的系数向量 $\boldsymbol{c}=(c_1,c_2,\cdots,c_9)^{\mathrm{T}}$。

首先，我们分析三个关键岗位职级的工资水平满足的条件。已知P1岗位职级的薪酬不高于16 000元，这说明线性回归系数向量需要满足下面的不等式约束：

$$c_1a_{11}+c_2a_{12}+\cdots+c_9a_{19}\leqslant 16\,000$$

如果引入负的偏差变量 $\delta_1^-\geqslant 0$，那么可以将上面的不等式约束等价地表示成一个等式约束

$$c_1a_{11}+c_2a_{12}+\cdots+c_9a_{19}+\delta_1^-=16\,000$$

同理，当P8岗位职级的薪酬不低于5000元时，我们可以引入正的偏差变量 $\delta_8^+\geqslant 0$，得到相应的等式约束

$$c_1a_{81}+c_2a_{82}+\cdots+c_9a_{89}-\delta_8^+=5000$$

当P6岗位职级的薪酬在10 000元上下浮动时，可以同时引入负的偏差变量 $\delta_6^-\geqslant 0$ 和正的偏差变量 $\delta_6^+\geqslant 0$，得到相应的等式约束

$$c_1a_{61}+c_2a_{62}+\cdots+c_9a_{69}+\delta_6^--\delta_6^+=10\,000$$

其次，分析其他岗位职级工资水平需要满足的条件。由于管理人员薪酬方案的调整，需要保持从P1到P8岗位职级工资水平的单调性，所以线性回归系数向量 $\boldsymbol{c}=(c_1,c_2,\cdots,c_9)^{\mathrm{T}}$ 满足下面的不等式约束：

$$(\boldsymbol{A}^i)^{\mathrm{T}}\boldsymbol{c}\geqslant(\boldsymbol{A}^{i+1})^{\mathrm{T}}\boldsymbol{c},\quad i=1,2,\cdots,7$$

此外，在管理人员的薪酬调整过程中，需要遵循"能力水平越高，薪酬越高"的激励原则。这说明线性回归函数的系数向量应该是非负的，即 $c_i\geqslant 0, i=1,2,\cdots,9$。

最后，考虑到薪酬调整方案实行后，企业人事部希望管理人员的工资水平与原来的工资水平尽可能地接近，于是，可以根据管理人员工资水平总偏差最小的准则，帮助企业人事部确定一个最佳的线性回归函数，描述管理人员的工资水平与其能力水平之间的关系。这样，将上述各种约束条件和评价准则集成在一起，可以得到如下目标规划模型

$$\min\ \delta_1^-+\sum_{i=1}^{7}(\delta_i^-+\delta_i^+)+\delta_8^+$$

$$
\text{s.t.}\begin{cases}
f(\boldsymbol{A}^1)+\delta_1^-=y_1\\
f(\boldsymbol{A}^i)+\delta_i^--\delta_i^+=y_i, \quad i=1,2,\cdots,7\\
f(\boldsymbol{A}^8)-\delta_8^+=y_8\\
f(\boldsymbol{A}^i)\geqslant f(\boldsymbol{A}^{i+1}), \quad i=1,2,\cdots,7\\
c_j\geqslant 0, \quad j=1,2,\cdots,9\\
\delta_1^-\geqslant 0, \quad \delta_8^+\geqslant 0\\
\delta_i^-\geqslant 0,\delta_i^+\geqslant 0, \quad i=1,2,\cdots,7
\end{cases} \tag{6-21}
$$

其中 $f(\boldsymbol{A}^i)=(\boldsymbol{A}^i)^{\mathrm{T}}\boldsymbol{c}=c_1a_{i1}+c_2a_{i2}+\cdots+c_9a_{i9},i=1,2,\cdots,8$。

利用 LINGO 软件的 SOLVE 功能，我们能够求出目标规划模型(6-21)的最优解，得到一个具有非负回归系数的线性回归函数

$$y=f(\boldsymbol{a})=\boldsymbol{c}^{\mathrm{T}}\boldsymbol{a}$$

其中回归系数向量 $\boldsymbol{c}$ 定义为

$$\boldsymbol{c}=(1400,0,400,0,0,0,0,1000,1800)^{\mathrm{T}}$$

目标规划模型(6-21)的最小值为 13 400，相应的回归偏差向量为

$$\boldsymbol{Ac}-\boldsymbol{y}=(0,-1200,-2000,-1000,-3600,-3600,-2000,0)^{\mathrm{T}}$$

也就是说，在最优的薪酬调整方案中，企业人事部为 8 名技术管理人员新设定的工资水平分别为 16 000 元、12 800 元、11 000 元、11 000 元、6400 元、6400 元、6000 元和 5000 元，总计 6 个档次。

6.5.3 目标规划的建模与求解方法

对于目标规划来说，除了前面引入的正、负“偏差变量”等概念，还有一些与目标规划建模有关的概念。如“理想值”描述了决策者事先确定的一个希望达到的状态。在例 6-20 中，企业人事部希望薪酬调整计划的 P1 岗位职级工资水平不高于 16 000 元，这就是一个目标的理想值。这里所谓的“目标”是指一个目标函数的取值与决策者希望它达到的水平(理想值)所构成的关系式，其中各种约束条件都是不同“目标”的具体表现形式。

在目标规划建模过程中引入的偏差变量，实际上描述了一个目标函数取值与理想值之间的差异程度。正偏差变量是指目标函数超过理想值的偏差，负偏差变量是指目标函数达不到理想值的偏差。不允许正(负)偏差存在的目标称为刚性目标，对应的约束条件称为刚性约束。相应地，允许存在偏差的目标或者约束称为柔性目标或者柔性约束。在极小化偏差过程中，柔性约束并不要求正(负)偏差的最小值一定等于零。作为一种建模优化方法，目标规划常常用来寻找目标函数与其理想值之间偏差尽可能小的满意解(或者最优解)。

下面，我们通过一个实例说明目标规划的建模和求解方法。

例 6-21 由于受到 2020 年新型冠状病毒肺炎疫情的影响，GP 通信公司面临人力资源、产品更新换代、融资等多个方面的压力，所以，公司管理层正在考虑一种应对各方面压力的产品转产方案：调整当前 4G 手机产品的生产，用 5G 手机产品替代。为了确保企业转产顺利，GP 公司召开了专门会议，讨论 5G 手机产品要达到的目标，以及这些目标对于企业生存与发展的重要性。公司管理层对于转产新产品的目标有不同的看法，如总经理认为，对于

企业来说，利润目标是最重要的，转产的5G手机产品应该为公司至少创造1.8亿元的利润；主管生产的副总经理认为，员工是企业的重要资产，首先要维持目前1500个雇员的规模，并且尽可能减少招聘新的员工，降低新员工技能带来的新产品质量风险；主管财务的副总经理认为，公司目前面临的财务风险比较大，新产品的投资资金最好限制在3500万元以内。如果GP公司准备转产的5G手机产品对公司目标的影响如表6-16所示，那么公司管理层应该如何确定转产5G手机产品的经营目标，使得公司能够顺利地应对多方面的压力。

表6-16　GP公司的5G手机产品对企业目标的影响

目标因素	每万件手机产品对公司目标的影响			约束关系	理想值
	产品A	产品B	产品C		
利润/百万元	20	13	15	≥	180
需要员工数量/百人	7	4	5	=	15
投资资金/百万元	8	13	6	≤	35

解　首先，利用线性规划方法对例6-21进行建模分析。假设5G手机产品A、B、C的产量分别为x_1、x_2、x_3（单位：万件），并且生产的手机都能够及时地销售出去。这样，GP通信公司能够获得的利润总额可以表示为一个线性函数

$$20x_1+13x_2+15x_3$$

（单位：百万元）。相应地，公司转产新产品所需要的员工数量为$7x_1+4x_2+5x_3$（单位：百人），转产需要投入的资金总额为$8x_1+13x_2+6x_3$（单位：百万元）。根据题意，可以将GP公司管理层确定转产5G手机产品的经营计划目标抽象成一个线性等式/不等式组的可行解，其满足

$$\begin{aligned}
&20x_1+13x_2+15x_3\geqslant 180\\
&7x_1+4x_2+5x_3=15\\
&8x_1+13x_2+6x_3\leqslant 35\\
&x_1\geqslant 0,x_2\geqslant 0,x_3\geqslant 0
\end{aligned}$$

经过分析，容易知道，上述等式/不等式组不存在可行解。实际上，在满足后面5个约束时，GP公司能够获得的最大利润为4707.317万元，其中转产方案安排生产两种手机产品B和C，生产销售量分别为2.0732万部和1.3415万部。此时，雇用员工和投资总额可以控制在生产副总和财务副总希望的目标范围内，但公司的利润远远低于总经理希望达到的理想值。

其次，利用目标规划方法对例6-21进行建模分析。这需要在公司的多个目标之间找到一种折中的转产方案，既能够帮助GP公司应对多方面的压力，又可以为公司谋取更好的经营和发展机会。

由题意可知，GP公司管理层考虑的主要目标有四个，即确保公司的利润、维持现有员工规模、尽可能减少招聘新的员工以及尽可能将投资资金控制在一定额度内。对于GP公司的多个经营目标来说，如果引入合适的正、负偏差变量，就可以得到四个目标对应的约束形式如下：

$$\begin{aligned}
&20x_1+13x_2+15x_3+\delta_1^- -\delta_1^+=180\\
&7x_1+4x_2+5x_3+\delta_2^- -\delta_2^+=15
\end{aligned}$$

$$8x_1 + 13x_2 + 6x_3 + \delta_3^- - \delta_3^+ = 35$$

其中所有的偏差变量都是非负的。特别地，当要求公司的利润不少于1.8亿元时，第1个约束中负的偏差变量 δ_1^- 的取值应该为零。这就是说，利润约束 $20x_1 + 13x_2 + 15x_3 \geqslant 180$ 是一个刚性约束。相应地，其他的约束可以看成柔性约束。

由于企业发展、员工就业和减少经营风险等目标不能同时达到，管理层需要权衡这些目标的重要性。如何衡量目标的重要性是建模过程中需要认真考虑的问题。通常，有两种基本的策略描述目标的重要性：

其一：利用"权重"系数区分目标的重要性大小。如将企业获得的利润与理想值相比，每减少100万元，惩罚权重系数设定为10；将企业雇用的员工数量与目前规模相比，每减少100人，惩罚权重系数设定为8，同时，每超过100人，惩罚权重系数设定为4；将投资规模与理想值相比，每超过100万元，惩罚权重系数设定为6。

其二：利用目标的"优先级"区分其重要性大小。如按照上述四个目标惩罚权重系数从大到小的次序，假设目标的优先级依次递减，那么这些目标的优先级可以记为 P_1、P_2、P_3、P_4。

在利用目标规划方法建模过程中，由各个目标的正、负偏差变量，以及其相应的优先级、惩罚权重等构成准则函数，作为目标规划建模的极小化对象。例如，准则函数 $P_1\delta_1^- + P_2\delta_2^- + P_3\delta_3^+ + P_4\delta_2^+$ 表示四个目标的优先级不同，有明显的重要性排序，其中确保企业的利润排在第一位，随后依次是：保持员工的规模，控制转产方案的投资资金数量，以及控制雇用新员工的数量。又如，准则函数 $P_1\delta_1^- + P_2(8\delta_2^- + 4\delta_2^+) + P_3\delta_3^+$ 表示惩罚权重系数排在第2、4位的目标处于同一个优先级，比排在第3位的目标(控制转产方案的投资资金数量)更重要一些。此时，对于雇用员工的目标来说，维持现有员工规模比雇用新员工的重要性要加倍。

综上所述，对于GP通信公司转产5G手机产品的经营目标，根据公司管理层中总经理、生产副总和财务副总各自的关切程度，可以将转产方案描述成两种类型的目标规划问题。

第一种类型的模型是将公司的不同目标加权优化，得到如下模型形式：

$$\min\ 10\delta_1^- + 8\delta_2^- + 4\delta_2^+ + 6\delta_3^+$$

$$\text{s.t.}\begin{cases} 20x_1 + 13x_2 + 15x_3 + \delta_1^- - \delta_1^+ = 180 \\ 7x_1 + 4x_2 + 5x_3 + \delta_2^- - \delta_2^+ = 15 \\ 8x_1 + 13x_2 + 6x_3 + \delta_3^- - \delta_3^+ = 35 \\ x_i \geqslant 0, \delta_i^{\pm} \geqslant 0, \quad i = 1,2,3 \end{cases} \tag{6-22}$$

第二种类型的模型是将公司的不同目标序贯优化，得到如下模型形式：

$$\min\ P_1\delta_1^- + P_2\delta_2^- + P_3\delta_3^+ + P_4\delta_2^+$$

$$\text{s.t.}\begin{cases} 20x_1 + 13x_2 + 15x_3 + \delta_1^- - \delta_1^+ = 180 \\ 7x_1 + 4x_2 + 5x_3 + \delta_2^- - \delta_2^+ = 15 \\ 8x_1 + 13x_2 + 6x_3 + \delta_3^- - \delta_3^+ = 35 \\ x_i \geqslant 0, \delta_i^{\pm} \geqslant 0, \quad i = 1,2,3 \end{cases} \tag{6-23}$$

最后，利用线性规划方法和LINDO优化软件分别求解模型(6-22)和模型(6-23)。对于目标规划模型(6-22)来说，目标函数最小偏差为 402，其中最优解为 $x_3=12,\delta_2^+=45,\delta_3^+=37$，其他变量取值为零。这就是说，GP 公司转产手机产品的方案是：生产销售 12 万部的产品 C，需要投资资金 7200 万元，需要雇员人数 6000 人，除使用目前公司员工 1500 人之外，还需招聘 4500 人。该方案能够使 GP 公司获得 1.8 亿元利润，达到总经理希望的利润理想值，但是转产方案的投资总额和使用雇员人数将超出生产副总和财务副总希望的目标范围。

对于目标规划模型(6-23)来说，依次求解优先级 P_1、P_2、P_3、P_4 的目标所对应的线性规划问题，就可以获得该模型的最优解，其中在极小化 P_i 对应的目标函数时，需要将前面的优先级 $P_j(j\leqslant i-1,i=1,2,3,4)$ 的目标所对应的目标函数取值作为约束条件。整个求解过程是求解一系列线性规划问题，它们的最优解集合构成一个集合“套”，即后一个优先级的最优解集合是前一个优先级的最优解集合的子集。在求解目标规划模型(6-23)的 P_1 优先级目标所对应的线性规划问题时，利用 LINDO 优化软件，我们得到的最优解与模型(6-22)的最优解是一样的。随后的优先级目标对应的最优解保持不变。因此，目标规划模型(6-23)给出的 GP 公司转产手机产品的最优方案仍然是：生产销售 12 万部的手机产品 C，需要投入资金 7200 万元，雇员人数需要 6000 人，除目前公司员工 1500 人之外，还需要招聘 4500 人。

6.6 线性规划拓展的应用场景

下面，我们通过一些实例，进一步说明前面的运输模型与网络优化模型具有深刻的内涵，这些模型之间以及与其他模型之间存在着一定的关联性，反映了定量优化模型的应用特点。

6.6.1 运输模型与最小费用流

例 6-22　假设某发动机厂按照合同规定，在当年每个季度末分别交付 10、15、25、30 台同一规格的发动机。已知该厂每个季度的生产能力及每台发动机的生产成本如表 6-17 所示。经过会计核算，该厂生产出的发动机在当季不交货时，每台发动机储存一个季度，需要保管、维护等费用 1500 元。试问：在完成合同规定的每个季度发动机交付数量的前提下，该发动机厂应该采取何种生产、交付方案，使得生产、储存、交付发动机的总费用最低？

表 6-17　发动机生产能力与单位生产成本

季　度	生产能力/台	单位生产成本/万元
一	15	10.8
二	25	11.2
三	30	12.3
四	20	11.5

解　首先，将发动机厂生产、交付决策描述成一个运输问题。计算一下该发动机厂四个季度的生产能力，总计可以生产 90 台发动机，但是合同需求是 80 台。于是，关于发动机的生产、储存、交付方案的决策，实际上是一个非平衡运输问题，其网络结构如图 6-38 所示。

在发动机的生产、交付网络图中，左边的节点 $u_1\sim u_4$ 分别表示发动机在第一、二、三、

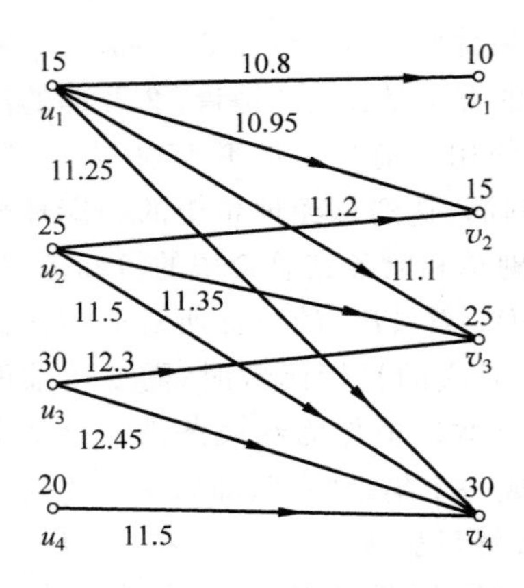

图 6-38 发动机的生产、交付网络图

四季度的生产和供应，旁边的数字表示当季的发动机最大生产量；右边的节点 $v_1 \sim v_4$ 分别表示发动机在第一、二、三、四季度的交付和接收，旁边的数字表示合同约定的当季发动机交付量。因为四个季度的发动机最大生产量为 90 台，合同约定的交付量为 80 台，所以发动机从生产到交付的最优方案选择，对应着一个供需非平衡运输问题的最优解。

需要说明的是，每个季度生产的发动机只能用于当季或者以后季度的交付。因此，在图 6-38 中节点之间，如果用一条弧表示发动机的生产、储存和交付关系，那么该弧的下标需要满足一定的条件，如弧(u_i, v_j)存在，当且仅当弧的始点和终点的下标满足 $i \leqslant j$。此外，弧旁边的数字表示一台发动机的生产、储存和交付的费用(单位：万元)。发动机从生产到交付的最优方案选择，还是一个运输路线不完备、供需非平衡的运输问题。

其次，运输模型也可以转化为一个最小费用流问题。如在图 6-38 中，我们引入一个源点 $s=u_0$ 和一个汇点 $t=v_0$，其中从源点 s 到 u_i 的弧以及从 v_j 到汇点 t 的弧都赋予权重零，参见图 6-39。根据合同的约定，需要交付的发动机数量为 80 台，于是，发动机的生产、储存和交付问题又可以表示成一个从源点 s 到汇点 t，设定流量为 80 的最小费用流问题。

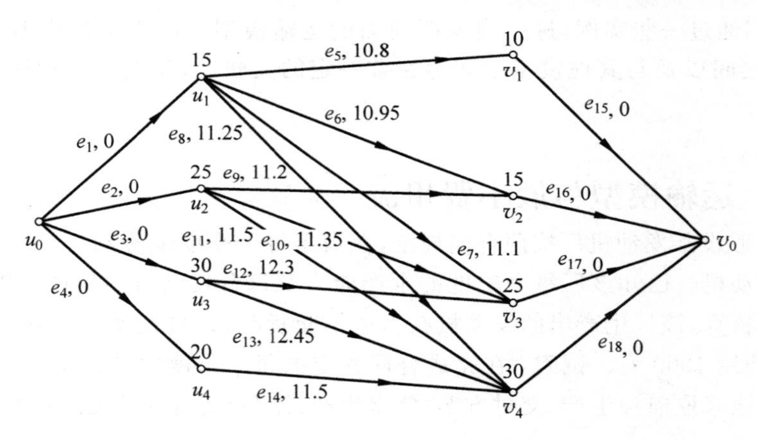

图 6-39 发动机的生产、交付与最小费用流

最后，我们将最小费用流对应的网络图 6-39 中的弧按照从左往右、从上到下的规则进行编码，依次记为 $e_1, e_2, \cdots, e_{18}$，其中弧上编码 e_i 后面的数字表示单位流的费用(一台发动机生产、储存和交付费用)，记为 c_i。如果引进决策变量 x_i 表示弧 e_i 上流量的大小，那么从源点 s 到汇点 t 的一个可行流等价于在一定约束条件下决策变量 x 的非负取值，相应的目标函数定义为该可行流的总费用 $\sum_i c_i x_i$。于是，可以得到一个描述发动机生产、储存和交付的最小费用流模型

$$\min 10.8x_5 + 10.95x_6 + 11.1x_7 + 11.25x_8 + 11.2x_9 + 11.35x_{10} + 11.5x_{11} + 12.3x_{12} + 12.45x_{13} + 11.5x_{14}$$

$$
\text{s.t.}\begin{cases}
x_1+x_2+x_3+x_4=80 \\
-x_1+x_5+x_6+x_7+x_8=0 \\
-x_2+x_9+x_{10}+x_{11}=0 \\
-x_3+x_{12}+x_{13}=0 \\
-x_4+x_{14}=0 \\
-x_5+x_{15}=0 \\
-x_6-x_9+x_{16}=0 \\
-x_7-x_{10}-x_{12}+x_{17}=0 \\
-x_8-x_{11}-x_{13}-x_{14}+x_{18}=0 \\
-x_{15}-x_{16}-x_{17}-x_{18}=-80 \\
x_i\geqslant 0,\quad i=1,2,\cdots,18
\end{cases}\tag{6-24}
$$

根据 LINGO 软件的编程规则，我们写出求解最小费用流模型(6-24)的程序代码，并调用 LINGO 软件，可以得到模型(6-24)的最优解 $x_1=15, x_2=25, x_3=20, x_4=20, x_5=10, x_6=5, x_9=10, x_{10}=15, x_{12}=10, x_{13}=10, x_{14}=20, x_{15}=10, x_{16}=15, x_{17}=25, x_{18}=30$，其余分量为零，相应的最优值为 922.5 万元。也就是说，发动机厂的最优生产、交付方案为：

(1) 第一季度生产发动机 15 台，其中当季交付 10 台，剩余 5 台在下个季度交付；

(2) 第二季度生产发动机 25 台，可交付发动机 30 台(含第一季度生产的 5 台发动机)，其中当季交付 15 台，剩余 15 台在第三季度交付；

(3) 第三季度生产发动机 20 台，可交付发动机 35 台(含第二季度生产的 15 台发动机)，其中当季交付 25 台，剩余 10 台在第四季度交付；

(4) 第四季度生产发动机 20 台，可交付发动机 30 台(含第三季度生产的 10 台发动机)，全部在当季交付客户。

6.6.2　分布变换与最优传输模型

在实际生活中经常遇到这样的问题：某单位有 n 项任务需要完成，有 n 个人可以承担这些任务。由于每个人具有不同的专长，同一项任务由不同的人去完成，效率和效果一般是不同的，所以就会面临安排哪个人去承担哪项任务的决策问题。决策的目标是希望完成任务的总效率最高或者总效果最好。这类任务分配问题在运筹学中通常称为(任务)指派问题。关于(任务)指派问题的建模和分析，参见后面整数规划相关部分的内容。

下面，我们讨论(任务)指派问题的一种推广形式：离散随机变量分布变换。它也可以被看成运输问题的特殊情形。这类问题在数学界通常称为最优传输模型(optimal transport)，其理论和方法在数据处理和机器学习领域有比较多的应用。

这里通过一个实例说明如何在两个离散随机变量之间进行分布变换。该分布变换问题可以看成线性规划的一种拓展形式和应用场景①。

例 6-23　假设某城市(如津北市)近年来不断优化产业结构，明确其城市战略定位，更

① 分布变换问题的一般形式是讨论在两个度量空间中随机变量的概率分布函数之间所存在的变换关系及其性质。

为细致地调整不同行业、产业在国民经济中所占的比重，特别地，提高交通运输、信息传输、软件和信息技术服务业、金融业、科学研究和技术服务业在津北市生产总值中的比重。

为了分析方便起见，我们将津北市的所有行业归纳成六种主要类型，并根据以往行业间经济投入产出情况的数据统计，测算出每个行业类型对其他行业生产总值的贡献率，如表 6-18 所示，其中表中最后一列给出了各个行业产值目前在津北市生产总值中所占的比重。假设津北市计划将编号为 A、B、C、D、E、F 的行业产值占其生产总值的比重分别调整为 19.3%、17.1%、9.9%、29.3%、16.7%、7.7%，试问：津北市应该如何进行经济结构的调整，使得六类行业产值对其生产总值的贡献最大？

表 6-18　六类行业产值对津北市生产总值的贡献率

行业名称(编号)	各个行业对其他行业生产总值的贡献率/%						产值比重/%
	A	B	C	D	E	F	
农林牧渔、工业、建筑(A)	16	20	18	14	12	20	24.1
交通运输、邮政、信息服务(B)	19	18	21	15	16	11	13.3
批发、零售、住宿、餐饮(C)	17	19	16	14	13	21	15.6
金融、房地产、商务(D)	15	13	20	21	16	15	28.9
教育、科研、居民服务(E)	18	20	18	14	16	14	11.3
文化卫生、体育、公共管理(F)	16	18	21	14	12	19	6.8

解　从运筹学建模的角度来看，我们可以将津北市各个行业产值目前在生产总值中所占的比重看成一种随机变量的离散分布，记为 $p_1,p_2,\cdots,p_6$，并且将计划调整后的行业产值比重看成另外一种随机变量的离散分布，记为 $q_1,q_2,\cdots,q_6$。于是，行业产值比重的调整问题对应着一种分布变换，它被描述成一个最优传输问题，其中 A、B、C、D、E、F 类行业既可以被看成六个货物供应地，又可以被看成六个货物需求地，这些供应地的货物供应量分别为 $p_1,p_2,\cdots,p_6$ 个单位，需求地的货物需求量分别为 $q_1,q_2,\cdots,q_6$ 个单位。

首先，在建模过程中，我们引入决策变量 x_{ij} 表示行业 $i=$A,B,C,D,E,F 的产值对行业 $j=$A,B,C,D,E,F 的生产总值贡献率 c_{ij} 出现的概率。

其次，我们把表 6-18 中六类行业产值对于津北市各行业生产总值的贡献率解读成货物从供应地到需求地的收益率。于是，分布变换问题就等价于一个将货物从供应地运送到需求地的运输问题，其中目标函数是一个需要极大化的期望收益率函数，即六类行业产值对津北市生产总值的期望贡献率 $\sum\limits_{i,j=1}^{6} c_{ij}x_{ij}$。

再者，假设二元随机变量分布 $\{x_{ij}\}$ 的边际分布分别对应着六类行业产值目前或者未来(计划调整期)在生产总值中所占的比重。将这些边际分布写出来，就得到下面的线性等式约束：

$$\sum_{j=1}^{6} x_{ij} = p_i, \quad i = 1,2,\cdots,6$$

$$\sum_{i=1}^{6} x_{ij} = q_j, \quad j = 1,2,\cdots,6$$

由于随机变量的离散分布之和为 1，所以建模得到的运输问题将是一个总供应量等于总需求量的平衡运输问题,货物运输量都是1个单位。

最后,利用决策变量、约束条件以及给定的行业产值对生产总值的贡献率参数,我们将津北市经济结构调整问题转化成一个离散随机变量之间的分布变换问题,其对应的最优传输模型如下:

$$\max\ 16x_{11}+20x_{12}+\cdots+22x_{16}+\cdots+16x_{61}+18x_{62}+\cdots+19x_{66}$$

$$\text{s.t.}\begin{cases}x_{11}+x_{12}+\cdots+x_{16}=0.241\\x_{21}+x_{22}+\cdots+x_{26}=0.133\\\quad\vdots\\x_{61}+x_{62}+\cdots+x_{66}=0.068\\x_{11}+x_{21}+\cdots+x_{61}=0.193\\x_{12}+x_{22}+\cdots+x_{62}=0.171\\\quad\vdots\\x_{16}+x_{26}+\cdots+x_{66}=0.077\\x_{ij}\geqslant 0,\quad i,j=1,2,\cdots,6\end{cases}\tag{6-25}$$

对于最优传输模型(6-25),可以利用线性规划方法,或者借助于LINGO优化软件、Excel"规划求解"加载项等进行求解。模型(6-25)的最优解为$x_{11}=0.066$,$x_{12}=0.171$,$x_{14}=0.004$,$x_{21}=0.048$,$x_{23}=0.031$,$x_{25}=0.054$,$x_{31}=0.079$,$x_{36}=0.077$,$x_{44}=0.289$,$x_{55}=0.113$,$x_{63}=0.068$,其他分量取值为零。也可以将该最优解表示成一个矩阵形式,形如

$$\boldsymbol{x}=(x_{ij})=\begin{bmatrix}0.066 & 0.171 & 0 & 0.004 & 0 & 0\\0.048 & 0 & 0.031 & 0 & 0.054 & 0\\0.079 & 0 & 0 & 0 & 0 & 0.077\\0 & 0 & 0 & 0.289 & 0 & 0\\0 & 0 & 0 & 0 & 0.113 & 0\\0 & 0 & 0.068 & 0 & 0 & 0\end{bmatrix}$$

相应的最优值为19.224。这表明在经济结构调整过程中,六类行业产值对津北市生产总值的最大期望贡献率为19.224%,其中最优解中非零分量描述了值得重点关注的行业之间投入与产出的关系,特别地,对于非零分量所在的行和列对应的行业,需要采取一定的政策措施,加大它们之间的经济联系。

值得说明的是,模型(6-25)具有独特的结构,基于这种结构,可以设计出求解最优传输问题的算法。另外,模型(6-25)的最优解与其对偶形式的最优解是关联在一起的。根据线性规划的对偶方法容易知道,模型(6-25)的对偶形式形如

$$\min\ \sum_{i=1}^{6}p_iu_i+\sum_{j=1}^{6}q_jv_j$$

$$\text{s.t.}\begin{cases}u_i+v_j\geqslant c_{ij}\\i,j=1,2,\cdots,6\end{cases}\tag{6-26}$$

其中参数c_{ij}为表6-18中第i类行业产值对第j类行业生产总值的贡献率。对于模型(6-25)和模型(6-26)来说,只要一个模型有最优解,那么另外一个模型也一定存在最优解,并且两

个模型的最优值是相等的。特别地，两个模型的最优解满足互补松弛条件，即在 $x_{ij}>0$ 时，必有 $u_i+v_j=c_{ij}$；在 $u_i+v_j>c_{ij}$ 时，必有 $x_{ij}=0$。

同理，利用线性规划，或者借助于 LINGO 优化软件、Excel"规划求解"加载项等方法求解模型(6-26)，可以得到其最优解为 $\boldsymbol{u}=(18,21,19,25,21,21)^{\mathrm{T}}$，$\boldsymbol{v}=(-2,2,0,-4,-5,2)^{\mathrm{T}}$，相应的最优值也等于 19.224。

6.6.3 最短路模型与设备更新

在制造业或者服务业的设备管理领域，人们经常会遇到这样一类问题：购买一台新设备之后，需要使用多长时间再购买一台新的设备替换旧设备？通常，设备使用的年限越长，其维护、维修费用越高。此外，在处理一台设备的时候，其残值与设备的使用年限也有关系。使用时间越长，设备的残值就越小。

设备更新问题是指，在某个给定的时间内，合理地规划已有设备的使用年限(更新策略)，使得设备维护成本最低或者使用设备的净收益最大。所谓净收益是指，设备的日常收入加上在出售旧设备时它的残值，减去设备的维修(运行)费用和更新费用之和。

下面通过一个实例讨论设备更新问题。该问题可以等价地转化为最短路问题。

例 6-24 假设某出租汽车公司有一辆使用了两年的汽车，考虑到运行的安全性，要求该车使用时间不能超过四年，到期必须更换。一辆新车的费用是 10 万元，其运营收入、保养费用、再次出售的残余价值与使用时间之间的关系如表 6-19 所示。试问：在未来三年内，该公司最优的车辆更新策略是什么？

表 6-19 车辆运营收入、保养费用、残值与使用时间的关系

使用时间/年	运营收入/万元	保养费用/万元	残值/万元
1	3	0.5	6
2	2.7	0.8	4
3	2.4	1.1	2
4	2.1	1.3	1

解 根据题目中给出的条件，出租公司的那辆车已经使用了两年，最多再使用两年就必须更换。当然，公司也可以直接更换一辆新车，或者再使用一年后更换新车。为了建模方便起见，假设车辆的采购价格、运营收入、保养费用以及转售收入等不考虑资金的贴现因素。

在未来三年内，出租公司的车辆更新策略与车辆状态之间的关系如图 6-40 所示。

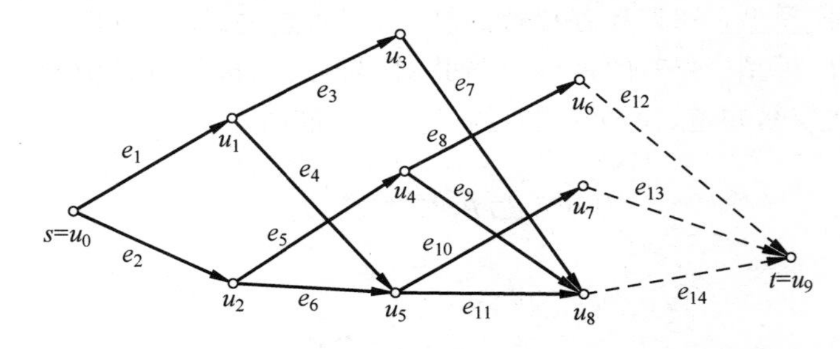

图 6-40 出租公司的车辆更新策略和状态图

图中，节点 u_0 表示开始时车辆状态。此时，车辆使用了两年。更新策略用该节点发出的弧表示，其中 e_1 表示继续使用，e_2 表示更换新车，弧的终点表示在采取相应的更新策略后车辆所达到的状态。同理，在图 6-40 中，弧 e_3、e_5、e_8、e_{10} 表示继续使用车辆，e_4、e_6、e_7、e_9、e_{11} 表示更换新车。容易知道，三年后车辆所处的状态有三种：一是车辆使用了一年，对应节点 u_8；二是车辆使用了两年，对应节点 u_7；三是车辆使用了三年，对应节点 u_6。

为了方便分析，还可以引入一个虚拟节点 u_9，表示三年后更新过程结束时，车辆所处的终止状态，同时，也增加了三条虚拟的弧(u_6,u_9)、(u_7,u_9)和(u_8,u_9)，表示三年后车辆所处三个状态向终止状态的合并，参见图 6-40 中的虚线。如果我们将状态 u_0 视为车辆更新网络的源点 $s=u_0$，虚拟节点视为网络的汇点 $t=u_9$，那么求解出租公司最优的车辆更新策略的问题相当于求解图 6-40 中从源点 s 到汇点 t 的最短路问题，其中每条弧的权重(路长)表示相应策略的等价成本。

在最短路模型中，首先，需要计算每条弧的权重，这里的权重可以理解为采取某种策略时车辆保养、维修或者更换等相关的成本。如果出租公司的车辆使用了 r 年，那么此时更换一辆新车，所需要的费用是 10 万元。在新车运行时，公司有一定的收入和保养费用支出，出售旧车时也有相应的残值收入。对于这种更新策略所对应的弧，可以赋予权重

$$10+0.5-3-v(r)=7.5-v(r)$$

其中 $v(r)$表示车辆的残值。

如果继续使用原来的车辆，那么这种策略所对应的弧可以赋予权重

$$-p(r)+m(r)$$

其中 $p(r)$、$m(r)$分别表示车辆运营的收入和保养费用。参数 $p(r)$、$m(r)$、$v(r)$的取值如表 6-19 所示。根据权重计算公式，我们计算出车辆更新网络中所有弧对应的权重大小，如表 6-20 所示，其中状态 $y=(r,j)$表示车辆使用了 r 年，经过更新之后，处于 j 年时段。

表 6-20 车辆更新网络模型的关键要素

弧 e_i	节点下标	权重 c_i	变量 x_i	状态 y	弧 e_i	节点下标	权重 c_i	变量 x_i	状态 y
e_1	(0,1)	−1.3	x_1	(2,3)	e_8	(4,6)	−1.3	x_8	(2,3)
e_2	(0,2)	3.5	x_2	(2,1)	e_9	(4,8)	3.5	x_9	(2,1)
e_3	(1,3)	−0.8	x_3	(3,4)	e_{10}	(5,7)	−1.9	x_{10}	(1,2)
e_4	(1,5)	5.5	x_4	(3,1)	e_{11}	(5,8)	1.5	x_{11}	(1,1)
e_5	(2,4)	−1.9	x_5	(1,2)	e_{12}	(6,9)	−2	x_{12}	(3,0)
e_6	(2,5)	1.5	x_6	(1,1)	e_{13}	(7,9)	−4	x_{13}	(2,0)
e_7	(3,8)	6.5	x_7	(4,1)	e_{14}	(8,9)	−6	x_{14}	(1,0)

每条弧 e_i 表示某种车辆更新策略，我们引入相应的决策变量 x_i 表示是否采取这种更新策略。变量取值为 1，表示采取该策略，否则(取值为 0)表示不采取该策略。于是，该实例中设备更新问题就可以描述成一个从源点 $s=u_0$ 到汇点 $t=u_9$ 的最短路模型：

$$\min \boldsymbol{c}^{\mathrm{T}}\boldsymbol{x}=\sum_i c_i x_i$$

$$\text{s.t.}\begin{cases}\boldsymbol{A}\boldsymbol{x}=\boldsymbol{b}\\ 0\leqslant x_i\leqslant 1,\quad i=1,2,\cdots,14\end{cases}\tag{6-27}$$

其中，$\boldsymbol{A}\in\mathbf{R}^{10\times 14}$ 为图 6-40 中网络的点弧关联矩阵，$\boldsymbol{c}$ 为网络中每条弧的权重构成的 14 维

向量，约束右端项 $\boldsymbol{b}=(1,0,\cdots,0,-1)^{\mathrm{T}}\in\mathbf{R}^{10}$。

根据LINGO优化软件的编程规则，我们写出求解模型(6-27)的程序代码，并运行程序代码，可以得到模型(6-27)的最优解为 $x_1=1,x_4=1,x_{10}=1,x_{13}=1$，相应的最优值为 -1.7。这就是说，出租公司最优的车辆更新方案是：继续使用车辆一年，然后更换一辆新车，使用两年后处理掉，总计可以获得1.7万元收益。

此外，也可以使用求解最短路问题的Dijkstra法，获得另外一个最优解 $x_2=1,x_5=1,x_8=1,x_{12}=1$，相应的最优值也是 -1.7。此时，出租公司的最优车辆更新方案是：直接更换使用了两年的车辆，购买一辆新车，再使用三年后处理掉，也可以获得最优的1.7万元收益。

出租公司最优的车辆更新方案与最短路之间的关系如图6-41所示。

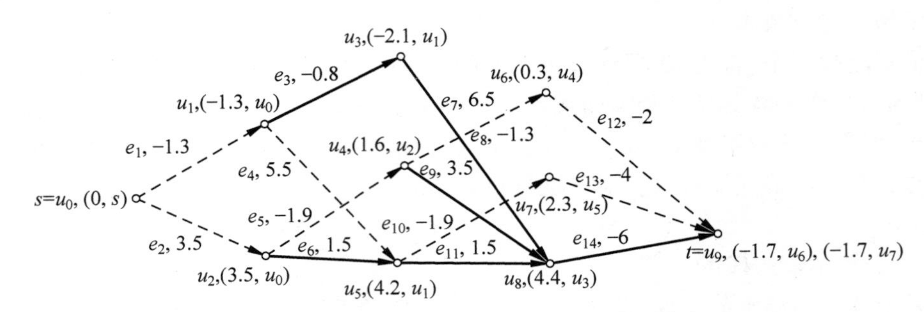

图6-41 出租公司的车辆更新最优方案与最短路分布图

在图6-41中，我们用虚线弧表示最短路所包含的弧。该网络有两条从源点 $s=u_0$ 到汇点 $t=u_9$ 的最短路，分别为

$$s=u_0\rightarrow u_1\rightarrow u_5\rightarrow u_7\rightarrow u_9=t$$

和

$$s=u_0\rightarrow u_2\rightarrow u_4\rightarrow u_6\rightarrow u_9=t$$

其中每条弧旁边的标识符表示弧的编码，后面的数字表示相应弧的权重(即相应车辆更新策略的费用，负号表示收益)，节点编码后面括号内的数字表示从源点 s 到该节点的最短路长度，随后的标识符表示此节点在最短路上的前导节点。

本章小结

本章主要介绍了线性规划的多种拓展形式，涉及运输、网络优化和线性目标规划等方面内容，包括平衡运输模型、特殊形式的运输模型、转运模型、最短路模型、最小费用流模型、最小生成树模型、最大流模型、最小割模型、生产库存与运输模型、分布变换与最优传输模型、设备更新模型等。

点弧关联矩阵是一种描述网络结构的重要工具。基于点弧关联矩阵，可以将多种形式的网络优化问题转化为线性规划模型，并且在模型的参数取整数值时，保证线性规划模型的最优解和最优值也取整数值。此外，运输问题(包括分布变换问题)都可以转化为一种特殊形式的最小费用流问题。因此，运输与网络优化模型是具有特殊结构的线性规划模型。

运输与网络优化是线性规划的典型应用场景。特别地，最大流问题与最小割问题构成互为对偶的网络优化问题，其本质是线性规划模型及其对偶形式。因而，最大流问题和最小割问题的最优解满足线性规划的最优性条件。需要说明的是，在考虑线性规划的各种拓展方式时，模型之间的关联性值得重视，如运输与最小费用流、分布变换与最优传输、最短路与设备更新等。

习题与思考题

6.1　某农业科技公司承包了1000亩土地(1亩≈666.67 m^2)，因土壤、种植技术等自然、品种差异，土地可以分为三种类型。目前，需要在三类土地上种植三种作物，各类土地的亩数、各类作物的计划播种面积，以及每种作物在各类土地上的亩产量如表6-21所示。试问：该农业科技公司应该采取何种作物播种方案(即某块土地上播种何种作物、播种多少)，才能使收获作物的总产量最多?

表6-21　各类土地的面积、各类作物的播种面积和播种作物的产量

作物种类	三类土地上播种作物产量/kg			播种面积/亩
	A	B	C	
甲	620	750	580	100
乙	860	520	470	500
丙	450	350	290	400
土地面积/亩	200	350	450	—

6.2　对于例6-3所给出的参数表6-6，我们为每座城市引入虚拟城市，也引入一个虚拟的发电厂，并且设定从(虚拟)发电厂到(虚拟)城市的输电成本参数如表6-22所示，其中 M 是一个很大的正数。

表6-22　京平电力公司的电力供应与需求参数

供应与需求		输电成本/[100元/(10^6 kW·h)]						供电量/(10^6 kW·h)
		城市A	虚拟a	城市B	虚拟b	城市C	虚拟c	
电力公司	电厂1	8	8	11	11	9	9	18
	电厂2	10	10	7	7	8	8	26
	虚拟电厂	M	0	M	0	M	0	7
用电量/(10^6 kW·h)		12	4	13	7	10	5	$\sum=51$

试根据表6-22给出的参数，写出例6-3等价的平衡输电问题的网络表示和运输表。

6.3　对于例6-3所给的输电问题，如果要求输电方案既满足三个城市的最低电力需求，又尽可能满足高峰时段的用电需求，并且高峰时段向每个城市的输送电量不低于其低谷时段的用电需求，那么京平电力公司应该如何拟订输电成本最低的电力调度方案?试写出其等价的平衡输电线性规划模型，并且求出最优的输电方案。

6.4　对于例6-6给出的运输路线不完备的货物运输问题，如果不用 M 表示运输路线不存在的货物运输时间，试问：能否将该问题转化为一个等价的平衡运输问题?并说明理由。

6.5　某商贸公司计划租用三个有生产能力的工厂(记为甲、乙、丙)，生产四种不同型号的产品 A、B、C 和 D，工厂的生产能力以每天可以生产的产品数量来衡量。每种产品每天需求的数量、每个工厂的生产能力以及生产某种产品的成本如表 6-23 所示，其中表中“—”表示相应的工厂无法生产某种产品。假设每个工厂生产不同产品的工作是等量的，可以用生产成本反映出来。试问：该商贸公司应该采取何种租赁计划，才能使得租用工厂生产所需要数量产品的总成本最低？

表 6-23 工厂生产各类产品的成本及生产能力

工　厂	工厂生产产品的成本/(千元/件)				生产能力/件
	A	B	C	D	
甲	42	30	28	25	45
乙	40	32	—	23	65
丙	38	35	29	21	55
产品需求量/件	25	50	35	40	—

6.6　给定一个有向网络如图 6-4 所示，试求出该网络的最小生成树。

6.7　假设某大学计划将七个学院办公室的计算机联网，可能的联网方式如图 6-42 所示，其中每条边的权重表示该网路的长度(单位：百米)。试问：是否存在一个既能使 7 个学院办公室的计算机联网，又能使敷设网线的总长度最短的联网方案？为什么？

6.8　求出图 6-43 所示有向网络从源点 v_1 到汇点 v_6 的最大流。

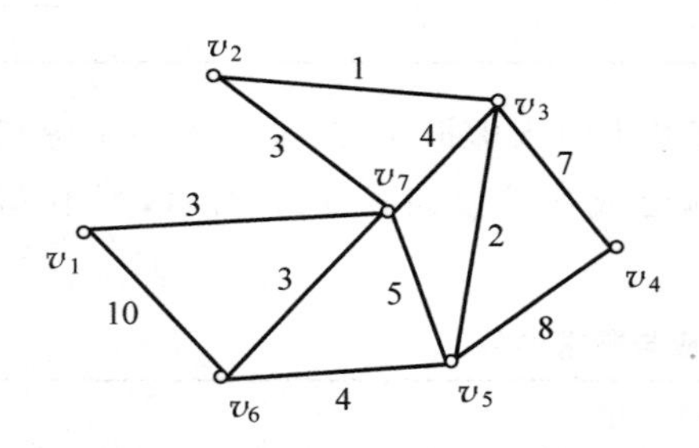

图 6-42　7 个学院办公室计算机联网的初始方案

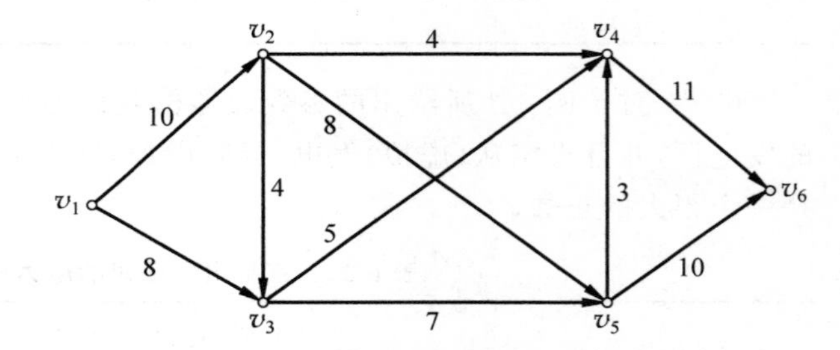

图 6-43　带有容量限制的有向网络

6.9　对于例 6-15 给出的车流疏导方案，参见图 6-27，利用标号法，求出从车流入口 v_1 到车流出口 v_7，车辆可通过的最大流量。

6.10　为了促进民用航空的发展，国家民航局批准给新成立的新民航空公司一个航空许可，准许它组建从深圳到北京的多条航线。从深圳到北京可以经停的城市以及每条航线上准许的航班数如图 6-44 所示，其中箭头指向表示航班可以直达的城市。试确定新民航空每天从深圳到北京的最大航班数以及每条航线上的航班数。

6.11　在图 6-45 所示的网络图中，有一个源点 $s=v_0$ 和一个汇点 $t=v_7$，从源点 s 到汇点 t 的每条弧上的数字为 $c_{ij}(f_{ij})$，其中，c_{ij} 表示弧的容量，f_{ij} 表示当前流的流量。利用该网络图，试解决如下问题：

(1) 确定从源点 s 到汇点 t 的最大流的流量。

(2) 写出从源点 s 到汇点 t 的三个割集。

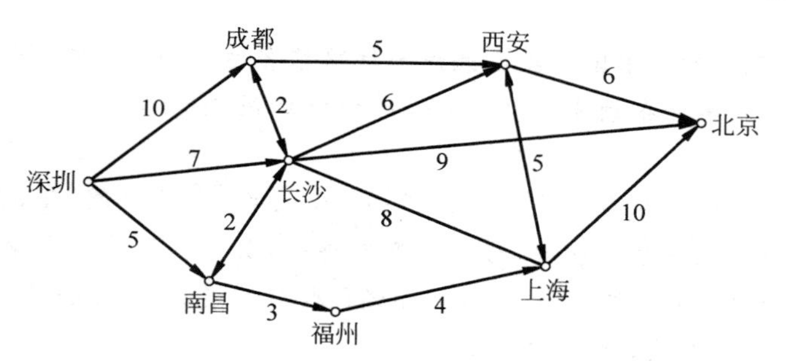

图 6-44 新民航空从深圳到北京的航线网络图

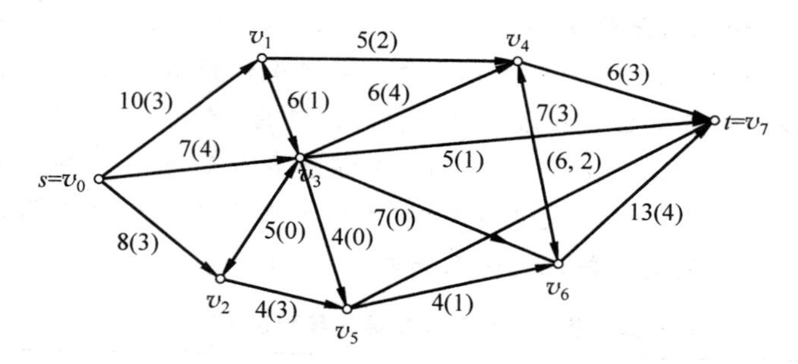

图 6-45 从源点 s 到汇点 t 的网络图

(3) 确定从源点 s 到汇点 t 的最小割的容量。

(4) 说明最大流的流量和最小割的容量之间存在什么关系。比较(2)中所列的三个割集的容量大小,并说明它们与最大流的流量之间存在什么关系。

6.12 在图 6-45 所示的网络图中,如果将每条弧的容量 c_{ij} 视为该弧上流的费用系数,那么,对于从源点 s 到汇点 t 所给定的可行流 $\{f_{ij}\}$,试求出其最小费用流分布,并与其初始分布流的费用进行比较,说明可行流的分布变化特点。

6.13 假设某企业有四个部门,每个部门的员工都是多面手,可以完成任何一类工作。企业的工作可以分成四种类型,不同部门的员工在完成不同类型的工作时,其工作效率有些差异。假设现在需要为每类工作指定一个负责部门,并且能够评估出这些部门负责完成工作的效率矩阵 $\boldsymbol{A}$ 如下:

$$\boldsymbol{A}=[a_{ij}]=\begin{bmatrix}62 & 72 & 48 & 55\\69 & 66 & 60 & 48\\56 & 58 & 64 & 61\\65 & 72 & 57 & 49\end{bmatrix}$$

其中矩阵中元素 a_{ij} 表示第 i 个部门负责完成第 j 类工作的效率。如果企业在第 $i=1,2,3,4$ 个部门聘用员工的人数分别为 6、8、5 和 7,试问:如何将部门和工作类型进行匹配,使得企业完成所有工作的效率期望值最高?

铁路顾客运输进入新时代,人们选择运输方式更便捷

2018 年年底,中国铁路运输旅客人数首破 20 亿,日均开行旅客列车 3970.5 对,其中高

铁(动车组)列车 2775 对。中国高铁已经成为铁路旅客运输的主渠道，累计超过 90 亿人次，安全可靠性和运输效率世界领先。2019 年，计划增加高铁新线 3200 km，铁路顾客运输进入新时代。

以 2019 年春运为例，春运客流量再创新高，40 天的“春运时间”里，全国铁路、公路、水路、民航累计发送旅客 29.8 亿人次，与上年基本持平，其中铁路发送旅客 4.1 亿人次，增长 7.4%；公路发送旅客 24.6 亿人次，下降 0.8%；水路发送旅客 0.41 亿人次，与上年持平；民航发送旅客 0.73 亿人次，增长 12%。

在十大热门出发省份中，广东省依旧是“春运第一大省”，第二名是上海，随后是北京、浙江和江苏，紧随其后的五名是福建、湖北、湖南、山东和四川。在十大热门到达省份中，湖南、湖北仍然是务工返乡大户，分列前两名；人口大省河南位列第三名；四、五名归属西南火锅飘香的四川和重庆；紧随其后的五名是江西、广东、陕西、黑龙江和安徽。

由于运输能力所限，北京、上海、广东的部分旅客在春运期间需要乘坐火车或者长途客车，经停湖北(武汉)、湖南(长沙)或者河南(郑州)，再乘坐其他交通工具到达目的地。这些旅客乘坐不同交通工具到达中转地的时间如表 6-24 所示。

表 6-24　旅客乘坐不同交通工具到达中转地的时间　　单位：h

出发地	中转地					
	湖北		湖南		河南	
	铁路	公路	铁路	公路	铁路	公路
北京	5.5	14	7	17	4	8
上海	4	10	6	13	5	11.5
广东	4.5	12	3	8.5	7	17

假设春运期间，北京、上海、广东每天需要运送的旅客人数分别为 7 万、8.5 万、11.5 万，交通运输和管理部门需要提前规划铁路和公路运输资源，确保将这些旅客安全地运送到湖北、湖南、河南等中转地，以便其继续后续旅程。除了标准的安全规章，对公路运输的旅客数量不存在其他特殊的限制，但是每天铁路运输的旅客人数至少应为 1.5 万，最多为 2 万。

案例问题：

(1) 如何描述从北京、上海、广东到湖北、湖南和河南的旅客运输网络结构？

(2) 对于上述旅客运输网络，如何评价铁路和公路运输资源的使用效能？评价指标选择时间还是费用？

(3) 如何选择从北京、上海、广东到湖北、湖南和河南的旅客中转方案？

案例分析：

该案例问题可以看成从北京、上海、广东等三个出发地，到湖北、湖南和河南三个中转地(接收地)的旅客运输问题，但是它与前文讨论的传统运输模型有所不同，区别在于：每条运输路线可以拆分成“铁路”和“公路”两条子路线，旅客从任意一个出发地出发，可以选择任何一种交通方式，即铁路或者公路；每天铁路运输的旅客人数有下限和上限的限制；不同交通工具(火车或者长途客车)对应的旅途时间是不同的。

为了描述出发地与中转地之间存在的两种交通方式，可以引入虚拟的运输节点，将从出发地到虚拟节点之间的旅途时间看成是给定的参数，从虚拟节点到中转地的旅途时间设定为零，但是相应的运输路线容量参数分别设定为有限值和无穷大。此时，从出发地到中转地的旅客运输网络结构如图 6-46 所示，其中节点 v_1、v_2、v_3 分别表示北京、上海、广东出发地，v_{10}、v_{11}、v_{12} 分别表示河南、湖北、湖南中转地，$v_4 \sim v_9$ 是引入的虚拟运输节点，R 表示乘坐火车，B 表示乘坐长途客车。在旅客运输网络结构图中，我们还引入了源点 v_0 和汇点 v_{13}，其中从源点发出的弧上有两个数字，前后数字分别表示需要运送的旅客人数（单位：万人）和旅途时间（0，即刻到达），相应地，到达汇点的弧上也有两个符号，分别表示运输人数（inf，即无穷大，没有限制）和旅途时间（0，即刻到达）。为了表示方便起见，该网络结构图中部分弧段省略了一些运输线路的容量和旅途时间标记。

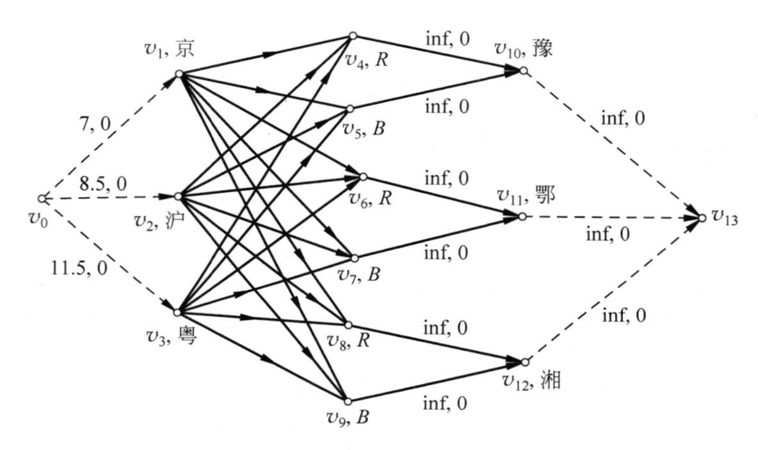

图 6-46　春运期间从源点 v_0 到汇点 v_{13} 的旅客运输网络结构

对于上述旅客运输网络，为了评价铁路和公路等运输资源的使用效能，可以选择不同的视角，如每天运送旅客的数量、旅客在旅途中花费的时间、不同旅客花费时间的波动性，以及在旅途中旅客的舒适性和行动自由度等。通常，性能评价指标主要关注旅途时间和费用两个方面。不同的顾客有不同的侧重，由于时间和费用是成反比的，所以，对于旅客个体来说，存在着一个时间与费用的效用曲线。但是，对于整个社会来说，需要关注的是春运运输的旅客总人数和在旅途中花费的总时间。

在旅客运输网络结构图中，我们将从北京、上海、广东到湖北、湖南和河南的旅客中转看成一个从源点 v_0 到汇点 v_{13} 的最小费用网络流问题，其可行解对应着旅客中转方案，评价中转方案性能优劣的准则函数设定为所有旅客的总旅途时间。此外，对于转运节点来说，转入的顾客总数等于转出的顾客总数。这些约束条件可以利用网络结构图的点弧关联矩阵进行描述。最后，考虑到每天铁路运输的旅客人数限制，以及从每个出发地需要运送的旅客总数，我们得到形如

$$\min \sum_{i=1}^{30} c_i x_i$$

$$\text{s. t.} \begin{cases} \boldsymbol{Ax} = \boldsymbol{b} \\ \boldsymbol{l} \leqslant \boldsymbol{x} \leqslant \boldsymbol{w} \end{cases} \tag{6-28}$$

的线性规划模型，其中，x_i 表示第 i 条弧对应的运送旅客人数；c_i 表示相应弧上旅客花费

的时间；$\boldsymbol{A}$ 表示点弧关联矩阵，右端项 $\boldsymbol{b}=(27,0,\cdots,0,-27)^{\mathrm{T}}\in\mathbf{R}^{30}$ 是由顾客总人数和转运约束确定的向量；向量 $\boldsymbol{l}$、$\boldsymbol{w}$ 分别表示所有弧上运送顾客人数的下界和上界。

对于线性规划模型(6-28)，我们利用 LINGO 优化软件可以求得旅客从北京、上海、广东到湖北、湖南和河南中转的最优方案：对于每条铁路线，每天按照 2 万人规模运送顾客到中转地；每天有 2.5 万旅客从上海出发，通过公路方式到达湖北中转；每天有 5.5 万旅客从广东出发，通过公路方式到达湖南中转；每天有 1 万旅客从北京出发，通过公路方式到达河南中转。该方案表明，每天从河南、湖北、湖南中转的旅客总数分别为 7 万、8.5 万、11.5 万人，旅客花费的总时间最少值为 171.75 万 h。

参考文献

[1] 黄红选. 运筹学：数学规划[M]. 北京：清华大学出版社，2011.
[2] 黄红选，韩继业. 数学规划[M]. 北京：清华大学出版社，2006.
[3] WOLSEY L A. Integer Programming[M]. New York：John Wiley & Sons，Inc.，1998.
[4] 熊伟. 运筹学[M]. 北京：机械工业出版社，2005.
[5] 何坚勇. 运筹学基础[M]. 2 版. 北京：清华大学出版社，2008.
[6] 谢金星，薛毅. 优化建模与 LINDO/LINGO 软件[M]. 北京：清华大学出版社，2005.
[7] WINSTON W. Operations Research：Applications and Algorithms[M]. 4th Ed. Belmont：Thomson Brooks/Cole，2004.
[8] CHARNES A，COOPER W，FERGUSON R. Optimal Estimation of Executive Compensation by Linear Programming[J]. Management Science，1955，1(2)：138-151.
[9] AHUJA R，MAGNANTI T，ORLIN J. Network Flows. Optimization (Handbooks in Operations Research and Management Science)，1989，1：211-369.
[10] NEMHAUSER G，WOLSEY L. Integer and Combinatorial Optimization[M]. New York：John Wiley & Sons，1988.

第7章

整数线性规划

【教学内容、重点与难点】

教学内容：整数线性规划的分类、数学模型及其图解法，0-1 变量在数学建模中的作用及其建模技巧；分支定界法、割平面法以及分支切割法的基本原理和步骤，求解整数线性规划问题的常用优化软件；指派问题的标准数学模型及其匈牙利解法，指派问题非标准形式的处理方法。

教学重点：整数线性规划问题的建模技巧；分支切割法的基本原理；指派问题匈牙利解法的基本原理和步骤。

教学难点：如何应用 0-1 整数线性规划对实际管理问题进行建模；分支切割法的理解和应用；匈牙利解法的基本原理。

航空公司航班调度问题

近年来，中国航空业持续发展，成为国民经济中的重要组成部分。航空公司运营保障涉及大量的业务决策，如航线网络规划、航班调度、换发计划优化、收益管理等。传统的航空公司往往主要依靠经验进行决策，但随着其规模扩大，航班增多，机组人员增加，业务决策难度呈几何级增长。此外，航空运输业又因具有投资成本高、运营费用昂贵等特点，历来是运营管理理论和应用研究中最活跃的领域之一。运筹学方法能够在决策时为管理者提供理论与算法支撑，实现有效管理、正确决策。其中，整数规划方法可用于航空公司航班调度中，对于合理地安排组织航班、降低飞机在机场的停留时间、降低运营成本以及提高运营效益有着至关重要的作用。

现以一案例来说明整数线性规划在航空公司航班调度中的应用。翱翔航空公司主要运营甲、乙、丙三个城市之间的航线，每天这些航线的起飞与到达时间如表 7-1 所示。每架飞机从降落到下一班次起飞至少需要 2 h 的准备时间。本案例不考虑飞机在不同机场间的空驶周转，即到达某城市的飞机只能选择从该城市起飞的航班作为其紧后航班。由于飞机在机场长时间停留会产生停场、机组人员成本等相关费用，如果你是翱翔航空公司的航班调度员，试合理安排航班调度方案，使飞机在机场的总停留时间最小。

表 7-1　每天航班起飞与到达的时间

航　班　号	出发城市	起飞时间	到达城市	到达时间
AX001	甲	6:00	乙	9:00
AX002	甲	9:00	乙	12:00
AX003	甲	13:00	乙	16:00
AX004	甲	19:00	丙	23:00
AX005	甲	21:00	丙	1:00(次日)
AX006	乙	3:00	甲	6:00
AX007	乙	10:00	甲	13:00
AX008	乙	14:00	甲	17:00
AX009	丙	6:00	甲	10:00
AX010	丙	12:00	甲	16:00
AX011	乙	12:00	丙	17:00
AX012	乙	18:00	丙	23:00
AX013	丙	14:00	乙	19:00
AX014	丙	5:00	乙	10:00

该问题中，飞机降落某城市后，需要决策其下一班次执行哪个航班，使得飞机在机场总停留时间最小。例如，航班 AX001 于 9:00 到达乙城市后，需要决策其下一航班是以乙城市为起点的 AX006、AX007、AX008、AX011 和 AX012 五个航班中的哪一个。选择航班 AX008 对应的停留时间为 5 h；选择航班 AX011 对应的停留时间为 3 h；若选择航班 AX007，考虑到每架飞机从降落到下一班次起飞至少需要 2 h 的准备时间，航班调度部门可以安排它最早执行第二天的 AX007 航班，对应的停留时间为 25 h。由上述分析可知，航班的调度直接影响飞机在机场的停留时间。此类航班调度问题的核心是确定每个航班的紧后航班，可用 0-1 变量来建模，用 1 表示选择某个班次作为紧后航班，0 则反之。通过类似的建模思路，合理考虑问题的约束条件和目标函数可建立整数线性规划模型，求解模型即可获得最优决策。

7.1　整数线性规划问题的提出与建模

通过前面学习线性规划发现，线性规划问题的最优解通常是小数或者分数，但是在实际生产生活中，通常会要求问题的可行解必须为整数，例如，产品的个数、机器的台数、工人的人数等。为了解决此类问题，本章引入整数线性规划的概念。

整数规划的分类有很多种，依据目标函数或约束条件中是否存在非线性函数，分为整数线性规划和整数非线性规划两种。依据决策变量的取值情况，整数规划还可以分为纯整数规划、混合整数规划、0-1 整数规划三种类型。当所有的决策变量都被限定为非负整数时就称为纯整数规划；如果只有一部分决策变量为非负整数，其余变量可为非负实数，则称为混合整数规划；当所有决策变量只能在 0 或 1 中取值时，则称为 0-1 整数规划，它是纯整数规划的特殊情况。

例 7-1　某工厂有四条完全相同的生产线，分别生产 1、2、3、4 四种产品，其原材料是零件 A 和零件 B，表 7-2 所示为生产单位产品对零件 A 和零件 B 的需求量以及产品对应的利润。该工厂现有 95 个零件 A 和 85 个零件 B,试问：如何安排生产才能使企业的利润最大?

表 7-2　产品生产消耗及利润

产　　品	零件 A/件	零件 B/件	利润/万元
1	3	4	5.8
2	3	6	7.5
3	6	2	6.0
4	4	4	6.3

解　设 x_i 为生产第 i 个产品的数量,则该问题的数学模型为

$$\max z = 5.8x_1 + 7.5x_2 + 6x_3 + 6.3x_4$$

$$\text{s.t.}\begin{cases} 3x_1 + 3x_2 + 6x_3 + 4x_4 \leqslant 95 \\ 4x_1 + 6x_2 + 2x_3 + 4x_4 \leqslant 85 \\ x_1, x_2, x_3, x_4 \geqslant 0, \quad \text{且为整数} \end{cases} \tag{7-1}$$

通过求解可知,当 $x_1=14, x_2=1, x_3=7, x_4=2$ 时企业获利最大,利润为 143.3 万元。该例题中的决策变量为产品生产量,由现实意义可知,只有当决策变量取整数时,该问题的解才有意义,所以这是一个纯整数线性规划问题。

例 7-2　某公司拟在 X、Y、Z 三个区域建立工厂,经过考察,公司在这三个区域中选出了七个备选位置,其中 X 区域有三个备选位置 a_1、a_2、a_3,Y 区域有两个备选位置 a_4、a_5,Z 区域有两个备选位置 a_6、a_7。规定：

在 X 区域,从 a_1、a_2、a_3 三个位置中最多选择两个;

在 Y 区域,从 a_4、a_5 两个位置中最少选择一个;

在 Z 区域,从 a_6、a_7 两个位置中最少选择一个。

每个位置的建厂成本为 $b_i(i=1,2,\cdots,7)$,其对应的利润为 $c_i(i=1,2,\cdots,7)$,公司计划投资总额不超过 W,如何选址才能使公司利润 P 最大?

解　定义 0-1 变量 x_i 表示是否在第 i 个位置建厂：

$$x_i = \begin{cases} 1, & \text{当第 } i \text{ 个位置被选中} \\ 0, & \text{当第 } i \text{ 个位置未被选中} \end{cases}, \quad i=1,2,\cdots,7$$

该问题的数学模型为

$$\max p = \sum_{i=1}^{7} c_i x_i$$

$$\begin{cases} \sum_{i=1}^{7} b_i x_i \leqslant W \\ x_1 + x_2 + x_3 \leqslant 2 \\ x_4 + x_5 \geqslant 1 \\ x_6 + x_7 \geqslant 1 \\ x_i \text{ 为 0 或 1} \end{cases} \tag{7-2}$$

x_i 作为决策变量其取值只能是 0 或 1,因此该问题是一个 0-1 整数线性规划问题。整数线性规划问题的数学模型一般可表示为

$$\max(\text{或}\min)z = \boldsymbol{CX} + \boldsymbol{HY}$$

$$\text{s.t.}\begin{cases}\boldsymbol{AX} + \boldsymbol{GY} \leqslant \boldsymbol{b} \\ \boldsymbol{X} \in \mathbf{Z}_{+}^{n}, \quad \boldsymbol{Y} \in \mathbf{R}_{+}^{p}\end{cases} \tag{7-3}$$

其中，$\mathbf{Z}_{+}^{n}$ 是 n 维非负整数向量集合，$\mathbf{R}_{+}^{p}$ 是 p 维非负实数向量集合。

上述模型为混合整数线性规划模型。若没有连续变量 $\boldsymbol{Y}$，则变为纯整数线性规划模型，可表示为

$$\max(\text{或}\min)z = \boldsymbol{CX}$$

$$\text{s.t.}\begin{cases}\boldsymbol{AX} \leqslant \boldsymbol{b} \\ \boldsymbol{X} \in \mathbf{Z}_{+}^{n}\end{cases} \tag{7-4}$$

当 $\boldsymbol{X}$ 中所有元素的取值都被限定为 0 或者 1 时，则式(7-4)变为 0-1 整数线性规划模型。

7.2 整数线性规划的图解法

例 7-3 求下述整数线性规划问题的最优解：

$$\max z = 20x_1 + 10x_2$$

$$\text{s.t.}\begin{cases}5x_1 + 4x_2 \leqslant 24 \\ 2x_1 + 5x_2 \leqslant 13 \\ x_1, x_2 \geqslant 0 \\ x_1, x_2 \text{ 为整数}\end{cases} \tag{7-5}$$

解 这是一个典型的纯整数线性规划问题，当不考虑决策变量取整数的要求时(即松弛整数约束)，该问题的最优解为

$$x_1 = 4.8, \quad x_2 = 0, \quad z = 96$$

松弛问题的最优解中 x_1 是小数，但是原问题中均要求 x_1 和 x_2 为整数，所以该解不是原问题的可行解。

将松弛问题的最优解进行“化整”处理能否得到该整数线性规划问题的最优解呢？例如将 $x_1 = 4.8, x_2 = 0$ 化整为 $x_1 = 5, x_2 = 0$，通过计算发现该解不符合第一个约束条件的限制，所以它不是可行解；或者令 $x_1 = 4, x_2 = 0$，则 $z = 80$。虽然该解满足所有的约束条件，却不是最优解，因为当 $x_1 = 4, x_2 = 1$ 时，$z = 90$。

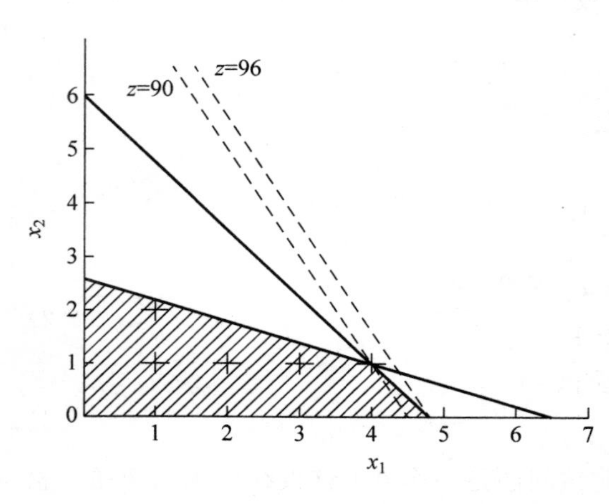

图 7-1 整数线性规划的图解法

下面使用图解法来求解上述问题。首先要确定整数线性规划的可行域，与线性规划不同的是，它的可行域是一个个独立整数点的集合，在图 7-1 中画“+”号的点就是该问题的可行解。为了获得原问题的最优解，将目标函数 z 的等值线向原点(即向可行域内部方向)平移，直到第一次遇到带“+”号的点(4,1)为止，此时 z 的等值线由 $z = 96$ 变为

$z=90$，得到原问题的最优解 90。可以看到，松弛问题的最优目标函数值比整数线性规划的要大，这是由于变量的不可分性所引起的。

7.3　0-1 整数线性规划

7.3.1　0-1 变量的作用

0-1 整数线性规划是整数线性规划的特殊情形，是应用非常广泛的一类整数线性规划。在 0-1 整数线性规划中，整数变量只能取 0 或 1。因此，在实际问题数学建模中，0-1 变量主要有以下三个作用。

1. 表示“是非”决策关系

通常用 0-1 变量来表示“是非”的逻辑或决策关系，即用“1”表示“是”，用“0”表示“非”。在选择生产方案时，就可以利用 0-1 变量，其中 1 代表采用该方案，0 代表不采用；或者在安排生产计划时，也可以利用 0-1 变量，其中 1 代表生产某产品，0 代表不生产；或者在确定加工顺序时，任意两个工件的加工先后顺序也可以用 0-1 变量来确定，其中 1 表示工件 A 在工件 B 之前加工，0 则相反，只要确定了任意两个工件的加工顺序，就可以确定所有工件的加工顺序。

2. *m* 个约束条件中只有 *n* 个起作用

设 m 个约束条件为

$$\sum_{j=1}^{n} a_{ij}x_j \leqslant b_i, \quad i=1,2,\cdots,m \tag{7-6}$$

定义 0-1 变量 y_i 为

$$y_i=\begin{cases}1, & \text{假定第 } i \text{ 个约束条件不起作用}\\ 0, & \text{假定第 } i \text{ 个约束条件起作用}\end{cases}$$

令 M 为足够大的正数，则

$$\begin{cases}\sum\limits_{j=1}^{n} a_{ij}x_j \leqslant b_i+My_i, & i=1,2,\cdots,m\\ y_1+y_2+\cdots+y_m=m-n\end{cases} \tag{7-7}$$

式(7-7)表明 m 个约束条件中有 $m-n$ 个的右端项为 b_i+M，这 $m-n$ 个约束条件不起作用，因而只有 n 个约束条件真正起了作用。

例 7-4　某工厂拟用集装箱托运甲、乙两种货物，各集装箱的体积、托运所受限制以及所获利润如表 7-3 所示。现有车运和船运两种方式，由于成本限制只能选取一种方式运输。问如何安排运送，使得可获利润最大？

表 7-3　运输限制及成本

货　物	车运/(m^3/箱)	船运/(m^3/箱)	利润/(元/箱)
甲	5	7	2000
乙	4	3	1000
托运限制/m^3	24	27	—

解 设 x_1、x_2 分别为甲、乙两种货物的托运箱数，若采用车运时，限制条件为

$$5x_1+4x_2\leqslant 24 \tag{7-8}$$

采用船运时，限制条件为

$$7x_1+3x_2\leqslant 27 \tag{7-9}$$

因为只能采用一种运输方式，因此引入 0-1 变量 y，令

$$y=\begin{cases}0, & \text{采用车运方式}\\ 1, & \text{采用船运方式}\end{cases}$$

当引入 0-1 变量 y 后式(7-8)和式(7-9)就可以用以下条件式来替代：

$$5x_1+4x_2\leqslant 24+yM \tag{7-10}$$

$$7x_1+3x_2\leqslant 27+(1-y)M \tag{7-11}$$

其中，M 是一个足够大的正数。当 $y=0$ 时，式(7-10)等价于式(7-8)，而式(7-11)自然成立，因而不起约束作用；同理，当 $y=1$ 时，式(7-11)等价于式(7-9)，而式(7-10)不起约束作用。

3. 表示含有固定费用的目标函数

固定费用问题的总成本通常包含两类成本：一类是固定成本，只要启动该活动就会产生；另一类则是变动成本，与生产量线性正相关。在实际生活中，生产某种产品之前需要购买机器，购买机器的费用就是固定成本，它与生产量无关。同时，一旦开始生产该产品，就会产生变动成本，其大小与生产量成正比。

例如，用 x_j 表示用第 j 种设备生产的产品数量，其生产成本函数就可以表示为

$$C_j(x_j)=\begin{cases}F_j+c_jx_j, & x_j>0\\ 0, & x_j=0\end{cases} \tag{7-12}$$

其中，F_j 为设备的采购费用，与产量无关；c_j 为单位产品的变动成本。

固定费用问题的目标通常是在满足产量要求的前提下总生产成本最小，即

$$\min z=\sum_{j=1}^{n}C_j(x_j) \tag{7-13}$$

在这里可以引入一个 0-1 变量 y_j，表示是否使用第 j 种设备生产：

$$y_j=\begin{cases}1, & x_j>0\\ 0, & x_j=0\end{cases},\quad j=1,2,\cdots,n \tag{7-14}$$

则该问题的目标函数可以表示为

$$\min z=\sum_{j=1}^{n}(F_jy_j+c_jx_j) \tag{7-15}$$

式(7-14)可由下述线性约束条件表示：

$$x_j\leqslant p_jy_j,\quad \forall j\in\{1,2,\cdots,n\} \tag{7-16}$$

其中，p_j 表示第 j 种设备的产能。式(7-16)表示，当 $x_j>0$ 时，y_j 必须为 1；当 $x_j=0$ 时，为了使 z 取得极小值，一定有 $y_j=0$。

7.3.2 0-1 整数规划的应用

1. 相互排斥的方案

例 7-5 在例 7-1 中，工厂有四条完全相同的生产线来生产 1、2、3、4 四种产品，假如需

要停工检修其中一条生产线,现在最多只能生产三种产品,其他约束条件保持不变,试问如何安排生产计划才能使企业获得的利润最大?

解 定义

$$x_i = \text{第 } i \text{ 种产品的生产量}, \quad i=1,2,3,4$$

$$y_i = \begin{cases} 1, & \text{生产第 } i \text{ 种产品} \\ 0, & \text{不生产第 } i \text{ 种产品} \end{cases}, \quad i=1,2,3,4$$

可以用以下约束保证当 x_i 取正数时,有 $y_i=1$:

$$x_i \leqslant My_i, \quad i=1,2,3,4 \tag{7-17}$$

其中,M 取足够大的数,使得其不会限制变量 x_i 的取值。因此,该问题的完整数学模型为

$$\max z = 5.8x_1 + 7.5x_2 + 6x_3 + 6.3x_4$$

$$\text{s.t.} \begin{cases} 3x_1 + 3x_2 + 6x_3 + 4x_4 \leqslant 95 \\ 4x_1 + 6x_2 + 2x_3 + 4x_4 \leqslant 85 \\ y_1 + y_2 + y_3 + y_4 \leqslant 3 \\ x_i \leqslant My_i, \quad i=1,2,3,4 \\ x_1, x_2, x_3, x_4 \geqslant 0, \quad \text{且为整数} \\ y_1, y_2, y_3, y_4 = 0 \text{ 或 } 1 \end{cases} \tag{7-18}$$

通过求解可知,当 $x_1=13, x_2=0, x_3=6, x_4=5$ 时企业获利最大,利润为 142.9 万元。

2. 集合覆盖问题

例 7-6 某地区政府为了提高当地社区的医疗服务水平,准备修建若干个医疗服务站,通过考察筛选出了五个不同的备建地址。表 7-4 所示为每个备建服务站能够覆盖的社区以及建设费用,表 7-5 所示为每个社区的居民人数。现有预算 5000 万元,希望覆盖社区中尽可能多的人,试给出最合适的建设方案。

表 7-4 服务站覆盖的社区及建设费用

备建地址	所覆盖的社区	建设费用/百万元
1	6,7,10	23
2	3,7,8	24
3	2,4,5	24
4	1,3,9	22
5	1,2,4	21

表 7-5 服务站覆盖人群数量

社区	1	2	3	4	5	6	7	8	9	10
人数/千人	19	17	20	24	16	27	30	25	22	18

解 此例中,每个备建地点都覆盖了不同的社区,同时每个社区的居民人数也不相同,为了覆盖更多的居民,需要在资金预算内找出最合理的建设方案。

首先构造两个 0-1 变量:

$$x_i=\begin{cases}1, & 选择第\ i\ 个备选地址\\ 0, & 不选择第\ i\ 个备选地址\end{cases},\quad i=1,2,\cdots,5$$

$$y_j=\begin{cases}1, & 覆盖社区\ j\\ 0, & 不覆盖社区\ j\end{cases},\quad j=1,2,\cdots,10$$

设 p_j 表示社区 j 的居民人数，该问题的数学模型可以表示为

$$\max z=\sum_{j=1}^{10}p_jy_j$$

$$\text{s.t.}\begin{cases}x_4+x_5\geqslant y_1\\ x_3+x_5\geqslant y_2\\ x_2+x_4\geqslant y_3\\ x_3+x_5\geqslant y_4\\ x_3\geqslant y_5\\ x_1\geqslant y_6\\ x_1+x_2\geqslant y_7\\ x_2\geqslant y_8\\ x_4\geqslant y_9\\ x_1\geqslant y_{10}\\ 23x_1+24x_2+24x_3+22x_4+21x_5\leqslant 50\\ x_i=0\ 或\ 1,\quad i=1,2,\cdots,5\\ y_j=0\ 或\ 1,\quad j=1,2,\cdots,10\end{cases}\tag{7-19}$$

通过借助计算机求解该问题，可知最优的方案是在备建地址 1 和 4 处修建医疗服务站，这样能够在预算范围内覆盖尽可能多的居民。

3. 排序问题

例 7-7 某公司现有三个工件需要在同一台机器上进行加工，机器一次只能加工一个工件，工件在被加工的过程中不可以被中断。表 7-6 给出了加工每个工件需要的工期以及最晚完成时间。若提前完成则可以根据提前的天数获取相应的奖励，若延期完成则会依据延期天数进行处罚，不同工件对应的奖惩标准也不同；加工开始时间定为 0，问如何安排工件加工才能使企业的总收益最大？

表 7-6 零件加工信息

工　　件	加工时长/d	最晚完工时间/d	奖惩标准/(元/d)
1	7	15	40
2	9	17	60
3	8	13	30

解 此例需要确定工件的加工顺序，且一台机器同一时刻最多只能加工一个工件。定义决策变量

$$x_{jk}=\begin{cases}1, & \text{将工件 } j \text{ 安排在工件 } k \text{ 之前加工} \\ 0, & \text{其他}\end{cases}, \quad j,k=1,2,3,\text{且 } j\neq k$$

$$C_j = \text{工件 } j \text{ 的完工时间}$$

由此构造 0-1 整数规划模型为

$$\max z = 40\times(15-C_1)+60\times(17-C_2)+30\times(13-C_3)$$

$$\text{s.t.}\begin{cases}x_{12}+x_{21}=1\\ x_{13}+x_{31}=1\\ x_{23}+x_{32}=1\\ C_1=p_2x_{21}+p_3x_{31}+p_1\\ C_2=p_1x_{12}+p_3x_{32}+p_2\\ C_3=p_1x_{13}+p_2x_{23}+p_3\\ x_{jk}=0\text{ 或 }1, \quad j,k=1,2,3,\text{且 } j\neq k\end{cases} \tag{7-20}$$

其中，p_j 表示工件 j 的加工时间。该模型中前三个约束条件用于确定任意两个工件之间的先后顺序，第 4、5、6 个等式用于求三个工件的加工完成时间，以确保同一时刻机器上最多只有一个工件被加工。通过借助计算机求解该模型，得出当加工顺序为 2—1—3 时企业收益最佳，为 110 元。

4. 固定费用问题

例 7-8 某零件加工厂现接到一批订单，需要生产五种不同型号的零件，每种零件的尺寸、需求量、单位变动成本以及固定成本如表 7-7 所示。

表 7-7 零件加工信息及成本

零件型号	1	2	3	4	5
尺寸/mm	100	150	200	250	300
需求量/件	300	400	550	500	350
单位变动成本/(元/件)	5	6	9	10	12
固定成本/元	1000	1100	1200	1300	1300

已知当某型号零件生产量无法满足其需求时，可以用尺寸更大的零件替代。问：在满足需求的前提下，如何安排生产才能使得总生产成本最小？

解 此问题的特点是当某型号零件生产数量不足时，可以用尺寸更大的零件替代。因此，这代表某型号的零件产量除了满足该型号的需求，必要时还可满足更小尺寸的零件需求。设生产型号 i 零件的固定成本和单位变动成本分别为 F_i 和 c_i，型号 i 零件的生产量为 x_i，同时引入 0-1 变量，表示是否生产某型号的零件：

$$y_i=\begin{cases}1, & \text{生产型号 } i \text{ 的零件}\\ 0, & \text{不生产型号 } i \text{ 的零件}\end{cases}, \quad i=1,2,\cdots,5$$

可以使用下述约束来保证当 x_i 取正数时，$y_i=1$：

$$x_i \leqslant My_i, \quad i=1,2,\cdots,5 \tag{7-21}$$

其中，M 是一个足够大的正数。该问题的数学模型可以写成

$$\min z=\sum_{i=1}^{5}c_ix_i+\sum_{i=1}^{5}y_iF_i$$

$$\text{s. t.}\begin{cases}x_1+x_2+x_3+x_4+x_5=300+400+550+500+350\\x_1+x_2+x_3+x_4+x_5\geqslant 300\\x_2+x_3+x_4+x_5\geqslant 400\\x_3+x_4+x_5\geqslant 550\\x_4+x_5\geqslant 500\\x_5\geqslant 350\\x_i\leqslant My_i,\quad i=1,2,\cdots,5\\x_i\geqslant 0,\quad i=1,2,\cdots,5\\y_i=0\text{ 或 }1,\quad i=1,2,\cdots,5\end{cases}\tag{7-22}$$

通过求解得出工厂的最优总成本为 22 600 元，此时需生产型号 2 零件 700 件（其中包括替代型号 1 的 300 件零件），生产型号 4 零件 1050 件（其中包括替代型号 3 的 500 件零件），生产型号 5 零件 350 件。

7.4 整数线性规划的计算机求解

本节首先介绍求解整数线性规划问题常用的两种方法——分支定界法（branch and bound）和割平面法（cutting plane）。然后介绍将分支定界法和割平面法相结合，形成的一种更高效的求解方法——分支切割法（branch and cut）。

7.4.1 分支定界法

分支定界法可用于求解纯整数线性规划问题和混合整数线性规划问题。分支定界法的主要思路是根据原问题的线性松弛问题（即松弛整数约束）的最优解（值）来分支和定界。它通过对非整数取值的变量先分支，以去掉不符合整数约束的解区域，然后再定界以更快地搜索到最优解。

设有整数线性规划最大化问题 A，与它对应的线性松弛问题为 P，从解线性松弛问题 P 开始，若其最优解不符合 A 的整数条件，那么 P 的最优目标函数值必为 A 的最优目标函数值 z^* 的上界，记作 $\bar{z}$；另外一方面，A 的任意可行解的目标函数值必是 z^* 的一个下界，记作 $\underline{z}$。分支定界法就是将 P 的可行域通过分支不断分成子区域，然后分别进行定界，逐步减小 $\bar{z}$ 和增大 $\underline{z}$，最终求得 z^*。

用分支定界法求解整数线性规划（最大化）问题的步骤如下：

(1) 求解原问题的线性松弛问题。

求解线性松弛问题 P，其结果对应以下几种情况：

① P 无可行解→A 无可行解→结束；

② P 有最优解且符合 A 的整数条件→P 的最优解即为 A 的最优解→结束；

③ P 有最优解且不符合 A 的整数条件→记 P 的最优值为 z_0。

（2）确定初始上下界。

记 P 的非整数最优解 z_0 为 A 的初始上界 $\bar{z}$。随后通过观察法找到问题 A 的一个整数可行解，如可取所有整数变量值为 0，试求其目标函数值，并记作 $\underline{z}$。设问题 A 的最优目标函数值为 z^*，则有

$$\underline{z} \leqslant z^* \leqslant \bar{z}$$

（3）分支。

在 P 的最优解中任取一个不满足整数条件的变量 x_j，其求得的值为 b_j，设$[b_j]$为小于 b_j 的最大整数。构造两个约束条件

$$x_j \leqslant [b_j]$$
$$x_j \geqslant [b_j]+1$$

将构造出的两个约束条件分别加入问题 P，形成两个后继问题 P_1 和 P_2，分别对应两个分支。

（4）定界。

求解上述两个后继问题 P_1 和 P_2，为其对应的分支标明求解结果，并与其他分支的解进行比较，找出最优目标函数值最大者，将其作为新的上界 $\bar{z}$。从已符合整数要求的各分支中找出目标函数值中的最大者，将其作为新的下界 $\underline{z}$。

（5）比较与剪支。

若各分支的最优目标函数值小于 $\underline{z}$，则剪掉这支（用"×"表示），即其后不用再考虑该分支了；若有大于 $\underline{z}$，且不符合整数条件则重复步骤(3)～(5)，直到 $z^*=\underline{z}$ 为止，此时得到最优整数解 $x_j^*, j=1,2,\cdots,n$。

例 7-9　试用分支定界法求解以下整数线性规划问题：

$$\max z = 9x_1 + 8x_2$$

$$\text{s.t.}\begin{cases} 4x_1 + x_2 \leqslant 14 \\ -x_1 + 2x_2 \leqslant 5 \\ x_1, x_2 \geqslant 0 \\ x_1, x_2 \text{ 为整数} \end{cases}$$

解　使用分支定界法的求解过程如图 7-2 所示。首先通过求解原问题的松弛问题 P_0 得到 $z_0=53.22$，由于 x_1、x_2 不符合整数约束，因此 z_0 是最优目标值 z^* 的上界，即

$$z^* \leqslant \bar{z} = z_0 = 53.22$$

通过对 P_0 分支分别加入约束 $x_1 \leqslant 2$ 和 $x_1 \geqslant 3$ 形成两个后继问题 P_1 和 P_2，求解后得到 $z_1=46, z_2=43$。此时 P_2 的最优解都已符合整数条件，即为可行解，因此 z_2 成为新的下界 $\underline{z}$。猜测问题 P_1 可能隐含更优解，对 P_1 分别添加约束 $x_2 \leqslant 3$ 和 $x_2 \geqslant 4$ 形成两个新的后继问题 P_3 和 P_4，通过计算发现 P_4 无可行解，故剪掉这支；发现问题 P_3 的最优解 $z_3=40.5 < \underline{z}=43$，可见这一分支也不可取，所以原问题的最优解为 $x_1=3, x_2=2$，最优值 $z^*=z_2=43$。

通过对非整数解进行分支，并进行比较和剪支，分支定界法共求解了四个后继问题，最终求得原问题的最优解。

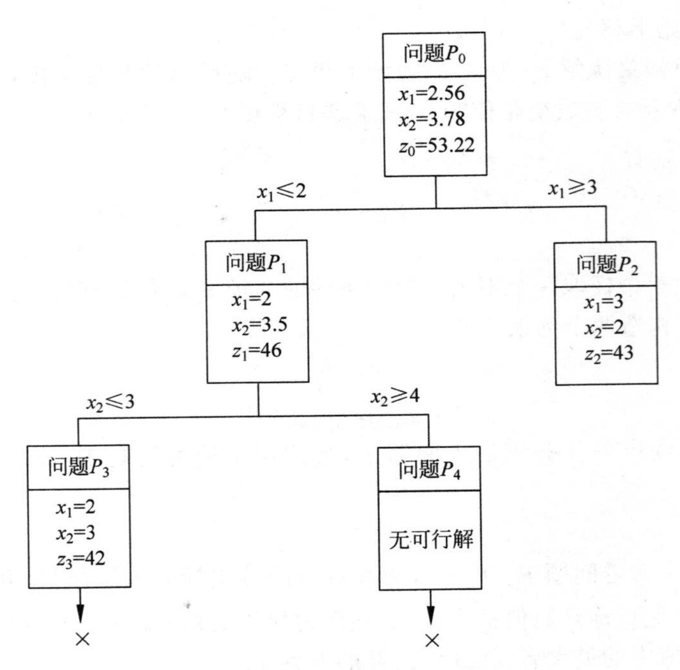

图 7-2　分支定界法求解过程

7.4.2　割平面法

与分支定界法相同，割平面法也是将求解整数线性规划问题转化为求解一系列线性规划问题的一种方法。割平面法的基本思路是：在不考虑变量是整数的情况下，直接求解对应的线性松弛规划问题，若得到的最优解不是整数，则增加线性约束条件(即切割方程)进行切割，在不割去任何整数可行解的前提下，切割掉原可行域的一部分，从而求得原问题的最优整数解。

割平面法的核心是如何添加切割方程。有很多种获取切割方程的方法，本节主要介绍 Gomory 割平面法，现将求切割方程的步骤归纳如下：

(1) 令 x_i 是相应线性规划最优解中为分数值的一个基变量，由单纯形表的最终表可得到以下等式：

$$x_i + \sum_k a_{ik} x_k = b_i \tag{7-23}$$

其中，$i \in Q, k \in K$，Q 和 K 分别为基变量和非基变量编号的集合。

(2) 将 b_i 和 a_{ik} 都分解成整数部分 N 与非负真分数 f 之和，即

$$b_i = N_i + f_i, \quad 其中\ 0 < f_i < 1 \tag{7-24}$$

$$a_{ik} = N_{ik} + f_{ik}, \quad 其中\ f_{ik} < 1 \tag{7-25}$$

其中，N_i 表示不超过 b_i 的最大整数。例如，若 $b_i = 1.81$，则 $N_i = 1, f_i = 0.81$；若 $b_i = -0.3$，则 $N_i = -1, f_i = 0.7$。

将式(7-24)及式(7-25)代入式(7-23)可得

$$x_i + \sum_k N_{ik} x_k - N_i = f_i - \sum_k f_{ik} x_k \tag{7-26}$$

（3）提出变量（包括松弛变量）为整数的条件。上式由左边看必须为整数，但由右边看，因为 $0<f_i<1$，所以不能为正，即

$$f_i-\sum_k f_{ik}x_k\leqslant 0 \tag{7-27}$$

这就是一个切割方程。需要注意的是，切割方程能够切掉非整数解，但是不割掉整数解，这是因为整数线性规划的任意可行解都满足切割方程。

例 7-10　试用割平面法求解以下整数线性规划问题：

$$\max z=x_1+x_2$$

$$\text{s.t.}\begin{cases}-x_1+x_2\leqslant 1\\3x_1+x_2\leqslant 4\\x_1,x_2\geqslant 0\\\text{且 } x_1,x_2 \text{ 为整数}\end{cases}$$

解　首先求解原问题的线性松弛问题，在原问题的前两个不等式中增加非负整数松弛变量 x_3、x_4，使两式变成等式约束：

$$-x_1+x_2+x_3=1$$

$$3x_1+x_2+x_4=4$$

用单纯形法解题见表 7-8。

表 7-8　单纯形法

	c_j			1	1	0	0
	C_B	X_B	b	x_1	x_2	x_3	x_4
初始计算表	0	x_3	1	−1	1	1	0
	0	x_4	4	3	1	0	1
	c_j-z_j		0	1	1	0	0
最终计算表	1	x_1	3/4	1	0	−1/4	1/4
	1	x_2	7/4	0	1	3/4	1/4
	c_j-z_j		−5/2	0	0	−1/2	−1/2

此时的最优解不满足整数约束。从最终计算表中可以得到非整数解的关系式

$$x_1-\frac{1}{4}x_3+\frac{1}{4}x_4=\frac{3}{4}$$

$$x_2+\frac{3}{4}x_3+\frac{1}{4}x_4=\frac{7}{4}$$

接着将系数和常数项都分解成整数和非负真分数两部分之和：

$$x_1+\left(-1+\frac{3}{4}\right)x_3+\left(0+\frac{1}{4}\right)x_4=0+\frac{3}{4}$$

$$x_2+\left(0+\frac{3}{4}\right)x_3+\left(0+\frac{1}{4}\right)x_4=1+\frac{3}{4}$$

将整数部分与分数部分分开，移到等式左右两边，得到

$$x_1-x_3=\frac{3}{4}-\left(\frac{3}{4}x_3+\frac{1}{4}x_4\right)$$

$$x_2-1=\frac{3}{4}-\left(\frac{3}{4}x_3+\frac{1}{4}x_4\right)$$

若 x_1、x_2、x_3、x_4 都是非负整数，则上式中任一等式的左边是整数，等式右边也应是整数。考虑到等式右边的括号内是正数，因此等式右边必是非正数，最大只能为零。于是得到不等式

$$\frac{3}{4}-\left(\frac{3}{4}x_3+\frac{1}{4}x_4\right)\leqslant 0$$

即

$$-3x_3-x_4\leqslant -3$$

由此得到一个切割方程(或称为切割约束)，将它作为添加的约束条件，并通过引入松弛变量 x_5，得到等式

$$-3x_3-x_4+x_5=-3$$

将上述等式加入表 7-8 中的最终计算表，由于其右边为负数，不符合线性规划问题的标准形式，所以应使用对偶单纯形法继续进行迭代求解，最终可以得到原问题的最优整数解 $x_1=1$，$x_2=1$，最优值 $z^*=2$。

7.4.3 分支切割法

单独使用分支定界法或割平面法往往需要多次迭代，计算效率不高。在使用分支定界法求解整数线性规划问题时，如果结合割平面法求解线性松弛问题，则能够在稳定求解的同时有效地提高其收敛速度，此时分支定界法就变成了分支切割法。

分支切割法可以看作是分支定界法的升级版，其解题步骤与分支定界法相似，它们的区别在于分支切割法在定界过程中加入切割方程，使得松弛问题的界更紧或者可以直接求得符合整数要求的最优解。具体而言，针对最大化目标函数的整数线性规划问题，分支定界法将求解其线性松弛问题，将得到的非整数解的目标值作为上界，而将此前找到的整数解的目标值作为下界。如果出现某个分支上界值小于或等于现有下界值，则剪掉该分支，否则对未获得整数解的分支继续进行分支。若在各分支的定界过程中加入切割方程，能使求解对应线性松弛问题得到的上界更紧或可以直接求得符合整数要求的解，从而有效减少分支的数目，提高求解效率。下面通过例 7-11 题说明分支切割法的求解过程。

例 7-11 试用分支切割法求解例 7-9 中的整数线性规划问题。

解 使用分支切割法的求解过程如图 7-3 所示。首先通过分支形成两个后继问题 P_1 和 P_2，求解线性松弛问题得到 $z_1=46>z_2=43$，于是猜测问题 P_1 可能隐含更优解。由问题 P_1 中 $x_1\leqslant 2$ 和原问题中 $-x_1+2x_2\leqslant 5$ 两个约束，可推导出 $x_2\leqslant 3.5$，则 $x_1+x_2\leqslant 5.5$。又由于 x_1、x_2 是整数，因此对 P_1 添加切割方程 $x_1+x_2\leqslant 5$，形成新的问题 P_3。添加的切割方程能够缩小问题的可行域，但又没有切割掉整数解。加入切割方程后发现线性松弛问题 P_3 的最优解 $z_3=42<z_2=43$，可见这一分支不可取，所以原问题的最优解应该是 $x_1=3$，$x_2=2$，最优值 $z^*=z_2=43$。

由此例可知，针对例 7-9 中的整数线性规划问题，分支定界法共求解了四个子问题，而分支切割法只求解了三个子问题，可见添加切割方程加快了求解速度。分支切割法结合了分支定界法和割平面法两者的优点，其求解整数线性规划问题的迭代次数通常比单纯的分

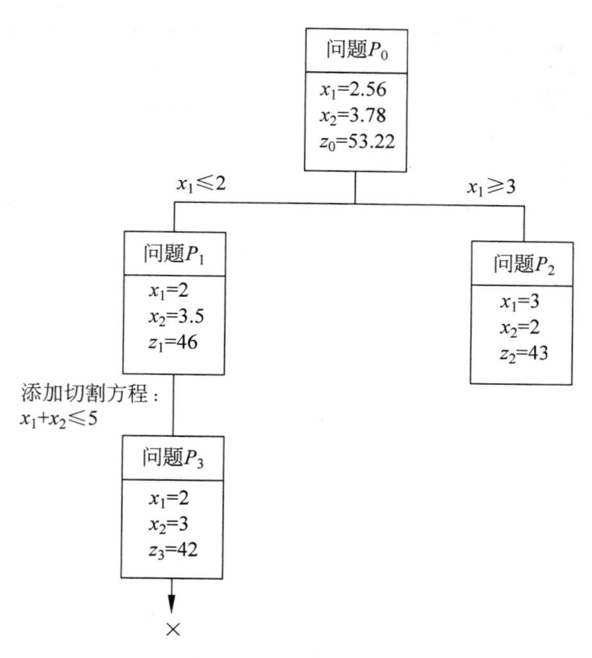

图 7-3　分支切割法的求解过程

支定界法少，能有效提高求解效率。

7.4.4　LINGO 求解整数线性规划示例

例 7-12　利用 LINGO 求解例 7-7 中所建立的数学模型。

在 LINGO 中用“max=”或“min=”来表达目标函数，用“@bin(x)”表示 x 为 0-1 决策变量。例 7-7 中数学模型的程序代码如下：

```
Model:
[OBJ]max = 40 * (15 - C1) + 60 * (17 - C2) + 30 * (13 - C3);
x12 + x21 = 1;
x13 + x31 = 1;
x23 + x32 = 1;
C1 = p2 * x21 + p3 * x31 + p1;
C2 = p1 * x12 + p3 * x32 + p2;
C3 = p1 * x13 + p2 * x23 + p3;
@bin(x12);
@bin(x13);
@bin(x21);
@bin(x23);
@bin(x31);
@bin(x32);
p1 = 7;
p2 = 9;
p3 = 8;
END
```

在 LINGO 中运行程序，其求解结果如图 7-4 所示。

由求解结果可知，运用 LINGO 求解得到的最优解和例 7-7 相同：

```
Global optimal solution found.
Objective value:                              110.0000
Objective bound:                              110.0000
Infeasibilities:                              0.000000
Extended solver steps:                               0
Total solver iterations:                             0

Model Class:                                      MILP

Total variables:                      9
Nonlinear variables:                  0
Integer variables:                    6

Total constraints:                    7
Nonlinear constraints:                0

Total nonzeros:                      18
Nonlinear nonzeros:                   0

                              Variable           Value        Reduced Cost
                                    C1        16.00000            0.000000
                                    C2        9.000000            0.000000
                                    C3        24.00000            0.000000
                                   X12        0.000000            420.0000
                                   X21        1.000000            360.0000
                                   X13        1.000000            210.0000
                                   X31        0.000000            320.0000
                                   X23        1.000000            270.0000
                                   X32        0.000000            480.0000
                                    P2        9.000000            0.000000
                                    P3        8.000000            0.000000
                                    P1        7.000000            0.000000

                                   Row    Slack or Surplus      Dual Price
                                   OBJ        110.0000            1.000000
                                     2        0.000000            0.000000
                                     3        0.000000            0.000000
                                     4        0.000000            0.000000
                                     5        0.000000           -40.00000
                                     6        0.000000           -60.00000
                                     7        0.000000           -30.00000
                                     8        0.000000           -70.00000
                                     9        0.000000           -130.0000
                                    10        0.000000           -30.00000
```

图 7-4　求解结果

$$x_{21}=1,\quad x_{13}=1,\quad x_{23}=1,\quad z^*=110$$

即当加工顺序为 2—1—3 时企业收益最佳，为 110 元。

7.5　指派问题

7.5.1　指派问题的数学模型

管理者决策时经常面临与下面类似的情况：工厂中有 n 项加工任务需要 n 个员工来完成，由于员工熟练度不同，每人完成不同任务的时间不同。如何为员工们分配加工任务，使这些任务的总完成时间最短？这就是指派问题。

指派问题(assignment problem)是一类特殊的线性规划问题，其结构是：有 n 项不同的工作任务需要分配给 n 个人完成，每个人都要承担其中一项任务，但由于个人专长的不同，完成任务的费用(或效益)也不尽相同。此类问题的关键在于如何确定哪个人完成哪项任务,使得完成 n 项任务的总费用最少(或效益最大)。对于每个指派问题,都存在一个系数矩阵或效率矩阵 $\boldsymbol{C}=(c_{ij})_{n\times n}$,其中 $c_{ij}>0(i,j=1,2,\cdots,n)$,表示指派第 i 个人去完成第 j 项任务时所需的资源数。根据实际问题的情况,矩阵 $\boldsymbol{C}$ 可能表示时间、成本、费用或利润。

指派 n 个人完成 n 项任务,以使总费用最少为指派问题的标准形式。为建立此类问题的数学模型,首先引入 0-1 变量 x_{ij}:

$$x_{ij}=\begin{cases}1, & \text{若指派第 } i \text{ 人完成第 } j \text{ 项任务}\\ 0, & \text{若不指派第 } i \text{ 人完成第 } j \text{ 项任务}\end{cases},\quad i,j=1,2,\cdots,n$$

其次,确定第 i 个人完成第 j 项任务的费用,从而形成该指派问题的系数矩阵 $\boldsymbol{C}=(c_{ij})_{n\times n}$,其中

$$(c_{ij})_{n\times n}=\begin{bmatrix}c_{11} & c_{12} & \cdots & c_{1n}\\ c_{21} & c_{22} & \cdots & c_{2n}\\ \vdots & \vdots & & \vdots\\ c_{n1} & c_{n2} & \cdots & c_{nn}\end{bmatrix}$$

这样,问题的数学模型可表示为

$$\min z=\sum_{i=1}^{n}\sum_{j=1}^{n}c_{ij}x_{ij}$$

$$\text{s. t.}\begin{cases}\sum\limits_{i=1}^{n}x_{ij}=1, & j=1,2,\cdots,n\\ \sum\limits_{j=1}^{n}x_{ij}=1, & i=1,2,\cdots,n\\ x_{ij}=0\text{ 或 }1, & i,j=1,2,\cdots,n\end{cases}\tag{7-28}$$

前面已经讲过,产销平衡的运输问题的数学模型是一类具有 mn 个变量、$m+n$ 个约束方程的线性规划问题,其中约束条件由 m 个产量约束和 n 个销量约束组成。不难发现,指派问题是运输问题的一种特殊形式,可将其看作产地数与销地数相等($m=n$),产量及销量均为 $1(a_j=b_i=1)$ 的运输问题特例。

为探究指派问题解的特点,现任意写出一个可行解矩阵如下:

$$(x_{ij}^{0})_{n\times n}=\begin{bmatrix}x_{11}^{0} & x_{12}^{0} & \cdots & x_{1n}^{0}\\ x_{21}^{0} & x_{22}^{0} & \cdots & x_{2n}^{0}\\ \vdots & \vdots & & \vdots\\ x_{n1}^{0} & x_{n2}^{0} & \cdots & x_{nn}^{0}\end{bmatrix}=\begin{bmatrix}1 & 0 & \cdots & 0\\ 0 & 1 & \cdots & 0\\ \vdots & \vdots & & \vdots\\ 0 & 0 & \cdots & 1\end{bmatrix}$$

由这个可行解矩阵可以看出,虽然该指派问题中基变量个数为 $2n-1$,但其可行解中不为零的正分量仅为 n 个,该线性规划问题的解高度退化,利用单纯形法去求解指派问题没有充分利用其特殊性质,计算效率较低。因此,需要为指派问题设计特定的高效算法。

7.5.2 匈牙利解法

1955年，库恩(W. W. Kuhn)利用匈牙利数学家康尼格(D. König)关于矩阵中独立“0”元素的定理，提出了求解指派问题的高效方法，称之为匈牙利法。匈牙利法利用了指派问题最优解的以下性质：若将某指派问题的系数矩阵 $\boldsymbol{C}=(c_{ij})_{n\times n}$ 的某行(或某列)各元素分别减去或加上一个常数 k，则新系数矩阵对应的指派问题与原问题的最优解相同。不难理解，系数矩阵的这种变化并没有改变模型的约束条件，只是目标函数值减少了常数 k，而最优解不会发生改变。

下面通过例题说明匈牙利法的求解步骤。

例 7-13 某汽车装配车间有四项装配任务(Ⅰ、Ⅱ、Ⅲ、Ⅳ)需要四条生产线(甲、乙、丙、丁)去完成，每条生产线负责其中一项装配任务，由于每条生产线的工人人数和熟练度不同，完成各项装配任务的时间也不相同，其所需时间如表 7-9 所示。问管理者应如何分配任务，才能使总的装配时间最短？

表 7-9 完成任务所需时间 单位：h

任务 生产线	Ⅰ	Ⅱ	Ⅲ	Ⅳ
甲	15	22	17	24
乙	22	28	20	22
丙	19	22	25	18
丁	18	21	16	21

第一步：变换指派问题的系数矩阵，使各行和各列都出现0元素。

(1) 从系数矩阵的每行元素中减去该行的最小元素。

(2) 再从所得系数矩阵的每列元素中减去该列的最小元素如下所示。

$$(c_{ij})=\begin{bmatrix}15&22&17&24\\22&28&20&22\\19&22&25&18\\18&21&16&21\end{bmatrix}\begin{matrix}(-15)\\(-20)\\(-18)\\(-18)\end{matrix}\rightarrow\begin{bmatrix}0&7&2&9\\2&8&0&2\\1&4&7&0\\2&5&0&5\end{bmatrix}\rightarrow\begin{bmatrix}0&3&2&9\\2&4&0&2\\1&0&7&0\\2&1&0&5\end{bmatrix}=(c'_{ij})$$

$$\qquad\qquad\qquad(-4)$$

第二步：进行试指派，以寻求最优解。

从0元素个数最少的行(列)开始，给其中一个0元素加圈，记作◎。表示这行所代表的人只能做该任务(或这列所代表的任务只能由该人完成)。然后划掉同行和同列的其他零元素，记作∅。划掉同行的零元素表示此人已经不能完成其他任务，划掉同列的零元素表示该任务不能再被分配给其他人。如此反复进行，直至系数矩阵中所有零元素都被圈出或划掉为止。当此过程结束时，被画圈的零元素即是独立零元素。

若矩阵中◎的个数 m 恰好等于 n(矩阵的阶数)，则其对应的指派方案即为最优方案，结束计算。

若 $m<n$，则进行第三步。

$$(c'_{ij})=\begin{bmatrix} ◎ & 3 & 2 & 9 \\ 2 & 4 & ◎ & 2 \\ 1 & ◎ & 7 & \varnothing \\ 2 & 1 & \varnothing & 5 \end{bmatrix}$$

由上可知,该系数矩阵中◎的个数为三个,小于矩阵的阶数4,转到第三步。

第三步:作最少的直线覆盖所有的零元素。按照如下步骤进行:

(1) 对没有◎的行打“√”;

(2) 对已打“√”的行中,对∅所在的列打“√”;

(3) 在已打“√”的列中,对◎所在行打“√”;

(4) 重复(2)和(3)步骤,直到再也不能找到可以打“√”的行或列为止;

(5) 对没有打“√”的行画一条横线,对打“√”的列画一条垂线,这样就得到了覆盖所有零元素的最少直线集合,如下所示。

$$(c'_{ij})=\begin{bmatrix} \cdots & ◎ & \cdots & 3 & \cdots & 2 & \cdots & 9 & \cdots \\ & 2 & & 4 & & ◎ & & 2 & \\ \cdots & 1 & \cdots & ◎ & \cdots & 7 & \cdots & \varnothing & \cdots \\ & 2 & & 1 & & \varnothing & & 5 & \end{bmatrix}\begin{matrix} \\ \surd \\ \\ \surd \end{matrix}$$

（第3列下方打“√”，第3列画垂线）

可见在第三步中,该矩阵由三条线覆盖了所有零元素。由于此时的直线数 l 小于 n,因此需要继续变换系数矩阵,转到第四步;若 $l=n$,而 $m<n$,则需回到第二步,继续进行试指派。

第四步:继续变换系数矩阵。

首先在没有被直线覆盖的部分中找出最小元素,将没有画直线的行中各元素都减去这个最小元素,将已画直线的列中各元素都加上这个最小元素,从而使没有被直线覆盖的部分也出现零元素,如下所示。

$$(c''_{ij})=\begin{bmatrix} \cdots & ◎ & \cdots & 3 & \cdots & 3 & \cdots & 9 & \cdots \\ & 1 & & 3 & & ◎ & & 1 & \\ \cdots & 1 & \cdots & ◎ & \cdots & 8 & \cdots & \varnothing & \cdots \\ & 1 & & 0 & & \varnothing & & 4 & \end{bmatrix}$$

转回到第二步,对 c''_{ij} 加圈,如下所示:

$$(c''_{ij})=\begin{bmatrix} ◎ & 3 & 3 & 9 \\ 1 & 3 & ◎ & 1 \\ 1 & \varnothing & 8 & ◎ \\ 1 & ◎ & \varnothing & 4 \end{bmatrix}$$

c''_{ij} 中独立零元素个数为4，等于矩阵的阶数，故其对应的指派方案即为最优方案。

也就是说，最优指派方案是：让生产线甲承担任务Ⅰ，生产线乙承担任务Ⅲ，生产线丙承担任务Ⅳ，生产线丁承担任务Ⅱ，总装配时间为(15+20+18+21) h=74 h。

7.5.3 指派问题的非标准形式

在实际应用中，常常会遇到各种非标准形式的指派问题。通常通过某种变换将它们转化为标准形式，然后用匈牙利法求解。

1. 最大化指派问题

设最大化指派问题的系数矩阵 $\boldsymbol{C}=(c_{ij})_{n\times n}$，找出系数矩阵中的最大元素 $m=\max\limits_{1\leqslant i,j\leqslant n} c_{ij}$。令矩阵 $\boldsymbol{B}=(b_{ij})_{n\times n}=(m-c_{ij})_{n\times n}$，则系数矩阵 $\boldsymbol{B}$ 对应的最小化指派问题与系数矩阵 $\boldsymbol{C}$ 对应的最大化指派问题具有相同的最优解。通过上述系数矩阵的变换，可将最大化指派问题转化为最小化指派问题。

2. 人数和事数不等的指派问题

若人少事多，则增加一些虚拟的“人”，使得人数和事数相等，并将虚拟的“人”做各事的费用系数取为零；若人多事少，则增加一些虚拟的“事”，使得人数和事数相等，并将各个人做这些虚拟的“事”的费用系数都取为零。

3. 一人可以做多件事的指派问题

此情形指的是在指派问题的最优解中，允许一个人做多件事。为了有效处理这种情形，可以将该人化为多个相同的“人”来接受指派，这些“人”做同一件事的费用相同，类似于前边“人少事多”情形下增加些虚拟的“人”。但是，两者的主要区别在于：在指派问题的最优解中，前边“人少事多”情形下一人只能做一事，而此处允许一个人做多件事。

4. 某事一定不能由某人做的指派问题

将相应的费用系数取足够大的数 M 即可。

例 7-14 某项目现有四项施工任务，需要从甲、乙、丙、丁、戊五个工程队中选择四个去完成，其中每个工程队最多只能完成一项任务。各个工程队完成各项施工任务所需时间如表 7-10 所示。由于某种原因，甲工程队不能完成第Ⅳ项任务，乙工程队必须被分配一项任务，问项目经理应如何分配任务，才能使总完工时间最短？

表 7-10 完成任务所需时间 单位：h

工程队	任务			
	Ⅰ	Ⅱ	Ⅲ	Ⅳ
甲	7	3	6	6
乙	6	5	8	3

续表

工　程　队	任　　务			
	Ⅰ	Ⅱ	Ⅲ	Ⅳ
丙	4	6	6	5
丁	7	9	5	6
戊	3	8	6	5

解　增加虚设任务Ⅴ，甲、丙、丁、戊工程队完成该项任务的时间为0，由于甲工程队不能完成第Ⅳ项任务，乙工程队必须被分配一项实际任务，也就是说不能将虚拟任务Ⅴ分配给乙工程队，因此令甲工程队完成第Ⅳ项任务、乙工程队完成第Ⅴ项任务的时间均设为M（充分大的数），则标准指派问题的完成任务所需时间如表7-11所示。

表7-11　标准指派问题完成任务所需时间　　单位：h

工　程　队	任　　务				
	Ⅰ	Ⅱ	Ⅲ	Ⅳ	Ⅴ
甲	7	3	6	M	0
乙	6	5	8	3	M
丙	4	6	6	5	0
丁	7	9	5	6	0
戊	3	8	6	5	0

求解该标准指派问题得到以下指派方案：甲工程队承担第Ⅱ项施工任务，乙工程队承担第Ⅳ项施工任务，丁工程队承担第Ⅲ项施工任务，戊工程队承担第Ⅰ项施工任务，总施工时间为14 h。

7.6　应用案例分析

7.6.1　案例简介

某单位有10个科研团队，初始布局中共有16个研究室供团队使用，分布在两个楼层，其中四层10个，三层6个，如图7-5和图7-6所示。每个研究室都配备有不同数量的机位数，初始布局中科研团队和研究室分布情况如表7-12所示。

表7-12　初始时团队布局

团队编号	1	2	3	4	5	6	7	8	9	10
研究室编号	4、5、6	8、9、16	15、16	11、12	1、2、4	3、4	14、15	13	7	10

现在由于团队规模不断扩大，各科研团队需要配备的机位数不断增加，各科研团队所需配备的计划机位数如表7-13所示。此例中，各团队按照其所需的计划机位数从高到低顺序依次进行编号。

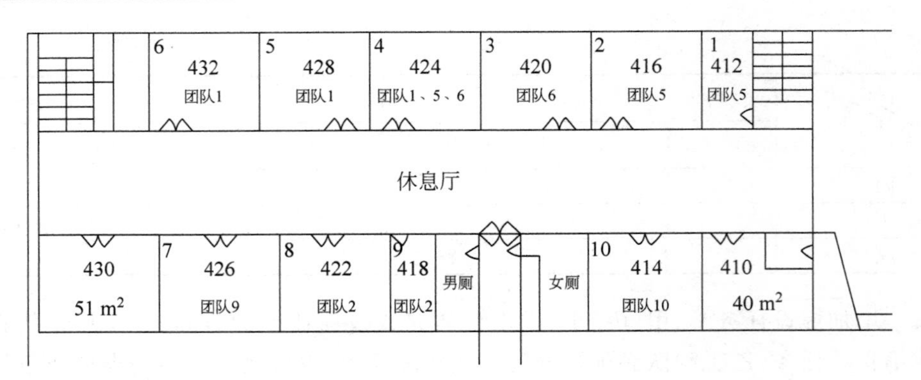

图 7-5 四层研究室布局平面图

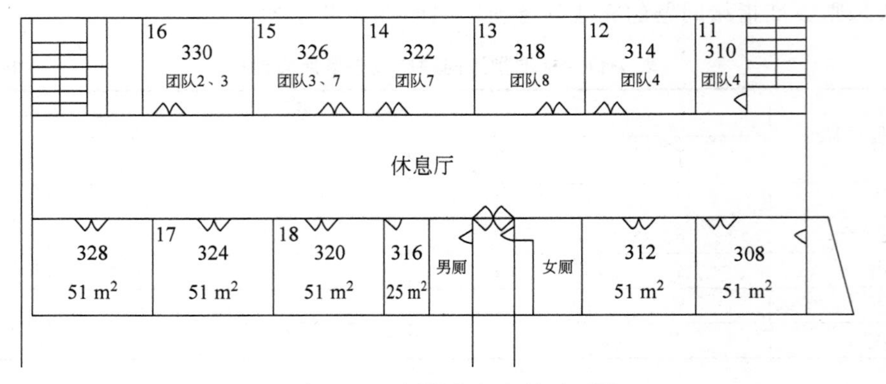

图 7-6 三层研究室布局平面图

表 7-13 各科研团队的计划机位数

团队编号	1	2	3	4	5	6	7	8	9	10
计划配机位数	44	40	40	37	34	33	30	29	18	12

考虑到团队规模扩大，原有空间已不能满足各团队对机位数的要求，因此决定增设新的研究室供科研团队使用，其中在一层增加 12 个研究室（如图 7-7 所示），在三层新增了两个

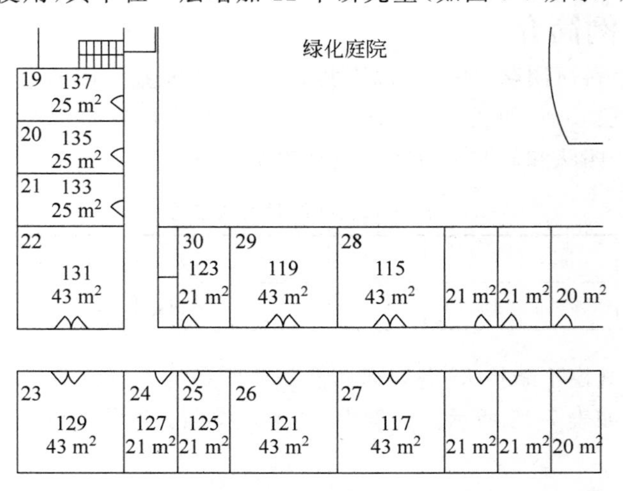

图 7-7 一层布局平面图

研究室，分别是324房间和320房间，四层研究室个数未变。这样，合计有30个研究室可供使用，各研究室中配备的机位数已知，如表7-14所示。由图7-5～图7-7可知，所有研究室从1～30进行编写，研究室1～10在四层，研究室11～18在三层，而研究室19～30则位于一层。根据表7-13和表7-14，所有团队需要的总计划机位数为317个，而各研究室机位总数为349个，剩余的32个机位数也将分配给各个团队，作为其预留机位数。

表7-14　各研究室编号及其机位数

研究室	编号	机位数	研究室	编号	机位数	研究室	编号	机位数
412	1	13	310	11	13	133	21	7
416	2	15	314	12	15	131	22	12
420	3	15	318	13	15	129	23	5
424	4	15	322	14	15	127	24	12
428	5	15	326	15	15	125	25	12
432	6	7	330	16	7	121	26	12
426	7	15	324	17	15	117	27	12
422	8	15	320	18	15	115	28	6
418	9	7	137	19	7	119	29	6
414	10	12	135	20	7	123	30	12

现需要把这10个团队从原来的16个研究室重新布局到30个研究室中，要求满足每个科研团队的计划配备机位数，并且还要为每个团队预留出适当的机位数。根据要求，重新分配后各科研团队在研究室的布局需满足以下约束：

(1) 研究室容量约束：所有团队在某一研究室的分配机位总数不超过该研究室的机位总数。

(2) 团队机位数约束：一个团队分配的机位数总和不少于其计划机位数；每个团队预留的机位数应与其所需配备的计划机位数成正比，即团队所需计划机位数越多，则允许其预留的机位数越多。

(3) 研究室共用约束：一个研究室最多由两个团队共用；为避免过多研究室出现共用的情况，要求共用的研究室数量不超过团队数；不允许出现相邻的两个研究室同时被共用的情况；位于角落的研究室不能被共用。

(4) 团队研究室紧邻约束：如果一个团队分布在多个研究室中，则其所在的这些研究室需相邻。

(5) 其他约束：所有研究室的机位需全部分配给各个团队。

在满足以上所有约束的前提下，分析如何分配这些研究室使得总搬运工作量最小。假设：

① 搬运工作量和需要搬运的人数成正比。

② 搬运工作量和搬运距离成正比。如果一个团队原来分布在多个研究室中，则其搬运距离取所有原研究室和新研究室距离的平均值。

③ 每个团队需要搬运的人数等于其计划机位数。

7.6.2 问题建模

为了方便叙述，定义以下符号：

M：团队个数。

N_0：原来研究室的数量。

N：现有研究室的数量。

r_m：团队 m 的计划机位数，$1 \leqslant m \leqslant M$，具体值见表 7-13。

p_n：研究室 n 的机位数，$1 \leqslant n \leqslant N$，具体值见表 7-14。

$c_{k,n}$：从原有研究室 k 到新研究室 n 的最短搬运距离，$1 \leqslant k \leqslant N_0$，$1 \leqslant n \leqslant N$，该数据已知。$c_{k,n}$ 的具体值见附件。

$\alpha_{m,k}$：如果初始布局中团队 m 在研究室 k 中，则 $\alpha_{m,k}=1$，否则 $\alpha_{m,k}=0$。$\alpha_{m,k}$ 的值可根据表 7-13 计算获得。

$\bar{c}_{m,n}$：团队 m 从原来研究室搬到新研究室 n 的平均搬运距离，取原来所在的各研究室到新研究室 n 距离的平均值。$\bar{c}_{m,n}$ 的值可以通过下式得到：

$$\bar{c}_{m,n}=\frac{\sum_{k=1}^{N_0}\alpha_{m,k}c_{k,n}}{\sum_{k=1}^{N_0}\alpha_{m,k}} \tag{7-29}$$

f_i：楼层 i 所拥有的研究室集合，如楼层四的集合 $f_4=\{1,2,\cdots,10\}$。

$|f|$：集合 f 的元素个数。

该问题的决策变量为：

$x_{m,n}$：0-1 变量，如果团队 m 在研究室 n 中，则 $x_{m,n}=1$；否则，$x_{m,n}=0$。

$y_{m,n}$：整数变量，团队 m 在研究室 n 的机位数。

$y'_{m,n}$：整数变量，团队 m 在研究室 n 的预留机位数。

1. 决策变量之间的约束条件

一个团队所分配的机位数为其在所有研究室中分配的机位数之和 $\sum_{n=1}^{N}y_{m,n}$，$1 \leqslant m \leqslant M$。同时，每个团队的机位数包括两部分，即计划机位数和预留机位数。其中，预留机位数为该团队在所有研究室的预留机位数之和 $\sum_{n=1}^{N}y'_{m,n}$，$1 \leqslant m \leqslant M$。因此，团队机位数满足以下约束：

$$\sum_{n=1}^{N}y_{m,n}=\sum_{n=1}^{N}y'_{m,n}+r_m,\quad 1 \leqslant m \leqslant M$$

$y_{m,n}$ 和 $x_{m,n}$ 显然存在以下关系：$y_{m,n}=0 \Leftrightarrow x_{m,n}=0$，即若团队 m 在研究室 n 中分配的机位数为 0，则团队 m 不在研究室 n 中，反之亦然。这种关系可表示为

$$x_{m,n} \leqslant y_{m,n} \leqslant p_n \cdot x_{m,n} \tag{7-30}$$

$y_{m,n}$ 和 $y'_{m,n}$，显然存在以下关系：

$$y'_{m,n} \leqslant y_{m,n} \tag{7-31}$$

2. 目标函数

该案例以总搬运工作量最小作为优化目标。根据假设①和②,搬运工作量与搬运人数、搬运距离成正比。根据假设③,每个团队需要搬运的人数可以用该团队的计划机位数代替。整体搬运工作量为所有团队由原来研究室搬至新研究室的搬运工作量之和,即

$$\sum_{m=1}^{M}\sum_{n=1}^{N}(y_{m,n}-y'_{m,n})\bar{c}_{m,n}$$

3. 研究室容量约束

研究室容量约束要求所有团队在某一研究室的分配机位数不能超过该研究室所拥有的总机位数,即

$$\sum_{m=1}^{M}y_{m,n}\leqslant p_n,\quad 1\leqslant n\leqslant N \tag{7-32}$$

4. 团队机位数约束

团队机位数约束要求各团队所分配的机位数总和不少于其计划机位数,团队预留的机位数与其计划机位数成正比,即团队计划机位数越多,则允许其预留的机位数越多。

现已知各团队计划机位数总和为 317 个,各研究室机位数总和为 349 个,最终剩余 32 个机位,平均每个团队可以预留 3.2 个。为公平起见,每个团队预留的机位数不宜相差过大,因此设定每个团队预留的机位数为 2～6 个。由于团队是按其计划机位数逆序编号的,因此有

$$2\leqslant\sum_{n=1}^{N}y'_{10,n}\leqslant\cdots\leqslant\sum_{n=1}^{N}y'_{2,n}\leqslant\sum_{n=1}^{N}y'_{1,n}\leqslant 6 \tag{7-33}$$

上式可保证团队计划机位数越多,则允许其预留的机位数越多,且各团队预留的机位数为 2～6 个。

5. 团队研究室紧邻约束

团队研究室紧邻约束要求:如果一个团队分布在多个研究室中,则这些研究室需相邻。假设研究室 n 为团队 m 所占有的编号最大的研究室,即若 $x_{m,n}=1$ 且 $x_{m,n+1}=0$,则紧邻约束要求该团队不可能占有其后编号的任意研究室,即要求 $x_{m,t}=0,\forall t=n+2,n+3,\cdots,N$。因此,可将其表示为

$$\sum_{t=n+2}^{30}x_{m,t}\leqslant 30(1-y_{m,n}+y_{m,n+1}),\quad 1\leqslant n\leqslant 28,1\leqslant m\leqslant M$$

上式可拆分成以下三个式子:

$$\sum_{t=n+2}^{10}x_{m,t}\leqslant 10(1-y_{m,n}+y_{m,n+1}),\quad 1\leqslant n\leqslant 8,1\leqslant m\leqslant M \tag{7-34}$$

$$\sum_{t=n+2}^{18}x_{m,t}\leqslant 8(1-y_{m,n}+y_{m,n+1}),\quad 11\leqslant n\leqslant 16,1\leqslant m\leqslant M \tag{7-35}$$

$$\sum_{t=n+2}^{30}x_{m,t}\leqslant 12(1-y_{m,n}+y_{m,n+1}),\quad 19\leqslant n\leqslant 28,1\leqslant m\leqslant M \tag{7-36}$$

由于研究室紧邻约束还要求一个团队必须在同一个楼层,因此根据楼层分布将所有研

究室归入三个集合：楼层一的集合 $f_1=\{19,20,\cdots,30\}$，楼层三的集合 $f_3=\{11,12,\cdots,18\}$，楼层四的集合 $f_4=\{1,2,\cdots,10\}$。若一个团队在某楼层有研究室，则其在另外两个楼层必定没有研究室，即有下列关系：

$$\text{若}\sum_{n\in f_1} x_{m,n}\geqslant 1,\quad \text{则}\sum_{n\in f_3\cup f_4} x_{m,n}=0$$

$$\text{若}\sum_{n\in f_3} x_{m,n}\geqslant 1,\quad \text{则}\sum_{n\in f_1\cup f_4} x_{m,n}=0$$

$$\text{若}\sum_{n\in f_4} x_{m,n}\geqslant 1,\quad \text{则}\sum_{n\in f_1\cup f_3} x_{m,n}=0$$

可以将上述关系表示为

$$\sum_{n\in f_3\cup f_4} x_{m,n}\leqslant(|f_3|+|f_4|)(1-x_{m,n'}),\quad n'\in f_1,1\leqslant m\leqslant M \tag{7-37}$$

$$\sum_{n\in f_1\cup f_4} x_{m,n}\leqslant(|f_1|+|f_4|)(1-x_{m,n'}),\quad n'\in f_3,1\leqslant m\leqslant M \tag{7-38}$$

$$\sum_{n\in f_1\cup f_3} x_{m,n}\leqslant(|f_1|+|f_3|)(1-x_{m,n'}),\quad n'\in f_4,1\leqslant m\leqslant M \tag{7-39}$$

6. 研究室共用约束

（1）一个研究室最多由两个团队共用，且最少由一个团队占有：

$$1\leqslant\sum_{m=1}^{M} x_{m,n}\leqslant 2,\quad 1\leqslant n\leqslant N \tag{7-40}$$

（2）共用的研究室数不超过团队数。

所有的 $x_{m,n}$ 值总和应不少于研究室总数。此外，如果共用的研究室数量等于团队数，则所有的 $x_{m,n}$ 值总和等于研究室总数与团队总数之和，则有

$$N\leqslant\sum_{m=1}^{M}\sum_{n=1}^{N} x_{m,n}\leqslant M+N \tag{7-41}$$

（3）不允许出现相邻的两个研究室同时被共用的情况。

如果有两个相邻的研究室 n 和 $n+1$ 同时被两个团队共用，则有 $\sum_{m=1}^{M} x_{m,n}+\sum_{m=1}^{M} x_{m,n+1}=4$。为避免这种情况，令

$$\sum_{m=1}^{M} x_{m,n}+\sum_{m=1}^{M} x_{m,n+1}\leqslant 3,\quad 1\leqslant n\leqslant N-1 \tag{7-42}$$

（4）位于角落的研究室不能被共用。

根据研究室在各个楼层的分布图，将研究室 1、6、7、10、11、16、17、18、19、25、26、30 视为在角落里的研究室，这些研究室不能被共用。于是有

$$\sum_{m=1}^{M} x_{m,n}=1,\quad \text{其中 } n=1,6,7,10,11,16,17,18,19,25,26,30 \tag{7-43}$$

7. 其他约束

所有研究室的机位需全部分配给 10 个团队，则

$$\sum_{m=1}^{M}\sum_{n=1}^{N} y_{m,n}=\sum_{n=1}^{N} p_n \tag{7-44}$$

8. 数学模型

根据上述分析，该单位研究室布局优化问题的数学模型如下：

$$\min \sum_{m=1}^{M}\sum_{n=1}^{N}(y_{m,n}-y'_{m,n})\bar{c}_{m,n}$$

$$\text{s.t. 式(7-30)} \sim \text{式(7-44)}$$

7.6.3 优化结果及分析

通过运用 C++语言编程调用 CPLEX 优化软件包中的 MIP 求解器对上述问题进行求解，得出最优布局方案如表 7-15 所示。

表 7-15　科研团队最优布局方案

团队编号	研究室编号	计划机位数/个	分配数/个	预留机位数/个
1	7,8,9,10	44	49	5
2	3,4,5,6	40	44	4
3	15,16,17,18	40	44	4
4	27,28,29,30	37	41	4
5	22,23,24,25,26	34	38	4
6	1,2,3	33	36	3
7	11,12,13	30	32	2
8	19,20,21,22	29	31	2
9	13,14	18	20	2
10	15	12	14	2

该单位通过手工布置的科研团队布局方案如表 7-16 所示。手工布局方案未满足每个团队至少有两个预留机位的约束，有的团队多，有的团队则没有，分布很不均匀；手工布局未充分考虑每个团队所在研究室紧邻约束，也未满足位于角落的研究室不能被共用的约束。优化后的布局方案则满足这些约束，其最小搬运工作量为 17 912.34，而手工布局方案的搬运工作量为 19 309.75。

表 7-16　手工布置的科研团队布局方案

团队编号	研究室编号	计划机位数/个	分配数/个	预留机位数/个
1	3,4,5,6	44	49	5
2	6,7,8,9	40	46	6
3	13,14,15,16	40	46	6
4	27,28,29,30	37	39	2
5	23,24,25,26	34	36	2
6	19,20,21,22,30	33	35	2
7	11,12,13	30	34	4
8	17,18	29	30	1
9	1,2	18	22	4
10	10	12	12	0

本案例运用混合整数线性规划方法建立科研团队布局问题的数学模型，并用 CPLEX 优化软件编程计算最优布局方案，满足了科研团队与研究室的各项相关约束，使布局方案更加合理，同时使总搬运工作总量最小，达到了满意的效果。提出的设施布局整数线性规划方法可应用于类似的设施布局问题中。

本章小结

本章通过引入整数线性规划的概念来解决实际管理问题，根据决策变量的不同将整数规划分为纯整数规划、混合整数规划、0-1 整数规划三种类型。在 0-1 整数规划中，讨论了 0-1 变量在数学建模中的作用，然后重点讲解了如何应用 0-1 整数线性规划方法建立实际管理问题的数学模型。

求解整数线性规划问题可以利用分支定界法和割平面法，但是单独使用分支定界法或割平面法往往计算效率不高。因此，重点介绍了结合分支定界法和割平面法各自优点的分支切割法，即在使用分支定界法求解整数线性规划问题时，通过添加切割方程来求解对应的线性松弛问题，能够有效地提高其收敛速度。此外，重点讨论了如何应用 LINGO 软件来求解整数线性规划问题。

在介绍指派问题的标准数学模型和其解特殊性的基础上，重点阐述了如何应用匈牙利解法求解指派问题，其基本思路是对指派问题的系数矩阵进行变换，获得与人数或事数相同的独立 0 个数，变换后的系数矩阵与原矩阵具有相同的最优解。最后，讨论了指派问题的主要非标准形式以及如何将其转化为标准形式。

习题与思考题

7.1 使用图解法求解下列整数线性规划问题。

(1)

$$\max z = 5x_1 + 7x_2$$

$$\text{s.t.}\begin{cases}12x_1 + 9x_2 \leqslant 77 \\ 7x_1 + 13x_2 \leqslant 98 \\ x_1, x_2 \text{ 为整数}\end{cases}$$

(2)

$$\max z = 19x_1 - 15x_2$$

$$\text{s.t.}\begin{cases}11x_1 + 14x_2 \leqslant 224 \\ 18x_1 - 21x_2 \leqslant 169 \\ x_1, x_2 \text{ 为整数}\end{cases}$$

7.2 例 7-7 中的决策变量定义为任意两个工件加工的先后顺序，是否还有其他决策变量定义方式？

7.3 某市下辖 6 个行政区，市政府拟在各行政区内修建若干个消防站，设计要求从各区到消防站之间的车辆行驶时间不超过 15 min，各区之间车辆的行驶时间如表 7-17 所示。

问为满足设计要求,全市至少要修建几个消防站,具体在哪些区?

表 7-17 各区之间的行车时间

单位:min

	1	2	3	4	5	6
1	0	15	16	18	14	21
2	15	0	17	13	20	18
3	16	17	0	16	14	15
4	18	13	16	0	18	14
5	14	20	14	18	0	22
6	21	18	15	14	22	0

7.4 为应对环境污染问题,某市拟新建污水处理厂,经过考察有 A、B、C、D 四个备选地址,其对应的投资金额、处理能力和处理成本等指标如表 7-18 所示。根据环保部门的要求,污水处理厂建成后每年要从污水中清除 9 万 t 污染物Ⅰ和 7 万 t 污染物Ⅱ。问在保证环保要求的前提下,在何处建厂使总成本最小?

表 7-18 投资金额、处理能力和成本指标

厂 址	投资金额/万元	处理能力/(万 t/a)	处理成本/(元/万 t)	污水处理指标/(t/万 t)	
				污染物Ⅰ	污染物Ⅱ
A	450	750	320	70	55
B	350	600	350	55	50
C	300	500	400	50	45
D	500	800	300	75	60

7.5 某企业现有三个不同的工件需要依次在 1、2、3 三台机床上加工,机床一次只能加工一个工件,工件在被加工的时候不可以被中断,三个产品在每台机床上的加工顺序要保持一致。设 t_{ij} 表示第 i 个产品在 j 台机床上的加工时间,为使得总加工时间最短,应当如何安排加工顺序?请建立数学模型。

7.6 用分支定界法求解下列整数线性规划问题:

$$\max z = 30x_1 + 50x_2$$

$$\text{s.t.}\begin{cases} 8x_1 + 6x_2 \leqslant 50 \\ 6x_1 + 18x_2 \leqslant 64 \\ x_1, x_2 \geqslant 0, \quad \text{且为整数} \end{cases}$$

7.7 试用 LINGO 软件求解下列整数线性规划问题(要求写出其运行代码):

$$\max z = 8x_1 + 5x_2 + 6x_3$$

$$\text{s.t.}\begin{cases} 3x_1 + 3x_2 + 6x_3 \leqslant 85 \\ 4x_1 + 6x_2 + 2x_3 \leqslant 75 \\ x_1, x_2 \geqslant 0 \\ x_1, x_2 \text{ 为整数} \end{cases}$$

7.8 说明指派问题与运输问题的相同点和不同点。

7.9 使用匈牙利法求解下列系数矩阵表示的最大化指派问题:

$$\begin{bmatrix} 6 & 4 & 7 & 9 & 14 \\ 16 & 8 & 11 & 5 & 7 \\ 7 & 9 & 5 & 10 & 8 \\ 10 & 8 & 6 & 4 & 4 \\ 8 & 11 & 6 & 5 & 13 \end{bmatrix}$$

7.10 某科技公司欲将四个开发项目分派给四个团队，每个团队负责一个项目，各团队上报的预计完成时间见表 7-19，如何安排他们的工作使总完成时间最短？

表 7-19 各团队完成项目所需时间 单位：d

团队＼项目	A	B	C	D
甲	5	8	5	6
乙	7	7	6	5
丙	5	7	8	3
丁	7	3	5	6

航空公司航班调度问题

本章导入案例要解决的核心问题是决策每个航班的紧后航班，使得飞机在机场的总停留时间最短。因此，引入一组 0-1 变量 x_{ij} 表示各个航班前后的连接关系，其含义为

$$x_{ij}=\begin{cases}1, & 航班 j 是航班 i 的紧后航班 \\ 0, & 航班 j 不是航班 i 的紧后航班\end{cases}, \quad i,j=1,2,\cdots,14$$

飞机由航班 i 到达机场后随即执行航班 j 产生的停留时间可根据表 7-1 确定，形成的停留时间系数矩阵 $\boldsymbol{A}=(a_{ij})_{14\times14}$ 如表 7-20 所示。

表 7-20 航班间的停留时间 单位：h

到达	起飞													
	AX 001	AX 002	AX 003	AX 004	AX 005	AX 006	AX 007	AX 008	AX 009	AX 010	AX 011	AX 012	AX 013	AX 014
AX001	M	M	M	M	M	18	25	5	M	M	3	9	M	M
AX002	M	M	M	M	M	15	22	2	M	M	24	6	M	M
AX003	M	M	M	M	M	11	18	22	M	M	20	2	M	M
AX004	M	M	M	M	M	M	M	M	7	13	M	M	15	6
AX005	M	M	M	M	M	M	M	M	5	11	M	M	13	6
AX006	24	3	7	13	15	M	M	M	M	M	M	M	M	M
AX007	17	20	24	6	8	M	M	M	M	M	M	M	M	M
AX008	13	16	20	24	4	M	M	M	M	M	M	M	M	M
AX009	20	23	3	9	11	M	M	M	M	M	M	M	M	M
AX010	14	17	21	3	5	M	M	M	M	M	M	M	M	M

续表

到达	起飞													
	AX 001	AX 002	AX 003	AX 004	AX 005	AX 006	AX 007	AX 008	AX 009	AX 010	AX 011	AX 012	AX 013	AX 014
AX011	M	M	M	M	M	M	M	M	13	19	M	M	21	12
AX012	M	M	M	M	M	M	M	M	7	13	M	M	15	6
AX013	M	M	M	M	M	8	15	19	M	M	17	23	M	M
AX014	M	M	M	M	M	17	24	4	M	M	2	8	M	M

其中，M 是一个正无穷大整数，表示飞机由航班 i 到达某机场后，由于不考虑飞机在不同机场间的空驶周转，航班 j 不可能为其紧后航班。

因此，可得到以下 0-1 整数线性规划模型：

$$\min T = \sum_{i=1}^{14} \sum_{j=1}^{14} a_{ij} x_{ij}$$

$$\text{s. t.} \begin{cases} \sum_{i=1}^{14} x_{ij} = 1, & j = 1,2,\cdots,14 \\ \sum_{j=1}^{14} x_{ij} = 1, & i = 1,2,\cdots,14 \\ x_{ij} = 0 \text{ 或 } 1, & i,j = 1,2,\cdots,14 \end{cases}$$

上述模型中第一个约束表示任一起飞航班只有一个紧前航班，而第二个约束则表示任一到达航班只有一个紧后航班。该 0-1 整数规划模型可以利用 LINGO 等优化软件包进行求解。但是，观察该 0-1 整数规划模型发现，若将到达的航班看作待分配的任务，将经过一段停留时间后再次起飞的航班看作完成任务的人，则这是一个典型的指派问题，因此可用更为高效的匈牙利法进行求解。

由于本案例不允许飞机在不同机场间空驶周转，到达某城市的飞机只能选择从该城市起飞的航班作为其紧后航班，上述指派问题可进一步分解为分别针对甲、乙、丙三个城市的三个更小规模的指派问题。针对甲、乙、丙三个城市，分别确定各航班到达机场后执行其紧后航班所形成的停留时间系数矩阵，然后求解三个指派问题，即可得到停留时间最短的航班调度方案。甲、乙、丙城市对应的指派问题系数矩阵如表 7-21～表 7-23 所示。

表 7-21 甲城市机场的停留时间系数矩阵 单位：h

到达	起飞				
	AX001	AX002	AX003	AX004	AX005
AX006	24	3	7	13	15
AX007	17	20	24	6	8
AX008	13	16	20	24	4
AX009	20	23	3	9	11
AX010	14	17	21	3	5

表 7-22　乙城市机场的停留时间系数矩阵　　单位：h

到达	起飞				
	AX006	AX007	AX008	AX011	AX012
AX001	18	25	5	3	9
AX002	15	22	2	24	6
AX003	11	18	22	20	2
AX013	8	15	19	17	23
AX014	17	24	4	2	8

表 7-23　丙城市机场的停留时间系数矩阵　　单位：h

到达	起飞			
	AX009	AX010	AX013	AX014
AX004	7	13	15	6
AX005	5	11	13	6
AX011	13	19	21	12
AX012	7	13	15	6

使用匈牙利法依次求解三个指派问题，得到以下最优解：

甲城市：$x_{6,2}=1, x_{7,4}=1, x_{8,1}=1, x_{9,3}=1, x_{10,5}=1$，其他决策变量都等于 0。

乙城市：$x_{1,11}=1, x_{2,8}=1, x_{3,12}=1, x_{14,16}=1, x_{14,7}=1$，其他决策变量都等于 0。

丙城市：$x_{4,9}=1, x_{5,10}=1, x_{11,13}=1, x_{12,14}=1$，其他决策变量都等于 0。

根据以上最优解确定的飞行方案分为三条周期性循环的航线：

第一条航线为 AX001→AX011→AX013→AX006→AX002→AX008→AX001，该航线总循环周期为三天，因此需要 3 架飞机；

第二条航线为 AX009→AX003→AX012→AX014→AX007→AX004→AX009，该航线总循环周期为三天，也需要 3 架飞机；

第三条航线为 AX010→AX005→AX010，该航线可在一天内完成，需要 1 架飞机。

由上面分析可知，为保证上述飞行计划，该公司总共需要 7 架飞机，一个循环周期内所有飞机在机场的总停留时间为 114 h。

参考文献

[1]　《运筹学》教材组. 运筹学[M]. 4 版. 北京：清华大学出版社，2012.

[2]　胡运权. 运筹学教程[M]. 4 版. 北京：清华大学出版社，2012.

[3]　韩中庚. 运筹学及其工程应用[M]. 北京：清华大学出版社，2014.

[4]　张熠沛. 一类设施布局问题研究[D]. 西安：西北工业大学，2015.

附件：

搬运距离矩阵 $c_{k,n}$

k \ n	1	2	3	4	5	6	7	8	9	10	11	12	13	14	15	16	17	18	19	20	21	22	23	24	25	26	27	28	29	30
1	0	32	33	60	61	78	72	58	50	24	34	49	53	73	77	97	102	92	151	146	141	137	138	128	125	116	105	105	116	125
2	32	0	4	31	32	45	46	31	25	10	67	82	93	113	119	105	109	120	165	160	155	151	152	142	139	130	119	119	130	139
3	33	4	0	30	31	44	45	30	24	11	68	83	94	114	120	104	103	119	166	161	156	152	153	143	140	131	120	120	131	140
4	60	31	30	0	4	34	20	12	10	34	120	119	115	95	91	71	121	122	188	184	179	174	175	65	162	153	142	142	153	162
5	61	32	31	4	0	30	21	12	12	35	136	118	114	94	90	70	84	95	189	185	180	175	176	166	163	154	143	143	154	163
6	78	55	54	34	30	0	10	20	24	58	120	102	98	78	74	54	58	69	211	206	201	197	198	188	185	176	165	165	176	185
7	72	46	45	20	21	10	0	12	18	43	127	107	103	83	79	59	63	74	199	194	189	185	186	176	173	164	153	153	164	173
8	58	31	30	12	12	20	12	0	6	31	137	117	113	93	89	69	73	84	137	182	175	173	174	164	161	152	141	141	152	161
9	50	25	24	10	12	24	18	6	0	25	140	122	118	98	94	74	78	89	181	176	169	167	168	158	155	146	135	135	146	155
10	24	10	11	34	35	58	43	31	25	0	54	74	78	98	102	102	117	107	156	151	146	142	143	133	130	121	110	110	121	130
11	34	67	68	120	136	120	127	137	140	54	0	15	19	39	43	63	58	48	91	96	101	112	84	91	98	105	112	119	118	109
12	49	82	83	119	118	102	107	117	122	74	15	0	4	24	28	48	45	35	73	78	83	94	66	73	80	87	94	101	100	91
13	53	93	94	115	114	98	103	118	78	78	19	4	0	20	24	44	43	33	71	76	81	92	64	71	78	85	92	99	98	89
14	73	113	114	95	94	78	83	93	98	98	39	24	20	0	4	24	25	14	78	83	88	98	117	107	124	113	124	116	105	96
15	77	119	120	91	90	74	79	89	94	102	43	28	24	4	0	20	22	12	79	84	89	99	118	108	125	114	125	117	106	97
16	97	105	104	71	70	54	59	69	74	102	63	48	44	24	20	0	12	25	99	104	109	119	158	128	125	134	145	137	126	117

第8章

非线性规划

【教学内容、重点与难点】

教学内容：非线性规划问题的数学模型和最优解存在的条件；无约束优化问题的求解方法及其 MATLAB 求解；约束优化问题的求解方法及其 MATLAB 与 LINGO 求解；非线性规划问题的应用场景。

教学重点：非线性规划问题最优解存在的条件；梯度法和制约函数法的基本原理；非线性规划问题的建模技巧。

教学难点：约束优化问题中卡罗需-库恩-塔克条件的理解和应用。

包装箱组托优化设计问题

托盘是一种可活动的载货平台，类似于集装箱的集装设备，现已广泛应用于生产、运输、仓储等领域。货物组托是指将内置货物的包装箱合理摆放到托盘上，以方便货物转运。翱翔物流配送中心采用正方形托盘，其规格为 1100 mm×1100 mm。现有一种产品的包装箱规格为 430 mm×210 mm×270 mm，入库数量为 200 箱。在包装箱数量一定的情况下，每个托盘上尽可能多地码放包装箱，就可以减少托盘数量，提高单个托盘利用率，节省存储空间。那么在托盘大小一定的情况下，如何组托包装箱，使托盘一次性能承载更多的包装箱？

事实上，组托方案会受到包装箱规格、仓储环境、托盘容量和承载能力等诸多因素的影响。为了简化问题，本案例不考虑托盘的承载能力和包装箱的高度(即只考虑单层摆放数量最大)。组托可以有多种方式，如斜放或平行放置等，本案例应用经济组托原理来摆放包装箱：沿着托盘四条边逆时针摆放箱子，每到下一条边就逆时针旋转一次包装箱的方向，如图 8-1 所示。按照经济组托原理，托盘相邻边上的箱子交错摆放，这样可以减少托盘表面的空白面积。图 8-1 中大矩形代表托盘，小矩形代表包装箱，以托盘的四个角为起点，分别沿不同的托盘边横向或纵向放置包装箱，要求将统一规格的包装箱尽可能多地码放到托盘承载面，且不允许挤压产生重叠。依据经济组托原理，思考如何在托盘上合理地摆放包装箱，使包装箱底面积最大限度地占用托盘表面积，即一次所能摆放的包装箱个数最多，从而提高翱翔物流中心的配送效率。

该案例中制约组托的关键因素是包装箱尺寸大小和托盘规格，要解决的问题是如何摆放这些包装箱以更高效地利用托盘的承载面积，使托盘能一次性承载更多数量的包装箱，从

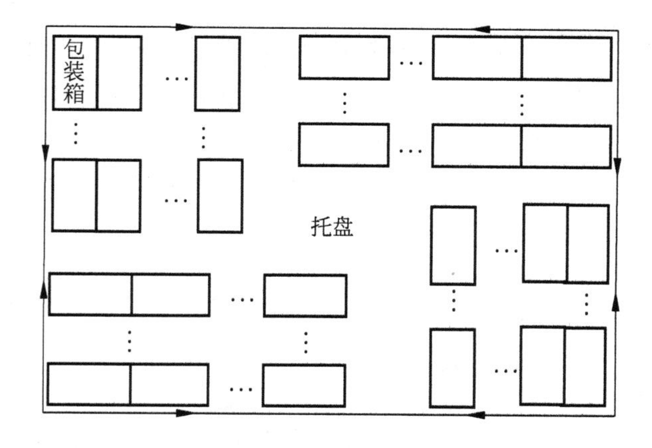

图 8-1　经济组托原理示意图

而求解出包装箱组托的最优方案。因此，本案例的目标是在托盘表面积和单个包装箱底面积一定的情况下，通过在托盘上合理摆放包装箱，以使得组托的包装箱能占据托盘的最大面积，从而最大限度利用好托盘的表面积。非线性规划可用于求解这类组合优化问题，对于找到合理的包装箱组托方案、降低物流成本、提高工作效率等具有重要的经济意义。

8.1　问题的提出与建模

前面章节介绍的线性规划，其目标函数和约束条件都是自变量的一次函数。但是在实际问题的建模过程中，由于问题的复杂性，目标函数或约束条件有时很难用线性函数表示，往往用非线性函数才能准确刻画。为了解决此类问题，本章将引入非线性规划的概念。随着计算机的发展，非线性规划在工程、军事、工业设计、交通运输、经营管理以及金融投资等方面有着广泛的应用，因此有重要的应用价值。

8.1.1　非线性规划问题引例

例 8-1　某工厂生产 A、B 两种产品。已知生产每件 A 产品的固定成本为 30 元，收益为 80 元；生产每件 B 产品的固定成本为 40 元，收益为 120 元。另外，生产 A、B 两种产品的单位营销成本随着销量的增加而增加，其单位产品营销成本分别为 5 元和 8 元。同时，生产 A、B 两种产品需要分别在车间 1 和车间 2 进行加工，并且加工时间和所需材料都是有限制的。A、B 两种产品在车间 1 和车间 2 的生产时间及所需材料如表 8-1 所示。已知该工厂每月在车间 1 和车间 2 的总生产时间分别为 150 h 和 100 h，车间 1 和车间 2 所拥有的材料分别为 8 m 和 6 m。问如何安排生产可以使其该月的总利润最大？

表 8-1　产品加工信息

产　品	车间 1		车间 2	
	加工时间/(h/件)	所需材料/(m/件)	加工时间/(h/件)	所需材料/(m/件)
A	5	0.2	8	0.3
B	4	0.3	10	0.2

解 按照模型的三要素，从决策变量、目标函数和约束条件三个方面出发，建立该问题的数学模型。设该工厂每月计划生产 A 产品 x_1 件，B 产品 x_2 件，为使总利润最大，该问题的数学模型为

$$\max z=(80-30-5x_1)x_1+(120-40-8x_2)x_2$$

$$\text{s.t.}\begin{cases}5x_1+4x_2\leqslant 150\\8x_1+10x_2\leqslant 100\\0.2x_1+0.3x_2\leqslant 8\\0.3x_1+0.2x_2\leqslant 6\\x_1,x_2\geqslant 0\end{cases}\tag{8-1}$$

可以看出，该数学模型的目标函数是一个非线性函数，约束条件都是线性函数。

8.1.2 非线性规划问题的数学模型

线性规划问题的目标函数和约束条件都是自变量的一次函数，但在现实问题中，还存在目标函数或约束条件是非线性函数的情况，如例 8-1。于是，人们把目标函数或约束条件中含有非线性函数的优化问题称为非线性规划问题。

1. 一般形式

非线性规划数学模型的一般形式为

$$\min f(\boldsymbol{X})$$

$$\text{s.t.}\begin{cases}g_i(\boldsymbol{X})\geqslant 0, & i=1,2,\cdots,l\\h_j(\boldsymbol{X})=0, & j=1,2,\cdots,m\end{cases}\tag{8-2}$$

其中 $\boldsymbol{X}=(x_1,x_2,\cdots,x_n)^{\mathrm{T}}$ 是 n 维空间 $\mathbf{R}^n$ 中的点(向量)，$f(\boldsymbol{X})$、$g_i(\boldsymbol{X})$、$h_j(\boldsymbol{X})$中至少有一个是关于 $\boldsymbol{X}$ 的非线性函数。

由于 $\max f(\boldsymbol{X})=-\min[-f(\boldsymbol{X})]$，当目标函数是求极大值时，容易将它变为求极小值，因此在后边介绍中只考虑极小值问题。另外，若某约束条件是“$\leqslant$”时，只需两端同乘“-1”来改变不等号的方向，即可将这个约束变为“$\geqslant$”。

对于等式约束 $h_j(\boldsymbol{X})=0$ 可以用以下两个不等式约束来代替：

$$\begin{cases}h_j(\boldsymbol{X})\geqslant 0\\-h_j(\boldsymbol{X})\geqslant 0\end{cases}\tag{8-3}$$

因此，也可将非线性规划的数学模型写成

$$\min f(\boldsymbol{X})$$

$$\text{s.t. } g_i(\boldsymbol{X})\geqslant 0,\quad i=1,2,\cdots,l\tag{8-4}$$

2. 特殊形式：二次规划

若某非线性规划问题的目标函数为 $\boldsymbol{X}$ 的二次函数，约束条件全是线性函数，则称这样的非线性规划为二次规划。现实中的很多问题都可以抽象成二次规划模型。二次规划的数学模型一般为

$$\min f(\boldsymbol{X})=\sum_{j=1}^{n}c_jx_j+\sum_{j=1}^{n}\sum_{k=1}^{n}c_{jk}x_jx_k$$

$$\text{s.t.}\begin{cases}\sum_{j=1}^{n} a_{ij}x_j + b_i \geqslant 0, & i=1,2,\cdots,m \\ x_j \geqslant 0, & j=1,2,\cdots,n\end{cases} \tag{8-5}$$

其中,目标函数右端第二项的参数满足 $c_{jk}=c_{kj}(j=1,2,\cdots,n;\ k=1,2,\cdots,n)$。

8.2　最优解及其存在的条件

在引入非线性规划问题的求解方法前,首先要考虑其最优解的存在性以及了解解的特性,以便更好地理解非线性规划问题。如何确定非线性规划问题是具有最优解的?如何保证获得的解是最优的?针对这些问题,本节将引入非线性规划问题的最优解,进而讨论极值点存在的条件。

8.2.1　局部极值和全局极值

对于可行域为 D 的非线性规划问题的目标函数 $f(\boldsymbol{X})$,如果 $\boldsymbol{X}^* \in D$,并且存在某个 $\varepsilon>0$,使所有 $\boldsymbol{X}\in D$ 且 $\|\boldsymbol{X}-\boldsymbol{X}^*\|<\varepsilon$,都有 $f(\boldsymbol{X})\geqslant f(\boldsymbol{X}^*)$,则称 $\boldsymbol{X}^*$ 是 $f(\boldsymbol{X})$ 在 D 上的局部极小点,$f(\boldsymbol{X}^*)$ 即为局部极小值;若对于所有 $\boldsymbol{X}\in D$,$\|\boldsymbol{X}-\boldsymbol{X}^*\|<\varepsilon$ 且 $\boldsymbol{X}\neq\boldsymbol{X}^*$,都有 $f(\boldsymbol{X})>f(\boldsymbol{X}^*)$,则称 $\boldsymbol{X}^*$ 是 $f(\boldsymbol{X})$ 在 D 上的严格局部极小点,$f(\boldsymbol{X}^*)$ 即为严格局部极小值。

若对所有 $\boldsymbol{X}\in D$ 都有 $f(\boldsymbol{X})\geqslant f(\boldsymbol{X}^*)$,则称 $\boldsymbol{X}^*$ 是 $f(\boldsymbol{X})$ 在 D 上的全局极小点,$f(\boldsymbol{X}^*)$ 为全局极小值。若对所有 $\boldsymbol{X}\in D$ 且 $\boldsymbol{X}\neq\boldsymbol{X}^*$,都有 $f(\boldsymbol{X})>f(\boldsymbol{X}^*)$,则称 $\boldsymbol{X}^*$ 是 $f(\boldsymbol{X})$ 在 D 上的严格全局极小点,$f(\boldsymbol{X}^*)$ 为严格全局极小值。

极大点和极大值的定义类似,只需将上述不等式反向即可。由于线性规划的目标函数必为线性函数,其可行域为凸集,因此求得的最优解是整个可行域上的全局最优解。但是,对于非线性规划来说,尤其当目标函数是具有多个变量的复杂函数时,求得的某个解虽然是一部分可行域上的极值点(此时称为局部最优点),但并不一定是整个可行域上的全局最优点,因此这种局部最优点及其目标函数值称为局部最优解。如果某一个局部最优解为可行域中所有局部最优解中的最小值(或最大值),则称该解为全局最优解,该极值点即为全局最优点。

8.2.2　极值点存在的条件

在分析最优化问题时,了解问题的最优性条件是最根本的。根据非线性规划问题目标函数的可微性,可利用梯度以及泰勒展开式来探索其最优性条件,下面以定理的形式给出:

定理 8-1(必要条件)　设 $f(\boldsymbol{X})$是定义在多维空间 $\mathbf{R}^n$ 中某开集 D 上的 n 元可微函数,$\boldsymbol{X}^*$ 是 D 内的点,且 $f(\boldsymbol{X})$在 $\boldsymbol{X}^*$ 点处可微。若 $\boldsymbol{X}^*$ 是 $f(\boldsymbol{X})$的局部极小点,则 $\nabla f(\boldsymbol{X}^*)=\mathbf{0}$,其中 $\nabla f(\boldsymbol{X}^*)$被称为函数 $f(\boldsymbol{X})$在点 $\boldsymbol{X}^*$ 处的梯度,$\nabla f(\boldsymbol{X}^*)=\left(\frac{\partial f(\boldsymbol{X}^*)}{\partial x_1},\frac{\partial f(\boldsymbol{X}^*)}{\partial x_2},\cdots,\frac{\partial f(\boldsymbol{X}^*)}{\partial x_n}\right)^{\mathrm{T}}$。

实际上，满足$\nabla f(\boldsymbol{X})=\mathbf{0}$的点可以称为平稳点（或驻点）。在区域内部，极值点一定是平稳点，但平稳点未必是极值点。

定理 8-2（充分条件） 设$f(\boldsymbol{X})$在多维空间$\mathbf{R}^n$中某开集D内有二阶连续偏导数，$H(\boldsymbol{X}^*)$为$f(\boldsymbol{X})$在$\boldsymbol{X}^*$点的黑塞（Hessian）矩阵，$\boldsymbol{Z}$为任意非零向量。若$\boldsymbol{X}^*$是D内的点，$\nabla f(\boldsymbol{X}^*)=\mathbf{0}$且$\boldsymbol{Z}^{\mathrm{T}}H(\boldsymbol{X}^*)\boldsymbol{Z}>0$，则$\boldsymbol{X}^*$为严格局部极小点。其中

$$H(\boldsymbol{X}^*)=\begin{bmatrix} \dfrac{\partial^2 f(\boldsymbol{X}^*)}{\partial x_1^2} & \dfrac{\partial^2 f(\boldsymbol{X}^*)}{\partial x_1 \partial x_2} & \cdots & \dfrac{\partial^2 f(\boldsymbol{X}^*)}{\partial x_1 \partial x_n} \\ \dfrac{\partial^2 f(\boldsymbol{X}^*)}{\partial x_2 \partial x_1} & \dfrac{\partial^2 f(\boldsymbol{X}^*)}{\partial x_2^2} & \cdots & \dfrac{\partial^2 f(\boldsymbol{X}^*)}{\partial x_2 \partial x_n} \\ \vdots & \vdots & & \vdots \\ \dfrac{\partial^2 f(\boldsymbol{X}^*)}{\partial x_n \partial x_1} & \dfrac{\partial^2 f(\boldsymbol{X}^*)}{\partial x_n \partial x_2} & \cdots & \dfrac{\partial^2 f(\boldsymbol{X}^*)}{\partial x_n^2} \end{bmatrix} \tag{8-6}$$

回顾一元函数求极值问题，例如，$f(x)=x^2$通常会先求其一阶导数，判断极值点可能出现的位置。但根据定理 8-1，极值点处的一阶导数等于零只是极值点存在的必要条件，而非充分条件。此时，通常的方法是求函数的二阶导数，再通过其正负来确定函数的极值性。同理，多元函数求极值问题也可采用同样的方法，海赛矩阵即表示多元函数求得的二阶导数。在这里，定理 8-2 仅是一个充分条件，这是因为当函数的二阶导数等于零时，也有可能求得函数的极值。例如，$f(x)=x^4$，$x^*=0$是它的极小点，但其二阶导数$f''(x^*)=0$。因此，定理 8-2 仅是一个充分条件。

在求解非线性规划问题时，研究极值点存在的条件有助于更深入、清晰地了解问题，并尽可能地运用这些条件找到问题的求解方法。

8.3 无约束优化问题

无约束优化问题是指在没有任何约束条件下寻找问题的最优解，可表述为

$$\min f(\boldsymbol{X}),\quad \boldsymbol{X}\in\mathbf{R}^n \tag{8-7}$$

由于没有自变量的限制，求解无约束优化问题的方法有很多，不同的方法根据其自身的特性适用于不同的问题。因此，在求解无约束优化问题时，需要从实际问题的特性出发，选取最适合的方法，使其可以快速地寻找到问题的最优解。本节将引入求解无约束优化问题的典型方法——梯度法。

8.3.1 梯度法

在求解无约束优化问题时，根据定理 8-1，若函数可导，可以令它的梯度等于 0 求出平稳点，从而通过解析法求出所要的解。对于某些较简单的函数，解析法有时是可行的；但是对于一般的多元函数来说，令梯度为 0 得到的往往是一个非线性方程组，求解起来相当困难，目前还没有通用的求解方法。为此，一般采用迭代法，即在给定初始点$\boldsymbol{X}^{(0)}$后按照某一特定的迭代规则找出比$\boldsymbol{X}^{(0)}$更好的解$\boldsymbol{X}^{(1)}$，如此反复进行即可产生一个点列$\boldsymbol{X}^{(1)},\boldsymbol{X}^{(2)},\cdots,\boldsymbol{X}^{(k)},\cdots$，记为$\{\boldsymbol{X}^{(k)}\}$，使得某个$\boldsymbol{X}^{(k)}$恰好是问题的最优解，或者该点列$\{\boldsymbol{X}^{(k)}\}$收敛于该问

题的最优解。然而，计算机只能执行有限次迭代，通常很难得到精确解，只能得到近似解。所以当满足所要求的精度时，即可停止迭代。那么，如何产生点列$\{\boldsymbol{X}^{(k)}\}$呢？这相当于在射线$\boldsymbol{X}=\boldsymbol{X}^{(k)}+\lambda\boldsymbol{P}^{(k)}$上选定新点$\boldsymbol{X}^{(k+1)}=\boldsymbol{X}^{(k)}+\lambda_k\boldsymbol{P}^{(k)}$。其中，$\boldsymbol{P}^{(k)}$称为搜索方向，$\lambda_k$称为步长。

可以看出，在迭代中选取搜索方向是最为关键的一步，所以各种算法的区别主要在于确定搜索方向的方法。梯度法就是确定搜索方向最常用的方法之一。除此之外，还有变尺度法、共轭梯度法等。

梯度法，顾名思义，通常是利用梯度，沿目标函数下降的方向求极小值的方法。以$\boldsymbol{X}^{(k)}$表示极小点的第k次近似，即第k步迭代点。设$f(\boldsymbol{X})$在$\boldsymbol{X}^{(k)}$点处对$\boldsymbol{P}^{(k)}$求导得到的导数为$f_p(\boldsymbol{X}^{(k)})=\nabla f(\boldsymbol{X}^{(k)})^{\mathrm{T}}\boldsymbol{P}^{(k)}$。根据$f(\boldsymbol{X})$在$\boldsymbol{X}^{(k)}$点处的泰勒展开，只要$\nabla f(\boldsymbol{X}^{(k)})^{\mathrm{T}}\boldsymbol{P}^{(k)}<0$，选取充分小的步长，就可以保证$f(\boldsymbol{X}^{(k)}+\lambda\boldsymbol{P}^{(k)})<f(\boldsymbol{X}^{(k)})$。此时若取$\boldsymbol{X}^{(k+1)}=\boldsymbol{X}^{(k)}+\lambda\boldsymbol{P}^{(k)}$，即可使目标函数值得到改善，因此把满足$\nabla f(\boldsymbol{X}^{(k)})^{\mathrm{T}}\boldsymbol{P}^{(k)}<0$的方向$\boldsymbol{P}^{(k)}$称为下降方向。当方向导数越小时，函数下降的速度越快。即当$\nabla f(\boldsymbol{X}^{(k)})$和$\boldsymbol{P}^{(k)}$反向时，$\nabla f(\boldsymbol{X}^{(k)})^{\mathrm{T}}\boldsymbol{P}^{(k)}$的值最小。此时，称搜索方向$\boldsymbol{P}^{(k)}$为负梯度方向。所以当搜索方向$\boldsymbol{P}^{(k)}=-\nabla f(\boldsymbol{X}^{(k)})$时，函数值下降最快，这种方法是梯度法的最常见形式。在确定搜索方向后，能否更快地逼近最优点关键在于步长的选取。步长的确定是使目标函数值沿搜索方向下降最多为依据，即沿射线$\boldsymbol{X}^{(k)}+\lambda\boldsymbol{P}^{(k)}$，求$f(\boldsymbol{X})$的极小值，即

$$\lambda_k=\min f(\boldsymbol{X}^{(k)}+\lambda\boldsymbol{P}^{(k)}) \tag{8-8}$$

上式是求以λ为变量的一元函数的极小点，这样确定的步长称为最佳步长。确定最佳步长通常用到一维搜索，即沿某一已知方向寻找目标函数的极小点。一维搜索的方法很多，如斐波那契法和0.618法等。在负梯度方向应用最佳步长搜索最优解的方法称为最速下降法。必须指出的是，$\boldsymbol{X}$点处的负梯度方向$-\nabla f(\boldsymbol{X})$仅在$\boldsymbol{X}$点附近才具有这种"最速下降"的性质，对于整个极小化过程来讲未必成立。

这样，根据给定的初始点$\boldsymbol{X}^{(0)}$和精度$\varepsilon>0$，就可以迭代求出函数的极小值。

例 8-2　已知初始点$\boldsymbol{X}^{(0)}=(1,1)^{\mathrm{T}}$，精度$\varepsilon=0.6$，试用梯度法求函数$f(\boldsymbol{X})=2x_1^2+x_1x_2+x_2^2-4x_1-4x_2$的极小点。

解　求得函数的梯度以及海赛矩阵为

$$\nabla f(\boldsymbol{X})=(4x_1+x_2-4,x_1+2x_2-4)^{\mathrm{T}}$$

$$H(\boldsymbol{X})=\begin{bmatrix}4 & 1\\1 & 2\end{bmatrix}$$

则$\nabla f(\boldsymbol{X}^{(0)})=(1,-1)^{\mathrm{T}}$，$\|\nabla f(\boldsymbol{X}^{(0)})\|^2=2>\varepsilon$，选取最佳步长继续迭代：

$$\boldsymbol{X}^{(1)}=\boldsymbol{X}^{(0)}-\lambda\nabla f(\boldsymbol{X}^{(0)})=\begin{bmatrix}1\\1\end{bmatrix}-\lambda\begin{bmatrix}1\\-1\end{bmatrix}=\begin{bmatrix}1-\lambda\\1+\lambda\end{bmatrix}$$

$$f(\boldsymbol{X}^{(1)})=2\lambda^2-2\lambda-4$$

令$\dfrac{\mathrm{d}f(\boldsymbol{X}^{(1)})}{\mathrm{d}\lambda}=0$，得到步长$\lambda_0=\dfrac{1}{2}$。在此，采用了一维搜索的方法来确定最佳步长。从而有

$$\boldsymbol{X}^{(1)}=\left(\frac{1}{2},\frac{3}{2}\right)^{\mathrm{T}},\quad \nabla f(\boldsymbol{X}^{(1)})=\left(-\frac{1}{2},-\frac{1}{2}\right)^{\mathrm{T}},\quad \|\nabla f(\boldsymbol{X}^{(1)})\|^2=\frac{1}{2}<\varepsilon$$

此时，迭代点已经达到要求的精度，所以$\boldsymbol{X}^{(1)}$即为该函数的极小点。

作为求解无约束优化问题的经典方法，梯度法的应用非常广泛。例如，BP（back propagation）神经网络以最速下降法为学习规则，通过反向传播不断调整网络的权重和阈值，从而使网络的误差平方和最小，也就是说，让神经网络的预测值（实际输出）和标签值（预期输出）尽可能接近。当前，梯度法已被广泛应用于机器学习中的回归拟合以及神经网络训练的反向传播。

8.3.2 无约束优化问题的 MATLAB 求解

由于非线性规划问题的复杂性，单纯通过手动计算来寻找问题的最优解不仅工作量大、耗时久，而且往往找不到问题的最优解。非线性规划问题的求解方法都是通过迭代搜索来寻找问题的最优解。对于规模较大且复杂的非线性规划问题，往往需要借助优化软件工具，将其转化为特定输入格式的程序文件，通过运行该软件，以求得问题的最优解或近似最优解。MATLAB 作为国际上科学与工程计算领域应用比较广泛的软件工具，其优化工具箱中提供了求解非线性规划问题的函数：fminunc()以及 fminsearch()。作为 MATLAB 求解无约束优化问题的主要函数，fminunc()可以实现求解无约束优化问题的多种方法，梯度法（最速下降法）仅仅是其所使用的方法之一。fminsearch()可以求得初始值附近的极小点和极小解，用法与 fminunc()相似。

下面将通过实例介绍 MATLAB 求解无约束优化问题的 fminunc()。

1. fminunc()

fminunc()的输入参数主要包括 fun、x0 和 options。其中，fun 表示目标函数，需用 M 函数文件的形式给出；x0 表示初始迭代点，是一个已知参数；options 定义了优化参数。输出参数主要包括 x、fval、grad、hessian、exitflag、output。其中，x 表示最优点，即最后的迭代点；fval 表示最优点对应的函数值；grad 和 hessian 表示最优点对应的梯度和海赛矩阵；exitflag 表示算法终止时的函数信息；output 则定义了计算过程中的一些基本信息，包括实际迭代次数以及所采用的算法等。

该函数的基本命令为：[x,fval]=fminunc(fun,x0,options)，表示用 options 指定的优化参数来使问题最优化。fminunc()可以根据需要设置不同的参数，从而选用不同的优化算法。

例 8-3 使用 MATLAB 求解例 8-2 中的非线性函数。

解 使用 MATLAB 的求解过程如下：

(1) 利用函数的梯度与海赛矩阵求解，新建 M 函数文件定义目标函数，并命名为 fun. m。

```
function[f,g,h] = fun(x)
f = 2 * x(1)^2 + x(1) * x(2) + x(2)^2 - 4 * x(1) - 4 * x(2);
g = [4 * x(1) + x(2) - 4;2 * x(2) + x(1) - 4];                %表示函数的梯度向量
h = [4,1;1,2];                                                %表示函数的海赛矩阵
```

(2) 建立主程序文件如下：

```
options = optimset('gradobj','on','hessian','on');
[x,fval, exitflag] = fminunc('fun',[1,1]',options)
```

在 MATLAB 中运行，即可得到函数的极小点，为$[0.5714;\ 1.7143]^T$，极小值为-4.5714，比例 8-2 所求得的解更好。

2. 最速下降法的 MATLAB 实现

除了 MATLAB 优化工具包自带的求解无约束优化问题的函数外，也可以根据算法的求解思路编写相应的程序。这样，用户便可以自己设置步长以及停止迭代条件等。这里以例 8-2 的函数为例，按照 MATLAB 软件的语法规则，编写一段可执行的程序以在 MATLAB 中实现最速下降法，代码如下：

（1）建立 M 函数文件定义目标函数，并命名为 fun.m。

```
function[f,g] = fun(x)
f = 2 * x(1)^2 + x(1) * x(2) + x(2)^2 - 4 * x(1) - 4 * x(2);
g = [4 * x(1) + x(2) - 4;2 * x(2) + x(1) - 4];
```

（2）编写主程序如下：

```
clc,clear;
x0 = [1;1];
[f0,g] = fun(x0);                    %得到一个初始解
while norm(g)> 1e - 6                %设置收敛条件:一阶导数即梯度趋近于 0
    p =  - g/norm(g);                %设置搜索方向为负梯度方向
    t = 1;                           %设置初始步长为 1 个单位长度
    f = fun(x0 + t * p);
    while f > f0
        t = t/2;
        f = fun(x0 + t * p);
    end
%{ 为了保证最后收敛,保持 f 序列为单调递减的序列,否则很有可能在极值点附近来回震荡,最后
无法收敛到最优值
%}
    x0 = x0 + t * p;
    [f0,g] = fun(x0);
end
x0,f0
```

在 MATLAB 中运行该程序，即可得到函数的极小点，为$[0.5714;\ 1.7143]^T$，极小值为-4.5714，这与调用 MATLAB 中的 fminunc()求得的最优值一样，从而验证了该算法的有效性。

8.4　约束优化问题

在实际问题中，大多数优化问题的变量往往要受到很多条件的限制，如资金、人力、物资的限制等，给最优解的求解带来了极大的困难。将这类包含约束条件的优化问题称为约束优化问题，一般形式即为式(8-2)或式(8-4)。在工程的最优化设计中，很多问题都属于约束优化问题。本节将在约束优化问题最优性条件的基础上，探讨求解约束优化问题的方法——制约函数法。

8.4.1 最优性条件

1. 起作用约束

对于约束优化问题式(8-4)，设 $\boldsymbol{X}^{(0)}$ 是该约束优化问题的一个可行解，即 $\boldsymbol{X}^{(0)}$ 满足所有约束条件。对于某一不等式约束条件 $g_i(\boldsymbol{X})\geqslant 0$，若 $g_i(\boldsymbol{X}^{(0)})>0$，则点 $\boldsymbol{X}^{(0)}$ 不在该约束条件形成的可行域的边界上，因而其对 $\boldsymbol{X}^{(0)}$ 的微小摄动不起限制作用，因此称这样的约束条件为 $\boldsymbol{X}^{(0)}$ 点的不起作用约束或无效约束；若 $g_i(\boldsymbol{X}^{(0)})=0$，则点 $\boldsymbol{X}^{(0)}$ 位于该约束条件形成的可行域的边界上，它对 $\boldsymbol{X}^{(0)}$ 的摄动起了限制作用，故称之为点 $\boldsymbol{X}^{(0)}$ 的起作用约束或有效约束。显然，等式约束对所有可行点来说都是起作用约束。

2. 可行下降方向

设点 $\boldsymbol{X}^{(0)}$ 是约束优化问题式(8-4)的某一可行点，D 为其可行域。对某一个方向 $\boldsymbol{P}$，存在实数 $\lambda_0>0$，当任意的 $\lambda\in[0,\lambda_0]$ 时，均有

$$\boldsymbol{X}^{(0)}+\lambda\boldsymbol{P}\in D$$

则称 $\boldsymbol{P}$ 为 $\boldsymbol{X}^{(0)}$ 的一个可行方向，即该方向仍在可行域内。对于 $\boldsymbol{X}^{(0)}$ 点的所有起作用约束 $g_i(\boldsymbol{X})\geqslant 0$，有 $g_i(\boldsymbol{X}^{(0)})=0$。由泰勒展开式，得

$$g_i(\boldsymbol{X}^{(0)}+\lambda\boldsymbol{P})=g_i(\boldsymbol{X}^{(0)})+\lambda\nabla g_i(\boldsymbol{X}^{(0)})^{\mathrm{T}}\boldsymbol{P}+o(\lambda)$$

显然，只要

$$\nabla g_i(\boldsymbol{X}^{(0)})^{\mathrm{T}}\boldsymbol{P}>0 \tag{8-9}$$

当 $\lambda>0$ 足够小时，就有 $g_i(\boldsymbol{X}^{(0)}+\lambda\boldsymbol{P})\geqslant 0$。同理，对于 $\boldsymbol{X}^{(0)}$ 点的所有不起作用约束，当 $\lambda>0$ 足够小时，上式亦成立。因此，当方向 $\boldsymbol{P}$ 满足式(8-9)时，它也被称为 $\boldsymbol{X}^{(0)}$ 的一个可行方向。

由前面梯度法的介绍可知，对于可行点 $\boldsymbol{X}^{(0)}$，若方向 $\boldsymbol{P}$ 满足 $\nabla f(\boldsymbol{X}^{(0)})^{\mathrm{T}}\boldsymbol{P}<0$，则 $\boldsymbol{P}$ 称为点 $\boldsymbol{X}^{(0)}$ 的下降方向，即使目标函数值下降的方向。

当 $\boldsymbol{X}^{(0)}$ 点的某一方向 $\boldsymbol{P}$ 同时满足可行方向和下降方向的条件时，则称 $\boldsymbol{P}$ 是点 $\boldsymbol{X}^{(0)}$ 的可行下降方向。从几何意义上看，可行下降方向 $\boldsymbol{P}$ 与点 $\boldsymbol{X}^{(0)}$ 的所有起作用约束梯度方向之间的夹角，以及与目标函数负梯度方向之间的夹角均为锐角。

因此，很容易理解的一个最优性条件为：若非线性规划在某点 $\boldsymbol{X}^*$ 处取得最优解，则在该点处不存在可行下降方向。如果在 $\boldsymbol{X}^*$ 点处仍存在可行下降方向，则说明该点不是最优点，应沿着该方向继续搜索，直到找到比 $\boldsymbol{X}^*$ 点更好的解。

3. 卡罗需-库恩-塔克条件

约束优化问题的最优性条件又被称为卡罗需-库恩-塔克条件(Karush-Kuhn-Tucker Conditions)，它是确定某点为最优解的必要条件，但一般来说它不是充分条件，即满足卡罗需-库恩-塔克条件的点不一定是最优点。但是，对于凸规划问题，卡罗需-库恩-塔克条件既是充分条件，又是必要条件。那么卡罗需-库恩-塔克条件是如何得到的呢？假设 $\boldsymbol{X}^*$ 是约束优化问题式(8-4)的极小点，考虑 $\boldsymbol{X}^*$ 与其可行域 D 的位置关系，有以下三种情况：

(1) 当 $\boldsymbol{X}^*$ 位于可行域 D 的内部时，实际上 $\boldsymbol{X}^*$ 是 $f(\boldsymbol{X})$ 的无约束极值点，根据定理 8-1 的必要条件，$\boldsymbol{X}^*$ 必满足 $\nabla f(\boldsymbol{X}^*)=0$，此时 $g_i(\boldsymbol{X}^*)>0$。

（2）当 $\boldsymbol{X}^*$ 仅位于某一个约束条件形成的可行域边界上时，即在 $\boldsymbol{X}^*$ 点处只有一个起作用约束，不妨设 $g_1(\boldsymbol{X})=0$。此时，等值曲面 $f(\boldsymbol{X}^*)$ 与曲面 $g_1(\boldsymbol{X})=0$ 在 $\boldsymbol{X}^*$ 点处相切。从几何的角度也就是说，两个曲面在 $\boldsymbol{X}^*$ 点处有相同的切平面，从而有相同的法向量。等值曲面 $f(\boldsymbol{X}^*)$ 在 $\boldsymbol{X}^*$ 点处的法向量为 $-\nabla f(\boldsymbol{X}^*)$，曲面 $g_1(\boldsymbol{X})=0$ 在 $\boldsymbol{X}^*$ 点处的法向量为 $\nabla g_1(\boldsymbol{X}^*)$，则两者肯定在同一条直线上且方向相反；否则，可在 $\boldsymbol{X}^*$ 点处找到一个可行下降方向 $\boldsymbol{P}$，使得其与 $-\nabla f(\boldsymbol{X}^*)$ 和 $\nabla g_1(\boldsymbol{X}^*)$ 的夹角都为锐角，这便与 $\boldsymbol{X}^*$ 是极小点的条件相矛盾。因此，必存在 $\lambda_1 \geqslant 0$，使得 $\nabla f(\boldsymbol{X}^*)-\lambda_1\nabla g_1(\boldsymbol{X}^*)=0$。

（3）当 $\boldsymbol{X}^*$ 同时位于多个约束条件形成的可行域边界上时，不妨设 $g_1(\boldsymbol{X})=0$ 与 $g_2(\boldsymbol{X})=0$。仍考虑相关曲面的法向量。此时，$\nabla f(\boldsymbol{X}^*)$ 必位于 $\nabla g_1(\boldsymbol{X}^*)$ 与 $\nabla g_2(\boldsymbol{X}^*)$ 所形成的夹角内，且 $\nabla f(\boldsymbol{X}^*)$ 与 $\nabla g_1(\boldsymbol{X}^*)$ 和 $\nabla g_2(\boldsymbol{X}^*)$ 的夹角均为锐角，否则在 $\boldsymbol{X}^*$ 点处也可以找到一个可行下降方向 $\boldsymbol{P}$。这种情形下，当 $\boldsymbol{X}^*$ 点的起作用约束条件的梯度 $\nabla g_1(\boldsymbol{X}^*)$ 和 $\nabla g_2(\boldsymbol{X}^*)$ 线性无关时，存在 $\lambda_1,\lambda_2 \geqslant 0$，使得 $\nabla f(\boldsymbol{X}^*)-\lambda_1\nabla g_1(\boldsymbol{X}^*)-\lambda_2\nabla g_2(\boldsymbol{X}^*)=0$。同理，也可推广至有两个以上起作用约束条件的情况。

综上，将上述情况用数学表达式统一起来，得到的卡罗需-库恩-塔克条件表述如下：设 $\boldsymbol{X}^*$ 是约束优化问题式(8-4)的极小点，若对于在 $\boldsymbol{X}^*$ 点的所有起作用约束，其梯度线性无关，则存在向量 $\boldsymbol{\Gamma}^*=(g_1^*,g_2^*,\cdots,g_l^*)^{\mathrm{T}}$，使下述条件成立：

$$\begin{cases}\nabla f(\boldsymbol{X}^*)-\sum\limits_{i=1}^{l}\gamma_i^*\ \nabla g_i(\boldsymbol{X}^*)=0\\ \gamma_i^*\ \nabla g_i(\boldsymbol{X}^*)=0,\quad i=1,2,\cdots,l\\ \gamma_i^*\geqslant 0,\quad i=1,2,\cdots,l\end{cases}\tag{8-10}$$

该条件称为卡罗需-库恩-塔克条件(简称 KKT 条件)，满足这个条件的点称为库恩-塔克点(简称 K-T 点)。

类似地，对于同时含有等式和不等式约束条件的非线性规划问题，如式(8-2)，若极小点 $\boldsymbol{X}^*$ 的所有起作用约束的梯度 $\nabla h_j(\boldsymbol{X}^*)$ 和 $\nabla g_i(\boldsymbol{X}^*)$ 线性无关，将其中的等式约束 $h_j(\boldsymbol{X})=0$ 用两个不等式(8-3)来替代，运用类似的方法即可得到式(8-2)的卡罗需-库恩-塔克条件。值得注意的是，对于等式约束的拉格朗日乘子 γ_i^* 没有非负的限制。

在对二次规划问题(8-5)求解时，可采用卡罗需-库恩-塔克条件，并且通过引入人工变量和符号函数的方法将其转化为对应的线性规划问题，从而获得原问题的最优解。同时，当二次规划问题(8-5)属于凸规划时，它的局部极值即为全局极值。在这种情况下，卡罗需-库恩-塔克条件就是极值点存在的充要条件。

例 8-4　利用卡罗需-库恩-塔克条件求解下列约束优化问题：

$$\min f(x)=(x-5)^2$$
$$\text{s.t. } 1\leqslant x\leqslant 6$$

解　将该非线性规划问题写成一般形式如下：

$$\min f(x)=(x-5)^2$$
$$\text{s.t.}\begin{cases}g_1(x)=x-1\geqslant 0\\ g_2(x)=6-x\geqslant 0\end{cases}$$

求得各函数的梯度为

$$\nabla f(x)=2(x-5),\quad \nabla g_1(x)=1,\quad \nabla g_2(x)=-1$$

根据卡罗需-库恩-塔克条件，得

$$\begin{cases}2(x^*-5)-\gamma_1^*+\gamma_2^*=0\\ \gamma_1^*(x^*-1)=0\\ \gamma_2^*(6-x^*)=0\\ \gamma_1^*,\gamma_2^*\geqslant 0\end{cases}$$

求解该方程组，有：

(1) 当 $\gamma_1^*>0,\gamma_2^*>0$ 时，无解；

(2) 当 $\gamma_1^*\neq 0,\gamma_2^*=0$ 时，$x^*=1,\gamma_1^*=-8$，此时不是 K-T 点；

(3) 当 $\gamma_1^*=0,\gamma_2^*\neq 0$ 时，$x^*=6,\gamma_1^*=-2$，此时不是 K-T 点；

(4) 当 $\gamma_1^*=\gamma_2^*=0$ 时，$x^*=5$，此时 $f(x^*)=0$。

由于该非线性规划问题为凸规划，故 $x^*=5$ 即为其最优点。

8.4.2 制约函数法

求解约束优化问题的另一种方法是构造某种函数将约束条件加到目标函数中，从而将约束问题转化成一系列无约束问题，这种方法称为制约函数法（constrained function method），又称序列无约束极小化技术（sequential unconstrained minimization technique, SUMT）。主要有两种形式：惩罚函数法和障碍函数法。

1. 惩罚函数法

考虑式(8-4)的约束优化问题，为求其最优解，可以构造一个函数 $\varphi(t)=\begin{cases}0, t\geqslant 0\\ t^2, t<0\end{cases}$，该函数 $\varphi(t)$ 在 $t=0$ 处连续且可导，而且 $\varphi(t)$ 和 $\varphi'(t)$ 都连续。现把 $g_i(\boldsymbol{X})$ 当作 t，显然有两种情况（D 代表可行域）：当 $\boldsymbol{X}\in D$ 时，$\varphi(g_i(\boldsymbol{X}))=0$；当 $\boldsymbol{X}\notin D$ 时，$0<\varphi(g_i(\boldsymbol{X}))<+\infty$。取一个充分大的正数 M，并构造以下函数：

$$\boldsymbol{P}(\boldsymbol{X},M)=f(\boldsymbol{X})+M\sum_{i=1}^{l}\varphi(g_i(\boldsymbol{X}))\tag{8-11}$$

从而使 $\boldsymbol{X}\notin D$ 时，$M\sum_{i=1}^{l}\varphi(g_i(\boldsymbol{X}))=+\infty$。求解 $\min \boldsymbol{P}(\boldsymbol{X},M)$，若该问题有最优解 $\boldsymbol{X}^*(M)$，$\boldsymbol{X}^*(M)\in D$，则 $\varphi(g_i(\boldsymbol{X}))=0$。这样，$\boldsymbol{X}^*(M)$ 既是 $\boldsymbol{P}(\boldsymbol{X},M)$ 的极小解，也是原问题 $f(\boldsymbol{X})$ 的极小解。事实上，对所有 $\boldsymbol{X}\in\mathbf{R}^n$，都有

$$f(\boldsymbol{X})+M\sum_{i=1}^{l}\varphi(g_i(\boldsymbol{X}))=\boldsymbol{P}(\boldsymbol{X},M)\geqslant \boldsymbol{P}(\boldsymbol{X}^*(M),M)=f(\boldsymbol{X}^*(M))\tag{8-12}$$

即当 $\boldsymbol{X}\in D$ 时，有 $f(\boldsymbol{X})\geqslant f(\boldsymbol{X}^*(M))$。

函数 $\boldsymbol{P}(\boldsymbol{X},M)$ 称为惩罚函数，M 称为惩罚因子。由上述可知，该算法是从可行域外部，随着 M 的增大而不断逼近可行域上的最小点，从而得到 $\boldsymbol{X}^*$，故此法又称为外点法。但是实际上 M 太大会给计算带来很大困难，因此一般取一个严格单调递增的正序列 $\{M_k\}$，使得

到的极小点序列$\{\boldsymbol{X}(M_k)\}$收敛于原问题的最优解。

最后还要指出，外点法既适用于不等式约束，也适用于等式约束。

2. 障碍函数法

外点法最大的特点是可以从非可行初始点出发，逐步迭代到可行域内，但是由于惩罚因子的设定，得到的最终解不一定是可行解。为了使迭代过程总在可行域内部进行，可将初始点取在可行域内部，并在可行域边界上构造一个辅助函数，一旦迭代点靠近可行域边界，目标函数值就会骤增，从而阻挡迭代点离开可行域，故这种方法称为障碍函数法或内点法，构造的辅助函数称为障碍函数。但是，这种方法只适合于含有不等式约束的约束优化问题，如式(8-4)。

构造障碍函数为$\boldsymbol{P}(\boldsymbol{X},r)=f(\boldsymbol{X})+rB(\boldsymbol{X})$，其中$r$是很小的正数，称为障碍因子，$B(\boldsymbol{X})$是连续函数，当$\boldsymbol{X}$点趋向于可行域的边界时，$B(\boldsymbol{X})\to\infty$。$B(\boldsymbol{X})$有两种主要的形式，即

$$B(\boldsymbol{X})=\sum_{i=1}^{l}\frac{1}{g_i(\boldsymbol{X})} \quad \text{或} \quad B(\boldsymbol{X})=-\sum_{i=1}^{l}\log[g_i(\boldsymbol{X})] \tag{8-13}$$

这样，就可以将原问题转化为障碍函数$\boldsymbol{P}(\boldsymbol{X},r)$的无约束极小问题：

$$\min \boldsymbol{P}(\boldsymbol{X},r)=\min[f(\boldsymbol{X})+rB(\boldsymbol{X})] \tag{8-14}$$

其中，r取值越小，式(8-14)的最优解$\boldsymbol{X}^*(r)$越接近原问题的最优解。同惩罚函数法的M计算困难类似，若r太小会给计算带来很大困难，因此一般取一个严格单调递减且趋于0的序列$\{r_k\}$。

8.4.3 约束优化问题的MATLAB求解

1. fmincon()

与无约束优化问题一样，在MATLAB优化工具包中也有求解约束优化问题的函数fmincon()、fminbnd()等，每个函数都有其特点，可以根据问题的特性选择合适的算法。下面将通过例子介绍常用的fmincon()，该函数的数学模型可以写成以下形式：

$$\min f(\boldsymbol{X})$$
$$\text{s.t.}\begin{cases} c(\boldsymbol{X})\leqslant 0 \\ \text{ceq}(\boldsymbol{X})=0 \\ \boldsymbol{A}\cdot\boldsymbol{X}\leqslant\boldsymbol{b} \\ \text{Aeq}\boldsymbol{X}=\text{beq} \\ \text{lb}\leqslant\boldsymbol{X}\leqslant\text{ub} \end{cases}$$

其中，$\boldsymbol{X}$、$\boldsymbol{A}$、$\boldsymbol{b}$、Aeq、beq、lb、ub为相应维数的矩阵和向量，$\boldsymbol{A}\cdot\boldsymbol{X}\leqslant\boldsymbol{b}$和Aeq$\boldsymbol{X}$=beq表示线性约束，$c(\boldsymbol{X})\leqslant 0$和ceq$(\boldsymbol{X})=0$则表示非线性约束，lb和ub表示$\boldsymbol{X}$的上、下界约束。

fmincon()的命令语句为

```
[x,fval] = fmincon(fun,x0,A,b,Aeq,beq,lb,ub,nonlcon,options)
```

如果所求问题中无线性约束，则$\boldsymbol{A}$=[]，$\boldsymbol{b}$=[]，Aeq=[]，beq=[]。如果变量$\boldsymbol{X}$无边界约束，同样lb=[]，ub=[]，也可设置为lb=−Inf，ub=Inf。nonlcon表示非线性向量函数

$c(\boldsymbol{X})$，$ceq(\boldsymbol{X})$。options 则定义了优化参数。

例 8-5 试用 MATLAB 中的 fmincon 函数求解例 8-1 的约束优化问题。

解 求解过程如下：

(1) 新建 M 函数文件定义目标函数，并命名为 fun.m。

```
function f = fun(x)
f = 5 * x(1)^2 - 50 * x(1) - 80 * x(2) + 8 * x(2)^2;
```

(2) 建立主程序文件如下：

```
A = [5, 4; 8, 10; 0.2, 0.3; 0.3, 0.2];
b = [150; 100; 8; 6];
x0 = [0; 0];
[x,fval] = fmincon('fun',x0,A,b,[],[],zeros(2,1),[]);
```

在 MATLAB 中运行上述程序即可得到最优解为$[5;\ 5]^T$，目标函数值为 325。需要指出的是，该例题中没有非线性约束。如果实际问题包含非线性约束，需要再建立一个独立的 M 函数文件来描述问题的非线性约束。

2. 惩罚函数法在 MATLAB 中的实现

若采用惩罚函数法求解例 8-1 的约束优化问题，按照 MATLAB 软件的编码规则，其代码如下：

```
clc,clear;
syms x1 x2 x;
%定义目标函数
f = -50 * x1 + 5 * x1^2 - 80 * x2 + 8 * x2^2;
%定义约束条件
g1 = 5 * x1 + 4 * x2 - 150;
g2 = 8 * x1 + 10 * x2 - 100;
g3 = 0.2 * x1 + 0.3 * x2 - 8;
g4 = 0.3 * x1 + 0.2 * x2 - 6;
D = 1;                          %差值
k = 1;
A(k) = 0;B(k) = 0;              %A、B 分别记录 x1 和 x2,表示初始点为[0,0]
r(k) = 1;a = 2;                 % r 为惩罚因子,a 为递增系数,以保证惩罚因子为单调递增的序列
while D > 1e-6                  %惩罚因子的收敛条件
    x1 = A(k); x2 = B(k);
%判断点是否在可行域内,以此来选择惩罚函数
    if 5 * x1 + 4 * x2 - 150 > 0
        u1 = 1;
    else
        u1 = 0;
    end
    if 8 * x1 + 10 * x2 - 100 > 0
        u2 = 1;
    else
        u2 = 0;
    end
    if 0.2 * x1 + 0.3 * x2 - 8 > 0
```

```
            u3 = 1;
        else
            u3 = 0;
        end
        if 0.3 * x1 + 0.2 * x2 - 6 > 0
            u4 = 1;
        else
            u4 = 0;
        end
    %将原问题转换为无约束极值问题
        F = f + r(k) * u1 * g1^2 + r(k) * u2 * g2^2 + r(k) * u3 * g3^2 + r(k) * u4 * g4^2;
    %用梯度法求解新目标函数的最优解
    %求一阶偏导
        Fx1 = diff(F,'x1');Fx2 = diff(F,'x2');
    %求二阶偏导
        Fx1x1 = diff(Fx1,'x1');Fx1x2 = diff(Fx1,'x2');Fx2x1 = diff(Fx2,'x1');Fx2x2 = diff(Fx2,'x2');
        for n = 1:100
            F1 = subs(Fx1);F2 = subs(Fx2);    %求梯度向量
            F11 = subs(Fx1x1);F12 = subs(Fx1x2);F21 = subs(Fx2x1);F22 = subs(Fx2x2);    %求海赛
矩阵
            if(double(sqrt(F1^2 + F2^2))<= 1e - 6)    %梯度法的收敛条件
            A(k + 1) = double(x1); B(k + 1) = double(x2);
            break;
            else
            t = [F1 F2] * [F1 F2]'/([F1 F2] * [F11 F12;F21 F22] * [F1 F2]');    %梯度法的近似最佳
步长
            X = [x1 x2]' - t * [F1 F2]';
            x1 = X(1,1);x2 = X(2,1);    %求出新的迭代点
            end
        end
        D = double(sqrt((A(k + 1) - A(k))^2 + (B(k + 1) - B(k))^2));
        r(k + 1) = a * r(k);
        k = k + 1;
end
x1, x2, double(subs(f))
```

该程序运用惩罚函数法将约束优化问题转化为无约束优化问题，然后采用梯度法进行求解。在MATLAB中运行上述程序，所得结果与例8-5一致，验证了该算法的有效性。类似地，障碍函数法也可以在MATLAB中实现。

8.4.4 约束优化问题的LINGO求解

现实生活中的优化问题往往规模庞大，约束条件多且复杂，因此需要借助优化软件进行求解。除MATLAB之外，还可以运用其他的优化软件如LINGO、Python等求解非线性规划问题。LINGO因具有编程语言简单、使用方式灵活、适用性强的优点，在求解含有大量变量和约束条件的非线性规划问题时有很大的优势。下面通过实例介绍如何运用LINGO软件求解约束优化问题。

针对例8-1所建立的数学模型(8-1)，运用LINGO软件进行求解。根据式(8-1)可知，该数学模型是一个目标函数为非线性函数的非线性规划模型。运用LINGO对其求解，程

序代码如下：

```
Model:
sets:
num_i/1,2/:x;
endsets
[OBJ]max = (80 - 30 - 5 * x(1)) * x(1) + (120 - 40 - 8 * x(2)) * x(2);
5 * x(1) + 4 * x(2)<= 150;
8 * x(1) + 10 * x(2)<= 100;
0.2 * x(1) + 0.3 * x(2)<= 8;
0.3 * x(1) + 0.2 * x(2)<= 6;
@for(num_i(i):x(i)>= 0;);
End
```

在 LINGO 中运行程序代码，求解结果如图 8-2 所示。

```
Local optimal solution found.
Objective value:                              325.0000
Infeasibilities:                              0.000000
Extended solver steps:                               5
Total solver iterations:                            70

Model Class:                                       NLP

Total variables:                      2
Nonlinear variables:                  2
Integer variables:                    0

Total constraints:                    7
Nonlinear constraints:                1

Total nonzeros:                      12
Nonlinear nonzeros:                   2

                      Variable           Value        Reduced Cost
                         X( 1)        5.000000            0.000000
                         X( 2)        5.000000            0.000000

                           Row    Slack or Surplus      Dual Price
                           OBJ        325.0000            1.000000
                             2        105.0000            0.000000
                             3        10.00000            0.000000
                             4        5.500000            0.000000
                             5        3.500000            0.000000
                             6        5.000000            0.000000
                             7        5.000000            0.000000
```

图 8-2 求解结果

由运行结果可知，其最优解为

$$x_1=5,\quad x_2=5,\quad z^*=325$$

所以，当生产 5 件 A 产品、5 件 B 产品时，最大总利润为 325 元。

8.5 非线性规划的应用场景

作为一类应用场景非常广泛的优化问题，非线性规划在工程、军事、工业设计、交通运输、生产管理、人力资源规划以及金融投资等方面都有着广泛的应用，为最优管理、最优设计和最优控制等提供了强有力的工具。非线性规划为一种定量分析优化模型，掌握其建模方法对解决实际问题至关重要。基于此，本节将从几种典型的应用场景出发，使用非线性规划方法对这些实际问题进行建模分析。

8.5.1 生产管理

生产管理中涉及的非线性规划问题非常多，其典型的应用包括生产计划问题（如本章的例 8-1）、混合生产问题、库存控制、原料下料问题等。下面通过一些实例来说明在这些应用场景中如何利用非线性规划方法进行建模分析。

1. 混合生产问题

例 8-6 某化肥生产工厂主要生产两种有机混合化肥甲和乙，需要用到四种不同含磷量的肥料，记为 A、B、C、D。现已知肥料 A、B、C、D 的含磷量及其购买成本信息如表 8-2 所示，化肥甲、乙对肥料的规格要求和销售信息如表 8-3 所示。按照有机混合化肥生产工艺的要求，需要进行一系列的混合、调配才能生产出所需的化肥，具体要求为：肥料 A、B、D 必须先放在混合池中进行混合增效，然后将混合增效后生成的新肥料与肥料 C 混合生产出最终的化肥甲和乙。假设在使用肥料进行生产的过程中，不考虑肥料的损耗问题。

根据市场调研信息可知，肥料 C、D 的市场供应量最多分别为 300 t、200 t，肥料 A 和 B 的供应没有限制；同时，化肥甲和乙的市场需求量分别为 400 t、600 t。那么该工厂应该如何安排生产，不仅满足产品规格要求和原材料供应的约束，又能够获得最大利润收入？

表 8-2　四种肥料的含磷量以及购买成本

肥料名称	含磷量/%	购买成本/(千元/t)
A	4	8
B	1	15
C	3	10
D	2	12

表 8-3　两种化肥的规格要求以及销售价格

化肥名称	规格要求(含磷量)/%	销售价格/(千元/t)
甲	不超过 2	9
乙	不超过 1.5	15

解　从决策变量、目标函数以及约束条件三个方面出发，该问题的建模过程如下：

(1) **决策变量**　引入 y_1、y_2 分别表示化肥甲和乙中来自混合池中新肥料的数量；z_1、z_2 分别表示化肥甲和乙中肥料 C 的数量；x_1、x_2、x_3 分别表示混合池中肥料 A、B、D 所占的比例。

(2) **目标函数**　由于在生产过程中没有肥料的损耗问题，所以化肥的生产量就等于其所用肥料的数量之和。因此，混合池中新肥料的数量等于肥料 A、B、D 的数量之和，即 y_1+y_2，肥料 C 的数量即为 z_1+z_2。为更好地表示目标函数，利润可由下面两部分组成：

① 销售收入全部来自化肥甲和乙，可表示为

$$9(y_1+z_1)+15(y_2+z_2)$$

② 成本全部来自于购买肥料，可表示为

$$8(y_1+y_2)x_1+15(y_1+y_2)x_2+10(z_1+z_2)+12(y_1+y_2)x_3$$

所以，利润可表示为

$$w=9(y_1+z_1)+15(y_2+z_2)-[8(y_1+y_2)x_1+15(y_1+y_2)x_2+10(z_1+z_2)+12(y_1+y_2)x_3]$$

(3) **约束条件** 根据题意，需要满足的约束有五类。

① 肥料的最大供应限制：

$$z_1+z_2\leqslant 300$$
$$(y_1+y_2)x_3\leqslant 200$$

② 化肥的市场最大需求限制：

$$y_1+z_1\leqslant 400$$
$$y_2+z_2\leqslant 600$$

③ 两种化肥的含磷量限制：

化肥甲：

$$\frac{(4x_1+x_2+2x_3)y_1+3z_1}{y_1+z_1}\leqslant 2,\quad \text{即}(4x_1+x_2+2x_3-2)y_1+z_1\leqslant 0$$

化肥乙：

$$\frac{(4x_1+x_2+2x_3)y_2+3z_2}{y_2+z_2}\leqslant 1.5,\quad \text{即}(4x_1+x_2+2x_3-1.5)y_2+1.5z_2\leqslant 0$$

④ 混合池中肥料的比例约束：

$$x_1+x_2+x_3=1$$

⑤ 决策变量非负约束：

$$x_1,x_2,x_3,y_1,y_2,z_1,z_2\geqslant 0$$

综上，该问题的数学模型为

$$\max w=9(y_1+z_1)+15(y_2+z_2)-8(y_1+y_2)x_1-15(y_1+y_2)x_2-10(z_1+z_2)-12(y_1+y_2)x_3$$

$$\text{s.t.}\begin{cases}(y_1+y_2)x_3\leqslant 200\\ z_1+z_2\leqslant 300\\ y_1+z_1\leqslant 400\\ y_2+z_2\leqslant 600\\ (4x_1+x_2+2x_3-2)y_1+z_1\leqslant 0\\ (4x_1+x_2+2x_3-1.5)y_2+1.5z_2\leqslant 0\\ x_1+x_2+x_3=1\\ x_1,x_2,x_3,y_1,y_2,z_1,z_2\geqslant 0\end{cases}$$

可以看出，该模型中目标函数和约束条件均包含非线性函数，因此是一个非线性规划问题。

2. 原料下料问题

原料下料问题是指在生产过程中通过合理的切割、裁剪、冲压等手段，将原材料加工成所需尺寸的零部件。对原材料进行不合理的加工，会产生较多无法再次利用的边角余料，造成浪费。因此,需要根据实际加工工艺的要求确定最优的下料方案,使用料最省或利润最大。

例 8-7(钢筋下料) 某建筑工地的钢筋加工棚负责施工现场所需各种型号的钢筋加工作业。通常在钢筋加工前,需要根据设计图纸按照不同构件的要求计算钢筋下料长度,编制配料单,钢筋加工棚据此确定下料方案。已知加工棚中现有两种型号的原料钢筋:直径为8 mm、长度为9 m以及直径为6 mm、长度为12 m的钢筋。根据配料单,施工现场需要的钢筋类型、数量及尺寸要求见表8-4。钢筋加工时,每根原料钢筋可以根据实际需要切割出不同长度的钢筋组合,如一根9 m的原料钢筋可以切割出2、4、6号钢筋各一根;换一种切割方式,也可以切割出2号钢筋三根,4号钢筋一根。但是,如果采用的切割方式太多,不仅导致加工过程复杂,而且会增加不必要的加工和管理成本,所以一般规定每种类型原料钢筋的切割方式不能超过三种。问加工棚应如何下料,从而使所用原料钢筋的总根数最少?假设切割过程中无损耗也没有次品的产生,并且切割余料不能再被二次利用。

表 8-4 施工现场所需钢筋统计

名 称	序 号	直径/mm	下料长度/m	需求量/根
箍筋	1	6	2.1	12
	2	8	1.6	14
纵向受力钢筋	3	6	4.8	10
	4	8	3.9	8
分布筋	5	6	4.3	15
	6	8	3.3	9

解 从决策变量、目标函数和约束条件三个方面出发,建立该问题的数学模型。

(1) **决策变量** 要想知道下料方案,需要知道采用每种切割方式的原料钢筋的总根数以及每种切割方式的具体安排。因此,令 x_i 表示按照第 i 种方式切割的直径为6 mm的原料钢筋数,y_j 表示按照第 j 种方式切割的直径为8 mm的原料钢筋数,r_{1i}、r_{3i}、r_{5i} 分别表示第 i 种切割方式下每根直径为6 mm的原料钢筋加工出1、3、5号钢筋的数量,r_{2j}、r_{4j}、r_{6j} 分别表示第 j 种切割方式下每根直径为8 mm的原料钢筋加工出2、4、6号钢筋的数量。

(2) **目标函数** 根据题意可知,目标为所使用原料钢筋的总根数最少,即

$$\min z = \sum_{i=1}^{3} x_i + \sum_{j=1}^{3} y_j$$

(3) **约束条件** ① 满足施工现场所需钢筋数量的要求:

$$r_{11}x_1 + r_{12}x_2 + r_{13}x_3 \geqslant 12$$
$$r_{31}x_1 + r_{32}x_2 + r_{33}x_3 \geqslant 10$$
$$r_{51}x_1 + r_{52}x_2 + r_{53}x_3 \geqslant 15$$
$$r_{21}y_1 + r_{22}y_2 + r_{23}y_3 \geqslant 14$$
$$r_{41}y_1 + r_{42}y_2 + r_{43}y_3 \geqslant 8$$
$$r_{61}y_1 + r_{62}y_2 + r_{63}y_3 \geqslant 9$$

② 为了使原料钢筋利用率最大,每根原料钢筋在每种切割方式下产生的余料应小于要求的最小下料长度。例如,9 m的原料钢筋可以切割的钢筋长度有1.6 m、3.9 m和3.3 m,

所以其产生的余料不应该超过最小的下料长度 1.6 m，也就是 9 m 的原料钢筋所使用的长度必须超过 7.4 m；12 m 的原料钢筋同理。即

$$9.9 < 2.1r_{1i} + 4.8r_{3i} + 4.3r_{5i} \leqslant 12, \quad i = 1,2,3$$

$$7.4 < 1.6r_{2j} + 3.9r_{4j} + 3.3r_{6j} \leqslant 9, \quad j = 1,2,3$$

③ 决策变量的整数约束：x_i、y_j、r_{1i}、r_{3i}、r_{5i}、r_{2j}、r_{4j}、r_{6j}（其中 $i=1,2,3$；$j=1,2,3$）都应为非负整数。

综上，该问题的非线性规划模型为

$$\min z = \sum_{i=1}^{3} x_i + \sum_{j=1}^{3} y_j$$

$$\text{s.t.}\begin{cases} r_{11}x_1 + r_{12}x_2 + r_{13}x_3 \geqslant 12 \\ r_{31}x_1 + r_{32}x_2 + r_{33}x_3 \geqslant 10 \\ r_{51}x_1 + r_{52}x_2 + r_{53}x_3 \geqslant 15 \\ r_{21}y_1 + r_{22}y_2 + r_{23}y_3 \geqslant 14 \\ r_{41}y_1 + r_{42}y_2 + r_{43}y_3 \geqslant 8 \\ r_{61}y_1 + r_{62}y_2 + r_{63}y_3 \geqslant 9 \\ 9.9 < 2.1r_{1i} + 4.8r_{3i} + 4.3r_{5i} \leqslant 12, \quad i = 1,2,3 \\ 7.4 < 1.6r_{2j} + 3.9r_{4j} + 3.3r_{6j} \leqslant 9, \quad j = 1,2,3 \\ x_i, y_j, r_{1i}, r_{3i}, r_{5i}, r_{2j}, r_{4j}, r_{6j} \geqslant 0，\text{且都为整数}， \quad \text{其中 } i=1,2,3;\ j=1,2,3 \end{cases}$$

8.5.2 选址问题

选址问题是指在规划区域内确定一个或多个设施的位置，使某个目标最优，如所需建造成本最低或利润最大。它的应用非常广泛，如应急储备点、物流中心、工厂、医院、消防站等问题的选址。选址问题由于涉及空间内的距离问题，往往需要运用非线性规划方法。作为一类复杂的决策问题，选址合适与否直接关系到企业的响应时间、服务效率、服务质量等，因此建立合适的数学模型并对其求解，有助于企业的决策者科学地谋划选址方案，使其趋利避害。

例 8-8 随着生活水平的提高，人们的消费观念和消费习惯发生了很大的转变。高质量的生鲜已经成为人们生活中不可缺少的部分。由于生鲜易腐坏的特殊性，加之人们对于生鲜新鲜度的需求，对生鲜配送的时效性提出了更高的要求。现假设某区内有 7 个超市需要生鲜产品，每个超市的地理位置简化为平面坐标中的点，并以坐标 (x,y) 的形式给出，具体坐标位置见表 8-5。为了确保生鲜产品高质量、快速地送达各个超市，需要在该区内建设两个生鲜配送中心以保证 7 个超市的生鲜供应，各超市对生鲜产品的需求见表 8-6。假设两个生鲜配送中心的可供给生鲜总量均为 8×10^4 kg，由于受到周边道路、环境等某些条件的限制，它们只能设在横坐标和纵坐标都介于[1,9]的范围内。已知对两个生鲜配送中心的总投资不应超过 150 万元，每个生鲜配送中心的固定成本以及单位仓储成本见表 8-7。假设每个生鲜配送中心与各超市之间均有直线道路相连，试确定两个生鲜配送中心应建在何处，使得各超市配送量与距离的乘积之和（称为周转量）最小化，从而全面反映配送的效率和成本。

表 8-5 各超市的具体位置坐标

坐 标	超 市						
	1	2	3	4	5	6	7
x	1.2	7.23	0.3	3.6	2.03	7.3	2
y	1.2	0.9	4.2	4	6.2	7.55	2

表 8-6 各超市对生鲜产品的需求 单位：10^4 kg

超市	1	2	3	4	5	6	7
需求量 A_j	1.25	1.8	1.3	2.35	2.95	1.4	1.2

表 8-7 各生鲜配送中心的固定成本和单位仓储成本 单位：元/kg

生鲜配送中心	1	2
固定成本 F_i	500 000	380 000
单位仓储成本 v_i	4	3

解 设超市 $j(j=1,2,\cdots,7)$的位置坐标表示为(x_j,y_j)。从决策变量、目标函数以及约束条件三个方面出发，该问题的建模过程如下：

(1) **决策变量** 该问题的最终目的是求出两个生鲜配送中心的位置以及它们向各个超市的生鲜配送量。因此，设决策变量为生鲜配送中心 $i(i=1,2)$的位置坐标(X_i,Y_i)，以及其向各个超市配送的生鲜数量 $c_{ij}(c_{ij}\geqslant 0)$(单位：$10^4$ kg)。

(2) **目标函数** 由题意可知，该问题的目标函数为生鲜配送中心向各个超市的生鲜配送量与其配送距离的乘积之和最小，可表示为

$$\min z=\sum_{i=1}^{2}\sum_{j=1}^{7}c_{ij}\sqrt{(X_i-x_j)^2+(Y_i-y_j)^2}$$

(3) **约束条件** ① 生鲜配送中心的坐标限制：

$$\begin{matrix}1\leqslant X_i\leqslant 9\\ 1\leqslant Y_i\leqslant 9\end{matrix},\quad i=1,2$$

② 满足各个超市对生鲜产品的需求：

$$\sum_{i=1}^{2}c_{ij}\geqslant A_j,\quad j=1,2,\cdots,7$$

③ 生鲜配送中心对生鲜产品的供给量是有限的：

$$\sum_{j=1}^{7}c_{ij}\leqslant 8,\quad i=1,2$$

④ 生鲜配送中心的总投资应满足：

$$F_1+F_2+(v_1\cdot\sum_{j=1}^{7}c_{1j}+v_2\cdot\sum_{j=1}^{7}c_{2j})\times 10^4\leqslant 1.5\times 10^6,\quad 即\ v_1\cdot\sum_{j=1}^{7}c_{1j}+v_2\cdot\sum_{j=1}^{7}c_{2j}\leqslant 62$$

综上，该问题的数学模型为

$$\min z=\sum_{i=1}^{2}\sum_{j=1}^{7}c_{ij}\sqrt{(X_i-x_i)^2+(Y_i-y_i)^2}$$

$$\text{s.t.}\begin{cases}1 \leqslant X_i \leqslant 9, \quad i=1,2 \\ 1 \leqslant Y_i \leqslant 9, \quad i=1,2 \\ \sum_{i=1}^{2} c_{ij} \geqslant A_j, \quad j=1,2,\cdots,7 \\ \sum_{j=1}^{7} c_{ij} \leqslant 8, \quad i=1,2 \\ v_1 \cdot \sum_{j=1}^{7} c_{1j} + v_2 \cdot \sum_{j=1}^{7} c_{2j} \leqslant 62 \\ c_{ij} \geqslant 0\end{cases}$$

8.5.3 人力资源规划

人力资源规划是企业经营管理中需要解决的一类问题，包括人力资源的数量规划以及人员与工作岗位、工作任务之间的分配问题等。对企业的人力资源进行科学合理的规划，不仅可以提高企业的运营效率，也可以避免资源浪费，使资源效用最大化。下面通过实例介绍如何建立该类问题的非线性规划模型。

例 8-9 某区域的 4 个快递中心负责该区域的相关快递业务，现由于业务要求，需要加派快递员。现有 20 名经过培训的快递员，打算将其派往各个快递中心，以使该区域的快递日处理总量最大化。越多的快递员被分配到一个快递中心，该中心的快递日处理量越大，并且满足函数关系式 $y=a-\frac{b}{x}$，其中 y 表示快递日处理量，x 表示分配的快递员数量。每个快递中心的快递日处理量的参数 a、b 见表 8-8。

表 8-8 参数 a、b 的取值

参　数	快递中心 i			
	1	2	3	4
a	1060	1150	985	1500
b	28	24	20	35

由于各个快递中心所处地理位置的不同，其用电成本、人力成本等不尽相同。已知该区域 4 个快递中心的日总成本预算为 10 000 元，各快递中心的日人均成本分别为 400、510、380、600 元。求该公司应如何分配快递员，使得该区域的快递日处理总量最大。

解 首先定义每个快递中心的编号为 $i(i=1,2,3,4)$，从决策变量、目标函数、约束条件出发，建立该问题的非线性规划模型如下：

(1) **决策变量** 由题意知，该问题要确定最终的快递员分配方案，因此引入决策变量 x_i，表示分配到快递中心 i 的快递员数量。

(2) **目标函数** 使该区域的快递日处理总量最大，可表示为

$$\max z = \sum_{i=1}^{4} y_i = \sum_{i=1}^{4}\left(a_i - \frac{b_i}{x_i}\right)$$

(3) **约束条件** 首先,各个快递点的日成本总和不应超过公司的总成本预算,可表示为 $400x_1+510x_2+380x_3+600x_4\leqslant 10\,000$;其次,20 名快递员都应该被分配到快递中心,即 $x_1+x_2+x_3+x_4=20$。

综上,该问题的数学模型为

$$\max z=\sum_{i=1}^{4}y_i=\sum_{i=1}^{4}\left(a_i-\frac{b_i}{x_i}\right)$$

$$\text{s.t.}\begin{cases}400x_1+510x_2+380x_3+600x_4\leqslant 10\,000\\ x_1+x_2+x_3+x_4=20\\ x_i\geqslant 0,\text{且都为整数}, \quad i=1,2,3,4\end{cases}$$

本章小结

将目标函数或约束条件含有非线性函数的规划问题称为非线性规划问题。本章通过引入非线性规划的概念来解决实际管理中遇到的问题,并提出了非线性规划的数学模型。不同于线性规划,非线性规划问题的解有局部极值和全局极值,因此讨论了其最优解存在的条件。

非线性规划问题可分为无约束优化问题和约束优化问题两大类,本章重点讲解了求解无约束优化问题的梯度法和求解约束优化问题的制约函数法。针对这两类问题,分别介绍了 MATLAB 软件的求解过程,并在此基础上,通过例题介绍了梯度法和制约函数法在 MATLAB 中的实现。此外,LINGO 因具有编程语言简单等优点,在求解含有大量变量和约束条件的非线性规划问题时具有很大的优势。因此,通过例题介绍了约束优化问题的 LINGO 求解过程。

非线性规划作为一种定量分析优化模型,在实际管理中的应用十分广泛,因此掌握其建模方法尤为重要。本章还从几种典型的应用场景出发,运用非线性规划方法对实际管理中遇到的问题进行建模分析,以帮助企业的决策者有效地进行决策。

习题与思考题

8.1 $\boldsymbol{X}$ 点处的负梯度方向为什么仅在 $\boldsymbol{X}$ 点附近才具有“最速下降”的性质,而对于整个极小化过程来讲却不一定成立?

8.2 某公司专为医院生产某种防护装备,通常这种防护装备每季度的需求量是固定的。现已知该医院每季度需要的防护装备如表 8-9 所示。该公司每季度最大的生产能力为 100 套,每季度的生产成本与生产数量 x 有关,生产成本为 $40x+0.2x^2$。如果该公司每季度有多生产的防护装备,多余的经过适当的保管可在下一季度交付给医院使用,但是多余的每套防护装备每季度的保管费用为 3 元。假设该公司第一季度刚开始时没有库存,第四季度的剩余库存不算入本年度的成本,且由于第一季度流行病的暴发,医院增加需求 20 套,问:该公司每季度应生产多少套防护装备,既可以满足医院的需求,又可以使该公司的成本

最小？（只要求写出数学模型）

表 8-9　医院每季度防护装备的需求量　　单位：套

季度	第一季度	第二季度	第三季度	第四季度
需求量	60	50	30	50

8.3　运用 LINGO 软件对习题 8.2 建立的数学模型进行求解，要求写出程序代码。

8.4　试写出下述非线性规划问题的卡罗需-库恩-塔克条件：

$$\min z=(x-4)^2$$
$$\text{s.t. } 1\leqslant x\leqslant 6$$

8.5　试说明制约函数法中的惩罚函数法和障碍函数法的相同点与不同点。

8.6　试运用障碍函数法编写 MATLAB 程序求解例 8-1。

8.7　运用 MATLAB 和 LINGO 软件分别对例 8-6 的混合生产问题进行求解，要求写出程序代码。

8.8　运用 LINGO 软件求解例 8-7 的钢筋下料问题，并写出程序代码。

8.9　运用 MATLAB 或 LINGO 软件求解例 8-8 的选址问题，并比较两种方法的异同。

8.10　运用 MATLAB 和 LINGO 软件求解非线性规划问题各有哪些优势？探讨两种求解方法的相同点与不同点。

包装箱组托优化设计问题[①]

按照经济组托原理摆放包装箱，将托盘长边设为 x 轴，宽边设为 y 轴。为方便建模，引入决策变量 x_1、x_2、x_3、x_4、y_1、y_2、y_3、y_4，分别表示包装箱在逆时针旋转摆放过程中的 4 个不同位置状态的行数和列数，如图 8-3 所示。以托盘左下角（原点）为起点，将包装箱的长边沿 x 正半轴的正方向摆放的包装箱个数计为 x_1，宽边沿 y 正半轴的正方向摆放的包装箱个数计为 y_1；以托盘右下角为起点，将包装箱的长边沿 x 正半轴的负方向摆放的包装箱个数计为 x_2，宽边沿 y 正半轴的正方向摆放的包装箱个数计为 y_2。同理，以托盘右上角为起点，沿 x 轴负方向和 y 轴负方向摆放的包装箱个数分别计为 x_3 和 y_3；以托盘左上角为起点，沿 x 轴正方向和 y 轴负方向摆放的包装箱的个数分别计为 x_4 和 y_4。如此摆放完毕后，托盘同轴上两角摆放的包装箱呈相互垂直状，托盘对角码放的包装箱保持相互平行，如图 8-3 所示。如何确定决策变量 x_1、x_2、x_3、x_4、y_1、y_2、y_3、y_4 的值，使包装箱底面积最大限度地占用托盘表面积，即一次所能摆放的包装箱个数最多？

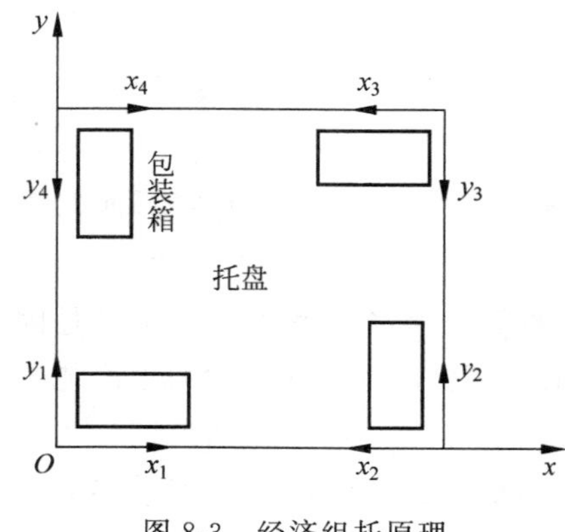

图 8-3　经济组托原理

在托盘规格和包装箱规格已知的情况下，优化

① 本案例改编自以下论文：王秀宇. 基于非线性规划的包装箱组托优化设计[J]. 包装工程，2016(19)：6-11.

目标可以简化为最大化包装箱码放总数量($x_1y_1+x_2y_2+x_3y_3+x_4y_4$)，即目标函数可转化为

$$\max S=x_1y_1+x_2y_2+x_3y_3+x_4y_4$$

为了不浪费托盘空间，沿托盘边缘摆放的剩余空间应小于1个包装箱的宽，且总占用空间应不大于托盘的边长，即

$$(L-b)<(ax_1+bx_2)\leqslant L$$

$$(L-b)<(ay_2+by_3)\leqslant L$$

$$(L-b)<(ax_3+bx_4)\leqslant L$$

$$(L-b)<(by_1+ay_4)\leqslant L$$

当托盘对角摆放的包装箱的长度总和大于等于托盘的边时，必须保证这两角所码放的包装箱的宽度总和小于等于托盘的边长，即

$$\text{若}(x_1+x_3)a\geqslant L,\quad \text{则}(y_1+y_3)b\leqslant L \tag{8-15}$$

$$\text{若}(x_2+x_4)b\geqslant L,\quad \text{则}(y_2+y_4)a\leqslant L \tag{8-16}$$

同理，若托盘对角摆放的包装箱的宽度总和大于等于托盘的边，则必须保证这两角所码放的包装箱的长度总和小于等于托盘的边长，即

$$\text{若}(y_2+y_4)a\geqslant L,\quad \text{则}(x_2+x_4)b\leqslant L \tag{8-17}$$

$$\text{若}(y_1+y_3)b\geqslant L,\quad \text{则}(x_1+x_3)a\leqslant L \tag{8-18}$$

为了对式(8-15)～式(8-18)进行非线性化处理，引入辅助0-1变量z_1、z_2、z_3、z_4，得到以下目标函数为非线性的非线性规划模型：

$$\max S=x_1y_1+x_2y_2+x_3y_3+x_4y_4$$

$$\text{s.t.}\begin{cases}(L-b)<(ax_1+bx_2)\leqslant L\\(L-b)<(ay_2+by_3)\leqslant L\\(L-b)<(ax_3+bx_4)\leqslant L\\(L-b)<(by_1+ay_4)\leqslant L\\a(x_1+x_3)\geqslant L-z_1M\\b(y_1+y_3)\leqslant L+z_1M\\b(x_2+x_4)\geqslant L-z_2M\\a(y_2+y_4)\leqslant L+z_2M\\a(y_2+y_4)\geqslant L-z_3M\\b(x_2+x_4)\leqslant L+z_3M\\b(y_1+y_3)\geqslant L-z_4M\\a(x_1+x_3)\leqslant L+z_4M\\x_i\geqslant 0,y_i\geqslant 0(i=1,2,3,4)\text{，且为整数}\\z_i=0\text{ 或 }1,\quad i=1,2,3,4\end{cases}$$

其中M是一个足够大的数。将$L=1100$，$a=430$，$b=210$代入非线性规划模型。利用LINGO软件进行组托优化，根据运行结果得到：$x_1=1$，$y_1=3$，$x_1y_1=3$，即码放数量为3；$x_2=3$，$y_2=1$，$x_2y_2=3$，即码放数量为3；$x_3=1$，$y_3=3$，$x_3y_3=3$，即码放数量为3；$x_4=$

3，$y_4=1$，$x_4y_4=3$，即码放数量为 3。总的码放数量为 $x_1y_1+x_2y_2+x_3y_3+x_4y_4=12$。因此，最多码放 12 个包装箱，对应的组托方案如图 8-4 所示。

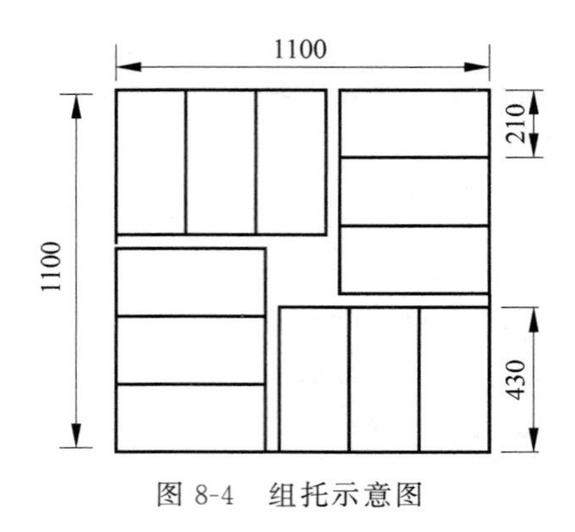

图 8-4　组托示意图

参考文献

[1]　《运筹学》教材组. 运筹学[M]. 4 版. 北京：清华大学出版社，2012.

[2]　韩中庚. 运筹学及其工程应用[M]. 北京：清华大学出版社，2014.

[3]　殷志祥. 运筹学教程[M]. 2 版. 合肥：中国科学技术大学出版社，2017.

[4]　周晶. 运筹学[M]. 北京：机械工业出版社，2016.

[5]　王晓原. 运筹学[M]. 成都：西南交通大学出版社，2018.

[6]　李明. 详解 MATLAB 在最优化计算中的应用[M]. 北京：电子工业出版社，2011.

[7]　司守奎. 数学建模算法与应用[M]. 北京：国防工业出版社，2015.

[8]　沙磊，王璞，王芳. 基于非线性规划的铁路应急物资储备点选址模型方案研究[J]. 铁路计算机应用，2019，28(10)：5-7+15.

[9]　王秀宇. 基于非线性规划的包装箱组托优化设计[J]. 包装工程，2016(19)：6-11.

[10]　武晓今，朱仲英. 二维装箱问题的一种实现方法[J]. 研究与设计，2003，19(4)：20-23.

[11]　唐冲. 基于 MATLAB 的非线性规划问题的求解[J]. 计算机与数字工程，2013，41(7)：1100-1103.

[12]　王征，胡祥培，王旭坪. 带二维装箱约束的物流配送车辆路径问题[J]. 系统工程理论与实践，2011，31(12)：2328-2341.

[13]　蒋兴波，吕肖庆，刘成城. 二维矩形条带装箱问题的底部左齐择优匹配算法[J]. 软件学报，2009，20(6)：1528-1538.

[14]　隋树林，邵巍，高自友. 同一尺寸货物三维装箱问题的一种启发式算法[J]. 信息与控制，2005，34(4)：490-494.

第9章

决 策 分 析

【教学内容、重点与难点】

教学内容：本章首先介绍决策的基本概念，包括决策的分类、决策的要素、决策的基本程序；然后对三种类型的决策——确定型决策、不确定型决策、风险决策（包括序列决策）——进行了阐述，重点介绍了不确定型决策、风险决策和序列决策；接着，介绍了风险决策的一种工具——决策树；最后，将信息价值和效用引入到决策分析中。

教学重点：不确定型决策，风险决策，决策树。

教学难点：决策树，灵敏度分析和信息的价值，效用决策。

A公司的购地钻探决策

A公司是M国一家小型石油开采企业，企业的控股人J和全体股东拟在一块未经证实的地区钻探石油，希望通过发现一个大油田使公司发展壮大。现在机会来了，A公司在靠近一些大油田的地方买了许多块地，期望能钻探到石油。但是，一些较大的石油公司认为这些土地是没有希望产油的。

然而，公司聘请的一位地质学家告诉J，他认为在其中的一块土地上有1/4的概率有石油。J从以往的开采经历中汲取了教训，使得他对地质学家的报告持谨慎怀疑态度。在这块土地上钻探石油大约需要10万美元的投资。如果这块土地上没有石油，整个投资都将失败。由于A公司资金不足，这个损失将会非常严重。如果这块土地上蕴含石油，据地质学家估计，开采出来约有80万美元的净收入，于是就有(80－10)万美元＝70万美元的利润，会给A公司带来相当不错的资金流入。

另一个石油公司企业得知了这个地质学家的报告，决定出价9万美元从A公司购入这块土地。这对A公司而言也是一项选择，虽然不能为其带来很大的收益，但也会有一定的现金流入，而且无须承担10万美元损失的风险。

J不知道该如何做。幸运的是，J的女儿F刚刚从一所大学的MEM专业拿到硕士学位，她学过定量分析方法的课程，建议用决策分析的方法来分析这个问题。

F从父亲J处了解到：①地质学家关于这块土地有1/4概率出油的估计的可信度并不大；②可以先进行地震勘探，由地震勘探的结果能更准确地确定是否有石油。地震勘探的费用是3万美元。但是，地震勘探后，如果还是开采不出石油，那就要损失(10＋3)万美元＝

13 万美元。

针对上述两个问题，F 告诉 J 可以用其他途径获得更多的信息来降低地质学家所估计出来的概率的不确定性，这是决策分析方法的一个重要选择；另外，还可以用效用概念的方法来考虑问题，效用是一个结果对一个人的真实的价值，而不是货币价值。这也是决策分析的另一种选择。

F 建议 J 先从简单的分析开始，不考虑地震勘探的选择，也不使用效用。F 向 J 介绍了用决策分析如何组织问题的逻辑方法，如何选择合适的准则，如何根据所选择的准则做出决策。

决策是指个人或组织按照一定的程序、方法和标准，在若干个可行方案中进行选择的一种活动。

决策是个人或组织在管理活动中普遍存在的一种行为选择。决策即决定的意思，是经济管理活动中经常发生的行为。决策的正确与否会给国家、组织、个人带来受益或损失。若一个企业在经营活动中发生一次执行的错误，造成的损失可能是几百万甚至上千万元，然而由于错误的决策造成的损失动辄就是上亿元的。在全球经济一体化的环境下，一个错误决策就可能导致国家的经济下行，使企业遭受几十亿、几百亿元的损失，甚至导致企业破产。因此，一切失误中，决策的失误是最大的失误。

关于决策，诺贝尔奖获得者赫伯特·西蒙(Herbert Alexander Simon)有一句名言，即“管理就是决策”，意思是管理的核心就是决策。决策是行为的一种选择，最简单的选择是“是”与“否”。例如，对于国家而言，火星探测是做还是不做？5G 建设是搞还是不搞？这些是重大决策问题。对于企业而言，选择是否生产某新产品也是重要的决策问题。研究决策的科学称为决策科学。决策科学研究的内容非常广泛，本章主要从运筹学中的定量方法的角度予以阐述。

9.1 决策的分类

站在不同的角度看待决策的分类，可以有以下不同类型的决策。

(1) 按决策性质的重要性分类。按照决策性质的重要性，可将决策问题分为战略决策、策略决策和执行决策。

战略决策是全局性、长远性、宏观性问题的决策，是与国家、组织、个人生存和发展相关的。如国家的中长期发展规划、五年发展计划等，企业的经营业态、盈利模式、厂址的选择、新产品开发方向、新市场的开发、原料供应地的选择等，个人的教育规划、职业发展计划等，这些都属于战略决策。

策略决策则属于局部、中期的决策，是为保障战略决策的实施而进行的决策。如对国家而言，中长期的能源发展规划，碳达峰和碳中和规划，交通发展规划等；对企业而言，产品规格、工艺方案和生产线的确定，工艺路线的布置，销售计划的制定等；对个人而言，如中小学生选择何种学校(公办或民办)接受教育，选择何种职业生涯等，这些都属于策略决策。

执行决策是根据策略决策的要求制定的，是对如何有效地执行策略决策的行为方案的选择。如国家的 5 年计划建设哪些能源项目，碳达峰实施步骤，建哪些高铁、机场等；企业生产中产品合格标准的选择，日常生产调度的决策等；对个人而言，具体学校的选择，或者具体工作单位的选择等，这些都属于执行决策。

(2) 按决策结构分类。按决策结构，可将决策分为程序决策和非程序决策。

程序决策是一种循规蹈矩的、可重复的决策。程序决策常用于解决管理中经常出现的问题。这类决策通常可以按规定的程序、模型、参数、标准去处理，可编制计算机程序来处理。如出门是否需要带雨伞？对于这个日常生活中的微小决策问题，可以用程序决策来做出：听(看)天气预报，如果预报下雨就带雨伞；如果预报不下雨，就不带雨伞。再如，我国沿海地区夏季经常会遭受台风袭击。可根据台风预报的等级做出是否停工停学的决策。

非程序决策是无先例可循的、一般只能凭决策者的经验直觉作出判断的决策。非程序决策一般是一次性的决策，它要解决的问题是过去完全没有出现过或者仅部分出现过的问题。决策层次越高，一次性决策问题就越多。在一次性决策中，决策者的洞察能力、胆识和创新精神以及科学的分析方法对决策的效果起着重要的作用。如航空航天工程项目的决策、新能源工程项目的决策、通信工程项目的决策、新药研发项目的决策等都属于非程序决策。

(3) 按决策目标的数量分类。按决策目标的数量，可将决策分为单一目标决策和多目标决策。

单一目标决策问题是在已知约束条件、某种状态发生的概率、对应于各种可能方案的损益值等条件下，寻求目标函数的最优解。决策的目标或是收益最大，或是费用最小，目标是单一的。多目标决策问题是以达到两个以上目标为要求而进行的优化问题。在实际问题中，评价方案时常常要考虑多个指标。如一个工程项目的施工方案，同时要考虑质量优、工期短、费用低等目标，而这些目标之间往往是相互矛盾的，即在某个目标达到最优时，另一些目标却不佳，于是就需要根据这些目标的重要程度进行权衡，进而做出综合决策。在进行重大项目决策时，往往要权衡各方面的利弊，因此，多目标决策尤其显得重要。

(4) 按定量和定性分类。按照决策时是采用定量的方法还是定性的方法去解决问题，可分为定量决策和定性决策。

对于决策问题，如果可以用量化的指标做出选择，则称为定量决策；否则，难以用量化指标反映的决策问题则称为定性决策。一般而言，战略决策、非程序决策多为定性决策；执行决策、程序决策可以用量化的方法处理，为定量决策。在实践中，应将定量决策与定性决策相结合，在把握趋势的前提下，尽可能用定量方法进行决策。

(5) 按决策环境分类。按决策环境，可将决策问题分为确定型决策、风险型决策和不确定型决策。

确定型决策是指在确定的环境下做出的选择。由于决策环境是完全确定的，其结果也是确定的。其特征是决策者对自然状态的发生规律了如指掌，或者掌握了完整的信息，因而能够准确肯定未来会出现哪一种状态。例如，线性规划、运输问题、动态规划、非线性规划问题等都属于确定性决策问题。

在决策的环境并不是完全确定的前提下所做的决策称为风险型决策(也称为随机型决策)。但是决策者可以算出或估计出自然状态发生的概率，并以此做出决策。风险型决策的特征是：存在的自然状态有两个或多个，并且各个自然状态出现的概率或计算概率的条件是已知的，而且各个备选方案在不同状态下的收益值或损失值也是已知的。在这样的条件下做出的决策称为风险型决策。

不确定型决策是指，备选方案存在两种以上互斥的自然状态，而决策者对这些自然状态发生的概率一无所知，并且得不到信息。只知道各个备选方案在不同状态下的收益值或损失值。在这样的条件下做出的决策称为不确定型决策。

不确定型决策与风险型决策的主要区别在于，前者不知道各个自然状态出现的概率，而后者可以得到各个自然状态出现的概率。

(6) 按决策过程的连续性分类。按决策过程的连续性，可将决策问题分为单项决策和序贯决策(序列决策)。

单项决策是指只做一次决策就可以得到结果，整个决策过程就结束了。

序列决策是指整个决策过程由多个决策构成。当做了一次决策后，又出现了新问题，又要进行第二次决策，……，这样，一次次的决策就构成一个决策序列。一些复杂工程项目决策往往需要经过多次决策才能完成，决策过程形成一个决策链。

9.2 决策的要素

一个决策问题可以由以下要素构成：

(1) 决策者。决策者可以是个人或者组织。个人是指自然人，组织一般指领导者或领导集体。决策者的任务是进行决策。由于决策总是面向未来，而未来总有一定的不确定性，因此，决策者在做决策时总会面临一定的风险。由于不同的决策者对待风险有不同的态度，因此所做出的决策也可能不同。

(2) 方案。为了实现设定的目标，一个决策问题往往存在几种可供选择的行动。这类行动是决策者可以控制的，也称方案或策略。

(3) 状态。在一个决策问题中，无论采取哪一种行动方案，都会面临一些不同的客观存在的情形因素。这些因素是不为决策者所控制的，称为自然状态，简称状态。

(4) 准则。准则就是在比较、选择不同方案时所用的判别标准与规则，即如何比较各个方案以及如何判别其优劣。准则有单一准则和多准则之分。

(5) 结果。一般来说，采用不同的方案会产生不同的收益或损失，这些收益或损失称为结果。结果可用结果指标表示。

(6) 决策者的价值观。决策者的价值观决定了其对待风险的态度。不同的决策者对收益和损失具有不同的主观价值和承受力，有的偏好风险，有的惧怕风险。在对同一问题进行决策时，具有不同的价值观的决策者会做出不同的决策结果。

9.3 决策的基本程序

一般来讲，做决策需要有一定的流程。通常依照下列步骤进行一项决策活动：

1) 明确决策目标

决策目标在决策中是至关重要的，决策的目的就是为了达到这个目标。确定目标是进行决策的前提。目标需满足 SMART 特性，即 Specific(明确的)、Measurable(可度量的)、Achievable(可完成的)、Relevant(恰当的)、Trackable(可跟踪的)。如果决策目标不明确或与环境不匹配，则很难做出正确的决策。

2）拟定备选方案

根据确定的目标，拟定多个可行的备选方案。满足决策目标的方案往往会有多个，这些方案各有千秋。在做决策时，需要把所有的满足决策目标的方案（称为可行方案）全部列出，以备删选。

3）选择衡量方案优劣的准则

衡量方案优劣的准则有单目标准则和多目标准则。各备选方案在不同的准则下其优劣排序可能不同。在进行决策时，需要确定选用什么样的衡量方案的准则。

4）预测风险

决策活动都存在一定程度的风险，需要按照预测风险的方法和程序对决策的风险程度做出预测。特别要关注会导致严重程度的风险。

5）做出决策

用选择出来的准则对各个备选方案可能产生的结果进行分析，选出最优方案，从而做出决策。

6）反馈调整决策方案

决策做出后，要根据环境的变化以及决策所带来的反馈信息对决策过程所包含的步骤中的项目做出相应的改变或调整，从而使决策更科学、更合理。

决策的程序如图 9-1 所示。

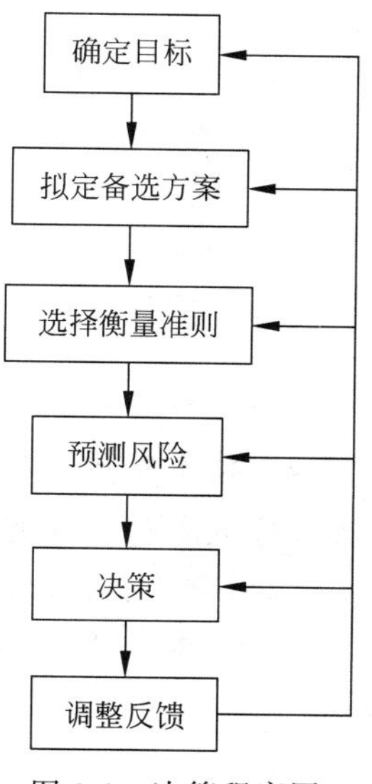

图 9-1　决策程序图

9.4　确定型决策

确定型决策是指在确定的环境下做出的选择。由于决策环境是完全确定的，其结果也是确定的。即在确定的自然状态下，有两个或两个以上的实施方案，各实施方案在决策环境下的收益值或损失值是可以计算出来的。如线性规划、运输问题、动态规划、非线性规划等都属于确定型决策问题。

由决策的程序可见，其步骤依次是：明确目标→拟定备选方案→选择衡量准则→预测风险→决策。对于确定型决策而言，其决策环境不发生变化，故不存在风险。所以对于确定型决策，只要按照目标，选择若干衡量准则，从备选方案中选择最优方案即可。许多确定型模型都有专门的计算机应用程序求解，对于确定型决策，本教材第 5、6、7、8 章已作了讨论。

9.5　不确定型决策

所谓不确定型决策是指决策者在对自然状态发生的概率一无所知，并且毫无信息的情况下，仅凭自己的主观倾向和感觉所做的决策。按照决策者的主观倾向不同，不确定型决策准则大致分为以下五种：乐观主义准则（max max）、悲观主义准则（max min）、等可能性准则（Laplace 准则）、最小机会损失准则、折中主义准则。以下通过一个例子来说明。

例 9-1　某工程装备制造企业打算自主研发生产一种新产品，需要用到一种配件。有如下四种方案可供选择：A_1—改造原有的生产线生产配件；A_2—新建一条生产线生产配件；A_3—把部分配件外包给外厂生产；A_4—从市场上采购配件。新产品投放市场后可以有四种状态：S_1—需求量高；S_2—需求量一般；S_3—需求量较低；S_4—需求量很低。但对市场需求究竟会处于哪种状态缺乏估计资料。各方案在各状态下的结果(年收益值)如表 9-1 所示，试问该企业的决策者应如何决策？

表 9-1 各状态下的结果(年收益值) 单位：万元

状 态	方 案			
	A_1	A_2	A_3	A_4
S_1	8000	10 000	5500	5800
S_2	6000	5500	4200	4500
S_3	500	−1000	2500	2900
S_4	−1500	−5000	1000	1500

解 这个问题可先用决策矩阵来描述收益/损失值，然后对于不同的决策准则依次进行决策问题的求解。可供决策者选择的行动方案有四种，用策略集合表示，记作$\{A_i\}$，$i=1,2,3,4$。需求状态有四种(但不知它们发生的概率)，用状态集合表示，记作$\{S_j\}$，$j=1,2,3,4$。每个“策略-状态”对都可以得出相应的收益值或损失值，记作a_{ij}。将这些数据汇总于表 9-2。

表 9-2 “策略-状态”对下的收益值 单位：万元

A_i		状 态			
		S_1	S_2	S_3	S_4
策略	A_1	8000	6000	500	−1500
	A_2	10 000	5500	−1000	−5000
	A_3	5500	4200	2500	1000
	A_4	5800	4500	2900	1500

表 9-2 即为决策矩阵。表中的a_{ij}根据实际问题代表不同的含义，可以是收益值，也可以是损失值或者是后悔值，等等。

针对上述几种不确定型决策准则，以下用几个例子来说明决策者对同一问题采用不同准则进行决策后所产生的不同的结果。

9.5.1 乐观主义准则

乐观主义准则是指，当决策者面临状态未知的决策问题时，总是从最好的方面去想象。于是，决策者在分析决策矩阵进行决策时，从决策矩阵中选取各策略的“策略-状态”对中收益值中的最大者，列于表的最右列；再从最右列的表中选择数值中的最大者所对应的策略作为决策策略。即

$$\max_i \max_j \{a_{ij}\}, \quad i=1,2,\cdots,m; \ j=1,2,\cdots,n$$

对应的策略为决策策略。

例 9-2　以例 9-1 中的数据为例，计算结果见表 9-3。

表 9-3　乐观主义决策准则计算结果　　单位：万元

A_i		状态				max
		S_1	S_2	S_3	S_4	
策略	A_1	8000	6000	500	−1500	8000
	A_2	10 000	5500	−1000	−5000	10 000←max
	A_3	5500	4200	2500	1000	5500
	A_4	5800	4500	2900	1500	5800

根据 max max 决策准则得

$$\max(8000,10\,000,5500,5800)=10\,000$$

对应的策略为 A_2，即新建一条生产线生产配件。

9.5.2　悲观主义准则

悲观主义准则也称为保守主义决策准则。当决策者面临状态未知的决策问题时，为谨慎起见，总是从悲观的角度去考虑。于是，决策者在分析决策矩阵时，从各个策略中可能的最坏结果中选择最好者，以它对应的策略为决策策略。具体做法是：从决策矩阵中选取各策略的"策略-状态"对的收益值中的最小者，列在表的最右列；再从最右列的表中选择数值中的最大者所对应的策略作为决策策略。即

$$\max_i \min_j\{a_{ij}\},\quad i=1,2,\cdots,m;\ j=1,2,\cdots,n$$

对应的策略为决策策略。

例 9-3　以例 9-1 中的数据为例，计算结果见表 9-4。

表 9-4　悲观主义决策准则计算结果　　单位：万元

A_i		状态				min
		S_1	S_2	S_3	S_4	
策略	A_1	8000	6000	500	−1500	−1500
	A_2	10 000	5500	−1000	−5000	−5000
	A_3	5500	4200	2500	1000	1000
	A_4	5800	4500	2900	1500	1500←max

根据 max min 决策准则得

$$\max(-1500,-5000,1000,1500)=1500$$

对应的策略为 A_4，即从市场上采购配件。

9.5.3　等可能性准则

等可能性准则也称为 Laplace 准则。针对自然状态究竟会出现哪种概率不明的情形，19 世纪的数学家 Laplace 提出了等可能性准则。Laplace 认为：当面临某种状态集合，在无确切理由表明某一种状态比另一种状态发生概率更高时，只能假定各个状态发生的概率是同等的，设 n 为状态数，即每种状态发生的概率都是 $1/n$。等可能性准则是同等地权衡每一种自然状态，假定所有的自然状态发生的概率是相等的。用等可能性准则做决策时，首先针对每一策略计算各个策略在各个状态及发生概率下的收益期望值，然后从中选择期望值中

最大者所对应的策略作为决策策略。假设各个状态发生的概率为 p，即

$$\max_i \sum_j p a_{ij} \quad i=1,2,\cdots,m;\ j=1,2,\cdots,n$$

对应的策略为决策策略。

例 9-4 以例 9-1 中的数据为例，计算结果见表 9-5。

表 9-5 等可能性准则的计算结果 单位：万元

A_i \ S_j / p_i		状态 S_1	状态 S_2	状态 S_3	状态 S_4	$\sum_j p a_{ij}$
	p_i	0.25	0.25	0.25	0.25	
策略	A_1	8000	6000	500	−1500	3250
	A_2	10 000	5500	−1000	−5000	2375
	A_3	5500	4200	2500	1000	3300
	A_4	5800	4500	2900	1500	3675←max

根据 Laplace 准则得

$$\max(3250,2375,3300,3675)=3675$$

对应的策略为 A_4，即从市场上采购配件。

9.5.4 最小机会损失准则

最小机会损失准则亦称最小最大后悔准则，或者也可称最小遗憾值准则。当出现某一状态时，一般容易确定该状态下收益最大的方案。但是，决策者无法预知会出现哪一个状态，因此，若没有选择这一策略，则失去了收益达到最大的机会。某一状态下的最大收益值与该状态下每一策略的收益值之差，称为在该状态下每一方案的机会损失值，或后悔值。其含义是：在某一状态下，决策者由于未选择最优的策略而导致的损失值。各方案在各状态下的后悔值构成一个后悔值矩阵。后悔值矩阵可由收益矩阵变换得到。若对于第 k 个状态，各策略下的收益值为 $a_{ik}(i=1,2,\cdots,m)$，设其中最大值为

$$a_{lk}=\max_i(a_{ik})$$

这时，各策略的机会损失值为

$$a'_{ik}=\{\max_i(a_{ik})-a_{ik}\} \quad i=1,2,\cdots,m$$

$$\min_i \max_k a'_{ik} \quad i=1,2,\cdots,m;\ k=1,2,\cdots,n$$

对应的策略为决策策略。

例 9-5 以例 9-1 中的数据为例，计算结果见表 9-6。

表 9-6 最小机会损失准则计算结果 单位：万元

A_i \ S_j		状态 S_1	状态 S_2	状态 S_3	状态 S_4	max
策略	A_1	2000	0	2400	3000	3000←min
	A_2	0	500	3900	6500	6500
	A_3	4500	1800	400	500	4500
	A_4	4200	1500	0	0	4200

从所有最大机会损失值中选取最小者，即

$$\min(3000,6500,4500,4200)=3000$$

对应的策略为 A_1，即改造原有生产线生产配件。

9.5.5 折中主义准则

乐观主义准则是一种极端，太冒险；而悲观主义准则是另一极端，太保守。如果能将两者综合起来，会中和掉极端因素。折中主义准则就是将乐观主义准则和悲观主义准则结合起来的一种准则。该准则假设决策者既不是完全的乐观，也不是完全的悲观。折中主义准则的原理是，决策者被赋予一个对其乐观程度进行度量的系数，称为乐观系数。令 α 为乐观系数，则 $1-\alpha$ 为悲观系数($0\leqslant\alpha\leqslant1$)，用下面的公式计算 H_i

$$H_i=\alpha\, a_{i\max}+(1-\alpha)\, a_{i\min}$$

$a_{i\max}$、$a_{i\min}$ 分别表示在第 i 个策略下可能得到的最大收益值与最小收益值。H_i 中的最大值对应的策略即为决策方案，即

$$\max H_i,\quad i=1,2,\cdots,m$$

对应的策略为决策策略。

例 9-6 以例 9-1 中的数据为例，设 $\alpha=1/3$，将计算所得的 H_i 值记在表 9-7 的右端。

表 9-7 折中主义准则计算结果 单位：万元

A_i \ S_j		状态 S_1	S_2	S_3	S_4	H_i
策略	A_1	8000	6000	500	−1500	1667
	A_2	10 000	5500	−1000	−5000	0
	A_3	5500	4200	2500	1000	2500
	A_4	5800	4500	2900	1500	2933←max

根据折中主义准则得

$$\max(1667,0,2500,2933)=2933$$

对应的策略为 A_4，即从市场上采购配件。

9.6 风险决策

风险决策(也称概率型决策)是指虽然决策的环境不是完全确定的，但是决策者可以估计出自然状态发生的概率，并以此进行决策。其主要的决策准则是期望值准则。所谓期望值准则，就是根据各方案的损益期望值的大小来进行比较选优的一种决策准则。若决策矩阵中的数字代表收益，则选择期望值最大的方案，称为最大期望收益准则(EMV)；若决策矩阵中的数字代表损失，则选择期望值最小的方案，称为最小期望机会损失准则(EOL)。

9.6.1 最大期望收益准则

最大期望收益准则，其英文全称为 Expected Monetary Value（缩写为 EMV）。若 a_{ij} 代表决策矩阵中第 i 行第 j 列位置上的元素，该元素代表“策略-状态”对中的收益值，假设第 j 个状态的发生概率为 p_j，则各个状态下各策略的期望收益值可用下式计算：

$$\sum_j p_j a_{ij}, \quad i=1,2,\cdots,m$$

然后选取上述期望收益值中的最大者，其所对应的策略即为决策策略。即

$$\max_i \sum_j p_j a_{ij} \rightarrow A_k^*$$

A_k^* 所对应的策略即为决策策略。

例 9-7 以例 9-1 中的数据为例，假设需求高的概率为 0.2，需求一般的概率为 0.4，需求小的概率为 0.3，需求很小的概率为 0.1，计算结果见表 9-8。

表 9-8 最大期望收益准则计算结果 单位：万元

A_i \ S_j / p_i		状态				EMV
		S_1	S_2	S_3	S_4	
		0.2	0.4	0.3	0.1	
策略	A_1	8000	6000	500	−1500	4000←max
	A_2	10 000	5500	−1000	−5000	3400
	A_3	5500	4200	2500	1000	3630
	A_4	5800	4500	2900	1500	3980

根据最大期望收益准则得

$$\max(4000,3400,3630,3980)=4000$$

对应的策略为 A_1，即改建原有生产线生产配件。

9.6.2 最小期望机会损失准则

最小期望机会损失准则，其英文全称为 Expected Opportunity Loss（缩写为 EOL）。设 a'_{ij} 代表决策矩阵中第 i 行第 j 列位置上的元素“策略-状态”对的机会损失值，p_j 代表第 j 种状态发生的概率，则各策略的期望机会损失值为

$$\sum_j p_j a'_{ij}, \quad i=1,2,\cdots,n$$

选取这些期望机会损失值中最小者所对应的策略，即

$$\min_i \sum_j p_j a'_{ij} \leftarrow A_k^*$$

则此策略即为决策策略。

例 9-8　对例 9-1 中的数据进行计算，结果见表 9-9。

表 9-9　最小期望机会损失准则计算结果　　单位：万元

A_i \ S_j \ p_i		状态 S_1	S_2	S_3	S_4	EOL
		0.2	0.4	0.3	0.1	
策略	A_1	2000	0	2400	3000	1420←min
	A_2	0	500	3900	6500	2020
	A_3	4500	1800	400	500	1790
	A_4	4200	1500	0	0	1440

根据最小期望机会损失准则得

$$\min(1420,2020,1790,1440)=1420$$

对应的策略为 A_1，即改建原有生产线生产配件。

由于表 9-9 中 a'_{ij} 的数据是取表 9-8 中每列收益值中的最大值，减去该列中的每个数值得到的，故表 9-9 中的值为损失值，故 EMV 准则与 EOL 准则实质是相同的。

9.7　决策树

决策树是处理风险型决策问题的另一种方法。决策树就像一颗横卧的树，它是由一系列的节点（决策节点或事件节点）、分支（决策支或概率支）和结果构成的树形图。节点是事件发生的时点，当从节点出发引出若干个方案时，当前的节点就是决策节点；当从节点出发引出若干个带有概率的状态时，当前的点称为事件节点。决策节点可用“□”或“[　]”表示；事件节点可用“○”或“(　)”表示。分支的末梢称为结果，可用“△”表示。

决策树的决策准则一般有期望收益准则和期望效用准则。本节主要介绍期望收益准则，9.10 节将介绍期望效用准则。期望收益准则的具体做法是：根据实际问题画出决策树，将概率值和结果值标在决策树的相应分支上。然后，从树梢出发，依次向树根方向行进。当遇到事件节点时，计算该事件节点的期望值；当遇到决策节点时，做出决策。

9.7.1　单项决策

例 9-9　某企业需要决定是采用引进国外新的生产线还是通过对现有的生产线进行技术改造来生产一种新产品。该产品的市场寿命为 10 年，引进新生产线的投资费用为 2800 万元，技术改造的投资费用为 1400 万元。10 年内销售状况如下：高需求量的可能性为 0.5；中等需求量的可能性为 0.3；低需求量的可能性为 0.2。

企业进行了相关的量本利分析，在采用不同的生产线和市场容量的组合下，其收益是不同的：若采用新生产线，在市场高需求的情况下，每年获利 1000 万元；中需求情况下，每年获利 600 万元；低需求情况下，每年亏损 200 万元。若采用技术改造生产线，在市场高需求的情况下，每年获利 250 万元；中需求情况下，每年获利 450 万元；低需求情况下，每年获利 550 万元。试用决策树方法进行决策。

解 针对上述问题画出决策树，如图 9-2 所示。其中，“1”为决策节点，“2”“3”为事件节点。将各个数据标在各分支结果上。

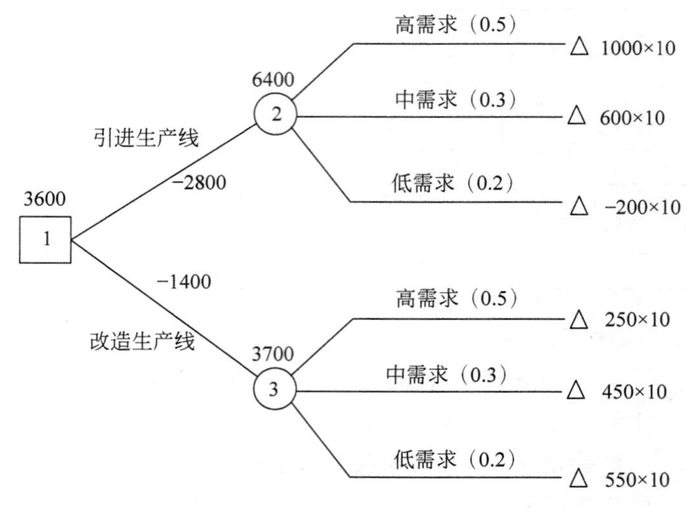

图 9-2 单项决策计算结果

计算每个事件点的期望值。对于事件点 2，期望收益为

$$0.5\times1000\times10+0.3\times600\times10+0.2\times(-200)\times10=6400$$

对于事件点 3，期望收益为

$$0.5\times250\times10+0.3\times450\times10+0.2\times550\times10=3700$$

对于决策点 1，应作决策。由于

$$\mathrm{Max}\{6400-2800,3700-1400\}=\max\{3600,2300\}=3600$$

应取上面一支，即引进国外新的生产线进行生产。

9.7.2 序列决策

如果在一个决策问题中包含两个或两个以上的待决策问题，则称这类决策问题为多级决策问题，或称序列决策问题。这时，在决策树中有多个决策节点。若有 n 个($n\geqslant2$)待决策问题，则其决策树有 n 个决策节点，该问题称为 n 级决策问题，该决策树称为 n 级决策树。

序列决策是非常普遍的决策类型。对于某些决策问题，当做了一次决策后，出现了新问题，又要进行第二次决策，接着又出现新问题，又需要进行第三次决策……这样，一次次的决策就构成一个决策序列。

下面用具体的例子来说明。

例 9-10 对本章导入案例中 A 公司的决策问题进行分析。F 通过对案例的分析，并咨询了相关的行业专家，归纳整理出如下信息、假设及建议。F 建议父亲 J 先进行两个方案的比较：①做地震勘探，再根据地震勘探的结果决定是否开采石油；②不做地震勘探，凭经验决定是否直接开采。做地震勘探的每次费用需要 3 万美元，开采费用为 10 万美元。开采后若出油，A 公司可获得收入 80 万美元；开采后若不出油就没有任何收入。已知地震勘探试验结果好的概率为 0.6，试验结果不好的概率为 0.4。在试验结果好的前提下，开采并出油的概率为 0.85；在试验结果不好的前提下，开采并出油的概率为 0.10；若不做地震勘探，直接开采，出油的概率为 0.55。试问：A 公司应如何决策，使期望收益最大？

解 针对上述问题画出决策树，如图 9-3 所示。

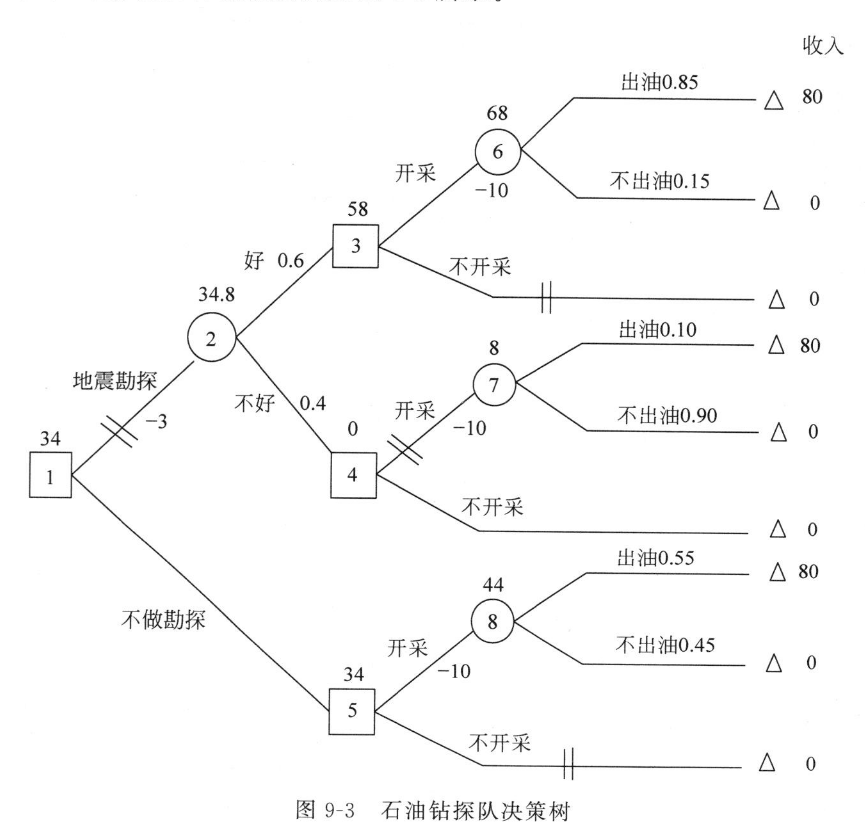

图 9-3 石油钻探队决策树

对于图 9-3 所示的决策树，计算规则如下：先从右向左进行如下处理：遇到事件节点，计算各事件节点的期望收益；遇到决策节点，按最大期望收益准则进行取舍。期望收益计算结果的数字标在各节点上方，决策节点的取舍结果也标在决策节点的上方，经过决策节点取舍后可以去掉许多分支。各事件节点的期望收益和各决策节点的计算结果和取舍情况也如图 9-3 所示。

这个决策问题的决策结果为：选择不做地震勘探，直接进行钻井，期望收益为 34 万美元。

9.8 灵敏度分析

用期望收益准则进行决策依赖于各自然状态的发生概率及各方案在各自然状态下的收益值，而这些值都是估算或预测而得，不可能十分精确。所以在用期望收益准则求出最优策略后，有必要像线性规划那样进行灵敏度分析。所谓灵敏度分析，就是分析决策所用的数据在什么范围变化时原最优决策方案仍然有效。在此我们对自然状态发生概率进行灵敏度分析，即考虑自然状态发生概率的变化如何影响最优方案的决策。

例 9-11 表 9-10 给出了一个决策问题。试问：p 在什么范围内取值时，决策的结果是选择方案 A_2？

表 9-10 三方案的收益值和期望值

S_j / A_i / p_i		状态		$E(A_i)$
		S_1	S_2	
		p	$1-p$	
方案	A_1	400	-200	$600p-200$
	A_2	250	-50	$300p-50$
	A_3	1100	-600	$1700p-600$

若要决策结果为选择方案 A_2，应有

$$\begin{cases} E(A_2) > E(A_1) \\ E(A_2) > E(A_3) \end{cases}$$

即

$$\begin{cases} 300p - 50 > 600p - 200 \\ 300p - 50 > 1700p - 600 \end{cases}$$

可得 $p<1/2, p<55/140$。由于 $p>0$，所以当 $0\leqslant p<55/140$ 时，决策结果为选择方案 A_2。即 p 在 $[0,55/140)$ 区间取值时，方案 A_2 一直保持着最优方案。

9.9 信息的价值

在风险型决策中，人们为了减少风险，降低问题的不确定性，提高决策的成功率，除了知道自然状态的先验概率，还要想方设法去搜集有关自然状态的更多信息，称之为补充信息。由于信息的搜集需要付出一定的代价，因此，需要分析哪些补充信息是值得搜集的。这就是所谓信息分析。其主要任务就是估算补充信息的价值。补充信息分为两类：全信息与不全信息。

9.9.1 全信息的价值

所谓全信息就是关于自然状态的确切的信息。为了获得更多的收益，有必要计算全信息的价值，即全信息所带来的额外的收益；另外，也要知道花多少代价才值得搜集到全信息，即全信息费。然后将两者进行比较。计算出全信息的价值将有利于做出决策。如果全信息费小于全信息的价值，则全信息才值得搜集，决策者就应该投资获得全信息；反之，决策者就不应该投资获得全信息。

在风险决策中，概率 p_i 只是反映了自然状态 S_i 发生的概率大小。因此，即使花代价得到了 p_i 值，并据此做出了决策，但是究竟会出现哪一个状态仍然是随机的。于是，人们就提出了一个究竟花多大代价去获得出现哪一个状态的全信息才划算的问题。

例 9-12 某企业生产一种机械工程设备，销售一台可以获利 500 万元，但是如果生产了而销售不出去，每台则损失 200 万元。于是，企业的市场部人员对产品市场进行了充分调

查，得到了下年度市场对该机械工程设备的需要量及其概率的数据，如表 9-11 所示。

表 9-11　市场需要量及其概率

市场需要量/台	100	200	300
概率	0.1	0.5	0.4

该企业需要做下个年度的生产计划决策：究竟生产多少台设备对企业最有利？

解　设方案 A_1、A_2、A_3分别表示生产 100、200、300 台该种工程设备，则三种方案期望收益的计算结果如表 9-12 所示。

表 9-12　三方案的收益值和期望收益值　单位：万元

方案		100 0.1	200 0.5	300 0.4	$E(A_i)$
A_1	100	50 000	50 000	50 000	50 000
A_2	200	30 000	100 000	100 000	93 000
A_3	300	10 000	80 000	150 000	101 000←max

按照期望收益最大的决策准则，应该选择 A_3，最大期望收益为 101 000 万元。

假设需要花一笔费用以获取市场究竟需要多少台设备的"全信息"。假设这笔费用为 q_0元，其为该企业所带来的好处是可以按照市场需要进行生产，于是期望收益值为

$$(50\,000 \times 0.1 + 100\,000 \times 0.5 + 150\,000 \times 0.4)\text{ 万元} = 115\,000\text{ 万元}$$

则有

$$q_0 \leqslant (115\,000 - 101\,000)\text{ 万元} = 14\,000\text{ 万元}$$

即，全信息的费用不能超过 14 000 万元，即该企业为了获取市场信息所花的费用不能超过 14 000 万元。

9.9.2　不全信息的价值与贝叶斯决策

为了获取补充信息，我们通常采用试验的方法，如气象观测、市场调研、地质勘探、产品抽样检验等。如此获得的信息一般不能准确预测未来将出现的状况，称为不全信息。倘若它能提高决策的效益，即提高期望收益值（或降低期望损失值），则它也有价值，称为不全信息的价值（expected value of imperfect information，EVII）。试验需要经费，也需要权衡在什么代价下可以接受试验。

例 9-13　人们不知道 A 国某区域地下是否储藏有石油，对有关地质勘探统计资料研究表明，在相似地理区域钻探的井中，有 7 口油井和 16 口干井，每口油井收入约为 150 万美元。如果由本国自行钻探，需要 35 万美元的费用。也可将该地区的石油开采权租让给别国，以获得租金。现 B 国石油开发公司拟租用 A 国某地区的石油开采权，A 国可稳得租金 15 万美元，且若能出油还可额外再得 15 万美元。如果雇用一个地质勘探队对该区域先做地震试验，用以判明该地区的地质结构是封闭的还是开放的，则更有利于开采决策。由地质学知识得知：有油地区多数是封闭结构，无油地区多数是开放结构。根据以往统计资料得知，该地质勘探队有 0.8 的概率将有油地区勘测为封闭结构，有 0.6 的概率将无油地区勘测

为开放结构。若做地震试验要花费 5 万美元，问 A 国应如何决策？

解 根据统计资料，在相似地理区域钻井有油的概率为 7/(7+16)=0.3，则无油的概率为 0.7。

设以 θ_1、θ_2 分别表示勘测结果为封闭结构、开放结构，以 s_1、s_2 分别表示该地区有油、无油，由题意可得下述条件概率：

$$P(\theta_1 \mid s_1)=0.8, \quad P(\theta_2 \mid s_1)=0.2$$

$$P(\theta_1 \mid s_2)=0.4, \quad P(\theta_2 \mid s_2)=0.6$$

又已知先验概率

$$P(s_1)=0.3, \quad P(s_2)=0.7$$

由上述概率，利用贝叶斯公式，可以算出在事件 θ_k 发生的条件下事件 s_j 发生的后验概率：

$$P(s_j \mid \theta_k)=\frac{P(s_j\theta_k)}{P(\theta_k)}=\frac{P(s_j)P(\theta_k \mid s_j)}{\sum_j P(s_j)P(\theta_k \mid s_j)}, \quad j,k=1,2$$

为更清楚起见，可利用表 9-13 计算所需的概率。

表 9-13 例 9-13 的后验概率计算

s_j	(1)	(2)		(3)=(1)×(2)		(4)=(3)/$P(\theta_k)$	
	$P(s_j)$	$P(\theta_1 \mid s_j)$	$P(\theta_2 \mid s_j)$	$P(\theta_1 s_j)$	$P(\theta_2 s_j)$	$P(s_j \mid \theta_1)$	$P(s_j \mid \theta_2)$
s_1	0.3	0.8	0.2	0.24	0.06	$\frac{0.24}{0.52}=0.46$	$\frac{0.06}{0.48}=0.125$
s_2	0.7	0.4	0.6	0.28	0.42	$\frac{0.28}{0.52}=0.54$	$\frac{0.42}{0.48}=0.875$
$\sum$				$0.52=P(\theta_1)$	$0.48=P(\theta_2)$		

下面用决策树法分析这个问题，如图 9-4 所示。图中事件节点②所引出的状态分支及其后续各状态分支上标出的概率是表 9-13 中算出的相应概率。分析可知最优决策为：先进行地震试验，若试验结果为封闭结构则自行钻探，否则出租该地石油开采权。这样可期望获利 20 多万美元。

本例地震试验所勘测的地质结构就是一种不全信息。最优决策为：进行地震试验，若为封闭结构，则自行开采；若为开放结构，则让 B 国公司开采。这不仅说明不全信息有价值，而且还大于地震试验费。由前述，EVII 为不全信息的价值。记 ERII(expected reward of imperfect information)为不全信息期望收益值，ERNT 为不做地震试验时的最大期望收益值，CII 为不全信息费，则不全信息的价值可按下式计算：

$$\text{EVII}=\text{ERII}-\text{ERNT} \tag{9-1}$$

图 9-4 中，事件节点②上所标数字 25.78 即为地震试验所提供的不全信息的期望收益值，即 ERII=25.78；而决策节点 3 上所标数字 19.5 为不做地震试验时的最大期望收益值，即 ERNT=19.5。故由式(9-1)得

$$\text{EVII}=\text{ERII}-\text{ERNT}=(25.78-19.5)\text{ 万美元}=6.28\text{ 万美元}$$

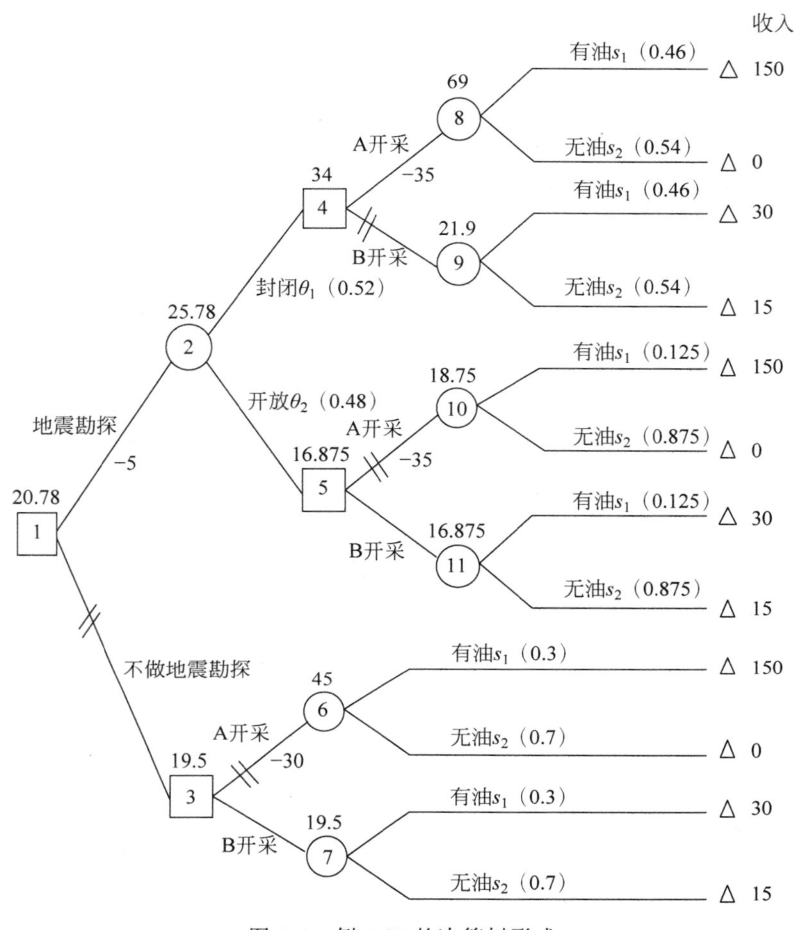

图 9-4 例 9-13 的决策树形式

此即为地震试验所提供的不全信息的(期望)价值。

例 9-13 中，CII＝5，即地震试验费是 5 万美元。由于 EVII＝6.28＞5＝CII，因此应当做试验以获取不全信息。用决策树(图 9-4)进行决策分析时即已经得出此结论。

记 ENG(expected net gain)为试验的期望净利，即做试验比不做试验可多获得的期望利润，则有

$$\text{ENG}=\text{EVII}-\text{CII} \tag{9-2}$$

例 9-13 中，ENG＝EVII－CII＝(6.28－5)万美元＝1.28 万美元

一般地，若设 $a_i(i=1,2,\cdots,m)$为某一决策问题的可行方案，且其中 a_m 为试验方案，而 a_m 的期望收益值为

$$\text{ER}(a_m)=\text{ERII}-\text{CII}$$

则试验的期望净利 ENG 也可按下式计算：

$$\text{ENG}=\text{ER}(a_m)-\max_{i=1,2,\cdots,m-1}\{\text{ER}(a_i)\} \tag{9-3}$$

对例 9-13 而言，设 a_1 为不做地震试验且由 A 国自行开采；a_2 为不做地震试验由 B 国公司开采；a_3 为做地震试验，并根据地震试验的结果再做决策。则有

$$\text{ENG}=\text{ER}(a_3)-\max_{i=1,2}\{\text{ER}(a_i)\}=(20.78-19.5)\text{ 万美元}=1.28\text{ 万美元}$$

9.10 效用决策

9.10.1 效用及效用曲线

所谓效用，是决策者关于行动后果乃至一个行动方案偏好程度的一种主观尺度。数学家伯努利(D. Bernoulli)提出了效用的概念。他认为人们对财富的真实价值的感受与其拥有的财富量之间存在对数关系，如图 9-5 所示。

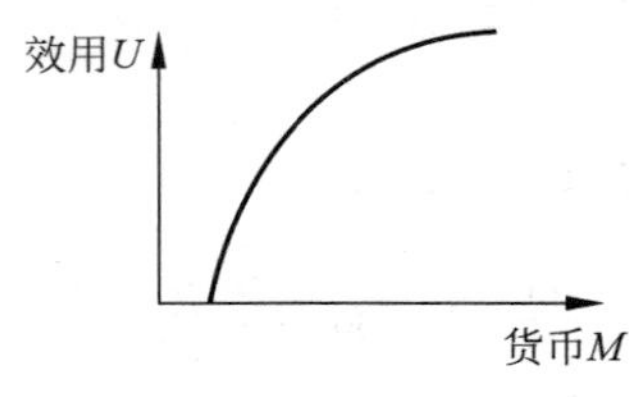

图 9-5 货币效用函数

图 9-5 所示即为伯努利的货币效用函数。效用是一个无量纲的指标，效用值是介于 0 和 1 之间的一个相对的指标值。通常人们在做衡量时，将最偏好、最倾向、最愿意出现的结果的效用值赋予 1，而将最不偏好、最不倾向、最不愿意看到的结果的效用值赋予 0。很多难以量化的、有本质区别的事物通过效用指标可以得到量化。

在管理上，对某些事物的主观价值、风险、偏好、倾向等的衡量判断也可以运用效用指标。例如，在进行风险决策时，决策者对待风险的态度或风险偏好可用效用指标来衡量，并可以测定出每个决策者对待风险态度的效用曲线。

9.10.2 效用曲线的确定

可以采用多种方法确定效用曲线，这里给出两种基本的方法：直接提问法和对比提问法。

(1) 直接提问法。研究人员向决策者提出一系列相关问题，要求决策者进行主观衡量和对比比较后给出答案。例如，向决策者提问这样的问题："如果你对自己的企业今年盈利 3000 万元是满意的，那么盈利多少，你的满意程度会加倍?"，若决策者回答"6000 万元"，于是就可以确定效用曲线的两个点。如此不断反复提问与回答，就可绘制出该决策者的获利效用曲线。

(2) 对比提问法。假设有两种可选方案 A_1、A_2 可供决策者选择。

A_1——以零风险得到一笔 x_2 金额的财富。

A_2——以概率 p 得到一笔 x_1 金额的财富，以概率 $1-p$ 损失 x_3 金额的财富，其中 $x_1 > x_2 > x_3$。

$U(x_i)$——金额为 x_i 钱财的效用值。

若认为 A_1、A_2 两方案等价，则有

$$pU(x_1) + (1-p)U(x_3) = U(x_2) \tag{9-4}$$

式(9-4)中共有四个变量：p, x_1, x_2, x_3。若已知其中三个变量的值，向决策者提问第四个变量应取何值，就可确定出坐标上的一点。多次提问后，就可确定出多个点，将这些点连起来就构成了效用曲线。

设每次取 $p=0.5$，固定 x_1、x_3，对 x_2 进行提问，提问三次，可以确定出三点，于是，可绘制出决策者的效用曲线。

设 $x_1=1600$(单位：万元。下同)，$x_3=-800$，并设

$$U(x_1)=U(1600)=1, U(x_3)=U(-800)=0$$

① 对于

$$0.5U(x_1)+0.5U(x_3)=U(x_2)$$

问：x_2取何值时，使

$$0.5U(1600)+0.5U(-800)=U(x_2) \tag{9-5}$$

成立？若回答 $x_2=-400$，则

$$U(-400)=0.5\times 1+0.5\times 0=0.5$$

于是绘出第一个点。

② 对于

$$0.5U(x_1)+0.5U(x_2)=U(x_2')$$

问：x_2' 取何值时，使

$$0.5U(1600)+0.5U(-400)=U(x_2') \tag{9-6}$$

成立？若回答 $x_2'=100$，则

$$U(100)=0.5\times 1+0.5\times 0.5=0.75$$

于是绘出第二点。

③ 对于

$$0.5U(x_2)+0.5U(x_3)=U(x_2'')$$

问：x_2'' 取何值时，使

$$0.5U(-400)+0.5U(-800)=U(x_2'') \tag{9-7}$$

成立？若回答 $x_2''=-600$，则

$$U(-600)=0.5\times 0.5+0.5\times 0=0.25$$

于是绘出第三点。

将这三点连起来，就得到该决策者对待风险的效用曲线，见图9-6。

根据以上的提问与回答可以看到，决策者对待风险的态度不同，会选择不同的 x_2、x_2'、x_2''值，使式(9-5)～式(9-7)成立。于是就可得到不同形状的效用曲线。一般地，效用曲线可分为保守型、中间型、冒险型三种，其对应的曲线见图9-7。

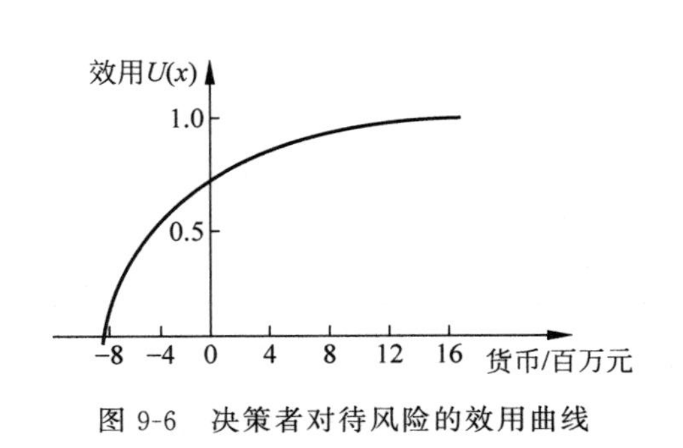

图9-6　决策者对待风险的效用曲线

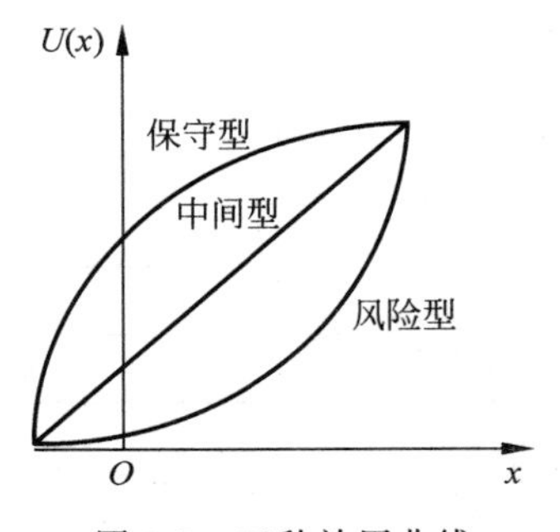

图9-7　三种效用曲线

对于中间型的决策者而言，其效用值是 x(货币数)的线性函数，故效用曲线是一条直线。

对于保守型的决策者而言，其对损失敏感，对收益不敏感，故是一个回避风险的决策者。其效用曲线呈现出上凸函数的特性。

对于风险型的决策者而言，其对收益敏感，对损失不敏感，故是一个愿意冒风险的决策者。其效用曲线呈现出下凸函数的特性。

9.10.3 效用期望值决策准则

假设自然状态 S_i 发生的概率为 p_i，在自然状态 S_i 下，方案 A_j 的效用值为 $U(S_i, A_j)$ $i=1,2,\cdots,m$；$j=1,2,\cdots,n$，则称 $p_iU(S_i, A_j)$ 为方案 A_j 在自然状态 S_i 下的结果效用值，且把方案 A_j 在各自然状态下的结果效用值之和称为 A_j 的效用期望值，记为 $\mathrm{EU}(A_j)$，即

$$\mathrm{EU}(A_j)=\sum_{i=1}^{m}p_iU(S_i, A_j)$$

例 9-14 若某个决策者面临两个方案 A_1 和 A_2 的选择。A_1 为以 0.8 的概率获利 40 000 万元，以 0.2 的概率损失 20 000 万元；A_2 为以 0.8 的概率得到 20 000 万元或者以 0.2 的概率得到 30 000 万元。又已知 $U(-20\,000)=0$，$U(40\,000)=1$，$U(20\,000)=0.8$，$U(30\,000)=0.9$，试分别用期望值准则和效用期望值准则进行决策。

解 (1) 用期望值准则进行决策的结果如表 9-14 所示。

表 9-14 期望值准则决策结果 单位：万元

方案	状态		$E(A_j)$
	得	失	
	0.8	0.2	
A_1	40 000	−20 000	28 000
A_2	20 000	30 000	22 000

由于 $E(A_1)>E(A_2)$，故应选择方案 A_1。

(2) 用效用期望值准则进行决策的结果如表 9-15 所示。

表 9-15 效用期望值准则决策结果

方案	状态		$\mathrm{UE}(A_j)$
	得	失	
	0.8	0.2	
A_1	1	0	0.8
A_2	0.8	0.9	0.82

由于 $E(A_1)<E(A_2)$，故应选择方案 A_2。

可见，对于同一个决策问题，使用期望值准则和效用期望值准则进行决策，其结果是不同的。

9.10.4 效用期望值准则与期望值准则的区别

对某一问题进行决策时，运用效用期望值准则或期望值准则会得出不同的结果。下面以保险公司财产保险业务为例说明效用期望值准则与期望值准则进行决策时的区别。

例 9-15 某房地产企业持有1亿元自有资产，考虑到有发生火灾的风险，应决定是否要去保险公司参加财产保险。假设每年的失火概率为0.3%，每年保险费为31万元。作为企业的董事长，需要决定该企业持有的自有资产是否应当参加财产保险。

解 (1) 用期望值准则对这一问题进行决策。

根据上述资料，可以列出决策表如表9-16所示。

表 9-16 期望值准则决策结果 单位：万元

方案		状态		$E(A_j)$
		不失火	失火	
		0.997	0.003	
A_1	投保	−31	−31	−31
A_2	不投保	0	−10 000	−30

由于 E(投保)<E(不投保)，故由期望值准则，应选择不投保的方案。

然而，许多企业仍然会踊跃地参加财产保险，这可用效用期望值准则来进行解释。

(2) 用效用期望值决策准则对这一问题进行决策。

对企业来说，无论是否投保，总是不希望发生火灾的。即最偏好不发生火灾，最不偏好发生火灾，则有

$$U(0)=1,\quad U(-10\,000)=0$$

而假设缴31万元的保费对企业来说并不是很在乎，因而效用仍然非常高，设为0.999。即

$$U(-31)=0.999$$

于是，按效用期望值准则可得决策结果如表9-17所示。

表 9-17 效用期望值准则决策结果

方案		状态		$\mathrm{EU}(A_j)$
		不失火	失火	
		0.997	0.003	
A_1	投保	0.999	0.999	0.999
A_2	不投保	1	0	0.997

由于EU(投保)>EU(不投保)，故由效用期望值准则，应选择投保方案。

(3) 用生存风险度的概念来解释。

生存风险度为某一项决策可能造成的最大损失与致命损失之比。设SD为生存风险度，即

$$\mathrm{SD}=\text{决策可能造成的最大损失} / \text{致命损失}$$

在这个例子中，若该企业采取不投保险的决策，一旦失火，则其损失就是致命损失，故

SD=1。若参加保险，31 万元×20/10 000 万元=0.062≤1，远远小于 1。因此参加保险更有利于该企业(其中 20 年为该企业的生命周期)。

但是，对于不同规模的企业来讲，生存风险度是不同的。假设有两个企业：一个拥有 5000 万元资产，另一个只有 500 万元资产。若要进行 500 万元的风险投资，成功率是 40%，成功后获利都是 2000 万元。对于拥有 5000 万资产的企业就可能采取投资的决策，因为其益损值为(0.4×2000−0.6×500)万元=500 万元，而生存风险度 SD=500/5000=0.1，即使损失也只占总资产的 10%。而对于只有 500 万资产的企业，这是致命的损失，其 SD=500/500=1，故可能采取不投资的决策。

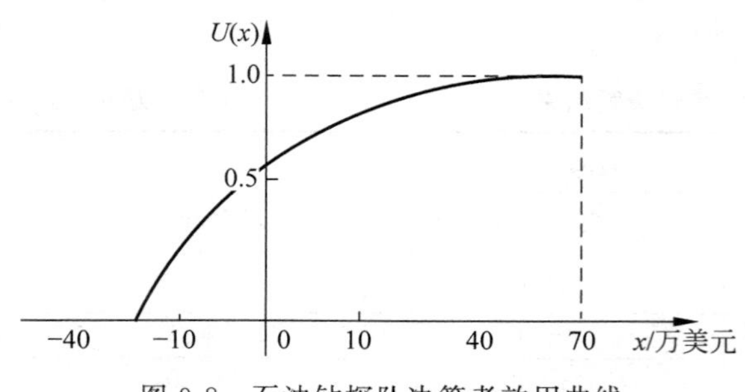

图 9-8 石油钻探队决策者效用曲线

例 9-16 继续对本章导入案例中 A 公司的决策问题进行分析。设 A 公司控股人 J 是一位偏保守的决策者，其效用曲线如图 9-8 所示。试用效用期望值准则对例 9-10 进行决策。

解 以决策树为工具，用效用期望值准则求解。

对于此问题，首先将收入减去费用后转化为纯收入，标在图 9-9 的决策树中，即将纯收入标在决策树的最右端。然后根据图 9-8 所示的效用曲线查出该决策者所得到的各纯收入相对应的效用值，也标在决策树上，如图 9-9 所示。

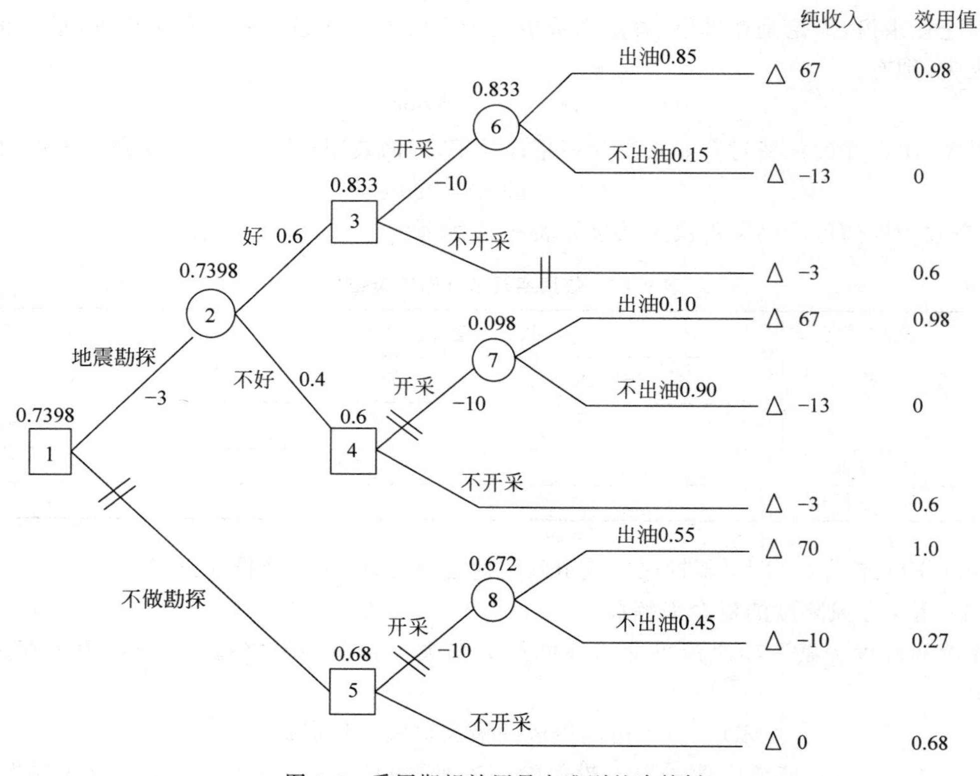

图 9-9 采用期望效用最大准则的决策树

采用与例 9-10 相同的处理方法,从右向左进行如下计算:遇到事件节点,计算各事件节点的期望效用值;遇到决策节点,按期望效用最大的准则进行取舍,这样可以去掉许多分支。各事件点的期望效用值和各决策点的取舍情况也如图 9-9 所示。

这个决策问题的决策序列为:先做地震试验,若结果好,则钻井;若结果不好,则不钻井,在此决策下的期望效用为最大。显然这是保守型的决策,因为决策者的效用曲线是保守型的。

9.11 应用 Excel 和 TreePlan 求解决策树

TreePlan 是由迈克尔·米德尔顿(Michael Middleton)开发的以 Excel 构造和解决决策树的附加程序。虽然利用 Excel 能够画出和计算决策树,但是比较困难且缓慢。而 TreePlan 是一个能大大简化在 Excel 中建立决策树过程的模板。

TreePlan 是作为 Excel 的一个加载项使用的,Excel 本身并没有这个插件。使用时,需要将 TreePlan 宏添加到 Excel 的加载项选项卡中,然后单击便可调用它。一旦添加成功,Excel 中就出现"加载项"选项卡,单击"加载项"就出现 Decision Tree 命令,单击 Decision Tree 命令即可运行。

例 9-17 以例 9-9 为例,说明 TreePlan 的使用方法。

单击"Decision Tree"命令,弹出"TreePlan"对话框,如图 9-10 所示。

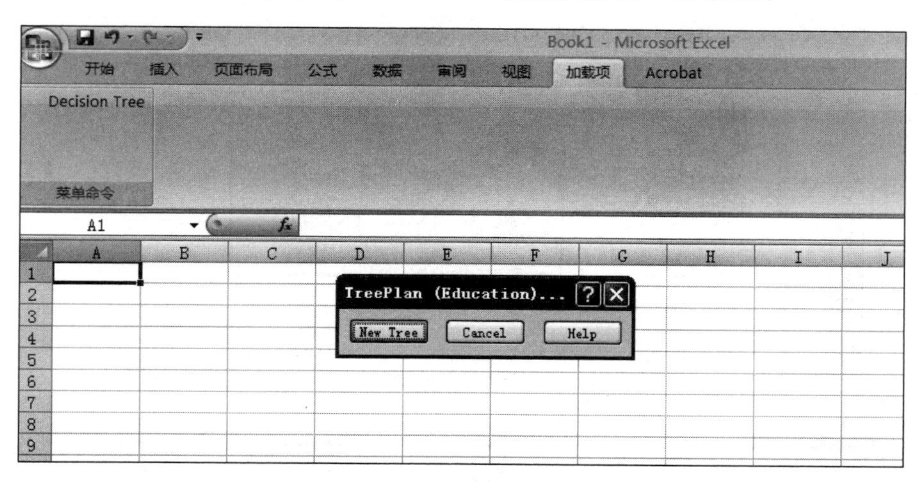

图 9-10 TreePlan 对话框

单击"New Tree"按钮,出现决策树的两个决策支,如图 9-11 所示。

将光标移到单元格 F3,单击"Decision Tree"命令,出现如图 9-12 所示的对话框。

选择"change to event node"单选按钮,并单击"OK"按钮,得到两个概率支,如图 9-13 所示。

将光标移到单元格 F5,选择"Add branch"单选按钮,并单击"OK"按钮,如图 9-14 所示。

选择"Add branch"后,并单击"OK"按钮,得到三个概率支,如图 9-15 所示。

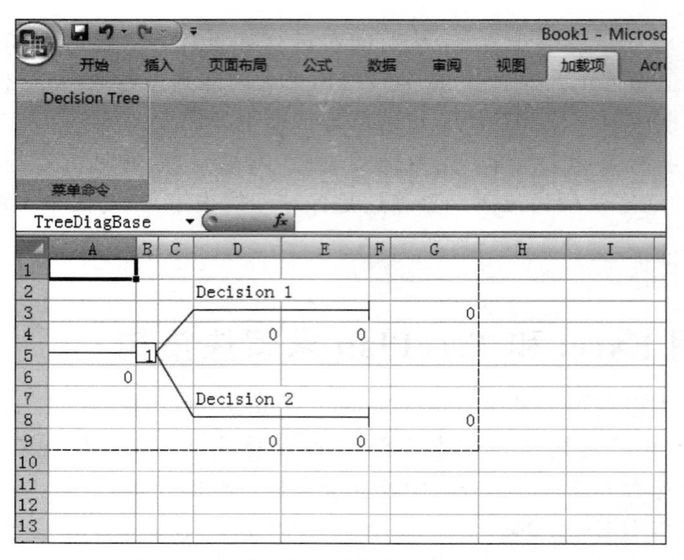

图 9-11　决策树的两个决策支

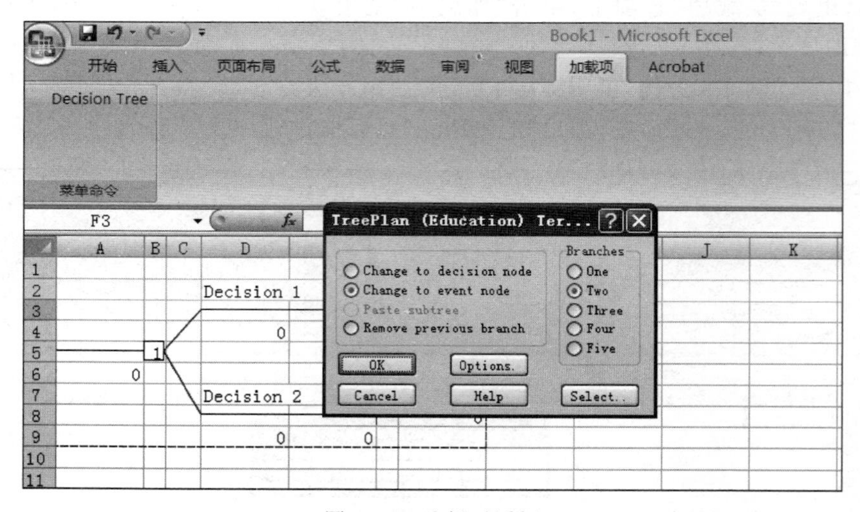

图 9-12　选择对话框

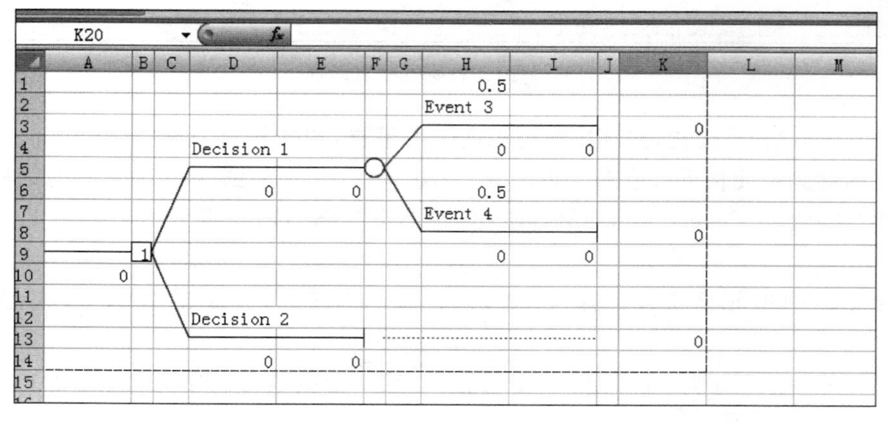

图 9-13　选择 Change to event node 后得到的两个概率支

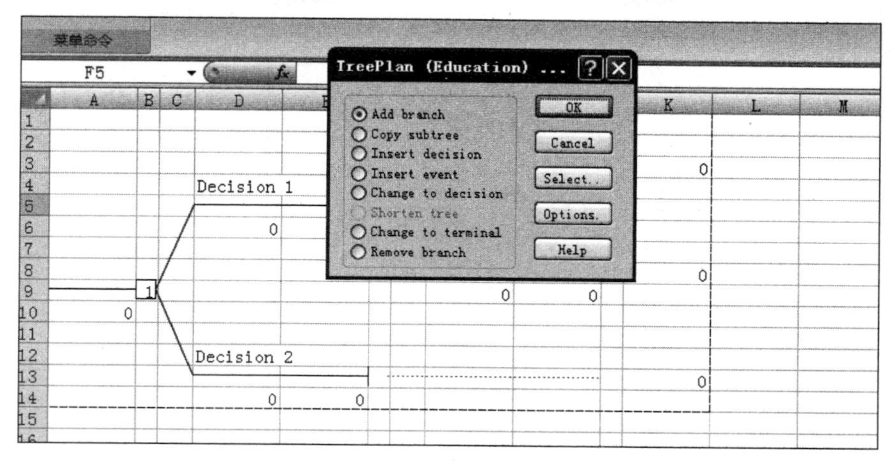

图 9-14 选择 Add branch 按钮

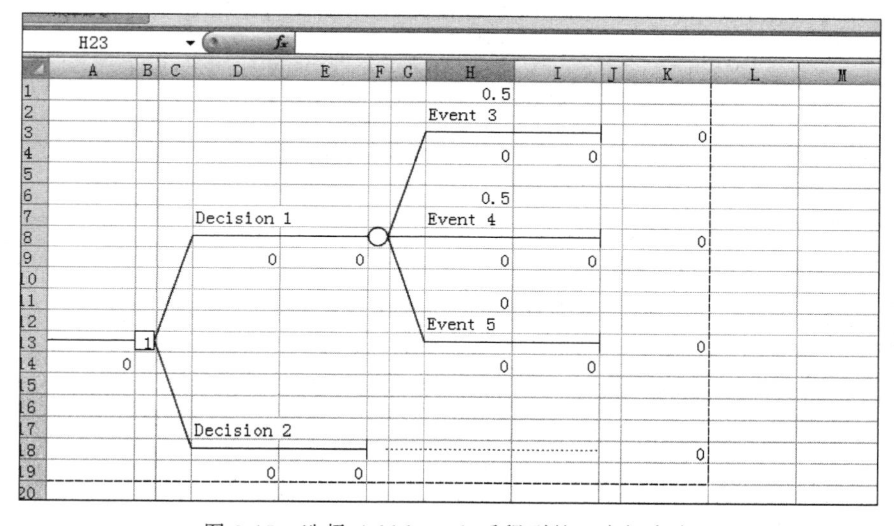

图 9-15 选择 Add branch 后得到的三个概率支

将光标移到单元格 F18,采用同样的方法得到另外三个概率支。在各个概率支上标上概率,得到完整的决策树如图 9-16 所示。

图 9-16 中,在单元格 H4、H9、H14 中分别填上收益 10 000、6000、－2000,在单元格 H19、H24、H29 中分别填上收益 2500、4500、5500,在单元格 D9、D24 分别填上成本－2800 和－1400,则得到最终决策树的计算结果如图 9-17 所示。

根据计算结果,可得决策结果为取第一个决策支,即引进国外新生产线进行生产,期望收益为 3600 万元。

例 9-18 用 TreePlan 对例 9-10 进行计算。

单击“Decision Tree”命令,弹出“TreePlan”对话框,单击“New Tree”按钮。将光标移到单元格 F3,单击“Decision Tree”命令,再选择“Change to event node”单选按钮,并单击“OK”按钮,得到两个概率支,如图 9-18 所示。

将光标移到单元格 J3,选择“Change to decision node”单选按钮,并单击“OK”按钮,得

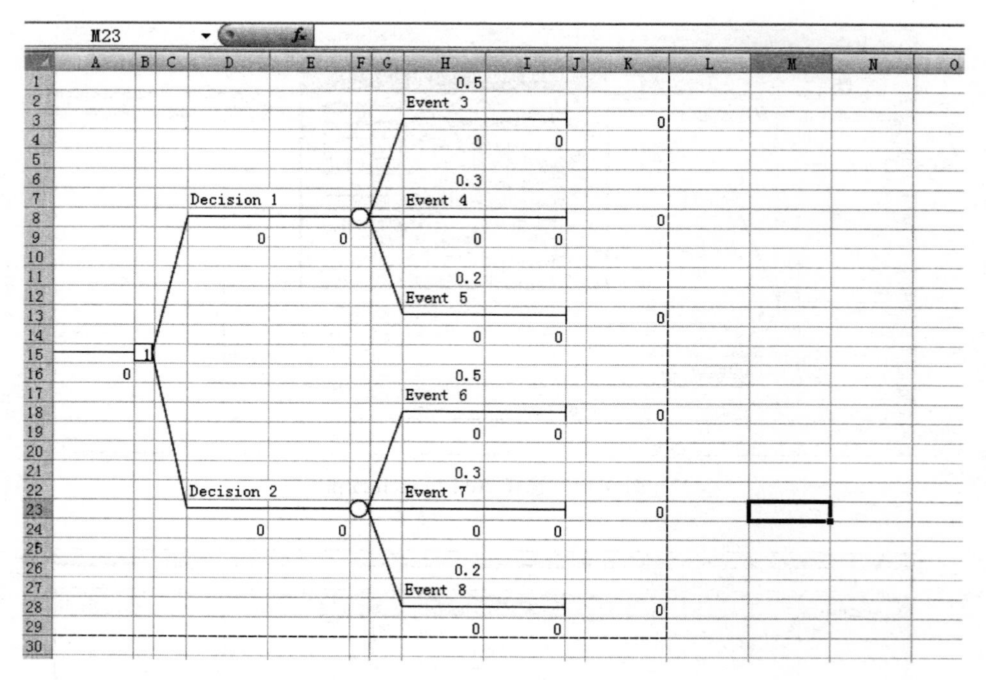

图 9-16 完整的决策树

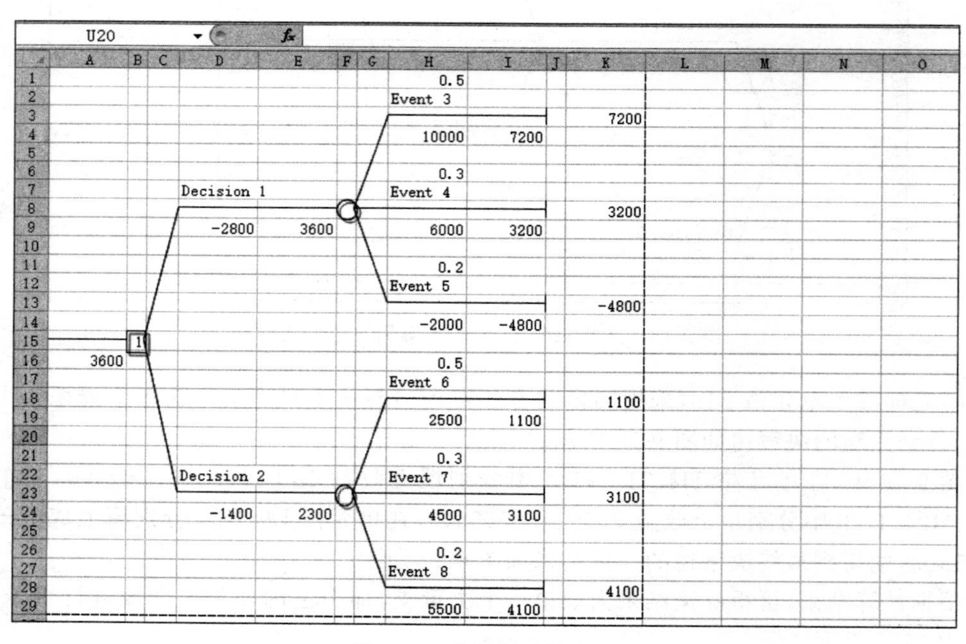

图 9-17 决策树计算结果

到两个第 2 层的决策支，如图 9-19 所示。

将光标移到单元格 N3，选择“Change to event node”单选按钮，并单击“OK”按钮，得到两个概率支，如图 9-20 所示。

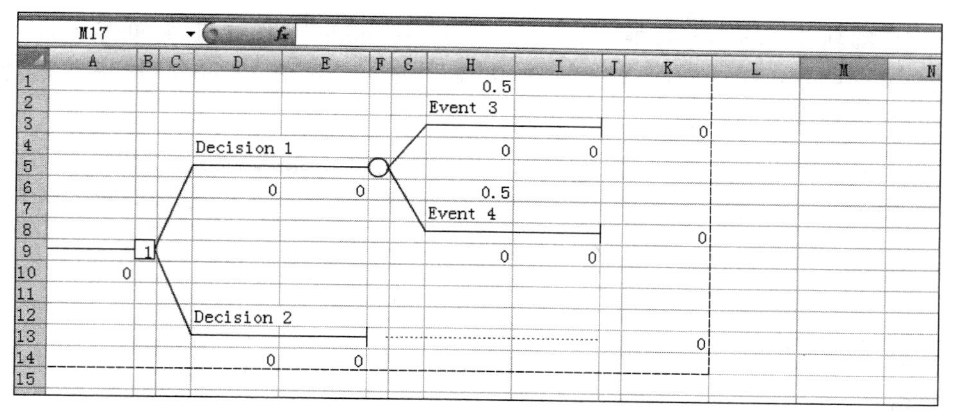

图 9-18 得到两个概率支

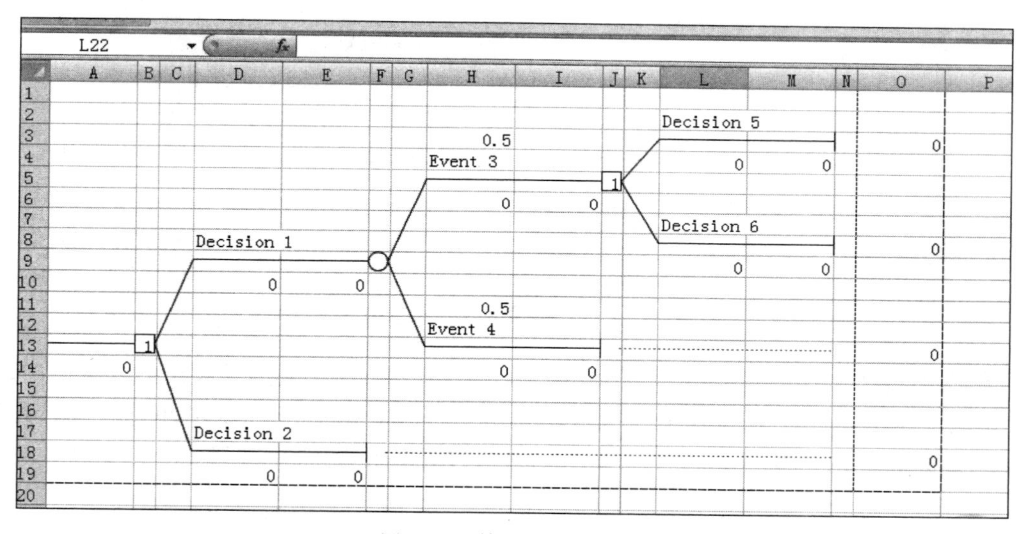

图 9-19 第 2 层的决策支

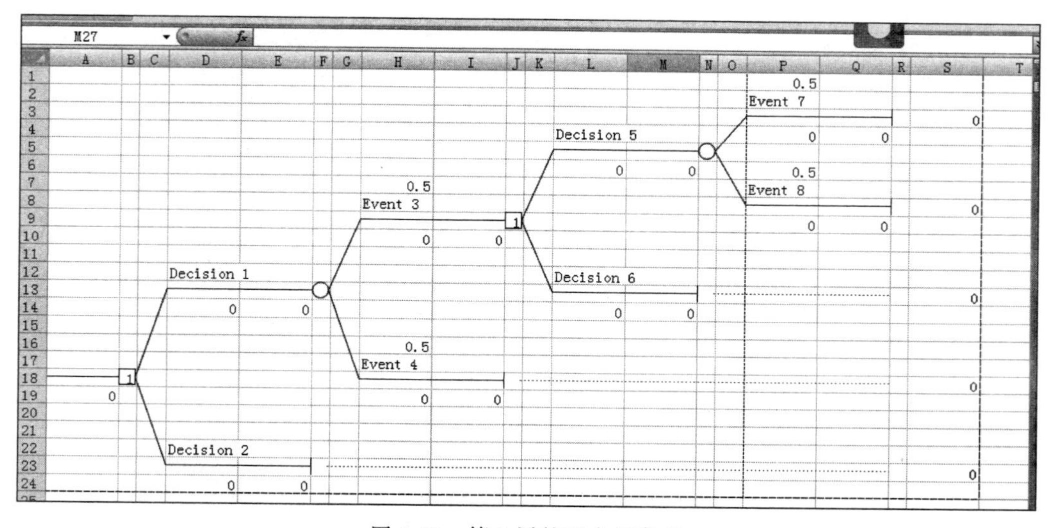

图 9-20 第 2 层的两个概率支

将光标移到单元格 J18，选择“Change to decision node”单选按钮，并单击“OK”按钮，得到两个决策支；将光标移到单元格 N18，选择“Change to event node”单选按钮，并单击“OK”按钮，得到两个概率支，如图 9-21 所示。

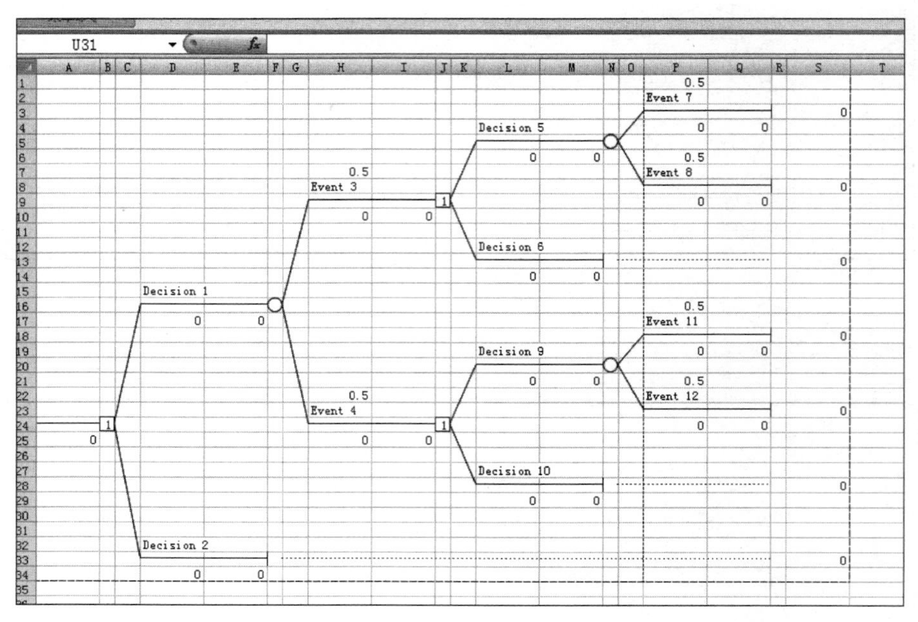

图 9-21　另一枝的第 2 层决策支与概率支

将光标移到单元格 F33，选择“Change to decision node”单选按钮，并单击“OK”按钮，得到两个决策支；将光标移到单元格 J33，选择“Change to event node”单选按钮，并单击“OK”按钮，得到两个概率支。至此，画出了完整的概率树，如图 9-22 所示。

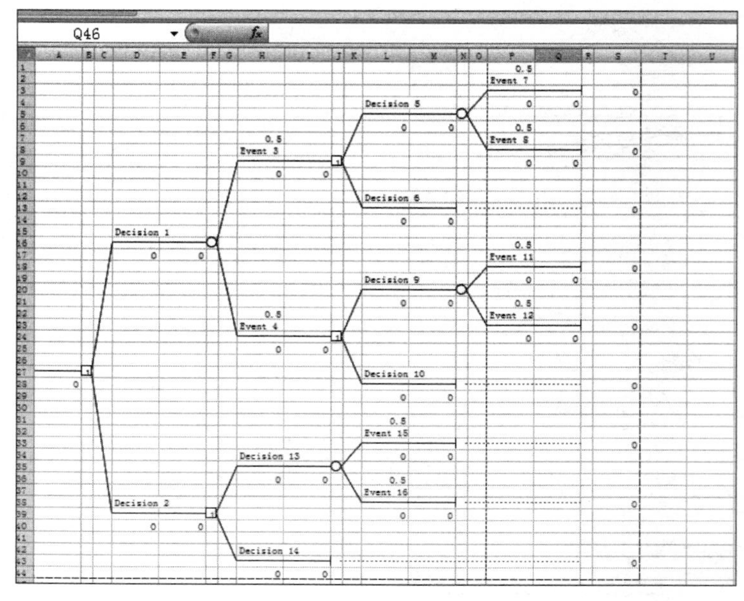

图 9-22　完整的概率树

填上决策支和概率支的名称以及各概率支上的概率、末梢上的收益值(去除费用以后),如图 9-23 所示。与此同时,自动得到计算出来的决策结果。

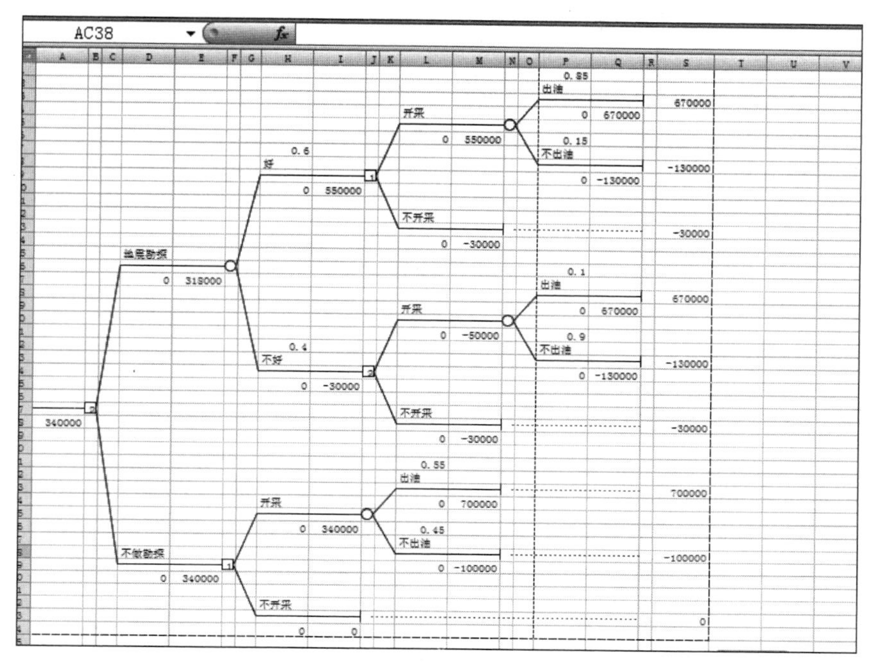

图 9-23 决策树的计算结果

由图 9-23 可以得到决策结果为:不做勘探,直接开采,期望收益最大。期望收益为 34 万美元。

9.12 行为决策理论简介

行为决策理论的起步始于阿莱斯悖论(Allais 悖论)和埃尔斯伯格悖论(Ellsberg 悖论)的提出,对于某些问题理性决策理论无法解答,于是人们就另辟蹊径提出了行为决策理论,并使其逐步得到了发展。

法国经济学家、诺贝尔经济学奖获得者莫里斯·阿莱斯(Maurice Allais)在 1952 年做了一个著名的实验,他对于选出的 100 人设计了一个赌局,进行了测试如下:

赌局 A:获得 100 万元的可能性为 100%。

赌局 B:获得 500 万元的可能性为 10%,获得 100 万元的可能性为 89%,得不到任何钱的可能性为 1%。

实验结果如表 9-18 所示。

表 9-18 阿莱斯赌局 I 单位:万元

赌局	收益/概率	损失/概率	不亏不盈/概率	期望值
A	100/1.0			100
B	500/0.1	100/0.89	0/0.01	139

实验结果出乎意料地显示，虽然赌局 A 的期望值(100 万元)小于赌局 B 的期望值(139 万元)，但绝大多数人选择了赌局 A 而不是赌局 B，这意味着 B 的效用值小于 A 的效用值，即

$$0.1U(500)+0.89U(100)+0.01U(0)<1.00U(100) \tag{9-8}$$

然后阿莱斯又对这些人使用新赌局继续进行了测试：

赌局 C：获得 100 万元的可能性为 11%，得不到任何钱的可能性为 89%。

赌局 D：获得 500 万元的可能性为 10%，得不到任何钱的可能性为 90%。

实验结果如表 9-19 所示。

表 9-19　阿莱斯赌局Ⅱ　　单位：万元

赌　　局	收益/概率	损失/概率	不亏不盈/概率	期　望　值
C	100/0.11		0/0.89	11
D	500/0.1		0/0.9	50

实验结果符合常理，即绝大多数人选择 D 而不是 C。这是因为赌局 D 的期望值(50 万元)和效用值都分别大于赌局 C 的期望值(11 万元)与效用值，即得

$$0.1U(500)+0.9U(0)>0.11U(100)+0.89U(0) \tag{9-9}$$

由式(9-9)得

$$0.01U(0)+0.1U(500)>0.11U(100) \tag{9-10}$$

由于

$$0.011U(100)=1.00U(100)-0.89U(100)$$

代入式(9-10)得

$$0.01U(0)+0.1U(500)>1.00U(100)-0.89U(100)$$

移项得

$$0.89U(100)+0.01U(0)+0.1U(500)>1.00U(100) \tag{9-11}$$

由式(9-11)与式(9-8)可以看出两式矛盾，即阿莱斯悖论。

阿莱斯悖论是由确定效应(certain effect)引发的。按照期望效用理论，风险规避的决策者在赌局Ⅰ中应该选择 A，在赌局Ⅱ中应该选择 C；而风险偏好的决策者在赌局Ⅰ中应该选择 B，在赌局Ⅱ中应该选择 D。然而实验中的大多数决策者选择了 A 和 D。这是因为决策者在决策时，过度重视了对结果的确定。

1961 年，埃尔斯伯格(Daniel Ellsberg)发现人们的选择模式很多都违背了确凿性原则，并运用两个例子进行了验证。Daniel Ellsberg 发现在这两个例子中，人们的行为选择与主观期望效用理论的结果明显不一致。大多数人的选择模式都违背了确凿性原则，同时，他发现了这样一个重要事实：在重新审核之前的按照确凿性原则"犯错的"决定是否正确后，许多经验丰富且具有理智的人都坚持他们原来的"犯错的"选择。

大多数参与实验的人不仅在开始时做出了"错误的"选择，而且有不少人在重新思考过后仍然坚持自己"错误的"选择。因为埃尔斯伯格的实验对象大都是统计学家和经济学家，因而所揭示的问题不仅大大冲击了主观期望效用理论，而且也说明主观期望效用理论并不具有规范性的作用。

爱德华兹(Ward Edwards)是最早阐述主观期望效用最大化模型的学者之一,他指出主观概率与客观概率遵循的规则不一定相同。他在1962年提出了主观概率(subjective probabilities)这一概念,并且认为,主观概率之和不一定要等于1。诺贝尔奖获得者Daniel Kahneman与Amos Tversky (Edwards和Coombs的学生)深受这一想法的影响,并在他们的前景理论(prospect theory)中对其进行了进一步的发展。

行为决策理论的一般研究范式奠定了其提出假设、实证研究、得出结论的研究技术路线。

9.12.1 行为决策理论的发展阶段及研究方法

由于理性决策理论存在的缺陷,促使学者对行为决策理论进行探索。行为决策理论从起源至今,经历了三个发展阶段:萌芽期阶段、兴起期阶段、蓬勃发展期阶段。

1. 萌芽期阶段及其主要研究方法

萌芽期阶段的时间跨度从20世纪50年代至70年代中期,是行为决策理论发展的最初阶段。对理性决策理论的缺陷进行研究是此阶段的主要任务,但没有就独立的研究领域进行划分,它处在规范性研究的先行阶段。在此阶段主要研究两大类问题:"判断"和"抉择",研究如何识别出某一事物发生概率对整个决策过程的影响即为"判断",研究人们如何面临多个可选事物做出选择即为"抉择"。此阶段的研究框架是基于认知心理学及信息处理的4个环节,其主要研究内容是探索和研究在信息获取、处理、输出、反馈的每一个环节,人们是如何进行"判断"和"抉择"的。

2. 兴起期阶段及其主要研究方法

20世纪70年代中期至80年代中后期是行为决策理论研究发展的第二个阶段,称为兴起期阶段。在此阶段,无论是作为学科的研究还是研究对象都比第一阶段有很大的进展。行为决策作为一门独立的研究学科,在经济、金融和管理等领域得到了诸多的应用,并对决策过程的所有环节和阶段研究和探索了人们是如何进行决策的,取得了丰富的研究成果。此阶段的研究还发现了偏离传统最优的行为的"决策偏差"。在这个阶段,行为决策理论已经开始建立描述行为的决策模型,这个模型是基于人们实际决策行为建立的。

在这个阶段,观察法、问卷调查法、访谈法和实验法(包括心理学实验和经济学实验)成为行为决策理论的主要研究方法。实验经济学带动了行为决策研究方法的发展,显示出行为决策理论逐渐向实验经济学方法看齐的倾向。特别是实验经济学方法的逐渐成熟和应用,使得行为决策理论成为在经济、金融、管理等领域广泛应用的方法。

3. 蓬勃发展期阶段及其主要研究方法

行为决策理论从20世纪80年代中后期开始进入到蓬勃发展期阶段,即第三个阶段。此阶段的主流研究是在理性决策的分析框架中添加行为特征变量,而不再挑战传统理论。在此阶段提出了4个投资者心态模型,以及行为资产定价模型(behavioral asset pricing model,BAPM)、行为组合理论(behavior portfolio theory,BPT)等,其是行为决策理论具有代表性的研究,也是应用于金融领域的研究中最具影响力的研究。投资者心态模型不仅解释了在金融市场中价格为什么会对信息产生过度反应,以及如何对信息产生过度反应,而且解释了反应不足的现象。对于传统资本资产定价模型,运用行为资产定价模型和行为组合模型对其进行了修正,使之更具普遍适应性。

在此阶段的主流研究范式为：首先，识别传统决策模型和假设；其次，揭示由各种认知和心理因素而导致产生的理论和实际不一致现象；再次，在归纳行为特征和新增改变原变量的基础上，得到新的决策模型；最后，对新模型进行论证和检验，以得到该模型的新推论。

9.12.2 行为决策的几个主要理论

1. 最大期望效用理论

决策科学的发展也是与社会的发展与时俱进的。其发展历程由最初的凭经验的决策(empirical)发展演化成为理性的科学决策(scientific)。John von Neumann 和 Oskar Morgenstern 在《博弈论》中首次提出了期望效用的概念。按照期望值理论的决策过程，对于一个绝对理性的决策者，如果他/她有明确的决策目标，并掌握了决策所需的全面的信息，也有可行的行动方案及决策准则，并可给出每一个方案实施结果的期望值，即可按照期望值最优的准则进行决策。为了对期望值的描述能反映决策者的主观态度，研究者引入了效用的概念以反映决策者对收益/损失的主观感受或态度。von Neumann 和 Morgenstern 认为应该运用概率平均效用来衡量赌博的效用，赌博者的行为决策遵循效用最大化的准则，于是就产生了最大期望效用理论。然而著名的 Allais 悖论和 Ellsberg 悖论所揭示的结果，对最大期望效用理论的统治作用造成了打击。随后，学者们相继提出了不同的方法对决策主体的实际决策行为进行探讨。

9.10.3 节所述的效用期望值决策准则就属于此范畴。

2. 主观期望效用理论

由于期望效用理论存在不足，L. J. Savage 在期望效用理论的基础上提出了主观期望效用理论。他认为对于事件发生的概率估计，不同的决策者会给出不同的结果，这是由人与人之间的个体差异造成的，即不同的人，其在对不同的行为确定概率时往往带有主观性和个人偏好性。由决策者的偏好不同所导致的期望效用也不同，从而决策者的行为也会完全不同。Edwards 是最早引进主观期望效用最大化的学者之一，他认为，主观概率与客观概率不同，主观概率之和并非一定要等于 1。主观期望效用理论中，决策者虽然仍然是理性的，但与最初的绝对理性人相比不具有明显特征，而是具有体现个体独特偏好的特征，这使得期望效用理论更加合情合理。

3. 有限理性假设理论

西蒙(Herbert Alexander Simon)认为，决策主体往往不是处在绝对理性的状态下，而是处于一个有限理性 (bounded rationality)状态下。在此状态下，由于存在风险的未知性、信息的不确定性、事物的复杂性以及初始目标的变化性等诸多不可控因素，因而决策主体要做出理性决策往往比较困难。于是，决策主体在对决策问题进行决策选择时，不一定按理性要求的那样，按照效用函数最大化的准则来做出决策选择，于是就产生了以满意度为准则的有限理性的预期。但是由于决策主体没有掌握完备的信息，以及获得信息成本有差异，并且目标也不尽相同，个人偏好、社会习俗、信仰等所处环境也不一样，同样的行为决策对不同的决策者而言满意度也是不一样的。

西蒙提出的所谓有限理性是介于完全理性和完全非理性之间的中间状态的理性，其主要观点认为，目标和手段之间往往是冲突的或者矛盾的，决策者往往不是最大限度地追求理性，而是处于一种有限理性状态，因而决策者的决策标准也会发生改变，从追求“最优”到追求“满意”。所谓“满意”标准只是接近“最优”的标准，不是绝对的最优，只是相对的满意。相比“最优”标准，“满意”标准更具有现实的可比性、可操作性、可实现性。

4. 启发式偏见理论

启发式偏见理论和前景理论是由 Kahneman 和 Tversky 在 Simon 以及 Edwards 的影响下提出的。对于启发式偏见理论，Kahneman 和 Tversky 认为：人们在面对模糊或者复杂的事物时，常常会发生启发式认知偏差，这些偏差发生的幅度和概率大小往往因人因事而不同。启发式理论主要包括三个方面：代表性启发、可得性启发与锚定效应。代表性启发理论认为，人们往往根据所描述的特征去对被观察的事物进行分类，而忽略了这些事物的基本特征和性质。代表性启发的一种表现形式是赌徒效应。在抛硬币的赌局中，当连续多次抛出了“正面”时，赌徒会增加在“反面”上的押注。然而按照概率统计的原理，在没有人作弊的情况下，每次抛出“正面”和“反面”的概率都是 50%，但赌徒的心里却会认为接下来抛出“反面”的概率大。可得性启发是指，当人们根据自己的感觉或幻觉对事物做出判断时，所得的结论与实际情况会发生一定偏差。例如，人们经常会根据事物的表象去寻找事物本质，从而做出一些武断的判断，使得运用判断结果找不到事物的本质。锚定效应是指人们在对事物进行分析时总是受到思维定式的禁锢，以当前得到的信息作为预测的出发点。“一朝被蛇咬，十年怕井绳”就是由锚定效应产生的一个例子。

5. 前景理论

前景理论假设在风险决策过程中，决策者的决策过程是凭借采集到和处理后的信息对信息进行判断的决策过程，在此过程中采用了价值函数和主观概率的权重函数。前景理论是描述性范式的一个决策模型。其主要观点认为，相对于一个参照点而言，决策者在进行决策时，在这个参考点左右会产生不同的决策偏好。Kahneman 和 Tversky 发现，大多数决策者在面临获得和损失时偏好往往不相同，面临获得时是风险回避的，面临损失时是风险偏好的，而且在损失时的痛苦感会大大超过获得时的快乐感，即他们对损失比对获得更敏感。因此，决策者在面临获得的时候会见好就收，不愿再冒风险，再做决策时往往会小心谨慎；而在面对损失的时候再做决策时，往往会很不甘心，想再搏一把。而且他们即使知道得奖的概率很低，也往往高估小概率事件，会热衷于参与高额奖金的抽奖。若某个参照点为拐点，将定义在这个拐点上的收益和损失的“s”型函数作为决策者对感知价值的函数，则小于参考点的损失部分为上凸函数，而大于参考点的收益部分为下凸函数。与参考点等距离的损失点切线斜率的绝对值要大于收益点的切线的斜率。

在以往研究的基础上，Tversky 和 Kahneman 又提出了参考点依赖理论。决策者在参考点左右所做的决策是规避损失的，实证研究也发现，决策者在不同的参考点做决策时决策偏好会发生逆转，在不同的参考点，决策者对收益和损失的感知也会不一样，但是，在参考点周围依然遵循损失规避的原则。这就是为什么在经济学中要区分会计利润和经济利润的原因。很多时候从企业财务上看是盈利的，但是如果加入机会成本等隐性成本，则未必盈利，有可能还是亏损的。因为判断是否获利的参考点发生了改变。

我国于 1983 年引入了行为决策理论，而后慢慢发展。主要以理论研究为主，涉及的研究领域以风险认知与决策、决策认知结构和群体决策为主，又以行为决策及跨文化差异、风险决策、群体决策三方面的研究较为系统。不少研究得到了国家自然科学基金的资助，为我国决策科学的发展起到了引领作用。

本章小结

本章介绍了决策的基本概念，包括决策的分类、决策的要素、决策的基本程序；对三种类型的决策——确定型决策、不确定型决策、风险决策——进行了阐述，重点介绍了不确定型决策、风险决策和序列决策，并介绍了风险决策的一种工具——决策树；最后，将信息价值和效用引入到决策分析中。

本章介绍一些主要概念。

(1) 不确定型决策。不确定型决策是指决策者对决策环境一无所知的情况下所做的决策。不确定型决策的准则有以下几种：

悲观主义准则(max min)：在收益矩阵中先从“策略-事件”对的结果中选出最小值，将它们列于表的最右列，再从此列的数值中选出最大者，即为决策者所选的决策策略。

乐观主义准则(max max)：在收益矩阵中先从“策略-事件”对的结果中选出最大值，将它们列于表的最右列，再从此列的数值中选出最大者，即为决策者所选的决策策略。

等可能性准则(Laplace 准则)：计算各策略的收益期望值，然后在所有这些期望值中选择最大者，以它对应的策略为决策策略。

最小机会损失准则：在损失矩阵中先从“策略-事件”对的结果中选出最大值，将它们列于表的最右列，再从此列的数值中选出最小者，即为决策者所选的决策策略。

折中主义准则：计算 $H_i=\alpha a_{i\max}+(1-\alpha)a_{i\min}$，其中 α 为乐观系数，$0\leqslant\alpha\leqslant1$，$a_{i\max}$、$a_{i\min}$ 分别表示第 i 个策略可能得到的最大收益值与最小收益值。H_i 中的最大值所对应的策略即为所求。

(2) 风险决策。风险决策(也称概率型决策)是指虽然决策的环境不是完全确定的，但是决策者可以算出或估计出自然状态发生的概率，并以此进行决策。风险决策的准则有以下两种：

最大期望收益准则(EMV)：对于由“策略-事件”对构成的收益矩阵，先计算各策略的期望收益值，然后从这些期望收益值中选取最大者，它对应的策略为决策策略。

最小期望机会损失准则(EOL)：对于由“策略-事件”对构成的损失矩阵，先计算各策略的期望损失值，然后从这些期望损失值中选取最小者，它对应的策略为决策策略。

(3) 灵敏度分析。所谓灵敏度分析就是分析决策所用的数据在什么范围变化时，原最优决策方案仍然有效。在此我们对自然状态发生概率进行灵敏度分析，即考虑自然状态发生概率的变化如何影响最优方案的决策。

(4) 全情报价值。所谓全情报就是关于自然状态的确切的信息。全情报的价值即全情报所带来的额外的收益。计算出全情报的价值将有利于做出决策。如果获得全情报的成本小于全情报的价值，决策者就应该投资获得全情报；反之，决策者就不应该投资获得全情报。

(5) 效用。效用是无量纲指标，效用值是一个相对的指标值，一般可规定：凡对决策者最爱好、最倾向、最愿意的事物的效用值赋予 1；而最不爱好、最不倾向、最不愿意的事物的效用值赋予 0。通过效用指标可将某些难以量化的、有质的区别的事物予以量化。用它来衡量人们对某些事物的主观价值、态度、偏好、倾向等。确定效用曲线的基本方法有两种：一种是直接提问法；另一种是对比提问法。

(6) 效用期望值决策准则。对于由“策略-事件”对构成的效用矩阵，先计算各策略的期望效用值，然后从这些期望效用值中选取最大者，它对应的策略为决策策略。

(7) 序列决策。有些决策问题，当进行决策后又产生一些新情况，并需要进行新的决策，接着又有一些新情况，又需要进行新的决策。这样决策、情况、决策 …… 构成一个序列，这就是序列决策。

(8) 决策树。描述序列决策的有力工具是决策树。决策树是由决策点、事件点及结果构成的树形图。决策树的决策准则一般有：①期望收益最大；②期望效用最大。

习题与思考题

9.1 某企业生产一种新产品，其推销策略有 S_1、S_2、S_3 三种，但各方案所需资金、时间都不同，加上市场情况的差别，因而获利和亏损情况不同。而市场情况也有三种：Q_1（需要量大）、Q_2（需要量一般）、Q_3（需要量小）。市场情况的概率未知，其益损矩阵如表 9-20 所示。

表 9-20 某企业新产品生产方案及市场需求情况

推销策略	市场情况		
	Q_1	Q_2	Q_3
S_1	55	10	−5
S_2	30	25	0
S_3	10	10	10

试用乐观主义准则、悲观主义准则、等可能性准则、最小机会损失准则进行决策；设乐观系数 α 为 0.6，试用折中主义准则进行决策。

9.2 某民用电器厂拟生产一种新型家用电器，为使其具有较强的吸引力和竞争力，该厂决定以 100 元每件的低价出售。为此，提出三种生产方案：方案Ⅰ，需一次性投资 100 万元，投产后每件产品成本 50 元；方案Ⅱ，需一次性投资 160 万元，投产后每件产品成本 40 元；方案Ⅲ，需一次性投资 250 万元，投产后每件产品成本 30 元。据市场预测，这种电器的需求量可能为 3 万、12 万、20 万件。试分别用乐观主义准则、折中主义准则($\alpha=0.8$)和最小机会损失准则进行决策。若需求量为 3 万、12 万、20 万件的概率依次为 0.15、0.75、0.10，试用最大期望收益准则(EMV)和最小期望机会损失准则(EOL)进行决策。

9.3 某工程队承担一座桥梁施工任务。由于施工地区夏季多雨，需停工三个月。在停工期间该工程队可将施工机械搬走或留在原处。如搬走，需搬运费 1.8 万元。如留原处，一种方案是花 5000 元筑一护堤，防止河水上涨发生高水位的侵袭；若不筑护堤，发生高水位侵袭时将损失 10 万元。如下暴雨发生洪水时，则不管是否筑护堤，施工机械留在原处都将受到 60 万元的损失。据历史资料，该地区夏季高水位的发生率是 25%，洪水的发生率是 2%，试用决策树分析该施工队是否要把施工机械搬走，以及是否需要筑护堤。

9.4 某石油勘探公司打算对一片地产进行投资。地产价格对这片土地探明是甲型还是乙型地质结构的总代价是 20 万元。不过，只有待购买下产权后才能进行地质探明试验。

从地质资料中获悉，这片土地有40%的可能性是甲型地质，60%的可能性是乙型地质。如果公司决定钻井，将花费40万元。钻井结果可能打出一口油井、气井或干井。钻井经验表明，在甲型地质上打出油井的概率是0.4，打出气井的概率是0.2，打出干井的概率是0.4；在乙型地质上打出油井的概率是0.1，打出气井的概率是0.3，打出干井的概率是0.6。估计利润为：油井160万元，气井100万元(利润中已经扣除土地产权及打井费用)。试问：该公司应该怎样决策？

9.5 某公司有5000万元闲置资金可用于投资，若投资于项目A，估计成功率为0.96，成功可获利12%，失败则丧失全部投资；若投资于B项目，可稳获利6%。两个项目投资回收期均为一年。为获得更多关于项目A的信息，可花50万元委托咨询中心进行可行性分析。据统计，咨询中心过去200次类似咨询的情况如表9-21所示。试对此做出决策。

表9-21 咨询公司咨询情况统计 单位：次

咨询	结果		
	成功	失败	合计
可以投资	154	2	156
不宜投资	38	6	44
合计	192	8	200

9.6 某公司开发新产品，拟通过网络推销，计划零售价为每件100元。对此新产品有三种设计方案：方案Ⅰ需一次投资120万元，投产后每件成本70元；方案Ⅱ需一次投资180万元，投产后每件成本60元；方案Ⅲ需一次投资270万元，投产后每件成本50元。这种新产品需求量不确定，但估计有三种可能：E_1，5万件；E_2，15万件；E_3，22万件。预计出现三种需求量的概率分别为0.2、0.7、0.1。

要求：

(1) 用最大期望收益准则确定该公司应采用哪一个设计方案；

(2) 如有单位能帮助调查市场的确切需求量，试求该公司最多愿意花多少调查费用。

9.7 有一投资者，面临一个有风险的投资问题。在可供选择的投资方案中，可能出现的最大收益为2000万元，可能出现的最少收益为−1000万元。为了确定该投资者在某次决策问题上的效用函数，对投资者进行了以下一系列询问，询问结果如下：

(a) 投资者认为"以50%的机会得到2000万元，50%的机会失去1000万元"和"稳获0元"二者对他而言无差别；

(b) 投资者认为"以50%的机会得到2000万元，50%的机会得到0元"和"稳获800万元"二者对他而言无差别；

(c) 投资者认为"以50%的机会得到0元，50%的机会失去1000万元"和"肯定失去600万元"二者对他而言无差别。

要求：

(1) 根据上述询问结果，计算该投资者关于2000万元、800万元、0元、−600万元和−1000万元的效用值；

(2) 画出该投资者的效用曲线，并说明该投资者的风险偏好。

9.8 某决策者的效用函数为$U(X)=\sqrt{X}$，根据表9-22给出的资料，确定p为何值时，方案A具有最大的期望效用值。

表 9-22 方案及损益值

方案	损益值	
	状态1	状态2
A	25	36
B	100	0
C	0	49
概率	p	$1-p$

9.9 某科技企业正在为是否需要投资生产一种新产品做决策。估计这种新产品销路好的概率为0.7，销路差的概率为0.3。如果销路好，可获利6000万元；销路差，将亏损750万元。为了更深入细致地分析这个决策问题，该企业考虑先进行小批量试生产和试销，再决定是否进行大批量投产或不投产。若不投产，则不亏不盈。根据市场研究，估计试销时销路好的概率为0.8，如果试销时销路好，则以后大批量投产时销路好的概率为0.85；如果试销时销路差，则以后大批量投产时销路好的概率为0.1。假设该企业的决策者对于获利6000万元最偏好，对于损失750万元最不偏好，对于不亏不盈也有0.6的效用值。

试画出决策树，用效用期望值法确定使期望效用达到最大的决策方案（即是否要进行小批量试生产）。

石油企业的采油决策①

中国石油企业要在特定地区做出是否采油的决策。鉴于钻井成本非常高昂，企业事先也不清楚地下气藏是否丰富，因此，企业考虑是否需要先打井勘探，以便对地下气藏的分布情况有更清楚的认知之后再做决策是否钻井。打井勘探成本约为5.5万美元。勘探之后可能会出现无构造、未闭合构造与闭合构造三种结果。之后，企业再决定是否继续钻井采油，钻井成本约为60万美元。相应的气藏分为干井、湿气与饱和气藏等三种情形。

该案例所对应的基础数据主要包括：①成本：勘探成本5.5万美元，钻井成本60万美元；②损益值：干井0美元，湿井150万美元，饱和气藏340万美元；③概率：干井0.5，湿井0.3，饱和气藏0.2；④条件概率如表9-23所示。

表 9-23 各种情况下的条件概率

条件概率	无构造	未闭合构造	闭合构造
干井	0.6	0.3	0.1
湿气	0.2	0.6	0.2
饱和气藏	0.1	0.3	0.6

① 本案例取自：向文武.基于决策树与蒙特卡罗模拟集成模型的石油勘探投资决策分析[J].当代石油石化，2017，25(1)：44-49。本书引用时稍作改动。

案例问题：

(1) 构建此问题的决策树模型；

(2) 针对此问题，如何给出决策结果？

案例分析：

1. 决策树模型的构建

根据表 9-23 所提供的基础数据，首先利用贝叶斯公式计算得到各种分支的概率，如图 9-24 所示。

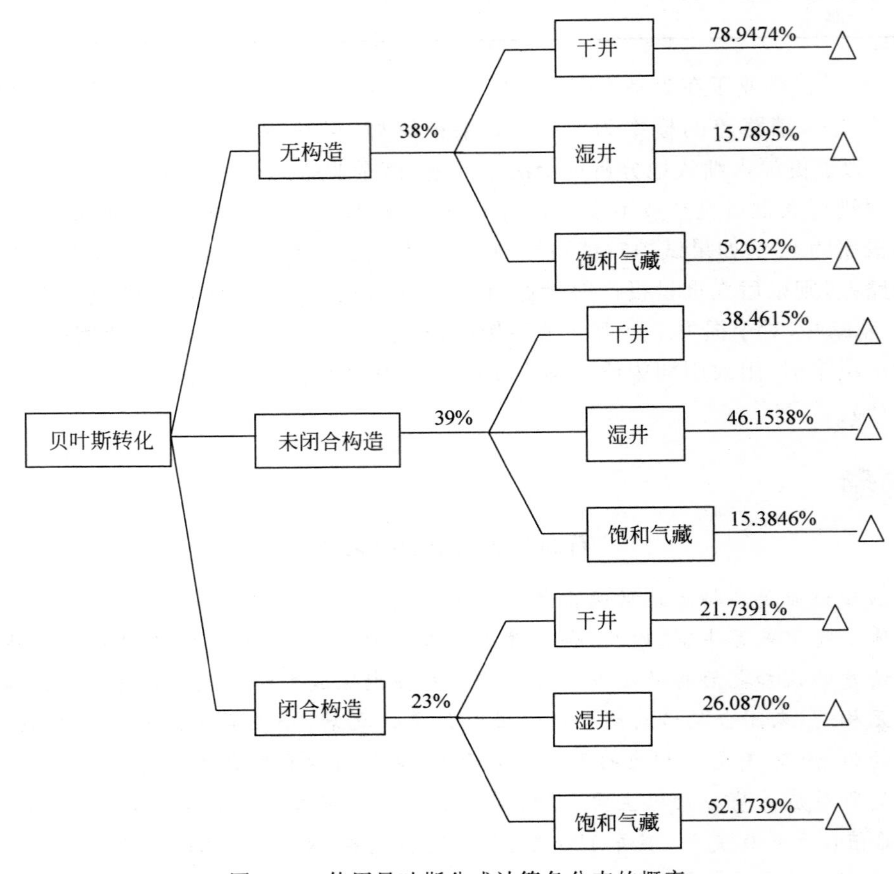

图 9-24 使用贝叶斯公式计算各分支的概率

其次，根据案例中的数据和图 9-24 中的概率，采用美国 Palisade 公司开发的 Precision Tree 软件构建如图 9-25 所示的石油勘探与钻井两阶段决策序列的决策树。

2. 决策树分析

根据图 9-24 所示分支概率，该石油企业的风险容忍度为 100 万美元。运用 Precision Tree 进行分析，得到预期期望货币值、期望效用值及最优决策序列，如表 9-24 与图 9-26 所示。

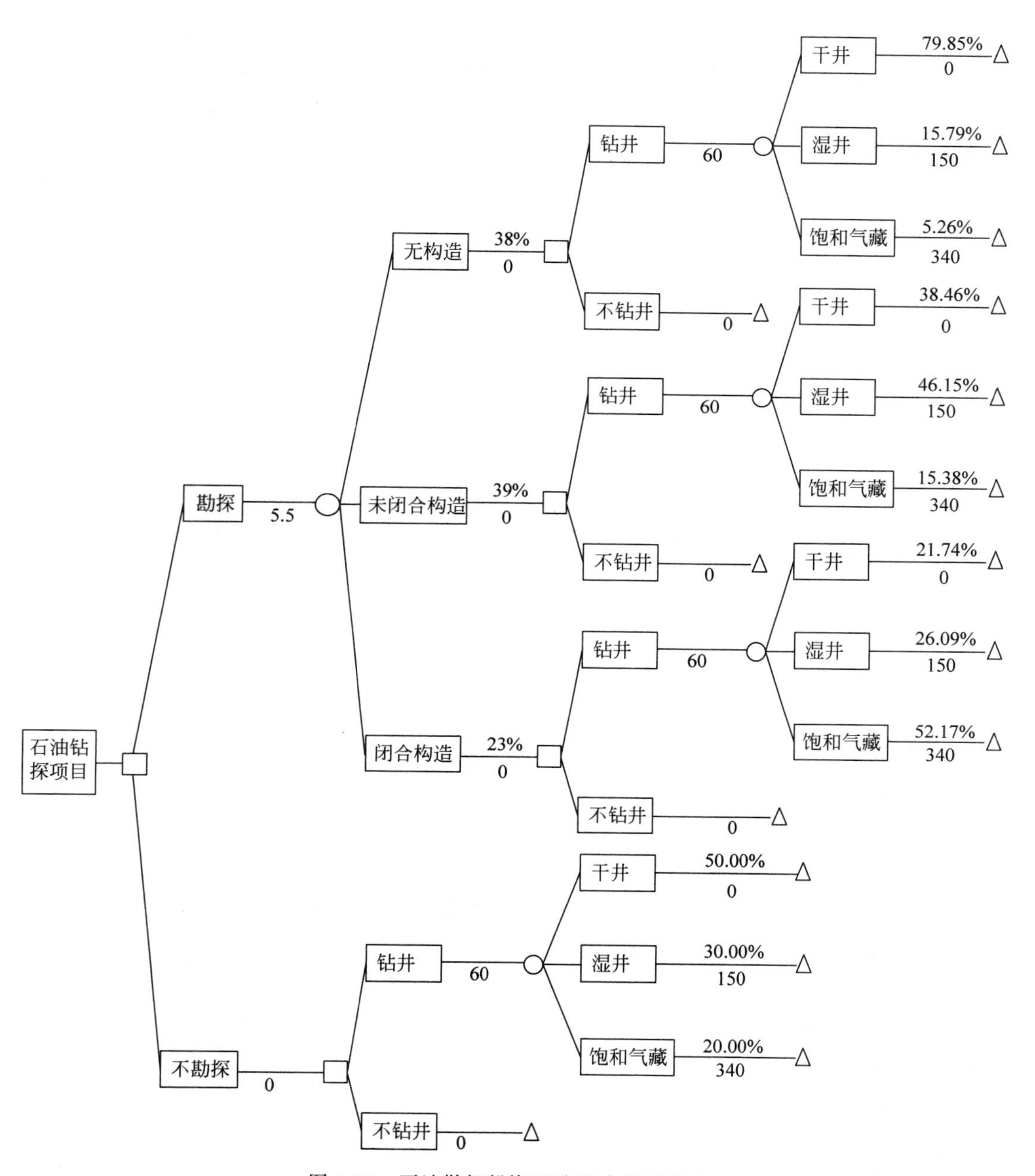

图 9-25 石油勘探投资两阶段决策树模型

表 9-24 基于 EMV 与 EUV 的决策序列

种 类	勘探期望值	不勘探期望值	决策点数值	决 策 序 列
EMV/万美元	54.5	53	54.5	先勘探，如无构造发现则放弃钻井；否则，继续钻井
EUV/ 效用单位	104 059	0	104 059	先勘探，如无构造发现则放弃钻井；否则，继续钻井

从表 9-24 中可以看出，预期货币期望值与预期效用期望值的决策序列都是先勘探，如无构造发现则放弃钻井，否则继续钻井。但是，勘探与不勘探数值相差仅 1.5 万美元，而预期期望效用值相差 10.4 万效用单位，显然后者差异非常明显，从投资决策的角度来看，第二种方法优于第一种方法。

由图 9-26 可知，最优决策序列为：先勘探，若为无构造则不钻井；若为未闭合构造或闭合构造则钻井。

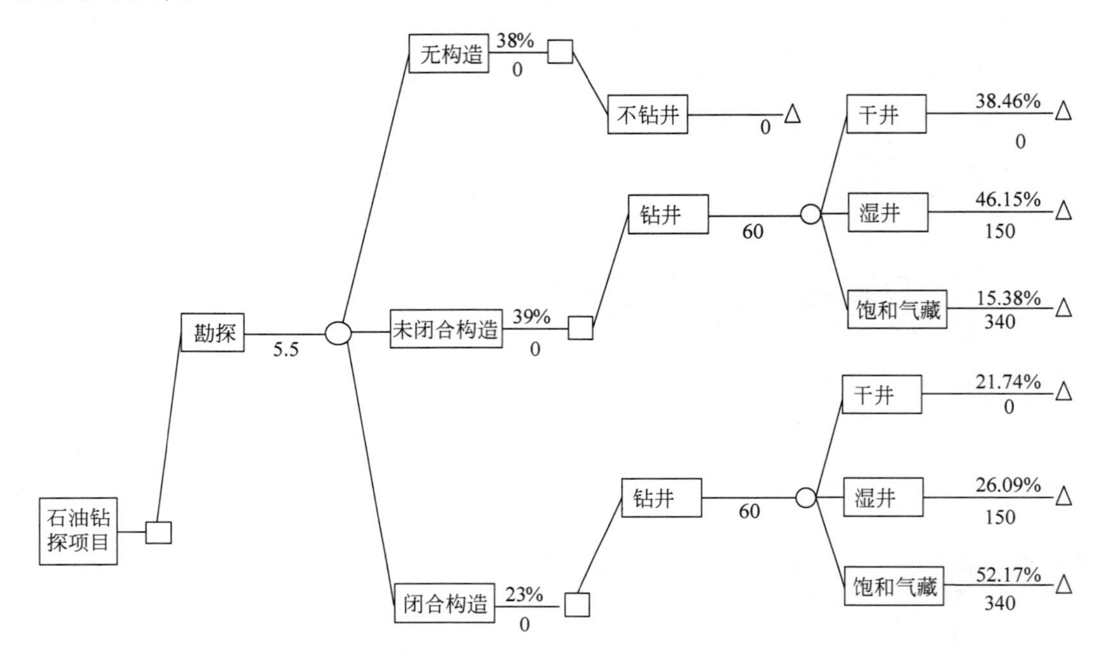

图 9-26　石油勘探投资最优序列决策树路径

从表 9-25 中可以看出，对于预期期望货币值而言，各种参数均有决策临界点。但对于预期期望效用值而言，各种参数均没有决策临界点。对于第一种情形，勘探成本临界点为 7000 万美元，即当勘探成本低于 7000 万美元时决定钻井，否则放弃钻井。钻井成本临界点为 58 万美元，即当钻井成本低于 58 万美元时决定钻井，否则放弃钻井。湿气损益值与饱和气藏损益值临界点分别为 180 万美元与 440 万美元，即当湿气损益值与饱和气藏损益值临界点分别高于 180 万美元与 440 万美元时放弃钻井，否则继续钻井。

表 9-25　基于 EMV 与 EUV 的不确定性因素敏感性分析

种　　类	勘探成本	钻井成本	湿气损益值	饱和气藏损益值
EMV/万美元	0.7	58	180	440
EUV/效用单位	—	—	—	—
敏感性排序——EMV	4	2	3	1
敏感性排序——EUV	—	—	—	—

从敏感性分析结论来看，基于 EMV 的影响因素按照影响程度从高到低依次为：饱和气藏损益值、钻井成本、湿气损益值、勘探成本。对于 EUV 方法而言，敏感性排序不存在。

参考文献

[1] 《运筹学》教材编写组.运筹学[M].3版.北京：清华大学出版社，2005.

[2] 韩大卫.管理运筹学[M].3版.大连：大连理工大学出版社，2001.

[3] （美）伯纳德 W.泰勒.数据、模型与决策（原书第9版）[M].北京：机械工业出版社，2008.

[4] 丁以中.管理科学——运用Spreadsheet建模和求解[M].北京：清华大学出版社，2003.

[5] （美）弗雷德里克 S.希利尔，马克 S.希利尔.数据、模型与决策[M].2版.北京：中国财政经济出版社，2004.

[6] 徐克绍，崔晓明.运筹学——经营管理应用数学[M].北京：世界图书出版公司，1998.

[7] 胡运权.运筹学教程[M].2版.北京：清华大学出版社，2003.

[8] 胡运权.运筹学习题集[M].3版.北京：清华大学出版社，2002.

[9] 《运筹学》教材编写组.运筹学（本科版）[M].北京：清华大学出版社，2005.

[10] 向文武.基于决策树与蒙特卡罗模拟集成模型的石油勘探投资决策分析[J].当代石油石化，2017，25(1)：44-49.

[11] 行为决策理论[EB/OL].(2013-08-08)[2020-08-03].https://wiki.mbalib.com/wiki/行为决策理论.

[12] 阿莱悖论[EB/OL].(2021-03-21)[2020-08-03].https://wiki.mbalib.com/wiki/阿莱斯悖论.

[13] 埃尔斯伯格悖论[EB/OL].(2016-04-20)[2020-08-03].https://wiki.mbalib.com/wiki/埃尔斯伯格悖论.

[14] 吴鸽，周晶，雷丽彩.行为决策理论综述[J].南京工业大学学报（社会科学版），2013：101-105.

[15] MACHINA M. Choice Under Uncertainty: Problems Solved and Unsolved[J]. The Journal of Economic Perspectives，1987，1(1)：121-154.

[16] 余剑梅，史晋川.居民风险偏好逆转成因的研究——"阿莱悖论"相同比率效应探析[J].经济理论与经济管理，2004年11期P16-19；

[17] 李纾，谢晓非.行为决策理论之父：纪念Edwards教授2周年忌辰[J].应用心理学，2007，13(2)：99-107.

[18] 胡觉亮，卢向南，莫燕.运筹学及其应用[M].杭州：浙江人民出版社，2004.

第10章

综 合 评 价

【教学内容、重点与难点】

教学内容：综合评价的基本概念和步骤，评价指标体系的建立，指标权重确定方法，综合评价方法。

教学重点：层次分析法，模糊综合评价法。

教学难点：层次分析法和模糊综合评价法的综合应用。

S水厂建设工程项目风险评估

为了满足日益增长的供水需求，增加供水能力，提高水源质量，保障饮用水安全，H市政府决定实施一项引水入城计划，将城外某湖泊作为该市主城区的第二水源。为配合该配水工程，利用好水源，将配水工程与市区供水工程有机衔接，H市规划建设S水厂。

S水厂建设工程项目已经进入前期阶段，但风险管理工作仍然十分传统，风险管理的内容主要集中在各类安全生产的突发应急事故的管理方面，而实际上，工程项目建设过程中可能遇到的风险远不止安全生产方面。但是，在目前的S水厂建设工程项目中除安全生产之外的其他可能存在的风险却相对的被忽略了，万一发生自然灾害，如果政府的政策法规有所调整，如果经济环境变化、资金落实发生困难，如果……，这些都有可能对S水厂建设工程项目的顺利完工带来不利的影响。为了确保S水厂建设工程项目顺利完工，项目建设指挥部迫切希望对项目开展全面的风险评估，为项目的风险管理提供支持。

近年来，我国在建设工程风险管理领域，特别是风险的分析和评估方面进行了大量的研究，也取得了一定的成果，但是如何进行综合的风险评估，得到比较全面的评估结果呢？本章将重点介绍如何应用层次分析法和模糊综合评价方法开展综合评估评价工作，以便为解决此类问题提供基本理论和方法。

10.1 基本概念

综合评价是对若干个同类的被评价对象（或系统）进行客观、公正、合理的全面评价。每个被评价对象往往都具有多个属性（或指标），综合评价的目的是根据对象的属性进行排序或分类，从而判断或确定这些对象的优劣程度。这类问题又称为多属性或多指标综合评价问题。

综合评价通常用于研究多目标的决策问题，在实际中很有意义，特别是在政治、经济、社会、军事管理、工程技术及科学决策等领域都有重要的应用价值。

10.1.1　综合评价的五个基本要素

综合评价的五个基本要素为被评价对象、评价指标、指标权重、综合评价模型和评价者。

1. 被评价对象

被评价对象是指综合评价中所研究的对象，或称为系统。一般情况下，被评价对象是属于同一类的，且个数要大于1，假设一个综合评价问题中有 n 个被评价对象（系统），则可表示为

$$S_1, S_2, \cdots, S_n, \quad n > 1 \tag{10-1}$$

2. 评价指标

评价指标是指表征被评价对象状态的基本要素，一般来说由多项指标构成，每一项指标都是从不同的侧面描述对象所具有的某种属性的一个度量。一般可用一个向量表示，其中每一个分量可以从一个侧面反映对象的状态，称为综合评价的指标体系。

评价指标体系应遵守的原则包括系统性、科学性、可比性、可测性（即可观测性）和独立性。

设对象有 m 个评价指标（或属性），分别记为

$$x_1, x_2, \cdots, x_m, \quad m > 1 \tag{10-2}$$

即评价指标向量为

$$\boldsymbol{x} = (x_1, x_2, \cdots, x_m)^{\mathrm{T}} \tag{10-3}$$

3. 指标权重

每一个综合评价的问题都有相应的评价目的，针对某种评价目的，各评价指标之间的相对重要程度是不一样的，对评价指标之间的这种相对重要程度的表示可以用指标权重来描述。如果用 w_j 来表示评价指标 $x_j(j=1,2,\cdots,m)$ 的权重，则有

$$w_j \geqslant 0, \quad j = 1, 2, \cdots, m \tag{10-4}$$

且

$$\sum_{j=1}^{m} w_j = 1 \tag{10-5}$$

当各被评价对象和评价指标的值都确定好了之后，综合评价的结果就完全依赖于指标权重的取值了，也就是说，指标权重确定的合理直接关系到综合评价结果的可信度，甚至影响到最后决策的正确性。

4. 综合评价模型

综合评价的目的就是要通过建立合适的综合评价模型将多个评价指标综合成为一个整体的综合评价指标，作为综合评价的依据，从而得到相应的评价结果。

设 n 个被评价对象的 m 个评价指标组成的向量为

$$\boldsymbol{x} = (x_1, x_2, \cdots, x_m)^{\mathrm{T}} \tag{10-6}$$

指标权重向量为

$$\boldsymbol{w}=(w_1,w_2,\cdots,w_m)^{\mathrm{T}} \tag{10-7}$$

由此构造综合评价模型为

$$y=f(\boldsymbol{w},\boldsymbol{x}) \tag{10-8}$$

如果已知各评价指标的 n 个观测值为$\{x_{ij}\}(i=1,2,\cdots,n;\ j=1,2,\cdots,m)$，则可以计算出各对象的综合评价值

$$y_i=f(\boldsymbol{w},\boldsymbol{x}^{(i)}) \tag{10-9}$$

其中

$$\boldsymbol{x}^{(i)}=(x_{i1},x_{i2},\cdots,x_{im})^{\mathrm{T}},\quad i=1,2,\cdots,n \tag{10-10}$$

根据 $y_i(i=1,2,\cdots,n)$值的大小将这 n 个对象进行排序或分类，即得到综合评价结果。

5. 评价者

评价者是直接参与对评价对象进行评价的人，可以是某一个人，也可以是一个团体，其对于评价目的选择、评价指标体系确定、指标权重的确定和评价综合模型的建立都起着至关重要的作用。

10.1.2 综合评价的基本步骤

综合评价的基本步骤包括确立评价对象、成立评价小组、明确评价目的和目标、建立评价指标体系、确定指标权重、选择综合评价方法和分析评价结果，其中建立评价指标体系、确定指标权重、选择综合评价方法是综合评价的三个关键步骤。

1. 确立评价对象

评价对象通常是同类事物（横向）或同一事物在不同时期的表现（纵向）。

2. 成立评价小组

评价小组通常由评价所需要的技术专家、管理专家和评价专家组成。

3. 明确评价目的和目标

对评价对象进行分析，明确评价目的和目标。评价目的和目标不同，所考虑的评价指标就会不同。

4. 建立评价指标体系

分层次找出影响评价目的和目标的各级因素，建立评价指标体系。评价指标体系一般是从总的或一系列目标出发，逐级发展子目标，最终确定各专项指标。

5. 确定指标权重

选择成熟的、公认的、与评价目的相匹配的指标权重确定方法，确定各评价指标之间的相对重要程度。

6. 选择综合评价方法

从各种各样的综合评价方法中选择一种适合被评价对象的评价方法进行分析评价。每一种综合评价方法都对应着特定的综合评价模型。

7. 分析评价结果

应用所选择的综合评价方法完成了分析计算工作后，要对所得到的结果进行分析。由

于综合评价是一件主观性很强的工作，所以在评价过程中必须以客观性为基础，以保证评价结果的有效性。当然，由于综合评价方法的局限性，它的结论也只能作为认识问题、分析问题的参考，而不能作为决策的唯一依据。

10.2 评价指标体系的建立

在实际应用中，描述对象属性的评价指标各种各样，有定性的，也有定量的。对于定性指标，需要将其转化为定量指标，例如，采用李克特尺度(Likert scale)方法进行量化；对于定量指标，其性质和量纲的不同，造成了各指标间的不可公度性。所以，评价指标体系的建立，除了要选取合适的指标，还要对指标进行一致性处理和无量纲化处理。

10.2.1 评价指标体系建立的一般原则和常用方法

评价指标体系是由多个相互联系、相互作用的评价指标按照一定层次结构组成的有机整体。

1. 评价指标体系建立的一般原则

在建立评价指标体系时，一般应遵循以下原则：

(1) 指标宜少不宜多，宜简不宜繁。关键在于评价指标在评价过程中所起作用的大小。

(2) 指标应具有独立性。每个指标要内涵清晰、相对独立，同一层次的各指标间应尽量不相互重叠，相互间不存在因果关系。

(3) 指标应具有代表性，能很好地反映研究对象某方面的特性。

(4) 指标应具有可测性，符合客观实际水平，有稳定的数据来源，易于操作。

2. 常用的评价指标体系建立方法

常用的评价指标体系建立方法主要有专家调研法、德尔菲法、经验判断法和惯例标准法。

(1) 专家调研法。通过专家的专业知识和经验，在定性分析的基础上对评价指标体系进行选择确定。该法的关键是找到合适的专家以及确定专家的人数。

(2) 德尔菲法。该方法是一种比较规范的专家调研法，它通过反馈匿名函询法，对所要建立的评价体系征得专家的意见之后，进行整理、归纳、统计，再匿名反馈给各专家，再次征求意见，再集中，再反馈，直至得到一致的意见。

(3) 经验判断法。评价者根据专业知识和实际经验的分析判断选择确定评价指标体系，其突出特点是能够充分体现评价者的实际经验积累。

(4) 惯例标准法。依据相关行业和专业的标准、国家标准、国际标准等规范和惯例选择确定评价指标体系。

10.2.2 评价指标的一致化处理

一般说来，在评价指标 $x_1,x_2,\cdots,x_m(m>1)$ 中可能包含有极大型、极小型、居中型和区间型指标。

对于极大型指标，总是期望指标的取值越大越好，如经济效益；

对于极小型指标，总是期望指标的取值越小越好，如生产成本；

对于居中型指标，总是期望指标的取值既不要太大，也不要太小，取适当的中间值为最好，如体重；

对于区间型指标，总是期望指标的取值落在某一个确定的区间范围内为最好，如企业资产负债率。

若评价指标体系中既有极大型指标、极小型指标，又有居中型指标或区间型指标，如果在计算综合评价结果之前不对评价指标进行一致化处理，那么通过利用综合评价模型计算得到的综合评价数值是越大越好、越小越好或是越居中越好就没有评判标准了。因此，在进行综合评价之前，需对评价指标作一致化处理。

通常采用评价指标类型的一致化方法将极小型指标、居中型指标、区间型指标转化为极大型指标。

1. 极小型指标的一致化处理

对于某个极小型指标 x，可通过变换

$$x'=\frac{1}{x},\quad x>0 \tag{10-11}$$

或变换

$$x'=M-x \tag{10-12}$$

将其转化为极大型指标，其中 M 为指标 x 的可能取值的最大值。

2. 居中型指标的一致化处理

对于某个居中型指标 x，可通过变换

$$x'=\begin{cases}\dfrac{2(x-m)}{M-m}, & m\leqslant x\leqslant \dfrac{1}{2}(M+m)\\[2ex] \dfrac{2(M-x)}{M-m}, & \dfrac{1}{2}(M+m)\leqslant x\leqslant M\end{cases} \tag{10-13}$$

将其转化为极大型指标，其中 M 和 m 分别为指标 x 的可能取值的最大值和最小值。

3. 区间型指标的一致化处理

对于某个区间型指标 x，可通过变换

$$x'=\begin{cases}1-\dfrac{a-x}{c}, & x<a\\[2ex] 1, & a\leqslant x\leqslant b\\[2ex] 1-\dfrac{x-b}{c}, & x>b\end{cases} \tag{10-14}$$

将其转化为极大型指标，其中$[a,b]$为指标 x 的最佳稳定的区间，$c=\max\{a-m,M-b\}$，M 和 m 分别为指标 x 的可能取值的最大值和最小值。

10.2.3 评价指标的无量纲化处理

实际中的评价指标 $x_1,x_2,\cdots,x_m(m>1)$往往有各自不同的单位和数量级，使得这些指标之间存在着不可公度性，如果不对这些指标作相应的无量纲化处理，则在综合评价过程中就会出现“大数吃小数”的错误结果，从而导致最后得到错误的评价结论。

无量纲化处理又称为指标数据的标准化或规范化处理，常用的方法有标准差方法、极值差方法和功效系数法等。

假设 m 个已经进行了一致化处理的评价指标 $x_1, x_2, \cdots, x_m$ 都有 n 组样本观测值 $x_{ij}(i=1,2,\cdots,n;\ j=1,2,\cdots,m)$，相应的标准差、极值差和功效系数无量纲化处理方法如下：

1. 标准差方法

令

$$x'_{ij}=\frac{x_{ij}-\bar{x}_j}{s_j},\quad i=1,2,\cdots,n;\ j=1,2,\cdots,m \tag{10-15}$$

其中

$$\bar{x}_j=\frac{1}{n}\sum_{i=1}^{n}x_{ij},\quad s_j=\left[\frac{1}{n}\sum_{i=1}^{n}(x_{ij}-\bar{x}_j)^2\right]^{1/2},\quad j=1,2,\cdots,m \tag{10-16}$$

显然指标 $x'_{ij}(i=1,2,\cdots,n;\ j=1,2,\cdots,m)$ 的均值和均方差分别为 0 和 1，即 $x'_{ij}\in[0,1]$ 是 x_{ij} 的无量纲的指标观测值。

2. 极值差方法

令

$$x'_{ij}=\frac{x_{ij}-m_j}{M_j-m_j},\quad i=1,2,\cdots,n;\ j=1,2,\cdots,m \tag{10-17}$$

其中

$$M_j=\max_{1\leqslant i\leqslant n}\{x_{ij}\},\quad m_j=\min_{1\leqslant i\leqslant n}\{x_{ij}\},\quad j=1,2,\cdots,m \tag{10-18}$$

即 $x'_{ij}\in[0,1]$ 是 x_{ij} 的无量纲的指标观测值。

3. 功效系数法

令

$$x'_{ij}=c+\frac{x_{ij}-m_j}{M_j-m_j}\times d,\quad i=1,2,\cdots,n;\ j=1,2,\cdots,m \tag{10-19}$$

其中 c、d 均为确定的常数。c 表示“平移量”，d 表示“旋转量”，即表示“放大”或“缩小”倍数，即 $x'_{ij}\in[c,c+d]$ 是 x_{ij} 的无量纲的指标观测值。

10.3　指标权重的确定

指标权重是评价过程中对评价指标相对重要程度的一种主观度量的反映。确定权重也称为加权，它表示对某指标重要程度的定量分配。权重确定方法主要可以分为两种：

(1) 经验加权法，也称定性加权法。它的主要优点是由专家直接估计，简便易行。

(2) 数学加权法，也称定量加权法。它以经验为基础、数学原理为背景，间接生成，具有较强的科学性。

下面分别对这两种方法进行介绍。

1. 经验加权法

这是一种依据专家的知识、经验和个人价值观对评价指标体系进行分析、判断并主观赋权的权重确定方法。目前基本上已由利用个人经验确定权重转向利用专家集体确定权重，首先由各位专家独自进行权重确定，然后进行综合处理。在进行综合处理时，一般用算术平均值代表专家们的统一意见。其计算公式为

$$w'_j = \sum_{i=1}^{n} \frac{w'_{ji}}{n}, \quad j = 1,2,\cdots,m \tag{10-20}$$

其中，n 为专家的数量；m 为评价指标总数；w'_j 为第 j 个指标的权数平均值；w'_{ji} 为第 i 个评委给第 j 个指标权数的打分值。

然后，进行归一化处理，得到指标权重 w_j：

$$w_j = w'_j / \sum_{j=1}^{m} w'_j \tag{10-21}$$

一般来说，这样确定的权重能够正确反映各指标的重要程度，保证评价结果的准确性。

2. 数学加权法

为了提高权重确定的科学性，现在通常采用数学加权法进行。层次分析法（AHP）就是一种常用的权重确定方法，详见 10.4.2 节。

10.4 综合评价方法

综合评价方法一般可分为四大类：

（1）专家评价方法。如专家打分法。

（2）运筹学等数学方法。如层次分析法、数据包络分析法、模糊综合评价法。

（3）新型评价方法。如人工神经网络评价法、灰色综合评价法。

（4）混合方法。指若干种方法混合应用的方法，如 AHP＋模糊综合评价法、模糊神经网络评价法。

对综合评价方法的选择，主要需要根据现有资料状况，考虑是否适合综合评价对象和满足综合评价任务的要求。也就是说，综合评价方法的选取主要取决于评价目的和被评价事物的特点。而且，就同一种综合评价方法而言，在对待具体问题时，处理细节是不尽相同的。所以，实际上综合评价方法也可以说是一门艺术。

在选择综合评价方法时，可以参考以下几条原则：

（1）选择评价者最熟悉的评价方法；

（2）选择有坚实理论基础的方法，能为人们所信服和接受的；

（3）选择简洁明了的方法，尽量降低算法的复杂程度；

（4）选择能够正确地反映评价对象和评价目的的方法。

10.4.1 专家打分法

专家打分法主要依赖于专家的经验，以打分等方式进行定量评价，其结果在一定程度上具有统计特性。它的最大优点是：在缺乏足够统计数据和原始资料的情况下，也可以开展定量评价。

专家打分法的主要步骤是：首先，确定评价指标，对每个指标进行分级，为每一个评价等级确定一个标准分值或者一个分值范围；其次，由专家对评价对象的每一个评价指标按照评价等级标准进行打分；最后，计算出各评价对象总得分，得到评价结果。

专家评价结果的准确程度主要取决于所选择的专家及其知识深度和广度、阅历和经验等。专家打分法虽然具有使用简单、直观性强等特点，但是其理论性与系统性不强。

10.4.2　层次分析法

层次分析法(the analytical hierarchy process，AHP)是一种定量与定性相结合的方法，它将人的主观判断进行量化表达和处理。其基本思想是把一个复杂问题的影响因素分解为若干个子因素，然后将这些子因素进一步分解为更小的子因素，逐层分解下去，形成一个有序的递阶层次结构。通过两两比较的方式确定层次中各因素的相对重要程度，然后按照一定的方法计算获得各因素相对重要程度的总排序。

层次分析法为解决那些难以定量描述的评价决策问题带来了极大的方便，它的应用几乎涵盖了所有领域。

运用层次分析法进行综合评价的具体步骤如下：

1. 建立递阶层次结构

根据被评价对象或系统中各评价指标之间的关系，建立递阶层次结构。递阶层次结构的最上层是总指标，通常只有一个；中间层是总指标所属各级子指标，由一个或几个层次组成；最底层是评价对象或系统。如图10-1所示为层次结构示意图。

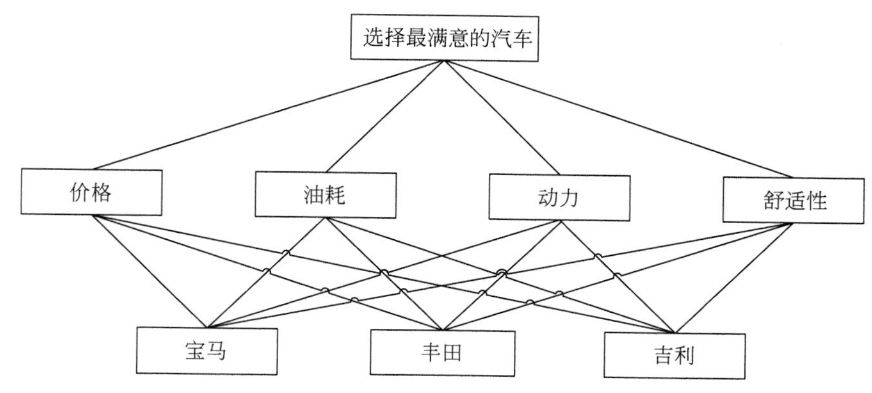

图10-1　层次结构示意图

2. 构造判断矩阵

对同一层次的各指标 x_i 相对于其上一层指标 C 的重要性，应用表10-1定义的判断标度对两个指标进行两两比较，比较两者之间的重要程度，构造判断矩阵，如式(10-22)所示。

表10-1　两两判断标度

判断标度	含　义
1	表示 x_i 和 x_j 同样重要
3	表示 x_i 相对 x_j 稍微重要
5	表示 x_i 相对 x_j 重要

续表

判断标度	含　义
7	表示 x_i 相对 x_j 重要得多
9	表示 x_i 相对 x_j 绝对重要
2、4、6、8	介于上述两个相邻判断标度之间的重要程度
倒数	x_i 相对 x_j 的重要程度为 a_{ij}，则 x_j 相对 x_i 的重要程度为 $1/a_{ij}$

C	x_1	x_2	…	x_n
x_1	a_{11}	a_{12}	…	a_{1n}
x_2	a_{21}	a_{22}	…	a_{2n}
⋮	⋮	⋮		⋮
x_n	a_{n1}	a_{n2}	…	a_{nn}

(10-22)

或记为

$$A=(a_{ij})_{n\times n} \tag{10-23}$$

其中，a_{ij} 是元素 x_i 与 x_j 相对于 C 的重要性的比例标度。

例如：

动力 C	宝马 x_1	丰田 x_2	吉利 x_3
宝马 x_1	1	2	8
丰田 x_2	1/2	1	6
吉利 x_3	1/8	1/6	1

判断矩阵具有下述性质：

$$a_{ij}>0,\quad a_{ji}=\frac{1}{a_{ij}},\quad a_{ii}=1 \tag{10-24}$$

3. 计算指标权重

由判断矩阵计算被比较指标相对于上一层指标的相对权重，获得权重向量，记为

$$\boldsymbol{w}=(w_1,w_2,\cdots,w_n)^{\mathrm{T}} \tag{10-25}$$

权重的计算方法主要有和法、方根法和特征向量法。

1) 和法(每一列归一化后获得近似权重)

第一步：A 的元素按列归一化，公式为

$$\begin{bmatrix} \dfrac{a_{11}}{\sum\limits_{i=1}^{n}a_{i1}} & \dfrac{a_{12}}{\sum\limits_{i=1}^{n}a_{i2}} & \cdots & \dfrac{a_{1n}}{\sum\limits_{i=1}^{n}a_{in}} \\ \dfrac{a_{21}}{\sum\limits_{i=1}^{n}a_{i1}} & \dfrac{a_{22}}{\sum\limits_{i=1}^{n}a_{i2}} & \cdots & \dfrac{a_{2n}}{\sum\limits_{i=1}^{n}a_{in}} \\ \vdots & \vdots & & \vdots \\ \dfrac{a_{n1}}{\sum\limits_{i=1}^{n}a_{i1}} & \dfrac{a_{n2}}{\sum\limits_{i=1}^{n}a_{i2}} & \cdots & \dfrac{a_{nn}}{\sum\limits_{i=1}^{n}a_{in}} \end{bmatrix} \tag{10-26}$$

第二步：将归一化后的各行相加，得

$$\begin{bmatrix} \dfrac{a_{11}}{\sum\limits_{i=1}^{n} a_{i1}} + \dfrac{a_{12}}{\sum\limits_{i=1}^{n} a_{i2}} + \cdots + \dfrac{a_{1n}}{\sum\limits_{i=1}^{n} a_{in}} \\ \dfrac{a_{21}}{\sum\limits_{i=1}^{n} a_{i1}} + \dfrac{a_{22}}{\sum\limits_{i=1}^{n} a_{i2}} + \cdots + \dfrac{a_{2n}}{\sum\limits_{i=1}^{n} a_{in}} \\ \vdots \\ \dfrac{a_{n1}}{\sum\limits_{i=1}^{n} a_{i1}} + \dfrac{a_{n2}}{\sum\limits_{i=1}^{n} a_{i2}} + \cdots + \dfrac{a_{nn}}{\sum\limits_{i=1}^{n} a_{in}} \end{bmatrix} \tag{10-27}$$

第三步：将相加后的结果除以 n，即得权重向量。

例如：

$$\boldsymbol{A} = \begin{bmatrix} 1 & 2 & 8 \\ 1/2 & 1 & 6 \\ 1/8 & 1/6 & 1 \end{bmatrix}$$

按列归一化后得

$$\boldsymbol{A} = \begin{bmatrix} 8/13 & 12/19 & 8/15 \\ 4/13 & 6/19 & 2/5 \\ 1/13 & 1/19 & 1/15 \end{bmatrix}$$

各行相加后得

$$\boldsymbol{w}' = \begin{bmatrix} 1.780 \\ 1.023 \\ 0.196 \end{bmatrix}$$

相加后的向量除以 3 得到权重向量

$$\boldsymbol{w} = \begin{bmatrix} 0.593 \\ 0.341 \\ 0.065 \end{bmatrix}$$

2）方根法

第一步：将判断矩阵 $\boldsymbol{A}$ 的每一行元素相乘后求其 $1/n$ 次根，即

$$\boldsymbol{w}'_i = \left(\prod_{j=1}^{n} a_{ij} \right)^{1/n}, \quad i = 1, 2, \cdots, n \tag{10-28}$$

第二步：对矩阵进行归一化处理，即

$$w_i = \frac{w'_i}{\sum\limits_{j=1}^{n} w'_j} \tag{10-29}$$

例如：

$$\boldsymbol{A} = \begin{bmatrix} 1 & 2 & 8 \\ 1/2 & 1 & 6 \\ 1/8 & 1/6 & 1 \end{bmatrix}$$

按行相乘后求 $1/n$ 次方后得

$$\boldsymbol{w}'=\begin{bmatrix}2.520\\1.442\\0.275\end{bmatrix}$$

归一化处理后得权重向量

$$\boldsymbol{w}=\begin{bmatrix}0.595\\0.340\\0.065\end{bmatrix}$$

3）特征向量法

对判断矩阵 $\boldsymbol{A}$ 求特征根及特征向量，所求得的绝对值最大的特征值对应的特征向量就是权重向量 $\boldsymbol{w}$。

例如：

$$\boldsymbol{A}=\begin{bmatrix}1 & 2 & 8\\1/2 & 1 & 6\\1/8 & 1/6 & 1\end{bmatrix}$$

求得判断矩阵 $\boldsymbol{A}$ 的特征值为

$$\lambda=\{3.0183+0.0000\mathrm{i},-0.0091+0.2348\mathrm{i},-0.0091-0.2348\mathrm{i}\}$$

特征向量为

$$\boldsymbol{W}=\begin{bmatrix}0.8640+0.0000\mathrm{i} & 0.8640+0.0000\mathrm{i} & 0.8640+0.0000\mathrm{i}\\0.4945+0.0000\mathrm{i} & -0.2473+0.4283\mathrm{i} & -0.2473-0.4283\mathrm{i}\\0.0943+0.0000\mathrm{i} & -0.0472-0.0817\mathrm{i} & -0.0472+0.0817\mathrm{i}\end{bmatrix}$$

其中 $\boldsymbol{W}$ 的每一列值表示矩阵 $\boldsymbol{A}$ 的一个特征向量。

矩阵 $\boldsymbol{A}$ 绝对值最大的特征值是 $\lambda_{\max}=3.0183$，对应的特征向量为

$$\boldsymbol{w}'=\begin{bmatrix}0.864\\0.495\\0.094\end{bmatrix}$$

归一化后得

$$\boldsymbol{w}=\begin{bmatrix}0.595\\0.340\\0.065\end{bmatrix}$$

当判断矩阵 $\boldsymbol{A}$ 满足 $a_{ij}a_{jk}=a_{ik}$ 时，称这个判断矩阵具有完全的一致性，此时这个矩阵的绝对值最大的特征值只有一个，即为 $\boldsymbol{A}$ 的维数，其余特征根为零。

4. 进行一致性检验

理论上讲 $\boldsymbol{A}$ 有可能是完全一致的矩阵，也就是说满足条件 $a_{ij}a_{jk}=a_{ik}$。但是在实际中，构造判断矩阵时要求所有的 $a_{ij}a_{jk}=a_{ik}$ 是不可能的。因此一般做到判断矩阵有一定的一致性即可，即允许判断矩阵存在一定程度的不一致性。

因为具有完全一致性的判断矩阵，其绝对值最大的特征值就是该矩阵的维数，所以对判断矩阵的一致性要求，就可以转化为要求判断矩阵绝对值最大的特征值与其维数之差不能

太大。

判断矩阵 **A** 的一致性用一致性指标(consistency index,CI)表示：

$$\mathrm{CI}=\frac{\lambda_{\max}-n}{n-1} \tag{10-30}$$

其中,$\lambda_{\max}$ 为矩阵 **A** 的最大特征值；n 为 **A** 的维数。对于采用和法或方根法求取权重向量的,可以采用下式确定 $\lambda_{\max}$：

$$\lambda_{\max}=\frac{1}{n}\sum_{i=1}^{n}\frac{(\boldsymbol{A}\boldsymbol{w})_i}{w_i} \tag{10-31}$$

CI 越小,说明一致性越好。

考虑到一致性偏差还可能是因为随机因素造成的,在检验判断矩阵是否满足一致性要求时,还需将一致性指标 CI 与平均随机一致性指标(random index,RI)进行比较,得出一致性比率(consistency ratio,CR),即

$$\mathrm{CR}=\frac{\mathrm{CI}}{\mathrm{RI}} \tag{10-32}$$

一般情况下,如果 CR<0.1,就认为判断矩阵 **A** 具有满意的一致性,或者说其不一致程度是可以接受的；否则就调整判断矩阵 **A**,直到达到满意的一致性为止。

RI 与判断矩阵的维数有关,通常,维数越大,出现一致性随机偏离的可能性也就越大,其对应关系如表 10-2 所示。

表 10-2 平均随机一致性指标 RI 标准值

维　数	1	2	3	4	5	6	7	8	9	10	11	12	13	14	15
RI	0	0	0.52	0.89	1.12	1.26	1.36	1.41	1.46	1.49	1.52	1.54	1.56	1.58	1.59

例如,针对判断矩阵 $\boldsymbol{A}=\begin{bmatrix}1 & 2 & 8\\ 1/2 & 1 & 6\\ 1/8 & 1/6 & 1\end{bmatrix}$

采用和法可求得 $\lambda_{\max}$：

$$\boldsymbol{A}\boldsymbol{w}=\begin{bmatrix}1 & 2 & 8\\ 1/2 & 1 & 6\\ 1/8 & 1/6 & 1\end{bmatrix}\begin{bmatrix}0.593\\ 0.341\\ 0.065\end{bmatrix}=\begin{bmatrix}1.795\\ 1.028\\ 0.196\end{bmatrix}$$

$$\lambda_{\max}=\frac{1}{3}\sum_{i=1}^{3}\frac{(\boldsymbol{A}\boldsymbol{w})_i}{w_i}=\frac{1}{3}\times 9.056=3.0187$$

同样,采用方根法可求得 $\lambda_{\max}=3.0187$,采用特征向量法求得 $\lambda_{\max}=3.0183$。由式(10-30)、式(10-32)得

$$\mathrm{CI}=\frac{3.0187-3}{3-1}=0.009\,35$$

$$\mathrm{CR}=\frac{0.009\,35}{0.58}=0.016\,12<0.1$$

针对多层指标情况,需要自上而下逐层计算各层指标相对总指标的合成权重,并进行排序和一致性检验。

假设第 $p-1$ 层 k 个子指标 $C_1,C_2,\cdots,C_k$ 相对总指标的权重向量为

$$\boldsymbol{w}^{(p-1)}=(w_1^{(p-1)},w_2^{(p-1)},\cdots,w_k^{(p-1)})^{\mathrm{T}} \tag{10-33}$$

第 p 层 q 个指标对其上层（第 $p-1$ 层）某个指标 C_i 的权重向量为

$$\boldsymbol{v}_i^{(p)}=(v_{1i}^{(p)},v_{2i}^{(p)},\cdots,v_{qi}^{(p)})^{\mathrm{T}},\quad i=1,2,\cdots,k \tag{10-34}$$

其中，如果第 p 层某个指标与第 $p-1$ 层的指标 C_i 无关系，则对应的值取为 0。

第 p 层第 i 个指标对总指标的权重向量为

$$w_i^{(p)}=\sum_{j=1}^{k}v_{ij}^{(p)}w_j^{(p-1)},\quad i=1,2,\cdots,q \tag{10-35}$$

即

$$\boldsymbol{w}^{(p)}=(w_1^{(p)},w_2^{(p)},\cdots,w_q^{(p)})^{\mathrm{T}}=(\boldsymbol{v}_1^{(p)},\boldsymbol{v}_2^{(p)},\cdots,\boldsymbol{v}_k^{(p)})\cdot\boldsymbol{w}^{(p-1)} \tag{10-36}$$

得到各层对总指标的权重向量后，就可以按照所得到的各指标权重值进行排序了。

在对各层指标进行比较时，尽管每一层中所用的判断标准基本上是一致的，但是各层之间还会可能存在差异，而这种差异将会随着层次总排序的逐层计算而累积起来，因此需要从总体上检验这种差异的累积是否显著，也就是说需要对总排序进行一致性检验。

设第 p 层 q 个指标对其上层（第 $p-1$ 层）某个指标 $C_i(i=1,2,\cdots,k)$ 的一致性检验指标为$\mathrm{CI}_i^{(p)}$，平均随机一致性指标为$\mathrm{RI}_i^{(p)}$，则第 p 层各指标两两比较的层次单排序一致性指标为

$$\mathrm{CI}^{(p)}=(\mathrm{CI}_1^{(p)},\mathrm{CI}_2^{(p)},\cdots,\mathrm{CI}_k^{(p)})\cdot\boldsymbol{w}^{(p-1)} \tag{10-37}$$

平均随机一致性指标为

$$\mathrm{RI}^{(p)}=(\mathrm{RI}_1^{(p)},\mathrm{RI}_2^{(p)},\cdots,\mathrm{RI}_k^{(p)})\cdot\boldsymbol{w}^{(p-1)} \tag{10-38}$$

其中，$\boldsymbol{w}^{(p-1)}$为第 $p-1$ 层对总指标的总权重向量。

第 p 层的组合一致性比率为

$$\mathrm{CR}^{(p)}=\frac{\mathrm{CI}^{(p)}}{\mathrm{RI}^{(p)}},\quad 3\leqslant p\leqslant s \tag{10-39}$$

其中 s 为最下层层次数。如果$\mathrm{CR}^{(p)}<0.1$，则可以认为在第 p 层上判断矩阵组合达到了局部满意的一致性。

最下层对最上层（总指标）的一致性比率为

$$\mathrm{CR}^{*}=\sum_{p=2}^{s}\mathrm{CR}^{(p)} \tag{10-40}$$

如果$\mathrm{CR}^{*}<0.1$，则可以认为判断矩阵在所有层次整体上达到了满意的一致性。

如果没有达到满意的一致性，可以对相关的判断矩阵进行审视和修改完善以达到满意的一致性。

10.4.3 模糊综合评价法

在客观世界中，存在着大量不确定的、模糊的现象。模糊数学就是应用数学方法解决这类不确定的、模糊现象的一门学科。

模糊综合评价法是应用模糊数学的基本概念，对实际中的综合评价问题进行评价的方法。具体地说，模糊综合评价法是应用模糊数学的理论方法，将一些边界不确定、难以定量

的因素进行定量化，应用模糊关系合成的原理，利用多个因素对被评价对象隶属等级状况进行综合评价。

模糊综合评价法的基本应用步骤如下：

1. 确定指标集

$$U=\{u_1,u_2,\cdots,u_m\} \tag{10-41}$$

即有 m 个指标 $u_1,u_2,\cdots,u_m$ 用来描述被评价对象。

2. 确定评语集

$$V=\{v_1,v_2,\cdots,v_n\} \tag{10-42}$$

即有 n 个评价等级 $v_1,v_2,\cdots,v_n$ 用来描述每一指标所处的状态。例如，对于经济效益指标可用 $V=\{$好，较好，一般，较差，差$\}$等不同等级的评语来描述。评价等级一般为 3～5 个。

3. 建立模糊关系矩阵

首先针对指标集 U 中的指标 $u_i(i=1,2,\cdots,m)$，确定该指标对评价等级 $v_j(j=1,2,\cdots,n)$的隶属度(可能性程度)r_{ij}，这样就得出第 i 个指标 u_i 的评价集 r_i：

$$r_i=\{r_{i1},r_{i2},\cdots,r_{in}\} \tag{10-43}$$

m 个指标的评价集就构成了一个总的模糊关系评价矩阵 $\boldsymbol{R}$，$\boldsymbol{R}$ 就是指标集 U 到评语集 V 的一个模糊关系，表示为

$$\boldsymbol{R}=\begin{bmatrix} r_{11} & r_{12} & \cdots & r_{1n} \\ r_{21} & r_{22} & \cdots & r_{2n} \\ \vdots & \vdots & & \vdots \\ r_{m1} & r_{m2} & \cdots & r_{mn} \end{bmatrix} \tag{10-44}$$

其中 r_{ij} 表示指标 u_i 隶属于评价等级 v_j 的隶属度$(i=1,2,\cdots,m;\ j=1,2,\cdots,n)$，一般要进行归一化使其满足

$$\sum_{j=1}^{n} r_{ij}=1,\quad i=1,2,\cdots,m \tag{10-45}$$

在确定隶属度 r_{ij} 时，一般由专家或对评价对象熟悉的专业人员依据评价等级对评价对象进行打分统计。例如，有 30 位办公人员对某办公椅的舒适度 u_2 进行评价，对应评语集为 $V=\{$好，较好，一般，差，很差$\}$，如果其中有 15、9、3、3、0 个人分别认为好、较好、一般、差、很差，那么对应于指标 u_2 的评价集 $r_2=\{r_{21},r_{22},r_{23},r_{24},r_{25}\}=\{0.5,0.3,0.1,0.1,0\}$。

4. 确定评价指标的权重向量

针对指标集 U 中的各个指标，采用层次分析法或者专家打分法等指标权重确定方法对指标集确定相应的权重向量 $\boldsymbol{A}$：

$$\boldsymbol{A}=(a_1,a_2,\cdots,a_m) \tag{10-46}$$

又称之为模糊权向量，其中 $a_i>0$，且 $\sum_{i=1}^{m} a_i=1$。

5. 多指标模糊评价

模糊关系评判矩阵 $\boldsymbol{R}$ 中不同的行反映了某个被评价对象从不同的指标来看对各评价等级的隶属程度。利用合适的模糊合成算子将模糊权向量 $\boldsymbol{A}$ 与 $\boldsymbol{R}$ 合成得到该被评价对象

从总体上来看对各评价等级的隶属程度，即模糊综合评价结果向量 $\boldsymbol{B}$：

$$\boldsymbol{B}=(b_1,b_2,\cdots,b_m) \tag{10-47}$$

称为模糊评价集，又称为决策集，表示为

$$\boldsymbol{B}=\boldsymbol{A}\circ\boldsymbol{R}=(a_1,a_2,\cdots,a_m)\circ\begin{bmatrix} r_{11} & r_{12} & \cdots & r_{1n} \\ r_{21} & r_{22} & \cdots & r_{2n} \\ \vdots & \vdots & & \vdots \\ r_{m1} & r_{m2} & \cdots & r_{mn} \end{bmatrix} \tag{10-48}$$

例如：

$$\boldsymbol{B}=\boldsymbol{A}\circ\boldsymbol{R}=(0.3\quad 0.3\quad 0.4)\circ\begin{bmatrix} 0.5 & 0.3 & 0.2 & 0 \\ 0.3 & 0.4 & 0.2 & 0.1 \\ 0.2 & 0.2 & 0.3 & 0.2 \end{bmatrix}$$

其中$\circ$为模糊合成算子，常用的模糊合成算子有以下 4 种：

(1) $M(\wedge,\vee)$　$\wedge$表示取小，$\vee$表示取大

$$b_j=\bigvee_{i=1}^{m}(a_i\wedge r_{ij})=\max_{1\leqslant i\leqslant m}\{\min(a_i,r_{ij})\},\quad j=1,2,\cdots,n \tag{10-49}$$

例如：

$$(0.3\quad 0.3\quad 0.4)\circ\begin{bmatrix} 0.5 & 0.3 & 0.2 & 0 \\ 0.3 & 0.4 & 0.2 & 0.1 \\ 0.2 & 0.2 & 0.3 & 0.2 \end{bmatrix}=(0.3\quad 0.3\quad 0.3\quad 0.2)$$

(2) $M(\bullet,\vee)$　$\bullet$表示相乘

$$b_j=\bigvee_{i=1}^{m}(a_i\bullet r_{ij})=\max_{1\leqslant i\leqslant m}\{a_i\bullet r_{ij}\},\quad j=1,2,\cdots,n \tag{10-50}$$

例如：

$$(0.3\quad 0.3\quad 0.4)\circ\begin{bmatrix} 0.5 & 0.3 & 0.2 & 0 \\ 0.3 & 0.4 & 0.2 & 0.1 \\ 0.2 & 0.2 & 0.3 & 0.2 \end{bmatrix}=(0.15\quad 0.12\quad 0.12\quad 0.08)$$

(3) $M(\wedge,\oplus)$　$\oplus$表示相加

$$b_j=\min\left\{1,\sum_{i=1}^{m}\min(a_i,r_{ij})\right\},\quad j=1,2,\cdots,n \tag{10-51}$$

例如：

$$(0.3\quad 0.3\quad 0.4)\circ\begin{bmatrix} 0.5 & 0.3 & 0.2 & 0 \\ 0.3 & 0.4 & 0.2 & 0.1 \\ 0.2 & 0.2 & 0.3 & 0.2 \end{bmatrix}=(0.8\quad 0.8\quad 0.7\quad 0.3)$$

(4) $M(\bullet,\oplus)$

$$b_j=\min\left\{1,\sum_{i=1}^{m}a_ir_{ij}\right\},\quad j=1,2,\cdots,n \tag{10-52}$$

例如：

$$(0.3\quad 0.3\quad 0.4)\circ\begin{bmatrix} 0.5 & 0.3 & 0.2 & 0 \\ 0.3 & 0.4 & 0.2 & 0.1 \\ 0.2 & 0.2 & 0.3 & 0.2 \end{bmatrix}=(0.32\quad 0.29\quad 0.27\quad 0.11)$$

以上4个模糊合成算子的特点如表10-3所示。在实际应用过程中，选用哪种算子比较合适，要根据具体问题的需要而定。

表10-3　模糊合成算子的特点

特　点	算　子			
	$M(\wedge,\vee)$	$M(\bullet,\vee)$	$M(\wedge,\oplus)$	$M(\bullet,\oplus)$
体现权重作用	不明显	明显	不明显	明显
综合程度	弱	弱	强	强
利用 $\boldsymbol{R}$ 的信息	不充分	不充分	比较充分	充分
类型	主因素突出型	主因素突出型	加权平均型	加权平均型
适应情形	突出占主要作用的那个因素，比较适用于单项评判最优就能作为综合评价最优的情况	不仅突出了主因素，也兼顾了其他因素，适用于 $M(\wedge,\vee)$ 失去作用，需要进一步细化的情况	适用于 $\boldsymbol{R}$ 中元素偏大或者偏小的情形	依权重的大小对所有因素均衡兼顾，比较适合求总数最大的情形

$b_j(j=1,2,\cdots,n)$ 是由 $\boldsymbol{A}$ 与 $\boldsymbol{R}$ 的第 j 列运算得到的，表示被评价对象从整体上看对评价等级 v_j 模糊子集的隶属程度。如果评判结果 $\sum b_j \neq 1$，应将它归一化。

6. 多层次模糊综合评价

当评价指标体系由多个层次组成时，可以先分层进行评价，然后再逐层进行合成计算。

设第 $p-1$ 层指标集合为 $U=\{u_1,u_2,\cdots,u_s\}$，其第 j 个指标的下层 p 层的指标集合为 $u_j=\{u_{j1},u_{j2},\cdots,u_{jq}\}$。

记第 p 层的第 i 个指标的模糊综合评价向量为

$$\boldsymbol{B}_i^{(p)}=(b_{i1}^{(p)},b_{i2}^{(p)},\cdots,b_{in}^{(p)}),\quad i=1,2,\cdots,q \tag{10-53}$$

记第 p 层相对于第 $p-1$ 层第 j 个指标的权重向量为

$$\boldsymbol{A}_j^{(p-1)}=(a_{j1}^{(p-1)},a_{j2}^{(p-1)},\cdots,a_{jq}^{(p-1)}),\quad j=1,2,\cdots,s \tag{10-54}$$

那么第 $p-1$ 层第 j 个指标的模糊综合评价向量为

$$\boldsymbol{B}_j^{(p-1)}=\boldsymbol{A}_j^{(p-1)}\times\begin{bmatrix}\boldsymbol{B}_1^{(p)}\\ \boldsymbol{B}_2^{(p)}\\ \vdots\\ \boldsymbol{B}_q^{(p)}\end{bmatrix}$$

$$=(a_{j1}^{(p-1)},a_{j2}^{(p-1)},\cdots,a_{jq}^{(p-1)})\circ\begin{bmatrix}b_{11}^{(p)} & b_{12}^{(p)} & \cdots & b_{1n}^{(p)}\\ b_{21}^{(p)} & b_{22}^{(p)} & \cdots & b_{2n}^{(p)}\\ \vdots & \vdots & & \vdots\\ b_{q1}^{(p)} & b_{q2}^{(p)} & \cdots & b_{qn}^{(p)}\end{bmatrix},\quad j=1,2,\cdots,s \tag{10-55}$$

这里采用算子 $M(\bullet,\oplus)$ 进行合成计算。

7. 对模糊综合评价结果进行分析

$\boldsymbol{B}$ 是对每个被评价对象综合状况分等级的程度描述，是一个模糊向量，而不是一个点值，它不能直接用于被评价对象间的排序评优，需要更进一步的分析处理后才能应用。对 $\boldsymbol{B}$ 进行处理的常用方法有以下两种。

1）最大隶属度原则

此方法即选择最大的 b_j 所对应的评价等级 v_j 作为综合评价的结果。此时，我们只利用了 $b_j(j=1,2,\cdots,n)$ 中的最大者，没有充分利用 $\boldsymbol{B}$ 所包含的信息。

2）等级参数评价法

为了充分利用 $\boldsymbol{B}$ 所包含的信息，可以根据实际情况给各等级评语规定某些评价等级参数，然后与 $\boldsymbol{B}$ 进行综合，使得评价结果更加符合实际。

对评语集 V 中的每个评语给出相应的等级参数，得到对应于各评价等级评语 v_j 的等级参数向量

$$\boldsymbol{C}=(c_1,c_2,\cdots,c_n)^{\mathrm{T}} \tag{10-56}$$

利用向量的内积运算得出等级参数评价结果：

$$p=\boldsymbol{B}*\boldsymbol{C}=\sum_{j=1}^{n}b_jc_j \tag{10-57}$$

p 是一个实数，它反映了由等级模糊评价向量 $\boldsymbol{B}$ 和等级参数向量 $\boldsymbol{C}$ 所带来的综合信息，在许多实际应用中，它是十分有用的综合参数。

本章小结

综合评价是对若干个同类的被评价对象（或系统）进行客观、公正、合理的全面评价，其目的是根据被评价对象的属性判断确定这些对象的状态，按优劣对各被评价对象进行排序或分类。它通常用于研究多目标的决策问题，因此在实际中是很有意义的，特别是在政治、经济、社会、军事管理、工程技术及科学决策等领域具有重要的应用价值。综合评价的主要步骤包括确立评价对象、成立评价小组、明确评价目的和目标、建立评价指标体系、确定指标权重、选择综合评价方法和分析评价结果，其中建立评价指标体系、选择合适的方法确定指标权重、选择合适的综合评价方法进行分析评价是开展综合评价的关键步骤。最常见的综合评价方法有层次分析法和模糊综合评价法，它们适合不同的应用场景，也可以集成起来一起应用。

习题与思考题

10.1　在层次分析法中，如果对判断矩阵的一致性不满意，如何处理？

10.2　在模糊综合评价法中，如何设定等级参数向量？

10.3　层次分析法和模糊综合评价法各自的特点和应用场景是什么？

10.4　结合自己的学习和工作开展一项综合评价工作。

综合应用层次分析法和模糊综合评价法开展S水厂建设项目的风险评估

某市准备建设一个新的水厂S，以满足广大市民对自来水日益增长的需求。为了规避

和管控在建设过程中可能会遇到的风险，建设单位邀请了10位在供水行业及水厂建设管理方面的专家和资深的从业人员、评价专家组成了风险评估专家组，综合应用层次分析法和模糊综合评价方法开展了S水厂建设项目的风险评估工作。

具体评估步骤包括应用头脑风暴法和风险结构分析法构建风险评估指标体系，应用层次分析法确定风险指标权重，以及采用模糊综合评价方法进行风险等级评估。

1. 构建风险评估指标体系

评估专家组应用头脑风暴法和风险结构分析法（risk breakdown structure，RBS法）构建了S水厂建设工程的风险评估指标体系（层次结构模型），如表10-4所示。其中，一级指标为自然风险、政策风险、经济风险、技术风险及管理风险，二级指标为一级指标所分别对应的风险因素。

表10-4　S水厂建设工程项目风险评估指标体系

总指标 A	一级指标 B	二级指标 C
某水厂建设工程项目风险	自然风险 B_1	恶劣的气候条件 C_1
		恶劣的水文地质 C_2
	政策风险 B_2	供水规划变化 C_3
		法律标准变化 C_4
		政府不当干预 C_5
	经济风险 B_3	资金支持问题 C_6
		金融环境变化 C_7
		材料设备价格波动 C_8
	技术风险 B_4	设计方案变更 C_9
		勘察缺陷或错误 C_{10}
		施工方案不合理 C_{11}
		施工技术不足 C_{12}
		工艺不合理 C_{13}
	管理风险 B_5	组织架构不合理 C_{14}
		制度不健全 C_{15}
		安全生产事故 C_{16}
		各方协作不畅 C_{17}
		合同管理问题 C_{18}
		施工管理问题 C_{19}

2. 确定风险评估指标权重

应用层次分析法确定风险指标权重，包括构建判断矩阵、计算指标权重向量和进行一致性检验。

1）一级指标权重确定和一致性检验

首先，根据表10-1的两两判断标度构建一级指标 B 的判断矩阵，如表10-5所示。

表10-5　判断矩阵

A	B_1	B_2	B_3	B_4	B_5
B_1	1	3	2	1/5	1/3
B_2	1/3	1	1/3	1/4	1/4

续表

A	B_1	B_2	B_3	B_4	B_5
B_3	1/2	3	1	1/5	1/3
B_4	5	4	5	1	1/2
B_5	3	4	3	2	1

然后，采用方根法求权重向量。根据式(10-28)得

$$w'_1=0.8326,\quad w'_2=0.3701,\quad w'_3=0.6310,\quad w'_4=2.1867,\quad w'_5=2.3522$$

归一化处理后得到一级指标 B 的权重向量：

$$\boldsymbol{w}^{(B)}=(0.1306,0.0581,0.0990,0.3432,0.3691)^{\mathrm{T}}$$

再进行一致性检验。根据式(10-31)求得 $\lambda_{max}=5.3944$，根据式(10-30)求得 CI=0.0986，查表10-2得 RI=1.12，根据式(10-32)求得 CR=0.0880<0.1，具有满意的一致性。

一级指标的权重计算各环节数据如表10-6所示。

表 10-6　一级指标判断矩阵数据

判断矩阵确定						方根法权重向量 w 计算			λ_{max} 计算	
A	B_1	B_2	B_3	B_4	B_5	Πa_{ij}	5次方根	权重 w_i	$(\boldsymbol{Aw})_i$	$(\boldsymbol{Aw})_i/w_i$
B_1	1	3	2	1/5	1/3	0.4000	0.8326	0.1306	0.6946	5.3164
B_2	1/3	1	1/3	1/4	1/4	0.0069	0.3701	0.0581	0.3127	5.3840
B_3	1/2	3	1	1/5	1/3	0.1000	0.6310	0.0990	0.5302	5.3553
B_4	5	4	5	1	1/2	50.0000	2.1867	0.3432	1.9083	5.5612
B_5	3	4	3	2	1	72.0000	2.3522	0.3691	1.9767	5.3553

2）二级指标权重确定和一致性检验

同理，对二级指标分别建立判断矩阵计算其各因素的权重系数并检验一致性，详细计算如表10-7～表10-11所示。

表 10-7　二级指标 B_1 判断矩阵计算结果

判断矩阵确定			方根法权重向量 w 计算			λ_{max} 计算	
B_1	C_1	C_2	Πa_{ij}	开2次方	权重 w_i	$(\boldsymbol{Aw})_i$	$(\boldsymbol{Aw})_i/w_i$
C_1	1	1/2	0.50	0.7071	0.3333	0.6667	2.0000
C_2	2	1	2.00	1.4142	0.6667	1.3333	2.0000

根据式(10-30)～式(10-32)以及表10-2，计算得：$\lambda_{max}=2.0000$，CI=0.0000，RI=0.0000，CR=0.0000<0.1。

二级指标 B_1 判断矩阵的特征向量为：$\boldsymbol{w}^{(B_1)}=(0.3333,0.6667)^{\mathrm{T}}$，具有满意的一致性。

表 10-8　二级指标 B_2 判断矩阵计算结果

判断矩阵确定				方根法权重向量 w 计算			λ_{max} 计算	
B_2	C_3	C_4	C_5	Πa_{ij}	开3次方	权重 w_i	$(\boldsymbol{Aw})_i$	$(\boldsymbol{Aw})_i/w_i$
C_3	1	5	3	15.00	2.4662	0.6267	1.9338	3.0858
C_4	1/5	1	1/4	0.05	0.3684	0.0936	0.2889	3.0858
C_5	1/3	4	1	1.33	1.1006	0.2797	0.8631	3.0858

根据式(10-30)～式(10-32)以及表10-2，计算得：$\lambda_{max}=3.0858$，CI＝0.0429，RI＝0.5800，CR＝0.0740＜0.1。

二级指标 B_2 判断矩阵的特征向量为：$\boldsymbol{w}^{(B_2)}=(0.6267,0.0936,0.2797)^T$，具有满意的一致性。

表10-9　二级指标 B_3 判断矩阵计算结果

判断矩阵确定				方根法权重向量 w 计算			λ_{max} 计算	
B_3	C_6	C_7	C_8	$\prod a_{ij}$	开3次方	权重 w_i	$(Aw)_i$	$(Aw)_i/w_i$
C_6	1	1/4	1/7	0.04	0.3293	0.0860	0.2610	3.0349
C_7	4	1	1	4.00	1.5874	0.4145	1.2580	3.0349
C_8	7	1	1	7.00	1.9129	0.4995	1.5159	3.0349

根据式(10-30)～式(10-32)以及表10-2，计算得：$\lambda_{max}=3.0349$，CI＝0.0174，RI＝0.5800，CR＝0.0300＜0.1。

二级指标 B_3 判断矩阵的特征向量为：$\boldsymbol{w}^{(B_3)}=(0.0860,0.4145,0.4995)^T$，具有满意的一致性。

表10-10　二级指标 B_4 判断矩阵计算结果

判断矩阵确定						方根法权重向量 w 计算			λ_{max} 计算	
B_4	C_9	C_{10}	C_{11}	C_{12}	C_{13}	$\prod a_{ij}$	开5次方	权重 w_i	$(Aw)_i$	$(Aw)_i/w_i$
C_9	1	3	5	6	9	810.0000	3.8168	0.5138	2.6899	5.2349
C_{10}	1/3	1	2	3	8	16.0000	1.7411	0.2344	1.1955	5.1003
C_{11}	1/5	1/2	1	3	5	1.5000	1.0845	0.1460	0.7555	5.1744
C_{12}	1/6	1/3	1/3	1	2	0.0370	0.5173	0.0696	0.3543	5.0877
C_{13}	1/9	1/8	1/5	1/2	1	0.0014	0.2682	0.0361	0.1865	5.1651

根据式(10-30)～式(10-32)以及表10-2，计算得：$\lambda_{max}=5.1525$，CI＝0.0381，RI＝1.1200，CR＝0.0340＜0.1。

二级指标 B_4 判断矩阵的特征向量为：$\boldsymbol{w}^{(B_4)}=(0.5138,0.2344,0.1460,0.0696,0.0361)^T$，具有满意的一致性。

表10-11　二级指标 B_5 判断矩阵计算结果

判断矩阵确定							方根法权重向量 w 计算			λ_{max} 计算	
B_5	C_{14}	C_{15}	C_{16}	C_{17}	C_{18}	C_{19}	$\prod a_{ij}$	开6次方	权重 w_i	$(Aw)_i$	$(Aw)_i/w_i$
C_{14}	1	1/2	1/7	2	2	4	1.1429	1.0225	0.1059	0.6744	6.3704
C_{15}	2	1	1/6	5	4	6	40.0000	1.8493	0.1915	1.2180	6.3614
C_{16}	7	6	1	8	8	9	24 192.00	5.3779	0.5568	3.6644	6.5811
C_{17}	1/2	1/5	1/8	1	1/2	1/3	0.0021	0.3574	0.0370	0.2438	6.5890
C_{18}	1/2	1/4	1/8	2	1	1	0.0313	0.5612	0.0581	0.3533	6.0796
C_{19}	1/4	1/6	1/9	3	1	1	0.0139	0.4903	0.0508	0.3401	6.7003

根据式(10-30)～式(10-32)以及表10-2，计算得：$\lambda_{max}=6.4470$，CI＝0.0894，RI＝1.2400，CR＝0.0720＜0.1。

二级指标 B_5 判断矩阵的特征向量为：$\boldsymbol{w}^{(B_5)}=(0.1059,0.1915,0.5568,0.0370,0.0581,0.0508)^{\mathrm{T}}$，具有满意的一致性。

3）层次总排序和一致性检验

根据已经计算得出的一级指标的权重以及所有二级指标相对于对应一级指标的权重，计算二级指标对总目标层 A 的权重系数，并进行一致性检验。

根据式(10-35)或式(10-36)，可计算出最底层指标 C 相当于最上层指标 A 的权重，如表 10-12 所示。

表 10-12 层次总权重

指标	A					层次 C 相对于 A 的总权重
	B_1	B_2	B_3	B_4	B_5	
	0.1306	0.0581	0.0990	0.3432	0.3691	
C_1	0.3333					0.0435
C_2	0.6667					0.0871
C_3		0.6267				0.0364
C_4		0.0936				0.0054
C_5		0.2797				0.0163
C_6			0.0860			0.0085
C_7			0.4145			0.0410
C_8			0.4995			0.0495
C_9				0.5138		0.1763
C_{10}				0.2344		0.0804
C_{11}				0.1460		0.0501
C_{12}				0.0696		0.0239
C_{13}				0.0361		0.0124
C_{14}					0.1059	0.0391
C_{15}					0.1915	0.0707
C_{16}					0.5568	0.2055
C_{17}					0.0370	0.0137
C_{18}					0.0581	0.0214
C_{19}					0.0508	0.0188
						1.0000

即

$$\boldsymbol{w}^{(C)}=(0.0435,0.0871,0.0364,0.0054,0.0163,0.0085,0.0410,0.0495,0.1763,0.0804,0.0501,0.0239,0.0124,0.0391,0.0707,0.2055,0.0137,0.0214,0.0188)$$

根据总排序的结果，风险因素权重排在前 5 位的分别是：①安全生产事故 C_{16}(0.2055)；②设计方案变更 C_9(0.1763)；③恶劣的水文地质 C_2(0.0871)；④勘察缺陷或错误 C_{10}(0.0804)；⑤制度不健全 C_{15}(0.0707)。

利用式(10-37)～式(10-39)计算得到第 3 层判断矩阵组合一致性比率为

$$\mathrm{CR}^{(C)}=\frac{\mathrm{CI}^{(C)}}{\mathrm{RI}^{(C)}}=(0.1306\times 0+0.0581\times 0.0429+0.0990\times 0.0174+0.3432\times$$

$0.0381+0.3691\times0.0894)/(0.1306\times0+0.0581\times0.5800+0.0990\times0.5800+0.3432\times1.1200+0.3691\times1.2400)=0.0539<0.1$

根据前面的计算得

$$CR^{(B)}=\frac{CI^{(B)}}{RI^{(B)}}=0.0880<0.1$$

表明判断矩阵在第2层和第3层上都达到了局部满意的一致性。

但是,根据式(10-40)计算得

$$CR^{*}=CR^{(B)}+CR^{(C)}=0.0880+0.0539=0.1419>0.1$$

即判断矩阵在所有层次整体上没有达到满意的一致性。通过适当调整各层次的权重有可能达到整体上满意的一致性,但是在实际中通常是比较困难和没有必要的。

3. 评估风险等级

对于风险评估问题而言,其风险指标具有不确定性,只有把这种不确定性考虑进去,才能最终获得各个风险因素的等级水平。可以采用模糊综合评价方法对S水厂建设工程项目的风险等级水平进行评估。

根据风险评估的惯例及实际需要,将S水厂建设工程项目的风险评价等级分为5个等级,分别为很低、较低、中等、较高、很高。以此为依据建立风险评语集 $V=\{v_1,v_2,v_3,v_4,v_5\}$,$v_1\sim v_5$ 分别对应风险评价等级的很低到很高。v_1 的分值范围为0~20分,v_2 的分值范围为21~40分,v_3 的分值范围为41~60分,v_4 的分值范围为61~80分,v_5 的分值范围为81~100分。

1) 建立模糊关系矩阵

首先,利用专家打分法,对表10-4中的二级风险指标(C 层指标)根据风险发生的可能性以及发生后可能带来的后果严重性进行综合评级。风险评估专家组10位专家按照风险评语集中的5个等级进行打分的结果如表10-13所示。

表10-13 专家打分法评级问卷统计结果 单位:人

二级风险指标	风险评估专家组10位专家打分结果				
	风险很低	风险较低	风险中等	风险较高	风险很高
恶劣的气候条件 C_1	4	2	2	1	1
恶劣的水文地质 C_2	2	6	1	1	
供水规划变化 C_3	5	4		1	
法律标准变化 C_4	6	3	1		
政府不当干预 C_5	7	2	1		
资金支持问题 C_6	6	3	1		
金融环境变化 C_7	6	3		1	
材料设备价格波动 C_8		5	4	1	
设计方案变更 C_9		6	2	2	
勘察缺陷或错误 C_{10}	1	3	4	2	
施工方案不合理 C_{11}	2	6	1	1	
施工技术不足 C_{12}	1	2	5	2	
工艺不合理 C_{13}	8	1	1		
组织架构不合理 C_{14}	1	7	1	1	

续表

二级风险指标	风险评估专家组 10 位专家打分结果				
	风险很低	风险较低	风险中等	风险较高	风险很高
制度不健全 C_{15}		9	1		
安全生产事故 C_{16}	1	4	2	2	1
各方协作不畅 C_{17}	2	3	5		
合同管理问题 C_{18}	2	7	1		
施工管理问题 C_{19}	2	3	5		

根据统计结果，对一级指标 $B_1 \sim B_5$ 分别建立模糊关系矩阵 $\boldsymbol{R}_1 \sim \boldsymbol{R}_5$。以 $\boldsymbol{R}_1$ 为例，根据恶劣的气候条件 C_1 的打分情况，4 名专家的评级结果为很低，2 名专家的评级结果为较低，2 名专家的评级结果为中等，1 名专家的评级结果为较高，1 名专家的评价结果为很高，因此，利用数学期望法进行统计，C_1 的单指标评价向量为

$$\boldsymbol{r}_{C_1} = (0.4 \quad 0.2 \quad 0.2 \quad 0.1 \quad 0.1)$$

同理，C_2 的单指标评价向量为

$$\boldsymbol{r}_{C_2} = (0.2 \quad 0.6 \quad 0.1 \quad 0.1 \quad 0)$$

因此有

$$\boldsymbol{R}_1 = \begin{bmatrix} 0.4 & 0.2 & 0.2 & 0.1 & 0.1 \\ 0.2 & 0.6 & 0.1 & 0.1 & 0 \end{bmatrix}$$

同理，可以得到模糊关系矩阵 $\boldsymbol{R}_2 \sim \boldsymbol{R}_5$：

$$\boldsymbol{R}_2 = \begin{bmatrix} 0.5 & 0.4 & 0 & 0.1 & 0 \\ 0.6 & 0.3 & 0.1 & 0 & 0 \\ 0.7 & 0.2 & 0.1 & 0 & 0 \end{bmatrix}$$

$$\boldsymbol{R}_3 = \begin{bmatrix} 0.6 & 0.3 & 0.1 & 0 & 0 \\ 0.6 & 0.3 & 0 & 0.1 & 0 \\ 0 & 0.5 & 0.4 & 0.1 & 0 \end{bmatrix}$$

$$\boldsymbol{R}_4 = \begin{bmatrix} 0 & 0.6 & 0.2 & 0.2 & 0 \\ 0.1 & 0.3 & 0.4 & 0.2 & 0 \\ 0.2 & 0.6 & 0.1 & 0.1 & 0 \\ 0.1 & 0.2 & 0.5 & 0.2 & 0 \\ 0.8 & 0.1 & 0.1 & 0 & 0 \end{bmatrix}$$

$$\boldsymbol{R}_5 = \begin{bmatrix} 0.1 & 0.7 & 0.1 & 0.1 & 0 \\ 0 & 0.9 & 0.1 & 0 & 0 \\ 0.1 & 0.4 & 0.2 & 0.2 & 0.1 \\ 0.2 & 0.3 & 0.5 & 0 & 0 \\ 0.2 & 0.7 & 0.1 & 0 & 0 \\ 0.2 & 0.3 & 0.5 & 0 & 0 \end{bmatrix}$$

2）评估一级风险指标

在本案例中已经计算得出相关权重向量：

$$\boldsymbol{w}^{(B_1)}=(0.3333,0.6667)$$
$$\boldsymbol{w}^{(B_2)}=(0.6267,0.0936,0.2797)$$
$$\boldsymbol{w}^{(B_3)}=(0.0860,0.4145,0.4995)$$
$$\boldsymbol{w}^{(B_4)}=(0.5138,0.2344,0.1460,0.0696,0.0361)$$
$$\boldsymbol{w}^{(B_5)}=(0.1059,0.1915,0.5568,0.0370,0.0581,0.0508)$$
$$\boldsymbol{w}^{(B)}=(0.1306,0.0581,0.0990,0.3432,0.3691)^{\mathrm{T}}$$

应用模糊合成算子$M(\bullet,\oplus)$(式(10-52))可计算出一级风险指标模糊综合评价结果向量$\boldsymbol{B}_1\sim\boldsymbol{B}_5$。应用式(10-57)可计算出相应的风险等级参数评价值p，其中设等级参数向量为

$$\boldsymbol{C}=(20,40,60,80,100)^{\mathrm{T}}$$

(1) 自然风险B_1。

$$\boldsymbol{B}_1=\boldsymbol{w}^{(B_1)}\circ\boldsymbol{R}_1=(0.3333\quad 0.6667)\circ\begin{bmatrix}0.4 & 0.2 & 0.2 & 0.1 & 0.1\\ 0.2 & 0.6 & 0.1 & 0.1 & 0\end{bmatrix}$$
$$=(0.26666\quad 0.46668\quad 0.13333\quad 0.1\quad 0.03333)$$
$$p=(0.26666\quad 0.46668\quad 0.13333\quad 0.1\quad 0.03333)*(20\quad 40\quad 60\quad 80\quad 100)^{\mathrm{T}}$$
$$=43.3332$$

按照最大隶属度原则，自然风险B_1为“较低”。按照等级参数评价法，自然风险B_1的分值为40～60，为“中等”，但是偏“较低”。

(2) 政策风险B_2。

$$\boldsymbol{B}_2=\boldsymbol{w}^{(B_2)}\circ\boldsymbol{R}_2=(0.6267\quad 0.0936\quad 0.2797)\circ\begin{bmatrix}0.5 & 0.4 & 0 & 0.1 & 0\\ 0.6 & 0.3 & 0.1 & 0 & 0\\ 0.7 & 0.2 & 0.1 & 0 & 0\end{bmatrix}$$
$$=(0.5653\quad 0.3347\quad 0.03733\quad 0.06267\quad 0)$$
$$p=(0.5653\quad 0.3347\quad 0.03733\quad 0.06267\quad 0)*(20\quad 40\quad 60\quad 80\quad 100)^{\mathrm{T}}$$
$$=31.9474$$

按照最大隶属度原则，政策风险B_2为“很低”。按照等级参数评价法，政策风险B_2的分值为20～40，为“较低”。

(3) 经济风险B_3。

$$\boldsymbol{B}_3=\boldsymbol{w}^{(B_3)}\circ\boldsymbol{R}_3=(0.0860\quad 0.4145\quad 0.4995)\circ\begin{bmatrix}0.6 & 0.3 & 0.1 & 0 & 0\\ 0.6 & 0.3 & 0 & 0.1 & 0\\ 0 & 0.5 & 0.4 & 0.1 & 0\end{bmatrix}$$
$$=(0.3003\quad 0.3999\quad 0.2084\quad 0.0914\quad 0)$$
$$p=(0.3003\quad 0.3999\quad 0.2084\quad 0.0914\quad 0)*(20\quad 40\quad 60\quad 80\quad 100)^{\mathrm{T}}$$
$$=41.818$$

按照最大隶属度原则，经济风险B_3为“较低”。按照等级参数评价法，经济风险B_3的分值为40～60，为“中等”，但是偏“较低”。

(4) 技术风险 B_4

$$\boldsymbol{B}_4=\boldsymbol{w}^{(B_4)}\circ\boldsymbol{R}_4=(0.5138\quad 0.2344\quad 0.1460\quad 0.0696\quad 0.0361)\circ\begin{bmatrix}0 & 0.6 & 0.2 & 0.2 & 0\\ 0.1 & 0.3 & 0.4 & 0.2 & 0\\ 0.2 & 0.6 & 0.1 & 0.1 & 0\\ 0.1 & 0.2 & 0.5 & 0.2 & 0\\ 0.8 & 0.1 & 0.1 & 0 & 0\end{bmatrix}=(0.08848\quad 0.48373\quad 0.24953\quad 0.17816\quad 0)$$

$$p=(0.08848\quad 0.48373\quad 0.24953\quad 0.17816\quad 0)*(20\quad 40\quad 60\quad 80\quad 100)^{\mathrm{T}}=50.3434$$

按照最大隶属度原则，技术风险 B_4 为"较低"。按照等级参数评价法，技术风险 B_4 的分值为 40～60，为"中等"。

(5) 管理风险 B_5

$$\boldsymbol{B}_5=\boldsymbol{w}^{(B_5)}\circ\boldsymbol{R}_5$$

$$=(0.1059\quad 0.1915\quad 0.5568\quad 0.0370\quad 0.0581\quad 0.0508)\circ\begin{bmatrix}0.1 & 0.7 & 0.1 & 0.1 & 0\\ 0 & 0.9 & 0.1 & 0 & 0\\ 0.1 & 0.4 & 0.2 & 0.2 & 0.1\\ 0.2 & 0.3 & 0.5 & 0 & 0\\ 0.2 & 0.7 & 0.1 & 0 & 0\\ 0.2 & 0.3 & 0.5 & 0 & 0\end{bmatrix}$$

$$=(0.09545\quad 0.53621\quad 0.19081\quad 0.12195\quad 0.05568)$$

$$p=(0.09545\quad 0.53621\quad 0.19081\quad 0.12195\quad 0.05568)*(20\quad 40\quad 60\quad 80\quad 100)^{\mathrm{T}}=50.13$$

按照最大隶属度原则，管理风险 B_5 为"较低"。按照等级参数评价法，管理风险 B_5 的分值为 40～60，为"中等"。

3）总指标模糊评价结果及分析

根据式(10-55)可计算获得总指标模糊综合评价结果向量 $\boldsymbol{B}$，应用式(10-57)可计算出相应的等级参数评价值 p：

$$\boldsymbol{B}=\boldsymbol{w}^{(B)}\circ\begin{bmatrix}\boldsymbol{B}_1\\ \boldsymbol{B}_2\\ \boldsymbol{B}_3\\ \boldsymbol{B}_4\\ \boldsymbol{B}_5\end{bmatrix}$$

$$=(0.1306\quad 0.0581\quad 0.0990\quad 0.3432\quad 0.3691)\circ\begin{bmatrix}0.26666 & 0.46668 & 0.13333 & 0.1 & 0.03333\\ 0.56530 & 0.3347 & 0.03733 & 0.06267 & 0\\ 0.3003 & 0.3999 & 0.2084 & 0.0914 & 0\\ 0.08848 & 0.48373 & 0.24953 & 0.17816 & 0\\ 0.09545 & 0.53621 & 0.19081 & 0.12195 & 0.05568\end{bmatrix}$$

$$=(0.163\quad 0.4839\quad 0.1963\quad 0.1319\quad 0.0249)$$

$$p=(0.163\quad 0.4839\quad 0.1963\quad 0.1319\quad 0.0249)*(20\quad 40\quad 60\quad 80\quad 100)^{T}$$
$$=47.436$$

利用模糊综合评价法得到S水厂建设工程项目各风险因素的风险水平以及项目的整体风险水平如表10-14所示。

按照最大隶属度原则，S水厂建设工程项目整体风险水平为“较低”。按照等级参数评价法，S水厂建设工程项目整体风险水平为40～60，为“中等”。

表10-14　模糊综合评价结果

指　　标	最大隶属度	最大隶属度原则评价结果	等级参数评价结果
自然风险 $C_1 \sim C_2$	0.4668	较低	43.3332，中等
政策风险 $C_3 \sim C_5$	0.5653	很低	31.9474，较低
经济风险 $C_6 \sim C_8$	0.3999	较低	41.818，中等
技术风险 $C_9 \sim C_{13}$	0.4837	较低	50.3434，中等
管理风险 $C_{14} \sim C_{19}$	0.5362	较低	50.13，中等
项目整体风险	0.4839	较低	47.436，中等

以上等级参数评价结果是根据 $\boldsymbol{C}=(20,40,60,80,100)^{T}$ 计算获得的，如果取 $\boldsymbol{C}=(10,30,50,70,90)^{T}$ 进行计算，结果将会不同，例如针对总指标（项目风险），采用新的参数向量重新计算等级参数值可得 $p=37.436$，为20～40，为“较低”。

4. 小结

为了规避和管控在建设过程中可能会遇到的风险，S水厂建设单位邀请了10位在供水行业及水厂建设管理方面的专家或资深的从业人员、评价专家组成了风险评估专家组，应用层次分析法和模糊综合评价方法开展了S水厂风险评估工作。

评估专家组应用头脑风暴法和风险结构分析法（RBS法）构建了S水厂建设工程的风险评估指标体系（层次结构模型），其中包括5个一级指标和19个二级指标。应用层次分析法确定了各级指标的权重，包括构建判断矩阵、计算指标权重向量和进行一致性检验。

对于风险评估问题而言，其风险指标具有不确定性，只有把这种不确定性考虑进去，才能最终获得各个风险因素的等级水平。因此，将S水厂建设工程项目的风险评价分为5个评级等级，分别为很低、较低、中等、较高、很高。以此为依据建立风险评语集 $V=\{v_1,v_2,v_3,v_4,v_5\}$，$v_1 \sim v_5$ 分别对应风险评价等级的很低到很高。最终应用模糊综合评价法评估出了该项目的整体风险以及各类风险的综合水平。

通过综合风险评估，建设单位能够更加全面地了解项目存在的各类风险，能分清风险的主次，能够有效配置资源，有的放矢、有针对性地应对各类风险。

案例问题：

根据案例，说明层次分析法和模糊综合评价法是如何结合起来应用于综合评价之中的。

参考文献

[1]　谢骏. 闲林水厂建设工程项目风险评估研究[D]. 杭州：浙江大学，2019.

[2]　许树伯. 实用决策方法——层次分析法原理[M]. 天津：天津大学出版社，1988.

附录A

几种优化软件简介

A.1 Excel 软件：规划求解

电子表格软件(Excel)是 Microsoft 公司开发的功能强大的 Office 办公软件之一，为人们分析和处理数据提供了高效的计算工具。电子表格软件包含一项“规划求解”加载宏，可以用来求解一些线性规划、整数规划或者非线性规划模型。下面首先以 Microsoft Office Professional Plus 2010 为例，说明如何调用“规划求解”加载宏。

调用“规划求解”加载宏的步骤如下：

(1) 依次单击“文件”选项卡→“选项”→“加载项”命令。

(2) 在“管理”下拉列表框中，选择“Excel 加载项”，再单击“转到”按钮。

(3) 在“可用加载宏”对话框中选中“规划求解加载项”复选框，然后单击“确定”按钮。

经过这些步骤后，在“数据”选项卡的“分析”面板中就会出现一个“规划求解”的命令按钮。需要指出的是，如果“可用加载宏”对话框中没有“规划求解加载项”，则单击“浏览”按钮进行查找。如果弹出一条消息，提示您的计算机上当前没有安装规划求解加载项，应单击“是”按钮进行安装。

对于线性规划和整数规划问题，通过单击“规划求解”命令按钮，在“规划求解参数”对话框中设定相应的参数，可以设定这两类问题的求解过程。“规划求解”命令是由一组命令组成的，可以求出工作表上某个目标单元格中公式的最优值。在求解过程中，“规划求解”命令需要指定一些数值可以更改的单元格(称为可变单元格)，表示目标单元格公式中的变量，通过对直接或间接与目标单元格中公式相关联的一组可变单元格进行数值调整，求出目标单元格公式对应的最优结果。

此外，在创建线性规划模型的过程中，还需要对模型中的可变单元格的数值指定一些约束条件。在定义约束条件时，通过引用其他影响目标单元格公式取值的单元格进行说明。

利用 Excel 软件的规划求解加载项求解线性规划问题的示例参见 5.5.1 节。

A.2 LINDO 和 LINGO 软件

LINDO 是 Linear INteractive and Discrete Optimizer(线性、交互式和离散优化器)的首字母缩写形式，它是美国芝加哥大学 Linus Schrage 教授于 1986 年开发的一个优化计算软件包。该优化软件包可以求解线性规划、整数规划和二次规划问题。LINGO是Linear INteractive and General Optimizer(线性、交互式和通用优化器)的首字母缩写形式,它除了具有LINDO的全部功能,还可以求解非线性规划(nonlinear programming,NLP)和一些线性、非线性方程组。LINDO和LINGO的最大特色在于允许决策变量为整数,并且求解整数规划的速度很快。

LINGO实际上是一种优化建模语言(包括许多常用的数学函数供用户在建立优化模型时直接调用),可以接受数据文件输入(包括文本文件、Excel电子表格文件、数据库文件等),方便不同知识背景的用户对实际中遇到的优化问题进行建模、输入参数、有效地分析和求解优化模型。

1. LINDO软件使用方法

下面以LINDO 6.1版本为例,说明LINDO软件的使用方法。启动LINDO软件之后,可以在窗口中看到6个菜单项,它们包含的主要功能如下。

(1) FILE　用于操作LINDO数据文件。

- NEW:新建一个窗口,以便输入模型和数据。
- OPEN:打开一个已经存在的文件。
- VIEW:打开一个文件查看,但是不进行修改。
- SAVE:保存窗口中内容。
- PRINT:打印活动窗口中内容。

(2) EDIT　对LINDO模型和数据文件进行编辑操作,包含常见的剪切、复制、粘贴、查找/替换等功能。

(3) SOLVE　求解输入的模型。

- SOLVE:启动求解命令,执行完整的迭代过程。
- Pivot:单独进行Gauss消去转轴操作,一步一步地求解线性规划模型。
- COMPILE MODEL:对输入的模型进行编译调试。

(4) REPORTS　输入运算结果报告。

- SOLUTION:简要描述模型的最优值、最优解、迭代次数以及与灵敏度分析有关的信息。
- PICTURE:以矩阵的形式显示模型,有助于查验模型的正确性。

(5) WINDOW　用于交替显示模型、数据窗口以及运算结果等窗口。

- Send to Back:将最前面的窗口送到后台,第二个窗口变成活动窗口显示出来。
- Cascade:层叠各窗口。
- Close All:关闭所有打开的窗口。

(6) HELP　用于查找有关软件功能、操作、实例、命令等说明或者使用方法。

从结构上看,一个LINDO程序与线性规划的分量表示模型是类似的,包括模型三个要素:决策变量、目标函数和约束条件。任何以非数字、非运算符号等保留字符开头的字符串,只要不是LINDO的关键字,就可以用来表示决策变量。

值得注意的是,LINDO将变量中大小写字符,统一处理成大写。目标函数用MIN或者MAX语句开头,约束条件用ST、S. T. 、SUBJECT TO或者SUCH THAT语句开头。描述模型的约束条件时,约束函数放在不等号或者等号的左边,常数项放在不等号或者等号的右边(右端项)。在 LINDO 软件包中，不等式符号“＞”和“＞＝”的含义相同，“＜”和“＜＝”的含义也相同。约束与约束之间需要使用换行符分隔，不能使用逗号或者分号。模型的数据集成到目标函数和约束条件中，在输入约束条件之后以 END 语句表示模型结束。

除非特别说明，LINDO 程序中所有变量被认为是非负变量。如果需要指明其他类型的变量，可以在 END 语句之后，用下面的语句描述自由变量、有界变量等情况。

- FREE < var >：说明变量可以取任意的实数值。
- SLB < var > < value >：设定变量的下界。
- SUB < var > < value >：设定变量的上界。
- GIN < var >：说明变量是整数。
- INT < var >：说明变量取 0 或者 1。

后两个语句分别用于求解整数规划和 0-1 规划模型。

利用 LINDO 优化软件求解线性规划问题的示例参见 5.5.2 节。

2. LINGO 软件使用方法

LINGO 软件的内核是 LINDO 优化软件，二者最大的区别在于：LINGO 是一种建模编程语言，实现了优化模型与数据的分离，可以使用向量、矩阵等数据结构或者循环、条件等语句描述模型，简化建模过程。

下面以 LINGO 14.0 版本为例，说明 LINGO 软件的使用方法。在启动 LINGO 的主窗口之后，可以看到五个菜单项：FILE，EDIT，LINGO，WINDOW，HELP。其中 LINGO 菜单包含了模型调试、求解和运算结果报告等主要命令，相当于 LINDO 主窗口中 SOLVE 与 REPORTS 两个菜单的合成，其他菜单的功能与选项和 LINDO 的相应菜单类似。

此外，LINGO 语言提供了七类主要的函数用于程序设计，除文件输入函数、金融函数和概率函数之外，我们在定量分析课程中主要使用其他四类函数的基本功能，下面进行介绍：

1）标准运算符

标准运算符包括算术运算符和逻辑运算符。

算术运算符包括：乘方“^”，乘法“*”，除法“/”，加法“＋”，减法“－”。

根据从高到低的优先级循序，逻辑运算符包括：

- 逻辑与“＃AND＃”，逻辑或“＃OR＃”，逻辑非“＃NOT＃”。
- 相等“＃EQ＃”，不等“＃NE＃”，大于“＃GT＃”，不小于“＃GE＃”，小于“＃LT＃”，不大于“＃LE＃”。
- 在约束条件中，不等式符号有“＜”(等价于“＜＝”)，“＞”(等价于“＞＝”)。

2）数学函数

- 三角函数：@SIN(X)，@COS(X)，@TAN(X)。
- 指数与对数函数：@EXP(X)，@LOG(X)。
- 绝对值与符号函数：@ABS(X)，@SIGN(X)。
- 取大与取小函数：@SMAX(list)，@SMIN(list)。

3）集合函数

- 集合与属性。这里，我们借助于 LINGO 语句的示例说明这两个概念的含义。

语句如下：

```
WEEKDAYS/1..7/:FT,PT,DEMAND,C,X,Y;
```

定义了一个集合：WEEKDAYS={1,2,3,4,5,6,7}。

属性是定义在集合上的函数，如上面语句中FT、PT、DEMAND等变量都是定义在集合WEEKDAYS上的属性。

• 基本集合与派生集合。基本集合是指不用其他语句说明其含义的集合；派生集合是指利用基本集合生成的集合。如在前面语句示例中，WEEKDAYS就是一个基本集合。

下面三个语句：

```
demand/1..6/:a,b,d;
supply/1..2/:x,y,e;
link(demand,supply):c;
```

前两个定义了基本集合demand和supply；最后一个定义了派生集合link，它建立了两个基本集合demand和supply之间的关系。

• 集合循环函数：对集合内的元素（下标）按照一定的循序进行类似操作。该函数的语法规则如下：

```
@function(setname[(set_index_list)[|condition]]:expression_list);
```

其中，function可以取FOR（循环）、MAX（取极大）、MIN（取极小）、SUM（求和）和PROD（乘积）等五种函数之一；expression_list可以是一组表达式，描述特定的函数，或者函数之间的关系；“|”表示过滤条件，后面的表达式expression_list对于满足此条件的集合元素（下标）才是有意义的。

• 集合操作函数：包括@IN，@INDEX，@WRAP，@SIZE。其含义如下：

@IN(set_name,primitive_index_1[,primitive_index_2 ...])判断某集合中是否含有某个索引值对应的元素，输出为1（真）或者0（假）。索引值用“&1”“&2”或者@INDEX函数等形式给出。

@INDEX([set_name,]primitive_set_element)返回元素在集合中的索引值（按照定义集合时元素出现的顺序进行位置编号）。

@WRAP(I,N)用来防止集合的索引值越界，相当于@MOD(I,N)+1。

@SIZE(set_name)返回集合中元素的个数。

4）变量域函数：确定一些变量的取值范围。比如，有界变量、0-1变量、自由变量、整数变量等。

@BND(L,X,U)表示变量X在下界L与上界U之间。

@BIN(X)表示变量X取0或者1。

@FREE(X)表示变量X可以取任意的实数。

@GIN(X)表示变量X取整数。

最后，在上面介绍的LINGO建模语言提供的函数基本功能基础上，说明利用该语言进行程序设计的特点。

LINGO建模语言描述的优化模型要求以“MODEL:”开始，以“END”结束，所有语句中字母的大小写具有相同的效果，用分号“;”表示一个语句的结束。

一个LINGO程序通常包含三个必要部分，也可能包含一个任选部分：

- 集合与属性定义(必要)：以“SETS:”开始，以“ENDSETS”结束。
- 数据输入(必要)：以“DATA:”开始，以“ENDDATA”结束。
- 目标函数和约束条件定义(必要)：描述了模型参数之间的基本关系，实现了数据与模型结构的分离。
- 如果用户指定一个比较好的变量初值，可以使用初值设定功能(任选)：以“INIT:”开始，以“ENDINIT”结束。实现初值设定功能的语法规则为“attribute = value_list;”。

此外，关于目标函数的定义格式，可以参照

@MIN=@SUM(集合(下标)：关于集合的属性的表达式)；

或者

@MAX=@SUM(集合(下标)：关于集合的属性的表达式)；

设计类似的语句，它们分别表示极小化问题，或者极大化问题。对于下面的目标函数：

$$\min \sum_{i \in \text{WEEKDAYS}} \text{FT}(i) * X(i)$$

语句“MIN=@SUM(WEEKDAYS:FT * X);”和“MIN=@SUM(WEEKDAYS(I):FT(I) * X(I));”的含义是一样的。

约束条件可以用如下循环函数来定义：

@FOR(集合(下标)：关于集合的属性的约束关系式)；

其中“:”的含义是，对于前面集合的每个元素(下标)，关于集合的属性的约束关系式都是成立的。值得指出的是，如果对于集合中部分元素(下标)，约束关系式是成立的，那么需要指明集合中下标的取值范围。

利用 LINGO 优化软件求解线性规划问题的示例参见 5.5.2 节。

A.3 MATLAB 软件：优化工具箱

MATLAB 是矩阵实验室(matrix laboratory)的缩写，它的出现与人们使用高级语言编程的简化过程有关。对于新开发的超级计算机，人们通常使用 LINPACK 软件进行高性能科学计算能力的测试。20 世纪 70 年代后期，Cleve Moler 担任美国新墨西哥大学计算机系主任，在讲授线性代数课时，他发现学生直接使用高级语言编程很不方便，于是设计并开发了 MATLAB，把它作为数值线性代数软件包与用户的接口，是一个集命令翻译、科学计算于一身的交互式软件系统。后来，Cleve Moler 与 Jack Little 等创立了一个名为 MathWorks 的公司，他担任该公司的首席科学家。1984 年，MathWorks 公司使用 C 语言完全实现了 MATLAB 的交互式功能，推出了 MATLAB 的第一个商业版本。随着公司的发展，MATLAB 又增添了控制系统设计、信号处理与通信、图形图像处理、计算生物、优化、系统仿真、符号运算以及与其他流行软件的接口等方面的功能，通过工具箱使得 MATLAB 的功能越来越强大。

MATLAB 已经成为国际上科学与工程计算领域比较流行的软件工具，其优化工具箱(optimization toolbox)中含有一系列求解优化问题的程序，如求解线性规划的 linprog，求解无约束极小化问题的 fminunc，求解约束极小化问题的 fmincon 以及求解二次规划的

quadprog。此外，还有一些求解非线性最小二乘和非线性拟合问题的优化工具。

利用 MATLAB 软件的优化工具箱求解线性规划问题的示例如下：

2019 年世界园艺博览会在北京市延庆区举行，展期从 4 月 29 日开始，至 2019 年 10 月 7 日结束，总计 162 天。假设某展馆在一周中每天需要不同数目的雇员，需要雇员数量如表 A.3-1 所示。

表 A.3-1 世界园艺博览会某展馆需求雇员数量

上班时间	周一	周二	周三	周四	周五	周六	周日
雇员数量	17	13	15	22	19	25	28

聘用人员需要全时工作，连续工作 5 天，每天工作 8 个小时，然后休息 2 天。根据人员聘用劳动合同规定，每个雇员的工资水平为 25 元/小时。世界园艺博览会人事部门需要制定一个某展馆工作人员的聘用方案，使得在满足每天雇员人数需求的情况下，支付给雇员的工资总额最少。

为了定义恰当的决策变量，我们将所有雇员分成 7 类，其中第 1 类表示在星期一开始上班的雇员，其人数记为 x_1；第 2 类表示在星期二开始上班的雇员，其人数记为 x_2；依此类推，可以定义第 3,4,5 类全时雇员；第 6 类表示在星期六开始上班的雇员，其人数记为 x_6；第 7 类表示在星期日开始上班的雇员，其人数记为 x_7。

由于人事部门支付给雇员的工资与雇员人数有关，所以目标函数设定为某展馆聘用的雇员总数。该目标函数等于上面所述的 7 类雇员人数总和，即 $x_1+x_2+\cdots+x_7$。聘用方案满足的约束条件，可以分成两类：第一类约束是隐含约束，每类雇员的人数是非负的；第二类约束是每天展馆需要的雇员人数约束，即每天实际上班的雇员总数，不少于世园会当天需要的雇员人数。比如：该展馆在星期一需要 17 人，当天上班的员工由此前(含周一)连续 5 天内开始上班的雇员组成，这些雇员的总数不少于 17。因此，对于周一在岗的雇员来说，他开始上班的时间也许是本周一，也许是本周日，或者是上周六、上周五、上周四等，其总人数

$$x_4+x_5+x_6+x_7+x_1\geqslant 17$$

同理，可以列出其他工作日对应的雇员人数约束。

根据前面描述的决策变量、目标函数和约束条件，我们得到一个关于人员聘用数量的线性规划模型如下：

$$\min\ x_1+x_2+x_3+x_4+x_5+x_6+x_7$$

$$\text{s.t.}\begin{cases}x_1+x_4+x_5+x_6+x_7\geqslant 17\\x_1+x_2+x_5+x_6+x_7\geqslant 13\\x_1+x_2+x_3+x_6+x_7\geqslant 15\\x_1+x_2+x_3+x_4+x_7\geqslant 22\\x_1+x_2+x_3+x_4+x_5\geqslant 19\\x_2+x_3+x_4+x_5+x_6\geqslant 25\\x_3+x_4+x_5+x_6+x_7\geqslant 28\\x_i\geqslant 0,\quad i=1,2,\cdots,7\end{cases}$$

对于上面所述的世界园艺博览会某展馆的人员聘用问题，根据 MATLAB 软件的语法规则，我们编写一段可以执行的程序，并且输入所建立线性规划模型的参数，就可以得到模

型的最优解。参见如下代码：

```
d = [17,13,15,22,19,25,28]';
A = [1,0,0,1,1,1,1;
     1,1,0,0,1,1,1;
     1,1,1,0,0,1,1;
     1,1,1,1,0,0,1;
     1,1,1,1,1,0,0;
     0,1,1,1,1,1,0;
     0,0,1,1,1,1,1];
c = [1,1,1,1,1,1,1]';
[xsol,fval,exitflag,output,lambda] = linprog(c, - A, - d,[],[],zeros(length(c),1))
```

其中最后一个语句调用了 MATLAB 软件优化工具箱的子程序 linprog，语句之后省去了标点符号，可以令子程序的数值结果通过屏幕显示出来。运行上述代码，可以得到模型的最优解：

```
xsol = [0.0000,1.3333,8.1965,8.1368,3.8445,3.4888,4.3333]
```

和最优值 fval=29.3333。其他需要说明的是，输出结果 exitflag=1，表明程序运行收敛到最优解。Output 的输出结果如下：

```
iterations: 9
algorithm: 'interior - point'
cgiterations: 0
message: 'Optimization terminated.'
constrviolation: 0
firstorderopt: 7.0961e - 15
```

这说明 MATLAB 软件使用的算法是求解线性规划模型的内点方法，经过 9 次迭代得到最优解。子程序没有使用共轭梯度法进行迭代运算，就得到了最优解，并且所有的约束都能够满足。代码最后一行的输出变量 lambda 给出了线性规划模型中不等式约束对应的拉格朗日乘子，该乘子和模型对偶形式的最优解有一定的关系。

最后，考虑到每个雇员的每周工作时间为 40 h，工资标准为 25 元/h，可知世园会人事部门每周需要支付给某展馆所有雇员的工资总额不低于 29 333.3 元。

值得指出的是，使用不同的优化软件求解模型可能会得到不同的最优解，即最优的雇员聘用方案。如利用 Excel“规划求解”这个加载宏求解模型，就会得到另一个最优解：

```
xsol = [0.0000,1.3333,11.0000,5.3333,7.3333,0.0000,4.3333]
```

虽然该解不同于 MATLAB 软件求出的最优解，但是它们对应着同样的目标函数最优值 29.3333，也就是说，世园会人事部需要每周最少支付雇员工资 29 333.3 元。

A.4 基于 CPLEX 软件求解

CPLEX 的早期版本是 R. E. Bixby 利用 C 语言代码开发的求解线性规划的单纯形法(simplex)程序，后来成为 CPLEX Optimization 公司的主要产品。CPLEX 公司 1997 年与

ILOG公司合并，于是，CPLEX成为ILOG公司的一个可调用函数库版注册优化软件。目前，ILOG是IBM的一个公司，提供四个领域的商业化软件，包括供应链、业务规则管理、可视化以及优化。

经过多年的算法补充和软件改进，CPLEX成为一种在求解（混合整数）线性规划、（混合整数）二次规划和（混合整数）二次约束规划等方面有重要影响的优化引擎软件。此外，ILOG公司为了帮助人们对实际问题有效地进行建模，开发了一个优化模型开发工具OPL。OPL是Optimization Programming Language的首字母缩写，提供了描述优化问题的语法规则，并且能够对数据进行有效的组织，实现模型参数与外部数据库的对接。该软件包通过调用ILOG CPLEX这个数学规划引擎求解所建立的模型（如线性规划、二次规划、二次函数约束问题、混合整数线性规划、混合整数二次规划以及混合整数二次约束问题等），实现利用优化方法高效解决实际问题的目的。

OPL IDE(integrated development environment)集成开发环境提供了一个方便操作的可视化编辑环境，通过树、表和图等形式浏览模型的数据、决策变量、目标函数或者约束条件。ILOG OPL开发环境使用工程(project)文件*.prj表示优化问题的一个事例，并且将优化问题的描述（模型）与模型参数分离开来，其中模型文件用*.mod表示，数据文件用*.dat表示。

利用CPLEX软件求解线性规划问题的示例如下：

假设企业M开发一种新型合金，其中含锡40%、锌35%和铅25%。企业M计划利用5种合金原材料A、B、C、D和E生产新型合金。经过试验研究，已知原料合金的功能成分和价格如表A.4-1所示。企业M需要确定原料合金的混合比例，使得加工新型合金的成本最低。

表A.4-1 原料合金的成分含量和采购价格

成分	合金A	合金B	合金C	合金D	合金E
锡/%	60	25	45	20	50
锌/%	10	15	40	55	32
铅/%	30	60	15	25	18
价格/(元/kg)	22	20	25	24	27

我们将决策变量取为新型合金中原料合金的混合比例，记新型合金中5种原料合金A、B、C、D、E所占的比例分别为$x_1,x_2,\cdots,x_5$，其中$x_i\in[0,1]$，$i=1,2,\cdots,5$。根据新型合金中原料合金所占的比例，单位重量新型合金的成本可以表示为一个线性函数：

$$22x_1+20x_2+25x_3+24x_4+27x_5$$

至于决策变量，即原料合金在新型合金中所占比例，除了属于区间[0,1]的约束外，还需要满足这些变量之和为1的约束。此外，5种原料合金按照一定的比例$x_1,x_2,\cdots,x_5$混合之后，新型合金中三种成分（锡、锌和铅）所占比例，应该达到实例中关于新合金的成分含量要求。比如：对于“锡”的含量来说，决策变量需要满足

$$60x_1+25x_2+45x_3+20x_4+50x_5=40$$

同理，可以得到关于“锌”和“铅”含量的约束。

企业M在开发新型合金过程中所使用原料合金的最佳混合比例，可以由下面线性规划

模型的最优解给出：

$$\min 22x_1+20x_2+25x_3+24x_4+27x_5$$

$$\text{s.t.}\begin{cases}60x_1+25x_2+45x_3+20x_4+50x_5=40\\10x_1+15x_2+40x_3+55x_4+32x_5=35\\30x_1+60x_2+15x_3+25x_4+18x_5=25\\x_1+x_2+x_3+x_4+x_5=1\\x_i\in[0,1],\quad i=1,2,\cdots,5\end{cases}$$

容易看出，模型中第四个约束是多余的。它实际蕴含在前三个约束中，并且最后一个约束的上界也蕴含在第四个约束以及决策变量的下界约束之中。

对于上面所述的加工新型合金问题，根据 CPLEX 软件的语法规则，我们编写一段可以执行的程序，作为一个项目文件 alloy. prj。该程序代码由两部分组成。

一个是模型文件 alloy. mod，参见如下语句：

```
{string} Components = ...;                    /* 输入新型合金成分列表 */
{string} Alloys = ...;                        /* 输入原料合金列表 */
tuple componentData {                         /* 定义新型合金成分数据类型 */
    float Demand;
    float ContainAmount[Alloys];
}
componentData Contents[Components] = ...;     /* 定义新型合金成分变量 */
float Cost[Alloys] = ...;                     /* 输入原料合金边际成本 */
dvar float+ ConsumeAmount[Alloys];            /* 定义决策变量:原料合金比例 */
minimize sum( p in Alloys ) (Cost[p] * ConsumeAmount[p]); /* 定义目标函数 */
subject to {                                  /* 定义约束条件 */
    forall( r in Components )
        ctComponents:
        sum( p in Alloys ) (Contents[r].ContainAmount[p] * ConsumeAmount[p])
        - Contents[r].Demand == 0;
    forall( p in Alloys )
        ctBound: ConsumeAmount[p] >= 0;
}
```

另一个是数据文件 alloy. dat，包含上面线性规划模型中需要输入程序的参数，参见如下语句：

```
Components = { "Tin", "Zn", "Pb" };
Alloys = {"A", "B", "C", "D", "E"};
Contents = #[
      Tin: < 40, [ 60, 25, 45, 20, 50 ] >,
      Zn : < 35, [ 10, 15, 40, 55, 32 ] >,
      Pb : < 25, [ 30, 60, 15, 25, 18 ] >
         ]#;
Cost = [22, 20, 25, 24, 27 ];
```

然后，将模型文件和数据文件添加到项目文件的“运行配置”栏目中，并且运行项目文件 Alloy. prj，就可以得到 CPLEX/OPL 程序运行的结果：

```
Final solution with objective = 23.429:
ConsumeAmount = [0.38095, 0, 0.19048, 0.42857, 0];
```

这说明新型合金的最低边际成本为 23.43 元，它可以由原料合金 A、C、D 混合加工而成，其中最优的原料合金混合比例分别为 0.380 95，0.190 48 和 0.428 57。其他两种原料合金 B 和 E 没有使用。